高职高专“十二五”规划教材

普通化学

徐晓强　陈　月　刘洪宇　主编

化学工业出版社
·北京·

本书针对高职学生基础状况及未来发展需要编写，全书包括物质结构及元素周期律，元素化学，分散体系，滴定分析法，酸碱平衡及酸碱滴定法，沉淀溶解平衡及沉淀分析法、电化学和氧化还原平衡，配位平衡及配位滴定法，紫外-可见光分光光度法，气相色谱分析法，有机化学概述及烷烃、环烷烃、烯烃、炔烃、芳香烃、卤代烃、醇、酚、醚、醛、酮、羧酸及其衍生物、有机高分子化合物、糖类和蛋白质，化学与健康共计22章内容。

本书针对高职高专的教学特点，突出实用性和实践性，贯彻理论“必需、够用”的原则，注重相关新知识、新技术、新材料和新工艺的介绍，可作为高等职业教育石油、化工、医药、卫生、环境、农林等专业的通用教材，也可作为化学爱好者的业余读本。

图书在版编目（CIP）数据

普通化学/徐晓强，陈月，刘洪宇主编．—北京：化学工业出版社，2014.10（2023.11重印）
高职高专“十二五”规划教材
ISBN 978-7-122-21706-6

Ⅰ.①普… Ⅱ.①徐…②陈…③刘… Ⅲ.普通化学-高等职业教育-教材 Ⅳ.①O6

中国版本图书馆CIP数据核字（2014）第203002号

责任编辑：满悦芝　　装帧设计：关　飞
责任校对：宋　夏

出版发行：化学工业出版社（北京市东城区青年湖南街13号　邮政编码100011）
印　　装：北京科印技术咨询服务有限公司数码印刷分部
787mm×1092mm　1/16　印张$24\frac{3}{4}$　字数648千字　2023年11月北京第1版第12次印刷

购书咨询：010-64518888　　售后服务：010-64518899
网　　址：http：//www.cip.com.cn
凡购买本书，如有缺损质量问题，本社销售中心负责调换。

定　　价：55.00元

前 言

高等职业院校的教材建设是高职高专院校教学改革工作的重要组成部分。随着高等职业教育的迅猛发展，迫切需要与之相适应的、面向21世纪的教材和教学参考书。编者遵照教育部制定的《高职高专教育基础课程教学基本要求》，根据高职高专教育与培养技术应用型人才的目标和要求编写了这本教材。本书可作为高职院校石油、化工、医药、卫生、环境、农林等专业的通用教材。在教学内容编排上，依据学生的特点，有的放矢地组织教材内容，力求做到叙述简洁、文字精练、由浅入深、通俗易懂。

本书针对高职学生基础状况及未来发展需要，坚持“需用为准、够用为度、实用为先”的原则，在保证知识的先进性、科学性、实用性的同时，注重教材的基础性，着重讲清基本概念、基本思想、基本方法，做到理论清晰、淡化公式推导、知识要点明确、重视实际应用等。特别是注重学生实践动手能力的培养，有针对性地在部分章节后选编了实验内容，力求知行合一，使学生学习完本课程后达到基本概念清晰、知识够用、基本方法会用的要求，为专业学习奠定基础。各章节后附有习题，供复习和自学参考。

本书由徐晓强、陈月和刘洪宇主编，金贞玉、王新副主编，全书共22章。具体编写分工如下：第1～4章由陈月编写，第5、6章由金贞玉编写，第7～10章由刘洪宇编写，第11～20章由徐晓强编写，第21、22章由王新编写。全书由徐晓强统稿、审定。张金东、刘婷婷、陈磊、吴春丽、崔帅做了大量的资料收集和核对以及制图等工作。

在本书编写过程中得到了周铭教授、李辉教授的大力支持，他们同时为本书提出了很多宝贵的意见，在此表示衷心的感谢。在编写过程中，参考了有关教材、著作，在此也向相关作者一并表示谢意。

由于编者水平有限，教材中缺点和疏漏之处在所难免，敬请读者批评指正。

编　者

2014年9月

目 录

第1章

物质结构及元素周期律

原子是参加反应的基本粒子，但原子核并不发生化学变化（核反应除外），反应只是发生在原子核外的电子层中，因此，只有了解原子核外电子的运动状态，即了解物质结构和物质变化的内在原因，才能研究化学反应的规律，掌握物质的性质以及物质性质和结构之间的关系。

1.1 原子核外电子的运动状态

1.1.1 波函数和薛定谔方程

微观粒子的运动规律无法用经典力学来描述，而是需要用量子力学来描述。薛定谔提出了描述微观粒子运动状态的基本方程——薛定谔方程（Schr dinger equation），这个方程是一个二阶偏微分方程，它的形式如下：

$$\frac{\partial^2\psi}{\partial x^2}+\frac{\partial^2\psi}{\partial y^2}+\frac{\partial^2\psi}{\partial z^2}+\frac{8\pi^2 m}{h^2}(E-V)\psi=0$$

式中，ψ 为波函数；E 为体系的总能量；V 为体系的势能；h 为普朗克常数；m 为微观粒子的质量；x、y、z 为空间坐标。

有了薛定谔方程，原则上讲，任何体系电子的运动状态都应能求解了。但由于薛定谔方程求解过程相当复杂，至今只能精确求解单电子体系（如 H，He^+，Li^{2+}）的薛定谔方程。

对单电子体系来说，解薛定谔方程所得到的一系列 ψ 是描述特定微观粒子运动状态的波函数。它是空间坐标 x、y、z 的函数，$\psi=f(x、y、z)$。由于薛定谔方程的导出和求解需要较深的数学基础，故这里仅定性地介绍解氢原子薛定谔方程的结果，并把它推广到其他原子上。

为了数学上的求解方便，需把直角坐标(x、y、z)变换为球坐标(r, θ, φ)，如图 1-1 所示，并把 $\psi(r,\theta,\varphi)$ 分解为径向函数 $R(r)$ 和角度函数 $Y(\theta,\varphi)$ 的积，即 $\psi(r,\theta,\varphi)=R(r)Y(\theta,\varphi)$。从而求得这个函数的解——波函数 $\psi(r,\theta,\varphi)$。

1.1.2 波函数和原子轨道

对薛定谔方程求解，所得的解为一系列波函数 $\psi(n,l,m)$，如 ψ_{1s} 或 $\psi(1,0,0)$、ψ_{2s} 或 $\psi(2,0,0)$、ψ_{2p} 或 $\psi(2,1,0)$ 等和与其相应的一系列能量 E_{1s}、E_{2s}、E_{2p} 等，波函数 ψ 用来描

述微观粒子的运动状态。

波函数 ψ 就是原子轨道。如 $\psi(1, 0, 0)$ 为 1s 轨道，表示为 ψ_{1s}；如 $\psi(2, 0, 0)$ 为 2s 轨道，表示为 ψ_{2s}；如 $\psi(2, 1, 0)$ 为 2p 轨道，表示为 ψ_{2p} 等。要注意的是，量子力学中的“原子轨道”的意义不是指电子在核外运动遵循的轨迹，而是指电子的一种空间运动状态，它不同于宏观物体的运动轨道。

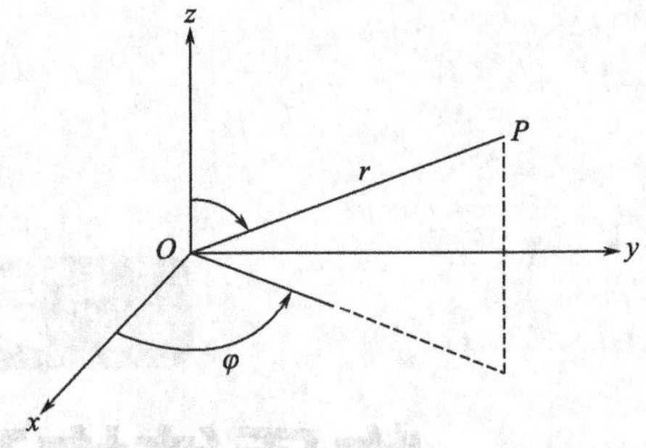

图 1-1　直角坐标与球坐标的关系

$x = r\sin\theta\cos\varphi$；$y = r\sin\theta\sin\varphi$；

$z = r\cos\theta$；$r = \sqrt{x^2 + y^2 + z^2}$

1.1.3　四个量子数

核外电子的运动状态可以用 ψ 和 E 描述，但是 ψ 和 E 求解需要引入三个量子数，或者说，只有引用了这三个量子数，才能从薛定谔方程解出有意义的结果来，才能帮助了解原子核外电子的运动状态。

1.1.3.1　主量子数 *n*

主量子数 n 表示核外电子出现最大概率区域离核的远近，可以用 n 来表示（n 的取值为 1，2，3，4…的正整数）。n 越大，电子离核平均距离越远，能量越高。氢原子的电子能量为：

$$E = -\frac{2.179 \times 10^{-18}}{n^2}(\text{J})$$

n 表示原子核外电子层数，n 相同的电子称为同层电子。也可以用字母来表示不同的电子层。

主量子数(n)	1	2	3	4	5	6	7	…
电子层	K	L	M	N	O	P	Q	…

1.1.3.2　角量子数 *l*

角量子数 l 表示电子运动的角动量的大小，它决定电子在空间的角度分布情况，决定原子轨道的形状或电子云角度分布的形状。在同一电子层内，电子的运动状态和能量稍有不同，也就是说在同一电子层中还存在若干电子亚层，此时 n 相同，l 不同，能量也稍有不同。每一个 l 值对应一种轨道，每一种轨道都有特定的光谱符号。

l 的取值为由 $0 \sim (n-1)$ 的正整数，一个数值表示一个电子亚层。l 数值与光谱学上规定的电子亚层符号之间的对应关系如下：

角量子数(l)	0	1	2	3	4	5
电子亚层符号	s	p	d	f	g	h

例如，$n=1$ 时，$l=0$，表示 1s 亚层，相应电子为 1s 电子；

$n=2$ 时，$l=0$、1，表示 2s、2p 亚层，相应电子为 2s、2p 电子；

$n=3$ 时，$l=0$、1、2，表示 3s、3p、3d 亚层，相应电子为 3s、3p、3d 电子；

$n=4$ 时，$l=0$、1、2、3，表示 4s、4p、4d、4f 亚层，相应电子为 4s、4p、4d、4f 电子。

1.1.3.3　磁量子数 *m*

磁量子数 m 用来描述轨道的取向。在同一亚层中往往还包含着若干个空间伸展方向不同的原子轨道。它是用来描述原子轨道或电子云在空间的不同伸展方向的。

m 的取值为 $-l$、…、-1、0、$+1$、…、$+l$ 共 $(2l+1)$ 个整数。这意味着亚层中的电子有 $(2l+1)$ 个取向，每一个 m 值对应一个轨道。如表 1-1 所示。

表 1-1　磁量子数与原子轨道的关系

项　目	$s(l=0)$	$p(l=1)$	$d(l=2)$
取向数 $(2l+1)$	1	3	5
m 取值	0	$-1,0,+1$	$-2,-1,0,+1,+2$
对应原子轨道名称	s	p_y,p_z,p_x	$d_{xy},d_{yz},d_{z^2},d_{xz},d_{x^2-y^2}$

n、l、m 三个量子数决定了一个原子轨道，也就决定了一个波函数 ψ，一般 n、l 相同，m 不同的同一亚层的原子轨道属于同一能级，能量是完全相等的，叫等价轨道或称简并轨道。

亚层	s	p	d	f
等价轨道	一个 s 轨道	三个 p 轨道	五个 d 轨道	七个 f 轨道

1.1.3.4　自旋量子数 m_s

自旋量子数不能从薛定谔方程中得到，是后来在实验和理论进一步研究中引入的。m_s 其值可取 $+\frac{1}{2}$ 或 $-\frac{1}{2}$，表示电子两种不同的“自旋”状态。自旋相反，用“↑↓”表示；自旋相同用“↑↑”表示。

可见，原子核外每一个电子的运动状态可以用四个量子数 n、l、m、m_s 来描述。主量子数 n 决定电子的能量和电子离核的远近（电子处在哪一个电子层），角量子数 l 决定原子轨道的形状（电子处在这一电子层的哪一个亚层上），在多电子原子中 l 也影响电子的能量，磁量子数 m 决定原子轨道在空间伸展的方向（电子处在哪一个轨道上），自旋量子数 m_s 决定电子自旋的方向。只有知道了 n、l、m、m_s 四个量子数，才能确切地知道该电子的运动状态。在同一原子中，没有运动状态完全相同的两个电子存在，即在同一原子中，不能有四个量子数（n、l、m、m_s）完全相同的两个电子存在。如表 1-2 所示。

表 1-2　量子数与电子层最大容量

电子层主量子数 n	K	L		M			N			
	1	2		3			4			
电子亚层	s	s	p	s	p	d	s	p	d	f
电子亚层角量子数 l	0	0	1	0	1	2	0	1	2	3
电子亚层符号	1s	2s	2p	3s	3p	3d	4s	4p	4d	4f
磁量子数 m	0	0	-1 0 $+1$	0	-1 0 $+1$	-2 -1 0 $+1$ $+2$	0	-1 0 $+1$	-2 -1 0 $+1$ $+2$	-3 -2 -1 0 $+1$ $+2$ $+3$
电子亚层轨道数目	1	1	3	1	3	5	1	3	5	7
容纳电子数目	2	2	6	2	6	10	2	6	10	14
n 电子层最大容量 $2n^2$	2	8		18			32			

1.1.3.5　原子轨道和电子云的角度分布图

波函数 $\psi(r,\theta,\varphi)$ 往往是很复杂的，用起来很不方便。常将 $\psi(r,\theta,\varphi)$ 分解成只含径

向部分 $R(r)$ 和角度部分 $Y(\theta,\varphi)$ 的乘积形式，即

$$\psi(r,\theta,\varphi)=R(r)Y(\theta,\varphi)$$

表 1-3 氢原子的若干波函数(a_0 为波尔半径)

轨道	$\psi(r,\theta,\varphi)$	$R(r)$	$Y(\theta,\varphi)$
1s	$\sqrt{\frac{1}{\pi a_0^3}}e^{-r/a_0}$	$2\sqrt{\frac{1}{a_0^3}}e^{-r/a_0}$	$\sqrt{\frac{1}{4\pi}}$
2s	$\frac{1}{4}\sqrt{\frac{1}{2\pi a_0^3}}(2-\frac{r}{a_0})e^{-r/2a_0}$	$\sqrt{\frac{1}{8\pi a_0^3}}(2-\frac{r}{a_0})e^{-r/2a_0}$	$\sqrt{\frac{1}{4\pi}}$
$2p_z$	$\frac{1}{4}\sqrt{\frac{1}{2\pi a_0^3}}(\frac{r}{a_0})e^{-r/2a_0}\cos\theta$	$\sqrt{\frac{1}{24\pi a_0^3}}(\frac{r}{a_0})e^{-r/2a_0}$	$\sqrt{\frac{3}{4\pi}}\cos\theta$
$2p_x$	$\frac{1}{4}\sqrt{\frac{1}{2\pi a_0^3}}(\frac{r}{a_0})e^{-r/2a_0}\sin\theta\cos\varphi$		$\sqrt{\frac{3}{4\pi}}\sin\theta\cos\varphi$
$2p_y$	$\frac{1}{4}\sqrt{\frac{1}{2\pi a_0^3}}(\frac{r}{a_0})e^{-r/2a_0}\sin\theta\sin\varphi$		$\sqrt{\frac{3}{4\pi}}\sin\theta\sin\varphi$

其中，$R(r)$ 只与电子离核的远近有关，称为波函数的径向部分；$Y(\theta,\varphi)$ 表示与角度 θ、φ 有关系，称为波函数的角度部分。分别对此两部分的函数值作图，可以得到径向波函数分布图和角度波函数分布图。求解薛定谔方程得出氢原子的波函数及其径向部分和角度部分如表 1-3 所示。

由于波函数的角度分布图对于讨论原子轨道的空间构型意义重大，所以下面着重讨论波函数的角度分布图。对 $Y(\theta,\varphi)$ 函数，如果分别赋予其不同的 θ、φ 值，通过运算求出 Y 值，然后作图，就可得到某些闭合的立体曲面，这个曲面就是波函数或原子轨道的角度分布图。

【例 1-1】 画出 p_z 原子轨道分布图。

解 求解薛定谔方程可得：

$$Y_{p_z}=\sqrt{\frac{3}{4\pi}}\cos\theta$$

不同 θ 时 Y 的相对大小为如表 1-4 所示。

表 1-4 不同 θ 时 Y 的相对大小

θ	0°	30°	45°	60°	90°	120°	135°	150°	180°
$\cos\theta$	+1	+0.866	+0.707	+0.5	0	−0.5	−0.707	−0.866	−1
Y_{p_z}	+0.489	+0.423	+0.346	+0.244	0	−0.244	−0.346	−0.423	−0.489

由表 1-4 中数据可以先画出 Y_{p_z} 在 xz 平面上的曲线如图 1-2 所示。由于 Y_{p_z} 不随 φ 而变化，故将该曲线绕 z 轴旋转 360°，得到的空间闭合曲面就是 p_z 的原子轨道的角度分布图。此图形分布在 xy 平面的上下两侧，在 z 轴上出现极值，且对称地分布在 z 轴的周围，呈“8”字形双球面，习惯上叫做哑铃形。z 轴为 p_z 原子轨道的对称轴。在 xy 平面上 Y_{p_z} 值为零，故 xy 平面是 p_z 原子轨道角度分布图的节面。Y_{p_z} 的数值可为正值或负值，故在相应的曲线或曲面区域内分别以“+”或“−”号标记之。这些正负号以及 Y 的极大值空间取向对原子之间能否成键以及成键的方向性起着重要的作用。p_x、p_y 和 p_z 原子轨道的角度分布图形相似，只是对称轴不同。

其他原子轨道角度分布图，也可依类似的方法画出。图 1-3 给出了其他原子轨道的角度分布剖面图。s 轨道呈球形，d 轨道都呈花瓣形，其中 $Y_{d_{xy}}$、$Y_{d_{yz}}$、$Y_{d_{xz}}$ 分别在 x 轴和 y 轴、y 轴和 z 轴、x 轴和 z 轴之间夹角的角平分线上出现极值；$Y_{d_{z^2}}$ 在 z 轴上，$Y_{d_{x^2-y^2}}$ 在 x 轴上和 y 轴上分别出现极值。

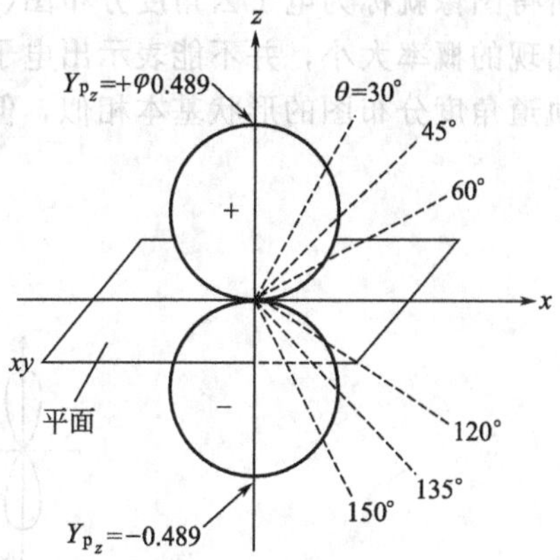

图 1-2 p_z 原子轨道的角度

1.1.3.6 电子云图与角度分布图

波函数 Y 的平方 Y^2 却反映了粒子在空间某点单位体积内出现的概率即概率密度。在这个意义上，对照电子衍射图，在衍射强度大的地方，电子出现的概率就大，在衍射强度小的地方，电子出现的概率就小，而在整个区域里形成一个有规律的连续概率分布。

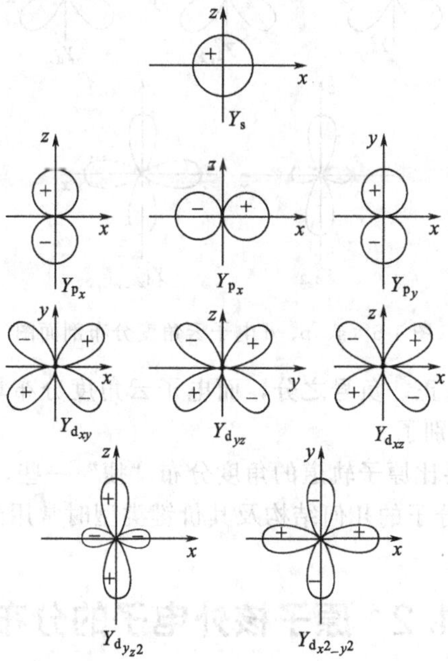

图 1-3 s、p、d 原子轨道角度分布

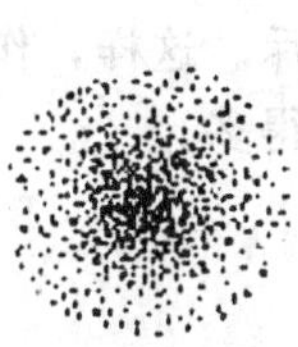

图 1-4 基态氢原子 1s 电子云示意图

为了形象化地表示核外电子运动的概率，习惯用小黑点分布的疏密来表示电子出现概率的相对大小。小黑点较密的地方，表示概率较大，即单位体积内电子出现的机会多。用这种方法来描述电子在核外出现的概率分布的空间图像称电子云。图 1-4 是基态氢原子 1s 电子云示意图。

电子云角度分布图是 Y^2 值随 θ、φ 变化的图像，作图方法与原子轨道角度分布图类似，所得图像就称为电子云角度分布图(见图 1-5)。这种图形只能表示出电子在空间不同角度所出现的概率大小，并不能表示出电子出现的概率密度和离核远近的关系。它们和相应的原子轨道角度分布图的形状基本相似，但有以下两点区别。

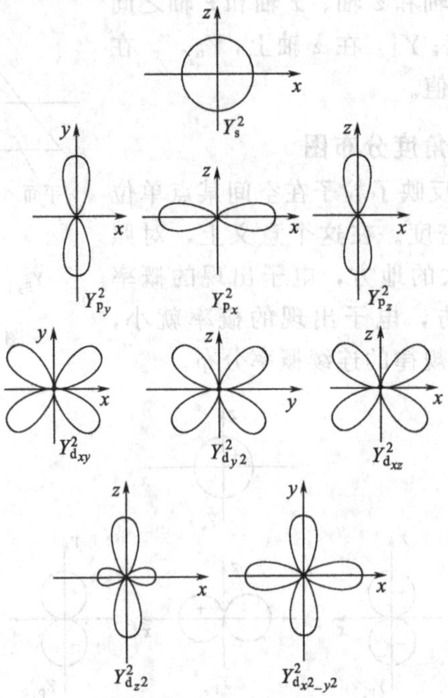

图 1-5　s、p、d 电子云角度分布剖面图

① 原子轨道角度分布有正、负号之分，而电子云角度分布均为正值，这是由于 Y 值经平方后就没有正、负号的区别了。

② 电子云的角度分布要比原子轨道的角度分布“瘦”一些，由表 1-3 可以知道 $|Y|<1$，所以 Y^2 值更小些。在讨论分子的几何结构及其价键类型时常用到电子云图像。

1.2　原子核外电子的分布

除氢以外其他元素的原子，都属于多电子原子。在多电子原子中，由于电子不仅受原子核的吸引，而且还受其他电子对它的排斥。这样，作用于该电子上的核的吸引力以及电子之间的斥力也远比氢原子中的电子要复杂得多。

1.2.1　多电子原子的能级

1.2.1.1　屏蔽效应

在多电子原子中，电子不仅受到原子核的吸引，而且电子之间存在着排斥作用，因而多电子原子的薛定谔方程无法求得精确解。斯莱脱认为，在多电子原子中，某一电子受其余电子排斥作用的结果，与原子核对该电子的吸引作用正好相反。因此，可以认为其余电子的存在削弱了原子核对该电子的吸引作用，也就是说，该电子实际上所受到的核的引力要比相应数值等于原子序数 z 的核电荷的引力为小，这样就引入了一个有效核电荷 z^* 的概念。

$$z^* = z - \sigma$$

σ称为屏蔽常数。显然σ体现其余电子对核电荷的影响，或者说，σ代表了将原有核电荷抵消的部分。这种将其他电子对某个电子的排斥作用归结为抵消一部分核电荷的作用，称为屏蔽效应。对某一电子来说，σ的数值与其余电子的多少以及这些电子所处的轨道有关，也与该电子本身所在的轨道有关。一般来讲，内层电子对外层电子的屏蔽作用较大，外层电子对较内层电子可近似地看做不产生屏蔽作用。

屏蔽常数σ值可根据斯莱脱提出的经验规则近似计算如下。

① 将原子中的轨道分成如下几组：(1s)、(2s，2p)、(3s，3p)、(3d)、(4s，4p)、(4d)、(4f)、(5s，5p)等。

② 处于被屏蔽电子右侧各组轨道的电子，对此电子无屏蔽作用，即$\sigma=0$。

③ 1s电子之间$\sigma=0.30$，其余同组组内电子之间$\sigma=0.35$。

④ 如被屏蔽电子为(ns，np)组中的电子，主量子数($n-1$)每个电子对它的$\sigma=0.85$，($n-2$)以及更内层中的电子的$\sigma=1.00$。

⑤ 如被屏蔽电子为(nd)或(nf)组中的电子，位于左侧各组电子对的$\sigma=1.00$。在计算原子中某电子的σ值时，可将有关屏蔽电子对该电子的σ值相加而得。

【例 1-2】 23V核外电子排布式为$1s^2 2s^2 2p^6 3s^2 3p^6 3d^3 4s^2$，试分别计算处于3p和3d轨道上电子的有效核电荷。

解 3p轨道电子 $z^* = z-\sigma=23-[(0.35\times7)+(0.85\times8)+(1.00\times2)]=11.75$

3d轨道电子 $z^* = z-\sigma = 23-[(0.35\times2)+(1.00\times18)]=4.3$

因此不同轨道上的电子在不同的有效核电荷z^*作用下运动，当然也就具有不同的能量。

1.2.1.2 能级交错

多电子原子中电子能级由n、l决定，可归纳出以下三条规律。

① 角量子数l相同时，随主量子数n值增大，轨道能量升高。$E_{1s}<E_{2s}<E_{3s}$。

② 主量子数n相同时，随角量子数l值增大，轨道能量升高。$E_{ns}<E_{np}<E_{nd}<E_{nf}$。

③ 当主量子数n和角量子数l值都不同时，有时出现能级交错现象。如某些元素中$E_{4s}<E_{3d}$等。能级交错，可以从屏蔽效应获得部分解释。

1.2.1.3 鲍林近似能级图

1939年鲍林根据总结出多电子原子中各轨道能级相对高低的情况，并用图近似地表示出来(见图1-6)。图中一个小圆圈表示一个原子轨道，它们反映了核外电子填充的一般顺序为：1s 2s2p 3s3p 4s3d4p 5s4d5p 6s4f5d6p 7s5f…

根据原子中各轨道能量高低的情况，常在图1-6中把原子轨道划分为若干个能级组(图中分别用方框表示)。相邻两个能级组之间的能量差比较大，而同一能级组中各原子轨道的能量差较小或很接近。能级组的划分与元素周期系中元素划分为七个周期是相一致的，即元素周期系中元素划分为周期的本质原因就是能量。

1.2.2 核外电子排布

1.2.2.1 核外电子排布规律

(1) 保里不相容原理 保里不相容原理可有以下三种表述。

① 在同一原子中，不可能有运动状态完全相同的电子存在。

② 在同一原子中，不可能有四个量子数完全相同的电子存在。

③ 每一个轨道只能容纳两个自旋方向相反的电子。

(2) 能量最低原理 在不违背保里不相容原理的前提下，核外电子在各原子轨道上的排

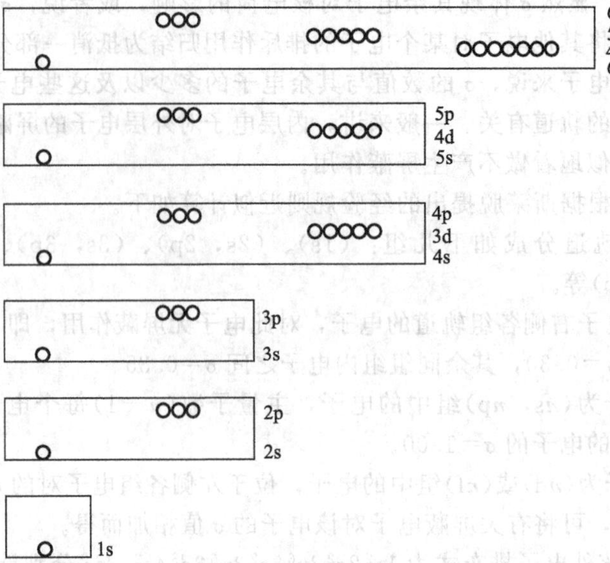

图 1-6　鲍林近似能级图

布方式应使整个原子能量处于最低的状态。因此，电子总是尽量先分布在能量较低的轨道上，只有当能量最低的轨道已占满后，电子才依次进入能量较高的轨道。

(3) 洪特规则　洪特规则是指电子在简并轨道上分布时，总是以自旋相同的方向分占不同的轨道。这样的排布方式，原子的能量较低，体系较稳定。

作为洪特规则的特例，当等价轨道被电子半充满（如 p^3，d^5，f^7）或全充满（p^6，d^{10}，f^{14}）或全空（p^0，d^0，f^0）时，原子的能量较低，也是较稳定的。

1.2.2.2　核外电子填入轨道的顺序

对多电子原子来说，其核外电子的填充顺序是遵从核外电子排布三原则，由此可以写出绝大部分元素的原子基态时的核外电子排布式。

如 20 号元素钙的核外电子排布式为：$1s^2 2s^2 2p^6 3s^2 3p^6 4s^2$。

如 7 号元素氮的核外电子排布式为：$1s^2 2s^2 2p^3$，即 $1s^2 2s^2 2p_x^1 2p_y^1 2p_z^1$。

如 24 号元素铬元素的核外电子排布式为：$1s^2 2s^2 2p^6 3s^2 3p^6 3d^5 4s^1$，而不是 $1s^2 2s^2 2p^6 3s^2 3p^6 3d^4 4s^2$，这是因为 3d 轨道的半充满状态能量较低的缘故。

如 29 号元素铜元素的核外电子排布式为：$1s^2 2s^2 2p^6 3s^2 3p^6 3d^{10} 4s^1$，而不是 $1s^2 2s^2 2p^6 3s^2 3p^6 3d^9 4s^2$，这是因为 3d 轨道的全充满状态、4s 轨道的半充满状态能量较低的缘故。

大家应掌握原子序数为 1～36 号元素的电子层结构，同时还应该注意到电子排布式中能级的书写次序与电子填充的先后次序并不完全一致。如电子填充时 4s 先于 3d，但书写时一般应再按主量子数 n 和角量子数 l 数值由低到高排列整理一下，即把 3d 放在 4s 前面，和同层的 3s、3p 放在一起书写，如 Mn 的电子层结构应书写为 $1s^2 2s^2 2p^6 3s^2 3p^6 3d^5 4s^2$。另外需注意，原子失去电子的顺序是先失去最外层电子，如 Mn^{2+} 的电子层结构是 $1s^2 2s^2 2p^6 3s^2 3p^6 3d^5$，而不是 $1s^2 2s^2 2p^6 3s^2 3p^6 3d^3 4s^2$，即先失去外层 4s 上的两个电子。

在书写原子核外电子排布时，也可用该元素前一周期的稀有气体的元素符号作为原子实代替相应的电子排布部分，如铜的排布式 $1s^2 2s^2 2p^6 3s^2 3p^6 3d^{10} 4s^1$，也可写成 [Ar] $3d^{10} 4s^1$。

1.2.2.3 价层电子排布式

为方便起见，需要表明某元素原子的电子层结构时，往往只写出它的价电子层结构(或称价电子构型)。所谓价电子层结构，对主族元素而言，即最外电子层结构，对副族元素(镧系、锕系元素除外)而言，是最外电子层加上次外层 d 轨道电子结构，如氯的价层电子构型为 $3s^5$；再如锰的价层电子构型为 $3d^5 4s^2$，因此元素化学性质主要决定于价电子层结构。

1.2.3 元素周期表及其应用

元素周期律(Periodic Law)，指元素的性质随着元素的原子序数(即原子核外电子数或核电荷数)的增加呈周期性变化的规律。周期律的发现是化学系统化过程中的一个重要里程碑。

19 世纪 60 年代化学家已经发现了 60 多种元素，并积累了这些元素的原子量数据，为寻找元素间的内在联系创造了必要的条件。俄国著名化学家门捷列夫和德国化学家迈锡尼等分别根据原子量的大小，将元素进行分类排队，发现元素性质随原子量的递增呈明显的周期变化的规律。1868 年，门捷列夫经过多年的艰苦探索发现了自然界中一个极其重要的规律——元素周期规律。

元素性质的周期性来源于基态原子电子层结构随原子序数递增而呈现的周期性，元素周期律正是原子电子层结构周期性变化的反映，元素在周期表中的位置和它们的电了层结构有直接关系。

1.2.3.1 原子的价电子层结构

(1) 原子序数 原子序数由原子的核电荷数或核外电子总数而定。

(2) 周期 元素周期表中每一行称为一个周期，周期的序数等于原子的电子层数，第一周期有一个电子层，第二周期有两个电子层，其余类推(只有 Pd 属于第五周期，但只有 4 层电子)。

表 1-5 各周期元素与相应能级组的关系

周期	元素数目	相应能级组中的原子轨道	电子最大容量
1	2	1s	2
2	8	2s2p	8
3	8	3s3p	8
4	18	4s3d4p	18
5	18	5s4d5p	18
6	32	6s4f5d6p	32
7	26(未完)	7s5f6d(未完)	未满

周期有长短之分。每一周期都是从 ns^1(碱金属元素)开始到 ns^2np^6(稀有气体)结束。从第四周期开始，有过渡元素，称为长周期。过渡元素的最后电子填充在次外层 $(n-1)$d，甚至在倒数第三层 $(n-2)$f 上。因为元素的性质主要决定于最外层电子，因此在长周期中元素性质的递变比较缓慢。各周期元素的数目等于相应能级组中原子轨道所能容纳的电子总数，如表 1-5 所示。

(3) 族 主族元素(ⅠA 至ⅦA)的价电子数等于最外层 ns 和 np 电子的总数，也等于其族序数。稀有气体称为零族。副族元素情况比较复杂，需要具体分析。ⅠB、ⅡB 元素的价电子数等于最外层 ns 电子的数目；ⅢB～ⅦB 元素的价电子数等于最外层 ns 和次外层 $(n-1)$d 的电子总数。铁、钴、镍统称为Ⅷ族。同一族中各元素的电子层数虽然不同，但却有相同的价电子构型和相同的价电子数。

(4) 区 根据元素原子价电子层结构，可以把周期表中的元素所在的位置分成 s、p、d、ds 和 f 五个区。

① s 区元素：价电子构型为 $ns^{1\sim2}$，包括ⅠA 和ⅡA。

② p 区元素：价电子构型为 $ns^2np^{1\sim6}$，包括ⅢA～ⅦA 及零族元素。

③ d 区元素：价电子构型为 $(n-1)d^{1\sim8}ns^{1\sim2}$，位于长周期表的中部。包括ⅢB～Ⅷ族的所有元素，其中ⅥB 的价电子构型为洪特规则的半充满特例。

④ ds 区元素：价电子构型为 $(n-1)d^{10}ns^{1\sim2}$，包括ⅠB、ⅡB 族元素。

⑤ f 区元素：价电子构型为 $(n-2)f^{1\sim14}ns^2$，是指最后一个电子填在 $(n-2)f$ 能级上的元素，即镧系、锕系元素，该区元素性质极为相似。

1.2.3.2 元素周期表的应用

元素周期表是元素周期律的具体体现，反映了元素在结构与性质上的相互联系，具有极其丰富的内涵，是学习和研究化学及其相关学科的重要工具。

(1) 获取元素的相关信息 元素周期表提供了每种元素的原子序数、元素符号、元素名称、价层电子构型、相对原子质量等多种参数，如图 1-7 所示。

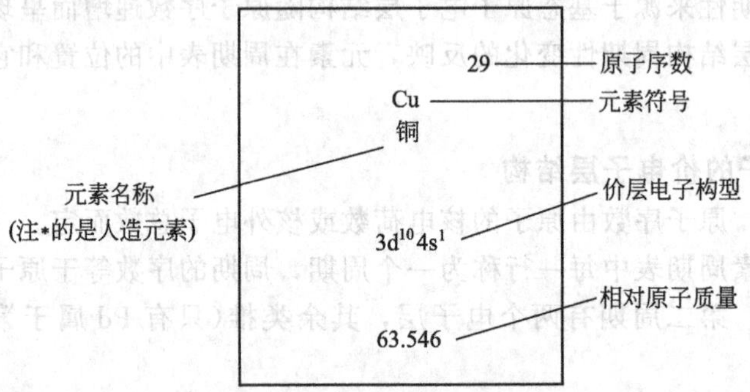

图 1-7 周期表中元素各参数的位置

(2) 判断元素 元素的性质呈现出周期性的变化规律，在周期表中有充分体现。如同一周期的元素，从左到右电负性逐渐增大；同一族元素，从上而下电负性逐渐减小。但是，由于副族元素原子电子结构比较复杂，电负性的递变过程出现许多例外。同一周期元素，从左到右金属性逐渐减弱，非金属性逐渐增强；同一主族元素，从上到下金属性逐渐增强，非金属性逐渐减弱。因此，根据原子的电子构型，可以确定元素在周期表中的位置及其主要性质；反之，根据元素在周期表中的位置，可以推断原子的电子构型及主要性质。

【例 1-3】 已知某元素的原子序数为 24，试写出改元素原子的电子排布式、价电子构型，并指出它在周期表中的位置，是什么元素。

解 该元素的子序数为 24，其原子核外有 24 个电子，电子排布式为 $1s^22s^22p^63s^23p^63d^54s^1$，价电子构型为 $3d^54s^1$。

由电子构型可以推知，该元素为位于周期表中第四期ⅥB 族的铬(Cr)元素，它是一种金属元素。

(3) 在实际中的应用 根据结构决定性质、性质影响用途的规律，周期表中位置靠近的元素性质相似并具有类似的用途。周期表中位于右上方的非金属元素，如氟(F)、氯(Cl)、硫(S)、磷(P)等，是制备农药的常用元素，半导体材料元素为周期表中位于金属和非金属接界处的元素，如硅(Si)、镓(Ga)、锗(Ge)、锡(Sn)等。这可以启发人们通过对周期表中一定区域元素的研究，寻找新材料和新物质。例如，ⅢB～ⅥB族的过渡元素，如钛(Ti)、钽(Ta)、铬(Cr)、钼(Mo)、钨(W)等，具有耐高温、耐腐蚀等特点，是制作特种合金的优良材料；过渡元素对许多化学反应有良好的催化性能，可用于制备优良的催化剂。

1.3 化学键和分子间作用力

自然界的物质，除稀有气体外都是以原子(或离子)结合成分子(或晶体)的形式存在的。原子既然能够结合成分子，原子之间必然存在着相互作用，这种相互作用不仅存在于直接相邻的原子之间，而且存在于非直接相邻的原子之间。直接相邻的原子间作用力比较强烈，化学上把这种纯净物分子内或晶体内相邻两个或多个原子(或离子)间强烈的相互作用力统称为化学键。而把存在于分子与分子之间或惰性气体原子间的作用力称为分子间作用力，又称为范德华力，是影响物质的熔点、沸点及溶解度的重要因素。

1.3.1 化学键

各种原子结合为分子或晶体时，直接相连的粒子间都有强烈的吸引作用。这种相互的吸引作用称为化学键。根据粒子间的相互作用的不同，可以把化学键分成离子键、共价键(包含配位键)和金属键三大类。

1.3.1.1 共价键

在1914—1916年间，路易斯就提出了共价键理论，认为原子结合成分子时，每个原子都有达到稳定的稀有气体原子构型的倾向，而这种构型又是通过两原子间共用电子对的方式来实现的。这种原子间通过共用电子对的形式而形成的化学键称为共价键。如：

H∶H　　Cl∶Cl　　H∶Cl　　N⋮⋮N　　H_2C∷CH_2

运用路易斯理论可以成功地解释电负性相同或相近的原子是如何组成分子的。

(1) 共价键的形成　用量子力学原理求解氢原子薛定谔方程，得到两个氢原子的相互作用能(E)与两个氢原子核间距离R，绘制E-R曲线如图1-8所示。结果表明，当电子自旋方向相同的两个氢原子相距很远时，它们之间基本上不存在相互作用力；但当它们互相趋近时(见图1-8中E_A线向左移动)逐渐产生了相互排斥作用；若使两个氢原子更加接近，则排斥力显著增加，能量曲线E_A急剧上升，不能形成稳定的氢分子；然而，当电子自旋方向相反的两个氢原子相互趋近时，它们会彼此吸引，使体系的能量逐渐趋向于最低值(见图1-8中的E_s线)；当两个氢原子的核间距离为74.2pm时，出现能量的最低值−436kJ/mol(即为氢分子的键能)，此时形成了稳定的氢分子。如果两个氢原子继续接近，则原子间的排斥力将显著地增加，能量曲线急剧上升。

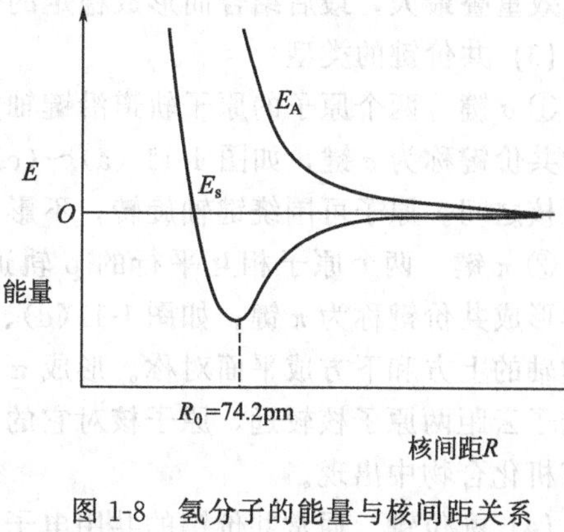

图1-8　氢分子的能量与核间距关系

两个氢原子若能形成稳定的氢分子，其电子云必须发生重叠。当两个氢原子的电子自旋相同时相互接近，在核间出现了电子概率密度的空白区，见图1-9(a)，从而增强了两个核间的排斥力，因而不能形成稳定的H_2。反之，当两个氢原子的电子自旋相反时相互接近，核间出现电子概率密度增大的区域，见图 1-9(b)，这样，不仅削弱了两核间的排斥力，而且还增强了核间电子云对两核的吸引力，使体系能量得以降低，形成稳定的 H_2。此时 H_2 分子中的核间距为 74.2pm，而 H 原子的玻尔半径为 53pm，可见，H_2 分子的核间距比两个 H 原子玻尔半径之和要小，H 原子的共价半径为 37.1pm。这一事实表明，在 H_2 分子中两个 H 原子的 ls 轨道必定发生了重叠，从而使两核间电子概率密度增大。可见，共价键是由成键电子的原子轨道重叠而形成的化学键。

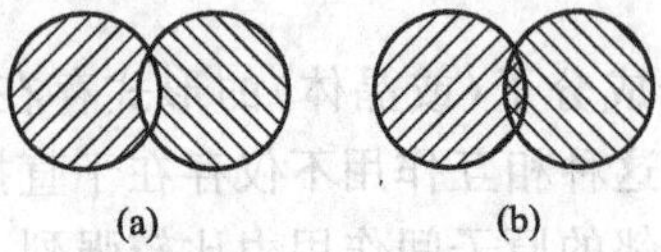

图 1-9　H_2 分子两种状态

(a)排斥态；(b)基态

(2) 价键理论的要点

① 共价键的饱和性　若原子要形成稳定的共价键，原子中必须有未成对电子，而且两个原子未成对电子的自旋方向必须相反，因此一个原子有几个未成对电子（包括激发后形成的单电子），便可形成几个共价键。

② 共价键的方向性　既然共价键是原子轨道的重叠，也就不难理解原子轨道重叠越多，形成的共价键也就越稳定。因此在形成共价键时，原子间总是尽可能沿着原子轨道能够最大重叠的方向重叠成键。同时原子轨道的重叠必须考虑“＋”、“－”号，两个原子轨道只有同号才能实现有效重叠，而且重叠越多，形成的共价键越稳定。

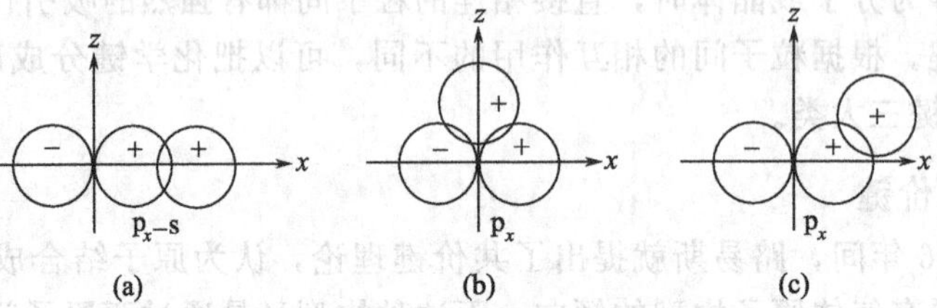

图 1-10　HCl 分子成键示意图

例如 H 与 Cl 结合成 HCl 分子时，Cl 原子的最外层 $3p_x$ 原子轨道与 H 原子的 1s 原子轨道可有三种重叠方式，只有 H 原子的 1s 原子轨道沿 x 轴向 Cl 原子的 $3p_x$ 轨道接近时，轨道有效重叠最大，最后结合而形成稳定的分子，见图 1-10(a)所示。

(3) 共价键的类型

① σ 键　两个原子的原子轨道沿键轴方向，以“头碰头”的方式发生最大重叠，这样形成的共价键称为 σ 键，如图 1-11 (a)～(c)所示。键轴即为两原子核间连线，重叠部分集中在两核之间。原子可围绕键轴旋转，不影响共价键的强度，如 HCl 中的共价键就属于 σ 键。

② π 键　两个原子相互平行的 p 轨道侧面交盖，以“肩并肩”的方式发生最大重叠，这样形成共价键称为 π 键。如图 1-11(d)、(e)所示为 π 键。它们的共同特征是重叠部分集中在键轴的上方和下方成平面对称。形成 π 键的电子叫 π 电子。π 键的轨道重叠程度小，且成键电子云距两原子核较远，原子核对它的引力较小，因此能量比较高，比较活泼。π 键经常在有机化合物中出现。

(4) 配位键　通常共价键的共用电子对都是由成键的两个原子各提供一个电子组成的。此外还有一类共价键，一个原子提供孤对电子而另一个原子提供空轨道，这样形成的共价键称为配位共价键，简称配位键。形成配位键必须具备以下两个条件。

① 一个原子其价电子层有未共用的电子对，又称孤对电子。

② 另一个原子其价电子层有空轨道。

如碳原子与氧原子形成 CO 分子时，则除形成一个 σ 键、一个 π 键外，氧原子的 p 电子对还可以和 C 原子空的 p 轨道形成一个配位 π 键。

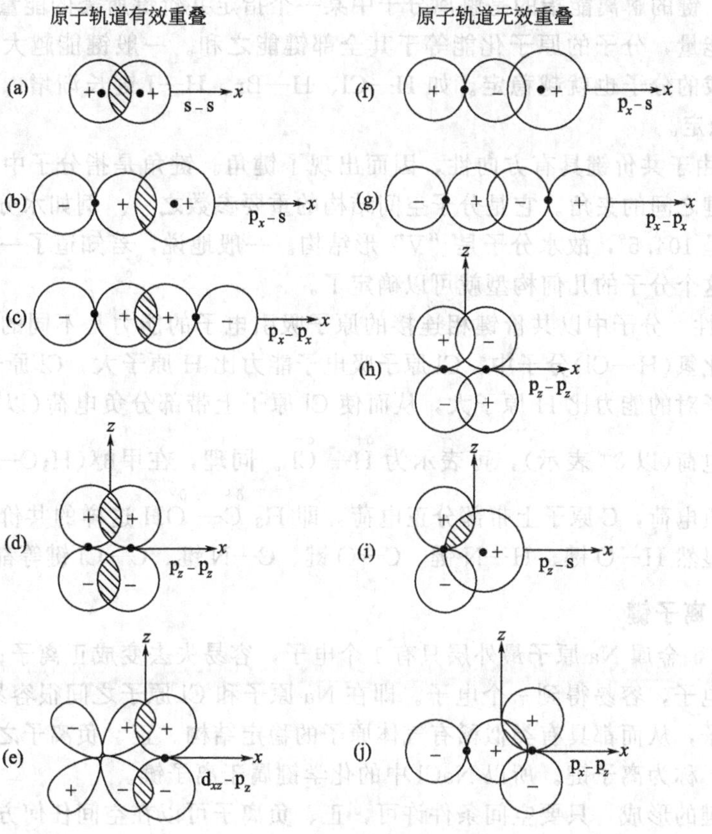

图 1-11 原子轨道重叠的几种方式

价键理论认为：中心离子(或原子)M 与配体 L 形成配位化合物时，中心离子(或原子)以空的杂化轨道，接受配体提供的孤对电子，形成σ配键(一般用 M←L 表示)，即中心离子(或原子)空的杂化轨道与配位原子的孤对电子所在的原子轨道重叠，形成配位共价键。中心离子杂化轨道的类型与配位离子的空间构型和配位化合物类型(内轨型或外轨型)密切相关。

(5) 键参数

① 键长 分子中成键的两个原子核间距离叫键长(l)或键距(d)。两个确定的原子之间，如果形成不同的共价键，其键长越短，键能就越大，键就越牢固。

② 键能 双原子分子的键能就是 1mol 双原子分子(气态)解离为原子(气态)时所吸收的能量。例如，实验测得，1mol H_2 分子(气态)解离为 H 原子时吸收的能量是 436.0kJ，H—H键的键能就是 436.0kJ/mol(25℃)，相反，25℃时 H 原子(气态)相互结合生成 1mol H_2 分子(气态)时放出的能量也是 436.0kJ。

对于 1mol 多原子分子，要断裂其中的键成为单个原子需要多次解离，因此解离能不等于键能，多次解离能的平均值才等于键能。例如：

$$CH_4(g) \longrightarrow CH_3(g) + H(g) \qquad \Delta H_1 = 435.3\text{kJ/mol}$$

$$CH_3(g) \longrightarrow CH_2(g) + H(g) \qquad \Delta H_2 = 460.5\text{kJ/mol}$$

$$CH_2(g) \longrightarrow CH(g) + H(g) \qquad \Delta H_3 = 426.9\text{kJ/mol}$$

$$CH(g) \longrightarrow C(g) + H(g) \qquad \Delta H_4 = 339.1\text{kJ/mol}$$

$$CH_4(g) \longrightarrow C(g) + 4H(g) \qquad \Delta H = 1661.8\text{kJ/mol}$$

$$E(\text{C—H}) = \frac{1}{4}\Delta H = \frac{1}{4} \times 1661.8 = 415.5(\text{kJ/mol})$$

综上所述，键的解离能指的是解离分子中某一个指定共价键所需的能量，而键能指的是某种键的平均能量，分子的原子化能等于其全部键能之和。一般键能越大，表明该键越牢固，由该键构成的分子也就越稳定。如 H—Cl、H—Br、H—I 键长渐增，键能渐小，因而 HI 不如 HCl 稳定。

③ 键角　由于共价键具有方向性，因而出现了键角。键角是指分子中的一个原子所形成的两个化学键之间的夹角。它是分子空间结构的重要参数之一。例如水分子中两个 O—H 键之间的夹角是 104.5°，故水分子是"V"形结构。一般地说，若知道了一个分子中的键长和键角数据，这个分子的几何构型就可以确定了。

④ 键的极性　分子中以共价键相连接的原子吸引电子的能力是不同的，有的大些，有的小些。在氯化氢(H—Cl)分子中，Cl 原子吸电子能力比 H 原子大，Cl 原子吸引 H—Cl 化学键上共用电子对的能力比 H 原子大，从而使 Cl 原子上带部分负电荷(以 δ^- 表示)，H 原子上带部分正电荷(以 δ^+ 表示)，可表示为 $\overset{\delta+}{H}-\overset{\delta-}{Cl}$。同理，在甲醇($H_3C$—OH)分子中，O 原子上带部分负电荷，C 原子上带部分正电荷，即 $H_3\overset{\delta+}{C}-\overset{\delta-}{O}H$ 这样的共价键具有极性，叫极性共价键。显然 H—O 键、H—N 键、C═O 键、C—N 键、C—Cl 键等都是极性共价键。

1.3.1.2　离子键

在 NaCl 中，金属 Na 原子最外层只有 1 个电子，容易失去变成正离子；非金属 Cl 原子最外层有 7 个电子，容易得到一个电子。即在 Na 原子和 Cl 原子之间很容易发生电子转移，形成正、负离子，从而都具有类似稀有气体原子的稳定结构。正、负离子之间靠静电引力作用形成化学键，称为离子键。所以 NaCl 中的化学键属于离子键。

(1) 离子键的形成　只要空间条件许可，正、负离子可以在空间任何方向与带有相反电荷的离子互相吸引，所以离子键是没有方向性的，同时，离子键也没有饱和性。例如在 CsCl 晶体中，每个 Cs^+ 周围等距离地排列着 8 个 Cl^-，而每个 Cl^- 周围也同样等距离地排列着 8 个 Cs^+，这是由正、负离子半径的相对大小、电荷多少等因素决定的，并不意味着它们的电性作用已达到饱和。在 CsCl 晶体中不存在 CsCl 分子，所以 CsCl 是化学式而不是分子式。

必须指出的是，在离子键形成的过程中，并不是所有的离子都必须具有稀有气体原子的电子构型(8 电子)。通常 8 电子结构只适用于ⅠA、ⅡA 族的元素所形成的离子，过渡元素以及锡、铅等形成离子时，不符合 8 电子结构，它们的离子也能稳定存在。

(2) 离子的特征　离子具有 3 个重要的特征：离子的电荷、离子的电子构型和离子半径。

① 离子的电荷　离子的电荷指原子在形成离子化合物过程中失去或获得的电子数。

② 离子的电子构型　所有简单负离子(如 F^-，Cl^-，S^{2-} 等)最外电子层结构为 ns^2np^6，即具有 8 电子构型。正离子的情况比较复杂，2 电子和 8 电子构型的正离子自然可以稳定存在，但其他几种非稀有气体构型的正离子也有一定程度的稳定性，有些还是很稳定的，如 Sn^{2+}、Pb^{2+}。

③ 离子的半径　离子和原子一样，电子云弥漫在核的周围而无确定的边界，因此，离子的真实半径实际上是很难确定的，但是当正、负离子通过离子键而形成离子晶体时，把正、负离子看成是互相接触的两个球体，两个原子核间的平衡距离(核间距 d)就等于两个离子半径之和。如图 1-12 所示。

$$d = r_1 + r_2$$

核间距的大小是可以通过实验测出的。如果能知道其中一个离子的半径，另一个离子的半径就可求出。目前最常用的是鲍林从核电荷数和屏蔽常数推算出的一套离子半径。

离子半径变化规律如下。

a. 正离子半径一般小于负离子半径。例如总电子数相等的 Na^+ 半径为 95pm，F^- 半径为 136pm。

b. 正离子半径小于该元素的原子半径，而负离子半径大于该元素的原子半径。

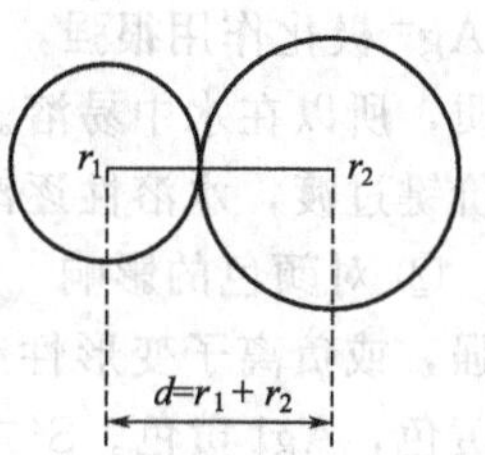

图 1-12　正负离子半径与核间距的关系

c. 同一周期电子层结构相同的正离子，随着电荷数增大，离子半径依次减小；负离子随着电荷数增大，离子半径依次增大，如 $r_{Na^+} > r_{Mg^{2+}} > r_{Al^{3+}}$，$r_{F^-} < r_{O^{2-}}$。

d. 周期表各主族元素中，自上而下电子层数依次增多，所以具有相同电荷数的同族离子半径依次增大，如 $r_{Na^+} < r_{K^+} < r_{Rb^+} < r_{Cs^+}$，$r_{F^-} < r_{Cl^-} < r_{Br^-} < r_{I^-}$。

e. 同一元素形成不同电荷的阳离子时，则离子半径随电荷数增大而减小，如 $r_{Fe^{3+}} < r_{Fe^{2+}}$，$r_{Pb^{4+}} < r_{Pb^{2+}}$。

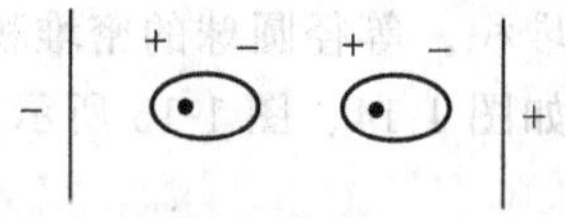
图 1-13　离子在电场中的极化

(3) 离子极化　离子是带电体，可以产生电场。在该电场的作用下，使周围带异号电荷离子的核与电子云发生相对位移，从而产生诱导偶极，这个过程称为离子的极化。其实离子的极化是指使其他离子发生变形，如图 1-13 所示。离子极化一般指的是以正离子为主的极化力，离子极化力与离子的电荷、半径以及电子构型等因素有关。正离子的电荷越多、半径越小，产生的电场强度越强，离子的极化能力越强。当离子电荷相同、半径相近时，离子的电子构型对离子的极化力就起决定性的影响，极化力大小：8 电子构型＜9～17 电子构型＜18 电子和(18＋2)以及 2 电子构型。

离子本身在外电场作用下，其外层电子与核会发生相对位移，这种性质就称为离子的变形性。离子变形性主要取决于离子半径的大小，离子半径大，外层电子受核的束缚弱，在外电场的作用下，外层电子与核之间容易产生相对位移，变形性较大。其次，正离子所带电荷越多，变形性越小；负离子所带电荷越多，变形性越大。

电子构型相同的离子，负离子变形性一般大于正离子的变形性。

当离子电荷相同、半径相近时，外层具有 d 电子的正离子的变形性比稀有气体构型的离子的变形性大得多。

通常人们用极化率作为离子变形性的一种量度，表 1-6 列出一些常见离子的极化率。

表 1-6　离子的极化率/$\times 10^4$ pm

离子	极化率	离子	极化率	离子	极化率
Li^+	3.1	Ca^{2+}	47	OH^-	175
Na^+	17.9	Sr^{2+}	86	F^-	104
K^+	83	B^{3+}	0.3	Cl^-	366
Rb^+	140	Al^{3+}	5.2	Br^-	477
Cs^+	242	Hg^{2+}	125	I^-	710
Be^{2+}	0.8	Ag^+	172	O^{2-}	388
Mg^{2+}	9.4	Zn^{2+}	28.5	S^{2-}	1020

离子极化对物质性质的影响如下。

① 对溶解度的影响　在卤化银中溶解度按 AgF、AgCl、AgBr、AgI 依次递减。这是由

于 Ag^+ 极化作用很强，而 F^- 的离子半径小，不容易发生变形，使 AgF 具有离子化合物的性质，所以在水中易溶。随着 Cl^--Br^--I^- 离子半径依次增大，变形性也依次增大，AgX 向共价键过渡，水溶性逐渐减小。

② 对颜色的影响　一般情况下，两个无色的离子形成的化合物为无色。正离子极化力越强，或负离子变形性越大，就越有利于颜色的产生。例如 AgF 无色，AgCl 白色，AgBr 浅黄色，AgI 黄色。S^{2-} 变形性比 O^{2-} 大，因此硫化物颜色总是较相应的氧化物为深，PbO 为黄色，而 PbS 则为黑色。

③ 对熔点的影响　一般离子晶体熔点高。在 NaCl、$MgCl_2$、$AlCl_3$ 化合物中，由于 Al^{3+} 极化作用远大于 Na^+ 和 Mg^{2+}，从而使 $AlCl_3$ 中的 Cl^- 发生显著变形，键型向共价键过渡，有较低的熔沸点。实验测得：NaCl 的熔点为 800℃，$MgCl_2$ 为 714℃，$AlCl_3$ 为 192.6℃。

1.3.1.3　金属键

在金属晶体中，晶格结点上排列着的微粒都是金属原子或金属离子。金属晶体中的化学键是金属键。

金属晶体中原子在空间排列可以近似地看成是等径圆球的堆积。等径圆球的密堆积有三种基本构型：六方密堆积、面心立方密堆积、体心立方堆积。如图 1-14、图 1-15 所示。

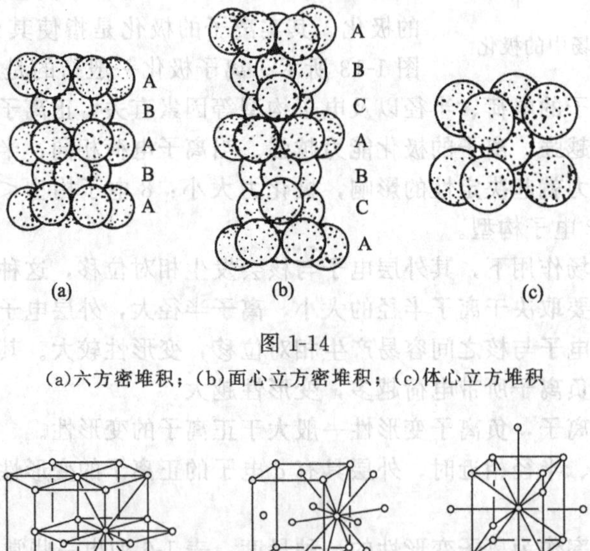

图 1-14
(a)六方密堆积；(b)面心立方密堆积；(c)体心立方堆积

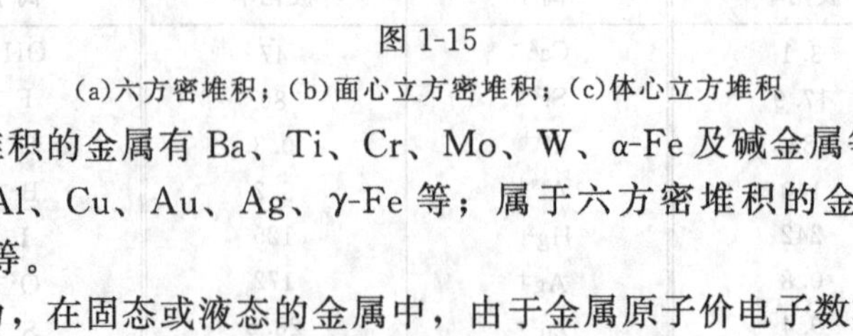

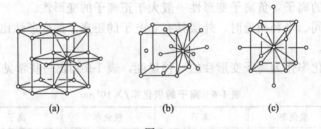

图 1-15
(a)六方密堆积；(b)面心立方密堆积；(c)体心立方堆积

属于体心立方堆积的金属有 Ba、Ti、Cr、Mo、W、α-Fe 及碱金属等；属于面心立方密堆积的金属有 Pb、Al、Cu、Au、Ag、γ-Fe 等；属于六方密堆积的金属有 Mg、Zn、Cd、Co 及部分镧系元素等。

金属键理论认为，在固态或液态的金属中，由于金属原子价电子数较少，这些电子与原子核的联系较松弛，容易脱落，金属原子极容易变为金属正离子，所以，金属晶体内晶格结点上排列着的微粒实际为金属原子和金属正离子。从金属原子脱离下来的电子可以自由地从一个原子跑向另一个原子，这些电子为晶体内的金属原子、金属正离子所共有，并能在它们之间自由运动，因而称为自由电子。这样金属原子、金属正离子与自由电子之间产生一种结合力，这种结合力称为金属键。金属晶体的共用电子是非定域(即离域)的，因此金属键没有方向性和饱和性。自由电子的存在使金属具有良好的导电性、导热性和延展性，但金属键结构毕竟是很复杂的，致使金属的熔点、硬度相差很大。

1.3.2 分子间作用力、氢键

化学键是分子或晶体内原子之间强烈的相互作用。这一节将讨论分子与分子之间弱的相互作用——分子间力，也称范德华力。分子间力虽然只有化学键力的十分之一到百分之一，但对物质的性质产生较大的作用，如对物质的熔点、沸点、稳定性都有相当大的影响。

由于分子间力本质上是电性的，因此在介绍分子间力之前，先熟悉分子的两种电学性质——分子的极性和变形性。

1.3.2.1 分子的极性和变形性

(1) 分子的极性 在共价型分子中，化学键有极性键和非极性键之分。若成键原子的电负性不同，形成共价键时，共用电子对偏向电负性较大的原子，这类键即为极性共价键；反之，若共用电子对不发生偏离，形成的共价键为非极性共价键。共价键的极性取决于成键原子电负性相差的大小。

共价分子也有极性分子和非极性分子之分。分子的极性取决于正负电荷重心是否重合，如果分子的正负电荷重心重合，整个分子不显极性，分子称为非极性分子；反之，正负电荷重心不重合时，整个分子会显出极性，这类分子称为极性分子。

一些同核双原子分子 H_2、O_2 等的化学键没有极性，整个分子不显极性，是非极性分子。而异核双原子分子如 HCl 中，Cl 原子电负性大于 H 原子，所以成键电子对偏向于 Cl 原子，分子的负电荷重心比正电荷重心更偏向于 Cl 原子，所以 HCl 是极性分子。由极性键构成的双原子分子一定是极性分子。

多原子分子是否有极性，不能简单地从键的极性来判断，要根据分子的组成和空间几何构型而定。例如在 CO_2(O═C═O)分子中，虽然 C═O 键为极性键，但由于两个 C═O 键处在同一直线上，两个 C═O 键的极性互相抵消，整个 CO_2 分子中正、负电荷重心重合，所以 CO_2 分子是非极性分子。

CCl_4 分子中，虽然 C—Cl 键为极性键，但由于 CCl_4 分子的空间构型为正四面体形，正、负电荷的重心都处在四面体的中心而重合，所以 CCl_4 分子是非极性分子。

H_2O 分子中的 O—H 键为极性键，两个 O—H 键间的夹角为 104.5°，两个 O—H 键的极性没有互相抵消，H_2O 分子中正、负电荷重心不重合，因此，H_2O 分子是极性分子。

可见，共价键是否有极性，决定于成键原子的电负性是否相同，而分子是否有极性，决定于整个分子的正、负电荷重心是否重合。

分子极性的大小常用分子的偶极矩来衡量。偶极矩 μ 定义为极性分子中电荷重心(正电荷重心或负电荷重心)上的电荷量 q 与正、负电荷重心距离 l 的乘积：

$$\mu = ql$$

l 又称偶极长度。分子的偶极矩可通过实验测出，单位是库仑・米(C·m)。

偶极矩等于零的分子为非极性分子，偶极矩不等于零的分子为极性分子。偶极矩越大，分子的极性越强。

(2) 分子的变形性 分子处于外电场之中时，在外电场的作用下，分子中的电子和原子核会产生相对位移，分子发生变形，分子中原有的正、负电荷重心的位置将发生改变，分子的极性也会随之改变，这种过程称为分子的极化。

非极性分子置于外电场之中时，在电场的作用下，原来重合的正、负电荷重心会彼此分离，分子出现偶极，这种偶极称为诱导偶极。产生诱导偶极的过程也称为分子的变形极化。分子中因电子与核发生相对位移而使分子外形发生变化的性质，就称为分子的变形性。电场越强，分子的变形越显著。当外电场消失时，诱导产生的偶极也随之消失。

极性分子本身就存在偶极，这种偶极称为固有偶极或永久偶极。在没有外电场的作用时，极性分子一般都做无规则的运动，但极性分子置于外电场之中时，则可发生定向极化，使正、负电荷重心之间距离增大而发生变形，产生诱导偶极。

分子被极化的程度，可用分子极化率表示。极化率越大，则表示该分子的变形性越大。分子的变形性与分子的大小有关，分子越大，包含的电子越多，分子的变形性也越大。

1.3.2.2 分子间作用力

任何分子都有变形的可能，所以说，分子的极性和变形性是当分子互相靠近时分子间产生吸引作用的根本原因。根据分子种类不同，分子间力可有以下三种类型。

(1) 色散力　对于任何一种极性分子或非极性分子，由于电子的运动或原子核的振动，会使分子中的电荷产生瞬间的相对位移，从而产生瞬时偶极。这种瞬时偶极也会诱导相邻分子在瞬时产生“瞬时偶极”状态，分子间会产生相互吸引力。这种吸引力是瞬时偶极作用的结果，因此把这种力称为色散力。虽然瞬时偶极在瞬时出现，但因分子处于不断运动之中，因而色散力也是一直存在的，如图 1-16 所示。

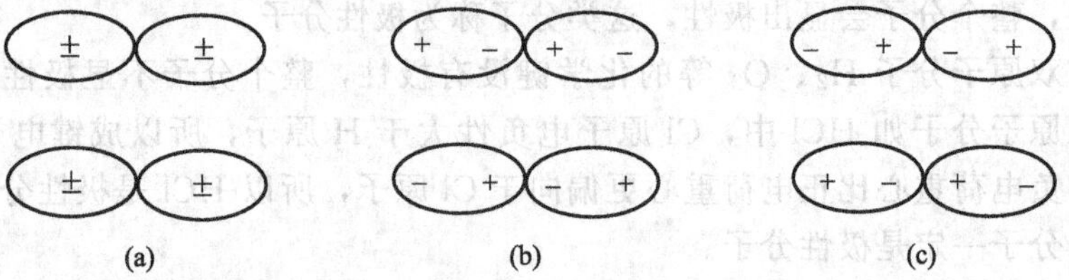

图 1-16　非极性分子相互作用示意图

分子间色散力的大小与分子的极化率(变形性)有关，极化率大，色散力也大。色散力是存在于一切分子之间的作用力，即在非极性分子之间、极性分子与非极性分子之间、极性分子之间均存在色散力。

(2) 诱导力　极性分子与非极性分子相互靠近时，由于极性分子本身的固有偶极，会使非极性分子被诱导而产生诱导偶极。极性分子的固有偶极与非极性分子的诱导偶极相互作用，便产生了诱导力。诱导力使非极性分子产生了极性，也使极性分子的极性进一步增强。因而诱导力不仅与极性分子的偶极矩有关，也与非极性分子本身的极化率有关，如图 1-17 所示。诱导力存在于极性分子之间、极性分子与非极性分子之间。

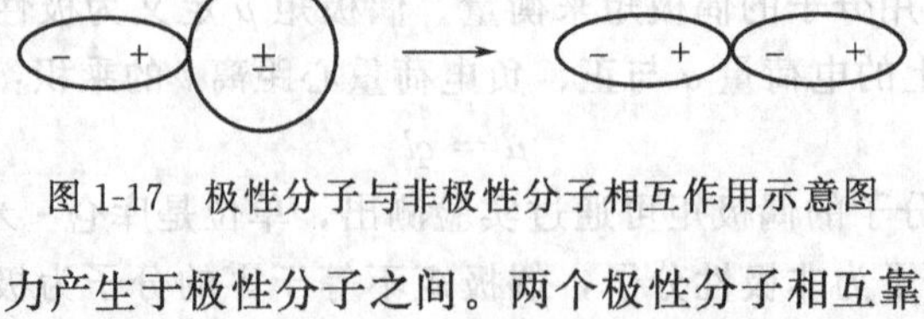

图 1-17　极性分子与非极性分子相互作用示意图

(3) 取向力　取向力产生于极性分子之间。两个极性分子相互靠近时，会使它们产生同极相斥、异极相吸的作用，使极性分子在空间转向成异极相邻的状态，使分子偶极定向排列而产生静电作用力，这种作用力称为取向力，如图 1-18 所示。它的大小取决于极性分子本身固有偶极的大小和分子间的距离。

分子间力的特性如下。

a. 作用力的大小是化学键的十分之一或百分之一，一般是几千至几万焦耳每摩尔。

b. 是近距离产生的一种作用力，作用范围大约几百皮米。

c. 三种作用力中，色散力往往是主要的，只有偶极矩很大的分子间取向力才显得重要。用分子间力的概念，可以说明稀有气体和卤化氢(氟化氢除外)等的熔点和沸点随元素原子序数的增加而升高的原因。

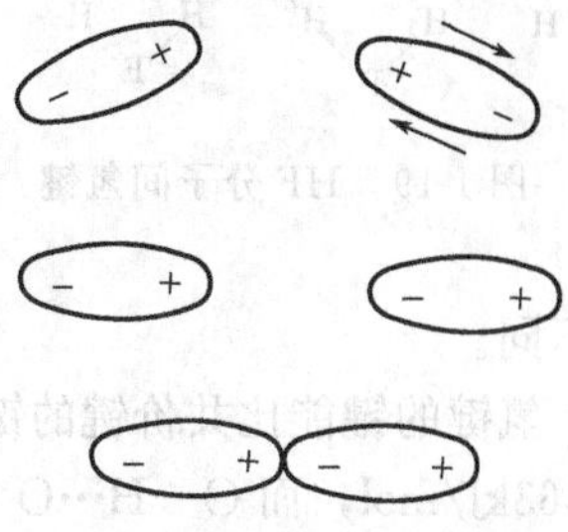

图 1-18　极性分子相互作用示意图

稀有气体的分子是单原子的非极性分子，它们之间只存在色散力。随着物质的分子量增大，分子内电子的数目也增多，由于电子和原子核的不断运动所产生的瞬时偶极的极性也就增大，分子间的色散力也就增强。因此，稀有气体的熔点、沸点按 He、Ne、Ar、Kr、Xe、Rn 的顺序逐渐增高。

卤化氢是极性分子，由于卤化氢分子的固有极性是按 HCl-HBr-HI 的顺序减小，因此卤化氢分子间的取向力也随之减小。因色散力和诱导力与分子的变形性有关，而卤化氢分子的变形性是按 HCl-HBr-HI 顺序增加的。虽然分子间的诱导力按 HCl-HBr-HI 的顺序减弱，但色散力却按 HCl-HBr-HI 的顺序递增，而色散力又是分子间最主要的一种作用力，因此卤化氢分子间力的总和是按 HCl-HBr-HI 的顺序增大的，所以其熔点、沸点是按 HCl-HBr-HI 的顺序升高。

几种分子的分子间力的分配情况如表 1-7 所示。

表 1-7　分子间力的分配

作用力的类型	分子						
	Ar	Co	HI	HBr	HCl	NH_3	H_2O
取向力/(kJ/mol)	0	0.0029	0.025	0.687	3.31	13.31	36.39
诱导力/(kJ/mol)	0	0.0084	0.113	0.502	1.01	1.55	1.93
色散力/(kJ/mol)	8.5	8.75	25.87	21.94	16.83	14.95	9.00
总计/(kJ/mol)	8.5	8.75	26.02	23.13	21.25	29.81	47.32

分子间力还可以说明物质的相互溶解情况。如 NH_3 和 H_2O 都是极性分子，存在着强的取向力，所以可以互溶。CCl_4 是非极性分子，CCl_4 分子间的引力及 H_2O 分子本身间的引力均大于 CCl_4 与 H_2O 分子间的引力，所以 CCl_4 不溶于水。而 I_2 是非极性分子，I_2 与 CCl_4 分子间的色散力较大，因此 I_2 易溶于 CCl_4。

1.3.2.3　氢键

从卤化氢的分子间力大小来看，随着分子量的增大，分子间力也随之增大，沸点应随之升高，但卤化氢中氟化氢的沸点出奇得高。如以下数据：

	HF	HCl	HBr	HI
沸点/K	293	188	206	237

HF 有特别高的沸点是由于在 HF 分子中除了一般的分子间力外，还存在一种特殊的作用力——氢键，能使简单的 HF 分子形成缔合分子。

(1) 氢键的形成　因为 F 的电负性比 H 的电负性大得多，因此在 HF 分子中 H—F 键的共用电子对强烈地偏向于 F 原子一边，使 H 原子带了部分的正电荷，F 原子带了部分的负电荷。同时由于 H 原子核外只有一个电子，其电子云偏向 F 原子的结果，使它几乎成为

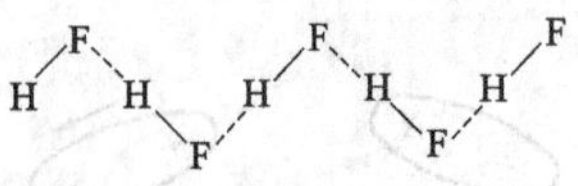

图 1-19 HF分子间氢键

裸露的质子。这个半径很小、又带正电荷的H原子与另一个HF分子中含有孤对电子并带部分负电荷的F原子充分靠近产生吸引力，这种吸引作用称为氢键，如图1-19所示。

氢键通常可用X—H…Y表示，X和Y代表F、O、N等电负性大而且半径较小的原子。X和Y可以相同，也可以不同。

氢键的键能比共价键的键能小得多，一般小于40kJ/mol。如H_2O分子中的O—H键键能为463kJ/mol，而O—H…O中氢键键能为18.8kJ/mol，所以氢键可归入分子间力的范畴。

氢键可以在分子间形成，也可以在分子内形成。形成分子内氢键的多数是一些有机化合物(如邻硝基苯酚)。一般要求氢原子与邻近基团电负性大的元素相隔4～5个化学键，这样在形成氢键后，便于形成稳定的五元环或六元环。

(2) 氢键的特点

① 氢键具有方向性　形成的分子间氢键X—H…Y呈一直线，即X、Y在H的两侧，相距最远、斥力最小而稳定。

② 氢键具有饱和性　一个H原子只能形成一个氢键。

③ 氢键强弱与元素电负性有关　电负性大的元素有利于形成强的氢键，体积大的元素不利于形成氢键。氢键强弱顺序如下：

F—H…F＞O—H…O＞N—H…N

(3) 氢键对物质性质的影响　当分子间形成氢键时，增加了分子间作用力，使分子缔合，所以化合物的沸点和熔点都显著升高。见图1-20。

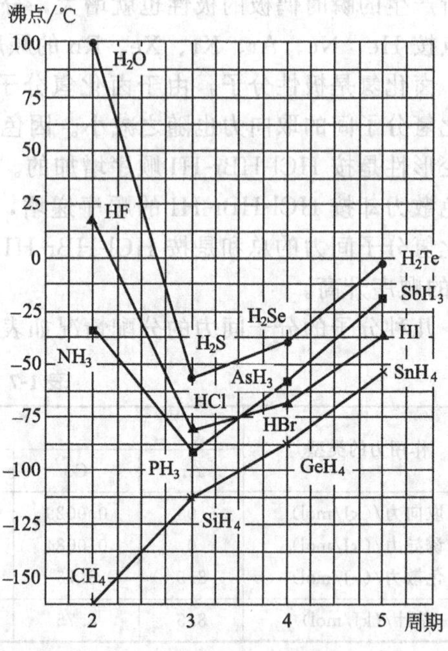

图 1-20　同族元素氢化物沸点变化图

与N、O、F同周期的C原子电负性较小，不易形成氢键，所以CH_4的沸点没出现反常，NH_3、H_2O、HF的沸点与同族氢化物比，沸点都特殊地高。

氢键对于有机化合物在水中的溶解性、沸点高低起着重要的作用。

习　题

1. 当氢原子的一个电子从第二能级跃入第一能级，发射光子的波长是121.6nm；当电子从第三能级跃入第二能级，发射光子的波长是656.5nm。

(1) 哪一个光子的能量大？

(2) 根据(1)的计算结果，说明原子中电子在各轨道上所具有的能量是连续的还是量子化的？

2. 写出$n=4$主层中各个电子的n、l、m量子数与所在轨道符号，并指出各亚层中的轨道数和最多能容纳的电子数，总的轨道数和最多能容纳的总的电子数，各轨道之间的能量关系如何(统一按下面的方法列表表示)？

$n=$

l=

m=

轨道符号：

亚层轨道数：

电子数：

总的轨道数：

总的电子数：

3. 下列电子运动状态是否存在？为什么？

(1) $n=2$，$l=2$，$m=1$，$m_s=+\frac{1}{2}$；　　(3) $n=4$，$l=3$，$m=2$，$m_s=+\frac{1}{2}$；

(2) $n=2$，$l=1$，$m=2$，$m_s=-\frac{1}{2}$；　　(4) $n=2$，$l=1$，$m=1$，$m_s=+\frac{1}{2}$。

4. 写出 Zn 原子最外两个电子层中每个电子的四个量子数。

5. 写出下列离子分别属于何种电子构型。

Ti^{4+}，Be^{2+}，Cr^{3+}，Fe^{2+}，Ag^{+}，Cu^{2+}，Zn^{2+}，Sn^{4+}，Ti^{2+}，S^{2-}，Br^{-}。

6. 当原子被激发时，通常是它的最外层电子向更高的能级跃迁。在下列各电子排布中哪种属于原子的基态？哪种属于原子的激发态？哪种纯属错误？

(1) $1s^2 2s^1$；　　(5) [Ne]$3s^2 3p^8 4s^1$；

(2) $1s^2 2s^2 2d^1$；　　(6) [Ne] $3s^2 3p^5 4s^1$；

(3) $1s^2 2s^2 2p^4 3s^1$；　　(7) [Ar]$4s^2 3d^3$。

(4) $1s^2 2s^4 2p^2$；

7. 写出下列原子的电子排布式，并指出它们各属于第几周期、第几族。

(1)$_{12}$Mg；　(2)$_8$O；　(3)$_{24}$Cr；　(4)$_{26}$Fe；　(5)$_{47}$Ag；　(6)$_{53}$I。

8. 以(1)为例，完成下列(2)～(5)题。

(1) Na($z=11$)　$1s^2 2s^2 2p^6 3s^1$；　　(4) ________($z=24$)　[　　]$3d^5 4s^1$；

(2) ________ $1s^2 2s^2 2p^6 3s^2 3p^4$；　　(5) ________[Ar]$3d^{10} 4s^1$；

(3) K($z=19$)__________。

9. 第四周期某元素，其原子失去了 3 个电子，在角量子数为 2 的轨道内的电子恰好为半充满。试推断该元素的原子序数，并指出该元素的名称。

10. 已知某副族元素 A 的原子，电子最后填入 3d，最高氧化值为+4；元素 B 的原子，电子最后排入 4p，最高氧化值为+5。回答下列问题。

(1) 写出 A、B 元素原子的电子排布式；

(2) 根据电子排布式，指出它们在周期表中的位置(周期、族)。

11. 某些元素其最外层有两个电子，次外层有 13 个电子，问这些元素在周期表中应属于哪族？最高氧化值是多少？是金属还是非金属？

12. 设有元素 A、B、C、D、E、G、M，试按下列所给予的条件，推断出它们的元素符号及在周期表中的位置(周期、族)，并写出它们的外层电子构型。

(1) A、B、C 为同一周期的金属元素，已知 C 有三个电子层，它们的原子半径在所属的周期中为最大，并且 A>B>C；

(2) D、E 为非金属元素，与氢化合生成 HD 和 HE，在室温时 D 单质为液体，E 的单质为固体；

(3) G 是所有元素中电负性最大的元素；

(4) M 为金属元素，它有四个电子层，它的最高氧化值与氯的最高氧化值相同。

13. BF_3 分子具有平面三角形构型，而 NH_3 却是三角锥型，试用杂化轨道理论加以说明。

14. 试用杂化轨道理论说明下列分子的成键类型，并预测分子空间构型。

CCl_4，　H_2S，　CO_2，　BCl_3。

15. 根据价键理论写出下列分子的电子结构式(可用一根短线表示一对共用电子)。

BCl_3，　PH_3，　CS_2，　HCN，　OF_2，　H_2O_2，　N_2H_4，　$AsCl_5$，HClO，　C_2H_4。

16. 应用同核双原子分子轨道能级图，从理论上推断下列离子或分子是否可能存在。

O_2^+，　O_2^-，　O_2^{2-}，　O_2^{3-}，　H_2^+，　He_2，　He_2^+。

17. 写出 B_2、F_2、O_2 的分子轨道电子排布式，计算键级，指出哪些分子有顺磁性。

18. 试用分子轨道理论说明为何 N_2 比 N_2^+ 稳定，而 O_2 比 O_2^+ 不稳定。

19. 试判断下列分子哪些是极性分子，哪些是非极性分子。

H_2O，　CO_2，　HCl，　CCl_4，　$CHCl_3$。

20. 从分子间力说明下列事实。

(1) 常温下 F_2、Cl_2 是气体，溴是液体而碘是固体；

(2) HCl、HBr、HI 的熔点和沸点随分子量增大而升高；

(3) 稀有气体 He、Ne、Ar、Kr、Xe 沸点随分子量增大而升高。

21. 试用离子极化的观点解释下列事实。

(1) KCl 的熔点高于 $GeCl_4$；

(2) $ZnCl_2$ 的熔点低于 $CaCl_2$；

(3) $FeCl_3$ 的熔点低于 $FeCl_2$。

22. 指出下面哪个式子对应的热量变化可以表示氧化铜的晶格能。

(1) $Cu(s)+\frac{1}{2}O_2(g)=\!=\!=CuO(s)$；　　(2) $Cu(g)+\frac{1}{2}O_2(g)=\!=\!=CuO(s)$；

(3) $Cu^{2+}(s)+O^{2-}(g)=\!=\!=CuO(s)$；　　(4) $Cu^{2+}(s)+O^{2-}(g)=\!=\!=CuO(g)$。

23. 已知 KI 的晶格能 $U=649$kJ/mol，钾的升华热 $\Delta_r H_{m_1}^{\ominus}=90$kJ/mol，钾的电离能 $I_1=418.9$kJ/mol，碘分子的解离能 $D_{I\text{-}I}=152.55$kJ/mol，碘的电子亲和能 $E_{A_1}=295$kJ/mol，碘的升华热 $\Delta_r H_{m2}^{\ominus}=62.3$kJ/mol。求 KI 的生成热 $\Delta_f H_m^{\ominus}$。

24. 下列化合物中哪些存在氢键？并指出它们是分子间氢键还是内氢键？

C_6H_6，NH_3，C_2H_6，H_3BO_3，$(CH_3)_2O$，C_2H_5OH，邻羟基苯甲醛，对羟基苯甲醛。

第2章

元素化学

元素化学是无机化学的重要组成部分，主要讨论元素在自然界的存在形式、分布、制备以及它们的单质和化合物的结构、性质、用途等。根据元素的性质将其分为金属元素和非金属元素两大类。迄今为止，在已知的 118 种元素中，非金属元素共有 22 种(其中包括 5 种准金属)，多数分布在元素周期表的右上方；金属元素共有 90 多种。本节分 p 区元素、s 区元素、d 区元素、ds 区元素简要讨论元素周期表中，从ⅠA～ⅦA 族元素，以及过渡元素中对专业学习较为重要的元素及其化合物的主要性质。

2.1 p 区元素及其化合物

p 区元素原子结构的特征是最后一个电子填充在 *n*p 轨道上，最外层电子结构为 $ns^2np^{1\sim6}$它包括周期表中ⅢA～ⅧA 族，其中ⅧA 族又称为零族元素。

本区同一周期的元素，从左到右非金属性逐渐增强；同一主族的元素，从上到下金属性逐渐增强。

2.1.1 卤族元素及其化合物

该族元素位于元素周期表中ⅦA 族，包括氟(F)、氯(Cl)、溴(Br)、碘(I)和砹(At)五种元素，通称为卤族元素，是非金属性最强的一族元素，其中砹是人工合成的放射性元素，不稳定，对它的性质研究尚少。

2.1.1.1 通性

表 2-1 列出卤族元素的一些主要性质。

从表 2-1 中可见，卤素的原子半径等都随原子序数增大而增大，而电离能、电负性等随原子序数增大而减小。

卤素的价电子层构型均为 ns^2np^5，有一个单电子，因而形成双原子分子；容易获得一个电子成为一价负离子；和同周期元素相比，卤素的非金属性是最强的，非金属性从氟到碘依次减弱；卤素是非常活泼的非金属，能和活泼金属生成离子化合物，几乎能和所有的非金属及金属反应，生成共价化合物；卤素在化合物中常见的氧化数为－1，除氟以外，卤素在各自的含氧酸中还可以形成正的氧化数，如＋1、＋3、＋5 和＋7，其氧化数之间的差值之所以为 2，是因为它们的原子中有些价电子已经成对，若要形成化学键，一定要先将成对电子拆开，这可使氧化数增加 2。

表 2-1 卤族元素的性质

性质	氟	氯	溴	碘
原子序数	9	17	35	53
价层电子构型	$2s^22p^5$	$3s^23p^5$	$4s^24p^5$	$5s^25p^5$
常见氧化数	−1	−1,+1,+3,+5,+7	−1,+1,+3,+5,+7	−1,+1,+3,+5,+7
单质的状态	气态	气态	液态	固态
单质的颜色	淡黄色	黄绿色	红棕色	紫色
原子半径/pm	67	99	114	138
X^-半径/pm	133	181	196	220
X—X键离解能/(kJ/mol)	155	240	190	199
第一电离能 I_1/(kJ/mol)	1680	1260	1140	1010
电负性 x	3.98	3.16	2.96	2.66
标准电极电势 $\varphi^{\ominus}_{X_2/X^-}$/V $X_2+2e \rightleftharpoons 2X^-$	2.87	1.36	1.09	0.54

2.1.1.2 卤素单质

(1) 物理性质 卤素单质均有刺激性气味，刺激性从 Cl_2 至 I_2 依次减小。吸入较多的卤素蒸气会严重中毒，甚至导致死亡。

卤素单质均有颜色，随着分子量的增大，其颜色依次加深。

卤素单质在有机溶剂中的溶解度比在水中要大得多，这是由于卤素分子是非极性分子，“相似者相溶”的缘故。

I_2 难溶于水，但易溶于碘化物溶液中，形成易溶于水的 I_3^-：

$$I_2+KI \rightleftharpoons KI_3\text{(棕色)}$$

固态 I_2 易升华，从固态直接变为气态。I_2 蒸气呈紫色。

(2) 化学性质 由于卤素单质的非金属性强，很活泼，所以自然界中卤素以游离态的单质存在的量很少，多数都是以化合态形式存在，因此单质都是利用氧化还原反应来得到。

① 氧化还原性 从表 2-1 可知，卤素单质都表现出一定的氧化性。在水溶液中，其电极电势大小顺序为：$\varphi^{\ominus}_{F_2/F^-}>\varphi^{\ominus}_{Cl_2/Cl^-}>\varphi^{\ominus}_{Br_2/Br^-}>\varphi^{\ominus}_{I_2/I^-}$，即卤素单质的氧化性顺序为：$F_2>Cl_2>Br_2>I_2$。卤素阴离子还原性大小的顺序为：$I^->Br^->Cl^->F^-$，因此，氧化性强的卤素单质都可以将氧化性差的单质从其盐中置换出来。例如：

$$Cl_2+2Br^- = 2Cl^-+Br_2$$

$$Cl_2+2I^- = 2Cl^-+I_2$$

$$Br_2+2I^- = 2Br^-+I_2$$

② 与氢作用 卤素单质都能和 H_2 直接化合生成卤化氢。F_2 与 H_2 在阴冷处就能化合，放出大量热并引起爆炸；Cl_2 和 H_2 的混合物在常温下缓慢化合，在强光照射时反应加快，甚至会发生爆炸反应；Br_2 和 H_2 的化合反应比 Cl_2 缓和；I_2 和 H_2 在高温下才能化合。

③ 与水作用 卤素 X_2 除碘以外均能置换水中的氧：

$$2X_2+2H_2O = 4HX+O_2\uparrow$$

F_2 与水剧烈反应放出氧气，Cl_2 在日光下缓慢置换水中的氧，Br_2 与水非常缓慢地反应放出氧气，I_2 不能置换水中的氧，但可以发生如下反应：

$$O_2+4I^-+4H^+ \rightleftharpoons 2I_2+2H_2O$$

卤素单质在水中的歧化反应为：

$$X_2+H_2O \rightleftharpoons H^+ + X^- + HXO$$

歧化反应是自身发生的氧化还原反应。这里的卤素既是氧化剂，又是还原剂。

F_2 在水中只能进行氧化反应，Cl_2、Br_2、I_2 可以进行歧化反应，但从 Cl_2 到 I_2，反应进行的程度越来越小。从歧化反应方程式可知，加酸可抑制、加碱则促进该反应向右进行。对 Cl_2、Br_2 而言，因为在水中的置换反应活化能很高，反应速率很慢，故它们在水中的歧化反应是主要的。

2.1.1.3 卤化氢和氢卤酸

卤化氢可以直接用单质与氢反应得到，都是无色气体，具有刺激性臭味，它们都是极性共价化合物。卤化氢易溶于水，其水溶液叫氢卤酸，氢卤酸都具有挥发性。由于氟原子半径特别小，且 HF 分子之间易形成氢键，故出现一些反常的性质，如氟化氢的熔点、沸点在卤化氢中为最高。

(1) 氢卤酸的酸性 氢氟酸是弱酸，其 $K_a^{\ominus}=6.31\times10^{-4}$，其酸性与甲酸差不多，在 0.1mol/L 的溶液中，电离度仅为 10%。HF 能侵蚀皮肤，并且难以治愈，故在使用时须特别小心。

氢氟酸可以用于腐蚀或刻花玻璃，反应方程式为：

$$SiO_2+4HF = SiF_4\uparrow+2H_2O$$

氢氟酸还可以用于溶解硅酸盐。如：

$$CaSiO_3+6HF = SiF_4\uparrow+CaF_2+3H_2O$$

因此，氢氟酸不能贮于玻璃容器中，应该盛于塑料容器里。

其余的氢卤酸都是强酸，酸性强弱顺序为：HCl＜HBr＜HI。因为卤离子半径越大越容易受水分子极化而电离，因此 HI 的酸性最强。

(2) 氢卤酸的还原性 在卤化氢和氢卤酸中，卤素处于最低氧化数－1，因此具有还原性。F_2 具有很强的氧化性，F^- 几乎不具有还原性。其他氢卤酸通常被氧化为卤素单质。例如，强氧化剂 MnO_4^- 可氧化 Cl^-：

$$2MnO_4^-+16H^++10Cl^- = 2Mn^{2+}+8H_2O+5Cl_2\uparrow$$

而 I^- 还原性很强，可被空气中的 O_2 氧化为 I_2，故 HI 溶液放置在空气中会慢慢变成黄色直至棕色。

2.1.1.4 卤化物

卤化物有离子型和共价型两类，但二者没有明显的界线，可以从卤化物的熔点和沸点上略加区别(见表 2-2)。

表 2-2 一些金属氯化物的性质比较

卤化物	KCl	$CaCl_2$	$ScCl_3$	$TiCl_4$	VCl_4	$CrCl_3$	$MnCl_2$	$ZnCl_2$	$GaCl_3$
熔点/℃	772	782	960	－23	－25.7	815	650	275	77.5
沸点/℃	1047	—	—	154	152	—	1190	756	200

一般卤素与活泼的碱金属、碱土金属形成离子型卤化物，它们的熔沸点高，大多可溶于水并几乎完全解离，如 KCl、$CaCl_2$、$ScCl_3$、$CrCl_3$、$MnCl_2$。卤素和非金属或氧化数较高的金属形成共价型卤化物，如 VCl_4、$TiCl_4$、CCl_4、$GaCl_3$、$ZnCl_2$。

大多数金属氯化物易溶于水，而 AgCl、Hg_2Cl_2、$PbCl_2$ 难溶于水。

金属氟化物与其他卤化物不同，碱土金属的氟化物(特别是 CaF_2)难溶于水，而碱金属的其他卤化物却易溶于水。AgF 易溶于水，而银的其他卤化物则不溶于水。

2.1.1.5 卤素离子的鉴定

离子鉴定反应要求有现象发生，现象应明显且便于人们观察。

(1) Cl^- 的鉴定 氯化物溶液中加入 $AgNO_3$，即有白色沉淀生成，该沉淀不溶于 HNO_3，但加入稀氨水沉淀溶解，酸化时沉淀重新析出。

$$Cl^- + Ag^+ = AgCl\downarrow$$

$$AgCl + 2NH_3 = [Ag(NH_3)_2]^+ + Cl^-$$

$$[Ag(NH_3)_2]^+ + Cl^- + 2H^+ = AgCl\downarrow + 2NH_4^+$$

(2) Br^- 的鉴定 在溴化物溶液中加入氯水，反应后再加 CCl_4，振摇，CCl_4 中显黄色或红棕色。

$$2Br^- + Cl_2 = Br_2 + 2Cl^-$$

(3) I^- 的鉴定 碘化物溶液中加入少量氯水或加入 $FeCl_3$ 溶液，即有 I_2 生成。I_2 在 CCl_4 中显紫色，如加入淀粉溶液则显蓝色。

$$2I^- + Cl_2 = I_2 + 2Cl^-$$
$$2I^- + 2Fe^{3+} = I_2 + 2Fe^{2+}$$

2.1.2 氧族元素及其化合物

该族元素位于元素周期表中ⅥA 族，包括氧(O)、硫(S)、硒(Se)、碲(Te)和钋(Po)五种元素，通称为氧族元素。其中氧是地壳中含量最多的元素，丰度以质量计高达 46.6%；硒、碲是稀有元素；钋是放射性元素。本节主要讨论氧和硫。

2.1.2.1 通性

表 2-3 列出氧族元素的一些主要性质。

表 2-3 氧族元素的性质

性质	氧	硫	硒	碲
原子序数	8	16	34	52
价层电子构型	$2s^22p^4$	$3s^23p^4$	$4s^24p^4$	$5s^25p^4$
常见氧化数	−2	−2,+2,+4,+6	−2,+2,+4,+6	−2,+2,+4,+6
原子半径/pm	60	104	115	139
M^{2-} 半径/pm	140	184	198	221
第一电离能 I_1/(kJ/mol)	1310	1000	941	870
电负性 x	3.44	2.58	2.55	2.1

从表 2-3 中可以看出，氧族元素的性质变化趋势与卤素相似。氧和硫是典型的非金属元素，硒和碲是准金属元素，而钋是金属元素。

氧族元素原子的价层电子构型为 ns^2np^4，有获得 2 个电子达到稀有气体稳定结构的趋势，所以氧族元素最低氧化数为 −2。氧族元素氧化数还有 +2、+4、+6。

氧和硫的性质相似，都活泼。

2.1.2.2 单质的性质

氧是化学性质活泼的非金属元素，几乎能与所有的元素直接或间接地化合，形成数量繁多的化合物。氧是地壳中含量最多的元素；空气中含有游离态的 O_2 存在，它能供给人们呼吸，也支持燃烧；O_2 虽然难溶于水，但却是水生动物赖以生存的基础；O_2 具有氧化性；氧元素的同素异形体有普通氧和臭氧。

硫是一种分布较广的元素，在自然界中以单质硫和化合态硫两种形态存在，天然存在的硫化物最重要的是黄铁矿(FeS_2)，是工业上制造硫酸的重要原料；硫广泛存在于生物体的氨基酸、蛋白质中；单质硫主要存在于火山附近；硫元素的同素异形体有斜方硫、单斜硫和弹性硫，其中最常见的是斜方硫和单斜硫。

$$\text{斜方硫} \rightleftharpoons \text{单斜硫}$$

斜方硫是室温下唯一稳定的硫的存在形式，其他形式的硫放置后都自动转化为斜方硫；硫常见的氧化数有－2、＋2、＋4、＋6，单质硫可被浓硝酸氧化为硫酸。

2.1.2.3 氢化物

(1) 过氧化氢和水 水是地球上分布最广的物质，几乎占地球的3/4。水分子中的氧原子采取不等性的 sp^3 杂化，键角偏离正常的109.5°而成104.5°。液态中水分子以氢键形成缔合分子。

过氧化氢分子 H—O—O—H，两个 H 原子和两个 O 原子不在同一个平面上。过氧化氢分子中的氧原子与水分子中的氧原子一样采取不等性的 sp^3 杂化，在气态时 H_2O_2 的空间结构如图2-1所示，两页纸的纸面夹角为111.5°。

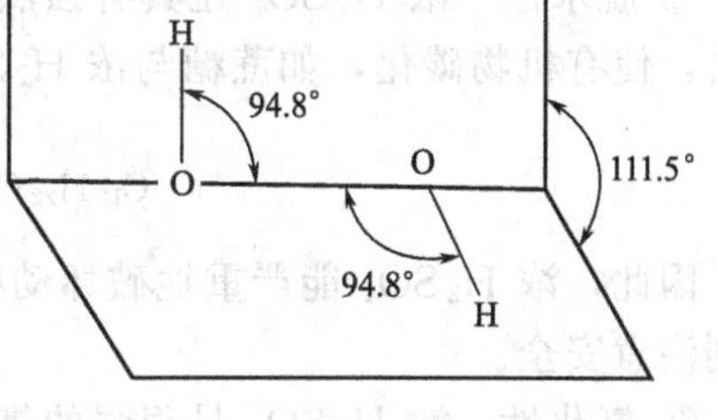

图 2-1 H_2O_2 分子的结构

纯 H_2O_2 沸点为150℃，通常所用的双氧水为含 H_2O_2 30%的水溶液。在光照时发生分解反应：

$$2H_2O_2 \xlongequal{} 2H_2O + O_2\uparrow$$

为防止分解，通常把 H_2O_2 溶液保存在棕色瓶中。H_2O_2 在酸性溶液中可将 I^- 氧化为 I_2。

$$H_2O_2 + 2I^- + 2H^+ \xlongequal{} I_2 + 2H_2O$$

在遇到强氧化剂时表现出还原性，如：

$$2MnO_4^- + 5H_2O_2 + 6H^+ \xlongequal{} 2Mn^{2+} + 5O_2\uparrow + 8H_2O$$

这一反应可用于高锰酸钾法定量测定 H_2O_2。

(2) 硫化氢和硫化物 硫化氢是一种有毒气体，为大气污染物之一，空气中含0.1%的 H_2S 会引起人头晕，引起慢性中毒，大量吸入 H_2S 会造成死亡。H_2S 微溶于水，其水溶液称为氢硫酸。20℃时，1体积水约可溶解2.6体积的 H_2S，所得 H_2S 饱和水溶液的浓度约为0.1mol/L。

① 弱酸性 氢硫酸是一个很弱的二元酸。

$$H_2S \rightleftharpoons H^+ + HS^- \qquad K_{a_1}^{\ominus} = 8.9\times10^{-8}$$

$$HS^- \rightleftharpoons H^+ + S^{2-} \qquad K_{a_2}^{\ominus} = 1.26\times10^{-14}$$

② 还原性 H_2S 中 S 的氧化数为－2，因此 H_2S 具有还原性。

氢硫酸在空气中放置能被 O_2 氧化而浑浊。

$$2H_2S+O_2 = 2S\downarrow +2H_2O$$

强氧化剂在过量时可以将 H_2S 氧化成 H_2SO_4。

$$H_2S+4Cl_2+4H_2O = H_2SO_4+8HCl$$

③ S^{2-} 的鉴定　S^{2-} 与盐酸作用，放出 H_2S 气体，可用醋酸铅试纸检验。

$$S^{2-}+2H^+ = H_2S\uparrow$$

$$Pb(Ac)_2+H_2S = PbS\downarrow(\text{黑})+2HAc$$

2.1.2.4　硫的重要含氧化合物

(1) 亚硫酸及亚硫酸盐　SO_2 溶于水，部分与水作用生成亚硫酸。

$$SO_2+H_2O = H_2SO_3$$

亚硫酸很不稳定，仅存在于溶液中。亚硫酸是一个中强酸，可形成两类盐，即正盐和酸式盐。

(2) 硫酸及硫酸盐　纯硫酸是无色黏稠状液体，98％的硫酸沸点为 338℃。浓 H_2SO_4 吸收 SO_3 就得发烟硫酸。

浓 H_2SO_4 具有如下特性。

① 吸水性　浓 H_2SO_4 具有很强的吸水性。它与水混合时，形成水合物并放出大量的热，可使水局部沸腾而飞溅，所以稀释浓 H_2SO_4 时，只能在搅拌下将酸慢慢倒入水中，切不可将水倒入浓 H_2SO_4 中。

利用浓 H_2SO_4 的吸水性，常用作干燥剂干燥一些不与其反应的气体如 H_2、CO_2 等。

② 脱水性　浓 H_2SO_4 还具有强烈的脱水性，能将有机物分子中的 H 和 O 按水的比例脱去，使有机物碳化，如蔗糖与浓 H_2SO_4 作用：

$$C_{12}H_{22}O_{11} \xlongequal{\text{浓 } H_2SO_4} 12C+11H_2O$$

因此，浓 H_2SO_4 能严重地破坏动植物组织，如损坏衣物和烧伤皮肤，因此在使用时应特别注意安全。

③ 氧化性　浓 H_2SO_4 是很强的氧化剂，特别在加热时，能氧化很多金属和非金属。

$$C+2H_2SO_4 \xlongequal{\triangle} CO_2\uparrow+2SO_2\uparrow+2H_2O$$

$$Cu+2H_2SO_4 \xlongequal{\triangle} CuSO_4+SO_2\uparrow+2H_2O$$

④ 硫酸盐的溶解性　酸式硫酸盐和大多数硫酸盐都易溶于水，但 $PbSO_4$、$CaSO_4$ 等难溶于水。锅炉内壁锅垢的主要成分是 $CaSO_4$，想除去 $CaSO_4$ 可以向其中加入 Na_2CO_3，使其转化为溶解度更小的 $CaCO_3$，再通过流体的冲击和摩擦剂作用将其除去。

硫酸盐有很多用途，胆矾（$CuSO_4\cdot 5H_2O$）可用作消毒杀菌剂和农药，绿矾（$FeSO_4\cdot 7H_2O$）是农药、药物等的原料，$BaSO_4$ 在医疗上得到应用等。

2.1.3　氮族元素及其化合物

氮族元素位于周期表中的ⅤA族元素，包括氮(N)、磷(P)、砷(As)、锑(Sb)、铋(Bi)五种元素，通称为氮族元素。氮以游离状态存在于空气中，砷、锑、铋在自然界中主要以硫化物的形式存在。

2.1.3.1　通性

氮族元素的一些主要性质列于表 2-4 中。

表 2-4 氮族元素的性质

性质		氮	磷	砷	锑	铋
原子序数		7	15	33	51	83
价层电子构型		$2s^22p^3$	$3s^23p^3$	$4s^24p^3$	$5s^25p^3$	$6s^26p^3$
常见氧化数		−3,+1 +2,+3 +4,+5	−3,+1,+3,+5	−2,+3,+5	+3,+5	+3,+5
原子半径/pm		71	111	116	145	155
离子半径	$r(M^{3-})$/pm	171	212	222	245	
	$r(M^{3+})$/pm	16	44	58	76	96
	$r(M^{5+})$/pm	13	34	47	62	74
第一电离能 I_1/(kJ/mol)		1401	1060	966	833	703
电负性 x		3.04	2.19	2.18	2.05	2.02

氮、磷是典型的非金属元素，而砷和锑为准金属元素，铋为金属元素。

氮族元素的价电子层结构为 ns^2np^3，与卤素和氧族元素相比，形成正氧化数化合物的趋势较明显。它们和电负性较大的元素结合时，氧化数主要为+3 和+5。氮族元素的原子与其他元素原子化合时，主要以共价键结合，而且氮族元素原子半径越小，形成共价键的趋势越大。

2.1.3.2 氮及其化合物

(1) 氮 氮气是无色无臭的气体，微溶于水。N_2 分子结构为 $N\equiv N$，键能很大，分子特别稳定，化学性质很不活泼，可以用作保护气。

(2) 氨和铵盐

① 氨气 NH_3 是有特殊刺激性气味的无色气体，分子呈三角锥形，有极性。NH_3 在水中的溶解度极大，1 体积水在常温下可以溶解 700 体积的 NH_3。NH_3 与 H_2O 通过氢键形成氨的水合物 $NH_3 \cdot H_2O$。在水中有如下平衡：

$$NH_3 + H_2O \rightleftharpoons NH_4^+ + OH^-$$

可见氨水显碱性($pK_b^\ominus = 4.75$)。NH_3 是氮的重要化合物，几乎所有含氮的化合物都可以由它来制取。

② 铵盐 铵盐是 NH_3 和酸的反应产物，易溶于水，且都发生一定程度的水解。当铵盐与强碱作用时，都能产生 NH_3，能与石蕊试纸反应，可验证 NH_3 的生成。

NH_4^+ 的半径(143pm)和 K^+ 的半径(133pm)很接近，因此铵盐的性质类似于钾盐，它们也有相似的溶解度，例如，NH_4ClO_4 和 $KClO_4$ 相似，它们的溶解度很小。

工业废气、燃料燃烧以及汽车尾气中都有 NO 及 NO_2。NO 是空气的主要污染气体之一；NO_2 是酸雨的成分之一，对人体、金属和植物都有害。目前处理废气中氮的氧化物可用碱液进行吸收。

$$NO + NO_2 + 2NaOH = 2NaNO_2 + H_2O$$

③ 亚硝酸及亚硝酸盐 亚硝酸是一种弱酸，$K_a^\ominus = 5.62 \times 10^{-4}$。

亚硝酸很不稳定，仅存在于冷的稀溶液中，浓溶液或微热时，会分解为 NO 和 NO_2：

$$2HNO_2 \rightleftharpoons \underset{(蓝色)}{H_2O + N_2O_3} \rightleftharpoons H_2O + NO + \underset{(棕色)}{NO_2}$$

亚硝酸虽然很不稳定，但亚硝酸盐却是稳定的，使用亚硝酸时可用亚硝酸盐制取。如：

$$NaNO_2 + HCl = NaCl + HNO_2$$

$$2NaNO_2 + H_2SO_4 = Na_2SO_4 + 2HNO_2$$

φ°A/V
0.957
NO3− 0.79 NO2 1.07 HNO2 0.983 NO 1.59 N2O 1.77 N2 −1.87 NH3OH+ 1.35 NH4+
0.934
1.29
0.01
0.15
φ°B/V NO3− −0.86 NO2 0.88 NO2− −0.46 NO 0.76 N2O 0.94 N2 −3.04 NH2OH 0.42 NH3

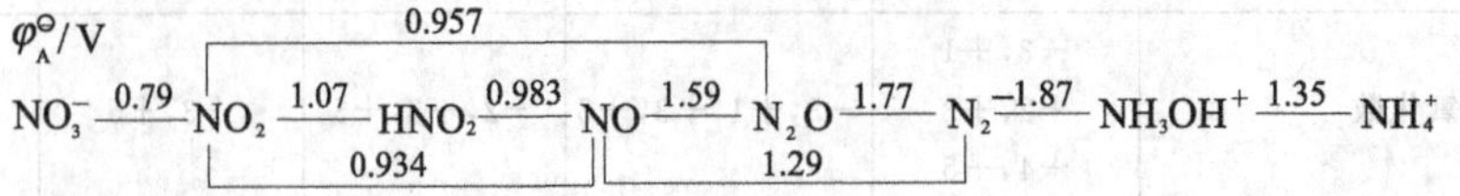

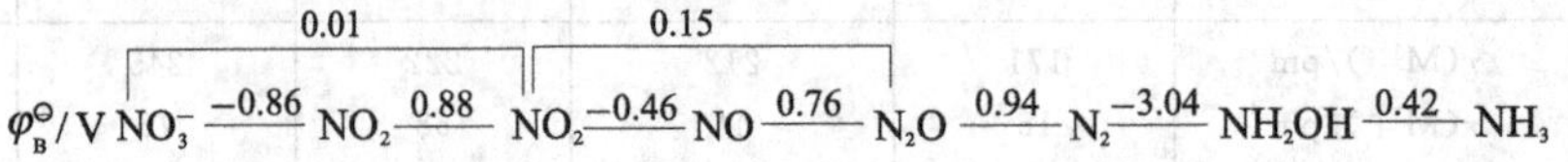

2.1.3.3 磷及其重要化合物

(1) 单质磷 磷的同素异形体有三种：白磷、红磷和黑磷。其中黑磷不多见，磷的活泼性远高于氮，易与氧、卤素、硫等许多非金属直接化合。

白磷是白色而透明的晶体，化学性质较活泼，易溶于有机溶剂。白磷燃点 40℃，在空气中能自燃，必须保存在水中。白磷剧毒，不能用手触摸，蒸气也有毒，致死量约 0.1g。工业上主要用于制造磷酸。

红磷无毒，化学性质比白磷稳定得多，红磷燃点为 260℃，可用于安全火柴的制造。红磷在苯、二硫化碳中均不溶解。

黑磷具有石墨状的片层结构并有导电性，其在空气中性质稳定，燃点为 490℃，在苯、二硫化碳中均不溶解。

(2) 磷的重要化合物

① 磷的氧化物 磷在充足的空气中燃烧可得到五氧化二磷，如果 O_2 不足，则生成三氧化二磷。根据蒸气密度的测定，五氧化二磷的分子式为 P_4O_{10}，三氧化二磷的分子式是 P_4O_6。

五氧化二磷为白雪状固体，吸水性很强，在空气中易潮解。它的干燥性能优于其他常用干燥剂，不但能有效地吸收气体或液体中的水，而且能从许多化合物中夺取与水分子组成相当的 H 和 O。

② 磷的含氧酸及其盐 磷有多种含氧酸(见表 2-5)。

表 2-5 磷的含氧酸

名称	(正)磷酸	焦磷酸	三聚磷酸	偏磷酸	亚磷酸	次磷酸
化学式	H_3PO_4	$H_4P_2O_7$	$H_5P_3O_{10}$	$(HPO_3)_n$	H_3PO_3	H_3PO_2
磷的氧化数	+5	+5	+5	+5	+3	+1

磷的含氧酸中以磷酸为最主要，也最稳定。磷酸(H_3PO_4)又称正磷酸，无氧化性，是一种稳定的中强酸，可以逐级离解。

磷酸是三元酸，能形成三个系列的盐，即磷酸正盐(如 Na_3PO_4)和两种酸式盐(如 Na_2HPO_4 和 NaH_2PO_4)。所有磷酸二氢盐都能溶于水，而在磷酸氢盐和正磷酸盐中，除 K^+、Na^+、NH_4^+ 盐外，一般都不溶于水。作为化肥的磷酸盐必须是可溶性的二氢盐。

$$Ca_3(PO_4)_2 + 2H_2SO_4 = 2CaSO_4 + Ca(H_2PO_4)_2$$

$$Ca_5F(PO_4)_3+7H_3PO_4 \xlongequal{} 5Ca(H_2PO_4)_2+HF(g)$$

可溶性磷酸盐在水溶液中有不同程度的离解，使溶液呈现不同的 pH，利用磷酸盐的这种性质，可以配制几种不同 pH 的标准缓冲溶液。

③ 磷的氯化物　卤化磷中以 PCl_3 和 PCl_5 较重要。

PCl_3 是无色液体，分子呈三角锥形，易水解生成亚磷酸(H_3PO_3)。

$$PCl_3+3H_2O \xlongequal{} H_3PO_3+3HCl$$

故 PCl_3 在潮湿空气中会产生烟雾。

干燥 Cl_2 与过量 P 反应可得 PCl_3；过量 Cl_2 与 PCl_3 作用可得白色的 PCl_5；PCl_5 受热可分解为 PCl_3 和 Cl_2。

PCl_5 易水解，水量不足时部分水解成三氯氧磷($POCl_3$)和 HCl。

$$PCl_5+H_2O \xlongequal{} POCl_3+2HCl$$

$POCl_3$ 在过量水中完全水解。

$$POCl_3+3H_2O \xlongequal{} H_3PO_4+3HCl$$

2.1.4　碳族元素及其化合物

碳族元素在周期表中位于ⅣA 族元素，包括碳(C)、硅(Si)、锗(Ge)、锡(Sn)、铅(Pb)五个元素，通称碳族元素。

碳族元素由上而下从典型的非金属元素碳、硅过渡到典型的金属元素锡和铅。

碳族元素的价电子层构型为 ns^2np^2，能够形成氧化数为＋2、＋4 的化合物。碳、硅主要形成氧化数为＋4 的化合物；碳有时还能形成氧化数为－4 的化合物。锡元素的氧化数为＋2 的化合物具有强还原性。Pb 氧化数为＋4 的化合物有强氧化性，易被还原为 Pb^{2+}，所以铅的化合物以＋2 氧化数为主。

2.1.4.1　碳及其重要化合物

碳元素在地壳中约占 0.03%，但它却是地球上分布最广、化合物最多的元素。碳是有机化合物的核心元素，在有机物中采取不同的杂化，形成不同的空间构型。碳存在二种同素异形体——金刚石、石墨，由于它们的晶体结构不同，所以性质上迥然不同。石墨是碳的最稳定存在形式，可以用作电极。

(1) 碳的氧化物　碳最常见的氧化物为 CO 和 CO_2。

① CO　CO 是无色、无臭的气体，它不能助燃，但能自燃，在水中溶解度很小，有毒。因为它能和血液中携带 O_2 的血红蛋白生成稳定的配合物，使血红蛋白失去输送 O_2 的能力，致使人缺氧而死亡。空气中的 CO 的体积分数达 0.1%时，就会引起中毒。CO 是化石燃料燃烧不充分所产生的大气污染物。

CO 具有还原性，是冶金工业中常用的还原剂，也是良好的气体燃料。

$$CuO+CO \xlongequal{\text{高温}} CO_2+Cu$$

CO 的配位能力很强，能与多种金属形成配合物，如 $Fe(CO)_5$、$Ni(CO)_4$、$Co(CO)_8$。

② CO_2　CO_2 是无色、无臭、不能燃烧又不助燃的气体，相对密度比空气大，故常用作灭火剂。CO_2 在空气中的体积分数约为 0.03%，主要来自于生物的呼吸、有机物的燃烧和发酵、动植物腐败分解等。近年来大气中 CO_2 的含量不断地增长，CO_2 能够强烈吸收太

阳辐射能，产生温室效应从而导致全球变暖，CO_2 的热污染已经引起国际上的普遍关注。

CO_2 的化学性质不活泼，常用作反应的惰性介质。固态 CO_2 称为干冰，可作低温制冷剂，也能用它制造干冰灭火器，但不能扑灭燃着的 Mg。

$$CO_2(g)+2Mg(s)=2MgO(s)+C(s)$$

CO_2 具有酸性氧化物的一切性质。

CO_2 可溶于水，溶于水中的 CO_2 仅部分与水作用生成碳酸，饱和 CO_2 水溶液中 H_2CO_3 的浓度为 0.04mol/L。

(2) 碳酸和碳酸盐　碳酸是二元弱酸，在水溶液中逐级解离，平衡如下：

$$H_2CO_3 \rightleftharpoons H^+ + HCO_3^- \qquad K_{a_1}^{\ominus}=4.47\times10^{-7}$$

$$HCO_3^- \rightleftharpoons H^+ + CO_3^{2-} \qquad K_{a_2}^{\ominus}=4.68\times10^{-11}$$

碳酸能生成两类盐：碳酸盐和碳酸氢盐。

① 碳酸盐的溶解性　铵和碱金属(除 Li 外)的碳酸盐都溶于水，相应的酸式盐溶解度相对较小，例如 $NaHCO_3$ 溶解度就比 Na_2CO_3 要小。其他的碳酸盐难溶于水，对应的碳酸氢盐的溶解度较大，例如 $Ca(HCO_3)_2$ 溶解度比 $CaCO_3$ 大。

$$CaCO_3+CO_2+H_2O=Ca(HCO_3)_2$$

碳酸盐、碳酸氢盐在溶液中都会发生水解反应。

$$CO_3^{2-}+H_2O \rightleftharpoons HCO_3^-+OH^-$$

$$HCO_3^-+H_2O \rightleftharpoons H_2CO_3+OH^-$$

因此碱金属碳酸盐的水溶液呈强碱性，碳酸氢盐的水溶液呈弱碱性。

由于 CO_3^{2-} 的水解作用，金属离子与可溶性碳酸盐混合时，可有以下三种情况发生。

a. 当金属离子(如 Ca^{2+}、Sr^{2+}、Ba^{2+}、Cd^{2+}、Ag^+ 等)的碳酸盐的溶解度小于其相应的氢氧化物时，得到碳酸盐沉淀。

$$Ca^{2+}+CO_3^{2-}=CaCO_3\downarrow$$

b. 当金属离子(如 Zn^{2+}、Cu^{2+}、Pb^{2+}、Mg^{2+}、Bi^{3+} 等)的氢氧化物的溶解度与其相应的碳酸盐相差不多时，得到碱式碳酸盐沉淀。

$$2Cu^{2+}+2CO_3^{2-}+H_2O=Cu_2(OH)_2CO_3\downarrow+CO_2\uparrow$$

c. 当金属离子(如 Fe^{3+}、Cr^{3+}、Al^{3+})的氢氧化物的溶解度小于其相应的碳酸盐时，只能得到氢氧化物沉淀。

$$2Fe^{3+}+3CO_3^{2-}+3H_2O=2Fe(OH)_3\downarrow+3CO_2\uparrow$$

② 碳酸盐类的热稳定性　碳酸盐和碳酸氢盐的热稳定性较差，在高温下均会分解。

$$M(HCO_3)_2 \xlongequal{\triangle} MCO_3+H_2O+CO_2\uparrow$$

$$MCO_3 \xlongequal{\triangle} MO+CO_2\uparrow$$

碳酸、碳酸氢盐和碳酸盐的热稳定性顺序是：

$$H_2CO_3<MHCO_3<M_2CO_3$$

在碳酸盐中，以钠、钾、钙的碳酸盐最为重要。Na_2CO_3 俗名纯碱，常用于标定盐酸溶液。碳酸氢盐中以 $NaHCO_3$（小苏打）最为重要，在食品工业中，它与 NH_4HCO_3、

$(NH_4)_2CO_3$ 等一起用作膨松剂。

2.1.4.2 硅及其化合物

硅元素约占地壳的四分之一，硅在自然界主要以石英砂(SiO_2)和硅酸盐的形式存在，构成了矿物界的主体。

(1) 二氧化硅 二氧化硅为大分子的原子晶体，在石英晶体中不存在单分子 SiO_2。无色透明的纯石英称为水晶。石英能耐高温，能透过紫外光，可用于制造耐高温的仪器和医学、光学仪器。

二氧化硅化学性质很不活泼，不溶于强酸，在室温下仅 HF 能与它反应。

$$SiO_2 + 4HF \xlongequal{} SiF_4\uparrow + 2H_2O$$

(2) 硅酸和硅胶 用酸与硅酸钠作用，即可制得硅酸。

$$Na_2SiO_3 + 2HCl \xlongequal{} H_2SiO_3 + 2NaCl$$

硅酸是一种极弱的酸，其中 $K_{a_1}^{\ominus}=1.70\times10^{-10}$，$K_{a_2}^{\ominus}=1.58\times10^{-12}$。

从 SiO_2 可以制得多种硅酸，其组成随反应的条件而变，常以 $xSiO_2\cdot yH_2O$ 表示。如有正硅酸(H_4SiO_4)、偏硅酸(H_2SiO_3)、二偏硅酸($H_2Si_2O_5$)等，各种硅酸中以偏硅酸组成最简单，因此习惯用 H_2SiO_3 作为硅酸的代表。

在水溶液中，硅酸会发生自行聚合作用。随条件的不同有时形成硅溶胶，有时形成硅凝胶。硅溶胶又称硅酸水溶胶，如经过干燥脱水后则成硅胶。

硅胶是白色透明多孔性的固态物质，其比表面积很大($800\sim900m^2/g$ 硅胶)，因此有良好的吸附性能，可作吸附剂，在实验室中常作为干燥剂，用于天平和精密仪器的防潮。如在制硅胶时，加入 $CoCl_2$，可制得变形硅胶。无水 Co^{2+} 呈蓝色，吸潮后呈 $[Co(H_2O)_6]^{2+}$ 的淡红色，硅胶吸湿变红后可经烘烤脱水后重复使用。这种变色硅胶可用以指示硅胶的吸湿状态，因此使用十分方便。

(3) 硅酸盐 硅酸或多硅酸的盐称为硅酸盐，常见的是 Na 盐，化学组成可表示为 $Na_2O\cdot nSiO_2$。可溶性硅酸盐的熔体具有玻璃状态，叫做可熔玻璃，习惯上用 Na_2SiO_3 表示。它是黏稠状的液体，称做“水玻璃”，俗称“泡花碱”。它是纺织、造纸、制皂、铸造等工业的重要原料。

2.1.5 硼、铝及其化合物

硼族元素位于周期表中的ⅢA 族元素，包括硼(B)、铝(Al)、镓(Ga)、铟(In)、铊(Th)五个元素。这里只讨论硼和铝。

硼和铝的价层电子构型为 ns^2np^1，它们的最高氧化数为+3，其化合物的氧化数一般为+3。

2.1.5.1 硼的重要化合物

(1) 硼的氢化物 硼与氢可以形成在组成和结构上相当特殊的化合物，这些化合物的物理性质与碳的氢化物(烷烃)相似，故硼氢化合物称为硼烷。最简单的硼烷是乙硼烷，它的分子式是 B_2H_6。

从硼原子仅有三个价电子来看，最简单的硼烷应是 BH_3，但根据气体密度测定证明，最简单的硼烷是 B_2H_6。

B_2H_6 由两个 BH_3 结合而成，因为 B 是缺电子原子，因此不能形成四个正常的共价键。在成键时，每个 BH_3 中的 B 原子在成键时采取 sp^3 杂化，形成四个 sp^3 杂化轨道，但其中只有三个轨道中有电子，另一个是空轨道，所以不能像乙烷那样形成四面体结构，而是形成如图 2-2 所示的结构，称为氢桥键结构。两个氢桥键都垂直于四个正常的 B—H 键(σ 键)所组成的平面，分别位于该平面的上、下两侧。

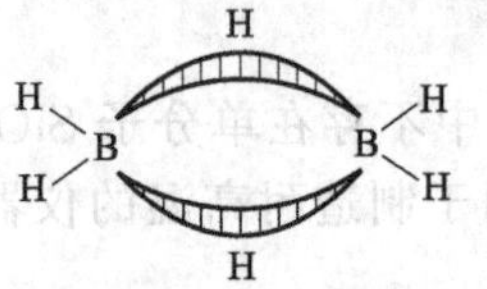

图 2-2　氢桥键

硼烷都是具有臭味的无色气体或液体，其毒性很大，毒性与 HCN 相近。它们的物理性质与具有相应组成的烷烃相似，化学性质要比烷烃活泼，在空气中可以自燃。

$$B_2H_6(g)+3O_2(g) \longrightarrow B_2O_3(s)+3H_2O(g) \qquad \Delta H^{\ominus}=-2033.79\text{kJ/mol}$$

由于硼烷的毒性很大，现使用的硼烷燃料是硼烷的烃基取代物，如使用的高能液体燃料$(C_2H_5)_3B_5H_6$ 和固体燃料$(C_2H_5)_2B_{10}H_{12}$。

硼烷也很容易水解。

$$B_2H_6(g)+6H_2O(l) \longrightarrow 2H_3BO_3(aq)+6H_2(g) \qquad \Delta H^{\ominus}=-465\text{kJ/mol}$$

(2) 硼的含氧化合物

① 硼酸　氧化硼溶于水后，生成硼酸。

$$B_2O_3+3H_2O \longrightarrow 2H_3BO_3$$

工业上，硼酸是用强酸处理硼砂而制得的。

$$Na_2B_4O_7 \cdot 10H_2O+H_2SO_4 \longrightarrow 4H_3BO_3+Na_2SO_4+5H_2O$$

H_3BO_3 晶体在热水中的溶解度增大。H_3BO_3 加热时，失水成 HBO_2，再进一步加热，生成 B_2O_3，溶于水，它们又能生成硼酸。

$$H_3BO_3 \underset{+H_2O}{\overset{\triangle、-H_2O}{\rightleftharpoons}} HBO_2 \underset{+H_2O}{\overset{\triangle、-H_2O}{\rightleftharpoons}} B_2O_3$$

硼酸是一元弱酸，$K_a^{\ominus}=5.8\times10^{-10}$。

硼酸体现的酸性与其他酸体现出的酸性有所不同，它是由于 B 原子的缺电子性所引起的。

$$H_3BO_3+H_2O \rightleftharpoons (HO)_3B \leftarrow OH^-+H^+$$

② 硼酸盐　最主要的硼酸盐是 $Na_2B_4O_7 \cdot 10H_2O$，俗称硼砂，硼砂是无色透明晶体，在空气中易失去部分水分子而发生风化。

③ 硼砂的水解性　硼砂在水中发生水解，先生成偏硼酸钠($NaBO_2$)，再水解成 NaOH 和 H_3BO_3，因此其水溶液显碱性。

$$Na_2B_4O_7+3H_2O \rightleftharpoons 2NaBO_2+2H_3BO_3$$

$$2NaBO_2+4H_2O \rightleftharpoons 2NaOH+2H_3BO_3$$

因此，硼砂可作基准物来标定盐酸标准溶液的浓度。

2.1.5.2　铝的重要化合物

(1) 氧化铝　铝的氧化物 Al_2O_3 有多种不同的晶体。其中自然界存在的 α-Al_2O_3 洁白如玉，硬度仅次于金刚石，称为刚玉；含微量 Cr_2O_3 显红色称为红宝石；含有少量 Fe_2O_3 及 TiO_2 则称为蓝宝石；含有少量 Fe_3O_4 的称为刚玉粉。α-Al_2O_3 有很高的熔点和硬度，化学性质稳定，不溶于水、酸和碱，常用作耐火、耐腐蚀和高硬度材料。γ-Al_2O_3 硬度小，不溶于水，但能溶于酸和碱，具有很强的吸附性能，可作吸附剂及催化剂。

$$Al_2O_3+6HCl \longrightarrow 2AlCl_3+3H_2O$$

$$Al_2O_3+2NaOH \longrightarrow 2NaAlO_2+H_2O$$

(2) 氢氧化铝　氢氧化铝是两性氢氧化物，碱性略强于酸性。在溶液中按以下两种方式离解：

$$Al^{3+}+3OH^- \rightleftharpoons Al(OH)_3 \equiv H_3AlO_3 \xrightleftharpoons[-H_2O]{+H_2O} H^+ + [Al(OH)_4]^-$$

加酸，上述平衡向左移动，生成铝盐；加碱，平衡向右移动，生成铝酸盐。光谱实验证明，$Al(OH)_3$ 溶于碱后，生成的是 $[Al(OH)_4]^-$。

(3) 铝盐　铝最常见的盐是 $AlCl_3$ 和 $KAl(SO_4)_2 \cdot 12H_2O$(明矾)，铝盐极易水解，生成 $Al(OH)_3$ 胶状沉淀。这些水解产物能吸附水中的泥沙、重金属离子及有机污染物等一起沉降，因此可用作水的净化剂。$AlCl_3$ 是有机化学中亲电取代反应常用的催化剂。

一些弱酸的铝盐在水中几乎完全或大部分水解。

$$2Al^{3+}+3S^{2-}+6H_2O \longrightarrow 2Al(OH)_3\downarrow+3H_2S\uparrow$$

$$2Al^{3+}+3CO_3^{2-}+3H_2O \longrightarrow 2Al(OH)_3\downarrow+3CO_2\uparrow$$

故弱酸的铝盐，如 Al_2S_3、$Al_2(CO_3)_3$ 等只能用干法制得。

2.2　s区元素及其化合物

s区元素包括锂(Li)、钠(Na)、钾(K)、铷(Ru)、铯(Cs)、钫(Fr)六种元素被称为碱金属元素；铍(Be)、镁(Mg)、钙(Ca)、锶(Sr)、钡(Ba)、镭(Ra)六种元素被称为碱土金属元素。锂、铷、铯、铍等是稀有金属元素，钫和镭是放射性元素。

碱金属和碱土金属原子的价层电子构型分别为 ns^1 和 ns^2，它们的原子最外层有1～2个电子，是最活泼的金属元素。

2.2.1　通性

碱金属和碱土金属的基本性质分别列于表2-6和表2-7中。

碱金属原子最外层只有1个 ns 电子，而次外层是8电子结构(Li的次外层是2个电子)，它们的原子半径在同周期元素中(稀有气体除外)是最大的，而核电荷在同周期元素中是最小的，由于内层电子的屏蔽作用较显著，故这些元素很容易失去最外层的1个s电子，从而使碱金属的第一电离能在同周期元素中最低。因此，碱金属是同周期元素中金属性最强的元素。碱土金属的核电荷比碱金属大，原子半径比碱金属小，金属性比碱金属略差一些。

表2-6　碱金属的性质

性质	锂	钠	钾	铷	铯
原子序数	3	11	19	37	55
价电子构型	$2s^1$	$3s^1$	$4s^1$	$5s^1$	$6s^1$
原子半径/pm	155	190	255	248	267
沸点/℃	1317	892	774	688	690
熔点/℃	180	97.8	64	39	28.5
电负性 x	1.0	0.9	0.8	0.8	0.7
电离能/(kJ/mol)	520	496	419	403	376
电极电势 $\varphi^{\ominus}_{M^+/M}$/V	-3.045	-2.714	-2.925	-2.925	-2.923
氧化数	+1	+1	+1	+1	+1

表 2-7 碱土金属的性质

性质	铍	镁	钙	锶	钡
原子序数	4	12	20	38	56
价电子构型	$2s^2$	$3s^2$	$4s^2$	$5s^2$	$6s^2$
原子半径/pm	112	160	197	215	222
沸点/℃	2970	1107	1487	1334	1140
熔点/℃	1280	651	845	769	725
电负性 x	1.5	1.2	1.0	1.0	0.9
第一电离能/(kJ/mol)	899	738	590	549	503
第二电离能/(kJ/mol)	1757	1451	1145	1064	965
电极电势 $\varphi^{\ominus}_{M^{2+}/M}$/V	−1.85	−2.37	−2.87	−2.89	−2.90
氧化数	+2	+2	+2	+2	+2

s 区元素的一个重要特点是各族元素通常只有一种稳定的氧化态。碱金属的氧化数为+1，碱土金属的氧化数为+2。在每族元素中，从上到下，由于原子半径显著递增起主要作用，核电荷的递增起次要作用，所以金属性依次增强。

s 区元素单质的主要特点是：轻、软、低熔点。密度最低的是锂($0.53g/cm^3$)，是最轻的金属，即使密度最大的镭，其相对密度也小于 5(相对密度小于 5 的金属统称为轻金属)；碱金属、碱土金属的硬度也很小(除铍和镁外)，其中碱金属和钙、锶、钡可以用刀切，但铍较特殊，其硬度足以划破玻璃；从熔点、沸点来看，碱金属的熔点、沸点较低，而碱土金属由于原子半径较小，具有 2 个价电子，金属键的强度比碱金属的强，故熔点、沸点相对较高。

2.2.2 s 区元素的重要化合物

2.2.2.1 氢化物

碱金属和碱土金属的氢化物属于离子型化合物，与水反应产生氢气。

$$MH + H_2O \xlongequal{} MOH + H_2\uparrow$$

离子型氢化物受热分解：

$$2MH \xlongequal{\triangle} 2M + H_2\uparrow$$

$$MH_2 \xlongequal{\triangle} M + H_2\uparrow$$

氢是还原剂，H^- 则有更强的还原性，$\varphi^{\ominus}_{(H_2/H^-)} = -2.23V$，所以，离子型氢化物是极强的还原剂。由于 H^- 的电荷少而半径小，故能在非极性溶剂中同 B^{3+}、Al^{3+} 等结合成复合氢化物。如氢化铝锂的生成反应为：

$$4LiH + AlCl_3 \xlongequal{乙醇} Li[AlH_4] + 3LiCl$$

这类化合物包括 $Na[BH_4]$、$Li[AlH_4]$、$Al[BH_4]_3$ 等，其中 $Li[AlH_4]$是重要的有机还原剂。

2.2.2.2 氧化物

(1) 氧化物的制备　碱金属、碱土金属与氧元素能形成多种类型的氧化物：正常氧化物、过氧化物、超氧化物、臭氧化物(含有 O_3^-)以及低氧化物，其中前三种的主要形成条件见表 2-8。

表 2-8　s 区元素形成的氧化物

项　目	阴离子	直接形成	间接形成
正常氧化物	O^{2-}	Li,Be,Mg,Ca,Sr,Ba	s 区所有元素
过氧化物	O_2^{2-}	Na	除 Be 外的所有元素
超氧化物	O_2^-	Na,K,Rb,Cs	除 Be,Mg,Li 外的所有元素

例如碱金属中的锂在空气中燃烧时，生成正常氧化物 Li_2O。

$$4Li + O_2 \xlongequal{} 2Li_2O$$

碱金属的正常氧化物也可以用金属与它们的过氧化物或硝酸盐作用而得到。

$$K_2O_2 + 2K \xlongequal{} 2K_2O$$

$$2NaNO_3 + 10Na \xlongequal{} 6Na_2O + N_2\uparrow$$

碱土金属的碳酸盐、硝酸盐、氢氧化物等热分解也能得到氧化物 MO。

$$MCO_3 \xlongequal{\triangle} MO + CO_2\uparrow$$

$$M(OH)_2 \xlongequal{\triangle} MO + H_2O$$

(2) 氧化物的性质

① 与水及稀酸的反应　碱金属氧化物与水化合生成碱性氢氧化物（MOH），Li_2O 与水反应很慢，Rb_2O 和 Cs_2O 与水发生剧烈反应。碱土金属的氧化物都是难溶于水的白色粉末，BeO 几乎不与水反应，MgO 与水缓慢反应生成相应的碱。

$$M_2O + H_2O \xlongequal{} 2MOH$$

$$MO + H_2O \xlongequal{} M(OH)_2$$

② 与二氧化碳的作用　过氧化钠与二氧化碳反应，放出氧气。

$$2Na_2O_2 + 2CO_2 \xlongequal{} 2Na_2CO_3 + O_2\uparrow$$

超氧化钾与二氧化碳作用放出氧气。

$$4KO_2 + 2CO_2 \xlongequal{} 2K_2CO_3 + 3O_2\uparrow$$

氧化钙与二氧化碳加热时生成碳酸钙。

$$CaO + CO_2 \xlongequal{\triangle} CaCO_3$$

2.2.2.3　氢氧化物

碱金属和碱土金属的氢氧化物在空气中易吸水而潮解，故固体 NaOH 和 $Ca(OH)_2$ 常用作干燥剂。

(1) 溶解性　碱金属的氢氧化物在水中都是易溶的，溶解时还放出大量的热。碱土金属的氢氧化物的溶解度则较小，由 $Be(OH)_2$ 到 $Ba(OH)_2$ 溶解度依次增大。其中 $Be(OH)_2$ 和 $Mg(OH)_2$ 是难溶的氢氧化物，这是由于随着金属离子半径的增大，正、负离子之间的作用力逐渐减小，容易为水分子所解离的缘故。

(2) 碱性　碱金属、碱土金属的氢氧化物碱性递变的次序如下：

LiOH	<	NaOH	<	KOH	<	RbOH	<	CsOH
中强碱		强碱		强碱		强碱		强碱

$$Be(OH)_2 < Mg(OH)_2 < Ca(OH)_2 < Sr(OH)_2 < Ba(OH)_2$$

两性　　中强碱　　强碱　　强碱　　强碱

在有机化学中所用的强碱多数为 KOH，因其易溶解于卤代烃中。

2.2.2.4　重要的盐类

应该注意，碱土金属中铍的盐类很毒，钡盐也很毒。

碱金属的盐大多数是离子型晶体，它们的熔点、沸点较高。碱土金属离子带两个正电荷，其离子半径较相应的碱金属小，故它们的极化力较强，因此碱土金属盐的离子键特征较碱金属的差。但随着金属离子半径的增大，键的离子性也增强。例如，碱土金属氯化物的熔点从 Be 到 Ba 依次增高：

氯化物	$BeCl_2$	$MgCl_2$	$CaCl_2$	$SrCl_2$	$BaCl_2$
熔点/℃	405	714	782	876	962

碱金属的盐类大多都易溶于水。碱土金属的盐类中，除卤化物和硝酸盐外，多数碱土金属的盐只有较低的溶解度，例如它们的碳酸盐、磷酸盐以及草酸盐等都是难溶盐（BeC_2O_4 除外）。铍盐中多数是易溶的，镁盐有部分溶，而钙、锶、钡的盐则多为难溶，钙盐中以 CaC_2O_4 的溶解度为最小，因此常用生成白色 CaC_2O_4 的沉淀反应来鉴定 Ca^{2+} 和分析溶液中 Ca^{2+} 的含量；$BaSO_4$ 不溶于水和酸，可用于鉴别 Ba^{2+} 或 SO_4^{2-}。由于这些盐的溶解度很小，有些硫酸盐在自然界中就会沉积为矿石，主要的矿石有菱镁矿（$MgCO_3$）、白云石（$MgCO_3 \cdot CaCO_3$）、方解石和大理石（$CaCO_3$）、重晶石和石膏（$CaSO_3 \cdot 2H_2O$）等。

碱金属的盐除硝酸盐及碳酸锂外一般都具有较强的稳定性。

$$2NaNO_3 \xlongequal{750℃} 2NaNO_2 + O_2\uparrow$$

因碳酸盐溶解度较小，常可以利用 Na_2CO_3 来实现沉淀的转化。

$$CaSO_4(s) + Na_2CO_3 \rightleftharpoons CaCO_3(s) + Na_2SO_4$$

碱土金属盐的稳定性相对较差，但在常温下还是稳定的，只有铍盐特殊。

$$BeCO_3 \xlongequal{<100℃} BeO + CO_2\uparrow$$

$$CaCO_3 \xlongequal{高温} CaO + CO_2\uparrow$$

2.2.2.5　硬水及其软化

工业上根据水中 Ca^{2+} 和 Mg^{2+} 的含量，把水分为硬水（溶有较多量的 Ca^{2+}、Mg^{2+}）和软水（溶有少量的 Ca^{2+}、Mg^{2+}）。水的硬度用每毫升水中含有 $CaCO_3$（或 CaO）的质量表示，单位通常为 mg/L。

(1) 暂时硬水与永久硬水　含有碳酸氢钙 $Ca(HCO_3)_2$ 或碳酸氢镁 $Mg(HCO_3)_2$ 的硬水经煮沸后，所含的酸式碳酸盐就分解为不溶性的碳酸盐。例如：

$$Ca(HCO_3)_2 \xlongequal{\triangle} CaCO_3\downarrow + H_2O + CO_2\uparrow$$

$$2Mg(HCO_3)_2 \xlongequal{\triangle} Mg_2(OH)_2CO_3\downarrow + H_2O + 3CO_2\uparrow$$

这样可以将水中 Ca^{2+} 和 Mg^{2+} 除去，水的硬度就变低了，故这种硬水叫做暂时硬水。含有硫酸镁（$MgSO_4$）、硫酸钙（$CaSO_4$）或氯化镁（$MgCl_2$）、氯化钙（$CaCl_2$）等的硬水，经过煮沸，水的硬度也不会变化，这种水叫做永久硬水。

(2) 硬水的软化　消除硬水中 Ca^{2+}、Mg^{2+} 的过程叫做硬水的软化。工业上常用的软化方法为石灰纯碱法，实验室中常用离子交换树脂净化水法。

永久硬水可以用纯碱软化。纯碱与钙、镁的硫酸盐和氯化物反应，生成难溶性的盐，使永久硬水失去它的硬性。工业上往往将石灰和纯碱各一半混合用于水的软化，称为石灰纯碱法。

$$MgCl_2 + Ca(OH)_2 = Mg(OH)_2\downarrow + CaCl_2$$

$$CaCl_2 + Na_2CO_3 = CaCO_3\downarrow + 2NaCl$$

反应终了再加明矾，经澄清后得到软水。石灰纯碱法操作比较复杂，软化效果较差，但成本低，适于处理大量的且硬度较大的水。

2.2.2.6 Li 与 Mg、Be 与 Al 的相似性及对角线规则

在 s 区和 p 区元素中，除了同族元素的性质相似外，还有一些元素及其化合物的性质呈现出“对角线”相似。所谓对角线相似即ⅠA 族的 Li 与ⅡA 族的 Mg、ⅡA 族的 Be 与ⅢA 族的 Al、ⅢA 族的 B 与Ⅳ族的 Si 这三对元素在周期表中处于对角线位置，其很多性质具有相似之处。

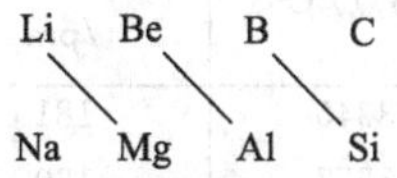

周期表中，某元素及其化合物的性质与它左上方或右下方元素及其化合物性质的相似性就称为对角线规则。对角线规则可以通过事实说明。

如 $Mg(OH)_2$ 为难溶物质，LiOH 溶解度也极小；Li_2CO_3、Li_3PO_4 和 LiF 也与镁盐一样难溶于水。

如 $BeCl_2$ 与 $AlCl_3$ 均属于共价型化合物，而其他碱土金属的氧化物基本上都是离子型的；铍和铝都是两性金属，既能溶于酸，也能溶于强碱；铍和铝的标准电极电势相近（$\varphi^{\ominus}_{(Be^{2+}/Be)}=-1.70V$，$\varphi^{\ominus}_{(Al^{3+}/Al)}=-1.66V$）；金属铍和铝都能被冷的浓硝酸钝化；铍和铝的氧化物均是熔点高、硬度大的物质；铍和铝的氢氧化物 $Be(OH)_2$ 和 $Al(OH)_3$ 都是两性氢氧化物，而且都难溶于水；铍和铝的氟化物都能与碱金属的氟化物形成配合物，如 $Na_2[BeF_4]$、$Na_3[AlF_6]$；铍和铝的氯化物都是共价型化合物，易升华、易聚合、易溶于有机溶剂。

对角线规则是从有关元素及其化合物的许多性质中总结出来的经验规律，只能对元素的性质加以大致说明。

2.3 d 区元素及其化合物

过渡元素包括ⅠB～ⅦB 族和Ⅷ族共 30 多个元素，其中ⅠB 和ⅡB 族为 ds 区元素，其余的为 d 区元素。下面重点讨论 d 区元素中第四周期元素从钪到镍的过渡金属。

2.3.1 通性

过渡元素的一般性质列于表 2-9 中。

过渡元素的价电子不仅包括最外层的 s 电子，还包括次外层全部或部分 d 电子（Zn、Cd、Hg 除外），这样的电子构型使得它们能形成多种氧化数的化合物。它们的最高氧化数等于最外层 s 电子和次外层 d 电子数的总和（Ⅷ、ⅠB、ⅡB 族除外）。

另外，除ⅡB族中的Zn、Cd外，其他过渡元素的氧化数都是可变的，具有较低氧化数的过渡元素，大都以“简单”离子(M^{+}、M^{2+}、M^{3+})形式存在。

表 2-9　过渡元素的一般性质

第一过渡系	价层电子构型	熔点/℃	沸点/℃	原子半径/pm	第一电离能/(kJ/mol)	氧化数
Sc	$3d^14s^2$	1541	2836	161	639.5	$\underline{3}$
Ti	$3d^24s^2$	1668	3287	145	664.6	$-1,0,2,3,\underline{4}$
V	$3d^34s^2$	1917	3421	132	656.5	$-1,0,2,3,\underline{4},\underline{5}$
Cr	$3d^54s^1$	1907	2679	125	659.0	$-2,-1,0,2,\underline{3},4,5,\underline{6}$
Mn	$3d^54s^2$	1244	2095	124	723.8	$-2,-1,0,\underline{2},3,\underline{4},5,6,\underline{7}$
Fe	$3d^64s^2$	1535	2861	124	765.7	$0,\underline{2},\underline{3},4,5,6$
Co	$3d^74s^2$	1494	2927	125	764.9	$0,\underline{2},\underline{3},4$
Ni	$3d^84s^2$	1453	2884	125	742.5	$0,\underline{2},3,(4)$
Cu	$3d^{10}4s^1$	1085	2562	128	751.7	$\underline{1},\underline{2},3$
Zn	$3d^{10}4s^2$	420	907	133	912.6	$\underline{2}$
第二过渡系	**价层电子构型**	**熔点/℃**	**沸点/℃**	**原子半径/pm**	**第一电离能/(kJ/mol)**	**氧化数**
Y	$4d^15s^2$	1522	3345	181	606.4	$\underline{3}$
Zr	$4d^25s^2$	1852	3577	160	642.6	$2,3,\underline{4}$
Nb	$4d^45s^1$	2468	4860	143	642.3	$2,3,4,\underline{5}$
Mo	$4d^55s^1$	2622	4825	136	691.2	$0,2,3,4,5,\underline{6}$
Tc	$4d^55s^2$	2157	4265	136	708.2	$0,4,5,6,7$
Ru	$4d^75s^1$	2334	4150	133	707.6	$0,3,\underline{4},5,6,7,8$
Rh	$4d^85s^1$	1963	3727	135	733.7	$0,(1),2,3,\underline{4},6$
Pd	$4d^{10}5s^0$	1555	3167	138	810.5	$0,(1),2,3,\underline{4}$
Ag	$4d^{10}5s^1$	962	2164	144	737.2	$\underline{1},2,3$
Cd	$4d^{10}5s^2$	321	765	149	874.0	$\underline{2}$
第三过渡系	**价层电子构型**	**熔点/℃**	**沸点/℃**	**原子半径/pm**	**第一电离能/(kJ/mol)**	**氧化数**
Lu	$5d^16s^2$	1663	3402	173	529.7	$\underline{3}$
Hf	$5d^26s^2$	2227	4450	159	660.7	$2,3,\underline{4}$
Ta	$5d^36s^2$	2996	5429	143	720.3	$2,3,4,\underline{5}$
W	$5d^46s^2$	3387	5900	137	739.3	$0,2,3,4,5,\underline{6}$
Re	$5d^56s^2$	3180	5678	137	754.7	$0,2,3,4,5,6,7$
Os	$5d^66s^2$	3045	5225	134	804.9	$0,2,3,4,5,6,7,8$
Ir	$5d^76s^2$	2447	2550	136	874.7	$0,2,3,\underline{4},5,6$
Pt	$5d^96s^1$	1769	3824	136	836.8	$0,2,\underline{4},5,6$
Au	$5d^{10}6s^1$	1064	2856	144	896.3	$\underline{1},\underline{3}$
Hg	$5d^{10}6s^2$	−39	357	160	1013.3	$\underline{1},\underline{2}$

注：表中数字有下划线的为常见氧化数，氧化数为0表示元素形成羰合物时的氧化数。

2.3.1.1　主要物理性质

过渡元素大都是高熔点、高沸点(Zn、Cd、Hg除外)、密度大、导电和导热性能良好的重金属。它们广泛地被用在冶金工业上制造合金钢，例如不锈钢(含镍和铬)、弹簧钢(含钒)、锰钢等。熔点最高的单质是钨，硬度最大的是铬，单质密度最大的是锇(Os)。

2.3.1.2　离子的颜色

过渡元素的大多数水合离子常带有一定的颜色，这与它们的离子具有未成对的d电子有关。过渡元素中没有未成对 d 电子的离子如 Sc^{3+}、Zn^{2+}、Ag^{+}、Cu^{+} 等都是无色的，而具有未成对 d 电子的离子则呈现出颜色，如 Cu^{2+}、Cr^{3+}、Co^{2+} 等。

综上所述，过渡元素主要有以下特点。

① 同一种元素有多种氧化数；

② 金属活泼性；

③ 易于形成多种配合物；

④ 水合离子和酸根离子常带有颜色。

2.3.2 铬及其重要化合物

铬是银白色金属，有延展性。当铬中含微量氧化物或其他杂质时显得硬而脆，铬在同周期的元素中熔点最高。

铬是比较活泼的金属，与稀盐酸或稀硫酸反应，生成蓝色溶液(含 Cr^{2+})，很快被空气氧化为 Cr^{3+}。

$$Cr+2HCl \xlongequal{} CrCl_2+H_2\uparrow$$

$$4CrCl_2+4HCl+O_2 \xlongequal{} 4CrCl_3+2H_2O$$

铬在高温下更活泼。

$$2Cr+3H_2O(g) \xrightarrow{高温} Cr_2O_3+3H_2\uparrow$$

铬可以形成合金。当钢中含有铬 14%左右，便是不锈钢，在各种类型的不锈钢中几乎都有较高比例的铬。

2.3.2.1 铬(Ⅲ)的化合物

(1) 氧化物和氢氧化物的溶解性与酸碱性 三氧化二铬是难溶和极难熔化的氧化物之一，熔点是 2275℃，微溶于水，溶于酸。灼烧过的 Cr_2O_3 不溶于水，也不溶于酸。在高温下它可与焦硫酸钾分解放出的 SO_3 作用，形成可溶性的硫酸铬 $Cr_2(SO_4)_3$。

$$Cr_2O_3+3K_2S_2O_7 \xrightarrow{共熔} Cr_2(SO_4)_3+3K_2SO_4$$

氢氧化铬 $[Cr(OH)_3]$ 是用适量的碱作用于铬盐溶液(pH 约为 5.3)而生成的灰色沉淀，继续加入碱溶液，沉淀溶解产生亮绿色的配离子 $[Cr(OH)_4]^-$ {或为$[Cr(OH)_6]^{3-}$}，此时加入氯水，溶液呈黄色。变化过程如下：

$$Cr^{3+}+3OH^- \rightleftharpoons Cr(OH)_3\downarrow$$

$$Cr(OH)_3+OH^- \rightleftharpoons [Cr(OH)_4]^-$$

$$2[Cr(OH)_4]^-+3Cl_2+8OH^- \rightleftharpoons 2CrO_4^{2-}+6Cl^-+8H_2O$$

$$\underset{0.1mol/L}{Cr^{3+}(紫色)} \rightleftharpoons \underset{pH=4.9\sim6.8}{Cr(OH)_3(蓝灰色)} \rightleftharpoons \underset{pH=12\sim15}{[Cr(OH)_4]^-(绿色)}$$

(2) 铬盐在碱性条件下的还原性 从铬的元素电势图可以看出，在碱性条件下铬(Ⅲ)具有较强的还原性，易被氧化。例如在碱性介质中，Cr^{3+}可被稀的 H_2O_2 溶液氧化。

$$\underset{(绿色)}{2Cr(OH)_4^-}+2OH^-+3H_2O_2 \rightleftharpoons \underset{(黄色)}{2CrO_4^{2-}}+8H_2O$$

2.3.2.2 铬(Ⅵ)氧化物和含氧酸

浓 H_2SO_4 作用于饱和的 $K_2Cr_2O_7$ 溶液，可析出铬(Ⅵ)的氧化物——三氧化铬(CrO_3)。

$$K_2Cr_2O_7 + H_2SO_4(\text{浓}) = 2CrO_3\downarrow + K_2SO_4 + H_2O$$

CrO_3 是暗红色针状晶体，它极易从空气中吸收水分，并且易溶于水，形成铬酸和重铬酸 $H_2Cr_2O_7$。CrO_3 在受热超过其熔点(196℃)时，就分解放出氧而变为 Cr_2O_3。CrO_3 是较强的氧化剂，是电镀铬的重要原料。

(1) 铬酸和重铬酸的酸性与缩合性 $H_2Cr_2O_4$ 和 $H_2Cr_2O_7$ 都是强酸，但后者酸性更强些。$H_2Cr_2O_7$ 的第一级离解是完全的：

$$H_2CrO_4 \rightleftharpoons HCrO_4^- + H^+ \qquad K_{a_1}^{\ominus}=9.55$$

$$HCrO_4^- \rightleftharpoons CrO_4^{2-} + H^+ \qquad K_{a_2}^{\ominus}=3.2\times10^{-7}$$

$$HCr_2O_7^- \rightleftharpoons Cr_2O_7^{2-} + H^+ \qquad K_{a_2}^{\ominus}=0.85$$

(2) 重铬酸及其盐的氧化性 在碱性介质中，铬(Ⅵ)的氧化能力很差，在酸性介质中它是较强的氧化剂，$K_2Cr_2O_7$ 是氧化还原滴定中常用的氧化剂。

$$Cr_2O_7^{2-} + 6Fe^{2+} + 14H^+ = 2Cr^{3+} + 6Fe^{3+} + 7H_2O$$

实验室常用的铬酸洗液就是由浓硫酸和饱和 $K_2Cr_2O_7$ 溶液配制而成的，用于浸洗或润洗一些容量器皿，除去还原性或碱性的污物，特别是有机污物，此洗液可以反复使用，直到洗液发绿才失效。

(3) 铬(Ⅲ)和铬(Ⅵ)的鉴定 在 $Cr_2O_7^{2-}$ 的溶液中加入 H_2O_2，可生成蓝色的过氧化铬 CrO_5 或写成 $CrO(O_2)_2$，其结构为：

$$Cr_2O_7^{2-} + 4H_2O_2 + 2H^+ = 2CrO_5 + 5H_2O$$

或

$$2CrO_4^{2-} + 3H_2O_2 + 2H^+ = 2CrO_5 + 4H_2O$$

CrO_5 很不稳定，很快分解为 Cr^{3+} 并放出 O_2，但它在乙醚或戊醇溶液中较稳定。这一反应常用来鉴定 CrO_4^{2-} 或 $Cr_2O_7^{2-}$ 的存在，以上是铬(Ⅵ)的鉴定。铬(Ⅲ)的鉴定是先把铬(Ⅲ)氧化到铬(Ⅵ)后再鉴定，方法如下：

$$Cr^{3+} \xrightarrow{OH^-\text{过量}} Cr(OH)_4^- \xrightarrow[OH^-]{H_2O_2} CrO_4^{2-} \xrightarrow[\text{乙醚}]{H^+ + H_2O_2} CrO_5(\text{蓝色})$$

或

$$Cr^{3+} \xrightarrow{OH^-\text{过量}} Cr(OH)_4^- \xrightarrow[OH^-]{H_2O_2} CrO_4^{2-} \xrightarrow{Pb^{2+}} PbCrO_4\downarrow(\text{黄色})$$

2.3.3 锰及其重要化合物

锰的外形与铁相似，它的主要用途是制造合金，几乎所有的钢中都含有锰。

锰原子的价电子是 $3d^54s^2$。它也许是迄今氧化数最多的元素，可以形成氧化数由 -3～$+7$ 的化合物，其中以氧化数 $+2$、$+4$、$+7$ 的化合物较重要。

锰易溶于盐酸，生成锰(Ⅱ)盐并放出氢气，但与冷硫酸反应较慢。

$$Mn + 2H^+ = Mn^{2+} + H_2\uparrow$$

2.3.3.1 锰(Ⅱ)的化合物

很多锰盐是易溶于水的，许多性质和 Fe^{2+}、Mg^{2+} 的盐相似。从溶液中结晶出来的锰盐是带有结晶水的粉红色晶体。例如，$MnCl_2\cdot4H_2O$、$MnSO_4\cdot7H_2O$、$Mn(NO_3)_2\cdot6H_2O$ 和

$Mn(ClO_4)_2 \cdot 6H_2O$ 等。

从锰的元素电势图可以看出，Mn^{2+} 在酸性溶液中稳定，只有很强的氧化剂如 PbO_2、$NaBiO_3$、$(NH_4)_2S_2O_8$ 等才能把它氧化成 MnO_4^-。

$$2Mn^{2+} + 5BiO_3^- + 14H^+ \longequal 2MnO_4^- + 5Bi^{3+} + 7H_2O$$

$$2Mn^{2+} + 5S_2O_8^{2-} + 8H_2O \xrightarrow[\triangle]{Ag^+催化} 2MnO_4^- + 10SO_4^{2-} + 16H^{2+}$$

这一反应常用来鉴定 Mn^{2+} 的存在。

在碱性条件下，锰(Ⅱ)具有较强的还原性，易被氧化。

2.3.3.2　锰(Ⅳ)的化合物

二氧化锰是锰(Ⅳ)最稳定的化合物。在自然界中它以软锰矿($MnO_2 \cdot xH_2O$)的形式存在。MnO_2 是制取锰的化合物及金属锰的主要原料，不溶于水，一般情况下是极稳定的黑色粉末，在酸性溶液中具有较强的氧化性。

$$MnO_2 + 4HCl \xlongequal{\triangle} MnCl_2 + 2H_2O + Cl_2 \uparrow$$

$$2MnO_2 + 2H_2SO_4 \xlongequal{\triangle} 2MnSO_4 + 2H_2O + O_2 \uparrow$$

2.3.3.3　锰(Ⅵ)的化合物

锰(Ⅵ)的化合物一般都不稳定，其中最稳定的锰酸钾也仅能在强碱性溶液中存在，在中性或酸性溶液中，绿色的 MnO_4^{2-} 瞬间歧化生成紫色的 MnO_4^- 和棕色的 MnO_2 沉淀。

$$3MnO_4^{2-} + 4H^+ \longequal MnO_2 \downarrow + 2MnO_4^- + 2H_2O$$

如果在锰酸盐中通入氯气，就可以将锰酸盐氧化成高锰酸盐。

$$2MnO_4^{2-} + Cl_2 \longequal 2MnO_4^- + 2Cl^-$$

2.3.3.4　锰(Ⅶ)的化合物

锰(Ⅶ)的化合物中高锰酸盐是最稳定的，其中应用最广的是高锰酸钾($KMnO_4$)，高锰酸($HMnO_4$)只能存在于稀溶液中，当浓缩其溶液超过20%时，即分解生成 MnO_2 和 O_2，高锰酸也是强酸之一。

高锰酸钾是暗紫色晶体，它的溶液呈现出 MnO_4^- 特有的紫色。$KMnO_4$ 固体加热至200℃以上时按下式分解：

$$2KMnO_4 \xlongequal{\triangle} K_2MnO_4 + MnO_2 + O_2 \uparrow$$

在实验室中有时也利用这一反应制取少量的氧。

$KMnO_4$ 是最重要和常用的氧化剂之一，能将还原性物质氧化。如 MnO_4^- 与 Mn^{2+} 在酸性介质中生成 MnO_2。

$$2MnO_4^- + 3Mn^{2+} + 2H_2O \longequal 5MnO_2 \downarrow + 4H^+$$

$KMnO_4$ 是一种强氧化剂，它的氧化能力和还原产物都与溶液的酸度有关。

$$MnO_4^- + 8H^+ + 5e \rightleftharpoons Mn^{2+} + 4H_2O \qquad \varphi^{\ominus}_{MnO_4^-/Mn^{2+}} = 1.51V$$

在弱酸性、中性或弱碱性溶液中，$KMnO_4$ 被还原为 MnO_2。

$$MnO_4^- + 2H_2O + 3e \rightleftharpoons MnO_2 + 4OH^- \qquad \varphi^{\ominus}_{MnO_4^-/MnO_2} = 0.595V$$

在强碱性溶液中，MnO_4^- 被还原成 MnO_4^{2-}。

$$MnO_4^- + e \rightleftharpoons MnO_4^{2-} \qquad \varphi^{\ominus}_{MnO_4^-/MnO_4^{2-}} = 0.56V$$

如在酸性介质中，其反应如下：

$$2MnO_4^- + 6H^+ + 5SO_3^{2-} = 2Mn^{2+} + 5SO_4^{2-} + 3H_2O$$

$$MnO_4^- + 5Fe^{2+} + 8H^+ = Mn^{2+} + 5Fe^{3+} + 4H_2O$$

若以 H_2S 作还原剂，MnO_4^- 可把 H_2S 氧化为 SO_4^{2-}。

$$8MnO_4^- + 5H_2S + 14H^+ = 8Mn^{2+} + 5SO_4^{2-} + 12H_2O$$

在中性介质中：

$$2MnO_4^- + H_2O + 3SO_3^{2-} = 2MnO_2\downarrow + 3SO_4^{2-} + 2OH^-$$

在较浓碱溶液中：

$$6MnO_4^- + CH_3OH + 6OH^- = 6MnO_4^{2-} + CO_2 + 5H_2O$$

还原产物还会因氧化剂与还原剂相对量的不同而不同。例如 MnO_4^- 与 SO_3^{2-} 在酸性条件下的反应，若 SO_3^{2-} 过量，MnO_4^- 的还原产物为 Mn^{2+}；若 MnO_4^- 过量，则最终的还原产物为 MnO_2。

2.4 ds 区元素与化合物

ds 区元素包括铜族元素(ⅠB)的铜(Cu)、银(Ag)、金(Au)和锌族元素(ⅡB)的锌(Zn)、镉(Cd)、汞(Hg)。这两族元素原子的价电子层构型分别为$(n-1)d^{10}ns^1$ 和$(n-1)d^{10}ns^2$。

2.4.1 铜族元素及其化合物

铜族元素次外层$(n-1)$d 轨道能量与最外层 ns 能量相差较小，可有1～2电子参与成键，因而有多种氧化数。常见的氧化数分别为 Cu(Ⅱ)、Ag(Ⅰ)、Au(Ⅲ)。铜族元素+1氧化数的离子都是无色的，而高氧化数离子因次外层未充满而有颜色，如 Cu^{2+} 是蓝色、Au^{3+} 是红黄色。

2.4.1.1 单质及其化学活泼性

作为单质来说，在所有的金属中，银的导电性最好，铜次之，要求高的场合，如触点、电极等可采用银。另外，铜、银之间以及铂、锌、锡、钯等其他金属之间很容易形成合金。

铜、银、金的化学活泼性较差，室温下看不出它们能与氧或水作用，但是，铜在潮湿的空气中产生绿色的铜锈(俗称铜绿)——碱式碳酸铜[$Cu_2(OH)_2CO_3$]。

$$2Cu + O_2 + H_2O + CO_2 = Cu_2(OH)_2CO_3$$

再如在有 H_2S 的环境中，银表面生成 Ag_2S 而发黑。

$$4Ag + O_2 + 2H_2S = 2Ag_2S(\text{黑色}) + 2H_2O$$

2.4.1.2 铜族元素的化合物

水合铜离子$[Cu(H_2O)_6]^{2+}$呈蓝色。在 Cu^{2+} 的溶液中加入适量的碱，析出浅蓝色的氢氧化铜[$Cu(OH)_2$]沉淀。加热 $Cu(OH)_2$ 悬浮液到接近沸腾时分解出 CuO。

$$Cu^{2+}+2OH^- \rightleftharpoons Cu(OH)_2\downarrow$$

$$Cu(OH) \xrightarrow{80\sim90℃} CuO+H_2O$$

这一反应常用来制取 CuO。

$Cu(OH)_2$ 能溶于过量浓碱溶液中。

$$Cu(OH)_2+2OH^- \rightleftharpoons [Cu(OH)_4]^{2-}$$

(1) Ag 化合物的性质 银的化合物相对来说不稳定。Ag(Ⅰ)的许多化合物加热或受热时就会发生分解，例如：

$$2Ag_2O \xlongequal{300℃} 4Ag+O_2\uparrow$$

$$2AgNO_3 \xlongequal{光} 2Ag+NO_2\uparrow+O_2\uparrow$$

许多 Ag(Ⅰ)化合物对光是敏感的。例如 AgCl、AgBr、AgI 见光都按下式分解：

$$AgX \xlongequal{光} Ag+1/2\ X_2$$

照相工业上常用 AgBr 制造照相底片或印相纸等。

(2) Cu 化合物

① Cu_2O 与氧的作用 若有 O_2 存在，适当加热 Cu_2O 能生成黑色的 CuO。人们利用 Cu_2O 的这一性质来除去氮气中微量的氧。

$$2Cu_2O+O_2 \xlongequal{200℃左右} 4CuO$$

用氢气还原 CuO 得到单质 Cu。

$$CuO+H_2 \xlongequal{\triangle} Cu+H_2O$$

② 无水 $CuSO_4$ 的吸水性 无水 $CuSO_4$ 易吸水，吸水后生成 $CuSO_4\cdot5H_2O$ 呈蓝色，常被用来鉴定液态有机物中的微量水。

2.4.2 锌族元素及其化合物

由于ⅡB 族元素的离子 M^{2+} 的 d 轨道已填满，电子不能发生 d-d 跃迁，因此它们的配合物一般无色。汞除形成氧化数为+2 的化合物外，还有氧化数为+1(Hg_2^{2+})的化合物，而锌和镉在化合物中通常氧化数为+2。

2.4.2.1 单质

在物理性质和化学性质方面，锌与镉比较相近。锌为银白色，质软，熔点较低；镉为白色金属，铜中加入少量的镉，可使铜坚硬，但导电性不降低。

锌族元素的活性按 Zn-Cd-Hg 的顺序依次降低。锌是比较活泼的金属，镉的化学活泼性不如锌。锌的表面容易在空气中生成一层致密的碱式碳酸盐 $ZnCO_3\cdot Zn(OH)_2$ 而使锌具有抗腐蚀的性质，所以常用锌来镀薄铁板。镉既耐大气腐蚀又对碱和海水有较好的抗腐蚀性，有良好的延展性，也易于焊接，且能长久保持金属光泽，因此，广泛应用于飞机和船舶零件的防腐镀层。锌、镉、汞之间或与其他金属可形成合金。

汞是室温下唯一的液态金属，具有挥发性和毒害作用，应特别小心。汞的化学性质不活泼，但值得一提的是汞和硫粉很容易形成硫化汞，据此性质，可以在洒落汞的地方撒上硫粉，使汞转化成硫化汞，以消除汞蒸气的毒性。汞的另一特性是能与许多金属形成合金——汞齐，如钠汞齐与水接触时，其中的汞仍保持其惰性，而钠则与水反应放出氢气。不过与纯的金属相比，反应进行得比较平稳，根据此性质，钠汞齐在有机合成中常用作还原剂。

2.4.2.2　锌族元素的化合物

(1) 锌的化合物　ZnO 和 $Zn(OH)_2$ 都是两性物质，当向 Zn^{2+} 溶液中加入强碱并过量时，$Zn(OH)_2$ 溶解生成 $[Zn(OH)_4]^{2-}$。

$$Zn^{2+} + 2OH^- \rightleftharpoons Zn(OH)_2\downarrow \xrightleftharpoons{OH^-\text{过量}} [Zn(OH)_4]^{2-}$$

锌一般形成配位数为 4 的配合物，例如：

$$Zn^{2+} + 4NH_3(\text{过量}) \rightleftharpoons [Zn(NH_3)_4]^{2+}$$

$$Zn^{2+} + 4CN^-(\text{过量}) \rightleftharpoons [Zn(CN)_4]^{2-}$$

氯化锌($ZnCl_2 \cdot H_2O$)是较重要的锌盐，易潮解，极易溶于水。水溶液因 Zn^{2+} 水解而显酸性。

$$Zn^{2+} + 2H_2O \rightleftharpoons Zn(OH)_2 + 2H^+$$

$$ZnCl_2 \cdot H_2O \xlongequal{\triangle} Zn(OH)Cl + HCl$$

(2) 镉的化合物　$Cd(OH)_2$ 为两性偏碱性，在 Cd^{2+} 溶液中加入 OH^-，生成白色的 $Cd(OH)_2$ 沉淀，即使碱过量时，$Cd(OH)_2$ 也难溶解，但 $Cd(OH)_2$ 能溶解在过量的氨水中。

$$Cd^{2+} + 2OH^- \rightleftharpoons Cd(OH)_2\downarrow$$

$$Cd(OH)_2 + 4NH_3(\text{过量}) \rightleftharpoons [Cd(NH_3)_4]^{2+} + 2OH^-$$

镉一般形成配位数为 4 的配合物，例如：

$$Cd^{2+} + 4NH_3(\text{过量}) \rightleftharpoons [Cd(NH_3)_4]^{2+}$$

$$Cd^{2+} + 4CN^-(\text{过量}) \rightleftharpoons [Cd(CN)_4]^{2-}$$

当在 Cd^{2+} 的溶液中通入 H_2S 时，析出的 CdS 呈亮黄色，CdS 不溶于稀酸中，常根据这一反应来鉴定溶液中 Cd^{2+} 的存在。

$$Cd^{2+} + H_2S \rightleftharpoons CdS\downarrow + 2H^+$$

CdS 溶于浓盐酸的反应如下：

$$CdS + 2H^+ + 4Cl^- \rightleftharpoons 8\ [CdCl_4]^{2-} + H_2S$$

实际上 CdS 在 6mol/L 的盐酸中就能被溶解。

2.5 实验 铜、银、锌、镉、汞

2.5.1 实验目的

① 掌握铜、银、锌、镉、汞氧化物和氢氧化物的性质。

② 掌握铜(Ⅰ)与铜(Ⅱ)之间、汞(Ⅰ)与汞(Ⅱ)之间的转化反应及条件。

③ 了解铜、银、锌、镉、汞硫化物的生成与溶解。

④ 掌握铜、银、汞卤化物的溶解性。

⑤ 掌握铜、银、锌、镉、汞配合物的生成与性质。

⑥ 学习 Cu^{2+}、Ag^{+}、Zn^{2+}、Cd^{2+}、Hg^{2+} 的鉴定方法。

2.5.2 实验原理

铜和银是元素周期表BⅠ族元素，价层电子构型分别为 $3d^{10}4s^{1}$ 和 $4d^{10}5s^{1}$。铜的重要氧化值为+1和+2，银主要形成氧化值为+1的化合物。

锌、镉、汞是周期系BⅡ族元素，价层电子构型 $(n-1)d^{10}ns^{2}$，它们都形成氧化值为+2的化合物，汞还能形成氧化值为+1的化合物。

$Zn(OH)_2$ 是两性氢氧化物。$Cu(OH)_2$ 两性偏碱，能溶于较浓的 NaOH 溶液。$Cu(OH)_2$ 的热稳定性差，受热分解为 CuO 和 H_2O。$Cd(OH)_2$ 是碱性氢氧化物。AgOH、$Hg(OH)_2$，$Hg_2(OH)_2$ 都很不稳定，极易脱水变成相应的氧化物，而 Hg_2O 也不稳定，易歧化为 HgO 和 Hg。

某些 Cu(Ⅱ)、Ag(Ⅰ)、Hg(Ⅱ)的化合物具有一定的氧化性。例如，Cu^{2+} 能与 I^- 反应生成 CuI 和 I_2；$[Cu(OH)_4]^{2-}$ 和 $[Ag(NH_3)_2]^+$ 都能被醛类或某些糖类还原，分别生成 Ag 和 Cu_2O；$HgCl_2$ 与 $SnCl_2$ 反应用于 Hg^{2+} 或 Sn^{2+} 的鉴定。

水溶液中的 Cu^+ 不稳定，易歧化为 Cu^{2+} 和 Cu。CuCl 和 CuI 等 Cu(Ⅰ)的卤化物难溶于水，通过加合反应可分别生成相应的配离子 $[CuCl_2]^-$ 和 $[CuI_2]^-$ 等，它们在水溶液中较稳定。$CuCl_2$ 溶液与铜屑及浓 HCl 混合后加热可制得 $[CuCl_2]^-$，加水稀释时会析出 CuCl 沉淀。

Cu^{2+} 与 $K_4[Fe(CN)_6]$ 在中性或弱酸性溶液中反应，生成红棕色的 $Cu_2[Fe(CN)_6]$ 沉淀，此反应用于鉴定 Cu^{2+}。

Ag^+ 与稀 HCl 反应生成 AgCl 沉淀，AgCl 溶于 $NH_3 \cdot H_2O$ 溶液生成 $[Ag(NH_3)_2]^+$，再加入稀 HNO_3 有 AgCl 沉淀生成，或加入 KI 溶液，生成 AgI 沉淀。利用这一系列反应可以鉴定 Ag^+。

当加入相应的试剂时，还可以实现下列依次的转化：

$$[Ag(NH_3)_2]^+ \longrightarrow AgBr(s) \longrightarrow [Ag(S_2O_3)_2]^{3-} \longrightarrow AgI(s) \longrightarrow [Ag(CN)_2]^- \longrightarrow Ag_2S(s)$$

AgCl、AgBr、AgI 等也能通过加合反应分别生成 $[AgCl_2]^-$、$[AgBr_2]^-$、$[AgI_2]^-$ 等配离子。

Cu^{2+}，Ag^+，Zn^{2+}，Cd^{2+}，Hg^{2+} 与饱和 H_2S 溶液反应都能生成相应的硫化物。ZnS 能溶于稀 HCl。CdS 不溶于稀 HCl，但溶于浓 HCl。利用黄色 CdS 的生成反应可以鉴定 Cd^{2+}。CuS 和 Ag_2S 溶于浓 HNO_3。HgS 溶于王水。

Cu^{2+}，Cu^+，Ag^+，Zn^{2+}，Cd^{2+}，Hg^{2+} 都能形成氨合物。$[Cu(NH_3)_2]^+$ 是无色的，

易被空气中的 O_2 氧化为深蓝色的$[Cu(NH_3)_4]^{2+}$。Cu^{2+}、Ag^+、Zn^{2+}、Cd^{2+}、Hg^{2+}与适量氨水反应生成氢氧化物、氧化物或碱式盐沉淀，而后溶于过量的氨水(有的需要有 NH_4Cl 存在)。

Hg_2^{2+} 在水溶液中较稳定，不易歧化为 Hg^{2+}和 Hg。但 Hg_2^{2+} 与氨水、饱和 H_2S 或 KI 溶液反应生成的 Hg(Ⅰ)化合物都能被歧化为 Hg(Ⅱ)的化合物和 Hg。例如，Hg_2^{2+} 与 I^-反应先生成 Hg_2I_2，当 I^- 过量时则生成$[HgI_4]^{2-}$和 Hg。

在碱性条件下，Zn^{2+}与二苯硫腙反应生成粉红色的螯合物，此反应用于鉴定 Zn^{2+}。

2.5.3 仪器及药品

仪器：点滴板、水浴锅、$Pb(Ac)_2$ 试纸。

药品如下。

酸：HNO_3(2.0mol/L，浓)、HCl(2.0mol/L，6.0mol/L，浓)、HAc(2.0mol/L)、H_2SO_4(2.0mol/L)，H_2S(饱和)。

碱：NaOH(2.0mol/L，6.0mol/L，40%)、$NH_3 \cdot H_2O$(2.0mol/L，6.0mol/L)。

盐：KSCN(0.1mol/L，饱和)、$Fe(NO_3)_3$(0.1mol/L)、KI(0.1mol/L，2mol/L)、$Cu(NO_3)_2$(0.1mol/L)、$Co(NO_3)_2$(0.1mol/L)、$Ni(NO_3)_2$(0.1mol/L)、$AgNO_3$(0.1mol/L)、$Hg_2(NO_3)_2$(0.1mol/L)、$Ba(NO_3)_2$(0.1mol/L)、$BaCl_2$(0.1mol/L)、$Hg(NO_3)_2$(0.1mol/L)、$CuCl_2$(1mol/L)、$Na_2S_2O_3$(0.1mol/L)、$K_4[Fe(CN)_6]$(0.1mol/L)、$Zn(NO_3)_2$($0.1mol/L^{-1}$)、$SnCl_2$(0.1mol/L)、$HgCl_2$(0.1mol/L)、$CuSO_4$(0.1mol/L)、NH_4Cl(1mol/L)、$Cd(NO_3)_2$(0.1mol/L)、NaCl(0.1mol/L)、KBr(0.1mol/L)。

固体：铜屑。

其他：10%葡萄糖、淀粉溶液、二苯硫腙的 CCl_4 溶液。

2.5.4 实验步骤

(1) 铜、银、锌、镉、汞的氢氧化物或氧化物的生成和性质 在5支试管中分别加几滴0.1mol/L的 $CuSO_4$ 溶液、$AgNO_3$ 溶液、$ZnSO_4$ 溶液、$CdSO_4$ 溶液及 $Hg(NO_3)_2$ 溶液，然后滴加2.0mol/L NaOH溶液，观察现象。将每个试管中的沉淀分为两份，分别检验其酸碱性。写出有关的反应方程式。

(2) Cu(Ⅰ)化合物的生成和性质

① 取几滴0.1mol/L $CuSO_4$ 溶液，滴加6.0mol/L NaOH溶液至过量，再加入10%葡萄糖溶液，摇匀，加热至沸，观察现象。离心分离，弃去清液，将沉淀洗涤后分为两份，一份加入2.0mol/L H_2SO_4 溶液，另一份加入6.0mol/L $NH_3 \cdot H_2O$ 溶液，静置片刻，观察现象。写出有关的反应方程式。

② 取1.0mol/L $CuCl_2$ 溶液1mL，加1mL浓HCl和少量铜屑，加热至溶液呈泥黄色，将溶液倒入另一支盛有去离子水的试管中(将铜屑水洗后回收)，观察现象。离心分离，将沉淀洗涤后分为两份，一份加入浓HCl，另一份加入2mol/L $NH_3 \cdot H_2O$ 溶液，观察现象。写出有关的反应方程式。

③ 取几滴0.1mol/L $CuSO_4$ 溶液，滴加0.1mol/L KI溶液，观察现象。离心分离，在清液中加1滴淀粉溶液，观察现象。将沉淀洗涤两次后，滴加2mol/L KI溶液，观察现象，再将溶液加水稀释，观察有何变化。写出有关的反应方程式。

(3) Cu^+的鉴定 在点滴板上加1滴0.1mol/L $CuSO_4$ 溶液，再加1滴2mol/L HAc溶液和1滴0.1mol/L $K_4[Fe(CN)_6]$溶液，观察现象。写出反应方程式。

(4) Ag(Ⅰ)系列实验　取几滴 0.1mol/L $AgNO_3$ 溶液，选用适当的试剂从 Ag^+ 开始，依次经 AgCl(s)、$[Ag(NH_3)_2]^+$、AgBr(s)、$[Ag(S_2O_3)_2]^{3-}$、AgI(s)、$[AgI_2]^-$ 最后到 Ag_2S 的转化。观察现象，写出有关的反应方程式。

(5) 银镜反应　在一支干净的试管中加入 0.1mol/L $AgNO_3$ 溶液 1mL，滴加 2.0mol/L $NH_3 \cdot H_2O$ 溶液至生成的沉淀刚好溶解，加 10%葡萄糖溶液 2mL，放在水浴中加热片刻，观察现象。然后倒掉溶液，加 2.0mol/L HNO_3 溶液使银溶解后回收。写出有关的反应方程式。

(6) 铜、银、锌、镉、汞硫化物的生成和性质　在 6 支试管中分别加入 1 滴 0.1mol/L 的 $CuSO_4$ 溶液、$AgNO_3$ 溶液、$Zn(NO_3)_2$ 溶液、$Cd(NO_3)_2$ 溶液、$Hg(NO_3)_2$ 溶液和 $Hg_2(NO_3)_2$ 溶液，再各滴加饱和 H_2S 溶液，观察现象。离心分离，试验 CuS 和 Ag_2S 在浓 HNO_3 中，ZnS 在稀 HCl 中，CdS 在 6mol/L HCl 溶液中，HgS 在王水中的溶解性。

(7) 铜、银、锌、镉、汞氨合物的生成　在 6 支试管中分别加几滴 0.1mol/L $CuSO_4$ 溶液、$AgNO_3$ 溶液、$Zn(NO_3)_2$ 溶液、$Cd(NO_3)_2$ 溶液、$Hg(NO_3)_2$ 溶液和 $Hg_2(NO_3)_2$ 溶液，然后逐滴加入 6mol/L $NH_3 \cdot H_2O$ 溶液至过量(如果沉淀不溶解，再加 1mol/L NH_4Cl 溶液)，观察现象。写出有关的反应方程式。

(8) 汞盐与 KI 的反应

① 取 2 滴 0.1mol/L $Hg(NO_3)_2$ 溶液，逐滴加入 0.1mol/L KI 溶液至过量，观察现象。然后加几滴 6.0mol/L NaOH 溶液和 1 滴 1.0mol/L NH_4Cl 溶液，观察有何现象。写出有关的反应方程式。

② 取 1 滴 0.1mol/L $Hg_2(NO_3)_2$ 溶液，逐滴加入 0.1mol/L KI 溶液，观察现象。写出有关的反应方程式。

(9) Zn^{2+} 的鉴定　取 0.1mol/L $Zn(NO_3)_2$ 溶液 2 滴，加几滴 6.0mol/L NaOH 溶液，再加 0.5mL 二苯硫腙的 CCl_4 溶液，摇荡试管，观察水溶液层和 CCl_4 层颜色的变化。写出反应方程式。

2.5.5　思考题

① CuI 能溶于饱和 KSCN 溶液，生成的产物是什么？将溶液稀释后会生成什么沉淀？

② Ag_2O 能否溶于 2mol/L $NH_3 \cdot H_2O$ 溶液？

③ 用 $K_4[Fe(CN)_6]$ 鉴定 Cu^{2+} 的反应在中性或酸性溶液中进行，若加入 $NH_3 \cdot H_2O$ 或 NaOH 溶液会发生什么反应？

④ AgCl、$PbCl_2$、Hg_2Cl_2 都不溶于水，如何将它们分离开？

习　题

1. 简述卤族元素的通性。

2. 解释下列现象或事实。

(1) HF 的酸性没有 HCl 强，但可与 SiO_2 反应生成 SiF_4，而 HCl 却不与 SiO_2 反应。

(2) I_2 在水中的溶解度小，而在 KI 溶液中或在苯中的溶解度大。

(3) Cl_2 可从 KI 溶液中置换出 I_2，I_2 也可以从 $KClO_3$ 溶液中置换出 Cl_2。

3. 下列各物质在酸性溶液中能否共存？为什么？

$FeCl_3$ 与 Br_2 水；$FeCl_3$ 与 KI 溶液；KI 与 KIO_3 溶液

4. 用反应式表示下列反应过程。

(1) 用 $HClO_3$ 处理 I_2。

(2) Cl_2 长时间通入 KI 溶液中。

(3) 焊接金属时，通常用 $ZnCl_2$ 作为焊药，它可以清除金属表面的锈层，防止假焊。

(4) 过量的汞与 HNO_3 反应的产物是 $Hg_2(NO_3)_2$。

5. 在 1.0L 0.1mol/L Cr^{3+} 溶液中，加入 NaOH 溶液，当 $Cr(OH)_3$ 完全沉淀时，问溶液的 pH 值是多少？要使沉淀出的 $Cr(OH)_3$ 刚好在 1.0L NaOH 溶液中完全溶解并生成 $[Cr(OH)_4]^-$，问溶液的 OH^- 浓度是多少？并求 $[Cr(OH)_4]^-$ 的稳定常数 β_4。

已知：$Cr(OH)_3(s)+OH^- \rightleftharpoons [Cr(OH)_4]^-$，$K^\ominus=10^{-0.4}$。

6. 完成下列反应，写出配平的离子方程式。

(1) $H_2O_2+KMnO_4+H_2SO_4$ ══

(2) $H_2O_2+H_2S$ ══

(3) $KMnO_4+HCl$ ══

(4) $Hg_2Cl_2+NH_3$ ══

(5) Ag_2S+HNO_3(浓)══

(6) $Hg+HNO_3$(浓)══

(7) $Cu_2(OH)_2CO_3 \xlongequal{\triangle}$

(8) $Co(OH)_3+6HCl$ ══

7. 完成并配平下列反应方程式。

(1) $S_2O_3^{2-}+Cl_2+H_2O$ ══

(2) $S_2O_3^{2-}+I_2$ ══

(3) $Cu^{2+}+Cu+Cl^-$(浓)══

(4) $Al^{3+}+CO_3^{2-}+H_2O$ ══

(5) $Mn^{2+}+BiO_3^-+H^+$ ══

(6) $[Ag(NH_3)_2]^++HCHO$ ══

8. 解释下列问题。

(1) 实验室为何不能长久保存 H_2S、Na_2S 和 Na_2SO_3 溶液？

(2) 用 Na_2S 溶液分别作用于 Cr^{3+} 和 Al^{3+} 的溶液，为什么得不到相应的硫化物 Cr_2S_3 和 Al_2S_3？

(3) 通 H_2S 于 Fe^{3+} 盐溶液中为什么得不到 Fe_2S_3 沉淀？

(4) 重铬酸钾法测铁中，加入 H_3PO_4 的主要作用。

9. 写出下列各铵盐、硝酸盐热分解的反应方程式。

(1) 铵盐：NH_4HCO_3、$(NH_4)_3PO_4$、$(NH_4)_2SO_4$、NH_4NO_3、NH_4Cl。

(2) 硝酸盐：KNO_3、$Cu(NO_3)_2$、$AgNO_3$、$Zn(NO_3)_2$。

10. 完成并配平下列化学反应方程式。

(1) $Na_2SiO_3+CO_2+H_2O$ ══

(2) $SiO_2+Na_2CO_3$ ══

(3) $Au+HNO_3+HCl$ ══

(4) SiO_2+HF ══

(5) As_2O_3+HCl ══

(6) $Ag_2CrO_4+NH_3$ ══

11. 为什么说 H_3BO_3 是一元酸？它与酸碱质子理论里的质子酸有何不同？

12. 用盐酸处理 $Fe(OH)_3$、$Co(OH)_3$、$Ni(OH)_3$ 各发生什么反应？写出反应方程式。这反映了它们什么性质上的差异？

13. 写出下列有关反应式，并说明反应现象。

(1) $ZnCl_2$ 溶液中加入 NaOH 溶液后，再加过量的 NaOH 溶液；

(2) $CuSO_4$ 溶液加氨水后，再加过量氨水；

(3) $HgCl_2$ 溶液中加适量的 $SnCl_2$ 溶液后，再加过量的 $SnCl_2$ 溶液；

(4) $HgCl_2$ 溶液中加适量的 KI 后，再加过量的 KI 溶液。

14. 在一混合溶液中有 Ag^+、Cu^{2+}、Zn^{2+}、Hg^{2+} 四种离子，如何把它们分离开来并鉴定它们的存在？

15. 根据下列电极反应的 $\varphi^\ominus$ 值，计算 $[AuCl_2]^-$ 和 $[AuCl_4]^-$ 的稳定常数。

$$Au^+ + e \rightleftharpoons Au \qquad \varphi^\ominus = 1.692$$

$$Au^{3+} + 3e \rightleftharpoons Au \qquad \varphi^\ominus = 1.498$$

$$[AuCl_2]^- + e \rightleftharpoons Au + 2Cl^- \qquad \varphi^\ominus = 1.61V$$

$$[AuCl_4]^- + 2e \rightleftharpoons [AuCl_2]^- + 2Cl^- \qquad \varphi^\ominus = 0.93V$$

16. 已知下列反应在室温下的平衡常数：

$$Cu(OH)_2(s) + 2OH^- \rightleftharpoons [Cu(OH)_4]^{2-} \qquad K^\ominus = 10^{-2.78}$$

结合有关数据，求 $[Cu(OH)_4]^{2-}$ 的稳定常数 β_4。在 1.0L NaOH 溶液中，若使 0.10mol $Cu(OH)_2$ 溶解，问 NaOH 的浓度至少应为多少？

17. 某一化合物 A 溶于水得一浅蓝色溶液。在 A 溶液加入 NaOH 得蓝色沉淀 B。B 能溶于 HCl 溶液，也能溶于氨水。A 溶液中通入 H_2S，有黑色沉淀 C 生成。C 难溶于 HCl 溶液而易溶于热浓 HNO_3 中。在 A 溶液中加入 $Ba(NO_3)_2$ 溶液，无沉淀产生，而加入 $AgNO_3$ 溶液时有白色沉淀 D 生成。D 溶于氨水。试判断 A、B、C、D 为何物。

18. 有一无色溶液，①加入氨水时有白色沉淀生成；②若加入稀碱则有黄色沉淀生成；③若滴加 KI 溶液，先析出橘红色沉淀，当 KI 过量时，橘红色沉淀消失；④若在此无色溶液中加入数滴汞并振荡，汞逐渐消失，此时再加氨水得灰黑色沉淀。问此无色溶液中含有哪种化合物？写出有关反应式。

19. 根据下列实验现象，写出相应的化学方程式。

(1) 在 $Cr_2(SO_4)_3$ 溶液中滴加 NaOH 溶液，先析出灰蓝色絮状沉淀，后又溶解，加入氯水，溶液由绿色变为黄色；

(2) 当黄色 $BaCrO_4$ 沉淀溶解在浓盐酸溶液中，得到绿色溶液；

(3) 将 H_2S 通入已用 H_2SO_4 酸化过的 $K_2Cr_2O_7$ 溶液时，溶液的颜色由橙色变为绿色，同时析出乳白色沉淀。

20. 有第四周期的四种元素 A、B、C、D，其价电子数依次为 1、2、2、7，其原子序数依 A、B、C、D 依次增大。已知 A 与 B 的次外层电子数为 8，而 C 与 D 的为 18。根据原子结构判断下列问题。

(1) 分别写出 A、B、C、D 四种元素原子的核外电子排布式。

(2) D 与 A 的简单离子是什么？

(3) 哪一元素的氢氧化物碱性最强？

(4) B 与 D 能形成何种化合物？写出化学式。

第3章

分散体系

在通常的温度和压力条件下，物质的聚集状态有气体、液体和固体，这三种聚集状态各有其特点，且在一定条件下可以相互转化。在特殊的条件下，物质还能以等离子状态存在。当物质处于不同的聚集状态时，其物理性质和化学性质是不同的。在一个体系中，任何物理性质和化学性质完全相同且与其他部分间有明确界面隔开的均匀部分都称为相。体系中可以只有一个相，称作单相体系；体系中也可以含有两个或更多个相，称作多相体系，多相体系是不均匀体系。由同一种聚集态组成的体系可以有多个相，例如，由油和水形成的乳液体系中，就存在着油和水两个相；而在单相体系中却一定只有一种聚集态。在由同一种物质形成的体系中也可以有多个相，例如，由水、冰和水蒸气组成的体系中只有一种物质，但有三个相。物质聚集状态的变化虽然是物理变化，但常与化学反应相伴而发生，所以了解和掌握有关物质的聚集状态的知识对解决各种化学问题是十分重要的。

3.1 分散系概述

3.1.1 分散系概念

物质除了以气态、液态和固态的形式单独存在以外，还常常以一种(或多种)物质分散于另一种物质中的形式存在，这种形式称分散系。例如，黏土微粒分散在水中成为泥浆；乙醇分子分散在水中成为乙醇水溶液；奶油分散在水中成为牛奶等。其中，被分散的物质叫做分散相，容纳分散相的物质叫做分散介质或分散剂。分散相处于分割成粒子的不连续状态，而分散介质则处于连续的状态。在分散系内分散相和分散介质可以是固体、液体或气体。按分散相和分散介质的聚集状态分类，分散系可分为九种，见表3-1。

表 3-1 按物质的聚集状态分类的各种分散系

分散质	分散剂	实例
气	气	空气
液	气	云、雾
固	气	烟、尘
气	液	汽水、泡沫
液	液	牛奶、豆浆
固	液	泥浆、溶液
气	固	泡沫塑料、馒头
液	固	珍珠、肉冻
固	固	合金、有色玻璃

3.1.2 分散系分类

由于大部分的化学反应和生物体内的各种生理、生化反应都是在液体介质中进行的，因此，本章主要讨论分散介质是液体的液态分散系的一些基本性质。物质被分散的程度不同，其粒子大小也不同。根据分散相粒子的大小，常把液态分散系分为三类：粗分散系、胶体分散系、低分子或离子分散系，见表 3-2。

表 3-2 三类分散系的比较

分散系的类型		分散相粒子	粒子直径	分散系特征	实例
分子或离子分散系（真溶液）	溶液	分子或离子	＜1nm	透明，很均匀，很稳定，能透过滤纸和半透膜	食盐水
胶体分散系（胶体溶液）	溶胶	由许多分子聚集成的胶	1～100nm	透明度不一，不均匀，较稳定	氢氧化铁溶胶
	高分子溶液	单个高分子	1～100nm	透明，均匀，很稳定	血液
粗分散系（浊液）	悬浊液 乳浊浪	固体粒子 液体小滴	＞100nm	浑浊，不透明，不均匀，不稳定，不能透过半透膜和滤纸	泥浆 牛奶

3.1.2.1 溶液

分散相粒子的直径小于 1nm 的分散系称为分子或离子分散系。在这类分散系中分散相粒子实际是单个的分子或离子，由于它们的体积非常小，在分散相与分散介质之间没有界面，也不会阻止光线的通过。因此这类分散系的主要特征是均匀、稳定、透明，分散相粒子能透过滤纸和半透膜(只允许较小的水分子通过而较大溶质分子很难通过的一种特殊的膜)。

分子或离子分散系通常又叫做真溶液，简称溶液。在真溶液里，分散相又叫做溶质，分散介质又叫做溶剂。如生理盐水就属于这一类的分散系，分散相氯化钠叫做溶质，分散介质水叫做溶剂。

3.1.2.2 胶体

分散相粒子的直径在 1～100nm 之间的分散系称为胶体分散系，简称胶体溶液。这类分散系的分散相粒子是由高分子或由许多小分子聚集而成的，比分子或离子分散系的粒子大，因此在分散相与分散介质之间有界面，属于不均匀体系，但仍能让部分光线通过，所以仍是透明的。这类分散系的主要特征是不均匀、相对稳定、外观透明，胶体粒子能透过滤纸但不能透过半透膜。如氢氧化铁溶胶、硫化砷溶胶等都属于这类胶体分散系。

3.1.2.3 粗分散体系

分散相粒子的直径大于 100nm 的分散系称为粗分散系。这类分散系的分散相粒子是大量分子的聚集体，比胶体粒子更粗更大，因此，在分散相和分散介质之间有明显的界面，属于不均匀体系，能阻止光线的通过，浑浊不透明，也容易受到重力作用而沉降，不稳定。泥土的悬浊液和牛奶乳浊液等都属于这类粗分散系。这两种粗分散系的区别如下。

(1) 悬浊液　不溶性的固体小颗粒分散在液体中所形成的粗分散系叫做悬浊液。如泥浆水、临床上用于皮肤杀菌的外用药硫黄合剂和氧化锌涂剂就属于悬浊液。

(2) 乳浊液　液体以微小的珠滴分散在与之不相溶的另一种液体中所形成的粗分散系叫做乳浊液。如分散着液体脂肪珠滴的牛奶、医药上用的松节油擦剂等属于乳浊液。乳浊液在医药上又叫做乳剂，乳剂一般都不稳定。要使乳剂保持稳定，必须加入一种能使乳剂稳定的叫做乳化剂的物质。乳化剂的作用是在分散相的液体小珠滴上形成一层乳化剂薄膜，使小珠摘之间不能相互聚集，从而保持相对稳定。常见的乳化剂有肥皂、合成洗涤剂以及人体内的胆汁酸盐等。

乳化剂能使乳剂稳定的作用叫做乳化作用。乳化作用对脂肪在体内的消化和吸收都有着重要的意义。

3.2 溶液

3.2.1 溶液浓度的表示方法及其换算

溶液是由溶质和溶剂两部分组成的高度分散体系。在工农业生产、日常生活和医疗卫生中人们经常会接触到溶液，如人体内的血液、细胞液及各种腺体的分泌液都是溶液；在医药上为了保证用药的安全与效果，就需要知道用药的剂量，而用药的多少则和药物的浓度有关。

溶液的浓度就是指一定量溶液中溶质及溶剂相对含量的定量表示。药品质量检测及临床中给病人用药(如溶液、注射液)都要求有一定的浓度。根据研究需要的不同，这种相对含量的表示可以有多种方式。常用的浓度表示法有质量分数、物质的量浓度、质量摩尔浓度、摩尔分数等。这里主要介绍后 3 种浓度表示法。

3.2.1.1 物质的量浓度

某溶质的物质的量浓度定义为：每升溶液中所含有的该溶质的物质的量，用符号 c 表示：

$$\frac{n(\text{溶质})}{V(\text{溶液})}=c$$

式中，c 的常用单位是 mol/dm 或 mol/L。

【例 3-1】 生理盐水注射液中每 100mL 中含 0.90g NaCl，试计算该溶液的物质的量浓度(已知 NaCl 的摩尔质量为 58.5g/mol)。

解 根据公式

$$\frac{n}{V}=c，n=\frac{m}{M} \quad 得：$$

$$n=\frac{0.90}{58.5}=0.015 \text{ (mol)}$$

$$c=\frac{0.015}{0.1}=0.15 \text{ (mol/L)}$$

即生理盐水的物质的量浓度为 0.15mol/L。

3.2.1.2 质量摩尔浓度

某溶质的质量摩尔浓度定义为：每千克溶剂中所含该溶质的物质的量，用符号 m_B 表示：

$$m_B=\frac{n_Q}{w_{剂}}$$

式中，m_B 的单位是 mol/kg，也可理解为 1kg 溶剂中所含溶质的物质的量，由于质量摩尔浓度是与温度无关的物理量，因此常用来求溶质在不同溶剂中的摩尔质量。

3.2.1.3 摩尔分数

某溶质的摩尔分数定义为：该溶质的物质的量占全部溶液的物质的量的分数，亦称物质的量分数，用符号 x 表示。

$$x_a = \frac{n_a}{(n_a + n_b)} = \frac{n_a}{n_{总}}$$

$$
\begin{array}{l}
C_{17}H_{35}COO—CH_2 \\
C_{17}H_{35}COO—CH \\
C_{17}H_{35}COO—CH_2
\end{array}
+ 3H_2O \underset{\triangle}{\overset{H_2SO_4}{\rightleftharpoons}} 3C_{17}H_{35}COOH +
\begin{array}{l}
CH_2—OH \\
CH—OH \\
CH_2—OH
\end{array}
$$

式中，x_a、x_b 分别表示组分 a、b 的摩尔分数，n_a、n_b 分别表示溶液中组分 a、b 的物质的量，$n_{总}$ 表示溶液中所有组分的物质的量的总和。

浓度的各种表示法都有其自身的优点和相应的局限性。

物质的量浓度(c)的优点在于，在实验室配制该浓度的溶液很方便，因为溶液体积的度量要比质量来得容易，但是溶液的体积与温度有关，所以用物质的量浓度来表示时，浓度的数值易受温度的影响。

质量摩尔浓度(m_B)的优点在于该浓度表示法与溶液温度无关，并可以用于溶液沸点及凝固点的计算，但实验室配制时不如物质的量浓度方便。

用摩尔分数(x)表示则对于描述溶液的某些特殊性质(如蒸气压)时显得十分简便，并且该表示法也与溶液的温度无关。

3.2.2 溶液的配制与稀释

溶液的配制、稀释属于基本操作。配制一定组成的溶液时，既可以用纯物质直接配制，也可以通过稀释或混合来完成。

3.2.2.1 溶液的配制

(1) 一定质量溶液的配制 称取一定质量的溶质与一定质量的溶剂，然后将两者均匀混合即可。

【例 3-2】 如何配制 0.9% 的生理盐水 500g？

解 500g 的生理盐水溶液中含有溶质 NaCl 的质量为：

$$m_{NaCl} = 0.9\% \times 500 = 4.5(g)$$

配制该溶液所用溶剂水的质量为：

$$m_{H_2O} = 500 - 4.5 = 495.5(g)$$

配制方法：称量 4.5g NaCl 和 495.5g 水，溶解混合均匀即可得到 500g 0.9% 的生理盐水。

(2) 一定体积溶液的配制 将一定质量的溶质与适量的溶剂混合，待完全溶解后，再加溶剂至所需体积，搅拌均匀即可。

【例 3-3】 如何配制 0.1mol/L 的氢氧化钠溶液 250mL？

解 已知 $M_{NaOH} = 40g/mol$，根据题意，所需的 NaOH 质量为：

$$m = 0.1 \times \frac{250}{1000} \times 40 = 1(g)$$

配制方法：精确称量 1g 固体氢氧化钠，放入小烧杯内，加少量蒸馏水溶解后，转移至

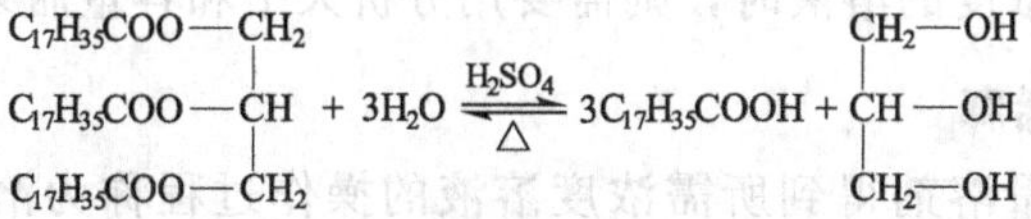

250mL 容量瓶内，再用少量蒸馏水冲洗烧杯 2～3 次，冲洗后的液体一并转移至容量瓶内，加水至容量瓶刻度线的 2/3 处时，摇匀。再加水至刻度线附近，改用胶头滴管滴加至刻度线，摇匀即可。

溶液配制的基本步骤：①根据条件计算；②称量(或移取)；③溶解(或稀释)；④定量转移；⑤定容。

注意：一般情况下，在配制溶液时，用托盘天平称量物质的质量，用量筒量取溶液的体积；如果需要配制精确浓度的溶液时，则需要用分析天平和容量瓶来进行溶液的配制。

3.2.2.2 溶液的稀释

在溶液中加入一定量溶剂得到所需浓度溶液的操作过程称为溶液的稀释。在稀释过程中，由于只加入溶剂而不加入溶质，所以溶液稀释前后，溶质的量(质量或物质的量)保持不变，即

稀释前溶质的物质的量＝稀释后溶质的物质的量

或　　稀释前溶质的质量＝稀释后溶质的质量

这就是溶液的稀释规律。

设浓溶液物质的量浓度为 c_1，体积为 V_1，稀溶液的物质量浓度为 c_2，体积为 V_2，则溶液的稀释公式为：

$$c_1V_1 = c_2V_2$$

在应用溶液的稀释公式时应注意，等式两边的单位要保持一致。

若是质量分数(或体积分数)，则有

$$w_1m_1 = w_2m_2$$

$$\varphi_1V_1 = \varphi_2V_2$$

【例 3-4】 用 95％的酒精 500mL，能配制 75％的消毒酒精多少毫升？如何配制？

解　设能配制 75％的消毒酒精的体积为 V_2，根据稀释公式及题意得：

$$0.95\times500=0.75\times V_2$$

$$V_2=633(\text{mL})$$

配制方法：量取95％的酒精 500mL，置于1000mL 量筒中，加水至 633mL，摇匀即可。

3.2.2.3 溶液的混合

把两种溶质相同，浓度不同的溶液以一定比例混合，得到所需组成的溶液的操作称为溶液的混合。混合的规则即混合前后溶质的总量(质量或物质的量)保持不变。

设一种溶液的浓度为 c_1，体积为 V_1；另一种溶液的浓度为 c_2 体积为 V_2；混合后溶液的浓度为 c，体积为 V，则

$$c_1V_1 + c_2V_2 = cV$$

一般有

$$V = V_1 + V_2$$

【例 3-5】 实验室有 2.8mol/L 的盐酸与 0.28mol/L 的盐酸若干，现需要 0.56mol/L 的盐酸 500mL，问应取上述两种溶液各多少毫升？应如何配制？

解　设应取 2.8mol/L 的盐酸为 V_1，0.28mol/L 的盐酸为 V_2，则

$$2.8V_1 + 0.28V_2 = 0.56\times500$$

$$V_1 + V_2 = 500$$

联立上两式，解得：

$$V_1 = 55.6(\text{mL}) \qquad V_2 = 444.4(\text{mL})$$

配制时应取 2.8mol/L 的盐酸 55.6mL，0.28mol/L 的盐酸 444.4mL，将两者混合均匀

即可。

在实验室进行溶液稀释或将两种溶液混合时，通常采用经验的方法，其中十字交叉法就是其中一种。

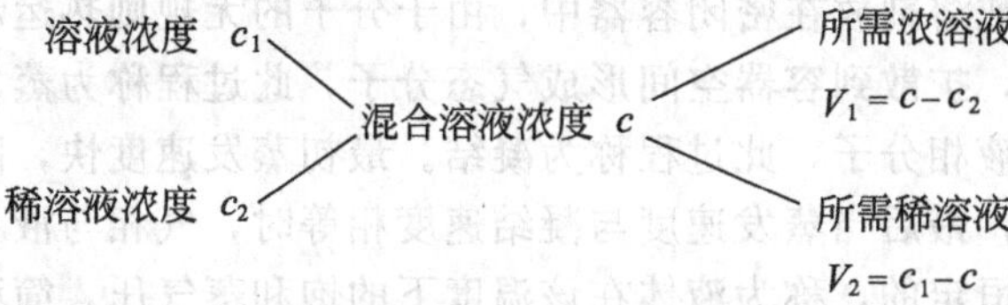

设浓溶液的浓度为 c_1，稀溶液的浓度为 c_2，混合后溶液的浓度为 c，所需浓溶液的体积为 V_1，稀溶液的体积为 V_2，则

$$V_1 = c - c_2$$

$$V_2 = c_1 - c$$

$$V = V_1 + V_2$$

如果将两种不同浓度的溶液按 $V_1 : V_2$ 的比例混合，可以得到任意体积的所需浓度的溶液，混合时忽略溶液体积的变化，即 $V = V_1 + V_2$。

利用十字交叉法计算例 3-5：

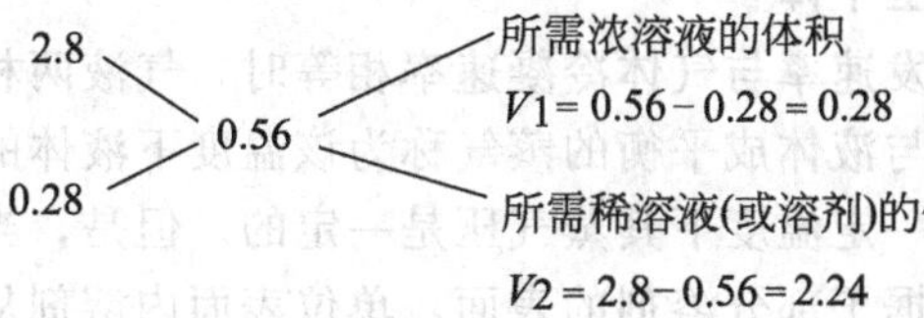

$$\frac{V_1}{V_2}=\frac{0.28}{2.24}=\frac{1}{8}$$

则所需浓溶液体积为：

$$V_1=500\times\frac{1}{8+1}=55.6(\text{mL})$$

所需稀溶液体积为：

$$V_2=500\times\frac{8}{8+1}=444.4(\text{mL})$$

或 $$V_2=500-55.6=444.4(\text{mL})$$

3.3 稀溶液的依数性

在一定温度下，纯溶剂中溶入一定量难挥发溶质成为稀溶液后具有一些特殊的共性，这些共性与溶液中所含的溶质本性无关，而仅仅与所含溶质微粒的数量有关，这种性质称为溶液的依数性，亦称为稀溶液的通性。溶液的依数性主要有：溶剂的蒸气压下降，溶液的沸点上升，凝固点下降，以及具有渗透压。

3.3.1 蒸气压下降

3.3.1.1 溶剂的蒸气压

在一定温度下，将某种纯溶剂放在密闭容器中，由于分子的无规则热运动，液面上一些能量高的分子就会逸出液面，扩散到容器空间形成气态分子，此过程称为蒸发。同时气相的蒸气分子接触到液面又形成液相分子，此过程称为凝结。最初蒸发速度快，随着蒸气浓度的增加，凝结的速度不断加快，最后当蒸发速度与凝结速度相等时，气相与液相达到平衡，此时液面上蒸气具有的压力是恒定的，称为液体在该温度下的饱和蒸气压，简称蒸气压。

蒸气压的大小与物质的本性和温度有关，而与容器的大小和物质的质量无关。不同物质在相同温度下具有不同的蒸气压。如水在 293K 时的饱和蒸气压为 2.34kPa，而苯在此温度下的饱和蒸气压则为 9.96kPa。同一种物质在不同的温度下具有不同的蒸气压，并且蒸气压随着温度的升高而增大。如水在 303K 时的饱和蒸气压为 4.42kPa，在 373K 时的饱和蒸气压为 101.3kPa。

固体也有蒸气压，一般情况下，大多数的固体蒸气压都很小，如冰在 273K 时的蒸气压为 0.61kPa。

通常情况下，把常温下蒸气压较低的物质(固体或液体)称为难挥发物质，把蒸气压较高的物质称为易挥发物质。一般对稀溶液只考虑溶剂的蒸气压，忽略难挥发溶质的蒸气压。

3.3.1.2 溶液的蒸气压下降

在一定温度下，液体蒸发速率与气体冷凝速率相等时，气液两相的组成与数量不再发生变化，称为气液平衡。此时与液体成平衡的蒸气称为该温度下液体的饱和蒸气。

对某种纯溶剂而言，在一定温度下其蒸气压是一定的。但是，当溶入难挥发的溶质而形成溶液后，由于溶质分子占据了部分溶剂的表面，单位表面内溶剂从液相进入气相的速率减小，因而达到平衡时，溶液的饱和蒸气压要比纯溶剂在同一温度下的蒸气压低。而这种蒸气压下降的程度仅与溶质的量相关，即与溶液的浓度有关，而与溶质的种类本性无关。这一规律是法国化学家拉乌尔在 1880 年首次发现的，称为拉乌尔定律。

3.3.2 溶液的沸点升高

3.3.2.1 溶剂的沸点

加热一种液体时，随着温度升高，液体的蒸气压逐渐增大，当液体的蒸气压等于外压时，就产生沸腾现象，这时气液两相平衡共存，该温度通常称为沸点。因此，沸点是指当一种液体的蒸气压等于外压时，气-液平衡共存的温度。达到沸点时，虽继续加热沸腾，液体的温度却不再上升，此时提供的热仅用于克服分子间作用力而使液体不断蒸发，直至液体全部蒸发为止。因此，纯溶剂的沸点是恒定的。

液体的沸点与外压的大小有密切的关系。外压越大，液体的沸点就越高。当外压为 101.325kPa 时液体的沸点称为正常沸点。如水的正常沸点为 373.15K，当外界压力高于 101.325kPa 时，水的沸点就会高于 373.15K，当外界压力低于 101.325kPa 时，水的沸点就会低于 373.15K。

3.3.2.2 稀溶液的沸点

由于在水中加入一种难挥发溶质后的溶液蒸气压下降，因此当温度达到 373.15K 时，溶液的蒸气压低于 101.325kPa，就需要升高溶液的温度，这样才能使溶液沸腾，可见溶液的沸点总是高于纯溶剂的沸点，这种现象称为溶液的沸点升高。溶液的浓度越大，蒸气压就越低，其沸点就越高。例如，常温下饱和食盐水溶液的沸点为 381.95K，比纯水的沸点高。为了提高水浴温度而在水中加入食盐就是利用沸点升高这个原理。

3.3.3 溶液的凝固点降低

3.3.3.1 溶剂的凝固点

一种物质的凝固点或熔点是指一定外部压力下该物质的固液两相蒸气压相等时的温度。如果固液两相蒸气压不等，则蒸气压大的一相将会向蒸气压小的一相自发转变。如在 101.3kPa 时，水的冰点是 273K，冰与水的蒸气压均为 0.61kPa，在 273K 以下时，水的蒸气压大于冰的蒸气压，水就会自动结冰；在 273K 以上时，冰的蒸气压大于水的蒸气压，冰则融化为水。

3.3.3.2 溶液的凝固点降低

溶液的凝固点是指外压一定条件下，溶液中溶剂的蒸气压与固相纯溶剂的饱和蒸气压相等时的温度。纯溶剂的凝固点是恒定的，但溶液的凝固点是变化的。由于溶液的蒸气压总是低于纯溶剂的饱和蒸气压，只有降低温度，才能使固-液建立新的平衡，因此，溶液的凝固点总是低于纯溶剂的凝固点，而且溶液的浓度越大，凝固点降低得就越多。这一现象被称为溶液的凝固点降低。

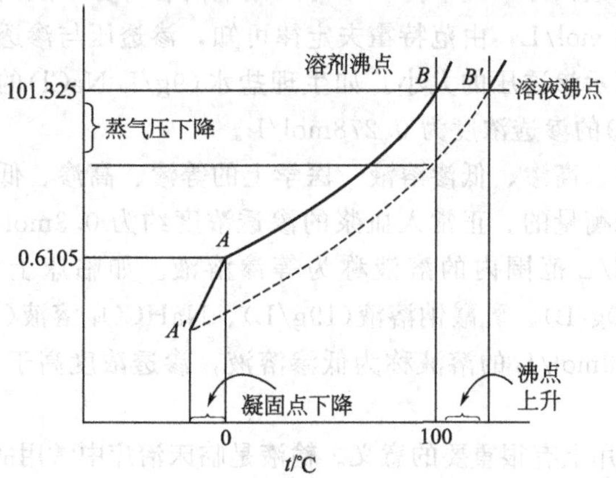

图 3-1　水、冰和溶液的蒸气压曲线图

图 3-1 是水、冰和溶液的蒸气压曲线图。其中，实线 AB 是纯水的气、液两相平衡曲线，实线 AA'是水的气、固两相平衡曲线(冰的蒸气压曲线)，虚线 $A'B'$是溶液的气、液两相平衡曲线。由图可见，当外界压力为 101.325kPa 时，纯水的沸点是 100℃，而此时水溶液的蒸气压低于外压，当溶液的蒸气压等于外压时，相应的温度(即溶液的沸点)必高于 100℃，其与 100℃之间的差值就是溶液的沸点升高值。纯水的固、液两相蒸气压相等的温度为 0℃，由于溶解了溶质，0℃时溶液的蒸气压低于冰的蒸气压，当温度下降到 A′点时，固、液两相重新达到平衡，即溶液的蒸气压等于冰的蒸气压。此时的温度即为溶液的冰点，此点与纯水的凝固点(0℃)之间的差值就是溶液的凝固点下降值。

3.3.4 渗透压

3.3.4.1 渗透压

半透膜是一种特殊的多孔分离膜，它可以选择性地让溶剂分子通过而不让溶质分子通过，当用半透膜把溶剂和溶液隔开时，纯溶剂和溶液中的溶剂都将通过半透膜向另一边扩散，但是由于纯溶剂的蒸气压大于溶液的蒸气压，所以宏观结果是溶剂将通过半透膜向溶液扩散，这一现象称为渗透。为了阻止这种渗透作用，必须在溶液一边施加相应的压力。这种为了阻止溶剂分子渗透而必须在溶液上方施加的最小额外压力就是渗透压。如图 3-2 所示。

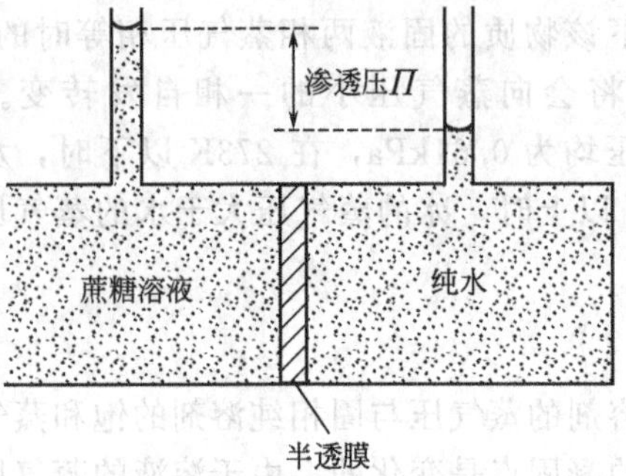

图 3-2　渗透压示意图

难挥发非电解质稀溶液的渗透压与溶液的浓度和温度相关，在一定温度下，稀溶液的渗透压只与溶液的物质的量浓度有关，而与溶液中溶质的种类无关。在一定温度下，相同浓度的两个非电解质稀溶液具有相同的渗透压，称为等渗溶液。如果两个溶液的渗透压不等，则渗透压高的溶液称为高渗溶液，而渗透压低的溶液则称作低渗溶液。

3.3.4.2　渗透压的应用

(1) 医学中的渗透浓度　凡是溶液都具有渗透压。人体的体液中含有电解质与非电解质等组分，体液的渗透压取决于单位体积体液中各种分子及离子的总数，即取决于能产生渗透效应的各种分子及离子的总数，医学上称之为渗透浓度，其单位为 mol/L，由范特霍夫定律可知，渗透压与渗透浓度成正比，故医学上亦可用渗透浓度间接表示渗透压的大小。如生理盐水(9g/L NaCl)的渗透浓度为 0.308mol/L，葡萄糖溶液(50g/L)的渗透浓度为 0.278mol/L。

(2) 医学上的等渗、高渗、低渗溶液　医学上的等渗、高渗、低渗溶液是以血浆渗透压(或渗透浓度)为标准来衡量的。正常人血浆的渗透浓度约为 0.3mol/L，临床上规定凡渗透浓度在 0.28～0.32mol/L 范围内的溶液称为等渗溶液。如临床上使用的生理盐水(9g/L NaCl)、葡萄糖溶液(50g/L)、乳酸钠溶液(19g/L)、$NaHCO_3$ 溶液(12.5g/L)等都是等渗溶液。渗透浓度低于 0.28mol/L 的溶液称为低渗溶液，渗透浓度高于 0.32mol/L 的溶液称为高渗溶液。

等渗溶液在临床应用上有很重要的意义。输液是临床治疗中常用的处置方法之一，输液的一个根本原则是不因输液而影响血浆渗透压。这是因为红细胞膜具有半透膜的性质，正常情况时的红细胞，其膜内的细胞液与膜外的血浆是等渗的。静脉滴注等渗溶液，不会破坏红细胞的正常生理功能。若大量滴注低渗溶液，血浆被稀释，血浆中的水分通过细胞膜向细胞内渗透，结果会使红细胞破裂出现溶血现象。若大量滴注高渗溶液，血浆浓度增大，使红细胞内的细胞液向血浆渗透，结果会使红细胞萎缩，易黏合在一起形成“团块”，这些“团块”聚集在小血管中可能形成血栓。基于某种治疗需要，输入少量高渗溶液也是允许的。如临床上一般用 20% 的甘露醇溶液以产生血液的高渗作用，可以使脑实质和周围组织脱水，而水随药物从尿中排出，从而降低颅压，消除水肿。又如用 500g/L 的葡萄糖溶液给急救病人或低血糖病人进行静脉注射，不过要求注射量不能太多，速度不能太快。少量高渗溶液进入血液后随血液循环被稀释，并逐渐被组织细胞利用而使浓度降低，因而不会出现细胞萎缩现象。

在给病人清洗伤口或是换药时，通常用与组织细胞液等渗的生理盐水，否则会引起疼痛。配制眼药水时，必须使眼药水的渗透压与眼黏膜细胞渗透压相同，否则会刺激眼睛而疼痛。

(3) 晶体渗透压与胶体渗透压　人体血浆中既含有大量的无机盐，也含有各种大分子物质(如蛋白质、核酸等)。血浆总的渗透压是由这两类物质所产生的渗透压总和。其中由无机盐类的离子所产生的渗透压称为晶体渗透压，约为 729.5kPa；由各种大分子蛋白质产生的渗透压称为胶体渗透压，约为 40.5kPa。

血浆中低分子晶体物质的含量约为 0.7%，高分子胶体物质的含量约为 7%。虽然高分子胶体物质的百分含量高，它们的相对分子质量却很大，因此，它们的粒子数很少。低分子晶体物质在血浆中含量虽然很低，但由于相对分子质量很小，多数又可离解成离子，因此粒子数较多。所以，血浆总渗透压绝大部分是由低分子的晶体物质产生的。在 37℃时，血浆总渗透压约为 769.9kPa，其中胶体渗透压仅为 2.9～4.0kPa。

人体内半透膜的通透性不同，晶体渗透压和胶体渗透压在维持体内水盐平衡功能上也不相同。胶体渗透压虽然很小，但在体内起着重要的调节作用。

细胞膜是体内的一种半透膜，它将细胞内和细胞外液隔开，并只让水分子自由透过膜内外，而 K^+、Na^+ 则不易自由通过。因此，水在细胞内外的流通，就要受到盐所产生的晶体渗透压的影响。晶体渗透压对维持细胞内外水分的相对平衡起着重要作用。临床上常用晶体物质的溶液来纠正某些疾病所引起的水盐失调。例如，人体由于某种原因而缺水时，细胞外液中盐的浓度将相对升高，晶体渗透压增大，于是使细胞内液的水分通过细胞膜向细胞外液渗透，造成细胞内液失水。如果大量饮水或者输入过多的葡萄糖溶液，则使细胞外液盐浓度降低，晶体渗透压减小，细胞外液中的水分向细胞内液中渗透，严重时可产生水中毒。高温作业之所以饮用盐汽水，就是为了保持细胞外液晶体渗透压的恒定。

毛细血管壁也是体内的一种半透膜，它与细胞膜不同，它间隔着血浆和组织间液，可以让低分子如水、葡萄糖、尿素、氢基酸及各种离子自由透过，而不允许高分子蛋白质通过。所以，晶体渗透压对维持血液与组织间液之间的水盐平衡不起作用。如果由于某种原因造成血浆中蛋白质减少时，血浆的胶体渗透压就会降低，血浆中的水就通过毛细血管壁进入组织间液，致使血容量降低而组织液增多，这是形成水肿的原因之一。临床上对大面积烧伤，或者由于失血而造成血容量降低的患者进行补液时，除补以生理盐水外，同时还需要输入血浆或右旋糖酐等代血浆，以恢复血浆的胶体渗透压和增加血容量。

3.4 溶胶

胶体是分散相微粒的大小在 1～100nm 范围内的一种分散体系。胶体分散体系可分为溶胶和高分子溶液。许多蛋白质、淋巴液、血液以致病毒等都属于胶体分散体系。溶胶不是一类特殊物质，而是任何一种物质都可存在的一种特殊状态，如将 $FeCl_3$ 加到沸水中，水解后的 $FeCl_3$ 可聚集成 1～100nm 的胶粒；NaCl 易溶于水，难溶于乙醇，它分散在水中形成溶液，分散在乙醇中则形成溶胶；硫黄易溶于乙醇，难溶于水，若将硫的乙醇溶液滴入水中可得到硫溶胶。习惯上把以水为分散介质的胶体溶液称为溶胶。溶胶中分散相与分散介质间存在着巨大的相界面，是一种不稳定的体系，但有的能长时间稳定存在，甚至可达数十年之久。

3.4.1 溶胶的基本性质

溶胶的胶粒是由大量的原子(分子或离子)构成的聚集体。粒径为 1～100nm 的胶粒分散在分散介质中，形成热力学的不稳定系统。多相性、高度分散性和聚结的不稳定性是溶胶的基本特性，其动力学性质、光学性质和电学性质都是由这些基本特性引起的。

3.4.1.1 溶胶的动力学性质

(1) 布朗运动　1827 年，英国植物学家罗伯特·布朗发现水中的花粉及其他悬浮的微小颗粒不停地作不规则的曲线运动，后来人们称这种运动为布朗运动(见图 3-3)。布朗运动的原理在很长时间内没有得到阐明。直到 19 世纪初，J·德耳索提出这些微小颗粒是受到周围分子的不平衡的碰撞而导致的运动，后来得到爱因斯坦的研究的证明。布朗运动也就成为分子运动论和统计力学发展的基础。

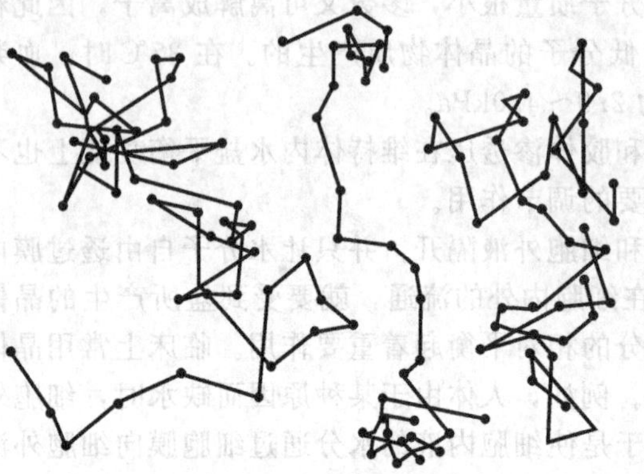

图 3-3 布朗运动

布朗运动时胶体分散体系的特点：它是由于某一瞬间胶粒受到来自各方介质分子碰撞的合力未被完全抵消而引起的。胶粒质量越小，温度越高，运动速度越快，布朗运动越剧烈。运动着的胶粒可使其本身不下沉，因而是溶胶的一个稳定因素即溶胶具有动力学稳定性。

(2) 扩散和沉降平衡 当溶胶中的胶粒存在着浓度差时，胶粒将从浓度高的区域向浓度低的区域作定向迁移，这种现象称为扩散。温度越高，溶胶的黏度越小，胶粒越容易扩散。扩散现象是由胶粒的布朗运动引起的。

在重力场中，胶粒因重力作用而下沉，这一现象称为沉降。粗分散体系中，分散相粒子大而且重，无布朗运动，扩散力接近于零，在重力作用下很快沉降。胶体分散体系中，胶粒的粒子较小，扩散和沉降两种作用同时存在。当沉降速度等于扩散速度时，系统处于平衡状态，这时胶粒的浓度从上到下逐渐增大，形成一个稳定的浓度梯度，这种状态称为沉降平衡。

3.4.1.2 溶胶的光学性质

如图 3-4 所示，在暗室中当一束强光透过胶体溶液时，在杯子的侧面可以看到胶体溶液中有一道明亮光柱(即乳光)，而在真溶液中则看不到，这种现象叫做丁达尔现象。

丁达尔现象的本质是光的散射。当一束光线射向溶胶时，只有部分光线能通过，其余部分则被吸收、散射或反射。光的吸收决定于溶液的化学组成，而光的散射或反射强弱则与分散相粒子的大小有关。当粒子直径大于入射光波长(可见光波长为 400～700nm)时，粒子起反射作用，当粒子直径小于入射光波长时，粒子就产生散射。所以，胶体粒子的大小足以使射到它上面的光线产生散射，即胶体粒子本身似乎成了发光点而形成乳光。而真溶液中的分子粒子太小，所以散射光很微弱以至于看不到。因而丁达尔现象是用来鉴别溶胶与溶液及高分子溶液常用的方法。

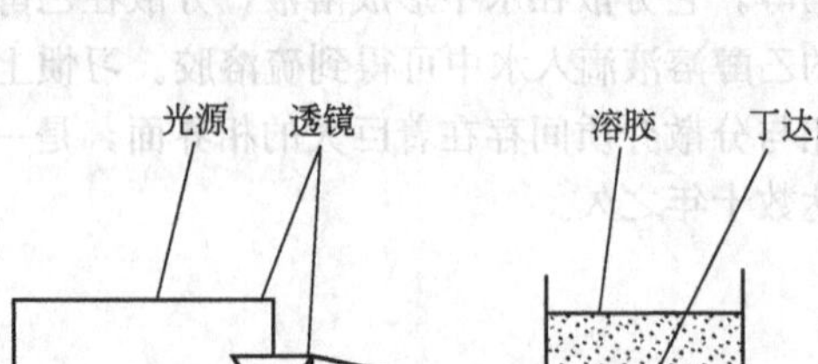

图 3-4 丁达尔现象

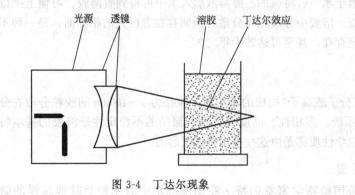

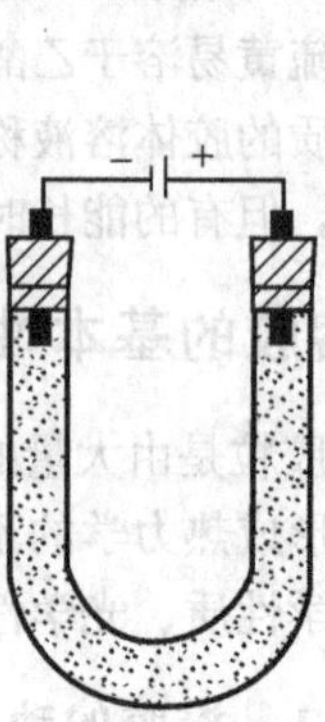

图 3-5 电泳现象

3.4.1.3 溶胶的电学性质

(1) 电泳现象 如图 3-5 所示，如果把红棕色的氢氧化铁溶胶置于 U 形管中，在管口插入两个电极，接通直流电源后，就可以观察到在阴极附近红棕色逐渐变深，表明氢氧化铁胶体粒子带有正电荷，在电场作用下向阴极移动。

如果用黄色的硫化砷溶胶做实验，则在阳极附近黄色变深，表明硫化砷胶体粒子带有负电荷，在电场中向阳极移动。这种在电场作用下，带电胶粒在介质中移动的现象叫做电泳现象。

胶体粒子带有电荷是由于胶粒电离或吸附离子作用引起的。如硅酸溶胶因胶粒表面电离出 H^+ 后而带负电荷，金属氧化物和金属氢氧化物胶粒因吸附阳离子而带正电荷，金属硫化物和卤化银的胶粒因吸附阴离子而带负电荷。

(2) 电渗现象 如果把溶胶填充在多孔性隔膜(如矿物颗粒)中，胶粒将被吸附而固定。由于胶粒带电，而整个溶胶分散体系又是电中性的，因此分散介质必然带与胶粒相反的电荷。在外电场作用下，液体介质将通过多孔隔膜向与介质电荷相反的电极方向移动，从电渗仪毛细管中液面的升降可观察到液体介质的移动方向。这种在电场作用下，分散介质相对于固定的固体表面电荷作相对定向移动的现象称为电渗。图 3-6 为电渗示意图。

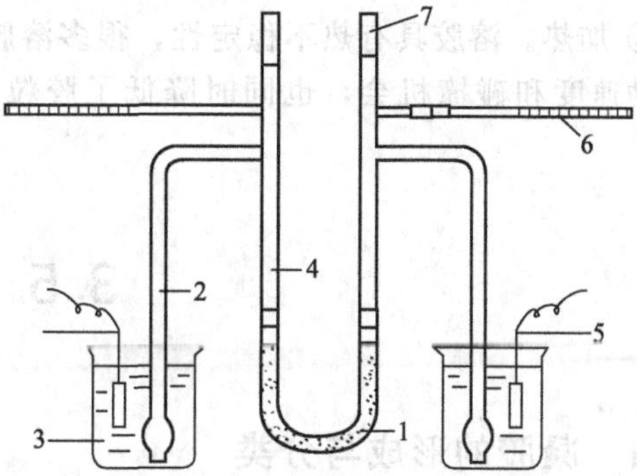

图 3-6 电渗现象示意图

1—U 形管装填矿物颗粒；2—盐桥；3—电介质溶液；4—测定溶液；5—电极；6—带刻度的毛细管；7—玻璃棒

电泳和电渗都是由于分散相和分散介质做相对运动时产生的电动现象，在同一电场下，二者往往同时发生。目前电泳技术在氨基酸、多肽、蛋白质及核酸等物质的分离和鉴定方面均有广泛的应用。

3.4.2 胶体的稳定性与聚沉

溶胶是高度分散的、多相的、热力学不稳定体系，而实际上很多溶胶又能长时间稳定存在。溶胶为什么能稳定存在？在什么条件下溶胶将发生聚沉或絮凝？这两个问题就是溶胶稳定性所要讨论的主要内容。它对于解决许多实际问题具有重要的意义。

3.4.2.1 溶胶的稳定性

胶体溶液是比较稳定的，即在相当长时间内，胶体粒子不会互相聚集而形成更大的粒子沉降下来。促使溶胶稳定的原因很多，如胶体粒子具有不规则的布朗运动等，但主要原因有以下两点。

① 胶粒带电。胶粒因带有同种电荷，使胶粒与胶粒之间互相排斥，从而阻止了胶粒因互相接近而聚集。

② 胶粒的溶剂化作用。由于吸附在胶粒表面的离子，对溶剂分子有吸附力，能将溶剂分子吸附到胶粒表面，形成一层溶剂化膜，从而也阻止了胶粒的互相聚集。

3.4.2.2 溶胶的聚沉

溶胶的稳定是相对的、暂时的，如果减弱或消除溶胶的稳定因素，胶粒就会逐渐聚集，形成大的粒子而沉降下来。使胶体粒子聚集成大的颗粒过程叫凝聚，由凝聚而沉淀析出的过程叫聚沉。促使胶粒聚沉的主要方法有以下三种。

① 加入少量电解质。溶胶对电解质十分敏感，加入少量电解质就能造成溶胶的聚沉。这是因为加入少量电解质后，胶粒吸引了带异性电荷的离子，导致胶粒所带的电荷减少甚至被完全中和，同时溶剂化膜也随之消失或变薄，最终导致聚沉。例如在氢氧化铁溶胶中加入少量的硫酸盐，就立即发生聚沉。实验表明，与胶粒异电性越高的电解质，使溶胶聚沉的能力也越大。

② 加入带相反电荷的溶胶。两种带相反电荷的溶胶相混合，也能引起溶胶的聚沉。这是由于异电性相吸而造成的。这种聚沉又称为互沉现象。例如将硫化砷溶胶与氢氧化铁溶胶混合，就会立即聚沉。聚沉的程度与两溶胶的比例有关，当两种溶胶的胶粒电性被完全中和时，沉淀最完全。

③ 加热。溶胶具有热不稳定性，很多溶胶在被加热时发生聚沉。因为加热增加了胶粒的运动速度和碰撞机会，也同时降低了胶粒对离子的吸附作用和溶剂化程度，造成胶粒聚沉。

3.5 凝胶

3.5.1 凝胶的形成与分类

3.5.1.1 凝胶的形成

高分子溶质或溶胶粒子在温度降低与浓度增大时，互相连接，形成空间网状结构，溶剂小分子则充满网架空隙中，失去流动性成为半固体状的体系，称为凝胶或冻胶。形成凝胶的过程称为胶凝。如豆浆加工成豆腐，豆浆失去流动性，成为半固体状的豆腐，制作豆腐的过程即为胶凝。在凝胶中分散相与分散介质是连续相，这是凝胶的主要特征之一。

一般认为，凝胶是胶体存在的一种特殊形式。凝胶有一定的几何外形，因而具有固体的某些性质，如有一定的机械强度和弹性。同时凝胶又具有液体的某种性质，如离子在水凝胶中的扩散速度接近于其在水溶液中的扩散速度。但是凝胶又存在既不同于固体也不同于液体的一些性质。

3.5.1.2 凝胶的分类

(1) 根据来源分类 根据来源，凝胶分为天然凝胶和合成凝胶。

天然凝胶如人体的肌肉、脏器、毛发、指甲等；合成凝胶由人工合成或是制备而来，如隐形眼镜、高吸水树脂等。为了提高合成凝胶的生物适应性，往往将生物成分与合成物配合使用，使其具有特殊的生物功能，如人造角膜、人造皮肤等医用材料。

(2) 根据形态分类 根据形态，凝胶分为弹性凝胶和非弹性凝胶。

弹性凝胶是由柔性线性大分子形成的，在适当条件下，高分子溶液与凝胶之间可以相互逆转，故又称为可逆凝胶。如皮肤、肉冻、凝固血液为弹性凝胶。这类凝胶比较柔软，变形后可以恢复原状，在吸收或释放液体时往往改变体积。

非弹性凝胶是由一些“刚性结构”的分散颗粒构成的。这类凝胶脱去溶剂成为干凝胶后不能重新吸收溶剂成为凝胶，溶胶与干凝胶之间不能相互逆转，故又称为不可逆凝胶。硅胶、氢氧化铝、V_2O_5 等为非弹性凝胶，吸收或脱水后体积变化很小，干燥后可以磨成粉。

(3) 根据介质类型分类　根据介质所处形态，凝胶可分为凝胶和干凝胶。通常将介质为液体的称为凝胶。如果介质是水，则为水凝胶；如果介质是有机溶剂，则称为有机凝胶，如吸油树脂即为有机凝胶。以气体为介质的干凝胶又称为气凝胶，如冻豆腐、硅胶等。

(4) 根据交联方式分类　根据交联方式，凝胶可分为物理凝胶和化学凝胶。以物理交联形式形成的凝胶称为物理凝胶。物理交联包括由氢键、配位键、库仑力以及物理缠结等形式交联。大多数天然凝胶是依靠高分子链间相互作用形成氢键而成为的凝胶，如蛋白质凝胶。像硫化橡胶、聚苯乙烯凝胶则是通过化学桥链形成网状结构，属于化学凝胶。

3.5.2　凝胶的性质

凝胶的性质包括溶胀作用、触变作用、离浆作用和扩散作用

3.5.2.1　溶胀作用

指干的弹性凝胶吸收液体并使自身体积胀大的作用。但所吸收液体仅限于能与之发生溶剂化的液体，故凝胶的溶胀对液体有严格的选择性。一般可分为无限溶胀与有限溶胀两类。前者如阿拉伯树胶和鸡蛋白在水中或生橡胶在苯中的溶胀；后者如纤维在水中或硫化橡胶在有机液体中的溶胀，只限于溶胀，并不形成溶液。改变物理条件也可改变溶胀情况。例如，明胶在冷水中为有限溶胀，但升高温度后可变为无限溶胀，即最终成为明胶溶液。实质上，有限溶胀可视作凝胶溶解的第一阶段，溶胀的凝胶是含液丰富的弹性冻胶，而无限溶胀是溶解的第二阶段，这时已成为高分子溶液。

3.5.2.2　触变作用

凝胶受外力作用使网状结构拆散而成溶胶，去掉外力静置一段时间后又转变为凝胶，溶胶与凝胶的这种相互转变现象称为触变。触变作用的特点是凝胶结构的拆散与恢复是可逆的。

3.5.2.3　离浆作用

随着时间的延长，凝胶中的液体与凝胶缓慢而自动分离，凝胶脱水收缩，这种现象称为离浆。离浆与物质的干燥失水不同，离浆失去的液体是稀溶胶或高分子溶液，而且可以在低温潮湿的环境中进行。因此离浆是凝胶老化的一种形式。离浆现象十分普遍，如细胞的老化失水导致皮肤老化出现皱纹，糨糊的脱水收缩均与离浆的现象有关。

3.5.2.4　扩散作用

由于凝胶具有网状结构，小分子或离子可以在溶胶中扩散，扩散时分子需要经过曲折的途径，与在溶液中的扩散相比，扩散速度慢。而且溶胶浓度越大，网架空间越小，扩散分子经过的途径越曲折，扩散所用的时间就越长。

凝胶的网状构型还具有类似分子筛的作用，因此可以对大分子进行分离提纯。凝胶电泳、凝胶色谱就是利用这一原理进行的。

3.6　粗分散体系

3.6.1　悬浊液

一般情况下把大于 100nm 的固体小颗粒悬浮于液体里形成的混合物叫悬浊液(亦称悬浮

液)。悬浊液是一种分散系，其分散质粒子直径在100nm以上，多为很多分子的集合体，如泥浆、外用药炉甘石洗剂等。由于分散相粒子的颗粒较大，不存在布朗运动，不可能产生扩散和渗透现象，在重力作用下亦发生沉降。悬浊液对光的散射作用也非常微弱，因而从外观看，悬浊液不透明、不均一、不稳定，不能透过滤纸，静置后会出现分层(即分散质粒子在重力作用下逐渐沉降下来)。

悬浊液有非常广泛的用途。例如，在医疗方面，常把一些不溶于水的药物配制成悬浊液来使用。治疗扁桃体炎等用的青霉素钾(钠)等，在使用前要加适量注射用水，摇匀后成为悬浊液，供肌肉注射。用X射线检查肠胃病时，让病人服用硫酸钡的悬浊液(俗称钡餐)等。

又如，粉刷墙壁时，常把熟石灰粉(或墙体涂料)配制成悬浊液(内含少量胶质)，均匀地喷涂在墙壁上。

在农业生产中，为了合理使用农药，常把不溶于水的固体或液体农药，配制成悬浊液或乳浊液，用来喷洒受病虫害的农作物。这样农药药液散失得少，附着在叶面上的多，药液喷洒均匀，不仅使用方便，而且节省农药，提高药效。

3.6.2 乳状液

3.6.2.1 乳状液的概念

乳状液是一种或几种液体以液滴(微粒或液晶)形式分散在另一种与之互不相溶的液体中构成具有相当稳定度的多相分散体系。由于它们外观往往呈乳状，故称为乳状液或乳化液。形成的新体系内由于两液相的界面积增大，界面能增加，属热力学不稳定体系，但如果加入可降低体系界面能的第三种组分——乳化剂，则可使分散体系稳定性大大提高。乳状液中以液滴形式被分散的一相称为分散相(或是内相，不连续相)，连成一片的另一相称为分散介质(或是外相，连续相)，即一般乳状液是由分散相、分散介质和乳化剂三部分组成的。

乳状液的分散相直径一般为0.1～10μm。从乳状液的液珠直径范围来看，它部分属于粗分散体系。常见乳状液通常为一相是水或是水溶液，另一相是与水不相混溶的有机液体，如油脂、蜡等。两种互不相溶的有机液体组成的油包油型乳状液也存在，但实际应用很少。

3.6.2.2 乳状液的应用

乳状液在日常生活和工业生产中有着广泛的应用。牛奶、奶油、冰淇淋等食品，雪花膏、洗面奶等化妆品，乳胶涂料、敌敌畏乳油、金属切削液及乳状炸药等均为乳状液，乳状液随处可见。下面就以其在工业生产中某些方面的应用及优点为例作简要介绍。

(1) 乳状液在医药行业中的应用　口服药、注射药、外用药多被制成乳状液。乳状液形式的口服药，如把蓖麻油分散乳化成O/W型乳状液，可以起到掩蔽油的难闻气味和稀释油难咽味道的作用。而油溶性的维生素A、D、E、K，鱼肝油以及有极苦和难闻味道的胆固醇类激素在制备成乳状液形式后都更易于服用和利于肠壁对药物的吸收。被乳化的脂肪等营养成分，也可以作为“液体食品”供给那些不能够消化和吸收固体食物的病人。对于注射药，比如抗癌药注射乳剂，一种W/O型乳剂，可以起到延长血药浓度作用。当进行局部注射后，药物能明显积聚在注射部位，使药效充分发挥；而使用水剂注剂，由于药剂吸收过快致使药效发挥不充分。外用药制备成乳状液，对皮肤渗透力强，有利于皮肤对药物的吸收。两种不同类型的乳状液如图3-7所示。

(2) 乳状液在建筑涂料行业中的应用　在建筑行业中，乳液涂料(俗称乳胶漆)是水性涂料的一种，是以合成聚合物乳状液为基料，如含氟乙烯基聚合物等，将颜料、填料、助剂分散在其中形成的水分散体系。乳胶涂料有干燥快，盛装容器易于用水冲洗干净的优点。乳胶

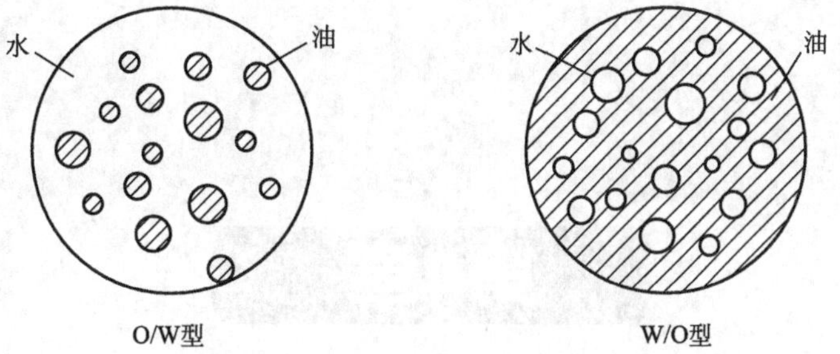

图 3-7　两种不同类型的乳状液

涂料大都无味或稍有气味，可以在潮湿的气候条件下对潮湿表面施工，形成的涂膜有耐碱、耐候的特点。而所使用的传统的涂料为溶剂型，在使用过程中不可避免地造成溶剂挥发，而有机溶剂大都存在污染环境、危害人体健康、易燃易爆等问题。在大力提倡环保、节能的今天，世界各国对涂料排放出的挥发性有机物提出越来越严格的要求，对有机溶剂的使用进行限制，提出合成化学涂料尽可能以无污染或低污染的水性化材料代替。因此乳液涂料的开发研制，代替传统的溶剂型涂料可称得上是涂料行业的"绿色革命"。

(3) 乳状液在石油工业钻井液中的应用　钻井液又称为钻井泥浆，在钻井过程中，不仅起到携带钻屑作用，而且有润滑钻头、平衡地层压力和保护井壁等多种作用。优化钻井液的性能可提高钻井效率和防止事故发生。为了提高钻井液的润滑性能、耐热性和防塌性，提高钻井速度，提高泥浆与井壁的润滑性，很多情况下需要使用乳化钻井液，包括 W/O 型和 O/W 型两种乳化泥浆。这类乳化泥浆在钻井超深井和不稳定的地层钻井中极为重要。

(4) 乳状液在胶黏剂行业中的应用　自改革开放以来，我国胶黏剂工业取得了迅速的发展和长足的进步，产量快速增长，生产技术水平和产品质量有了很大提高，新产品新技术不断涌现，应用领域不断拓宽，广泛应用于木材、建筑、汽车、服装、包装印刷、日常生活等领域，已成为极具发展前景的行业。从 1994 年起我国胶黏剂的发展非常迅速，产量有很大提高，今后几年增长率仍保持 11%以上。说明有关胶黏剂的研究一直很热门，其中胶黏剂在纸塑复合方面的应用与研究占有相当的比重。胶黏剂的品种和类型多种多样，有压敏胶、热溶胶、水乳胶等。为提高胶黏剂的黏接性能，越来越多的胶黏剂被研制成乳胶，同时为了适应环保的要求，又新出现了水乳型胶黏剂。这种乳胶具有初黏性高，流动性好，防水性能优越，环境污染小，成本低等优点。

习　题

一、问答题

1. 实验室要配制 0.1mol/L 盐酸溶液 5000mL，需要用浓度为 37%、密度为 1.19g/mL 的浓盐酸多少毫升？

2. 在以 KI 和 $AgNO_3$ 为原料制备 AgI 溶胶时，如果使 $AgNO_3$ 过量，或者使 KI 过量，两种情况下制得的 AgI 的胶团结构有什么不同？试分别写出其胶团结构式，并指出电泳方向。

二、思考题

1. 什么是表面活性剂？表面活性剂具有怎样的结构特征？共分几类？

2. 胶束是怎样形成的？何为临界胶束浓度？

3. 乳状液和微乳有什么区别？

4. 溶胶属于热力学不稳定体系，为什么能长期稳定存在？

5. 为什么在给病人输液时通常输入生理等渗溶液，不能输入低渗溶液，却能输入少量高渗溶液呢？用渗透现象解释。

第4章

滴定分析法概论

滴定分析法是化学分析法中的重要分析方法之一。将一种已知其准确浓度的试剂溶液(称为标准溶液)滴加到被测物质的溶液中，直到化学反应完全时为止，然后根据所用试剂溶液的浓度和体积可以求得被测组分的含量，这种方法称为滴定分析法(或称容量分析法)。我们在用滴定分析法进行定量分析时，是将被测定物质的溶液置于一定的容器(通常为锥形瓶)中，并加入少量适当的指示剂，然后用一种标准溶液通过滴定管逐滴地加到容器里。这样的操作过程称为“滴定”。当滴入的标准溶液与被测定的物质定量反应完全时，也就是两者的物质的量正好符合化学反应式所表示的化学计量关系时，称反应达到了化学计量点(亦称计量点，以 sp 表示)。计量点一般根据指示剂的变色来确定。实际上滴定是进行到溶液里的指示剂变色时停止的，停止滴定这一点称为“滴定终点(以 ep 表示)”或简称“终点”。指示剂并不一定正好在计量点时变色。滴定终点与计量点不一定恰好相符，它们之间存在着一个很小的差别，由此而造成的分析误差称为“滴定误差”，也叫“终点误差”，以 E_t 表示。

4.1 滴定分析法对滴定分析反应的要求和滴定分析分类

4.1.1 滴定分析法对滴定反应的要求

滴定分析法是以化学反应为基础的，化学反应的种类很多，但是并不是所有的反应都能满足滴定分析的要求，适用于滴定分析的化学反应必须满足以下三个条件。

① 反应要完全：被测物质与标准溶液之间的反应要按一定的化学方程式进行，而且反应必须接近完全(通常要求达到 99.9%以上)。这是定量计算的基础。

② 反应速度要快：滴定反应要求在瞬间完成，对于速度较慢的反应，有时可通过加热或加入催化剂等办法来加快反应速度。

③ 要有简便可靠的方法确定滴定的终点。

4.1.2 滴定分析分类

根据化学反应的类型不同，滴定分析方法一般可分为以下四种。

(1) 酸碱滴定法 是以质子传递反应为基础的一种滴定分析方法。滴定过程中的反应实质可以用以下简式表示：

$$H_3O^+ + OH^- \longrightarrow 2H_2O$$

$$H_3O^+ + A = HA + H_2O$$

(2) 配位滴定法 利用配位反应为基础的滴定分析方法。如EDTA作为滴定剂，与金属离子的配合反应可表示为：

$$M^{n+} + Y^{4-} = MY^{n-4}$$

(3) 沉淀滴定法 是利用沉淀反应为基础的滴定分析方法。如银量法，反应式表示为：

$$Ag^+ + X^- = AgX(X^- = Cl^-、Br^-、I^-、CN^-、SCN^-)$$

(4) 氧化还原滴定法 是利用氧化还原反应为基础的滴定分析方法，其中包括高锰酸钾法、重铬酸钾法和碘量法等，它们的反应为：

$$MnO_4^- + 5Fe^{2+} + 8H^+ = Mn^{2+} + 5Fe^{3+} + 4H_2O$$

$$Cr_2O_7^{2-} + 6Fe^{2+} + 14H^+ = 2Cr^{3+} + 6Fe^{3+} + 7H_2O$$

$$I_2 + 2S_2O_3^{2-} = 2I^- + S_4O_6^{2-}$$

4.2 滴定方式

4.2.1 直接滴定法

凡符合滴定分析条件的反应，就可以直接采用标准溶液对试样溶液进行滴定，这称为直接滴定。这种方法是用标准溶液直接滴定待测物质的溶液，操作简便，一般情况下引入误差小，故可能范围内应尽量采用直接滴定法。如用NaOH标准溶液直接滴定HCl、HAc等；EDTA溶液直接滴定Ca^{2+}、Zn^{2+}等；用物质的量法直接测定食盐中的Cl^-含量。

4.2.2 返滴定法

当反应速率较慢或反应物是固体时，被测物质中加入符合化学计量关系的滴定剂后，往往不能立即完成。此时，先加入一定且过量的标准溶液，待其与被测物质反应完全后，再用另一种滴定剂滴定剩余的标准溶液，从而计算被测物质的量，此为返滴定法，又称剩余量滴定法。

例如，在酸性溶液中用$AgNO_3$滴定Cl^-时，缺乏合适的指示剂。此时，可加一定量过量的$AgNO_3$标准溶液使Cl^-沉淀完全，再用NH_4SCN标准溶液返滴过剩的Ag^+，以Fe^{3+}为指示剂，出现$[Fe(SCN)]^{2+}$的淡红色，即为终点。

4.2.3 置换滴定法

若被测物质所参加的测定反应如不按一定的反应式进行，或没有确定的计量关系，则不能用直接滴定法测定。可以用适当的试剂与其反应，使它被定量地置换成另一物质，再用标准溶液滴定此物质，这种方法称为置换滴定法。

例如，硫代硫酸钠不能直接滴定重铬酸钾及其他强氧化剂，因为强氧化剂不仅将$S_2O_3^{2-}$氧化为$S_4O_6^{2-}$，还会将其部分地氧化成SO_4^{2-}，这就没有一定的计量关系。

但是，若在酸性$K_2Cr_2O_7$溶液中加入过量KI，使$K_2Cr_2O_7$被定量置换成I_2，后者可以用$Na_2S_2O_3$标准溶液直接滴定，计量关系很好。

$$Cr_2O_7^{2-} + 6I^- + 14H^+ = 3I_2 + 2Cr^{3+} + 7H_2O$$

$$I_2 + 2S_2O_3^{2-} = 2I^- + S_4O_6^{2-}$$

4.2.4 间接滴定法

有些被测物质不能直接与滴定剂反应，可以采用间接反应使其转化为可被滴定的物质，再用滴定剂滴定所生成的物质，此过程称为间接滴定法。例如，有些金属离子(如碱金属等)与EDTA形成的络合物不稳定，而非金属离子则不与EDTA络合，这些情况有时可以采用间接法测定，所利用的是一些能定量进行的沉淀反应，且沉淀的组成要恒定。如溶液中 Ca^{2+} 几乎不发生氧化还原的反应，但利用它与 $C_2O_4^{2-}$ 作用形成 CaC_2O_4 沉淀，过滤洗净后，加入 H_2SO_4 使其溶解，用 $KMnO_4$ 标准滴定溶液滴定 $C_2O_4^{2-}$，就可间接测定 Ca^{2+} 含量。

4.3 标准溶液浓度的表示方法

所谓标准溶液，就是指已知准确浓度的溶液。在滴定分析中，不论采取何种滴定方法，都离不开标准溶液，否则就无法计算分析结果。

4.3.1 物质的量浓度

物质的量浓度，是指体积溶液所含溶质 B 的物质的量，以符号 c_B 表示，即 $c_B=n_B/V$。式中，V 表示溶液的体积；n_B 为溶液中溶质 B 的物质的量；B 代表溶质的化学式。在国际单位制中 n_B 的 SI 单位是 mol，V 的 SI 单位是 m^3。物质的量浓度(简称为浓度)c_B 的 SI 单位是 mol/m^3。这个单位太小，使用不便，实用的是它的倍数单位 mol/dm^3 或 mol/L。1mol/L $=1000mol/m^3$。

4.3.2 滴定度

滴定度是指每毫升标准溶液相当被测物质的质量(g 或 mg)，以符号 $T_{B/A}$ 表示。生产单位常采用以下滴定度。

① 每毫升标准溶液中所含溶质的质量。例如，$T_{NaOH}=0.04000g/mL$，表示每 1mL NaOH 溶液中含有 0.04000g NaOH。

② 在例行分析中，常用一种标准溶液测定同一物质时，滴定度又指每毫升标准溶液相当于被测物质的质量。常以 T_{M_1/M_2} 表示。M_1 是标准溶液中溶质的分子式，M_2 是被测物质的分子式。

例如每毫升 H_2SO_4 标准溶液恰能与 0.04000g NaOH 反应，则此 H_2SO_4 溶液的滴定度是 $T_{H_2SO_4/NaOH}=0.04000g/mL$。知道了滴定度，再乘以滴定中用去的标准溶液的体积，就可以直接得到被测物质的含量。如用 $T_{H_2SO_4/NaOH}=0.04000g/mL$ 的 H_2SO_4 标准溶液滴定烧碱溶液，设滴定时用去 32.00mL，则此试样中 NaOH 的质量为：

$$V_{H_2SO_4}\times T_{H_2SO_4/NaOH}=32.00mL\times 0.04000g/mL=1.280g$$

③ 有时如果固定分析试样的质量，那么滴定度也可直接表示每毫升标准溶液相当于被测物质的百分含量。例如，$T_{H_2SO_4/NaOH}=2.69\%$，表示当试样的质量固定时，每毫升 H_2SO_4 标准溶液相当于试样中 NaOH 的含量为 2.69%。测定时，如用去 H_2SO_4 标准溶液 10.50mL，则该试样中 NaOH 的含量为：

$$w_{NaOH}=V_{H_2SO_4}\times T_{H_2SO_4/NaOH}=10.50\times 2.69\%=28.24\%$$

这种浓度表示方法，对于工厂等生产单位来讲，由于经常分析同一种样品，所以能省去很多计算，很快就可以得出分析结果，使用起来非常方便。

4.4 标准溶液的配制和浓度的标定

4.4.1 标准溶液的配制

4.4.1.1 直接配制法

准确称取一定质量的物质，溶解于适量水后移入容量瓶，用水稀至刻度，然后根据称取物质的质量和容量瓶的体积即可算出该标准溶液的准确浓度。

许多化学试剂由于不纯和不易提纯，或在空气中不稳定(如易吸收水分)等原因，不能用直接法配制标准溶液，只有具备下列条件的化学试剂，才能用直接配制法。

① 在空气中要稳定。例如加热干燥时不分解，称量时不吸湿，不吸收空气中的 CO_2，不被空气氧化等。

② 纯度较高(一般要求纯度在 99.9%以上)，杂质含量少到可以忽略(0.01%～0.02%)。

③ 实际组成应与化学式完全符合。若含结晶水时，如硼砂($Na_2B_4O_7 \cdot 10H_2O$)，其结晶水的含量也应与化学式符合。

④ 试剂最好具有较大的摩尔质量。因为摩尔质量越大，称取的量就越多，称量误差就可相应地减少。

凡是符合上述条件的物质，在分析化学上称为“基准物质”或称“基准试剂”。凡是基准试剂，都可以用来直接配成标准溶液。

4.4.1.2 间接配制法

间接配制法也叫标定法。许多化学试剂是不符合上述条件的。如 NaOH，它很容易吸收空气中的 CO_2 和水分，因此称得的质量不能代表纯净 NaOH 的质量；盐酸(除恒沸溶液外)，也很难知道其中 HCl 的准确含量；$KMnO_4$、$Na_2S_2O_3$ 等均不易提纯，且见光易分解，均不宜用直接法配成标准溶液，而要用标定法。

先配成接近所需浓度的溶液，然后再用基准物质或用另一种物质的标准溶液来测定它的准确浓度。这种利用基准物质(或用已知准确浓度的溶液)来确定标准溶液浓度的操作过程，称为“标定”或称“标化”。

4.4.2 标定标准溶液的方法

4.4.2.1 用基准物质标定

称取一定量的基准物质，溶解后用待标定的溶液滴定，然后根据基准物质的质量及待标定溶液所消耗的体积，即可算出该溶液的准确浓度。大多数标准溶液是通过标定的方法测定其准确浓度的。

4.4.2.2 与标准溶液进行比较

准确吸取一定量的待标定溶液，用已知准确浓度的标准溶液滴定；或者准确吸取一定量的已知准确浓度的标准溶液，用待标定溶液滴定。根据两种溶液所消耗的毫升数及标准溶液的浓度，就可计算出待标定溶液的准确浓度。这种用标准溶液来测定待标定溶液准确浓度的操作过程称为“比较”。

显然，这种方法不及直接标定的方法好，因为标准溶液的浓度不准确就会直接影响待标定溶液浓度的准确性。因此，标定时应尽量采用直接标定法。

标定时，不论采用哪种方法，应注意以下几点。

① 一般要求应平行做 3～4 次，至少平行做 2～3 次，相对误差要求不大于 0.1%。

② 为了减小测量误差，称取基准物质的量不应太少；滴定时消耗标准溶液的体积也不应太小。

③ 配制和标定溶液时用的量器(如滴定管、移液管和容量瓶等)，必要时需进行校正。

④ 标定后的标准溶液应妥善保存。

4.5 滴定分析的计算

滴定分析法中要涉及一系列的计算问题，如标准溶液的配制和标定，标准溶液和被测物质间的计算关系，以及测定结果的计算等。

4.5.1 滴定分析计算的根据和常用公式

滴定分析就是用标准溶液去滴定被测物质的溶液，按照反应物之间是按化学计量关系相互作用的原理，当滴定到计量点，化学方程式中各物质的系数比就是反应中各物质相互作用的物质的量之比。

$$a\mathrm{A}+b\mathrm{B}(\text{滴定剂})=c\mathrm{C}+d\mathrm{D}$$

$$n_{\mathrm{A}}:n_{\mathrm{B}}=a:b \qquad n_{\mathrm{A}}=n_{\mathrm{B}}\times a/b$$

设体积为 V_{A} 的被滴定物质的溶液其浓度为 c_{A}，在化学计量点时用去浓度为 c_{B} 的滴定剂体积为 V_{B}。则 $n_{\mathrm{A}}=c_{\mathrm{B}}\times V_{\mathrm{B}}\times a/b$ 或 $c_{\mathrm{A}}\times V_{\mathrm{A}}=c_{\mathrm{B}}\times V_{\mathrm{B}}\times a/b$。

如果已知 c_{B}、V_{B}、V_{A}，则可求出 c_{A}。

$c_{\mathrm{A}}=(a/b)c_{\mathrm{B}}\times V_{\mathrm{B}}/V_{\mathrm{A}}$ 或 A 的质量 $m_{\mathrm{A}}=(a/b)c_{\mathrm{B}}\times V_{\mathrm{B}}\times M_{\mathrm{A}}$

式中，M_{A} 为物质 A 的摩尔质量。

通常在滴定时，体积以 mL 为单位来计量，运算时要化为 L，即

$$m_{\mathrm{A}}=(c_{\mathrm{B}}\times V_{\mathrm{B}}/1000)\times(a/b)\times M_{\mathrm{A}}$$

4.5.2 滴定分析法有关计算

4.5.2.1 标准溶液的配制(直接法)、稀释与增浓

基本公式 $c_{\mathrm{A}}\times V_{\mathrm{A}}=c_{\mathrm{B}}\times V_{\mathrm{B}}$； B 的质量 $m_{\mathrm{B}}=M_{\mathrm{B}}\times c_{\mathrm{B}}\times V_{\mathrm{B}}/1000$

式中，M_{B} 为 B 的摩尔质量。

【例 4-1】 已知浓盐酸的密度为 1.19g/mL，其中 HCl 含量约为 37%。计算：①每升浓盐酸中所含 HCl 的物质的量浓度；②欲配制浓度为 0.10mol/L 的稀盐酸 500mL，需量取上述浓盐酸多少毫升？

解 ① $n_{\mathrm{HCl}}=(m/M)_{\mathrm{HCl}}=1.19\times1000\times0.37/36.46$
$=12(\mathrm{mol})$

$c_{\mathrm{HCl}}=n_{\mathrm{HCl}}/V_{\mathrm{HCl}}=(m/M)_{\mathrm{HCl}}/V_{\mathrm{HCl}}$
$=(1.19\times1000\times0.37/36.46)/1.0=12(\mathrm{mol/L})$

② $(cV)_{\mathrm{HCl}}=(c'V')_{\mathrm{HCl}}$ 得：$V_{\mathrm{HCl}}=(c'V')_{\mathrm{HCl}}/V_{\mathrm{HCl}}=0.10\times500/12=4.2(\mathrm{mL})$

【例 4-2】 在稀硫酸溶液中，用 0.02012mol/L $KMnO_4$ 溶液滴定某草酸钠溶液，如欲两者消耗的体积相等，则草酸钠溶液的浓度为多少？若需配制该溶液 100.0mL，应称取草酸钠多少克？

解 $5C_2O_4^{2-}+2MnO_4^-+16H^+ = 10CO_2+2Mn^{2+}+8H_2O$

因此 $n_{Na_2C_2O_4}=(5/2)n_{KMnO_4}$

$(cV)_{Na_2C_2O_4}=(5/2)(cV)_{KMnO_4}$

根据题意，有 $V_{Na_2C_2O_4}=V_{KMnO_4}$，则

$$c_{Na_2C_2O_4}=(5/2)c_{KMnO_4}=2.5\times0.0212=0.05030(mol/L)$$

$$m_{Na_2C_2O_4}=(cVM)_{Na_2C_2O_4}$$

$$=0.05030\times100.0\times134.00/1000=0.6740(g)$$

4.5.2.2 标定溶液浓度的有关计算

基本公式　　$m_A/M_A=(a/b)c_BV_B$

【例 4-3】 用 $Na_2B_4O_7\cdot10H_2O$ 标定 HCl 溶液的浓度，称取 0.4806g 硼砂，滴定至终点时消耗 HCl 溶液 25.20mL，计算 HCl 溶液的浓度。

解　$Na_2B_4O_7+2HCl+5H_2O \longrightarrow 4H_3BO_3+2NaCl$

$$n_{Na_2B_4O_7}=(1/2)n_{HCl}$$

$$(m/M)_{Na_2B_4O_7}=(1/2)(cV)_{HCl}$$

$$c_{HCl}=0.1000(mol/L)$$

4.5.2.3 物质的量浓度与滴定度间的换算

滴定度是指每毫升标准溶液所含溶质的质量，所以 $T_A\times1000$ 为 1L 标准溶液中所含某溶质的质量，此值再除以某溶质(A)的"摩尔质量(M_A)"即得物质的量浓度。即

$$T_A\times1000/M_A=c_A \quad 或 \quad T_A=c_A\times M_A/1000$$

【例 4-4】 设 HCl 标准溶液的浓度为 0.1919mol/L，试计算此标准溶液的滴定度为多少？

解　$T_{HCl}=0.1919\times36.46/1000=0.006997(g/mL)$

4.5.2.4 被测物质的质量和质量分数的计算

基本公式　　$m_A=(a/b)c_BV_BM_B$　　　$w_A=m_A/m$

【例 4-5】 $K_2Cr_2O_4$ 标准溶液的 $T_{K_2Cr_2O_7/Fe}=0.01117g/mL$。测定 0.5000g 含铁试样时，用去该标准溶液 24.64mL。计算 $T_{K_2Cr_2O_7/Fe_2O_3}$ 和试样中 Fe_2O_3 的质量分数。

解　$T_{K_2Cr_2O_7/Fe_2O_3}=T_{K_2Cr_2O_7/Fe}\times M_{Fe_2O_3}/(2M_{Fe})$

$$=0.01117\times159.69/(2\times55.85)=0.01597(g/mL)$$

$$w_{Fe_2O_3}=m_{Fe_2O_3}/m$$

$$=0.01597\times24.64/0.5000=0.7870$$

4.6 定量分析中的误差

定量分析的目的是准确测定试样中的组分的含量，因此分析结果必须具有一定的准确度，但化学实验中误差是客观存在的。即使在实际测定过程中采用最可靠的实验方法，使用最精密的仪器，由技术很熟练的实验人员进行实验操作，也不可能得到绝对准确的结果。同一个人在相同条件对同一个试样进行多次测定，所得结果也不会完全相同。因此，我们有必要先来了解实验过程中误差产生的原因及误差出现的规律，以便采取相应的措施减少这种差别，以提高分析结果的准确性。

4.6.1 误差及其产生的原因

根据误差性质与产生的原因，一般把误差分为系统误差、偶然误差和过失误差三类。

4.6.1.1　系统误差及产生的原因

系统误差是由某些固定的原因造成的，它具有单向性，即大小、正负都有一定的规律，当重复测量时会重复出现。若找出原因，并设法加以校正，就可以消除，因此系统误差也可称为可测误差。

系统误差产生的原因有以下几种。

(1) 方法误差　是指分析方法本身所造成的误差。例如重量分析法中沉淀的溶解、共沉淀现象而产生的误差；滴定分析中反应进行得不完全或指示剂选择不当而造成的误差。

(2) 仪器误差　由于仪器本身不够准确所造成的误差。如天平两臂不等长，滴定管、移液管、容量瓶等未经校正而引入的误差。

(3) 试剂误差　由于试剂不纯或蒸馏水中含有微量杂质而引入的误差。

(4) 主观误差　由于操作人员的主观原因造成的误差。如对滴定终点颜色敏感度的不同，有人偏深，有人偏浅。

4.6.1.2　偶然误差及产生的原因

偶然误差或称随机误差和不可定误差。偶然误差是由于一些无法控制的不可避免的偶然因素造成的，其大小、正负不固定。

产生偶然误差的原因很多。例如，实验温度、压力、湿度以及仪器工作状态的微小变动；试样处理条件的微小差异；天平或滴定管读数的不确定性等，都可能使测量结果产生波动。从表面上看，偶然误差的出现似乎没有规律性，但是，如果进行很多次测量后，就会发现偶然误差的出现还是符合一般的统计规律的。

① 绝对值相等的正负误差出现的概率相等。

② 小误差出现的概率较大，大误差出现的概率较小，特大误差出现的概率更小。

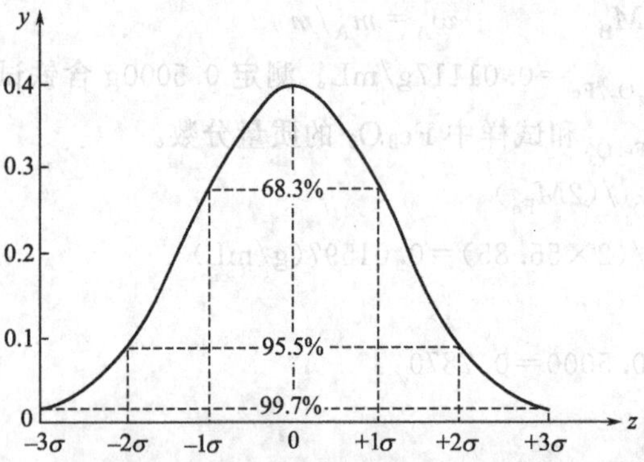

图 4-1　误差的标准正态分布曲线

这一规律可以用误差的标准正态分布曲线表示(见图 4-1)。图中横坐标代表偶然误差大小，以总体标准差 σ 为单位，纵坐标为偶然误差的概率。

4.6.1.3　过失误差

过失误差是由于操作者粗心大意或不按操作规程办事而造成的，如测量过程中溶液的溅出、加错试剂、看错刻度、记录错误以及仪器测量参数设置错误等不应有的失误，都属于过失误差。过失误差会对测量结果带来严重影响，必须注意避免。

应该指出，系统误差和偶然误差的划分也不是绝对的，有时很难区分某种误差是系统误差还是偶然误差。

4.6.2　误差的表示方法

4.6.2.1　误差和准确度

准确度是指分析结果与真实值的接近程度。准确度的高低，用误差表示。

(1) 绝对误差 E

$$E=\overline{x}-\mu$$

式中，$\overline{x}$代表多次测量值的平均值，$\overline{x}=\frac{1}{n}\sum_{i=1}^{n}x_i=\frac{x_1+x_2+\cdots+x_n}{n}$；$\mu$代表真实值。

绝对误差有正、负之分，E 的单位与 x 的单位相同。

例如，称得某一物质质量为 1.6380g，而该物质的真实质量为 1.6381g，则其绝对误差为：

$$E=1.6380\text{g}-1.6381\text{g}=-0.0001\text{g}$$

若有一物质真实质量为 0.1638g，而测得该物质的质量为 0.1637g，则其绝对误差为：

$$E=0.1637\text{g}-0.1638\text{g}=-0.0001\text{g}$$

可见两个物体的质量相差 10 倍，测得的绝对误差又都是－0.0001g，很明显误差在结果中所占的比例未能反映出来，故常用相对误差来表示这种差别。

(2) 相对误差 RE 相对误差是指绝对误差在真实值中所占的分数，可用%或‰表示。即

$$\text{RE}=\frac{E}{\mu}\times 100\%$$

在上例中，相对误差分别为：

$$\text{RE}=\frac{-0.0001\text{g}}{1.6381\text{g}}\times 100\%=-0.006\%$$

$$\text{RE}=\frac{-0.0001\text{g}}{0.1638\text{g}}\times 100\%=-0.06\%$$

由此可见，称量两物体的绝对误差相等，但它们的相对误差并不相同。显然当称量的物质的质量较大时，相对误差就比较小，测定的准确度就较高。

4.6.2.2 精密度与偏差

精密度是指在相同条件下多次测量结果相互接近的程度。它说明测定结果的再现性。精密度用偏差、平均偏差、相对平均偏差、标准偏差和相对标准偏差来表示。数值越小，说明测定结果的精密度越高。

(1) 偏差和相对偏差 若多次测定结果的算术平均值用$\overline{x}$表示，则

$$\overline{x}=\frac{1}{n}\sum_{i=1}^{n}x_i=\frac{x_1+x_2+\cdots+x_n}{n}$$

单次测量的偏差为：$d_i=x_i-\overline{x}$

偏差可正可负，也可是零。单次测量的偏差在平均值中所占的百分数称为相对偏差 Rd。

$$\text{Rd}_i=\frac{d_i}{\overline{x}}\times 100\%$$

为度量分析结果的精密度，通常用平均偏差来衡量。平均偏差为：

$$\overline{d}=\frac{\sum_{i=1}^{n}|x_i-\overline{x}|}{n}=\frac{|d_1|+|d_2|+|d_3|+\cdots+|d_n|}{n}$$

可见平均偏差只有正值，没有负值。

相对平均偏差$\overline{\text{Rd}}$为：

$$\overline{\text{Rd}}=\frac{\overline{d}}{\overline{x}}\times 100\%$$

但平均偏差不能很好地表示数据的分散程度。

【例 4-6】 某人进行了两组测定，测定所得数据平均偏差如下。

第一组：10.3　9.8　9.6　10.2　10.1　10.4　10.0　9.7　10.0　9.7

$n=10$

$$\bar{x}=\frac{10.3+9.8+9.6+10.2+10.2+10.4+10.0+9.7+10.0+9.7}{10}=9.98$$

$\bar{d}=0.24$

第二组：10.0　9.3　9.8　10.2　9.9　10.1　10.5　9.8　10.3　9.9

$n=10$

$$\bar{x}=\frac{10.0+9.3+9.8+10.2+9.9+10.1+10.5+9.8+10.3+9.9}{10}=9.98$$

$\bar{d}=0.24$

两组测定结果的$\bar{d}$虽然相同，但实际上第二组数据明显有两个较大的误差，数据较为分散，因此用$\bar{d}$反映不出这两组数据的好坏。这时用标准偏差来表示精密度更好一些。

(2) 标准偏差 s 和相对标准偏差 衡量测量值的分散程度，用得最多的是标准偏差。对于有限次测定时样本标准偏差 s 为：

$$s=\sqrt{\frac{\sum_{i=1}^{n}(x_i-\bar{x})^2}{n-1}}$$

式中，$(n-1)$称为偏差的自由度，以 f 表示。自由度是指能用于计算一组测定值分散程度的独立变数的数目。很显然只有进行两次以上测量时，才有可能计算数据的分散程度。

对于无限次测定，总体平均偏差σ为：

$$\sigma=\sqrt{\frac{\sum_{i=1}^{n}(x_i-\mu)^2}{n}}$$

显然 $n\to\infty$时，$\bar{x}\to\mu$；$n-1\approx n$；$s\to\sigma$。

在计算标准偏差时，对单次测量偏差加以平方，这样做不仅可以避免单次测量偏差相加时正负抵消，更重要的是大偏差更能显著地反映出来，故能更好地反映数据的分散程度。

如上例中，

第一组的标准偏差　$$s=\sqrt{\frac{\sum_{i=1}^{n}(x_i-\bar{x})^2}{n-1}}=0.28$$

第二组的标准偏差　$$s=\sqrt{\frac{\sum_{i=1}^{n}(x_i-\bar{x})^2}{n-1}}=0.33$$

可见标准偏差更能反映出大偏差的存在，第一组测定数据的分散程度小，精密度比第二组数据高。

相对标准偏差：

$$相对标准偏差=\frac{s}{\bar{x}}\times100\%$$

(3) 平均值的标准偏差 $s_{\bar{x}}$

对于有限次测定 $$s_{\bar{x}}=\frac{s}{\sqrt{n}}$$

对于无限次测定 $$\sigma_{\bar{x}}=\frac{\sigma}{\sqrt{n}}$$

从以上的关系可以看出，平均值的标准差 $s_{\bar{x}}$ 与测定次数的平方根成反比，即 $\frac{s_{\bar{x}}}{s}=\frac{1}{\sqrt{n}}$。增加测定次数，可以提高测定结果的精密度，但是实际上增加测定次数所取得的效果是有限的。开始时 $\frac{s_{\bar{x}}}{s}$ 随 n 的增加而很快减小；但 $n>5$ 以后的变化就慢了；而当 $n>10$ 时，变化已经很小。这说明在实际工作中，一般测定次数无需过多，3～4 次已足够了。对要求高的分析，可测定 5～9 次。

报告分析结果时，一般只需报告下列三项数值，就可以对总体平均值可能存在的区间作出估计：测定次数 n；平均值 $\bar{x}$(衡量准确度)；标准偏差 s(衡量精密度)。

【例 4-7】 分析铁矿石中铁的质量分数，得如下数据：0.3745，0.3720，0.3750，0.3730，0.3725，计算此分析结果的平均值、平均偏差、标准偏差、相对标准偏差、平均值的标准偏差。

解 $$\bar{x}=\frac{0.3745+0.3720+0.3750+0.3730+0.3725}{5}=0.3734$$

各次测量的偏差分别为：

$$d_1=+0.0011,\ d_2=-0.0014,\ d_3=+0.0016,\ d_4=-0.0004,\ d_5=-0.0009$$

$$\bar{d}=\frac{\sum|d_i|}{n}=\frac{0.0011+0.0014+0.0016+0.0004+0.0009}{5}=0.0011$$

$$s=\sqrt{\frac{\sum d_i^2}{n-1}}=\sqrt{\frac{0.0011^2+0.0014^2+0.0016^2+0.0004^2+0.0009^2}{4}}=0.0013$$

相对平均偏差：$\frac{s}{\bar{x}}=0.0035$

$$s_{\bar{x}}=\frac{s}{\sqrt{n}}=\frac{0.0013}{\sqrt{5}}\approx 0.0006$$

分析结果只要报告出 $\bar{x}$、s、n 即可。上例结果可表示为：$\bar{x}=0.3734$，$s=0.0013$，$n=5$。

(4) 准确度和精密度的关系 测量结果的好坏应从精密度和准确度两个方面来衡量。例如甲、乙、丙、丁四人分析同一试样中某组分含量，每人测定四次，所得结果如图 4-2 所示。由图 4-2 可见：甲所得结果精密度和准确度均好，结果可靠；乙的精密度虽很高，但准确度太低，可能测定中存在系统误差；丙的精密度和准确度均很差；丁的平均值虽也接近真实值，但几个数值彼此相差甚远，而仅是由于正负误差相互抵消才使结果接近真实值，但这纯属巧合，其结果是不可靠的，不能认为准确度高。

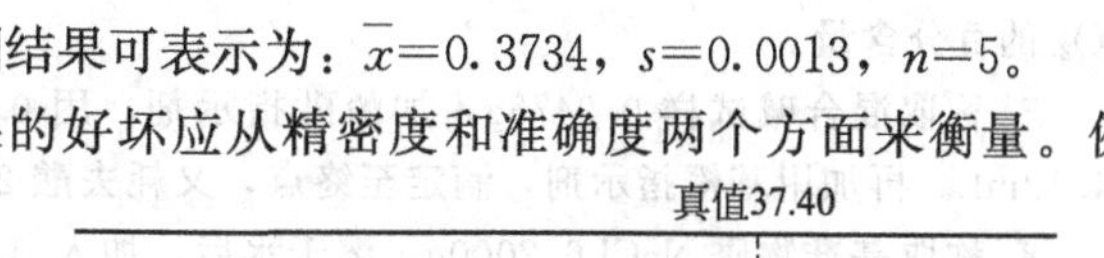

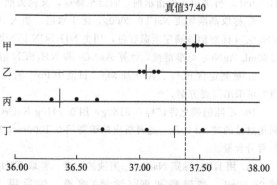

图 4-2 不同分析者分析同一样品的结果

（•表示个别测量值，｜表示平均值）

由上所述，可以得出以下结论。

① 精密度是保证准确度的先决条件。精密度差，所得结果不可靠，就失去了衡量准确度的前提。

② 精密度好，不一定准确度高。只有在消除了系统误差的前提下，精密度好，准确度才会好。

习题

1. 解释下列名词的含义。

化学计量，绝对误差，相对误差，绝对偏差，相对偏差，平均偏差，标准偏差，准确度，精密度，置信度，置信区间，有效数字，物质的量浓度，滴定度。

2. 下列情况分别引起什么误差？如果是系统误差，应如何消除？

(1) 试剂中含有微量被测组分；

(2) 容量瓶和滴定管不配套；

(3) 溶剂水中含有被测组分；

(4) 天平的零点突然有变化；

(5) 砝码被腐蚀；

(6) 在称量基准物时吸收了空气中的水分；

(7) 在滴定时对指示剂的颜色变化表现得不够敏锐；

(8) 对滴定管读数时，最后一位估计不准；

(9) 以含量为98%的硼砂为基准物质来标定盐酸溶液。

3. 计算下列溶液的滴定度 T，以 g/mL 表示。

(1) 以浓度为 0.2405mol/L 的盐酸溶液测定 Na_2CO_3、NaOH；

(2) 以浓度为 0.1520mol/L 的 NaOH 溶液测定 HCl、HAc。

4. 标定 HCl 溶液时，以甲基橙为指示剂，用 Na_2CO_3 为基准物，称取 Na_2CO_3 0.6135g；用去 HCl 溶液 24.96mL，求 HCl 溶液的浓度？

5. 标定 NaOH 溶液，用邻苯二甲酸氢钾基准物 0.5026g，以酚酞为指示剂滴定至终点，用去 NaOH 溶液 21.88mL，求 HCl 溶液的浓度？

6. 往 0.3582g 含 $CaCO_3$ 及不与酸作用杂质的石灰石中加入 25.00mL 0.1471mol/L HCl 溶液，过量的酸需用 10.15mL NaOH 溶液回滴。已知 1mL NaOH 溶液相当于 1.032mL HCl 溶液。求石灰石的纯度及 CO_2 的百分含量。

7. 称取混合碱试样 0.9476g，加酚酞指示剂，用 0.2785mol/L HCl 溶液滴定至终点，计耗去酸溶液 34.12mL。再加甲基橙指示剂，滴定至终点，又耗去酸 23.66mL。求试样中各组分的百分含量。

8. 称取基准物质 NaCl 0.2000g，溶于水后，加入 $AgNO_3$ 标准溶液 50.00mL，以铁铵钒为指示剂，用 NH_4SCN 标准溶液滴定至微红色，用去 NH_4SCN 标准溶液 25.00mL。已知 1mL NH_4SCN 标准溶液相当于 1.20mL $AgNO_3$ 标准溶液，计算 $AgNO_3$ 和 NH_4SCN 溶液的浓度。

9. 欲测定含 Pb^{2+}、Al^{3+} 和 Mg^{2+} 试液中 Pb^{2+} 的含量，其他两种离子是否有干扰？应如何测定 Pb^{2+} 含量？试拟出简要方案。

10. 不纯的碘化钾试样 0.5180g，用 0.1940g K_2CrO_7（过量）处理后，将溶液煮沸，除去析出的碘，然后用过量的纯 KI 处理，这时析出的碘需用 0.1000mol/L NaS_2O_3 溶液 10.00mL 完成滴定，计算试样中 KI 的百分含量。

11. 用 KIO_3 标定 $Na_2S_2O_3$ 溶液的浓度，称取 KIO_3 0.3567g 溶于水并稀释至 100.00mL。吸取所得溶液 25.00mL，加硫酸和 KI（过量）溶液，然后用 $Na_2S_2O_3$ 溶液滴定析出的 I_2，用去 24.98mL，求 $c(Na_2S_2O_3)$。

第5章

酸碱平衡与酸碱滴定法

广义上讲物质可以分为酸和碱，根据质子理论，能提供质子的物质为酸，能接受质子的物质为碱，因此，在电离理论中的盐在质子理论中就应是酸或碱，这样使酸和碱的内涵增大，所以酸碱理论的应用范围广。在化学分析中，酸碱理论是分析的基础，掌握酸碱理论及有关应用是十分必要的。

5.1 酸碱平衡

本节着重讲解酸碱质子理论、共轭酸碱对关系及酸碱的相对强弱，酸碱在水中解离达平衡，实际上是酸或碱与水分子作用的结果。酸碱反应实质是质子转移，由于质子转移便形成了共轭酸碱对。

5.1.1 酸碱质子理论

根据酸碱质子理论，凡能给出质子(H^+)的物质是酸，能接受质子的物质是碱。

5.1.1.1 共轭酸碱对

我们知道 HA 是酸，当它给出质子后，剩余部分对质子有亲和力，能够接受质子而成为 HA，所以 A^- 是碱，关系如下：

$$HA \rightleftharpoons H^+ + A^-$$

式中，HA 与 A^- 是得失一个质子相互转变的一对酸碱，称为共轭酸碱对，可表示为共轭酸碱对 HA/A^-，A^-(HA)为 HA(A^-)的共轭碱(酸)。如：

$$HAc \rightleftharpoons H^+ + Ac^-$$

$$H_3PO_4 \rightleftharpoons H^+ + H_2PO_4^-$$

$$H_2PO_4^- \rightleftharpoons H^+ + HPO_4^{2-}$$

$$NH_4^+ \rightleftharpoons H^+ + NH_3$$

$$HCO_3^- \rightleftharpoons H^+ + CO_3^{2-}$$

由上面的平衡可见如下情况。

① 酸或碱可以是中性分子，也可以是阳离子或阴离子。

② 酸碱是相对的，如 $H_2PO_4^-$ 既是酸又是碱。

③ 共轭酸碱体系是不能独立存在的。由于质子的半径特别小，电荷密度很大，它只能在水溶液中瞬间出现。因而当溶液中某一种酸给出质子后，必定要有一种碱来接受。

例如 HAc 在水溶液中解离时，溶剂 H_2O 就是接受质子的碱。

$$\underset{酸_1}{HAc(aq)} \rightleftharpoons H^+(aq) + \underset{碱_1}{Ac^-(aq)}$$

$$\underset{碱_2}{H_2O(l)} + H^+(aq) \rightleftharpoons \underset{酸_2}{H_3O^+(aq)}$$

+)

$$\underset{酸_1}{HAc(aq)} + \underset{碱_2}{H_2O(l)} \rightleftharpoons \underset{酸_2}{H_3O^+(aq)} + \underset{碱_1}{Ac^-(aq)}$$

反应式中 H_3O^+ 称为水合质子，上式就是醋酸在水中的解离平衡，书写时可简化为：

$$HAc \rightleftharpoons H^+ + Ac^-$$

酸碱质子理论认为，酸碱反应实质为质子转移，这种质子的转移是通过溶剂的质子化实现的，如 HAc 与 NH_3 的酸碱反应：

$$HAc + NH_3 \xrightleftharpoons{H^+} NH_4^+ + Ac^-$$

很明显，反应是由 $HAc\text{-}Ac^-$ 与 $NH_4^+\text{-}NH_3$ 两个共轭酸碱对所组成，同样是一种质子的转移过程。

5.1.1.2　水的离子积常数

对于水溶液中的酸碱反应，实际上水参与了质子的转移，如 HAc 与 NH_3 的反应实际过程是：

$$HAc + H_2O \rightleftharpoons H_3O^+ + Ac^-$$

$$H_3O^+ + NH_3 \rightleftharpoons NH_4^+ + H_2O$$

总反应：

$$\underset{酸\,1}{HAc} + \underset{碱\,2}{NH_3} \rightleftharpoons \underset{酸\,2}{NH_4^+} + \underset{碱\,1}{Ac^-}$$

可以看出水是两性物质，一个水分子可以从另一水分子夺取质子后而分别形成 H_3O^+ 与 OH^-，表示为：

$$H_2O + H_2O \rightleftharpoons OH^- + H_3O^+$$

这种仅仅在溶剂分子之间发生的质子传递作用就称为溶剂的质子自递反应，反应的平衡常数称为溶剂的质子自递常数，一般以 $K_s^{\ominus}$ 表示。水的质子自递常数又称为水的离子积，以 $K_w^{\ominus}$ 表示：

$$K_w^{\ominus} = \left\{\frac{c_{H_3O^+}^{eq}}{c^{\ominus}}\right\} \times \left\{\frac{c_{OH^-}^{eq}}{c^{\ominus}}\right\}$$

式中，$c_{H_3O^+}^{eq}$、$c_{OH^-}^{eq}$ 分别表示质子传递作用达到平衡时 H_3O^+、OH^- 的浓度；$c^{\ominus}$ 为标准态浓度，即 $c^{\ominus} = 1mol/L$。

上式通常简写为：

$$K_w^{\ominus} = [H_3O^+][OH^-]$$

或

$$K_w^{\ominus} = [H^+][OH^-]$$

25℃时，$K_w^{\ominus} = 1.0 \times 10^{-14}$。

5.1.2 酸碱的解离平衡常数及其相对强度

在水中，酸给出质子或碱接受质子能力的大小可以用酸或碱的解离常数 $K_a^\ominus$ 或 $K_b^\ominus$ 来衡量。

5.1.2.1 酸碱的解离平衡常数

(1) 一元弱酸与一元弱碱 如酸 NH_4^+ 在水溶液中的解离平衡：

$$NH_4^+ \rightleftharpoons H^+ + NH_3$$

解离平衡常数为：
$$K_{a(NH_4^+)}^\ominus = \frac{[H^+][NH_3]}{[NH_4^+]}$$

HAc 在水溶液中的解离平衡：

$$HAc \rightleftharpoons H^+ + Ac^-$$

解离反应的平衡常数为：
$$K_{a(HAc)}^\ominus = \frac{[H^+][Ac^-]}{[HAc]}$$

$K_a^\ominus$ 愈大，表明该弱酸的解离程度愈大，给出质子的能力就愈强。例如 25℃时，HAc 在水中的 $K_a^\ominus = 1.74 \times 10^{-5}$；而 HCN 的 $K_a^\ominus = 6.17 \times 10^{-10}$。显然 HCN 在水中给出质子的能力较 HAc 弱，故相对而言 HAc 的酸性就较 HCN 强。

又如氨在水中的解离平衡为：

$$NH_3 + H_2O \rightleftharpoons NH_4^+ + OH^-$$

解离反应的平衡常数为：
$$K_{b(NH_3)}^\ominus = \frac{[NH_4^+][OH^-]}{[NH_3]}$$

$K_b^\ominus$ 愈大，表明该弱碱的解离平衡正向进行的程度愈大，接受质子的能力就愈强。例如 25℃时，NH_3 在水中的 $K_b^\ominus = 1.79 \times 10^{-5}$；而苯胺($C_6H_5NH_2$)的 $K_b^\ominus = 3.98 \times 10^{-10}$。显然 NH_3 在水中接受质子的能力较苯胺强，故相对而言苯胺的碱性较 NH_3 弱。

(2) 多元酸(多元碱) 多元酸碱在水溶液中解离过程是分步进行的。

例如，H_3PO_4 在水溶液中分三步解离：

$$H_3PO_4 \rightleftharpoons H^+ + H_2PO_4^- \qquad K_{a_1}^\ominus = \frac{[H^+][H_2PO_4^-]}{[H_3PO_4]}$$

$$H_2PO_4^- \rightleftharpoons H^+ + HPO_4^{2-} \qquad K_{a_2}^\ominus = \frac{[H^+][HPO_4^{2-}]}{[H_2PO_4^-]}$$

$$HPO_4^{2-} \rightleftharpoons H^+ + PO_4^{3-} \qquad K_{a_3}^\ominus = \frac{[H^+][PO_4^{3-}]}{[HPO_4^{2-}]}$$

多元酸的逐级解离常数间的关系为：

$$K_{a_1}^\ominus > K_{a_2}^\ominus > K_{a_3}^\ominus$$

总反应为：
$$H_3PO_4 \rightleftharpoons 3H^+ + PO_4^{3-}$$

总解离常数为：
$$K_a^\ominus = K_{a_1}^\ominus K_{a_2}^\ominus K_{a_3}^\ominus$$

又如 Na_2CO_3 为二元碱，在水中的解离也是分步进行的：

$$CO_3^{2-} + H_2O \rightleftharpoons OH^- + HCO_3^- \qquad K_{b_1}^\ominus = \frac{[OH^-][HCO_3^-]}{[CO_3^{2-}]}$$

$$HCO_3^- + H_2O \rightleftharpoons OH^- + H_2CO_3 \qquad K_{b_2}^\ominus = \frac{[OH^-][H_2CO_3]}{[HCO_3^-]}$$

总的解离平衡为：
$$CO_3^{2-} + 2H_2O \rightleftharpoons 2OH^- + H_2CO_3$$

根据多重平衡原理，多元碱的总解离平衡常数为：

$$K_b^\ominus = K_{b_1}^\ominus K_{b_2}^\ominus$$

在酸碱的解离平衡常数表达式中不出现溶剂水的浓度。

5.1.2.2 酸碱的相对强度

根据酸碱质子理论，酸或碱的强弱取决于物质给出质子或接受质子的能力大小。物质给出质子的能力愈强，$K_a^\ominus$愈大，其酸性也就愈强，反之就愈弱；同样，物质接受质子的能力愈强，$K_b^\ominus$愈大，碱性就愈强，反之也就愈弱。

一般认为，$K^\ominus>1$ 的酸(或碱)为强酸(或强碱)；$K^\ominus$ 在 $1\sim10^{-3}$ 的酸(或碱)为中强酸(或碱)；$K^\ominus$在 $10^{-4}\sim10^{-7}$的酸(或碱)为弱酸(或弱碱)；$K^\ominus<10^{-7}$的酸(或碱)，则称为极弱酸(或极弱碱)。当然，这种划分也不是绝对的。

5.1.2.3 共轭酸碱对的 $K_a^\ominus$ 与 $K_b^\ominus$ 的关系

在水溶液中共轭酸碱对的 $K_a^\ominus$ 与 $K_b^\ominus$之间有确定的关系，以共轭酸碱对 HAc/Ac^- 为例：

$$HAc \rightleftharpoons H^+ + Ac^- \qquad K_{a(HAc)}^\ominus=\frac{[H^+][Ac^-]}{[HAc]}$$

$$Ac^- + H_2O \rightleftharpoons HAc + OH^- \qquad K_{b(Ac^-)}^\ominus=\frac{[HAc][OH^-]}{[Ac^-]}$$

将 HAc 的解离平衡常数表达式与 Ac^- 的解离平衡常数表达式相乘：

$$K_{a(HAc)}^\ominus K_{b(Ac^-)}^\ominus=\frac{[H^+][Ac^-]}{[HAc]}\frac{[HAc][OH^-]}{[Ac^-]}=[H^+][OH^-]$$

可见，$K_a^\ominus$ 与 $K_b^\ominus$ 的关系为：

$$K_a^\ominus \times K_b^\ominus = K_w^\ominus$$

25℃时，$K_a^\ominus \times K_b^\ominus = K_w^\ominus = 1.0\times10^{-14}$

或
$$pK_a^\ominus + pK_b^\ominus = 14$$

一对共轭酸碱中，若酸的酸性愈强，则其共轭碱的碱性愈弱，即酸 $K_a^\ominus$ 愈大，其共轭碱的 $K_b^\ominus$愈小。

又如三元弱酸在水溶液中存在三个共轭酸碱对：

$$H_3PO_4 \underset{H^+\ K_{b_3}^\ominus}{\overset{-H^+\ K_{a_1}^\ominus}{\rightleftharpoons}} H_2PO_4^- \underset{H^+\ K_{b_2}^\ominus}{\overset{-H^+\ K_{a_2}^\ominus}{\rightleftharpoons}} HPO_4^{2-} \underset{H^+\ K_{b_1}^\ominus}{\overset{-H^+\ K_{a_3}^\ominus}{\rightleftharpoons}} PO_4^{3-}$$

同样可推导得出： $K_{a_1}^\ominus K_{b_3}^\ominus = K_{a_2}^\ominus K_{b_2}^\ominus = K_{a_3}^\ominus K_{b_1}^\ominus = K_w^\ominus$

从附录可以查得中性(不带电荷)酸或碱的 $K_a^\ominus$ 或 $K_b^\ominus$，其他带电荷酸或碱的 $K_a^\ominus$ 或 $K_b^\ominus$，利用 $pK_a^\ominus + pK_b^\ominus = 14$ 可以求出来。

【例 5-1】 从表中查得 NH_3 的 $K_b^\ominus=1.7\times10^{-5}$，求 NH_4^+ 的 $pK_a^\ominus$。

解 NH_4^+/NH_3 为共轭酸碱对，且 $K_{b(NH_3)}^\ominus=1.7\times10^{-5}$，$pK_{b(NH_3)}^\ominus=4.75$。

$\therefore pK_a^\ominus = 14 - pK_b^\ominus = 14 - 4.75 = 9.25$

5.1.2.4 酸碱的解离度

解离度 α，是指某电解质在水中解离达平衡时已解离的电解质浓度与电解质的总浓度之比。即

$$解离度=\frac{解离部分的弱电解质浓度}{未解离前弱电解质浓度}$$

在水中，温度、浓度相同的条件下，解离度大的酸(或碱)，$K^\ominus$就大，该酸(或碱)的酸性(或碱性)相对就强。

5.2 酸碱平衡中组分的分布与浓度的计算

在弱酸(碱)的平衡体系中，一种物质可能以多种形式存在。各存在形式的平衡浓度和总浓度或分析浓度之间存在一定的关系，这种关系可以通过分布系数 δ 来确定，各存在形式平衡浓度的大小由溶液的 pH 决定，因此每种形式的分布系数也随溶液 pH 值的变化而变化。分布系数 δ 与溶液 pH 间的关系曲线称为分布曲线。学习分布曲线，可以帮助我们深入理解酸碱滴定、配位滴定、沉淀反应等过程，并且对于反应条件的选择和控制具有指导意义。现分别对一元弱酸、二元弱酸、三元弱酸分布系数 δ 的计算及其分布曲线进行讨论。

5.2.1 分布系数与分布曲线

在酸碱溶液中，常常会遇到溶液酸度、物质的总浓度、平衡浓度等术语，其含义分别如下。

总浓度是指配制物质时的浓度，也叫起始浓度，通常用 c 表示。如 $c_{Na_2CO_3}=0.3\text{mol/L}$ 的 Na_2CO_3 溶液，0.3mol/L 就是起始浓度。

平衡浓度是指酸或碱在解离达平衡时各组分的浓度，用[B]表示。如：

$$HAc \rightleftharpoons H^+ + Ac^-$$

$$c_{HAc}=[HAc]+[Ac^-]$$

酸度常用 pH 表示。在稀溶液中 $pH=-\lg[H^+]$。又如 Na_2CO_3 水溶液的 $c_{Na_2CO_3}$：

$$c_{Na_2CO_3}=[H_2CO_3]+[HCO_3^-]+[CO_3^{2-}]$$

而组分 Na^+ 的浓度为：$[Na^+]=2c_{Na_2CO_3}$。

分布系数，是指溶液中某种组分存在形式的平衡浓度占总浓度的分数，一般以 δ 表示。当溶液酸度改变时，组分的分布系数会发生相应的变化。组分的分布系数与溶液酸度的关系就称为分布曲线。

对于一元弱酸，例如 HAc 溶液，HAc 和 Ac^- 的分布系数分别为：

$$\delta_{HAc}=\frac{[HAc]}{c_{HAc}}$$

$$\delta_{Ac^-}=\frac{[Ac^-]}{c_{HAc}}$$

根据物料平衡可得：$c_{HAc}=[HAc]+[Ac^-]$

$$\delta_{HAc}=\frac{[HAc]}{[HAc]+[Ac^-]}=\frac{1}{1+\frac{[Ac^-]}{[HAc]}}$$

$$\because K^{\ominus}_{a(HAc)}=\frac{[H^+][Ac^-]}{[HAc]}$$

$$\therefore \frac{[Ac^-]}{[HAc]}=\frac{K^{\ominus}_a}{[H^+]}$$

代入上式可得：

$$\delta_{HAc}=\frac{1}{1+\frac{K^{\ominus}_a}{[H^+]}}=\frac{[H^+]}{[H^+]+K^{\ominus}_a}$$

同样可得：
$$\delta_{Ac^-}=\frac{[Ac^-]}{c_{HAc}}=\frac{K_a^{\ominus}}{[H^+]+K_a^{\ominus}}$$

将 δ_{HAc} 与 δ_{Ac^-} 相加：
$$\delta_{HAc}+\delta_{Ac^-}=1$$

显然，某物质水溶液中各种存在形式分布系数之和等于 1。

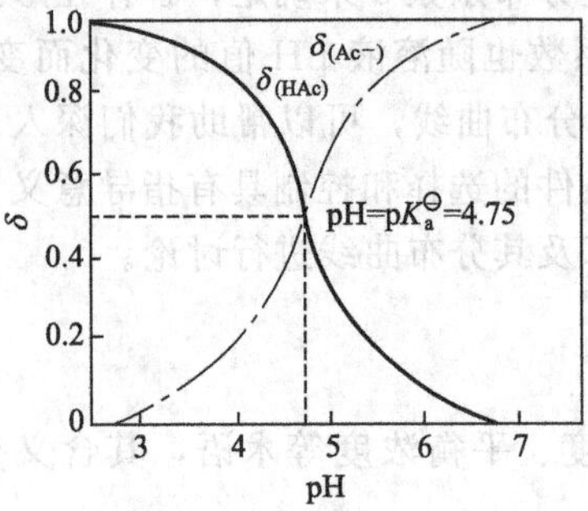

图 5-1　HAc 的 δ-pH 图

如果以 pH 值为横坐标，各存在形式的分布系数为纵坐标，可得如图 5-1 所示的分布曲线。从图中可以看到，当 $pH=pK_a^{\ominus}$时，$\delta_{HAc}=\delta_{Ac^-}=0.5$，溶液中 HAc 与 Ac^- 两种形式各占 50%；当 $pH\ll pK_a^{\ominus}$时，$\delta_{HAc}\gg\delta_{Ac^-}$，即溶液中 HAc 为主要的存在形式；而当 $pH\gg pK_a^{\ominus}$时，$\delta_{HAc}\ll\delta_{Ac^-}$，则溶液中主要以 Ac^- 形式存在。

以上结果可以通过醋酸解离平衡的移动加以解释：
$$HAc \rightleftharpoons H^+ + Ac^-$$

当溶液的 pH 值降低时，即 H^+ 浓度增加，上述平衡向左移动，所以 HAc 浓度增加，HAc 是主要存在形式；当溶液的 pH 值增大时，即 H^+ 浓度减小，上述平衡向右移动，所以 HAc 浓度减小，Ac^- 浓度增大，Ac^- 是主要存在形式。

对于二元酸如草酸($H_2C_2O_4$)，溶液中的存在形式有 $H_2C_2O_4$ 以及 $HC_2O_4^-$、$C_2O_4^{2-}$ 等组分，为简便起见，分别用 δ_2 以及 δ_1、δ_0 表示含两个质子、一个质子和无质子组分的分布系数。

$$\delta_2=\frac{[H_2C_2O_4]}{c_{H_2C_2O_4}}$$

$$\delta_1=\frac{[HC_2O_4^-]}{c_{H_2C_2O_4}}$$

$$\delta_0=\frac{[C_2O_4^{2-}]}{c_{H_2C_2O_4}}$$

因
$$c_{H_2C_2O_4}=[H_2C_2O_4]+[HC_2O_4^-]+[C_2O_4^{2-}]$$

所以
$$\delta_2=\frac{[H_2C_2O_4]}{c_{H_2C_2O_4}}=\frac{[H_2C_2O_4]}{[H_2C_2O_4]+[HC_2O_4^-]+[C_2O_4^{2-}]}$$
$$=\frac{1}{1+\frac{[HC_2O_4^-]}{[H_2C_2O_4]}+\frac{[C_2O_4^{2-}]}{[H_2C_2O_4]}}$$

其中$\frac{[HC_2O_4^-]}{[H_2C_2O_4]}=\frac{K_{a_1}^{\ominus}}{[H^+]}$，而 $\frac{[C_2O_4^{2-}]}{[H_2C_2O_4]}$ 根据多重平衡规则，由
$$H_2C_2O_4 \rightleftharpoons C_2O_4^{2-}+2H^+$$
$$K_{a_1}^{\ominus}\times K_{a_2}^{\ominus}=\frac{[C_2O_4^{2-}]\times[H^+]^2}{[H_2C_2O_4]}$$

将以上关系代入求解 δ_2 的式子，并整理得：
$$\delta_2=\frac{[H^+]^2}{[H^+]^2+[H^+]K_{a_1}^{\ominus}+K_{a_1}^{\ominus}K_{a_2}^{\ominus}}$$

同理可得：

$$\delta_1=\frac{[H^+]K_{a_1}^{\ominus}}{[H^+]^2+[H^+]K_{a_1}^{\ominus}+K_{a_1}^{\ominus}K_{a_2}^{\ominus}}$$

$$\delta_0=\frac{K_{a_1}^{\ominus}K_{a_2}^{\ominus}}{[H^+]^2+[H^+]K_{a_1}^{\ominus}+K_{a_1}^{\ominus}K_{a_2}^{\ominus}}$$

同样：$$\delta_2+\delta_1+\delta_0=1$$

于是可以得到图 5-2 所示的分布曲线。

当 $pH \ll pK_{a_1}^{\ominus}$ 时，$\delta_2 \gg \delta_1$，溶液中的主要存在形式为 $H_2C_2O_4$；

当 $pK_{a_1}^{\ominus} \ll pH \ll pK_{a_2}^{\ominus}$ 时，$\delta_1 \gg \delta_2$ 和 $\delta_1 \gg \delta_0$，溶液中主要存在形式为 $HC_2O_4^-$；

当 $pH \gg pK_{a_2}^{\ominus}$ 时，$\delta_0 \gg \delta_1$，这时溶液中主要存在形式为 $C_2O_4^{2-}$。

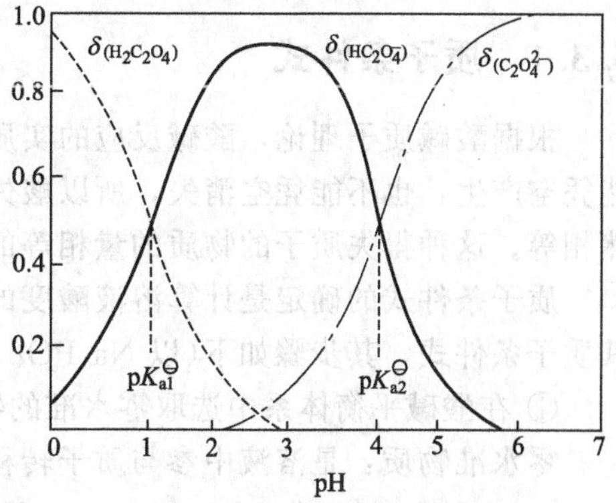

图 5-2 $H_2C_2O_4$ 的 δ-pH 图

由于草酸 $pK_{a_1}^{\ominus}=1.23$，$pK_{a_2}^{\ominus}=4.19$，比较接近，因此在 $HC_2O_4^-$ 的优势区内，各种形式的存在情况比较复杂。计算表明，在 pH＝2.2～3.2 时，明显出现三种组分同时存在的情况，而在 pH＝2.71 时，虽然 $HC_2O_4^-$ 的分布系数达到最大(0.938)，但 δ_2 与 δ_0 的数值仍然各占 0.031。

5.2.2 组分平衡浓度的计算方法

根据分布系数定义 $\delta_{HAc}=\frac{[HAc]}{c_{HAc}}$ 可知，在一定 pH 下，可以求出 δ_{HAc}，即 $[HAc]=\delta_{HAc}c_{HAc}$。

【例 5-2】 常温、常压下，CO_2 饱和水溶液中，$c_{H_2CO_3}=0.04mol/L$。求：①pH＝5.00 时溶液中各种存在形式的平衡浓度；②pH＝8.00 时溶液中的主要存在形式为何种组分？

解 CO_2 饱和水溶液主要有三种存在形式，分别为 H_2CO_3、HCO_3^- 及 CO_3^{2-}。

根据平衡浓度与分布系数的关系，可得：

$[H_2CO_3]=\delta_2 c_{H_2CO_3}$　　$[HCO_3^-]=\delta_1 c_{H_2CO_3}$　　$[CO_3^{2-}]=\delta_0 c_{H_2CO_3}$

① pH＝5.00 时，

$$\delta_2=\frac{[H^+]^2}{[H^+]^2+[H^+]K_{a_1}^{\ominus}+K_{a_1}^{\ominus}K_{a_2}^{\ominus}}$$

$$=\frac{(10^{-5.00})^2}{(10^{-5.00})^2+10^{-5.00}\times10^{-6.35}+10^{-6.35}\times10^{-10.33}}=0.96$$

同样可求得：$\delta_1=0.04$　　$\delta_0\approx0$

所以 $[H_2CO_3]=0.04\times0.96=3.8\times10^{-2}$ (mol/L)

$[HCO_3^-]=0.04\times0.04=2\times10^{-3}$ (mol/L)

② pH＝8.00 时，同理可求得：

$\delta_2=0.02$；　$\delta_1=0.97$；　$\delta_0=0.01$。

可见 pH＝8.00 时，溶液中的主要存在形式是 HCO_3^- 。

5.3 溶液酸度的计算

酸碱反应的过程，也就是溶液 pH 值不断变化的过程。为揭示反应过程中溶液的变化规律，本节首先学习几类典型酸碱溶液 pH 值的计算方法。溶液酸度可以通过酸度计测定，也可以通过代数法计算，在此主要讨论后一种。

5.3.1 质子条件式

根据酸碱质子理论，酸碱反应的实质是质子的传递，当酸碱反应达平衡时，由于质子不能凭空产生，也不能凭空消失，所以酸失去质子的总物质的量与碱得到质子的总物质的量必然相等。这种得失质子的物质的量相等的数学表达式称为质子条件式。

质子条件式的确定是计算溶液酸度的基础，因此对于给定物质的水溶液，必须正确列出其质子条件式，其步骤如下(以 Na_3PO_4 水溶液为例)。

① 在酸碱平衡体系中选取零水准的物质。

零水准物质：是溶液中参与质子转移的大量存在的物质。如 Na_3PO_4 水溶液中的零水准物质是 PO_4^{3-} 、H_2O。

② 确定零水准物质得质子产物和失质子产物。

水得质子产物为 H^+，PO_4^{3-} 得 1 个质子产物 HPO_4^{2-}，得 2 个质子产物 $H_2PO_4^-$，得 3 个质子产物 H_3PO_4；水失质子产物为 OH^-。

③ 根据得失质子总数相等的原则写出质子条件式。

根据得失质子总数相等的原则可知，溶液中得质子产物的物质的量总和等于失质子产物的物质的量总和。当体积不变时，物质的量与浓度成正比，所以 Na_3PO_4 水溶液平衡时有：

$$n_{OH^-}=n_{H^+}+n_{HPO_4^{2-}}+n_{H_2PO_4^-}+n_{H_3PO_4}$$

④ 得失多个质子的应在相应的产物浓度前乘以相应的系数，以保证得失质子平衡。所以 Na_3PO_4 水溶液的质子条件式为：

$$[OH^-]=[H^+]+[HPO_4^{2-}]+2[H_2PO_4^-]+3[H_3PO_4]$$

下面以简便的图示法说明质子条件式的确定。如 NaAc 的水溶液，零水准物质为 H_2O 和 Ac^-，将其得失质子产物之间的关系列于如下简图中：

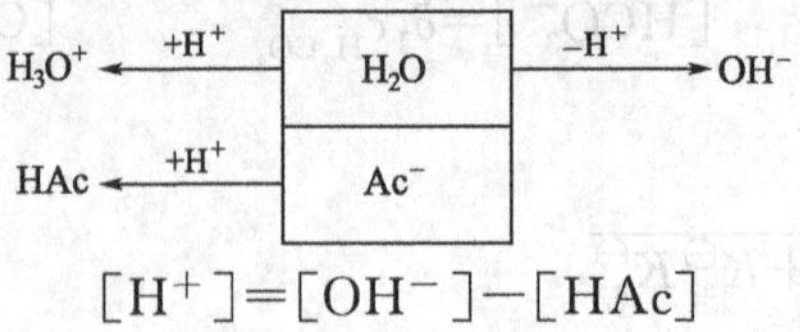

质子条件式为：　　　　$[H^+]=[OH^-]-[HAc]$

又如 Na_2CO_3 的水溶液，大量存在并参与质子转移的物质是 CO_3^{2-} 和 H_2O，将其得失质子产物之间的关系列于如下简图中：

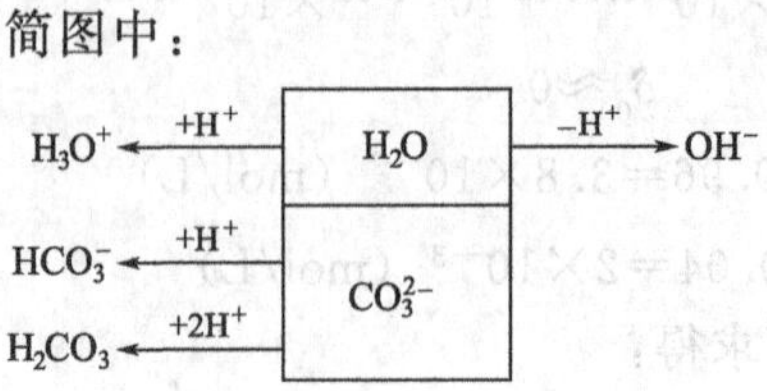

即质子条件式为：　$[OH^-]=[H^+]+[HCO_3^-]+2[H_2CO_3]$

或 $$[H^+]=[OH^-]-[HCO_3^-]-2[H_2CO_3]$$

Na_2CO_3 溶液的质子条件式表明这种水溶液的 OH^- 是由三方面贡献的，按上式右边顺序分别是水的解离、CO_3^{2-} 的一级解离和二级解离。

对于 NaH_2PO_4 来说，它在水溶液中的解离情况较为复杂些，主要有以下两个解离平衡存在。

酸式解离，即给出质子的解离反应：

$$H_2PO_4^- \xrightleftharpoons{+K_{a_2}^{\ominus}} H^+ + HPO_4^{2-}$$

碱式解离，即接受质子的解离反应：

$$H_2PO_4^- + H_2O \xrightleftharpoons{+K_{b_2}^{\ominus}} OH^- + H_3PO_4$$

这种在水溶液中既能给出质子，又能接受质子的物质就称为两性物质。除 NaH_2PO_4 外，还有 $NaHCO_3$、$(NH_4)_2CO_3$ 以及邻苯二甲酸氢钾等物质。对于这类物质，其水溶液是呈酸性还是碱性，可以根据不同解离过程相应的解离常数的相对大小来判断。

5.3.2 各种溶液酸度的计算

5.3.2.1 一元弱酸(碱)溶液酸度的计算

一元弱酸 HA 水溶液中有以下解离平衡：

$$HA \rightleftharpoons H^+ + A^-$$
$$H_2O \rightleftharpoons H^+ + OH^-$$

可以选择 H_2O、HA 为零水准物质，因此质子条件式为：

$$[H^+]=[OH^-]+[A^-]$$

上式说明，这种一元弱酸水溶液中的$[H^+]$来自两个方面，一方面是水解离的贡献。即

$$[OH^-]=\frac{K_w^{\ominus}}{[H^+]}$$

另一方面是弱酸本身解离的贡献。即

$$[A^-]=\frac{K_a^{\ominus}[HA]}{[H^+]}$$

将以上两个平衡关系代入质子条件式，整理可得：

$$[H^+]=\sqrt{K_a^{\ominus}[HA]+K_w^{\ominus}}$$

式中，$[HA]=c-[H^+]$。

此式就是计算一元弱酸水溶液酸度的精确式。

显然，精确式的求解较为麻烦，实际工作中也常常没有必要，可以按计算的允许误差(5%)作近似处理。

① 如果 $cK_a^{\ominus}\geqslant 10K_w^{\ominus}$，就可以忽略 $K_w^{\ominus}$，即不考虑水解离的贡献：

$$[H^+]=\sqrt{K_a^{\ominus}(c-[H^+])}$$

此式就是计算一元弱酸水溶液$[H^+]$的近似式。

② 如果再满足$\frac{c}{K_a^{\ominus}}\geqslant 10^5$，则$[HA]\approx c$，一元弱酸水溶液酸度即为：

$$[H^+]=\sqrt{K_a^{\ominus}c}$$

此式就是计算一元弱酸水溶液$[H^+]$的最简式。

③ 如果只满足$\frac{c}{K_a^{\ominus}} \geqslant 10^5$，但不满足$cK_a^{\ominus} \geqslant 10K_w^{\ominus}$：

$$[H^+] = \sqrt{K_a^{\ominus} \cdot c + K_w^{\ominus}}$$

此式也属于计算的近似式。

对于一元弱碱，处理方法以及计算公式、使用条件也相似，只需把相应公式及判断条件中的$K_a^{\ominus}$换成$K_b^{\ominus}$，将$[H^+]$换成$[OH^-]$，即

$$[OH^-] = \sqrt{K_b^{\ominus} c}$$

【例 5-3】 求 0.20mol/L 的 HCOOH 溶液的 pH 值和解离度 α。

解 已知 HCOOH 的 $pK_a^{\ominus}=3.75$，$c=0.20mol/L$，则$\frac{c}{K_a^{\ominus}} \geqslant 105$，$cK_a^{\ominus} \geqslant 10K_w^{\ominus}$。

故可利用最简式求算：

$$[H^+] = \sqrt{K_a^{\ominus} c} = \sqrt{0.20 \times 10^{-3.75}} = 10^{-2.22}(mol/L)$$

所以 $pH = 2.22$

$$\alpha = \sqrt{\frac{K_a^{\ominus}}{c}} = \sqrt{\frac{10^{-3.75}}{0.20}} \times 100\% = 2.98\%$$

【例 5-4】 计算 $c_{NH_3}=0.10mol/L$ 的 NH_3 溶液的 pH 值[已知 $K_{b(NH_3)}^{\ominus}=1.79\times10^{-5}$]。

解 $\because cK_b^{\ominus} > 10K_w^{\ominus}$，$\frac{c}{K_b^{\ominus}} > 10^5$

$\therefore$ $[OH^-] = \sqrt{K_b^{\ominus} c}$

$= \sqrt{1.79\times10^{-5}\times0.10} = 1.3\times10^{-3}(mol/L)$

$pOH = 2.89$

$pH = pK_w^{\ominus} - pOH = 14.00 - 2.89 = 11.11$

5.3.2.2 强酸或强碱溶液酸度的计算

对于强酸(强碱)溶液的酸度，可根据酸(碱)的浓度 c 与纯水中的 H^+ 相比较而求得。当 $c \gg 10^{-7}mol/L$ 时，溶液中 $H^+(OH^-)$浓度即为强酸(强碱)所提供的 $H^+(OH^-)$浓度；当 c 与 $10^{-7}mol/L$ 接近时，要计算溶液的酸度就必须考虑水解离出的 H^+ 浓度。如 0.1mol/L 的 HCl 中$[H^+]=0.1mol/L$，当计算 $10^{-6}mol/L$ 的 HCl 中的$[H^+]$，这时必须考虑水的贡献。

【例 5-5】 计算 $c_{H_2SO_4}=1.0\times10^{-7}mol/L$ 的 H_2SO_4 溶液的 pH 值。

解 由于 H_2SO_4 溶液本身较稀，所解离出的$[H^+]$与水的解离所产生的$[H^+]$数量级相同的，因而不能忽略水解离的贡献。

$\therefore [H^+] = [OH^-] + c$

$$[H^+] = \frac{K_w^{\ominus}}{[H^+]} + c$$

$$[H^+]^2 - c[H^+] - K_w^{\ominus} = 0$$

解此一元二次方程得：

$$[H^+] = \frac{1}{2}(c + \sqrt{c^2 + 4K_w^{\ominus}})$$

$$= \frac{1}{2}[2.0\times10^{-7} + \sqrt{(2.0\times10^{-7})^2 + 4\times1.0\times10^{-14}}]$$

$$= 2.414\times10^{-7}(mol/L)$$

pH=6.62

5.3.2.3 多元酸溶液酸度的计算

由于多元弱酸的一级解离平衡常数 $K_{a_1}^{\ominus}$ 远远大于 $K_{a_2}^{\ominus}$、$K_{a_3}^{\ominus}$，所以多元弱酸中的[H^+]主要取决于第一步电离，所以溶液中[H^+]$\approx\sqrt{K_{a_1}^{\ominus}c}$。

【例 5-6】 在室温时，饱和 H_2S 水溶液的浓度为 0.10mol/L，试计算饱和 H_2S 水溶液的 pH 值。

解 查 H_2S 水溶液的 $K_{a_1}^{\ominus}=8.9\times10^{-8}$、$K_{a_2}^{\ominus}=1.26\times10^{-14}$。

可知 $K_{a_1}^{\ominus}\gg K_{a_2}^{\ominus}$，可以作为一元弱酸处理。

$\because cK_{a_1}^{\ominus}>10K_w^{\ominus}$，$c/K_{a_1}^{\ominus}>105$

$\therefore [H^+]=\sqrt{cK_{a_1}^{\ominus}}=\sqrt{0.10\times8.9\times10^{-8}}=9.4\times10^{-5}(mol/L)$

pH=4.03

5.3.2.4 两性物质溶液酸度的计算

有一类物质，如 $NaHCO_3$、NaH_2PO_4、邻苯二甲酸氢钾等，在水溶液中既可给出质子显示酸性，又可接受质子显示碱性，其酸碱平衡是较为复杂的，但在计算[H^+]时，仍可以作合理的简化处理。

以 $NaHCO_3$ 为例，其质子条件为：

$$[H^+]+[H_2CO_3]=[CO_3^{2-}]+[OH^-]$$

将平衡常数 $K_{a_1}^{\ominus}$、$K_{a_2}^{\ominus}$ 代入上式，并经整理得：

$$[H^+]=\sqrt{\frac{K_{a_1}^{\ominus}(K_{a_2}^{\ominus}[HCO_3^-]+K_w^{\ominus})}{K_{a_1}^{\ominus}+[HCO_3^-]}}$$

若体系同时满足 $cK_{a_2}^{\ominus}>10K_w^{\ominus}$ 和 $c>10K_{a_1}^{\ominus}$，这时就可以忽略水解离的贡献，则

$$[H^+]=\sqrt{K_{a_1}^{\ominus}K_{a_2}^{\ominus}}$$

$$pH=\frac{1}{2}(pK_{a_1}^{\ominus}+pK_{a_2}^{\ominus})$$

上式即为计算 $NaHCO_3$ 溶液酸度的最简式。

【例 5-7】 计算 $c_{NaHCO_3}=0.05mol/L$ $NaHCO_3$ 溶液的 pH 值。已知 $pK_{a_1}^{\ominus}=6.35$，$pK_{a_2}^{\ominus}=10.33$。

解 $\because cK_{a_2}^{\ominus}>10K_w^{\ominus}$ 和 $c>10K_{a_1}^{\ominus}$

$$\therefore pH=\frac{1}{2}(pK_{a_1}^{\ominus}+pK_{a_2}^{\ominus})$$

$$=\frac{1}{2}(6.35+10.33)=8.34$$

【例 5-8】 用最简式分别计算 NaH_2PO_4 溶液和 Na_2HPO_4 溶液的 pH 值。已知 25℃时 $pK_{a_1}^{\ominus}=2.16$，$pK_{a_2}^{\ominus}=7.21$，$pK_{a_3}^{\ominus}=12.32$。

解 对于 NaH_2PO_4 溶液，与 $H_2PO_4^-$ 有直接联系的两个解离平衡常数是 H_3PO_4 的第一、第二解离平衡，故

$$pH=\frac{1}{2}(pK_{a_1}^{\ominus}+pK_{a_2}^{\ominus})=\frac{1}{2}(2.16+7.21)=4.71$$

对于 Na_2HPO_4 溶液，与 HPO_4^{2-} 有直接联系的两个解离平衡常数是 H_3PO_4 的第二、

第三解离平衡，故

$$pH=\frac{1}{2}(pK_{a_2}^{\ominus}+pK_{a_3}^{\ominus})=\frac{1}{2}(7.21+12.32)=9.8$$

利用最简式计算溶液的 pH 值会有一定的误差，但并不影响滴定终点指示剂的选择。

5.3.2.5 缓冲溶液酸度的计算

缓冲溶液是指体系适当稀释或加入少量强酸或少量强碱时，溶液的酸度能基本维持不变的溶液，即具有保持溶液 pH 值相对稳定的特性，在化学分析中常用缓冲溶液来控制溶液的酸度。缓冲溶液的组成是弱酸(或多元弱酸)及其共轭碱或弱碱(或多元弱碱)及其共轭酸，以及两性物质溶液都具有这样的特点。

对于 HAc 和 NaAc 混合溶液，这一体系水溶液中存在以下解离平衡：

$$HAc \rightleftharpoons H^+ + Ac^-$$

平衡浓度/(mol/L) $\quad c_a-x\approx c_a \quad x \quad c_b+x\approx c_b$

则
$$K_{a(HAc)}^{\ominus}=\frac{[Ac^-][H^+]}{[HAc]}$$

溶液的酸度为：
$$[H^+]=\frac{[HAc]K_{a(HAc)}^{\ominus}}{[Ac^-]}$$

或
$$pH=pK_a^{\ominus}+\lg\frac{c_b}{c_a}$$

【例 5-9】 欲配制 pH=10.0 的缓冲溶液 1L，已知 NH_4Cl 溶液浓度为 1.0mol/L，问需用含氨 28%、密度为 0.88g/mL 的浓氨水多少毫升？

解 此缓冲溶液中的共轭酸碱对是 NH_4^+ 和 NH_3，已知 NH_3 的 $K_b^{\ominus}=10^{-4.74}$。

则
$$K_a^{\ominus}=\frac{K_W^{\ominus}}{K_b^{\ominus}}=\frac{10^{-14}}{10^{-4.74}}=10^{-9.26}$$

代入缓冲溶液酸度计算式：
$$10.0=9.26+\lg\frac{c_{NH_3}}{1.0}$$

求得：
$$c_{NH_3}=5.5(mol/L)$$

即配制成的缓冲溶液中应维持 NH_3 的浓度为 5.5mol/L。

通过 NH_3 水的质量分数、密度和 NH_3 的摩尔质量，可算出取用的氨水的浓度：

$$c_{NH_3}=\frac{1000\times 28\%\times 0.88}{17}=14.5(mol/L)$$

由于缓冲溶液中 NH_3 与所取用浓氨水中的物质的量相等：

$$5.5mol/L\times 1L=14.5mol/L\times V_{NH_3}$$

故
$$V_{NH_3}=0.379L\approx 380mL$$

5.4 酸碱平衡的影响因素

酸碱平衡可因各种原因而发生移动。影响酸碱平衡的因素中，比较重要的是同离子效应。在弱酸(碱)溶液中，若加入含有相同离子的一种强电解质时，酸碱平衡移向生成分子的一方，使电离度大大下降。另外，溶液浓度的变化和盐效应等对酸碱平衡也有一定的影响。

5.4.1 稀释定律

对于一元弱酸，溶液酸度计算的最简式为：$[H^+]=\sqrt{K_a^{\ominus}c}$

根据解离度的定义得：　　　　$\alpha=\frac{[H^+]}{c}=\sqrt{\frac{K_a^\ominus}{c}}$

可见，弱酸的解离度是随着水溶液的稀释而增大的，这一规律称为稀释定律。

【例 5-10】 计算 0.20mol/L 的 HAc 水溶液的解离度。

解 查表 $K_a^\ominus=1.74\times10^{-5}$，由上式得：

$$\alpha=\frac{[H^+]}{c}=\sqrt{\frac{K_a^\ominus}{c}}=\sqrt{\frac{1.74\times10^{-5}}{0.20}}=0.93\%$$

5.4.2 同离子效应

【例 5-11】 在 0.20mol/L 的 HAc 水溶液中，加入 NaAc 固体，使 NaAc 的浓度为 0.10mol/L。计算 HAc 的解离度，并与例 5-10 比较。

解

$$HAc \rightleftharpoons H^+ + Ac^-$$

平衡浓度/(mol/L⁻¹)　　$0.20(1-\alpha)$　　0.20α　　$0.10+0.20\alpha$

$$\because K_{a(HAc)}^\ominus=\frac{[H^+][Ac^-]}{[HAc]}$$

$$\therefore 1.74\times10^{-5}=\frac{0.20\alpha(0.10+0.20\alpha)}{0.20(1-\alpha)}$$

式中，$(1-\alpha)\approx1$；$(0.10+0.20\alpha)\approx0.10$。

解得：$\alpha=0.017\%$

计算结果表明，在 0.20mol/L 的 HAc 水溶液中加入 NaAc 固体，使 NaAc 的浓度为 0.10mol/L 时，HAc 的解离度由不加 NaAc 时的 0.93%降低到 0.017%。

这种具有共同离子的易溶强电解质的存在或加入，使得弱酸(或弱碱)解离度降低的现象，就称为同离子效应。

5.4.3 盐效应

弱电解质的解离平衡的影响因素，除了稀释定律和同离子效应以外，盐效应也影响弱电解质的解离平衡。盐效应与同离子效应影响结果恰好相反，只有当溶液中离子浓度很大时，才考虑盐效应。

例如 18℃时，$c_{HCl}=0.1$mol/L 的 HCl 溶液的表观解离度为 92%，$c_{NaOH}=0.1$mol/L 的 NaOH 溶液的表观解离度只有 84%。溶液的浓度愈大，离子所带的电荷愈多，离子强度也就愈大，离子强度愈大，离子间相互牵制作用愈大，盐效应就越大。

一般来说，只有在离子强度较大的场合和要求较高的情况下才考虑盐效应，所以多数情况下可以直接使用浓度平衡常数表达式进行有关计算。

5.5 缓冲溶液和指示剂

5.5.1 缓冲溶液

5.5.1.1 定义

能够抵抗外加少量强酸、强碱或稍加稀释，其自身 pH 不发生显著变化的作用，称为缓冲作用。具有缓冲作用的溶液称为缓冲溶液。

化学中要用到很多缓冲溶液，大多数是作为控制溶液酸度用的，有些则是测量其他溶液pH值时作为参照标准用的，称为标准缓冲溶液。

缓冲溶液一般由浓度较大的弱酸(或弱碱)及其共轭碱(或共轭酸)组成的体系，如 HAc-Ac^-、NH_4^+-NH_3 等。由于共轭酸碱对的 $K_a^\ominus$、$K_b^\ominus$ 值不同，所形成的缓冲溶液能调节和控制的 pH 值范围也不同。

由弱酸 HA 与其共轭碱 A^- 组成的缓冲溶液，若用 c_{HA}、c_{A^-} 分别表示 HA 与其共轭碱 A^- 的分析浓度，可推出计算此缓冲溶液中$[H^+]$及 pH 值的最简式：

$$[H^+]=K_a^\ominus\frac{c_{HA}}{c_{A^-}} \quad 或 \quad pH=pK_a^\ominus+\lg\frac{c_{A^-}}{c_{HA}}$$

5.5.1.2　缓冲作用原理

在此以 100mL 浓度均为 0.10mol/L 的 NH_4Cl 和 NH_3 混合溶液为例来说明酸碱缓冲溶液的作用原理。

这一体系水溶液中存在以下解离平衡：

$$NH_4^+ \rightleftharpoons H^+ + NH_3$$

平衡浓度/(mol/L)　　$0.10-x\approx0.1$　　x　　$0.10+x\approx0.1$

则

$$K_a^\ominus=\frac{K_w^\ominus}{K_b^\ominus}=\frac{10^{-14}}{10^{-4.74}}=10^{-9.26}$$

$$pK_a^\ominus=9.26$$

显然，体系中有前面所讨论过的同离子效应，溶液的酸度为：

$$pH=pK_a^\ominus+\lg\frac{c_b}{c_a}$$

$$=9.26+\lg\frac{0.10}{0.10}=9.26$$

由上式可见，这一体系的酸度(pH 值)主要由 c_b/c_a 的比值所决定，由于溶液中它们具有较高的浓度，只要 c_b、c_a 变化不大，这一比值也不会有太大的变化，取对数后对体系酸度的影响就不会太大。

例如，若向体系中加入 0.010mol/L 的 HCl 溶液 10mL，这时体系中的 NH_3 就会与 HCl 作用，生成 NH_4Cl，显然，NH_3 是体系中的抗酸组分。这时，

$$c_a=0.10\times\frac{100}{110}+0.010\times\frac{10}{110}=0.092(mol/L)$$

$$c_b=0.10\times\frac{100}{110}-0.010\times\frac{10}{110}=0.090(mol/L)$$

溶液的 pH 值为：

$$pH=9.26+\lg\frac{0.090}{0.092}=9.25$$

这种情况下酸度的改变值为：$\Delta pH=9.25-9.26=-0.01$。

若向体系中加入 NaOH 溶液，这时由于体系中有 NH_4^+ 存在，能与 NaOH 作用生成 NH_3，显然，NH_4^+ 这一抗碱组分的存在，使 c_b、c_a 也变化不大，c_b/c_a 的比值也就改变不大，体系的酸度就能基本维持不变。

体系若适当稀释，并不会改变 c_b/c_a 的比值，因此体系酸度也就基本不变。

5.5.1.3　缓冲范围和缓冲能力

缓冲体系的缓冲能力是有限的，当外加酸(或碱)的量相当大时，会使共轭酸碱对的某一

方消耗尽而失去缓冲能力。缓冲容量是衡量溶液缓冲能力大小的尺度，其大小与缓冲溶液的总浓度及组分浓度比有关。

例如，当 HAc-NaAc 缓冲溶液中 $c_{HAc}:c_{Ac^-}=1:1$，共轭酸碱的总浓度为 2.0mol/L，此时溶液的 $pH=pK_a^\ominus$，向 1L 此溶液中加入 0.01mol HCl，则溶液的 pH 值变为：

$$pH=pK_a^\ominus+\lg\frac{c_{Ac^-}}{c_{HAc}}=pK_a^\ominus+\lg\frac{1.0-0.01}{1.0+0.01}=pK_a^\ominus-0.009$$

即 pH 值只改变了 0.009 个单位。

当 HAc-NaAc 缓冲溶液中共轭酸碱的总浓度为 0.2mol/L，此时溶液的 $pH=pK_a^\ominus$，向 1L 此溶液中加入 0.01mol HCl，则溶液的 pH 值变为：

$$pH=pK_a^\ominus+\lg\frac{c_{Ac^-}}{c_{HAc}}=pK_a^\ominus+\lg\frac{0.10-0.01}{0.10+0.01}=pK_a^\ominus-0.09$$

pH 值改变了 0.09 个单位。可见，缓冲溶液中共轭酸碱的总浓度愈大，缓冲溶液抵抗外加酸碱的能力就愈强，即缓冲容量愈大。

如果保持共轭酸碱的总浓度为 2.0mol/L，但将共轭酸碱的浓度比改变为 $c_{HAc}:c_{Ac^-}=9:1$,则溶液的 pH 值变为：

$$pH=pK_a^\ominus+\lg\frac{0.20}{1.8}=pK_a^\ominus-0.95$$

向 1L 此溶液中加入 0.01mol HCl 后，溶液的 pH 值变为：

$$pH=pK_a^\ominus+\lg\frac{c_{Ac^-}}{c_{HAc}}=pK_a^\ominus+\lg\frac{0.20-0.01}{1.80+0.01}=pK_a^\ominus-0.98$$

pH 值改变了 0.98 个单位。由此可见，缓冲溶液的共轭酸碱总浓度一定时，缓冲组分的浓度比愈接近 1，缓冲容量愈大。

任何缓冲体系的缓冲能力是有限的，实验证明，若缓冲溶液的共轭酸碱浓度比保持在(1：10)～(10：1)时，缓冲容量能满足一般的实验要求，此时缓冲溶液的 pH 值大概在 $pK_a^\ominus$ 两侧各一个 pH 单位之内，即缓冲范围为：

$$pH=pK_a^\ominus\pm1$$

5.5.1.4 缓冲溶液的选择

酸碱缓冲溶液选择时主要考虑以下三点。

① 对正常的化学反应或生产过程不构成干扰，也就是说，除维持酸度外，不能发生副反应。

② 应具有较强的缓冲能力。为了达到这一要求，所选择体系中两组分的浓度比应尽量接近 1，且浓度适当大些为好。

③ 所需控制的 pH 值应在缓冲溶液的缓冲范围内。若酸碱缓冲溶液是由弱酸及其共轭碱组成，则 $pK_a^\ominus$ 应尽量与所需控制的 pH 值一致。

一些常见的酸碱缓冲体系，可参考表 5-1 选择。

表 5-1 一些常见的酸碱缓冲体系

缓冲体系	$pK_a^\ominus$(或 $pK_b^\ominus$)	缓冲范围(pH 值)
HAc-NaAc	4.75	3.6～5.6
NH_3-NH_4Cl	*4.75	8.3～10.3
$NaHCO_3$-Na_2CO_3	10.25	9.2～11.0
KH_2PO_4-K_2HPO_4	7.21	5.9～8.0
H_3BO_3-$Na_2B_4O_7$	9.2	7.2～9.2

5.5.2 酸碱指示剂

5.5.2.1 作用原理

酸碱指示剂本身一般都是弱的有机酸或有机碱，在不同的酸度条件下具有不同的结构和颜色。例如，酚酞指示剂在水溶液中是一种无色的二元酸，有以下解离平衡存在：

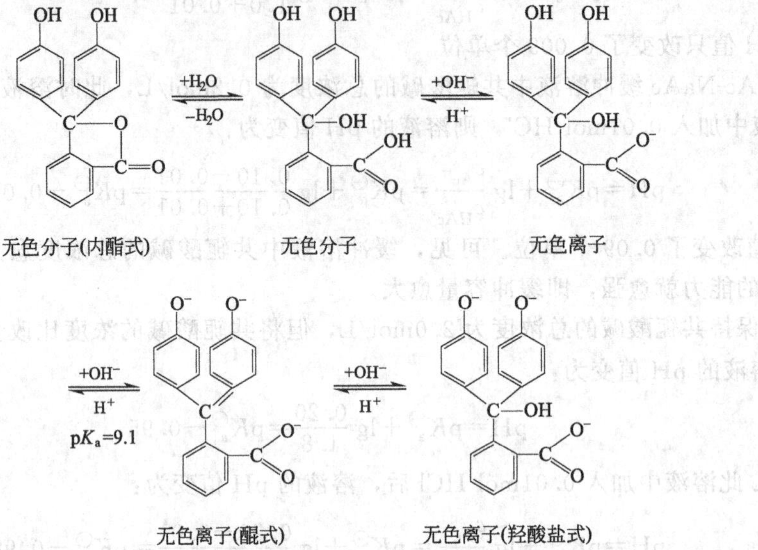

酚酞结构变化的过程也可简单表示为：

$$\text{无色分子}\underset{H^+}{\overset{OH^-}{\rightleftharpoons}}\text{无色离子}\underset{H^+}{\overset{OH^-}{\rightleftharpoons}}\text{红色离子}\underset{H^+}{\overset{\text{浓碱}}{\rightleftharpoons}}\text{无色离子}$$

再如甲基橙则是一种弱的有机碱，在溶液中有如下解离平衡存在：

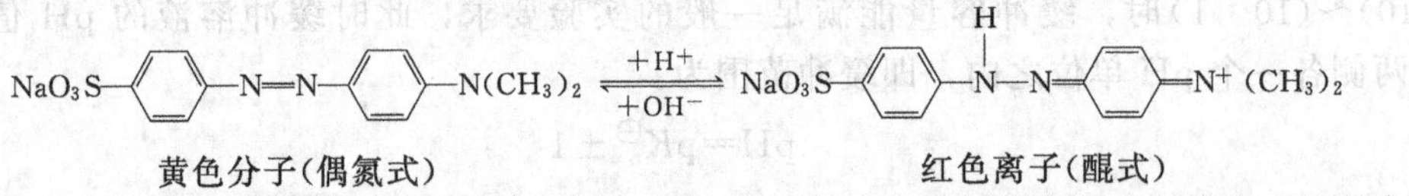

显然，甲基橙与酚酞相似，在不同的酸度条件下具有不同的结构及颜色，所不同的是，甲基橙是一种双色指示剂，酸性条件下呈红色，碱性条件下显黄色。

正由于酸碱指示剂都是有机弱酸或有机弱碱，当溶液酸度改变时，平衡将发生移动，使得酸碱指示剂从一种结构变为另一种结构，从而使溶液的颜色发生相应的改变。

若以 HIn 表示一种弱酸型指示剂，In^- 为其共轭碱，在水溶液中存在以下平衡：

$$HIn \rightleftharpoons H^+ + In^-$$

相应的平衡常数为：$K^{\ominus}_{a(HIn)}=\dfrac{[H^+][In^-]}{[HIn]}$

或

$$\frac{[In^-]}{[HIn]}=\frac{K^{\ominus}_{a(HIn)}}{[H^+]}$$

式中，$[In^-]$代表碱式色的深度；$[HIn]$代表酸式色的深度。

由上式可见，只要酸碱指示剂一定，$K^{\ominus}_{a(HIn)}$ 在一定条件下为一常数，溶液中$[H^+]$就只取决于$\dfrac{[In^-]}{[HIn]}$的大小，所以酸碱指示剂能指示溶液酸度。

5.5.2.2 酸碱指示剂的变色范围及其影响因素

当溶液中的$[H^+]$发生改变时，$[In^-]$和$[HIn]$的比值也发生改变，溶液的颜色也逐渐改变。当$[H^+]=K^{\ominus}_{HIn}$，$[In^-]/[HIn]=1$时，两者浓度相等，溶液表现出酸式色和碱式色的中间颜色，此时$pH=pK^{\ominus}_{HIn}$，称为指示剂的理论变色点。

一般来说，若$\frac{[In^-]}{[HIn]}\geqslant 10$时观察到的是$In^-$的颜色(碱式色)；当$\frac{[In^-]}{[HIn]}=\frac{10}{1}$时可在$In^-$颜色中勉强看出HIn的颜色，此时$pH=pK^{\ominus}_{HIn}+1$；若$\frac{[In^-]}{[HIn]}\leqslant 0.1$时观察到的是HIn的颜色(酸式色)；当$\frac{[In^-]}{[HIn]}=\frac{1}{10}$时可在HIn的颜色中勉强看出$In^-$的颜色，此时$pH=pK^{\ominus}_{HIn}-1$。

由上述讨论可知，酸碱指示剂的变色范围一般是：

$$pH\approx pK^{\ominus}_{a(HIn)}\pm 1$$

由此可见，不同的酸碱指示剂，$pK^{\ominus}_{a(HIn)}$不同，它们的变色范围就不同，所以不同的酸碱指示剂一般就能指示不同的酸度变化。表5-2列出了一些常用的酸碱指示剂的变色范围。

表5-2 一些常用的酸碱指示剂

指示剂	变色范围pH	颜色变化	$pK^{\ominus}$	常用溶液	10mL试液用量/滴
百里酚酞	1.2～2.8	红～黄	1.7	0.1%的20%乙醇溶液	1～2
甲基黄	2.9～4.0	红～黄	3.3	0.1%的90%乙醇溶液	1
甲基橙	3.1～4.4	红～黄	3.4	0.05%的水溶液	1
溴酚蓝	3.0～4.6	黄～紫	4.1	0.1%的20%乙醇溶液或其钠盐水溶液	1
溴甲酚绿	4.0～5.6	黄～蓝	4.9	0.1%的20%乙醇溶液或其钠盐水溶液	1～3
甲基红	4.4～6.2	红～黄	5.2	0.1%的60%乙醇溶液或其钠盐水溶液	1
溴百里酚蓝	6.2～7.6	黄～蓝	7.3	0.1%的20%乙醇溶液或其钠盐水溶液	1
中性红	6.8～8.0	红～黄橙	7.4	0.1%的60%乙醇溶液	1
苯酚红	6.8～8.4	黄～红	8.0	0.1%的60%乙醇溶液或其钠盐水溶液	1
酚酞	8.0～10.0	无～红	9.1	0.5%的90%乙醇溶液	1～3
百里酚蓝	8.0～9.6	黄～蓝	8.9	0.1%的20%乙醇溶液	1～4
百里酚酞	9.4～10.6	无～蓝	10.0	0.1%的90%乙醇溶液	1～2

实际观察到的大多数指示剂的变化范围小于2个pH单位，且指示剂的理论变色点不是变色范围的中间点，这是由于人眼睛对不同颜色的敏感程度有差别造成的。溶液的温度也影响指示剂的变色范围。

影响酸碱指示剂变色范围的因素主要有以下几方面。

① 酸碱指示剂的变色范围是靠人的眼睛观察出来的，人眼对不同颜色的敏感程度不同，不同人员对同一种颜色的敏感程度不同，以及酸碱指示剂两种颜色之间的相互掩盖作用，会导致变色范围的不同。例如，甲基橙的变色范围就不是pH＝2.4～4.4，而是pH＝3.1～4.4，这就是由于人眼对红色比对黄色敏感，使得酸式一边的变色范围相对较窄。

② 温度、溶剂以及一些强电解质的存在也会改变酸碱指示剂的变色范围，主要在于这些因素会影响指示剂的解离常数$K^{\ominus}_{a(HIn)}$的大小。例如，甲基橙指示剂在18℃时的变色范围为pH＝3.1～4.4，而100℃时为pH＝2.5～3.7。

③ 对于单色指示剂，例如酚酞，指示剂用量的不同也会影响变色范围，用量过多将会使变色范围向pH值低的一方移动。另外，用量过多还会影响酸碱指示剂变色的敏锐

程度。

5.5.2.3 混合指示剂与 pH 试纸

在酸碱滴定中，有时需要将滴定终点控制在 pH 很窄的范围内，此时可采用混合指示剂。混合指示剂有两类：一类是由两种或两种以上的指示剂混合而成，利用颜色的互补作用，使指示剂变色范围变窄，变色更敏锐，有利于判断终点，减少终点误差，提高分析的准确度。例如，溴甲基绿（$pK_a^{\ominus}=4.9$，酸色为黄色；碱色为蓝色）和甲基红（$pK_a^{\ominus}=5.2$，酸色为红色，碱色为黄色）按 3∶1 混合后，在 pH＜5.1 的溶液中呈酒红色，而在 pH＞5.1 的溶液中呈绿色，在 pH≈5.1时，溴甲酚绿的碱性成分较多，显绿色，而甲基红的酸性成分较多，显橙红色，两种颜色互补得到灰色，变色很敏锐。几种常用的混合指示剂见表 5-3。

表 5-3 几种常用的混合指示剂

指示剂溶液的组成	变色时 pH 值	颜色		备注
		酸式色	碱式色	
1 份 0.1%甲基橙乙醇溶液 1 份 0.1%次甲基蓝乙醇溶液	3.25	蓝紫	绿	pH 3.2,蓝紫色;pH 3.4,绿色
1 份 0.1%甲基橙水溶液 1 份 0.25%靛蓝二磺酸水溶液	4.1	紫	黄绿	
1 份 0.1%溴甲酚绿钠盐水溶液 1 份 0.2%甲基橙水溶液	4.3	橙	蓝绿	pH 3.5,黄色;pH 4.05,绿色;4.3,浅绿
3 份 0.1%溴甲酚绿乙醇溶液 1 份 0.2%甲基红乙醇溶液	5.1	酒红	绿	
1 份 0.1%溴甲酚绿钠盐水溶液 1 份 0.1%氯酚红钠盐水溶液	6.1	黄绿	蓝紫	pH 5.4,蓝绿色;pH 5.8,蓝色;6.0,蓝带紫
1 份 0.1%中性红乙醇溶液 1 份 0.1%次甲基蓝乙醇溶液	7.0	紫蓝	绿	pH 7.0,紫蓝
1 份 0.1%甲酚红钠盐水溶液 3 份 0.1%百里酚蓝钠盐水溶液	8.3	黄	紫	pH 8.2,玫瑰红;pH 8.4,清晰的紫色
1 份 0.1%百里酚蓝 50%乙醇溶液 3 份 0.1%酚酞 50%乙醇溶液	9.0	黄	紫	从黄到绿,再到紫
1 份 0.1%酚酞乙醇溶液 1 份 0.1%百里酚酞乙醇溶液	9.9	无	紫	pH 9.6,玫瑰红;pH 10,紫色
2 份 0.1%百里酚酞乙醇溶液 1 份 0.1%茜素黄 R 乙醇溶液	10.2	黄	紫	

另一类混合指示剂是在某种指示剂中按一定的比例加入另一种惰性染料组成。在指示溶液酸度的过程中，惰性染料本身并不发生颜色的改变，只是起衬托作用，通过颜色的互补来提高变色的敏锐性。例如，采用中性红与次甲基蓝混合而配制的指示剂，当配比为 1∶1 时，混合指示剂在 pH＝7.0 时呈现蓝紫色，其酸色为蓝紫色，碱色为绿色，变色也很敏锐。

常用的 pH 试纸就是将多种酸碱指示剂按一定比例混合浸制而成，能在不同的 pH 值时显示不同的颜色，从而较为准确地确定溶液的酸度。pH 试纸可以分为广泛 pH 试纸和精密 pH 试纸两类：其中的精密 pH 试纸就是利用混合指示剂的原理使酸度的确定能控制在较窄的范围内；而广泛 pH 试纸是由甲基红、溴百里酚蓝、百里酚蓝以及酚酞等酸碱指示剂按一定比例混合，溶于乙醇，浸泡滤纸而制成。

5.6 酸碱滴定

酸碱滴定法是以酸碱反应为基础的滴定分析方法。它不仅能用于水溶液体系，也可用于非水溶液体系，故酸碱滴定法是滴定分析中广泛应用的方法之一。

由于酸碱滴定法的基础是酸碱反应，所以应在学习酸碱反应的基础上学习酸碱滴定法的基本原理及其应用。

5.6.1 强碱滴定强酸或强酸滴定强碱

滴定反应为：

$$H^+ + OH^- \rightleftharpoons H_2O$$

以 $c_{NaOH}=0.1000mol/L$ 的 NaOH 溶液滴定 20.00mL 浓度为 $c_{HCl}=0.1000mol/L$ 的 HCl 溶液为例，讨论强碱滴定强酸的有关问题。

5.6.1.1 酸碱滴定曲线

酸碱滴定曲线就是指滴定过程中溶液的 pH 随滴定剂体积或滴定分数变化的关系曲线。滴定曲线可以借助酸度计或其他分析仪器测得，也可以通过计算的方式得到。

(1) 滴定前 溶液的酸度取决于酸的原始浓度。

$[H^+]=0.1000mol/L$，故 pH=1.00。

(2) 滴定开始至化学计量点前 该阶段溶液的酸度主要决定于剩余酸的浓度，设加入 NaOH 溶液的体积为 $V(V<20mL)$。

$$[H^+]=\frac{0.1\times(20-V)}{20+V}$$

当 $V=19.80mL$ 时，$[H^+]=\frac{0.1\times(20-V)}{20+V}=\frac{0.1\times0.2}{20+19.8}=5\times10^{-4}(mol/L)$

pH=3.30

当 $V=19.98mL$ 时(误差为−0.1%)，

$$[H^+]=\frac{0.1000\times0.02}{19.98+20.00}=5.0\times10^{-5}(mol/L)$$

pH=4.30

当 V 取不同的值时，均能计算溶液的 pH 值。

(3) 化学计量点 $[H^+]=1.0\times10^{-7}mol/L$，故 pH=7.00。

(4) 化学计量点后 溶液的酸度取决于过量碱的浓度，设加入 NaOH 溶液的体积为 $V(V>20mL)$。

$$[OH^-]=\frac{0.1\times(V-20)}{20+V}$$

当 $V=20.20mL$ 时，

$$[OH^-]=\frac{0.1\times(V-20)}{20+V}=\frac{0.1\times(20.2-20)}{20.2+20}=5\times10^{-4}(mol/L)$$

pH=10.7

当 $V=20.02mL$ 时(误差为+0.1%)，

$$[OH^-]=\frac{0.1000\times0.02}{20.00+20.02}=5.0\times10^{-5}(mol/L)$$

$$pH=9.70$$

当V取不同的值时，均能计算溶液的 pH 值。将计算结果列于表 5-4。

表 5-4　0.1000mol/L 的 NaOH 溶液滴定 20.00mL 同浓度的 HCl 溶液

NaOH 溶液加入的体积/mL	滴定分数	剩余 HCl 或过量 NaOH* 体积/mL	pH
0.00	0.000	20.00	1.00
18.00	0.900	2.00	2.28
19.80	0.990	0.20	3.30
19.96	0.998	0.04	4.00
19.98	0.999	0.02	4.30 } 突跃范围
20.00	1.000	0.00	计量点7.00 } 突跃范围
20.02	1.001	0.02*	9.70 } 突跃范围
20.04	1.002	0.04*	10.00
20.20	1.010	0.20*	10.70
22.00	1.100	2.00*	11.70
40.00	2.000	20.00*	12.52

根据表 5-4 中的数据可以以V_{NaOH}加入量为横坐标，对应的溶液 pH 为纵坐标绘制滴定曲线，如图 5-3 所示。

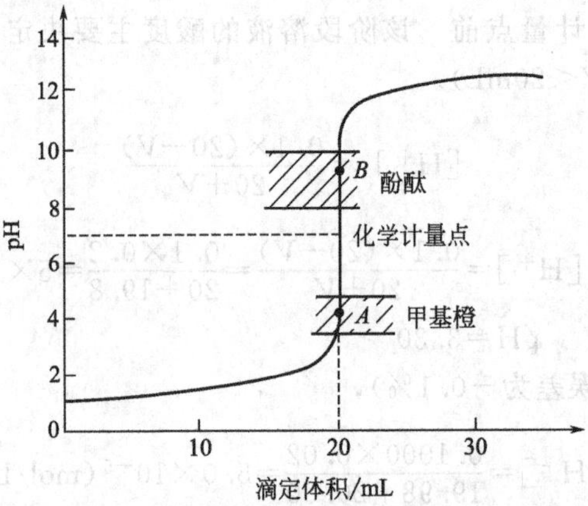

图 5-3　0.1000mol/L 的 NaOH 溶液滴定 20.00mL 同浓度的 HCl 的滴定曲线

5.6.1.2　滴定突跃与指示剂选择

在化学计量点时溶液的 pH＝7.00；在化学计量点前误差为－0.1%时溶液的 pH＝4.30；在化学计量后误差为＋0.1%时溶液的 pH＝9.70。滴定误差从－0.1%～＋0.1%所相应的 pH 区间称为该滴定曲线的突跃范围。在这一区间，滴定剂的用量仅仅变化 0.04mL，而溶液的 pH 变化却增加了 5.4 个 pH 单位，曲线呈现出几乎垂直的一段。因此，化学计量点±0.1%范围内 pH 的急剧变化就称为滴定突跃。

根据以上讨论及滴定分析的误差±0.1%的要求，用$c_{NaOH}=0.1000mol/L$ NaOH 溶液滴定 20.00mL 同浓度的 HCl 溶液，滴定突跃 pH＝4.30～9.70。显然，只要变色范围处于滴定突跃范围内的指示剂，如溴百里酚蓝、苯酚红等，都能正确指示滴定终点。然而实际上，一些能在滴定突跃范围内变色的指示剂，如甲基橙、酚酞等也能使用。例如酚酞，变色范围 pH=8.0～10.0，若滴定至溶液由无色刚变粉红色时停止，溶液的 pH 略大于 8.0，由表 5-4 可以看出，此时 NaOH 溶液过量还不到 0.02mL，终点误差等于 0.1%。因此酸碱滴定中所选择的指示剂一般应使其变色范围处于或部分处于滴定突跃范围之内。另外，还应考虑所选择指示剂在滴定体系中的变色是否易于判断。

以上讨论的是用 $c_{NaOH}=0.1000mol/L$ NaOH 溶液滴定 20.00mL 同浓度的 HCl 溶液，如果溶液浓度改变，化学计量点溶液的 pH 依然不变，但滴定突跃却发生了变化。图 5-4 就是不同浓度 HCl 溶液的滴定曲线。由图 5-4 可见，滴定体系的浓度愈小，滴定突跃就愈小，这样就使指示剂的选择受到限制。因此，浓度的大小是影响滴定突跃大小的因素之一。

对于强酸滴定强碱，可以参照以上处理办法。

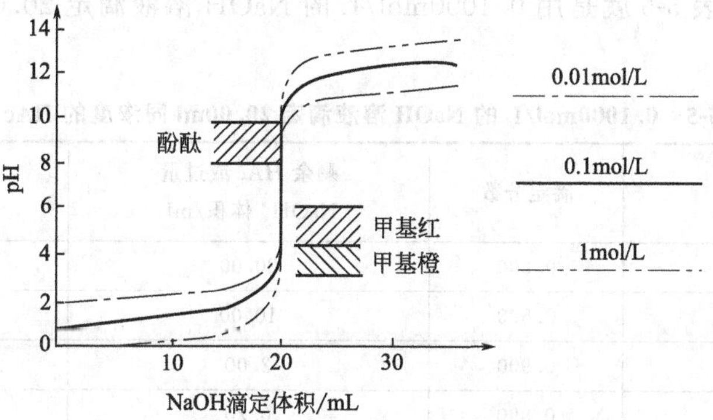

图 5-4　不同浓度 NaOH 溶液滴定不同浓度 HCl 溶液的滴定曲线

5.6.2　强碱滴定一元弱酸

滴定反应为：

$$HAc+OH^- \rightleftharpoons H_2O+Ac^-$$

以 $c_{NaOH}=0.1000mol/L$ 的 NaOH 溶液滴定 20.00mL 浓度为 $c_{HAc}=0.1000mol/L$ 的 HAc 溶液为例，讨论强碱滴定一元弱酸的有关问题[已知 $K^{\ominus}_{a(HAc)}=1.8\times10^{-5}$、$pK^{\ominus}_{a(HAc)}=4.74$]。

5.6.2.1　滴定曲线

(1) 滴定前　此时溶液是 0.1000mol/L 的 HAc 溶液，

$$[H^+]=\sqrt{K^{\ominus}_a c}=\sqrt{1.8\times10^{-5}\times0.1}=1.34\times10^{-3}(mol/L),\ pH=2.87$$

(2) 滴定开始至化学计量点前　此时加入的 NaOH 溶液的体积为 V(V<20mL)，溶液的组成是反应中剩余的 HAc 和生成的 Ac^-，二者构成了缓冲体系。

所以
$$pH=pK^{\ominus}_a+\lg\frac{c_b}{c_a}$$

$$c_{HAc}=\frac{0.1\times(20-V)}{V+20}\qquad c_{Ac^-}=\frac{0.1V}{20+V}$$

当 $V=19.98mL$ 时(误差为−0.1%)时，

$$c_{HAc}=\frac{0.1\times(20-V)}{V+20}=\frac{0.1\times0.02}{20+19.98}=5\times10^{-5}(mol/L)$$

$$c_{Ac^-}=\frac{0.1\times V}{20+V}=\frac{0.1\times 19.98}{20+19.98}=5\times 10^{-2}(\text{mol/L})$$

$$pH=pK_a^{\ominus}+\lg\frac{c_b}{c_a}=4.74+\lg\frac{5.0\times 10^{-2}}{5.0\times 10^{-5}}=7.74$$

当 V 取不同的值时，可以计算滴定的任意时刻溶液的 pH 值。

(3) 化学计量点 溶液的酸度取决于 NaAc 的碱性。

$$[OH^-]=\sqrt{K_b^{\ominus}c}=\sqrt{\frac{K_W^{\ominus}}{K_a^{\ominus}}\frac{c_{HAc}}{2}}=\sqrt{\frac{1.0\times 10^{-14}}{1.8\times 10^{-5}}\times 0.05}=5.24\times 10^{-6}(\text{mol/L})$$

$$pOH=5.28 \text{ 或 } pH=8.72$$

(4) 化学计量点后 溶液的酸度同样主要取决于过量碱的浓度，计算方法同 NaOH 溶液滴定 HCl 溶液。表 5-5 就是用 0.1000mol/L 的 NaOH 溶液滴定 20.00mL 同浓度的 HAc 溶液的计算结果。

表 5-5 0.1000mol/L 的 NaOH 溶液滴定 20.00ml 同浓度的 HAc 溶液

NaOH 溶液加入的体积/mL	滴定分数	剩余 HAc 或过量 NaOH* 体积/mL	pH
0.00	0.000	20.00	2.88
10.00	0.500	10.00	4.75
18.00	0.900	2.00	5.70
19.80	0.990	0.20	6.75
19.98	0.999	0.02	7.75
20.00	1.000	0.00	计量点8.72 突跃范围
20.02	1.001	0.02*	9.70
20.20	1.010	0.20*	10.70
22.00	1.100	2.00*	11.70
40.00	2.000	20.00*	12.52

由表 5-5 数据可绘制滴定曲线图 5-5。滴定的化学计量点、滴定突跃均出现在弱碱性区域，而且滴定的突跃范围明显变窄。另外还可以看出，被滴定的酸愈弱，滴定突跃就愈小，有些甚至没有明显的突跃。因此，滴定突跃的大小还与被滴定的酸或碱本身的强弱有关。

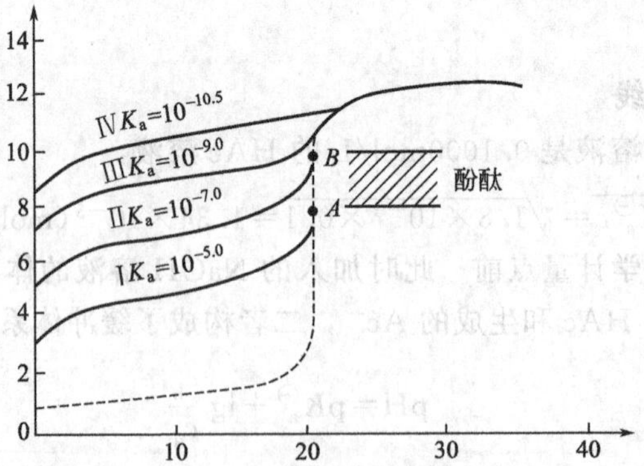

图 5-5 0.1000mol/L 的 NaOH 溶液滴定 20.00mL 同浓度一元弱酸溶液的滴定曲线

根据这种滴定类型的特点，应选择在弱碱性范围变色的指示剂，如酚酞、百里酚酞等。另外，强酸滴定一元弱碱同样可以参照以上方法处理，滴定曲线的特点与强碱滴定一元弱酸相似，但化学计量点、滴定突跃均是出现在弱酸性区域，故应选择在弱酸性范围内变色的指示剂，如甲基橙、甲基红等。

例如硼砂($Na_2B_4O_7 \cdot 10H_2O$)在水中发生下列反应：

$$B_4O_7^- + 5H_2O \longrightarrow 2H_2BO_3^- + 2H_3BO_3$$

所产生的 $H_2BO_3^-$ 为硼酸的共轭碱，$pK_b^{\ominus} = 4.76$，就可以甲基红为指示剂，用 HCl 溶液直接滴定，所以硼砂可以作为标定 HCl 溶液的基准物质。

5.6.2.2 弱酸(或弱碱)被强碱(或强酸)准确滴定(指示剂目测法)的判据

对于酸碱滴定来说，只有当 $cK_a^{\ominus}$(或 $cK_b^{\ominus}$)$\geqslant 10^{-8}$时，这时人的眼睛能够辨别指示剂颜色的改变，滴定就可以直接进行，终点误差可以控制在$\leqslant \pm 0.2\%$。因此，采用指示剂，用人眼来判断终点，强碱(或强酸)直接滴定某种弱酸(或弱碱)判据为：

$$cK_a^{\ominus}(\text{或 } cK_b^{\ominus}) \geqslant 10^{-8}$$

否则就不能被准确滴定。当然，如果误差放宽了，相应判据条件也可降低。

5.6.3 多元酸(或多元碱)、混酸的滴定

多元弱酸被强碱滴定的情况很复杂，主要解决的问题是：能否分步滴定、化学计量点时的 pH、指示剂的选择三个问题。

现以 $c_{NaOH} = 0.10mol/L$ 的 NaOH 溶液滴定同浓度的 H_3PO_4 溶液为例来讨论。

H_3PO_4 的多级解离平衡为：

$$H_3PO_4 \rightleftharpoons H^+ + H_2PO_4^- \qquad pK_{a_1}^{\ominus} = 2.16$$

$$H_2PO_4^- \rightleftharpoons H^+ + HPO_4^{2-} \qquad pK_{a_2}^{\ominus} = 7.21$$

$$HPO_4^{2-} \rightleftharpoons H^+ + PO_4^{3-} \qquad pK_{a_3}^{\ominus} = 12.32$$

显然，$cK_{a_3}^{\ominus} < 10^{-9}$(允许误差$\pm 1\%$)，直接滴定 H_3PO_4 只能进行到 HPO_4^{2-}，即滴定反应及化学计量点时的 pH 分别为：

$$H_3PO_4 + NaOH \longrightarrow NaH_2PO_4 + H_2O$$

$pH_{sp_1} = (2.16 + 7.21)/2 = 4.68$

$$NaH_2PO_4 + NaOH \longrightarrow Na_2HPO_4 + H_2O$$

$pH_{sp_2} = (7.21 + 12.32)/2 = 9.76$

第一化学计量点形成 NaH_2PO_4，pH=4.68。根据分布系数计算或 H_3PO_4 分布曲线图，可知在这一化学计量点 $\delta_{H_2PO_4^-} = 0.994$，$\delta_{HPO_4^{2-}} = \delta_{H_3PO_4} = 0.003$，这表明当 0.3%左右的 H_3PO_4 还没被作用时，已有 0.3%左右的 $H_2PO_4^-$ 已经被作用为 HPO_4^{2-}，显然两步反应有所交叉，这一化学计量点并不是真正的化学计量点。对于这一终点，一般可以选择甲基橙为指示剂。

第二化学计量点产生 Na_2HPO_4，pH=9.76，此时 $\delta_{HPO_4^{2-}} = 0.995$，反应也有所交叉，也不是真正的化学计量点。可以选择酚酞(变色点 pH≈9)为指示剂，但最好用百里酚酞指示剂(变色点 pH≈10)。

另外，对多元酸，若$\dfrac{K_{a_1}^{\ominus}}{K_{a_2}^{\ominus}} \geqslant 10^4$(允许误差$\pm 1\%$，多元碱$\dfrac{K_{b_1}^{\ominus}}{K_{b_2}^{\ominus}} \geqslant 10^4$)就能实现分步滴定

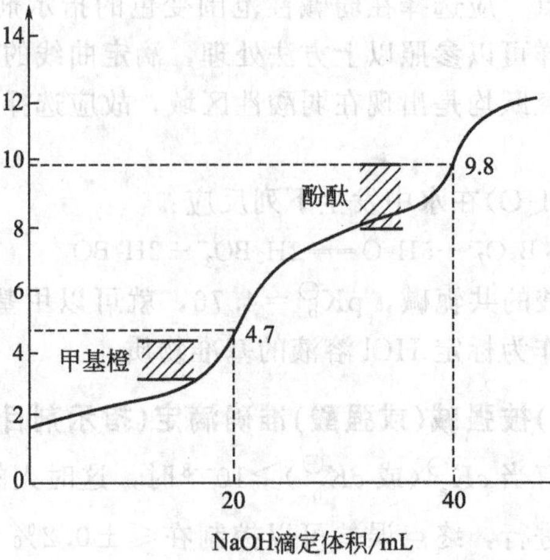

图 5-6 NaOH 滴定 H_3PO_4 溶液的滴定曲线

(两常数比值越大，c_0 也允许低些)。在此，$\frac{K_{a_1}^{\ominus}}{K_{a_2}^{\ominus}}>10^4$，会有两个较为明显的突跃，可以实现分步滴定。图 5-6 为 H_3PO_4 的滴定曲线。

对于混合酸，强酸与弱酸混合的情况较为复杂，而两种弱酸（HA＋HB)混合的体系，同样先应分别判断它们能否被准确滴定，再根据：

$$\frac{c_{HA}K_{a(HA)}^{\ominus}}{c_{HB}K_{a(HB)}^{\ominus}}\geqslant 10^4$$

判断能否实现分别滴定。

5.7 酸碱滴定的应用

酸碱滴定法可用来测定各种酸、碱以及能够与酸碱起作用的物质，还可以用间接的方法测定一些即非酸又非碱的物质，也可用于非水溶液。因此，酸碱滴定法的应用非常广泛。凡涉及酸度、碱度项目的，多数都采用简便易行的酸碱滴定法。

5.7.1 食用醋中总酸度的测定

HAc 是一种重要的农产加工品，又是合成有机农药的一种重要原料。而食醋中的主要成分是 HAc。

测定时，将食醋用不含 CO_2 的蒸馏水适当稀释后，用标准 NaOH 溶液滴定。中和后产物为 NaAc，化学计量点时 pH＝8.7 左右，应选用酚酞为指示剂，滴定至呈现红色即为终点。由所消耗的标准溶液的体积及浓度计算总酸度。

5.7.2 工业纯碱中总碱度的测定

工业纯碱的主要化学成分是 Na_2CO_3，也含有 Na_2SO_4、NaOH、NaCl、$NaHCO_3$ 等杂质，所以对于工业纯碱常测定其总碱度。

试样水溶液用盐酸标准溶液滴定，中和后产物为 H_2CO_3，化学计量点的 pH≈3.9，选用甲基橙为指示剂，滴定至溶液由黄色转变为橙色即为终点。总碱度常以 $W_{Na_2CO_3}$、W_{Na_2O}

表示。

5.7.3 混合碱的分析

混合碱的组成可能是(Na_2CO_3 或 $NaOH+Na_2CO_3$)或($Na_2CO_3+NaHCO_3$)，采用双指示剂法测定。称取试样质量为m(单位 g)，溶解于水，用 HCl 标准溶液滴定，先用酚酞为指示剂，滴定至溶液由红色变为无色则到达第一化学计量点。此时 NaOH 全部被中和，而 Na_2CO_3 被中和为 $NaHCO_3$，所消耗 HCl 的体积记为 V_1。然后加入甲基橙，继续用 HCl 标准溶液滴定，使溶液由黄色恰变为橙色，到达第二化学计量点。溶液中 $NaHCO_3$ 被完全中和，所消耗的 HCl 量记为 V_2。

反应的化学方程式计量点时的 pH 分别为：

$$\left.\begin{array}{ll} NaOH+HCl = NaCl+H_2O & \text{计量点时的 pH}=7.0 \\ Na_2CO_3+HCl = NaCl+NaHCO_3 & \text{计量点时的 pH}=8.34 \end{array}\right\} V_1$$

$$NaHCO_3+HCl = NaCl+H_2CO_3 \qquad \text{计量点时的 pH}=3.89 \qquad V_2$$

若 $V_1>V_2$，则组分为($NaOH+Na_2CO_3$)，因 Na_2CO_3 被中和先生成 $NaHCO_3$，继续用 HCl 滴定 $NaHCO_3$ 使其又转化为 H_2CO_3，二者所需 HCl 量相等，故(V_2-V_1)为中和 NaOH 所消耗的体积，$2V_2$ 为滴定 Na_2CO_3 所需 HCl 的体积，分析结果计算公式为：

$$w_{Na_2CO_3}=\frac{c_{HCl}V_2M_{Na_2CO_3}}{m}\times 100\%$$

$$w_{NaOH}=\frac{c_{HCl}(V_1-V_2)M_{NaOH}}{m}\times 100\%$$

若 $V_1<V_2$，则组分为($NaHCO_3+Na_2CO_3$)，此时滴定 Na_2CO_3 所消耗 HCl 的体积为 $2V_1$，而滴定组分中的 $NaHCO_3$ 所消耗 HCl 的体积为(V_2-V_1)，分析结果计算式为：

$$w_{Na_2CO_3}=\frac{c_{HCl}V_1M_{Na_2CO_3}}{m}\times 100\%$$

$$w_{NaHCO_3}=\frac{c_{HCl}(V_2-V_1)M_{NaHCO_3}}{m}\times 100\%$$

若 $V_1=V_2$，则组分为只有 Na_2CO_3，分析结果计算式为：

$$w_{Na_2CO_3}=\frac{c_{HCl}V_1M_{Na_2CO_3}}{m}\times 100\%$$

5.7.4 铵盐中含氮量的测定

肥料土壤试样中常需要测定氮的含量，如硫酸铵化肥中含氮量的测定。由于铵盐(NH_4^+)作为酸，它的 $K_a^\ominus$ 值为：

$$K_a^\ominus=\frac{K_W^\ominus}{K_b^\ominus}=\frac{1.0\times 10^{-14}}{1.8\times 10^{-5}}=5.6\times 10^{-10}$$

不能直接用碱标准溶液滴定。

试样用浓硫酸消化分解。有时加入硒粉或硫酸铜等催化剂使之加速反应，等试样完全分解后，其中氮元素都转化为 NH_3，并与 H_2SO_4 结合为$(NH_4)_2SO_4$。然后加浓碱 NaOH，将析出的 NH_3 蒸馏出来，用 H_3BO_3 溶液吸收，加入甲基红和溴甲酚绿混合指示剂，用 HCl 标准溶液滴定吸收 NH_3 时所生成的 $H_2BO_3^-$，当溶液颜色呈淡粉红色时为终点。

测定过程的反应式如下：

$$NH_3+H_3BO_3 = NH_4^++H_2BO_3^-$$

$$HCl + H_2BO_3^- \longrightarrow H_3BO_3 + Cl^-$$

由于 H_3BO_3 的 $K_a^\ominus \approx 10^{-10}$，是极弱的酸，不能用碱溶液直接滴定，但 $H_2BO_3^-$ 是 H_3BO_3 的共轭碱，其 $K_b^\ominus \approx 10^{-4}$，属较强的碱，能满足 $cK_b^\ominus > 10^{-8}$ 的要求，因此可用标准强酸溶液直接目视滴定，也可以用其他的方法进行分析。

5.8 实验

5.8.1 酸碱反应与缓冲溶液

5.8.1.1 实验目的

① 加深理解酸碱理论、同离子效应及盐类水解概念。

② 学习缓冲溶液的配制方法。

③ 学习使用 pHS-25 型酸度计测定缓冲溶液 pH 值。

5.8.1.2 实验原理

(1) 同离子效应 一定温度下，弱电解质在水中部分解离，解离平衡如下：

$$HA(aq) + H_2O(l) \rightleftharpoons H_3O^+(aq) + A^-(aq)$$

$$B(aq) + H_2O(l) \rightleftharpoons BH^+(aq) + OH^-(aq)$$

向弱电解质溶液中加入与弱电解质含有相同离子的易溶强电解质，解离平衡向生成弱电解质的方向移动，使弱电解质的解离度下降。这种现象称为同离子效应。

(2) 盐的水解 水解反应是酸碱中和反应的逆反应。水解反应吸热，升高温度有利于水解反应进行。弱酸强碱盐水解，溶液呈碱性；强酸弱碱盐水解，溶液呈酸性；弱酸弱碱盐水解，溶液的酸碱性取决于弱酸弱碱的相对强弱。例如：

$$Ac^-(aq) + H_2O(l) \rightleftharpoons HAc(aq) + OH^-(aq)$$

$$NH_4^+(aq) + H_2O(l) \rightleftharpoons NH_3 \cdot H_2O(aq) + H^+(aq)$$

$$NH_4^+(aq) + Ac^-(aq) + H_2O(l) \rightleftharpoons NH_3 \cdot H_2O(aq) + HAc(aq)$$

(3) 缓冲溶液 缓冲溶液能抵抗少量外来强酸、强碱或适当稀释而保持 pH 值基本不变。缓冲溶液一般由弱酸及其盐、弱碱及其盐、多元弱酸的酸式盐及其次级盐组成，如 HAc-NaAc、$NH_3 \cdot H_2O$-NH_4Cl、NaH_2PO_4-Na_2HPO_4 等。

由弱酸-弱酸盐组成的缓冲溶液的 pH 值可由下列公式计算：

$$pH = pK_{a(HA)}^\ominus - \lg \frac{c_{HA}}{c_{A^-}}$$

由弱碱-弱碱盐组成的缓冲溶液的 pH 值可由下列公式计算：

$$pH = 14 - pK_{b(BOH)}^\ominus + \lg \frac{c_{B^+}}{c_{BOH}}$$

缓冲溶液的 pH 值可由酸度计测定，其缓冲能力与组成缓冲溶液的弱酸(弱碱)及其盐的浓度有关，当弱酸(弱碱)及其盐的浓度较大时，其缓冲能力较强。此外，缓冲能力还与 $\lg \frac{c_{HA}}{c_{A^-}}$ 或 $\lg \frac{c_{B^+}}{c_{BOH}}$ 有关，当比值为 1 时，缓冲能力最强。此比值通常选在 0.1～10。

5.8.1.3 仪器及药品

仪器：pHS-25 型 pH 计、量筒(10mL)、点滴板、烧杯(50mL，100mL)、点滴板、煤

气灯。

药品如下。

酸：HAc(1.0mol/L，0.1mol/L)、HCl(2mol/L，0.1mol/L)。

碱：NaOH(2.0mol/L，0.1mol/L)、$NH_3 \cdot H_2O$(1.0mol/L，0.1mol/L)。

盐：Na_2CO_3(0.1mol/L，饱和)、NH_4Cl(0.1mol/L，1.0mol/L)、NaCl(0.1mol/L)、$BiCl_3$(0.1mol/L)、$Fe(NO_3)_3$(0.5mol/L)、NaAc(1.0mol/L)。

指示剂：甲基橙、酚酞。

缓冲溶液：pH 为 4.003、6.864、9.182 的标准缓冲溶液。

pH 试纸。

5.8.1.4 实验步骤

(1) 同离子效应

① 在试管中加入 0.1mol/L HAc 溶液 2mL，1～2 滴甲基橙指示剂，摇匀，观察溶液的颜色。然后分在两支试管中，一支作对比，在另一支中加入少量固体 NaAc，振荡溶解后，观察两支试管中溶液颜色的变化，解释实验现象。

② 利用 0.1mol/L $NH_3 \cdot H_2O$ 溶液，设计一个实验，证明同离子效应能使 $NH_3 \cdot H_2O$ 的解离度降低的事实(应选用哪种指示剂?)。

(2) 盐类的水解平衡及其移动

① 用 pH 试纸分别检验 0.1mol/L 的 NaAc、NH_4Cl 和 NaCl 溶液的 pH 值。写出水解反应的离子方程式。

② 温度、溶液酸度对水解平衡的影响

a. 在试管中加入 1.0mol/L NaAc 溶液 2mL 和 1 滴酚酞溶液，加热观察溶液颜色的变化，解释实验现象。

b. 在常温和加热的情况下分别试验 0.5mol/L $Fe(NO_3)_3$ 的水解情况。

c. 在试管中加入 0.1mol/L $BiCl_3$ 溶液 1 滴，加水稀释有何现象？再逐滴加入 2mol/L HCl 溶液，观察现象。当沉淀刚刚消失后，再加水稀释又有何现象？写出水解的离子反应式，解释实验现象。

(3) 缓冲溶液

① 缓冲溶液的配制及其 pH 值的测定　按表 5-6 配制 3 种缓冲溶液，并用 pH 计分别测定其 pH 值。记录测定结果，并进行计算，将计算值与测定结果相比较。

表 5-6　缓冲溶液的配制

编号	缓冲溶液	pH 计算值	pH 测定值
1	10.0mL 1mol/L HAc-10.0mL 1mol/L NaAc		
2	10.0mL 0.1mol/L HAc-10.0mL 1mol/L NaAc		
3	10.0mL 1mol/L $NH_3 \cdot H_2O$-10.0mL 1mol/L NH_4Cl		

② 试验缓冲溶液的缓冲作用　取上面配制的已测定 pH 值的第 1 号缓冲溶液按表 5-7 试验，用 pH 计测定其 pH 值，记录测定结果于表 5-7 中，并与计算值进行比较。

根据以上实验结果，总结缓冲溶液的性质。

5.8.1.5 思考题

① 缓冲溶液的 pH 值有哪些影响因素？

② 影响盐类水解的因素有哪些？

表 5-7　缓冲溶液性质的检验

编号	缓冲溶液	pH 计算值	pH 测定值
1	10.0mL 1mol/L HAc-10.0mL 1mol/L NaAc		
2	10.0mL 1mol/L HAc-10.0mL 1mol/L NaAc， 加入 0.10mol/L HCl 溶液 0.5mL（约 10 滴）		
3	10.0mL 1mol/L HAc-10.0mL 1mol/L NaAc， 加入 0.10mol/L HCl 溶液 0.5mL（约 10 滴）， 再加入 0.10mol/L NaOH 溶液 1.0mL（约 20 滴）		

③ 使用 pH 试纸测溶液的 pH 值时，怎样才是正确的操作方法？

5.8.2　HCl 标准溶液的配制与标定

5.8.2.1　实验目的

① 学会标准溶液的配制方法。

② 掌握用碳酸钠作基准物质标定盐酸溶液的原理及方法。

③ 正确判断甲基红-溴甲酚绿混合指示剂滴定终点。

5.8.2.2　实验原理

市售盐酸为无色透明的氯化氢水溶液，HCl 含量为质量分数 36%～38%，摩尔浓度约为 12mol/L，相对密度约为 1.18。浓盐酸易挥发，不能直接配制准确浓度的标准溶液。因此配制 HCl 标准溶液通常用间接法，先配制成近似浓度，再由基准物标定，确定准确浓度。标定盐酸的基准物质很多，我们采用无水碳酸钠为基准物，用甲基红-溴甲酚绿混合指示剂指示终点，终点颜色是由绿色转变为暗紫色。

用 Na_2CO_3 标定时滴定反应为：

$$Na_2CO_3 + 2HCl \longrightarrow 2NaCl + H_2O + CO_2\uparrow$$

终点产物为 H_2CO_3 溶液，化学计量点的 pH 为 3.89，可选甲基红-溴甲酚绿混合指示剂指示终点，终点颜色是由绿色转变为暗紫色。根据 Na_2CO_3 的质量和消耗的 HCl 的体积，可计算出 HCl 标准溶液的浓度。

$$c_{HCl} = \frac{2m_{Na_2CO_3} \times 1000}{V_{HCl} \times 105.99}$$

5.8.2.3　仪器与药品

仪器：酸式滴定管、锥形瓶、量筒（25mL，100mL）、电子天平、称量瓶。

药品：浓盐酸、无水碳酸钠。

甲基红-溴甲酚绿指示剂：0.2%甲基红乙醇溶液与 0.1%溴甲酚绿乙醇溶液（1∶3）混合即得。

5.8.2.4　实验步骤

(1) HCl 标准溶液（0.1mol/L）的配制　用小量筒取盐酸 4.2mL，倒入一洁净的试剂瓶中，加蒸馏水稀释至 500mL，振摇混匀。

(2) HCl 标准溶液（0.1mol/L）的标定　用减量法准确称取干燥过的基准物无水碳酸钠 3 份，每份 0.1～0.2g，分别置于锥形瓶中，加蒸馏水 50mL，使其完全溶解后，加甲基红－溴甲酚绿指示剂 5 滴，用待标定的 HCl 溶液滴定至溶液由绿色转变为暗紫色，停止滴定，滴定管读数记录于表 5-8。平行滴定三次。

5.8.2.5 数据记录与计算

数据记录与计算见表 5-8。

表 5-8 数据记录和结果处理

记录项目	1	2	3
$m_{倾样前}$/g			
$m_{倾样后}$/g			
$m_{Na_2CO_3}$/g			
滴定管初读数/mL	0.00	0.00	0.00
滴定管终读数/mL			
滴定消耗 HCl 体积/mL			
c_{HCl}/(mol/L)			
$\bar{c}_{HCl}$/(mol/L)			
相对极差/%			

5.8.2.6 思考题

① 配制 HCl 溶液 0.1mol/L，500mL，需取浓盐酸 4.2mL 是怎样计算来的？

② 实验中所用锥形瓶是否需要烘干？加入蒸馏水的量是否需要准确？

③ 用碳酸钠为基准物质标定 HCl 溶液的浓度，一般应消耗 HCl 液（0.1mol/L）约 22mL，问应称取碳酸钠若干克？

5.8.2.7 实验报告数据记录和结果

实验报告数据记录和结果处理示例见表5-9。

表 5-9 数据记录和结果处理示例

记录项目	1	2	3	4
$m_{倾样前}$/g	15.6025	14.1011	12.6001	11.1001
$m_{倾样后}$/g	14.1011	12.6001	11.1001	9.5992
$m_{氧化锌}$/g	1.5014	1.5010	1.5000	1.5009
移取试液体积/mL	25.00	25.00	25.00	25.00
滴定管初读数/mL	0.00	0.00	0.00	0.00
滴定管终读数/mL	36.25	36.20	36.16	36.18
滴定消耗 HCl 体积/mL	36.25	36.20	36.16	36.18
c_{HCl}/(mol/L)	0.050930	0.050987	0.051010	0.051012
$\bar{c}_{HCl}$/(mol/L)	0.050985			
相对极差/%	0.16			

习 题

1. 写出下列碱的共轭酸：H_2O，$H_2PO_4^-$，HSO_3^-，NH_3，吡啶（C_5H_5N），$HC_2O_4^-$，HCO_3^-，CH_3NH_2。

2. 写出下列酸的共轭碱：HCN，H_2S，HS^-，$(CH_2)_6N_4H^+$，$H_2PO_4^-$，HCO_3^-，H_2O，C_6H_5OH。

3. 将具有下列 pH 值的各组强电解质溶液等体积混合后，所得溶液的 pH 值各为多少？

(1) pH 1.00＋pH 4.00　　(2) pH 2.00＋pH 9.00

(3) pH 11.00＋pH 9.00　　(4) pH 2.00＋pH 13.00

4. 已知下列各种弱酸的 $K_a^\ominus$ 值，求它们的共轭碱的 $K_b^\ominus$ 值，并将各碱按照碱性强弱排序：

(1) $HClO(5.8\times10^{-10})$；　　(2) $HNO_2(4.6\times10^{-4})$；

(3) $HCOOH(1.77\times10^{-4})$；　　(4) $NH_4^+(5.6\times10^{-10})$。

5. 将下列两种溶液等体积混合后，计算所得溶液的 pH 值。

(1) 0.010mol/L HCl 溶液与 0.025mol/L NaOH 溶液；

(2) 0.025mol/L HCl 溶液与 0.010mol/L NaOH 溶液；

(3) 0.010mol/L HAc 溶液与 0.025mol/L NaOH 溶液；

(4) 0.025mol/L HAc 溶液与 0.010mol/L NaOH 溶液。

6. 欲采用氨水配制 pH＝9.50 的缓冲溶液 1L，其中 $c_{(NH_3\cdot H_2O)}$＝0.50mol/L，需用固体 $(NH_4)_2SO_4$ 多少克[假设加入固体 $(NH_4)_2SO_4$ 后溶液的体积不变]？需浓氨水(15.7mol/L)多少毫升？

7. 某弱酸的 pK_a＝9.21，现有其共轭碱 NaA 溶液 20.00cm³，浓度为 0.1000mol/L，当用0.1000mol/L HCl 溶液滴定时，化学计量点的 pH 值为多少？化学计量点附近的滴定突跃为多少？应选用何种指示剂指示终点？

8. 称取粗铵盐 1.075g 与过量碱共热，蒸出的 NH_3 以过量的硼酸溶液吸收，再以 0.3865mol/L HCl 滴定至甲基红和溴甲酚绿混合指示剂终点，需 33.68cm³ HCl 溶液，求试样中 NH_3 的百分含量和以 NH_4Cl 表示的百分含量。

9. 称取混合碱试样 0.9476g，加酚酞指示剂，用 0.2785mol/L HCl 溶液滴定至终点，计耗去酸溶液 34.12cm³。再加甲基橙指示剂，滴定至终点，又耗去酸 23.66cm³。求试样中各组分的百分含量。

10. 有一碱溶液，可能为 NaOH、Na_2CO_3 或 $NaHCO_3$，或者其中两者的混合物。今用 HCl 溶液滴定，以酚酞为指示剂时，消耗 HCl 体积为 V_1；继续加入甲基橙指示剂，再用 HCl 溶液滴定，又消耗 HCl 体积为 V_2。在下列情况时，溶液各由哪些物质组成？

(1) $V_1>V_2$，$V_2>0$；　　(2) $V_1<V_2$，$V_1>0$；　　(3) $V_1=V_2$；

(4) $V_1=0$，$V_2>0$；　　(5) $V_2=0$，$V_1>0$。

11. 用硼砂($Na_2B_4O_7\cdot10H_2O$)标定 HCl 溶液(大约浓度为 0.1mol/L)，希望用去 HCl 的溶液为 25mL 左右，应称量硼砂多少克？

12. 发烟硫酸($SO_3+H_2SO_4$)1.000g，需 0.5710mol/L 的 NaOH 标准溶液 35.90mL 才能中和。求试样中两组分的质量分数。

13. (1) 欲配制 pH 值为 3 左右的缓冲溶液，应选下列哪一种酸及其共轭碱(括号内为 pK_a 值)：HCOOH(4.19)，$CH_2ClCOOH$(2.86)，$CHCl_2COOH$(1.30)，C_6H_5OH(9.96)？

(2) 以此酸及其共轭碱配制 pH 值分别为 3.5、2.0、3.0 的缓冲溶液，应如何选择酸及其共轭碱的浓度比？

14. 比较下列溶液 H＋浓度的相对大小，并简要说明其原因。

0.1mol/L HCl、0.1mol/L H_2SO_4、0.1mol/L HCOOH、0.1mol/L HAc、0.1mol/L HCN。

15. 某温度下 c_{NH_3}＝0.100mol/L 的 $NH_3\cdot H_2O$ 溶液的 pH＝11.1，求 $NH_3\cdot H_2O$ 的解离常数。

16. 写出下列物质在水溶液中的质子条件式：

(1) $NH_3\cdot H_2O$；(2) NH_4Ac；(3) $(NH_4)_2HPO_4$；(4) HCOOH；(5) H_2S；(6) $Na_2C_2O_4$。

17. 现有 1 份 HCl 溶液，其浓度为 0.20mol/L。

(1) 欲改变其酸度至 pH＝4.0，应加入 HAc 还是 NaAc？为什么？

(2) 如果向这个溶液中加入等体积的 2.0mol/L NaAc 溶液，溶液的 pH 值是多少？

(3) 如果向这个溶液中加入等体积的 2.0mol/L HAc 溶液，溶液的 pH 值又是多少？

(4) 如果向这个溶液中加入等体积的 2.0mol/L NaOH 溶液，溶液的 pH 值又是多少？

18. 有一三元酸，其 $pK_{a_1}^\ominus$＝2.0，$pK_{a_2}^\ominus$＝6.0，$pK_{a_3}^\ominus$＝12.0。用 NaOH 溶液滴定时，第一和第二化学计量点的 pH 值分别为多少？两个化学计量点附近有无 pH 突跃？可选用什么指示剂？能否直接滴定至酸的质子全部被作用？

19. 用0.1000mol/L NaOH溶液滴定0.1000mol/L酒石酸溶液时，有几个pH突跃？在第二个化学计量点时pH值为多少？应选用什么指示剂？

20. 称取混合碱试样0.8983g，加酚酞指示剂，用0.2896mol/L HCl溶液滴定至终点，计耗去酸溶液31.45mL。再加甲基橙指示剂，滴定至终点，又耗去酸24.10mL。求试样中各组分的质量分数。

21. 有一Na_3PO_4试样，其中含有Na_2HPO_4，称取0.9947g，以酚酞为指示剂，用0.2881mol/L HCl溶液滴定至终点，用去17.56mL。再加入甲基红指示剂，继续用0.2881mol/L HCl溶液滴定至终点时，又用去20.18mL。求试样中Na_3PO_4、Na_2HPO_4的质量分数。

22. 将2.000g的黄豆用浓H_2SO_4进行消化处理，得到被测试液，然后加入过量的NaOH溶液，将释放出来的NH_3用50.00mL $c_{HCl}=0.6700$mol/L HCl吸收，多余的HCl采用甲基橙指示剂，以$c_{NaOH}=0.6520$mol/L NaOH滴定至终点，消耗30.10mL NaOH溶液。计算黄豆中氮的质量分数。

23. 试判断下列多元酸能否分步滴定。可滴定到哪一级？

0.1mol/L草酸、0.1mol/L氢硫酸、0.01mol/L砷酸、0.1mol/L邻苯二甲酸。

24. 某指示剂HIn的$K_{HIn}=10^{-4}$，则指示剂的理论变色点和变色范围是什么？

25. 有工业硼砂$Na_2B_4O_7\cdot 10H_2O$ 1.000g，用HCl(0.2000mol/L)24.50mL滴定至甲基橙变色，计算试样中$Na_2B_4O_7\cdot 10H_2O$的百分含量和以B_2O_3及B表示的百分含量。

26. 称取含有Na_2CO_3与NaOH的试样0.5895g，溶解后用HCl标准溶液(0.3014mol/L)滴定至酚酞变色时，用去24.08mL，继续用甲基橙作指示剂，用HCl滴定至终点又用去该HCl溶液12.02mL，试计算试样中Na_2CO_3与NaOH的含量。

27. 称取仅含有Na_2CO_3和K_2CO_3的试样1.000g，溶于水后，以甲基橙作指示剂，用HCl标准溶液(0.5000mol/L)滴定，用去HCl溶液30.00mL，分别计算试样中Na_2CO_3和K_2CO_3的百分含量。

28. 蛋白质样品0.2318g，经消化处理后，加碱蒸馏，用4%硼酸溶液吸收释出的氨，然后用0.1200mol/L的HCl滴定至终点，用去21.60mL HCl溶液。计算样品中氮的百分含量。

第6章

沉淀溶解平衡及沉淀分析法

虽然从广义上讲，物质非酸即碱，但是有些物质如 Na_2SO_4 则不能用酸碱滴定法进行分析，而可以用产生沉淀的重量分析法进行分析测定。本章将讨论水溶液中难溶物质的沉淀-溶解平衡及其应用。主要涉及沉淀的形成与溶解、沉淀产生的条件、沉淀的转化、分步进行沉淀以及沉淀滴定法。

6.1 溶度积和溶度积规则

任何物质在水中都有一定的溶解度，中学化学中溶解度是指在一定温度下 100g 水中所溶解的物质的质量，并且规定溶解度小于 0.01g/100g H_2O 的物质称为难溶物质；溶解度在（0.01～0.1）g/100g H_2O 的物质称为微溶物质；其余的则称为易溶物质。其实溶解度也就是溶质在溶液中浓度的一种表示方法，常用每升溶液中含有溶质的物质的量来表示。

6.1.1 溶度积

将难溶物质溶于水中，组成沉淀的构晶离子，在水分子的作用下可以进入到溶液中，此过程为难溶物质的溶解过程；与此同时，溶液中的构晶离子由于无规则的运动和固体表面异号电荷的吸引，又可以沉积到固体表面，此过程为难溶物质的沉淀过程。当溶解过程与沉淀过程速率相等时，就达到沉淀溶解平衡。

$$BaSO_4 \underset{\text{沉淀}}{\overset{\text{溶解}}{\rightleftharpoons}} Ba^{2+} + SO_4^{2-}$$

由于难溶物质的溶解度都很小，所以离子强度也较小，此时溶液中离子的活度可以近似用浓度代替，因此活度积也就可以看做是溶度积，溶度积常数用 $K_{sp}^{\ominus}$ 表示。溶度积常数也是一种标准平衡常数，只是针对的平衡是难溶物质的沉淀与溶解平衡。例如，在上述硫酸钡的沉淀溶解平衡中，溶度积常数：

$$K_{sp}^{\ominus} = [Ba^{2+}][SO_4^{2-}]$$

对于平衡：

$$A_mB_n \rightleftharpoons mA^{n+} + nB^{m-}$$

一般溶度积常数可表示为：

$$K_{sp}^{\ominus} = [A^{n+}]^m [B^{m-}]^n$$

对于相同类型的难溶物质，可以用溶度积常数比较溶解度的大小。$K_{sp}^{\ominus}$ 越大，表示该难溶物质溶解度越大；$K_{sp}^{\ominus}$ 越小，表示该难溶物质溶解度越小。

6.1.2 溶解度与溶度积的关系

难溶物质沉淀溶解平衡时的溶液就是难溶物质的饱和溶液，饱和溶液的浓度常用物质的量的浓度来表示，这就是本章所指的难溶物质的溶解度，即是指 1L 难溶物质的饱和溶液中所含有溶质的物质的量，单位是 mol/L。难溶物质的溶解度与难溶物质的溶度积有直接联系，不同形式的难溶物质其溶解度与溶度积的联系形式不同，可以通过以下例题加以说明。

【例 6-1】 已知 25℃时 CaF_2 的溶度积常数为 3.45×10^{-11}，求 CaF_2 在纯水中的溶解度(mol/L)。

解 设 CaF_2 在纯水中的溶解度为 S (mol/L)。

当 CaF_2 的溶解度为 S，则 Ca^{2+} 浓度为 S，F^- 浓度为 $2S$。

对于

$$\underset{}{CaF_2} \rightleftharpoons \underset{S}{Ca^{2+}} + \underset{2S}{2F^-}$$

则 $K_{sp}^{\ominus} = [Ca^{2+}][F^-]^2 = S\times(2S)^2 = 4S^3$

$$S = \sqrt[3]{\frac{K_{sp}^{\ominus}}{4}} = \sqrt[3]{\frac{3.45\times10^{-11}}{4}} = 2.05\times10^{-4}\ (\text{mol/L})$$

【例 6-2】 已知 25℃时 FeS 的溶度积常数 $K_{sp}^{\ominus}=6.3\times10^{-18}$，求 FeS 在纯水中的溶解度(mol/L)。

解 当 FeS 的溶解度为 S，则 Fe^{2+} 浓度为 S，S^{2-} 浓度为 S，

对于

$$FeS \rightleftharpoons \underset{S}{Fe^{2+}} + \underset{S}{S^{2-}}$$

则 $K_{sp}^{\ominus} = [Fe^{2+}][S^{2-}] = S\times S = S^2$

$$S = \sqrt{K_{sp}^{\ominus}} = \sqrt{6.3\times10^{-18}} = 2.51\times10^{-9}\ (\text{mol/L})$$

6.1.3 溶度积规则

如果混合物中含有难溶物质 A_mB_n 的构晶离子，A^{n+} 和 B^{m-} 其浓度分别为 $c_{A^{n+}}$、$c_{B^{m-}}$，则此时溶液的离子积：

$$Q_c = c_{A^{n+}}^{m}\cdot c_{B^{m-}}^{n}$$

比较 Q_c 与 $K_{sp}^{\ominus}$，就能判断溶液中有无沉淀生成或溶解。

当 $Q_c > K_{sp}^{\ominus}$ 时，说明难溶物质的溶液为过饱和溶液，即有沉淀生成；

当 $Q_c = K_{sp}^{\ominus}$ 时，说明难溶物质的溶液为饱和溶液，则沉淀刚刚生成，此时溶液中存在沉淀溶解平衡；

当 $Q_c < K_{sp}^{\ominus}$ 时，说明难溶物质的溶液为不饱和溶液，即没有沉淀生成，如果溶液中含有难溶盐，则难溶盐发生溶解。

以上即为难溶物质的溶度积规则，由此可判断沉淀溶解平衡的移动方向。

【例 6-3】 若将 0.010 mol/L$BaCl_2$ 溶液和 0.0050 mol/L Na_2SO_4 溶液等体积混合，是否会产生 $BaSO_4$ 沉淀？$K_{sp(BaSO_4)}^{\ominus} = 1.08\times10^{-10}$。

解 两溶液等体积混合，则各离子浓度分别为原始浓度的一半：

$$c_{Ba^{2+}} = \frac{0.010}{2} = 0.005\ (\text{mol/L})$$

$$c_{SO_4^{2-}} = \frac{0.005}{2} = 0.0025\ (\text{mol/L})$$

$$Q_c=0.005\times0.0025=1.25\times10^{-5}>K^{\ominus}_{sp(BaSO_4)}$$

所以能生成 $BaSO_4$ 沉淀。

6.1.4 影响难溶物质溶解度的因素

6.1.4.1 同离子效应与沉淀完全程度

难溶物质在纯水中的溶解度一般都大于其在含有构晶离子溶液中的溶解度，可通过例题加以说明。

【例 6-4】 计算 $BaSO_4$ 在纯水中的溶解度为多少？200mL $BaSO_4$ 饱和溶液中，$BaSO_4$ 的溶解损失为多少？$K^{\ominus}_{sp}=1.1\times10^{-10}$

解 当 $BaSO_4$ 的溶解度为 S，则 Ba^{2+} 浓度为 S，SO_4^{2-} 浓度为 S，

$$BaSO_4\ (s) \rightleftharpoons Ba^{2+}+SO_4^{2-}$$

$$S\quad S$$

$$S=\sqrt{K^{\ominus}_{sp}}=1.0\times10^{-5}\ (mol/L)$$

200mL $BaSO_4$ 饱和溶液中含 $BaSO_4$ 的质量为：

$$m=1.0\times10^{-5}\times233.4\times200\div1000=0.5\ (mg)$$

很显然此时已远远超过了重量分析法对沉淀溶解损失的要求（0.2mg）。

【例 6-5】 计算 $BaSO_4$ 在 0.01mol/L $BaCl_2$ 溶液中的溶解度是多少？200mL $BaSO_4$ 饱和溶液中，$BaSO_4$ 的溶解损失为多少？

解 $BaSO_4$ 的溶解度为 S，则溶解平衡时 SO_4^{2-} 浓度为 S，Ba^{2+} 浓度为（$S+0.01$）。

$$BaSO_4 \rightleftharpoons Ba^{2+}+SO_4^{2-}$$

$$S+0.01\quad S$$

$$K^{\ominus}_{sp}=S\ (S+0.01)\approx0.01S$$

$$S=1.1\times10^{-8}\ (mol/L)$$

200mL $BaSO_4$ 饱和溶液中含 $BaSO_4$ 的质量为：

$$m=1.1\times10^{-8}\times233.4\times200\div1000=5.0\times10^{-4}\ (mg)$$

很显然此时符合重量分析法对沉淀溶解损失的要求（0.2mg）。

同离子效应即为在沉淀溶解平衡中，加入含有该难溶物质相同离子的强电解质，使沉淀的溶解度降低的现象。在沉淀的洗涤中，一般不用清水进行洗涤，而用一定浓度的含有构晶离子的强电解质溶液进行洗涤，以减少沉淀溶解的损失。在进行沉淀时，往往加入过量的沉淀剂，使被沉淀的离子尽可能被完全析出。当沉淀反应后溶液中被沉淀离子的浓度小于或等于 10^{-5}mol/L 时，在定性分析中就认为被测离子完全析出，当在重量分析中有时被测离子的浓度达 10^{-6}mol/L 时，才被认为完全析出。

只有在过量沉淀剂中，被测离子才能被完全析出生成沉淀，沉淀剂过量一般为 20%～50%，对不易挥发的沉淀剂，一般过量 20%～30%，对易挥发的沉淀剂一般过量可达 50% 以上。

6.1.4.2 盐效应

根据同离子效应，沉淀剂过量越多，难溶物质的溶解度越小，但是沉淀剂过量太多，离子强度增大，使沉淀溶解度也随之增大，这种现象称之为盐效应。可见同离子效应和盐效应是同时存在、相互竞争的，这一点可通过表 6-1 加以说明。

表 6-1　$PbSO_4$ 在 Na_2SO_4 溶液中的溶解度

Na_2SO_4 浓度/(mol/L)	0	0.01	0.04	0.10	0.20
$PbSO_4$ 溶解度/(mol/L)	1.5×10^{-4}	1.6×10^{-5}	1.3×10^{-5}	1.6×10^{-5}	2.3×10^{-5}

由表 6-1 可见，当 Na_2SO_4 浓度在 0.01～0.04 mol/L 时，同离子效应占主导作用，$PbSO_4$溶解度较水中的溶解度低；当 Na_2SO_4 浓度大于 0.04mol/L 后，盐效应的作用开始抵消同离子效应，占一定的主导地位，溶解度反而增大。

一般只有当强电解质浓度＞0.05 mol/L 时，盐效应才会较为显著，特别是非同离子的其他电解质存在，否则一般可以不考虑。

6.1.4.3　酸效应

溶液的酸度对沉淀溶解平衡的影响称为酸效应。在沉淀溶解平衡体系中，加入少量的酸或碱，构晶离子如果能与酸或碱反应，使构晶离子的浓度降低，平衡向溶解方向移动，导致沉淀的溶解度增大，例如 $CaCO_3$ 可溶于 HCl 中，就是酸效应作用的结果。

(1) 难溶金属氢氧化物　难溶金属氢氧化物中的构晶离子 OH^-，可与酸反应，所以要生成氢氧化物沉淀，必须控制好溶液的 pH 值，否则沉淀很难形成。

【例 6-6】　计算欲使 0.010mol/ LSn^{2+}开始沉淀及沉淀完全时的 pH 值。$K^{\ominus}_{sp[Sn(OH)_2]}=5.45\times10^{-27}$。

解　① 开始沉淀所需的 pH 值

$$Sn(OH)_2(s) \rightleftharpoons Sn^{2+}(aq) + 2OH^-(aq)$$

$$[Sn^{2+}][OH^-]^2 = K^{\ominus}_{sp[Sn(OH)_2]}$$

$$[OH^-]^2 = \frac{K^{\ominus}_{sp}}{[Sn^{2+}]} = \frac{5.45\times10^{-27}}{0.010} = 5.45\times10^{-25}$$

$$[OH^-] = 7.38\times10^{-13}$$

$$pOH = 12.13$$

$$pH = 1.87$$

② 沉淀完全所需的 pH 值　定性沉淀完全时，$[Sn^{2+}]$ 应小于或等于 1.0×10^{-5} mol/L。故

$$[OH^-]^2 \geqslant \frac{5.45\times10^{-27}}{1.0\times10^{-5}} = 5.45\times10^{-22}$$

$$[OH^-] \geqslant 2.33\times10^{-11}$$

$$pOH \leqslant 10.63$$

$$pH \geqslant 3.37$$

欲使 0.010mol/L Sn^{2+} 开始沉淀及沉淀完全时的 pH 值分别为 1.87 和 3.37。

可见 $Sn(OH)_2$ 开始析出和完全析出都是在酸性介质中进行的，如果 pH＜1.87，则不产生沉淀。

(2) CaC_2O_4　CaC_2O_4 的溶度积 $K^{\ominus}_{sp}=2.3\times10^{-9}$，其在纯水中的溶解度为 4.82×10^{-5} mol/L，在酸溶液中存在如下的平衡：

$$CaC_2O_4(s) \rightleftharpoons Ca^{2+} + C_2O_4^{2-}$$

$$C_2O_4^{2-} + 2H^+ \rightleftharpoons 2H_2C_2O_4$$

向 CaC_2O_4 水溶液中加入酸，使 $C_2O_4^{2-}$ 浓度降低，平衡向溶解方向进行，所以 CaC_2O_4 难溶于水，易溶与酸。

(3) 硫化物　在硫化物中的构晶离子是 S^{2-}，溶液酸度的变化可以导致溶液中 S^{2-} 浓度

的变化，从而可促进硫化物沉淀的生成与溶解。

【例 6-7】 向 0.10mol/L $ZnCl_2$ 溶液中通 H_2S 气体至饱和（0.10mol/L）时，溶液中刚好有沉淀产生，求此时溶液中的 H^+。

解 因刚好有沉淀产生，所以体系处于沉淀溶解平衡状态。

$$则\ K_{sp}^{\ominus}=[Zn^{2+}][S^{2-}]$$

$$[S^{2-}]=\frac{K_{sp}^{\ominus}}{[Zn^{2+}]}=\frac{2.0\times10^{-22}}{0.10}=2.0\times10^{-21}(mol/L)$$

S^{2-} 由下列平衡提供：$H_2S \rightleftharpoons 2H^+ + S^{2-}$

$$K_{a_1}^{\ominus}K_{a_2}^{\ominus}=\frac{[H^+]^2[S^{2-}]}{[H_2S]}$$

$$[H^+]=\sqrt{\frac{K_{a_1}^{\ominus}K_{a_2}^{\ominus}[H_2S]}{[S^{2-}]}}$$

$$=\sqrt{\frac{1.3\times10^{-7}\times7.1\times10^{-15}\times0.10}{2.0\times10^{-21}}}=0.21(mol/L)$$

可见酸效应可以促进 ZnS 沉淀的生成。

6.1.4.4 生成配合物效应

如果溶液中有能与构晶离子形成配合物的配位剂存在，而增大沉淀的溶解度，甚至不产生沉淀，这种现象称为配位效应。例如，在 AgCl 固体中加入过量的氨水，其中的 Ag^+ 和 NH_3 形成配离子而使沉淀逐渐溶解。显然，形成的配合物越稳定，配位剂的浓度越大，其配位效应就越显著。

$$AgCl\ (s) \rightleftharpoons Ag^+ + Cl^-$$

$$Ag^+ + 2NH_3 \rightleftharpoons [Ag\ (NH_3)_2]^+$$

6.1.4.5 氧化还原效应

由于氧化还原反应的发生使沉淀溶解度发生改变的现象称为沉淀反应的氧化还原效应。例如，CuS 难溶于水，却易溶于具有氧化性的硝酸中。

$$CuS\ (s) \rightleftharpoons Cu^{2+}\ (aq) + S^{2-}\ (aq)$$

$$3S^{2-} + 2NO_3^- + 8H^+ \rightleftharpoons 3S\downarrow + 2NO\uparrow + 4H_2O$$

6.2 分步沉淀、沉淀的转化、沉淀的溶解

6.2.1 分步沉淀

若混合物中同时含有与同一种沉淀剂生成沉淀的多种离子，则这些离子发生先后沉淀的现象称为分步沉淀。有时可利用分步沉淀将两种或多种离子分开。

【例 6-8】 向 Cl^- 和 Br^- 浓度均为 0.010 mol/L 的溶液中，逐滴加入 $AgNO_3$ 溶液，问哪一种离子先沉淀？第二种离子开始沉淀时，溶液中第一种离子的浓度是多少？两者有无分离的可能（不考虑体积变化）？

解 根据溶度积规则，首先计算 AgCl 和 AgBr 开始沉淀所需的 Ag^+ 浓度。

刚刚析出 AgCl 沉淀时 $[Ag^+]=\frac{K_{sp(AgCl)}^{\ominus}}{[Cl^-]}=\frac{1.77\times10^{-10}}{0.010}$

$$=1.77\times10^{-8}\ (mol/L)$$

刚刚析出 AgBr 沉淀时 $[Ag^+] = \frac{K^{\ominus}_{sp(AgBr)}}{[Br^-]} = \frac{5.35\times10^{-13}}{0.010}$

$$= 5.35\times10^{-11}\ (mol/L)$$

AgBr 开始沉淀时，需要的 Ag^+ 浓度低，故 Br^- 首先沉淀出来。当 Cl^- 开始沉淀时，溶液对 AgCl 来说也已达到饱和，这时 Ag^+ 浓度必须同时满足这两个沉淀溶解平衡，所以：

$$[Ag^+] = \frac{K^{\ominus}_{sp(AgCl)}}{[Cl^-]} = \frac{K^{\ominus}_{sp(AgBr)}}{[Br^-]}$$

$$\frac{[Br^-]}{[Cl^-]} = \frac{K^{\ominus}_{sp(AgBr)}}{K^{\ominus}_{sp(AgCl)}} = \frac{5.35\times10^{-13}}{1.77\times10^{-10}} = 3.02\times10^{-3}$$

当 AgCl 开始沉淀时，Cl^- 的浓度为 0.010 mol/L，此时溶液中剩余的 Br^- 浓度为：

$$[Br^-] = \frac{K^{\ominus}_{sp(AgBr)}[Cl^-]}{K^{\ominus}_{sp(AgCl)}} = 3.02\times10^{-3}\times0.010 = 3.02\times10^{-5}\ (mol/L)$$

可见，当 Cl^- 开始沉淀时，Br^- 的浓度接近于 10^{-5}mol/L，故两者在要求不高时可以定性分离。

若两种难溶物质的溶度积相差不大时，则适当地改变溶液中被沉淀离子的浓度，也可以达到完全分离的目的。如例 6-8 中的 Cl^- 的浓度为 0.001mol/L，AgCl 开始析出时，溶液中剩余 Br^- 的浓度为：

$$[Br^-] = \frac{K^{\ominus}_{sp(AgBr)}[Cl^-]}{K^{\ominus}_{sp(AgCl)}}$$

$$= 3.02\times10^{-3}\times0.0010 = 3.02\times10^{-6}\ (mol/L)$$

此时可以将二者完全分离。

一般来说，当溶液中存在几种离子，若是同型的难溶物质，则它们的溶度积相差越大，混合离子就越易实现分离。

对于金属离子的分离，由于金属氢氧化物大多都是难溶于水的，所以常常通过控制溶液的 pH 值来实现。

【例 6-9】 某溶液中 Fe^{2+}、Fe^{3+} 的浓度分别为 0.10mol/L 和 0.01mol/L，若要使 Fe^{3+} 沉淀分离，求所应控制的溶液的 pH 值（忽略离子强度）。

解 首先求出 Fe^{3+} 开始沉淀的 pH 值：$[Fe^{3+}]\ [OH^-]^3_{始} = 2.79\times10^{-39}$

$$0.01\times[OH^-]^3_{始} = 2.79\times10^{-39}$$

$$pH_{始} = 1.8$$

当 Fe^{3+} 沉淀完全时，$[Fe^{3+}] = 10^{-5}$mol/L

$$(10^{-5})\times[OH^-]^3_{终} = 2.79\times10^{-39}$$

$$pH_{终} = 2.8$$

然后求得 Fe^{2+} 开始沉淀的 pH 值：

$$[Fe^{2+}]\ [OH^-]^2_{始} = 4.87\times10^{-17}$$

$$0.1\times[OH^-]^2_{始} = 4.87\times10^{-17}$$

$$pH_{始} = 6.4$$

因此，从理论估算，只要将溶液的 pH 值控制在 3～6 之间，就能将 Fe^{3+} 从体系中沉淀完全而 Fe^{2+} 不沉淀，从而实现二者分离。

6.2.2 沉淀的转化

通过一种试剂将一种沉淀转化为另一种沉淀的现象称为沉淀的转化。例如，在 AgCl 沉淀中加入 NaI，发现白色沉淀溶解了，此过程所涉及的平衡为：

$$AgCl \rightleftharpoons Ag^+ + Cl^-$$
$$Ag^+ + I^- \rightleftharpoons AgI$$
$$+ \overline{\qquad\qquad\qquad\qquad}$$

总的转化过程为：$AgCl + I^- \rightleftharpoons AgI + Cl^-$

转化反应的完全程度可以用标准平衡常数来衡量：

$$K^{\ominus} = \frac{[Cl^-]}{[I^-]} = \frac{K^{\ominus}_{sp(AgCl)}}{K^{\ominus}_{sp(AgI)}} = \frac{1.77 \times 10^{-10}}{8.52 \times 10^{-17}} = 2.1 \times 10^{6}$$

可见这一转化反应向右进行的趋势很大。

【例 6-10】 在 1L 水溶液中加入多少克 Na_2CO_3 固体可以使 0.01mol 固体 $BaSO_4$ 完全转化为 $BaCO_3$？

解 设加入固体 Na_2CO_3 $x$mol。

$$BaSO_4 + CO_3^{2-} \rightleftharpoons BaCO_3 + SO_4^{2-}$$

起始时相对浓度 $\qquad x \qquad 0$

平衡时相对浓度 $\qquad x-0.01 \qquad 0.01$

$$K^{\ominus} = \frac{[SO_4{}^{2-}]}{[CO_3{}^{2-}]} = \frac{K^{\ominus}_{sp(BaSO_4)}}{K^{\ominus}_{sp(BaCO_3)}} = \frac{1.1 \times 10^{-10}}{5.1 \times 10^{-9}} = 0.022$$

$$\frac{0.01}{x-0.01} = 0.022$$

$$x = 0.46$$

$$m = 0.46 \times 106 = 48 \text{ (g)}$$

6.2.3 沉淀的溶解

氢氧化物沉淀或硫化物沉淀大多数能溶解在盐酸溶液中，不同的沉淀溶解时所需要的盐酸最低浓度不一样，可通过例题加以说明。

【例 6-11】 将 0.01mol 的 CuS 溶于 1.0L 盐酸中，计算所需的盐酸的浓度。从计算结果说明盐酸能否溶解 CuS。

解 设所需盐酸浓度为 x mol/L。

$$CuS + 2H^+ \rightleftharpoons Cu^{2+} + H_2S$$

起始时相对浓度 $\qquad x \qquad 0 \qquad 0$

平衡时相对浓度 $\qquad x-0.02 \qquad 0.01 \qquad 0.01$

$$K^{\ominus} = \frac{[Cu^{2+}][H_2S][S^{2-}]}{[H^+]^2[S^{2-}]} = \frac{K^{\ominus}_{sp(CuS)}}{K^{\ominus}_{a(H_2S)}} = \frac{6.3 \times 10^{-36}}{8.9 \times 10^{-8} \times 1.26 \times 10^{-14}} = 5.6 \times 10^{-15}$$

$$K^{\ominus} = \frac{0.01^2}{(x-0.02)^2} = 5.6 \times 10^{-15}$$

解得：$\qquad x = 1.3 \times 10^{5}$ (mol/L)

可见要溶解 0.01mol 的 CuS 所需盐酸的浓度至少为 1.3×10^{5}mol/L，即 CuS 不能溶解在盐酸中。

6.3 沉淀滴定法

以沉淀反应为基础的滴定分析方法称为沉淀滴定法。目前常用的沉淀滴定法有莫尔法、佛尔哈德法、法扬斯法等。这里介绍前两种。

6.3.1 莫尔法——铬酸钾作指示剂

本法以 K_2CrO_4 作指示剂，在中性或弱碱性溶液中，用 $AgNO_3$ 标准溶液直接滴定 Cl^-、Br^- 等离子。

向含有 Cl^- 或 Br^- 的待测溶液中，加入 K_2CrO_4 指示剂，用 $AgNO_3$ 直接滴定，由于 AgCl 的溶解度小于 Ag_2CrO_4 的溶解度，因此在含有 Cl^- 或 Br^- 的溶液中，首先析出 AgCl 或 AgBr 沉淀，当滴定到化学计量点附近时，溶液中 Cl^- 或 Br^- 浓度越来越小，Ag^+ 浓度增加，当 $[Ag^+][CrO_4^{2-}] > K^{\ominus}_{sp(Ag_2CrO_4)}$ 时，生成砖红色的 Ag_2CrO_4 沉淀，以此指示滴定终点。其反应为：

$$Ag^+ + Cl^- \longrightarrow AgCl\downarrow \text{（白色）}$$

$$2Ag^+ + CrO_4^{2-} \longrightarrow Ag_2CrO_4\downarrow \text{（砖红色）}$$

应用莫尔法，必须注意下列滴定条件。

① 要严格控制 K_2CrO_4 的用量。

在计量点时，$[Ag^+] = [Cl^-] = \sqrt{1.56\times10^{-10}} = 1.25\times10^{-5}$ (mol/L)

当有 Ag_2CrO_4 沉淀时，

$$[Cr_2O_4{}^{2-}] = \frac{K^{\ominus}_{sp(Ag_2CrO_4)}}{[Ag^+]^2} = \frac{1.1\times10^{-12}}{(1.25\times10^{-5})^2} = 6.6\times10^{-3}\ \text{(mol/L)}$$

常用 CrO_4^{2-} 的浓度为 5.0×10^{-3} mol/L。

② 滴定的酸度。滴定应当在中性或弱碱性介质中进行，pH=6.5～10.5，因为在酸性溶液中 CrO_4^{2-} 转化为 $Cr_2O_7^{2-}$，使 CrO_4^{2-}，的浓度降低，影响 Ag_2CrO_4 沉淀的形成，降低了指示剂的灵敏度。

$$2H^+ + 2CrO_4^{2-} \rightleftharpoons 2HCrO_4^- \rightleftharpoons Cr_2O_7^{2-} + H_2O$$

如果溶液的碱性太强，将析出 Ag_2O 沉淀：

$$2Ag^+ + 2OH^- \rightleftharpoons Ag_2O + H_2O$$

③ 滴定时溶液中不能含有氨分子或 CN^- 等与 Ag^+ 形成配合物的配位体存在，以免生成配合物使 AgCl 沉淀溶解度增大。莫尔法的选择性不高，因为有多种金属离子如 Ba^{2+}、Pb^{2+} 等阳离子能与 CrO_4^{2-} 产生沉淀，同时也有很多阴离子如 PO_4^{3-}、AsO_4^{3-}、SO_3^{2-}、S^{2-}、CO_3^{2-}、$C_2O_4^{2-}$ 等酸根与 Ag^+ 产生沉淀，并且溶液中不能有在中性或弱碱性溶液中能发生水解的 Fe^{3+}、Al^{3+}、Bi^{3+}、Sn^{4+} 等离子存在，所以应用受到限制，但由于可以直接滴定，计算比较简单，结果准确度比较高可被人们所利用。

6.3.2 佛尔哈德法——铁铵矾作指示剂

本法以铁铵矾 $[NH_4Fe(SO_4)_2\cdot12H_2O]$ 作指示剂，在酸性介质中，用 KSCN 或 NH_4SCN 为标准溶液滴定 Ag^+。由于测定的对象不同，佛尔哈德法可分为直接滴定法和返滴定法。

6.3.2.1 直接滴定法

直接滴定法是在硝酸介质中，以铁铵矾作指示剂，用 NH_4SCN 标准溶液滴定 Ag^+，在化学计量点时，稍微过量的 SCN^- 便与 Fe^{3+} 生成红色配合物，指示滴定终点。其反应为：

$$Ag^+ + SCN^- \longrightarrow AgSCN\downarrow \text{（白色）} \qquad K^{\ominus}_{sp} = 1.0\times10^{-12}$$

$$Fe^{3+} + SCN^- \longrightarrow [Fe(SCN)]^{2+} \text{（红色）} \qquad K^{\ominus}_{稳} = 1.4\times10^{2}$$

指示剂的用量为 $[SCN^-] = 6.0\times10^{-5}$ mol/L，溶液中 $[H^+]$ 一般控制在 0.1～1

mol/L。

AgSCN 要吸附溶液中的 Ag^+，所以在滴定时必须剧烈振荡，避免指示剂过早显色，增大测定误差。若酸性太低，Fe^{3+} 将水解，生成棕色的 $Fe(OH)_3$ 沉淀，影响终点的观察并引入滴定误差。

6.3.2.2 返滴定法

在含有卤素离子的硝酸溶液中，加入一定量过量的 $AgNO_3$，以铁铵矾为指示剂，用 NH_4SCN 标准溶液回滴剩余的 $AgNO_3$。例如，滴定 Cl^- 时的主要反应：

$$Ag^+（过量）+Cl^- \longrightarrow AgCl$$

$$Ag^+（剩余）+SCN^- \longrightarrow AgSCN\downarrow$$

$$Fe^{3+}+SCN^- \longrightarrow [Fe(SCN)]^{2+}（红色）$$

当过量一滴 SCN^- 溶液时，Fe^{3+} 便与 SCN^- 反应生成红色的 $[FeSCN]^{2+}$，指示滴定终点。由于 AgSCN 的溶解度小于 AgCl，加入过量 SCN^- 时，会将 AgCl 沉淀转化为 AgSCN 沉淀使分析结果产生较大误差。

$$AgCl+SCN^- \longrightarrow AgSCN+Cl^-$$

为了避免上述情况的发生，通常采用下列措施。

① 当加入过量 $AgNO_3$ 溶液后，立即加热煮沸试液，使 AgCl 沉淀凝聚，以减少对 Ag^+ 的吸附。过滤后，再用稀 HNO_3 洗涤沉淀，并将洗涤液并入滤液中，用 NH_4SCN 标准溶液返滴定滤液中过量的 $AgNO_3$。

② 在滴定前，先加入硝基苯（有毒!），使 AgCl 进入硝基苯层而与滴定溶液隔离。由于 AgBr、AgI 的溶度积均比 AgSCN 的小，不会发生沉淀转化反应，所以用返滴定法测定溴化物、碘化物时，可在 AgBr 或 AgI 沉淀存在下进行返滴定。但要注意，Fe^{3+} 能将 I^- 氧化成 I_2。因此在测定 I^- 时，必须先加 $AgNO_3$ 溶液后再加指示剂，否则会发生如下反应影响测定结果的准确度。

$$2Fe^{3+}+2I^- \longrightarrow 2Fe^{2+}+I_2$$

佛尔哈德法的滴定是在 HNO_3 介质中进行，因此有些弱酸阴离子如 PO_4^{3-}、AsO_4^{3-}、$C_2O_4^{2-}$ 等不会干扰卤素离子的测定。

习 题

1. 已知室温时下各难溶物质的溶解度，试求它们相应溶度积（不考虑水解）。

(1) AgBr，7.1×10^{-7} mol/L；

(2) BaF_2，6.3×10-3mol/L。

2. 已知室温时以下各难溶物质的溶度积，试求它们相应的溶解度（以 mol/L 表示）：

(1) $BaSO_4$，$K_{sp}^{\ominus}=1.08\times10^{-5}$；

(2) $Fe(OH)_3$ $K_{sp}^{\ominus}=2.79\times10^{-39}$。

3. 计算 Ag_2CrO_4 在纯水和 0.01mol/L K_2CrO_4 中的溶解度。

4. 试计算用 1.0L 盐酸来溶解 0.10mol PbS 固体所需 HCl 的浓度。并说明 PbS 能否溶于盐酸？

5. (1) 在含有 3.0×10^{-2} mol/L Ni^{2+} 和 2.0×10^{-2} mol/L Cr^{3+} 的溶液中，逐渐加入浓 NaOH，使 pH 渐增，问 $Ni(OH)_2$ 和 $Cr(OH)_3$ 哪个先沉淀？试通过计算说明（不考虑体积变化）。(2) 若要分离这两种离子，溶液的 pH 应控制在何范围？

6. 溶液中含有 Ag^+、Pb^{2+}、Ba^{2+}，它们的浓度均为 1.0×10^{-2} mol/L。加入 K_2CrO_4 溶液，试通过计算说明上述离子开始沉淀的先后顺序。

7. 试计算下列沉淀转化的平衡常数。

(1) $2CuI(s)+S^{2-} \rightleftharpoons 2I^{-}+Cu_2S$

(2) $ZnS(s)+2Ag^{+}(aq) \rightleftharpoons Ag_2S(s)+Zn^{2+}(aq)$

(3) $PbCl_2(s)+CrO_4^{2-}(aq) \rightleftharpoons PbCrO_4(s)+2Cl^{-}(aq)$

8. 计算下列换算因数：

称量形	被测组分
(1) $AgBr$	Br^{-}
(2) $Mg_2P_2O_7$	P_2O_5；$MgSO_4 \cdot 7H_2O$
(3) Fe_2O_3	$FeSO_4 \cdot (NH_4)_2SO_4 \cdot 12H_2O$
(4) $PbCrO_4$	Cr_2O_3
(5) $(NH_4)_3PO_4 \cdot 12MoO_3$	Ca_3PO_4
(6) Fe_2O_3	Fe_3O_4

9. 某溶液中含有 Pb^{2+} 和 Ba^{2+}。(1) 若它们的浓度均为 0.10mol/L，问加入 Na_2SO_4 试剂，哪一种离子先沉淀？两者有无分离的可能？(2) 若 Pb^{2+} 的浓度为 0.0010mol/L，Ba^{2+} 的浓度仍为 0.10ml/L，两者有无分离的可能？

10. 如果在 1.0L Na_2CO_3 溶液中溶解 0.010mol 的 $CaSO_4$，问 Na_2CO_3 的初始浓度应为多少？

11. 某一含 K_2SO_4 及 $(NH_4)_2SO_4$ 混合试样 0.6490g，溶解后加 $Ba(NO_3)_2$，使全部 SO_4^{2-} 都形成 $BaSO_4$ 沉淀，共重 0.9770g，计算试样中 K_2SO_4 的质量分数。

12. 称取纯试样 KIO_x 0.5000g，经还原为碘化物后，以 0.1000mol/L $AgNO_3$ 标准溶液滴定，消耗 23.36mL。求该盐的化学式。

13. 将 40.00mL 0.1020mol/L 的 $AgNO_3$ 溶液加到 25.00mL $BaCl_2$ 溶液中，剩余的 $AgNO_3$ 溶液，需用 15.00mL 0.09800mol/L 的 NH_4SCN 溶液返滴定，问 25.00mL $BaCl_2$ 溶液中含 $BaCl_2$ 质量为多少？

14. 将 0.10mol/L $MgCl_2$ 与 0.10mol/L $NH_3 \cdot H_2O$ 溶液等体积混合。

(1) 能否产生 $Mg(OH)_2$ 沉淀？

(2) 若上述溶液中，加入 $NH_4Cl(s)$，不使 $Mg(OH)_2$ 沉淀出来，问 c_{NH_4Cl} 至少需多大？

15. 称取基准物质 NaCl 0.2000g，溶于水后，加入 $AgNO_3$ 标准溶液 50.00cm^3，以铁铵矾作指示剂，用 NH_4SCN 标准溶液滴定至微红色，用去 NH_4SCN 标准溶液 25.00cm^3。已知 1cm^3 NH_4SCN 标准溶液相当于 1.20cm^3 $AgNO_3$ 标准溶液，计算 $AgNO_3$ 和 NH_4SCN 溶液的浓度。

第7章

电化学和氧化还原平衡

根据反应前后元素氧化数是否发生变化，可把化学反应分成氧化还原反应和非氧化还原反应两大类。氧化还原反应的特征是反应前后某些元素的氧化数有变化。这种变化的实质就是反应物之间电子转移的结果。

例如：

$$2Na + Cl_2 = 2NaCl$$

$$H_2 + Cl_2 = 2HCl$$

这两个反应都属于氧化还原反应。

氧化还原反应是一类重要的反应，化工、冶金生产上经常涉及这类反应，电镀、电解、化学电源及金属的腐蚀与防腐都是以氧化还原反应为基础的化工行业，其中电镀、电解及化学电源等称为电化学工业。

可见，氧化还原反应涉及的范围非常广泛，不仅如此，有关氧化还原反应的理论，也是化学的基本理论之一。

7.1 氧化还原反应及其配平

7.1.1 氧化还原反应

氧化还原反应是一种有电子转移的反应，为了准确地配平其方程式，需要掌握元素氧化数的概念。

7.1.1.1 氧化数

1970 年，IUPAC 把氧化数定义为某元素一个原子的荷电数，这种荷电数是由假设把每个键中的电子指定给电负性较大的原子而求得。因此，氧化数是元素原子在化合状态时才体现出来的一种特性。

具体确定氧化数的方法如下。

① 在单质中，元素的氧化数皆为零。氧的氧化数在正常氧化物中皆为－2；在过氧化物中为－1；在氟氧化物中为正值。氢的氧化数一般为＋1，只有在活泼金属的氢化物如 NaH、CaH_2 中，氢的氧化数为－1。碱金属、碱土金属在化合物中氧化数分别为＋1、＋2。

② 在二元离子化合物中，元素原子的氧化数就等于该原子离子的电荷数。

③ 在共价化合物中，将属于两原子的共有电子对，指定给两原子中电负性较大的原子以后，在两原子上的电荷数就是它们的氧化数。

④ 对于结构未知或组成复杂的化合物，依据中性分子中各元素的氧化数代数和等于零、离子中各元素氧化数的代数和等于离子的电荷来进行推算。

氧化数可为整数，也可为分数或小数。如 Fe_2O_3 中 Fe 的平均氧化数为 $2\frac{2}{3}$；$Na_2S_4O_6$ 中，S 的平均氧化态为＋2.5。

一种元素在化合物中的氧化数，通常在该元素符号右上方用带正号或负号的阿拉伯数字表示，如 $\overset{+2}{Fe}SO_4$、$\overset{+3}{Fe_2}O_3$，有时也用罗马数字加上括号在元素符号之后表示，如Fe（Ⅱ）、Fe（Ⅲ）。

必须指出的是：在共价化合物中，氧化数和共价键数二者常不一致。例如，在 CH_4、$CHCl_3$ 和 CCl_4 中，碳的共价键数为 4，而氧化数则分别为－4、＋2、＋4。

【例 7-1】 计算 $K_2Cr_2O_7$ 中 Cr 的氧化数。

解 设在 $K_2Cr_2O_7$ 中 Cr 氧化数为 x，已知氧的氧化态为－2，K 的氧化数为＋1。

则
$$(+1)\times 2+2x+(-2)\times 7=0$$

解得：
$$x=+6$$

7.1.1.2 氧化剂、还原剂

我们把得电子从而使元素氧化数降低的过程称为还原，把失电子从而使元素氧化数升高的过程称为氧化，而把反应中得到电子的物质称为氧化剂，把反应中失去电子的物质称为还原剂。例如，在 $Zn+Cu^{2+}=\!=\!=Zn^{2+}+Cu$ 中，金属 Zn 失去 2 个电子，Zn 元素的氧化数从 0 升高到＋2，故金属 Zn 发生氧化反应，而金属 Zn 由于失去电子，故称金属 Zn 为还原剂；Cu^{2+} 得到 2 个电子，Cu 元素的氧化数从＋2 降低到 0，故金属 Cu^{2+} 发生还原反应，而 Cu^{2+} 由于得到电子，故称 Cu^{2+} 为氧化剂。

一般来说，作为氧化剂的物质应含有高氧化数的元素；反之，作为还原剂的物质应含有低氧化数的元素。

应该指出的是，一种氧化剂的氧化性或还原剂的还原性强弱，与物质的本性有关，元素的氧化数只是必要的条件，但不是决定因素，如 H_3PO_4 中 P 的氧化数为＋5，为该元素的最高氧化数，但 H_3PO_4 不具有氧化性。F^- 是 F 的最低氧化数，但它并不是还原剂。通常我们说某物质是氧化剂，是指它具有较显著的氧化性，而还原剂则是指它具有显著的还原性。

7.1.2 氧化还原反应方程式的配平

氧化还原反应方程式一般比较复杂，用直观法往往不易配平，最常用的方法有氧化数法和离子-电子法。

7.1.2.1 氧化数法

此法配平氧化还原反应方程式的原则是：根据氧化剂中元素氧化数降低的总值与还原剂中元素氧化数升高的总值相等的原则，确定氧化剂和还原剂的系数，以配平氧化数有变化的元素的原子，再配平氧化数没有变化的元素的原子，最后配平氢原子，并确定参加反应的水的分子数。

下面以 Cu 与稀 HNO_3 反应为例说明配平的步骤。

① 写出反应物和生成物的化学式。

$$Cu+HNO_3\longrightarrow Cu(NO_3)_2+NO+H_2O$$

② 标出氧化数有变化的元素，并求出反应前后氧化剂中元素氧化数降低值和还原剂中

元素氧化数升高值。

(−3)

$$Cu+HNO_3 \longrightarrow Cu(NO_3)_2+NO+H_2O$$

(+2)

③ 调整系数，使氧化数升高和降低的数值相等。

根据氧化数升高和降低的数值必须相等的原则，在有关化学式的前面各乘以相应的系数。

(−3)×2

$$Cu+HNO_3 \longrightarrow Cu(NO_3)_2+NO+H_2O$$

(+2)×3

即 $$3Cu+HNO_3 \longrightarrow 3Cu(NO_3)_2+2NO+H_2O$$

④ 配平反应前后氧化数未发生变化的原子数，一般用观察法。

生成物中除 2 个 NO 分子外，尚有 6 个 NO_3^- 左边应为 8 个 HNO_3 分子。这样方程左边有 8 个 H 原子，右边可生成 $4H_2O$ 分子，得到方程式：

$$3Cu+8HNO_3 \longrightarrow 3Cu(NO_3)_2+2NO+4H_2O$$

再核对方程式两边的氧原子数都是 24，该方程式已配平。

7.1.2.2 离子-电子法

离子-电子法配平氧化还原反应方程式的原则如下。

① 还原半反应和氧化半反应的得失电子总数必须相等；

② 反应前后各元素的原子总数必须相等。

下面以 MnO_4^- 在酸性介质中氧化 $C_2O_4^{2-}$ 的反应为例，说明离子-电子法配平的具体步骤。

第一步：根据实验事实或反应规律，写出一个没有配平的离子反应式。

$$MnO_4^- + C_2O_4^{2-} \longrightarrow Mn^{2+} + CO_2\uparrow$$

第二步：将离子反应式拆为两个半反应式。

$$C_2O_4^{2-} \longrightarrow CO_2\uparrow \quad \text{氧化反应}$$

$$MnO_4^- \longrightarrow Mn^{2+} \quad \text{还原反应}$$

第三步：使每个半反应式左右两边的原子数相等。

对于 $C_2O_4^{2-}$ 被氧化的半反应式，必须有 $C_2O_4^{2-}$ 被氧化为 $2CO_2$：

$$C_2O_4^{2-} \longrightarrow 2CO_2\uparrow$$

对于 MnO_4^- 被还原的半反应式，左边多 4 个 O 原子。由于反应是在酸性介质中进行的，为此可在半反应式的左边加上 8 个 H^+，生成 $4H_2O$。

$$MnO_4^- + 8H^+ \longrightarrow Mn^{2+} + 4H_2O$$

第四步：根据反应式两边不但原子数要相等，同时电荷数也要相等的原则，在半反应式左边或右边加减若干个电子，使两边的电荷数相等。

$$MnO_4^- + 8H^+ + 5e = Mn^{2+} + 4H_2O$$

$$C_2O_4^{2-} - 2e = 2CO_2\uparrow$$

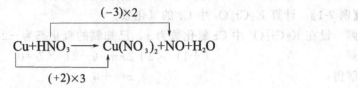

第五步：根据还原半反应和氧化半反应的得失电子总数必须相等的原则，将两式分别乘以适当系数；再将两个半反应式相加，整理并核对方程式两边的原子数和电荷数，就得到配平的离子反应方程式。

$$2\times)\ MnO_4^- + 8H^+ + 5e = Mn^{2+} + 4H_2O$$

$$+\quad 5\times)\ C_2O_4^{2-} - 2e = 2CO_2\uparrow$$

$$2MnO_4^- + 16H^+ + 5C_2O_4^{2-} = 2Mn^{2+} + 8H_2O + 10CO_2\uparrow$$

最后，也可根据要求将离子反应方程式改写为分子反应方程式。

从该例可见，在离子-电子法配平离子方程式时，如果半反应式两边的氧原子数目不等，可以根据反应进行的介质酸碱性条件，分别在两边添加适当数目的 H^+ 或 OH^- 或 H_2O，使反应式两边的 O 原子数目相等。但是要注意，在酸性介质条件下，方程式两边不应出现 OH^-；在碱性介质条件下，方程式两边不应出现 H^+。

【例 7-2】 用离子-电子法配平下列反应式（在碱性介质中）。

$$Zn^+ + ClO^- + OH^- \longrightarrow [Zn(OH)_4]^{2-} + Cl^-$$

解 （1）

$$ClO^- \longrightarrow Cl^-$$

$$Zn + 4OH^- \longrightarrow [Zn(OH)_4]^{2-}$$

（2） $$ClO^- + H_2O = Cl^- + 2OH^-$$

（3） $$ClO^- + H_2O + 2e = Cl^- + 2OH^-$$

（4） $$Zn^+ + 4OH^- - 2e = [Zn(OH)_4]^{2-}$$

（5） $$1\times)\ ClO^- + H_2O + 2e = Cl^- + 2OH^-$$

$$+\quad 1\times)\ Zn + 4OH^- - 2e = [Zn(OH)_4]^{2-}$$

$$Zn + ClO^- + 2OH^- + H_2O = Cl^- + [Zn(OH)_4]^{2-}$$

7.2 电极电势

7.2.1 原电池及其表示方法

(1) 原电池 将锌片放入 $CuSO_4$ 溶液中，立即会发生如下反应：

$$Zn + Cu^{2+} = Zn^{2+} + Cu$$

反应中，Zn 失去电子为还原剂，而 Cu^{2+} 得到电子为氧化剂，氧化剂和还原剂之间发生了电子转移：

$$Zn(s) + Cu^{2+}(aq) \xrightarrow{2e} Zn^{2+}(aq) + Cu(s)$$

这是自发进行的氧化还原反应，反应的 $\Delta_r G_m^{\ominus}(298.15K) = -212.6kJ/mol$。也就是说，如果在等温等压非体积功为零的条件下发生 1mol 反应时，体系可对环境做 212.6kJ 的功。但是必须把它设计在特殊装置中进行——即在原电池中进行。

在实验室中可以采用如图 7-1 的装置来实现这种转变。在两个分别装有 $ZnSO_4$ 和 $CuSO_4$ 溶液的烧杯中，分别插入 Zn 片和 Cu 片，并用一个充满电解质溶液（一般用饱和

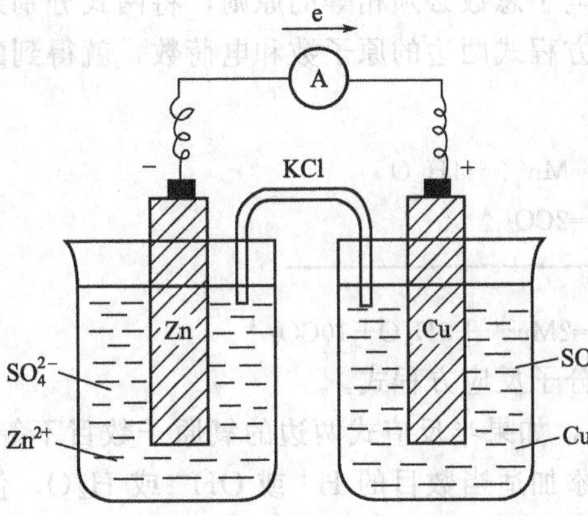

图 7-1　Cu-Zn 原电池

KCl 溶液。为了使溶液不致流出，常用琼脂与 KCl 饱和溶液制成胶冻）的 U 形管（称为盐桥）联通起来。用一个电流计（A）将两个金属片连接起来后可以观察到：电流计指针发生了偏移，说明有电流发生，原电池对外做了电功。Cu 片上有 Cu 不断沉积，Zn 片不断溶解。可以确定电流是从 Cu 极流向 Zn 极，电子则从 Zn 极流向 Cu 极。

此装置之所以能够产生电流，是由于 Zn 要比 Cu 活泼，Zn 片上 Zn 易失去电子，氧化成 Zn^{2+} 进入溶液中。

$$Zn\ (s) - 2e = Zn^{2+}\ (aq)\ (氧化反应)$$

电子定向地由 Zn 片沿导线流向 Cu 片，形成电子流，溶液中 Cu 片周围 Cu^{2+} 接受电子还原成 Cu 沉积。

$$Cu^{2+}\ (aq) + 2e = Cu\ (s)\ (还原反应)$$

在上述反应进行中，$ZnSO_4$ 溶液由于 Zn^{2+} 的增多而带正电荷；而 $CuSO_4$ 溶液由于 Cu^{2+} 的减少，SO_4^{2-} 过剩而带负电荷。盐桥的作用就是能让阳离子（主要是盐桥中的 K^+）通过盐桥向 $CuSO_4$ 溶液迁移；阴离子（主要是盐桥中的 Cl^-）通过盐桥向 $ZnSO_4$ 溶液迁移，使锌盐溶液和铜盐溶液始终保持电中性，从而使 Zn 的溶解和 Cu 的析出过程可以继续进行下去。

这种能够使氧化还原反应中的化学能转变为电能的装置，称为原电池（简称为电池）。在原电池中，电子流出的电极称为负极，负极上发生氧化反应；电子流入的电极称为正极，正极上发生还原反应。电极上发生的反应称为电极反应，两个电极反应的和为电池反应。

在 Cu-Zn 原电池中发生如下反应。

电极反应

	负极（Zn）：	$Zn(s) - 2e = Zn^{2+}(aq)$	氧化反应
+）	正极（Cu）：	$Cu^{2+}(aq) + 2e = Cu(s)$	还原反应

电池反应　　$Zn(s) + Cu^{2+}(aq) = Zn^{2+}(aq) + Cu(s)$

在 Cu-Zn 原电池中所发生的电池反应和 Zn 在 $CuSO_4$ 溶液中置换 Cu 的化学反应完全一样，所不同的只是在原电池装置中，还原剂 Zn 和氧化剂 Cu^{2+} 不直接接触，氧化反应和还原反应同时在两个不同的区域分别进行，电子经由导线进行传递。这正是原电池利用氧化还原反应能产生电流的原因所在。

(2) 电池的表示方法　为了很方便书写原电池，常常需简写。简写的顺序为：（−）负极电极-负极电解质溶液-盐桥-正极的电解质溶液-正极电极（+）。当参加电极反应的物质不能传导电子时，需用惰性电极，一般用铂丝或石墨电极。两相接触界面用“|”表示，用“‖”表示盐桥，c 表示溶液的浓度，当浓度为 $c^{\ominus} = 1mol/L$ 时，可不必写出。如有气体物质，则应标出其分压 p。

这样，Cu-Zn 原电池就可以表示为：

$$(-)\ Zn \mid ZnSO_4\ (c_1) \parallel CuSO_4\ (c_2) \mid Cu\ (+)$$

每个原电池都由两个“半电池”组成。而每一个“半电池”又都是由同一元素处于不同氧化数的两种物质构成，一种是处于低氧化数的可作为还原剂的物质（称为还原态物质）；

另一种是处于高氧化数的可作为氧化剂的物质（称为氧化态物质）。这种由同一元素氧化态物质和其对应的还原态物质所构成的整体，称为氧化还原电对，可以用符号 Ox/Red 来表示，例如 Cu^{2+}/Cu、Zn^{2+}/Zn。非金属单质及其相应的离子也可以构成氧化还原电对，例如 H^+/H_2 和 O_2/OH^-。在用 Fe^{3+}/Fe^{2+}、Cl_2/Cl^-、O_2/OH^- 等氧化还原电对作半电池时，可以用能够导电而本身不参加反应的惰性导体（如金属铂或石墨）作电极，例如氢电极可以表示为 H^+ (c) | H_2 (p) | Pt。

【例 7-3】 将下列氧化还原反应设计成原电池，并写出它的原电池符号。

$$Zn + 2H^+(c^{\ominus}) \longrightarrow Zn^{2+}(0.10mol/L) + H_2(p^{\ominus})$$

解 负极： $Zn - 2e \longrightarrow Zn^{2+}(0.10mol/L)$

正极： $H^+(c^{\ominus}) + 2e \longrightarrow H_2(g)$

原电池符号为：

$$(-)\ Zn\ |\ Zn^{2+}(0.10mol/L)\ \|\ H^+(c^{\ominus})\ |\ H_2(p^{\ominus})\ |\ Pt\ (+)$$

(3) 电极的种类 由同一元素的氧化态物质和其对应的还原态物质所构成的整体，称为氧化还原电对，也就构成了一个电极，用符号 Ox/Red 来表示。

氧化态物质和还原态物质在一定条件下，可以相互转化：

$$\text{氧化态} + ne \rightleftharpoons \text{还原态}$$

或

$$Ox + ne \rightleftharpoons Red$$

这就是电极反应的通式。

7.2.2 原电池的电动势和电极电势

在铜锌原电池中，两极一旦经导线接通，电流便从正极（铜极）流向负极（锌极）。这说明两电极之间存在电势差，而且正极的电势一定比负极高。电池电动势是在外电路电流趋于零的情况下，由正极的电极电势减去负极电极电势求得。

$$E = \varphi_{正} - \varphi_{负}$$

式中，E 为原电池的电动势；φ 为电极电势。电池电动势可以通过精密电位差计测定。

7.2.2.1 金属电极电势的产生

把金属 M 浸入它的盐溶液中，即构成所谓的金属电极，如图 7-2 所示。在金属电极中存在两种反应倾向：一方面，由于受极性溶剂分子吸引以及本身的热运动，金属 M 表面的一些原子有一种把电子留在金属上而自身以溶剂化离子进入溶液的倾向：

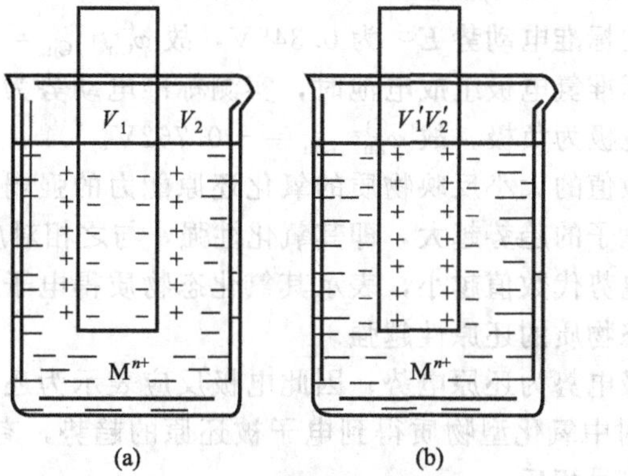

图 7-2 金属的电极电势

(a) 金属带负电；(b) 金属带正电

$$M - ne \longrightarrow M^{n+}(aq)$$

显然，温度越高，金属越活泼，溶液越稀，这种倾向越大；另一方面，溶液中的 M^{n+} (aq) 又有从金属 M 表面获得电子而沉积在金属表面上的倾向：

$$M^{n+}(aq) + ne \longrightarrow M$$

金属越不活泼，溶液越浓，这种倾向越大。当这两种倾向的速率相等时，就达到了动态平衡：

$$M(s) \rightleftharpoons M^{n+}(aq) + ne$$

若 M 失去电子的倾向大于 M^{n+}(aq)获得电子的倾向，到达平衡时将形成金属板上带负电、靠近金属板附近的溶液带正电的双电层，金属和溶液间产生了电势差，此电势差就是电极电势。

7.2.2.2 标准电极电势的确定

电极电势可以用来衡量氧化剂和还原剂的相对强弱，判断氧化还原反应自发进行的方向、程度，因此，它是一个非常重要的物理量。但是，迄今为止，人们尚无法测定或理论上计算出单个电极的电极电势的绝对值，而只能测得由两个电极组成电池的电动势。如果规定某一种电极作为标准，其他电极都同它作比较，就可测得电极电势的相对大小。

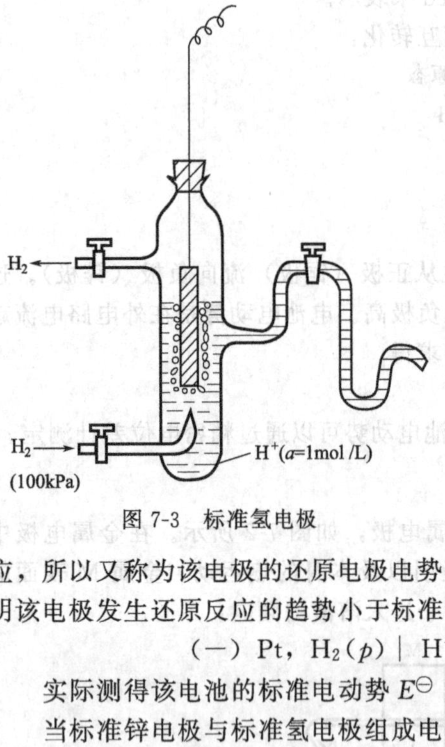

图 7-3　标准氢电极

(1) 标准氢电极　如将附有一层海绵状铂黑的铂片，浸入 $a(H^+)=1$ 的酸溶液中，在 298.15K 时，通入 H_2 并不断拍打铂片，保持 $p(H_2)$ 为 100kPa，使铂黑电极上吸附氢气达到饱和，如图 7-3 所示。此时，反应 $H_2 - 2e \rightleftharpoons 2H^+$ 处于平衡状态。若以 $\varphi^{\ominus}$ 表示标准电极电势，规定标准氢电极的电极电势为零，即 $\varphi^{\ominus}_{H^+/H_2}=0$。将标准氢电极与其他各种标准状态(298.15K，各物质的活度为 1)下的电极组成原电池，规定标准氢电极在左边，欲测电极在右边：

(－) 标准氢电极 ‖ 欲测给定电极 (＋)

$E^{\ominus}=\varphi^{\ominus}_{正}-\varphi^{\ominus}_{负}=\varphi^{\ominus}_{右}-\varphi^{\ominus}_{左}=\varphi^{\ominus}_{右}$，因此，在标准状态下测得的上述电池的标准电动势就是给定电极的标准电极电势 $\varphi^{\ominus}$。由于此给定电极发生还原反应，所以又称为该电极的还原电极电势。若给定电极实际发生氧化反应，则 $\varphi^{\ominus}$ 为负值，说明该电极发生还原反应的趋势小于标准氢电极。例如，铜半电池与标准氢电极组成原电池：

$$(-)\ Pt, H_2(p) \mid H^+(c=1mol/L) \parallel Cu^{2+}(c) \mid Cu(+)$$

实际测得该电池的标准电动势 $E^{\ominus}$ 为 0.345V，故 $\varphi^{\ominus}_{Cu^{2+}/Cu}=0.345V$。

当标准锌电极与标准氢电极组成电池时，实测标准电动势为 0.762V，但实际上标准氢电极为正极，标准锌电极为负极，故 $\varphi^{\ominus}_{Zn^{2+}/Zn}=-0.762V$。

标准电极电势代数值的大小反映物质的氧化还原能力的强弱，电极电势的代数值越大，表示其氧化态物质得电子的趋势越大，即其氧化性强，与之相对应的还原态物质的还原性越弱。与此相反，电极电势代数值越小，表示其氧化态物质得电子的趋势越小，氧化性越弱，而与之相对应的还原态物质的还原性越强。

本书所采用的电极电势为还原电势，因此电极反应表示为还原反应，如 $Zn^{2+}+2e = Zn$。还原电势表示电对中氧化型物质得到电子被还原的趋势，有的书也有采用氧化电极电势，二者数值相等、符号相反。

(2) 参比电极　标准氢电极要求 H_2 纯度高、压力稳定，而铂在溶液中易吸附其他组分而中毒失去活性，因此在实际工作中常用制备容易、使用方便、电极电势稳定的甘汞电极、银-氯化银电极等代替标准氢电极作为参比标准进行测定，这类电极称为参比电极。

甘汞电极的构造如图 7-4 所示，内玻璃管中封接一根铂丝，铂丝插入厚度为 0.5～1cm 的纯 Hg 中，下置一层 Hg_2Cl_2（甘汞）和 Hg 的糊状物，外玻璃管中装入 KCl 溶液，电极下端与待测溶液接触的部分是熔结陶瓷芯或玻璃砂芯类多孔物质。

甘汞电极的电极符号可以写为：

$$Hg \mid Hg_2Cl_2(s) \mid KCl(aq)$$

其电极反应为：

$$Hg_2Cl_2(s) + 2e \rightleftharpoons 2Hg(l) + 2Cl^-(aq)$$

常用饱和甘汞电极（KCl 溶液为饱和溶液）或者 Cl^- 浓度分别为 1mol/L、0.1mol/L 的甘汞电极作参比电极。在 298.15K 时，它们的电极电势分别为 +0.2445V、+0.2830V 和 +0.3356V。

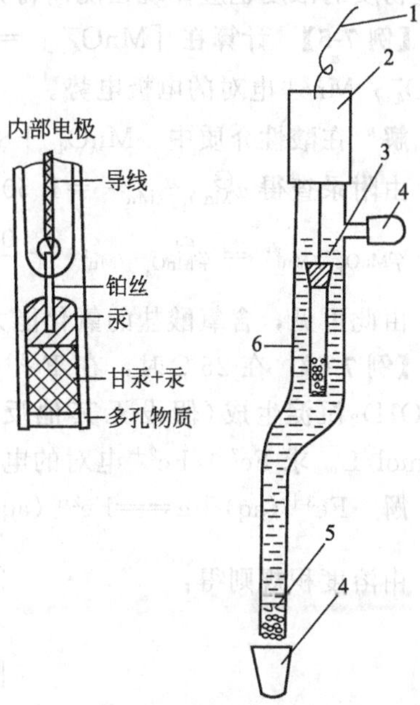

图 7-4　甘汞电极

1—导线；2—绝缘体；3—内部电极；4—橡皮帽；5—多孔物质；6—饱和 KCl

7.2.2.3　电极电势的影响因素

标准电极电势是在标准状态下测定的，实际中的化学反应往往在非标准状态下进行，而且随着反应的进行，离子的浓度也会发生变化，电极电势便随之发生变化，电极电势与温度和浓度的关系可用能斯特方程式来表示。氧化还原电对的电极反应为：

$$a\mathrm{Ox} + ne \rightleftharpoons b\mathrm{Red}$$

则根据热力学推导得：

$$\varphi = \varphi^{\ominus} + \frac{RT}{nF}\ln\frac{\left(\frac{c_{\mathrm{Ox}}}{c^{\ominus}}\right)^a}{\left(\frac{c_{\mathrm{Red}}}{c^{\ominus}}\right)^b}$$

式中，$c^{\ominus} = 1\mathrm{mol/L}$；$R$ 为气体常数[8.314J/mol·K)]；n 为电极反应的电子数；F 为法拉第常数（96486C/mol）；T 是热力学温度；φ 是电对在任一温度、浓度时的电极电势。在 298.15K 时上式可简化为：

$$\varphi = \varphi^{\ominus} + \frac{0.0592}{n}\lg\frac{c_{\mathrm{Ox}}^a}{c_{\mathrm{Red}}^b}$$

此式称为能斯特方程式。

或表示为：$\varphi = \varphi^{\ominus} + \frac{0.0592}{n}\lg\frac{[\text{氧化态}]^a}{[\text{还原态}]^b}$

应用能斯特方程式时，应注意以下几点。

① 如果组成电对的物质为纯固体或纯液体时，则不列入方程式中，如果是气体物质，要用其相对压力 $p/p^{\ominus}$ 代入，例如氯电极可以表示为：

$$Cl_2(g) + 2e \rightleftharpoons 2Cl^-(aq)$$

$$\varphi = \varphi^{\ominus} + \frac{0.0592}{2}\lg\frac{\left(\frac{p_{Cl_2}}{p^{\ominus}}\right)}{[Cl^-]^2}$$

【例 7-4】　试计算 $[Zn^{2+}] = 0.00100\mathrm{mol/L}$ 时，Zn^{2+}/Zn 电对的电极电势。

解　$$Zn^{2+}(aq) + 2e \rightleftharpoons Zn(s)$$

由附录查得 $\varphi^{\ominus}_{Zn^{2+}/Zn} = -0.7618\mathrm{V}$，故

$$\varphi_{Zn^{2+}/Zn} = \varphi^{\ominus}_{Zn^{2+}/Zn} + \frac{0.0592}{2}\lg[Zn^{2+}]$$

$$=-0.7618+\frac{0.0592}{2}\lg 0.00100$$

$$=-0.8506(V)$$

② 如果参加电极反应的除氧化态、还原态物质外，还有其他物质如 H^+、OH^- 等，则这些物质的浓度也应体现在能斯特方程式中。

【例 7-5】 计算在 $[MnO_4^-]=[Mn^{2+}]=1mol/L$、$[H^+]=10mol/L$ 的酸性介质中，MnO_4^-/Mn^{2+} 电对的电极电势。

解 在酸性介质中 $MnO_4^-+8H^++5e \longrightarrow Mn^{2+}+4H_2O$

由附录查得 $\varphi^{\ominus}_{MnO_4^-/Mn^{2+}}=1.507V$，故

$$\varphi_{MnO_4^-/Mn^{2+}}=\varphi^{\ominus}_{MnO_4^-/Mn^{2+}}+\frac{0.0592}{5}\lg[H^+]^8=1.507+\frac{0.0592\times 8}{5}=1.602(V)$$

由此可见，含氧酸盐的氧化能力随介质酸度的增加而增强。

【例 7-6】 在 25℃时，在 Fe^{3+}、Fe^{2+} 的混合溶液中加入 NaOH 溶液，有 $Fe(OH)_3$、$Fe(OH)_2$ 沉淀生成(假设无其他反应发生)。当沉淀反应达到平衡时，保持 $[OH^-]=1.0mol/L$。求 Fe^{3+}/Fe^{2+} 电对的电极电势。

解 $Fe^{3+}(aq)+e \rightleftharpoons Fe^{2+}(aq)$

由溶度积规则得：

$$[Fe^{3+}]=\frac{K^{\ominus}_{sp[Fe(OH)_3]}}{[OH^-]^3}$$

$$[Fe^{2+}]=\frac{K^{\ominus}_{sp[Fe(OH)_2]}}{[OH^-]^2}$$

由附录查得：

$$\varphi^{\ominus}_{Fe^{3+}/Fe^{2+}}=0.771V$$

$$K^{\ominus}_{sp[Fe(OH)_3]}=2.79\times 10^{-39}$$

$$K^{\ominus}_{sp[Fe(OH)_2]}=4.87\times 10^{-17}$$

故

$$\varphi_{Fe^{3+}/Fe^{2+}}=\varphi^{\ominus}_{Fe^{3+}/Fe^{2+}}+0.0592\lg\frac{[Fe^{3+}]}{[Fe^{2+}]}$$

$$=\varphi^{\ominus}_{(Fe^{3+}/Fe^{2+})}+0.0592\lg\frac{K^{\ominus}_{sp[Fe(OH)_3]}}{K^{\ominus}_{sp[Fe(OH)_2]}[OH^-]}$$

$$=0.771+0.0592\lg\frac{2.79\times 10^{-39}}{4.87\times 10^{-17}}$$

$$=-0.546(V)$$

根据标准电极电势的定义，$[OH^-]=1.0mol/L$ 时的 $\varphi_{Fe^{3+}/Fe^{2+}}$，就是电极反应 $Fe(OH)_3(s)+e \rightleftharpoons Fe(OH)_2(s)+OH^-(aq)$ 的标准电极电势 $\varphi^{\ominus}_{Fe(OH)_3/Fe(OH)_2}$：

$$\varphi^{\ominus}_{Fe(OH)_3/Fe(OH)_2}=\varphi_{Fe^{3+}/Fe^{2+}}=\varphi^{\ominus}_{Fe^{3+}/Fe^{2+}}+0.0592\lg\frac{[Fe^{3+}]}{[Fe^{2+}]}$$

$$=\varphi^{\ominus}_{Fe^{3+}/Fe^{2+}}+0.0592\lg\frac{K^{\ominus}_{sp[Fe(OH)_3]}}{K^{\ominus}_{sp[Fe(OH)_2]}}$$

从以上的例子可以看出，氧化还原电对的氧化态物质或还原态物质离子浓度的改变对电对电极电势有影响。如果电对的氧化态物质生成了沉淀(或配合物)，则电极电势将变小；如果电对的还原态物质生成了沉淀(或配合物)，则电极电势将变大。

7.2.2.4 条件电极电势

严格地讲，能斯特方程式中的 $\varphi^{\ominus}$ 标准电极电势是指在一定温度(通常为 298.15K)下，

电极反应中各组分都处于标准状态时的电极电势，即氧化态和还原态均应以活度表示，不应以浓度表示，以免产生较大的误差。

活度是考虑溶液中离子强度后的有效浓度，但我们知道的往往是溶液中物质的浓度而不是活度，为了简化起见，往往忽略溶液中离子强度的影响，以浓度代替活度进行计算。但是在实际工作中，溶液的离子强度常常是较大的，这种影响往往不可忽略。而当溶液的组成改变时，电对的氧化态和还原态的存在形式也往往随着改变，还可能发生一些副反应，从而引起电极电势的变化。在应用能斯特方程式时若不考虑这些因素，计算结果将会有较大误差。

例如，在计算 HCl 溶液中 Fe(Ⅲ)/Fe(Ⅱ)体系的电极电势时，由能斯特方程得到：

$$\varphi = \varphi^{\ominus} + 0.0592\lg\frac{\alpha_{Fe^{3+}}}{\alpha_{Fe^{2+}}}$$

$$\varphi = \varphi^{\ominus} + 0.0592\lg\frac{\gamma_{Fe^{3+}}[Fe^{3+}]}{\gamma_{Fe^{2+}}[Fe^{2+}]}$$

但是在 HCl 溶液中，铁离子与 H_2O 和 Cl^- 发生了一系列副反应：

$$Fe^{3+} + H_2O \rightleftharpoons [FeOH]^{2+} + H^+$$

$$Fe^{3+} + Cl^- \rightleftharpoons [FeCl]^{2+}$$

……

可见，溶液中除 Fe^{3+}、Fe^{2+} 外，还有 $[FeOH]^{2+}$、$[FeCl]^{2+}$、$[FeCl_6]^{3-}$、$[FeCl]^+$、$[FeCl_2]$ …存在。若用 $c_{Fe(Ⅲ)}$ 表示溶液中 Fe^{3+} 的总浓度，则

$$c_{Fe(Ⅲ)} = [Fe^{3+}] + [FeOH^{2+}] + [FeCl^{2+}] + \cdots$$

此时，Fe^{3+} 的副反应系数为 $\alpha_{Fe(Ⅲ)}$，即

$$\frac{c_{Fe(Ⅲ)}}{[Fe^{3+}]} = \alpha_{Fe(Ⅲ)}$$

同样，Fe^{2+} 的副反应系数为 $\alpha_{Fe(Ⅱ)}$，即

$$\frac{c_{Fe(Ⅱ)}}{[Fe^{2+}]} = \alpha_{Fe(Ⅱ)}$$

将上二式代入上述求 φ 公式得：

$$\varphi = \varphi^{\ominus} + 0.0592\ \lg\frac{\gamma_{Fe^{3+}}\alpha_{Fe(Ⅱ)}c_{Fe(Ⅲ)}}{\gamma_{Fe^{2+}}\alpha_{Fe(Ⅲ)}c_{Fe(Ⅱ)}}$$

$$= \varphi^{\ominus} + 0.0592\ \lg\frac{\gamma_{Fe^{3+}}\alpha_{Fe(Ⅱ)}}{\gamma_{Fe^{2+}}\alpha_{Fe(Ⅲ)}} + 0.0592\ \lg\frac{c_{Fe(Ⅲ)}}{c_{Fe(Ⅱ)}}$$

上式是考虑了上述两个因素后的能斯特方程式。但是当溶液的离子强度很大时，γ 值不易求得；当副反应很多时，求 α 值也很麻烦。因此要用此式进行计算是很复杂的。

当 $c_{Fe(Ⅲ)} = c_{Fe(Ⅱ)} = 1mol/L$ 时，可得到：

$$\varphi = \varphi^{\ominus} + 0.0592\lg\frac{\gamma_{Fe^{3+}}\alpha_{Fe(Ⅱ)}}{\gamma_{Fe^{2+}}\alpha_{Fe(Ⅲ)}} = \varphi^{\ominus\prime}$$

$\varphi^{\ominus\prime}$ 称为条件电极电势，上式中 γ 及 α 在特定条件下是一固定值，因而 $\varphi^{\ominus\prime}$ 为一常数，$\varphi^{\ominus\prime}$ 是在一定条件下，氧化态和还原态的浓度均为 1mol/L 或二者的总浓度比为 1 时的实际电极电势。

引入条件电极电势后，上式可以表示成：

$$\varphi = \varphi^{\ominus\prime} + 0.0592\lg\frac{c_{Fe(Ⅲ)}}{c_{Fe(Ⅱ)}}$$

在 298.15K 时，能斯特方程式的一般通式即为：

$$\varphi_{Ox/Red} = \varphi^{\ominus}_{Ox/Red} + \frac{0.0592}{n}\lg\frac{c_{Ox}}{c_{Red}}$$

其中

$$\varphi^{\ominus'}_{Ox/Red} = \varphi^{\ominus}_{Ox/Red} + \frac{0.0592}{n}\lg\frac{\gamma_{Ox}\alpha_{Red}}{\gamma_{Red}\alpha_{Ox}}$$

条件电极电势的大小，反映了离子强度以及各种副反应影响的总结果，说明了在外界因素的影响下该氧化还原电对的实际氧化还原能力。因此，应用条件电极电势比用标准电极电势能更正确地判断氧化还原反应的方向、次序和反应完成的程度。

附录列出了部分氧化还原半反应在不同介质中的条件电极电势 $\varphi^{\ominus'}$，均为实验测得值。在处理有关氧化还原反应的计算时，采用条件电极电势才比较符合实际情况。但在目前缺乏条件电极电势数据的情况下，可采用条件相近的条件电极电势 $\varphi^{\ominus'}$ 值进行计算。

例如，未查到1.5mol/L H_2SO_4 溶液中Fe(Ⅲ)/Fe(Ⅱ)电对的条件电极电势 $\varphi^{\ominus'}$，可以用1mol/L H_2SO_4 溶液中该电对的 $\varphi^{\ominus'}$ 值(0.670V)代替，若采用该电对的标准电极电势 $\varphi^{\ominus}$ 值(0.771V)进行计算，则误差更大。

7.3 电极电势与氧化还原平衡

标准电极电势是电化学中重要的数据之一，迄今为止，这些数据已经很齐全，它能把在水溶液中进行的氧化还原反应系统化，它主要有以下应用。

7.3.1 原电池的电动势 E 与电池反应的 $\Delta_r G_m$ 的关系

电池反应为自发进行的反应，反应的 $\Delta_r G_m < 0$，也就是说，如果在等温等压非体积功为零的条件下发生反应时，体系总可以对环境做电功 W'。

$$-\Delta G = W' = qE$$
$$\Delta G = -qE$$

已知1mol电子的电量为 F，当电池反应中有 $n$mol电子通过外电路时，转移的电量为 nF，则

$$\Delta G = -nFE$$

当电池的反应物和生成物都处于标准态时：

$$\Delta_r G^{\ominus}_m = -nFE^{\ominus}$$

【例7-7】 已知25℃铜锌原电池的标准电动势为1.103V，试计算该电池反应的标准摩尔吉布斯自由能变 $\Delta_r G^{\ominus}_m$。

解 该电池反应为：

$$Zn + Cu^{2+} \rightleftharpoons Zn^{2+} + Cu$$

由于 $\Delta_r G^{\ominus}_m = -nFE^{\ominus}$

因为发生1mol反应时需转移2mol电子，所以 $n=2$。

$\Delta_r G^{\ominus}_m = -nFE^{\ominus} = -2\times96485\times1.103 = -213(\text{kJ/mol})$

另外利用 $E^{\ominus}$ 还可以计算电池反应的标准平衡常数 $K^{\ominus}$：

$$\Delta_r G^{\ominus}_m = -nFE^{\ominus} = -RT\ln K^{\ominus}$$

$$\ln K^{\ominus} = \frac{nFE^{\ominus}}{RT}$$

在25℃时： $$\lg K^{\ominus} = \frac{nE^{\ominus}}{0.0592}$$

例如电池反应： $Zn+Cu^{2+} \rightleftharpoons Zn^{2+}+Cu$

$$\lg K^{\ominus}=\frac{nE^{\ominus}}{0.0592}=\frac{2\times(0.337+0.763)}{0.0592}=37.16$$

$$K^{\ominus}=1.45\times10^{37}$$

可见反应进行得非常完全。

7.3.2 电极电势的应用

7.3.2.1 判断氧化剂和还原剂的相对强弱及反应方向

按照还原电极电势的电极反应：

$$a\mathrm{Ox}+ne \rightleftharpoons b\mathrm{Red}$$

还原型物质如 Li、K、Ba、Ca 等单质均是强还原剂，而与之相对应的氧化型物质如 Li^+、K^+、Ba^{2+}、Ca^{2+} 等均是弱氧化剂，相反，氧化型物质如 F_2、O_2、H_2O_2、MnO_4^- 等都是强氧化剂，而与之相对应的还原型物质如 F^-、O^{2-}、H_2O、Mn^{2+} 等则是弱还原剂。所以只要标准电极电势已知，有关物质氧化还原性强弱的变化规律以及某几种物质氧化还原性的相对强弱则一目了然。例如，要确定电对 MnO_4^-/Mn^{2+}、Fe^{3+}/Fe^{2+} 及 I_2/I^- 中最强的氧化剂和最强的还原剂，可通过以下电对的电极电势进行判断：

$$MnO_4^-+8H^++5e \rightleftharpoons Mn^{2+}+4H_2O \qquad \varphi^{\ominus}=1.51V$$

$$Fe^{3+}+e \rightleftharpoons Fe^{2+} \qquad \varphi^{\ominus}=0.771V$$

$$I_2+2e \rightleftharpoons 2I^- \qquad \varphi^{\ominus}=0.353V$$

电对 MnO_4^-/Mn^{2+} 的 $\varphi^{\ominus}$ 值最大，说明其氧化型 MnO_4^- 是最强的氧化剂；电对 I_2/I^- 的 $\varphi^{\ominus}$ 值最小，说明其还原型物质 I^- 是最强的还原剂。因此各氧化型物质氧化能力的顺序为：$MnO_4^- > Fe^{3+} > I_2$，各还原型物质还原能力的顺序为：$I^- > Fe^{2+} > Mn^{2+}$，反应方向是强氧化剂和强还原剂反应生成弱氧化剂和弱还原剂。

例如：

$$MnO_4^-+5Fe^{2+}+8H^+ \rightleftharpoons Mn^{2+}+5Fe^{3+}+4H_2O$$

$$2Fe^{3+}+2I^- \rightleftharpoons 2Fe^{2+}+I_2$$

在查阅标准电极电势值时，还应注意以下几点。

① 标准电极电势分为酸性介质和碱性介质两种表，反应在酸性介质中进行应查酸表，在碱性介质中进行应查碱表。如果未注明酸碱介质，则电极反应式中出现 H^+ 的则是酸性介质，出现 OH^- 的为碱性介质；有的离子如 Fe^{3+}，只能在酸性条件下存在，应查酸表。

② 如反应物作氧化剂，查表时应先从氧化态一方查出，然后看其对应的还原态物质是否与还原产物相符，如反应物作还原剂，则应先从还原态一方查出，然后看其对应的氧化态是否与氧化产物相符，只有完全相符合时，查出的 $\varphi^{\ominus}$ 值才是正确的。

7.3.2.2 计算难溶盐的溶度积常数 $K_{sp}^{\ominus}$ 或配离子的稳定常数 $K_{稳}^{\ominus}$

原电池中电极反应一定是氧化还原反应，但是电池反应不一定是氧化还原反应，那也就是说，有一些并不是氧化还原反应，也可以设计在电池中进行，例如：

$$H^+(c_1) \longrightarrow H^+(c_2)$$

$$AgCl(s) \rightleftharpoons Ag^++Cl^-$$

$$Cu^{2+}+4NH_3 \rightleftharpoons [Cu(NH_3)_4]^{2+}$$

都可以设计在电池中进行，设计的电池如下：

$$(-)Pt(s) \mid H_2(g)(100kPa) \mid H^+(c_2) \parallel H^+(c_1) \mid H_2(g)(100kPa) \mid Pt(s)(+)$$

$$(-)Ag(s) \mid Ag^+(c_1) \parallel Cl^-(c_2) \mid AgCl(s) \mid Ag(s)(+)$$

$$(-)Cu(s) \mid [Cu(NH_3)_4]^{2+}(c_1) \parallel Cu^{2+}(c_2) \mid Cu(s)(+)$$

利用电池反应的电动势 $E^{\ominus}$，可求出反应的标准平衡常数 $K^{\ominus}$，进而求出 $K_{sp}^{\ominus}$ 或 $K_{稳}^{\ominus}$。

【例 7-8】 已知：$\varphi_{Ag^+/Ag}^{\ominus}=0.7996V$，$\varphi_{Ag/AgCl/Cl^-}^{\ominus}=0.22233V$，求 AgCl(s)的溶度积常数 $K_{sp}^{\ominus}$。

解 AgCl(s)的溶度积常数 $K_{sp}^{\ominus}$ 即为下列反应的标准平衡常数 $K^{\ominus}$，

$$AgCl(s) \rightleftharpoons Ag^+ + Cl^-$$

该反应可以设计在下面电池中进行：

$$(-)Ag(s) \mid Ag^+(c_1) \parallel Cl^-(c_2) \mid AgCl(s) \mid Ag(s)\ (+)$$

该电池的 $E^{\ominus}=\varphi_{正}^{\ominus}-\varphi_{负}^{\ominus}=\varphi_{Ag/AgCl/Cl^-}^{\ominus}-\varphi_{Ag^+/Ag}^{\ominus}$

$$=0.22233-0.7996=-0.5773\ (V)$$

根据 $\Delta_r G_m^{\ominus}=-nFE^{\ominus}=-RT\ln K^{\ominus}$

$$\ln K^{\ominus}=\frac{nFE^{\ominus}}{RT}$$

$$\ln K^{\ominus}=\frac{1\times 96485\times(-0.5773)}{8.314\times 298.15}=-22.47$$

$$K^{\ominus}=1.7\times 10^{-10}$$

即 AgCl(s)的溶度积常数 $K_{sp}^{\ominus}$ 为 1.7×10^{-10}。

从以上例题看出，设计的电池标准电极电势 $E^{\ominus}$ 为负值，说明电池反应不能自动向正方向进行，但这不影响我们计算标准平衡常数 $K^{\ominus}$。同样用类似的方法可以计算配合物的稳定常数 $K_{稳}^{\ominus}$。

7.3.2.3 计算氧化还原反应中某组分的浓度

【例 7-9】 计算下列反应 $Ag^+(aq)+Fe^{2+}(aq) \rightleftharpoons Ag(s)+Fe^{3+}(aq)$。①在 298.15K 时的标准平衡常数 $K^{\ominus}$；②如果在反应开始时，$[Ag^+]=1.0mol/L$，$[Fe^{2+}]=0.10mol/L$，求达到平衡时 Fe^{3+} 的浓度。

解 ① 将上述氧化还原反应设计构成一个原电池，则 Ag^+/Ag 电对作正极，Ag^+ 是氧化剂；Fe^{3+}/Fe^{2+} 电对作负极，Fe^{2+} 是还原剂。因 $n_1=n_2=n=1$，所以有：

$$\lg K^{\ominus}=\frac{n(\varphi_{正}^{\ominus}-\varphi_{负}^{\ominus})}{0.0592}=\frac{n(\varphi_{Ox}^{\ominus}-\varphi_{Red}^{\ominus})}{0.0592}=\frac{n[\varphi_{(Ag^+/Ag)}^{\ominus}-\varphi_{(Fe^{3+}/Fe^{2+})}^{\ominus}]}{0.0592}$$

$$=\frac{1\times(0.7996-0.771)}{0.0592}=0.483$$

故 $K^{\ominus}=3.04$

② 设达到平衡时 $[Fe^{3+}]=x\ mol/L$。

$$Ag^+(aq)+Fe^{2+}(aq) \rightleftharpoons Ag(s)+Fe^{3+}(aq)$$

初始浓度/(mol/L)	1.0	0.10	0
改变浓度/(mol/L)	$-x$	$-x$	x
平衡浓度/(mol/L)	$1.0-x$	$0.10-x$	x

$$\frac{[Fe^{3+}]}{[Ag^+][Fe^{2+}]}=K^{\ominus}$$

$$\frac{x}{(1.0-x)(0.10-x)}=3.04$$

故 $[Fe^{3+}]=x=0.074(mol/L)$

通过上述讨论可以看出，由电极电势的相对大小能够判断氧化还原反应自发进行的方向和限度。

7.3.2.4 计算有关配合物的相关问题

【例 7-10】 已知：$\varphi^{\ominus}_{Au^+/Au}=1.692\ V$，$[Au(CN)_2]^-$ 的 $K^{\ominus}_{稳}=2.0\times10^{38}$，试计算 $\varphi^{\ominus}_{Au(CN)_2^-/Au}$ 的值。已知反应方程式为：

$$4Au+8CN^-+2H_2O+O_2 = 4[Au(CN)_2]^-+4OH^-$$

解 根据题意，要计算 $\varphi^{\ominus}_{Au(CN)_2^-/Au}$ 的值，配离子 $[Au(CN)_2]^-$ 和配体 CN^- 的浓度均为 1mol/L，则可以由 $K^{\ominus}_{稳}$ 的值计算平衡时的 Au^+ 的浓度。

$$[Au(CN)_2]^- = [Au^+]+2[CN^-]$$

$$K^{\ominus}_{稳}=\frac{[Au(CN)_2^-]}{[Au^+][CN^-]^2}$$

则 $[Au^+]=5.00\times10^{-39}$ 1mol/L

根据能斯特方程得：

$$\begin{aligned}\varphi^{\ominus}_{Au(CN)_2^-/Au}=\varphi_{Au^+/Au}&=\varphi^{\ominus}_{Au^+/Au}+0.0592\lg[Au^+]\\&=1.692+0.0592\lg(5.00\times10^{-39})\\&=-0.575(V)\end{aligned}$$

可见，当 Au^+ 形成稳定的 $[Au(CN)_2]^-$ 配离子后，$\varphi^{\ominus}_{Au^+/Au}$ 减小，此时 Au 的还原能力增强，即在配体 CN^- 存在时 Au 易被氧化为 $[Au(CN)_2]^-$，这是湿法提炼金的反应原理。

7.3.2.5 元素电势图

多数元素是有多种氧化数的，可以组成多种氧化还原电对。为了方便比较这些电对的氧化态的氧化能力、还原态的还原能力以及相互之间的关系，拉铁莫尔把同一元素的不同氧化态物质按照氧化数高低的顺序排列起来，并在两种氧化态物质间的连线上标出相应电对的标准电极电势值，得到元素标准电极电势图，简称元素电势图。例如铜的元素电势图可以表示如下：

$\varphi^{\ominus}$ /V

$$Cu^{2+}\xrightarrow{0.153}Cu^{+}\xrightarrow{0.521}Cu\qquad (Cu^{2+}\ \text{—}\ Cu:\ 0.3419)$$

在两种氧化态之间的连线表示它们构成一个电对，连线上标出的数值是该电对的标准电极电势 $\varphi^{\ominus}$，单位为 V。元素的电势图用起来很方便，现举例如下。

① 判断某一处于中间氧化态的物质(或离子)能否发生歧化反应。

【例 7-11】 在酸性介质中有标准电势图如下：

$$MnO_2\ \frac{0.95V}{n_1=1}\ Mn^{3+}\ \frac{1.51V}{n_2=1}\ Mn^{2+}$$

试确定 Mn^{3+} 在酸性介质中能否稳定存在？

解 Mn^{3+} 在酸性介质中能否稳定存在取决于下列反应能否自发进行。

$$2Mn^{3+}+2H_2O = MnO_2+Mn^{2+}+4H^+$$

该氧化还原反应电动势为：

$$E^{\ominus}=\varphi^{\ominus}_{正}-\varphi^{\ominus}_{负}=1.51-0.95=0.56\ (V)$$

即在酸性介质中 Mn^{3+} 能自发进行歧化反应，所以 Mn^{3+} 在酸性介质中不能稳定存在。

如果电势图中右边的电势值大于左边的电势值，则该氧化态的物质能自动发生歧化反应。

② 利用已知电对的标准电极电势 $\varphi^{\ominus}$，求未知电对的标准电极电势 $\varphi^{\ominus}$。

如果元素的电势图如下：

$$\underbrace{A \xrightarrow[n_1]{\varphi_1^\ominus} B \xrightarrow[n_2]{\varphi_2^\ominus} C \xrightarrow[n_3]{\varphi_3^\ominus} D}_{\varphi^\ominus \quad n}$$

由式 $\Delta_r G_m^\ominus = -nFE^\ominus$，$\Delta_r G_m^\ominus$ 具有加和性，即

$$\Delta_r G_m^\ominus = \Delta_r G_{m_1}^\ominus + \Delta_r G_{m_2}^\ominus + \Delta_r G_{m_3}^\ominus$$

$$nF\varphi^\ominus = n_1 F\varphi_1^\ominus + n_2 F\varphi_2^\ominus + n_3 F\varphi_3^\ominus$$

则有

$$\varphi^\ominus = \frac{n_1\varphi_1^\ominus + n_2\varphi_2^\ominus + n_3\varphi_3^\ominus}{n}$$

式中，n_1、n_2、n_3、n 分别代表各电对内转移的电子数，且 $n=n_1+n_2+n_3$。

【例 7-12】 碱性介质中有标准电势图如下：

$$MnO_4^- \xrightarrow[n_1=1]{+0.56} MnO_4{}^{2-} \xrightarrow[n_2=2]{+0.60} MnO_2$$

求 $\varphi^\ominus_{MnO_4^-/MnO_2}$ 的值。

解 根据上述公式得：

$$3\varphi^\ominus_{MnO_4^-/MnO_2} = \varphi^\ominus_{MnO_4^-/MnO_4^{2-}} + 2\varphi^\ominus_{MnO_4^{2-}/MnO_2}$$

$$\varphi^\ominus_{MnO_4^-/MnO_2} = \frac{\varphi^\ominus_{MnO_4^-/MnO_4^{2-}} + 2\varphi^\ominus_{MnO_4^{2-}/MnO_2}}{3} = \frac{0.56 + 2\times 0.60}{3} = 0.57(V)$$

7.4 氧化还原滴定曲线

氧化还原滴定法是以氧化还原反应为基础的滴定分析法。氧化还原滴定法能直接或间接测定许多无机物和有机物。例如，用重铬酸钾法测定铁，可配制 $K_2Cr_2O_7$ 标准溶液，以二苯胺磺酸钠为指示剂，用 $K_2Cr_2O_7$ 标准溶液滴定溶液中的 Fe^{2+}，其反应为：

$$6Fe^{2+} + Cr_2O_7^{2-} + 14H^+ \longrightarrow 6Fe^{3+} + 2Cr^{3+} + 7H_2O$$

对于某些氧化数没有变化的元素，也可以通过转化为具有氧化还原性质的物质进行间接测定，例如钙含量的测定等。所以在滴定分析中，氧化还原滴定法应用较为广泛。

在氧化还原滴定法中是以氧化剂或还原剂作为标准溶液，常用的有高锰酸钾法、重铬酸钾法、碘法等滴定方法。

7.4.1 氧化还原滴定曲线

在氧化还原滴定过程中，随着标准溶液的加入，溶液中氧化还原电对的电极电势数值不断发生变化，当滴定达到化学计量点附近时，再滴入极少量的标准溶液就会引起电极电势的急剧变化。若用溶液中某电对电极电势为纵坐标，以滴定剂的体积为横坐标绘出 φ-V 曲线，即得到氧化还原滴定曲线。

现以在 1mol/L H_2SO_4 溶液中，用 0.1000mol/L $Ce(SO_4)_2$ 标准溶液滴定同浓度

20.00mL $FeSO_4$ 溶液为例，讨论滴定过程中标准溶液用量和电极电势之间量的变化情况。

滴定反应式： $Ce^{4+} + Fe^{2+} \rightleftharpoons Ce^{3+} + Fe^{3+}$

两个电对的条件电极电位： $Fe^{3+} + e \rightleftharpoons Fe^{2+}$ $\varphi^{\ominus'}_{Fe^{3+}/Fe^{2+}} = 0.68V$

$Ce^{4+} + e \rightleftharpoons Ce^{3+}$ $\varphi^{\ominus'}_{Ce^{4+}/Ce^{3+}} = 1.44V$

$$\varphi_{Fe^{3+}/Fe^{2+}} = \varphi^{\ominus'}_{Fe^{3+}/Fe^{2+}} + \frac{0.0592}{1}\lg\frac{c_{Fe(Ⅲ)}}{c_{Fe(Ⅱ)}}$$

$$\varphi_{Ce^{4+}/Ce^{3+}} = \varphi^{\ominus'}_{Ce^{4+}/Ce^{3+}} + \frac{0.0592}{1}\lg\frac{c_{Ce(Ⅳ)}}{c_{Ce(Ⅲ)}}$$

随着滴定剂的加入，两个电对的电极电势不断变化但保持相等，故溶液中各平衡点的电势可选便于计算的任一电对进行计算。

7.4.1.1 滴定开始至化学计量点前

在化学计量点前，溶液中存在着过量的 Fe^{2+}，故滴定过程中电极电势可根据 Fe^{3+}/Fe^{2+} 电对计算：

$$\varphi_{Fe^{3+}/Fe^{2+}} = \varphi^{\ominus'}_{Fe^{3+}/Fe^{2+}} + \frac{0.0592}{1}\lg\frac{c_{Fe(Ⅲ)}}{c_{Fe(Ⅱ)}}$$

此时 $\varphi^{\ominus'}_{Fe^{3+}/Fe^{2+}}$ 值随溶液中 $c_{Fe(Ⅲ)}$ 和 $c_{Fe(Ⅱ)}$ 的改变而变化。例如，当加入 $Ce(SO_4)_2$ 标准溶液量的 99.9%时，溶液中有 99.9% Fe^{2+} 转化为 Fe^{3+}，溶液中剩余 0.1%的 Fe^{2+}，溶液电势为：

$$\varphi_{Fe^{3+}/Fe^{2+}} = \varphi^{\ominus'}_{Fe^{3+}/Fe^{2+}} + \frac{0.0592}{1}\lg\frac{c_{Fe(Ⅲ)}}{c_{Fe(Ⅱ)}}$$

$$\varphi_{Fe^{3+}/Fe^{2+}} = 0.68 + 0.0592\lg\frac{99.9}{0.1} = 0.86(V)$$

在化学计量点前各滴定点的电位值可按同法计算。

7.4.1.2 化学计量点时

计量点时，$c_{Ce(Ⅳ)}$ 和 $c_{Fe(Ⅱ)}$ 都很小但相等；$c_{Ce(Ⅲ)}$ 与 $c_{Fe(Ⅲ)}$ 也相等。反应达到化学计量点时两电对的电势相等，故可以联系起来进行计算。

令化学计量点时的电势为 φ_{sp}，则

$$\varphi_{sp} = \varphi_{Ce^{4+}/Ce^{3+}} = \varphi^{\ominus'}_{Ce^{4+}/Ce^{3+}} + \frac{0.0592}{1}\lg\frac{c_{Ce(Ⅳ)}}{c_{Ce(Ⅲ)}}$$

$$= \varphi_{Fe^{3+}/Fe^{2+}} = \varphi^{\ominus'}_{Fe^{3+}/Fe^{2+}} + \frac{0.0592}{1}\lg\frac{c_{Fe(Ⅲ)}}{c_{Fe(Ⅱ)}}$$

若令

$\varphi^{\ominus'}_1 = \varphi^{\ominus'}_{Ce^{4+}/Ce^{3+}}$ $\varphi^{\ominus'}_2 = \varphi^{\ominus'}_{Fe^{3+}/Fe^{2+}}$

可得 $n_1\varphi_{sp} = n_1\varphi^{\ominus'}_1 + 0.0592\lg\frac{c_{Ce(Ⅳ)}}{c_{Ce(Ⅲ)}}$

$n_2\varphi_{sp} = n_2\varphi^{\ominus'}_2 + 0.0592\lg\frac{c_{Fe(Ⅲ)}}{c_{Fe(Ⅱ)}}$

两式相加得：

$$(n_2 + n_1)\varphi_{sp} = n_1\varphi^{\ominus'}_1 + n_2\varphi^{\ominus'}_2 + 0.0592\lg\frac{c_{Fe(Ⅲ)}c_{Ce(Ⅳ)}}{c_{Fe(Ⅱ)}c_{Ce(Ⅲ)}}$$

化学计量点时，加入 Ce^{4+} 的物质的量与 Fe^{2+} 的物质的量相等。

$$c_{Ce(Ⅳ)} = c_{Fe(Ⅱ)} \qquad c_{Ce(Ⅲ)} = c_{Fe(Ⅲ)}$$

此时 $$\lg \frac{c_{Ce(\mathrm{IV})} c_{Fe(\mathrm{III})}}{c_{Ce(\mathrm{III})} c_{Fe(\mathrm{II})}} = 0$$

故 $$\varphi_{sp} = \frac{n_1\varphi_1^{\ominus'} + n_2\varphi_2^{\ominus'}}{(n_2 + n_1)}$$

上式即为化学计量点电势的计算式，适用于电对的氧化态和还原态的系数相等时使用。

对本例 Ce^{4+} 溶液滴定 Fe^{2+}，化学计量点时的电势为：

$$\varphi_{sp} = \frac{\varphi^{\ominus'}_{Ce^{4+}/Ce^{3+}} + \varphi^{\ominus'}_{Fe^{3+}/Fe^{2+}}}{2}$$

$$= \frac{1.44 + 0.68}{2} = 1.06(\mathrm{V})$$

7.4.1.3 化学计量点后

溶液中有过量的 Ce^{4+}，可利用 Ce^{4+}/Ce^{3+} 电对计算电极电势的变化：

$$\varphi_{Ce^{4+}/Ce^{3+}} = \varphi^{\ominus'}_{Ce^{4+}/Ce^{3+}} + \frac{0.0592}{1}\lg \frac{c_{Ce(\mathrm{IV})}}{c_{Ce(\mathrm{III})}}$$

当 Ce^{4+} 过量 0.1%时，

$$\varphi_{Ce^{4+}/Ce^{3+}} = 1.44 + \frac{0.0592}{1}\lg \frac{0.1}{100} = 1.26(\mathrm{V})$$

化学计量点过后各滴定点的电极电势，可按同法计算。将滴定过程中，不同滴定点的电位计算结果于表 7-1。

表 7-1 1mol/L H_2SO_4 中，用 0.1000mol/L Ce^{4+} 滴定 0.1000mol/L Fe^{2+}

加入 Ce^{4+} 溶液体积/%	电位/V	加入 Ce^{4+} 溶液体积/%	电位/V
5.0	0.60	99.0	0.80
10.0	0.62	99.9	0.86 } 滴定突跃
20.0	0.64	100.0	1.06 } 滴定突跃
40.0	0.67	100.1	1.26 } 滴定突跃
50.0	0.68	110.0	1.38
60.0	0.69	150.0	1.42
90.0	0.74	200.2	1.44

由此可绘制滴定曲线如图 7-5 所示。

从滴定分析的误差要求小于±0.1%出发，可以从能斯特方程式导出滴定突跃范围应为 $(\varphi_2^{\ominus'} + \frac{0.0592}{n_2}\lg 10^3) \sim (\varphi_1^{\ominus'} + \frac{0.0592}{n_1}\lg 10^{-3})$，其中 $\varphi_1^{\ominus'}$、n_1 为滴定剂所在电对的条件电极电势和电子转移数，$\varphi_2^{\ominus'}$、n_2 为被滴定的待测物所在电对的条件电极电势和电子转移数。显而易见，化学计量点附近电势突跃的大小和氧化剂、还原剂两电对条件电极电势的差值有关。条件电极电势的差值较大，突跃就较大，反之则较小。

由此可以计算得到以 Ce^{4+} 滴定 Fe^{2+} 的突跃范围为 $0.68 + 0.0592 \times 3 = 0.86$ (V) 到 $1.44 + 0.0592 \times (-3) = 1.26$ (V)。即滴定剂加入量为 99.9%～100.1%时电极电势变化范围为 $1.26 - 0.86 = 0.4$ (V)，即滴定曲线的电位突跃是 0.4V，这为判断氧化还原反应滴定的可能性和选择指示剂提供了依据。

7.4.2 氧化还原反应速率的影响因素

影响氧化还原反应速率的因素主要有以下几个方面。

7.4.2.1 浓度对反应速率的影响

在一般情况下，增加反应物质的浓度可以加快反应速率。例如，在酸性溶液中重铬酸钾和碘化钾反应：

$$Cr_2O_7^{2-} + 6I^- + 14H^+ \xlongequal{} 2Cr^{3+} + 3I_2 + 7H_2O$$

若适当增大 I^- 和 H^+ 浓度，可以加快反应速率。实验结果表明，加 KI 过量约 5 倍，在 $[H^+]=0.4mol/L$ 条件下，反应速率会加快，放置 5min 反应就可以进行完全。但酸度不能太大，否则将促使空气中的氧对 I^- 的氧化速率也加快，造成分析误差。

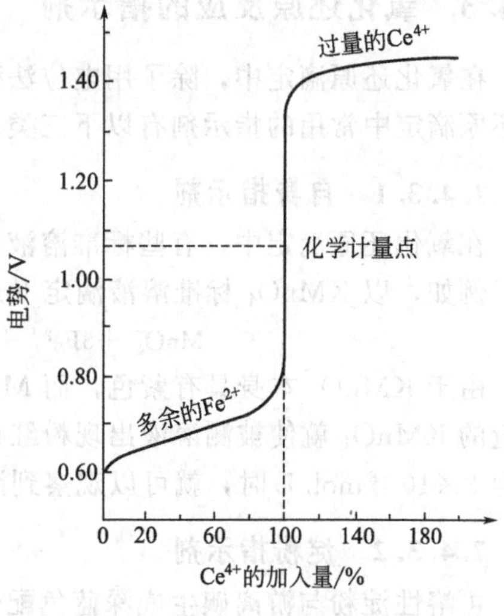

图 7-5 以 0.1000mol/L Ce^{4+} 溶液滴定 0.1000mol/L Fe^{2+} 溶液的滴定曲线

7.4.2.2 温度对反应速率的影响

温度对反应速率的影响也是很复杂的。温度的升高对于大多数反应来说，可以加快反应速率。通常温度每升高 10℃，反应速率增加 2～4 倍。例如，高锰酸钾与草酸的反应：

$$2MnO_4^- + 5C_2O_4^{2-} + 16H^+ \xlongequal{} 2Mn^{2+} + 10CO_2 + 8H_2O$$

在常温下反应的速率很慢，若温度控制在 75～85℃时，反应速率显著提高。但是，并非所有的反应都可以用加热的办法来提高反应速率。如上面介绍的 $K_2Cr_2O_7$ 和 KI 的反应，若用加热的方法来加快反应速率，则生成的 I_2 反而会挥发而引起损失。

7.4.2.3 催化剂对反应速率的影响

催化剂对反应速率的影响很大，例如，在酸性溶液中 $KMnO_4$ 与 $H_2C_2O_4$ 的反应，即使将溶液的温度升高，在滴定的最初阶段，$KMnO_4$ 褪色仍很慢，若加入少许 Mn^{2+}，反应就能很快进行。

对于 $KMnO_4$ 与 $H_2C_2O_4$ 的反应，实际应用中可不外加催化剂 Mn^{2+}。因为在酸性介质中，MnO_4^- 与 $C_2O_4^{2-}$ 反应生成 Mn^{2+}，利用生成物本身作催化剂的反应称为自动催化反应。自动催化作用有一个特点，即开始时反应速率较慢，随着反应的进行，反应生成物(催化剂)浓度逐渐增大，反应速率也越来越快。

7.4.2.4 诱导反应

在强酸性条件下进行的反应：

$$MnO_4^- + 5Fe^{2+} + 8H^+ \xlongequal{} Mn^{2+} + 5Fe^{3+} + 4H_2O$$

如果在盐酸溶液中进行该反应，就需要消耗较多的 $KMnO_4$ 溶液，这是由于同时发生了如下的反应：

$$2MnO_4^- + 10Cl^- + 16H^+ \xlongequal{} 2Mn^{2+} + 5Cl_2\uparrow + 8H_2O$$

当溶液中不含 Fe^{2+} 而是含其他还原剂如 Sn^{2+} 等时，MnO_4^- 和 Cl^- 之间的反应进行得非常缓慢，实际上可以忽略，但 Fe^{2+} 和 MnO_4^- 之间发生的氧化还原反应可以加速此反应。这种在一般情况下自身进行很慢的反应，由于另一个反应的发生而使它加速进行，称为诱导反应。

诱导反应与催化反应不同，在催化反应中，催化剂参加反应后恢复为其原来的状态，而在诱导反应中，诱导体(上例中为 Fe^{2+})参加反应后变成了其他物质。诱导反应的发生，是由于反应过程中形成的不稳定中间产物具有更强的氧化能力。

7.4.3 氧化还原反应的指示剂

在氧化还原滴定中，除了用电位法确定其终点外，通常是用指示剂来指示滴定终点。氧化还原滴定中常用的指示剂有以下三类。

7.4.3.1 自身指示剂

在氧化还原滴定中，有些标准溶液或被测的物质本身有颜色，则滴定时就无需另加指示剂。例如，以 $KMnO_4$ 标准溶液滴定 Fe^{2+}：

$$MnO_4^- + 5Fe^{2+} + 8H^+ \longrightarrow Mn^{2+} + 5Fe^{3+} + 4H_2O$$

由于 $KMnO_4$ 本身具有紫色，而 Mn^{2+} 几乎无色，所以，当滴定到化学计量点时，稍微过量的 $KMnO_4$ 就使被测溶液出现粉红色，表示滴定终点已到。实验证明，$KMnO_4$ 的浓度约为 2×10^{-6} mol/L 时，就可以观察到溶液的粉红色，所以滴定时无需另加指示剂。

7.4.3.2 淀粉指示剂

可溶性淀粉与游离碘生成深蓝色配合物的反应是专属反应。当 I_2 被还原为 I^- 时蓝色消失；当 I^- 被氧化为 I_2 时蓝色出现。当 I_2 的浓度为 2×10^{-6} mol/L 时即能看到蓝色，反应极灵敏，因而淀粉是碘量法的专属指示剂。

7.4.3.3 氧化还原指示剂

这类指示剂是本身具有氧化还原性的有机化合物，在氧化还原滴定过程中能发生氧化还原反应，而它的氧化态和还原态具有不同的颜色，因而可指示氧化还原滴定终点。现以 In(Ox)和 In(Red)分别表示指示剂的氧化态和还原态，则其氧化还原半反应如下：

$$In(Ox) + ne \rightleftharpoons In(Red)$$

根据能斯特公式得：$\varphi_{In} = \varphi_{In}^{\ominus'} + \dfrac{0.0592}{n}\lg\dfrac{c_{Ox}}{c_{Red}}$

当 $\dfrac{c_{Ox}}{c_{Red}} \geqslant \dfrac{10}{1}$ 时溶液呈氧化态的颜色，这时 $\varphi_{In} \geqslant \varphi_{In}^{\ominus'} + \dfrac{0.0592}{n}$。

当 $\dfrac{c_{Ox}}{c_{Red}} \leqslant \dfrac{1}{10}$ 时溶液呈还原态的颜色，这时 $\varphi_{In} \leqslant \varphi_{In}^{\ominus'} - \dfrac{0.0592}{n}$。

$$\varphi_{In}^{\ominus'} + \frac{0.0592}{n} \sim \varphi_{In}^{\ominus'} \sim \varphi_{In}^{\ominus'} - \frac{0.0592}{n}$$

氧化态颜色　中间色　还原态颜色

式中，$\varphi_{In}^{\ominus'}$ 为指示剂的条件电极电位，随着滴定剂体积的改变，指示剂氧化态和还原态的浓度比也发生变化，因而使溶液的颜色发生变化。同酸碱指示剂的变色情况相似，氧化还原指示剂变色的电位范围是：

$$\varphi_{In}^{\ominus'} \pm \frac{0.0592}{n}$$

一般来讲，上式的范围不大，因而可用指示剂的条件电极电位 $\varphi_{In}^{\ominus'}$ 来估计指示剂变色的电势范围是可行的。

必须注意，指示剂不同，其 $\varphi_{In}^{\ominus'}$ 不同，同一种指示剂在不同的介质中，其 $\varphi_{In}^{\ominus'}$ 也不同。表 7-2 列出一些氧化还原指示剂的条件电极电位。在选择指示剂时，应使氧化还原指示剂的条件电极电位尽量与反应的化学计量点的电位相一致，以减小滴定终点的误差。

表 7-2 一些氧化还原指示剂的 $\varphi_{In}^{\ominus'}$ 及颜色变化

指示剂	$\varphi_{In}^{\ominus'}$/V $[H^+]=1mol/L$	颜色变化	
		氧化态	还原态
次甲基蓝	0.36	蓝色	无色
二苯胺	0.76	紫色	无色
二苯胺磺酸钠	0.84	紫红色	无色
邻苯氨基苯甲酸	0.89	紫红色	无色
邻二氮菲-亚铁	1.06	浅蓝色	红色
硝基邻二氮菲-亚铁	1.25	浅蓝色	紫红色

若用 K_2CrO_7 溶液滴定 Fe^{2+}，以二苯胺磺酸钠为指示剂，则滴定到化学计量点时，稍微过量的 K_2CrO_7 溶液就使二苯胺磺酸钠由无色的还原态氧化为紫红色的氧化态，以指示滴定终点。

7.5 常用的氧化还原滴定法及应用

氧化还原滴定和氧化还原计算都相对复杂一些，所涉及的反应步骤较多。我们经常用到的氧化还原滴定方法，是以所用的氧化剂名称加以命名的，主要有高锰酸钾法、重铬酸钾法、碘法等，现分别介绍如下。

7.5.1 高锰酸钾法

(1) 概述 本法以 $KMnO_4$ 作滴定剂，$KMnO_4$ 是一种强氧化剂，它的氧化能力和还原产物都与溶液的酸度有关。在强酸性溶液中，$KMnO_4$ 被还原为 Mn^{2+}：

$$MnO_4^- + 8H^+ + 5e \rightleftharpoons Mn^{2+} + 4H_2O \qquad \varphi^{\ominus}_{MnO_4^-/Mn^{2+}} = 1.51V$$

在弱酸性、中性或弱碱性溶液中，$KMnO_4$ 被还原为 MnO_2：

$$MnO_4^- + 2H_2O + 3e \rightleftharpoons MnO_2 + 4OH^- \qquad \varphi^{\ominus}_{MnO_4^-/MnO_2} = 0.595V$$

在强碱性溶液中，MnO_4^- 被还原成 MnO_4^{2-}：

$$MnO_4^- + e \rightleftharpoons MnO_4^{2-} \qquad \varphi^{\ominus}_{MnO_4^-/MnO_4^{2-}} = 0.56V$$

可见，$KMnO_4$ 在强酸性溶液中有更强的氧化能力，同时生成无色的 Mn^{2+}，便于滴定终点的观察，因此一般都在强酸性条件下使用。但是，在碱性条件下 $KMnO_4$ 氧化有机物的反应速率比在酸性条件下更快，所以用高锰酸钾法测定有机物时，大都在碱性溶液中进行。

应用高锰酸钾法可直接滴定许多还原性物质，如 Fe^{2+}、Sb^{3+}、W^{3+}、H_2O_2、$C_2O_4^{2-}$、NO_2^- 等；也可以通过 MnO_4^- 与 $C_2O_4^{2-}$ 的反应间接测定一些非氧化还原物质，如 Ca^{2+}、Th^{4+} 等；还可以用返滴定法测定 MnO_2 的含量等。

高锰酸钾法的优点是氧化能力强，可直接或间接地测定许多无机物和有机物，在滴定时自身可作指示剂。但是 $KMnO_4$ 标准溶液不够稳定，滴定的选择性差。

(2) $KMnO_4$ 标准溶液的标定 标定 $KMnO_4$ 溶液的基准物质有 $H_2C_2O_4 \cdot 2H_2O$、$(NH_4)_2Fe(SO_4)_2 \cdot 6H_2O$、$As_2O_3$、$Na_2C_2O_4$ 等还原性物质。其中最常用的是 $Na_2C_2O_4$，它易于提纯，性质稳定，不含结晶水。

$Na_2C_2O_4$ 在 105～110℃烘干约 2h，冷却后就可以使用。在 H_2SO_4 介质中，MnO_4^- 与 $C_2O_4^{2-}$ 的反应为：

$$2MnO_4^- + 5C_2O_4^{2-} + 16H^+ \longrightarrow 2Mn^{2+} + 10CO_2\uparrow + 8H_2O$$

为了使反应定量进行，必须严格控制滴定条件。

① 酸度　在 0.5～1mol/L 之间，酸度低 MnO_4^- 生成 MnO_2，酸度太高 $H_2C_2O_4$ 会分解。

② 温度　在 75～85℃下进行缓慢滴定。滴定开始时速度不宜太快，否则滴入的$KMnO_4$来不及和 $C_2O_4^{2-}$ 反应，却在热的酸溶液中分解。

$$4MnO_4^- + 12H^+ \longrightarrow 4Mn^{2+} + 5O_2\uparrow + 6H_2O$$

温度高时 $H_2C_2O_4$ 会分解：

$$H_2C_2O_4 \longrightarrow CO_2 + CO + H_2O$$

③ 终点观察　化学计量点后稍微过量的 MnO_4^- 便使溶液呈粉红色，即 $KMnO_4$ 的浓度约为 2×10^{-6}mol/L 时，就可以观察到溶液变色，但在 0.5～1min 内不褪色就可以认为已到滴定终点。

(3) 高锰酸钾法应用示例

钙的测定高　锰酸钾法测定钙，是在一定条件下使 Ca^{2+} 与 $C_2O_4^{2-}$ 完全反应生成草酸钙沉淀，经过滤洗涤后，将 CaC_2O_4 沉淀溶于热的稀 H_2SO_4 溶液中，最后用 $KMnO_4$ 标准溶液滴定 H_2CO_4，根据所消耗 $KMnO_4$ 的量间接求得钙的含量。反应式如下：

沉淀反应　$Ca^{2+} + C_2O_4^{2-} \longrightarrow CaC_2O_4\downarrow$

沉淀溶解反应　$CaC_2O_4 + 2H^+ \longrightarrow Ca^{2+} + H_2C_2O_4$

滴定反应　$2MnO_4^- + 5H_2C_2O_4 + 6H^+ \longrightarrow 2Mn^{2+} + 10CO_2\uparrow + 8H_2O$

为了保证 Ca^{2+} 与 $C_2O_4^{2-}$ 之间能定量反应完全，并获得颗粒较大的 CaC_2O_4 沉淀，便于过滤洗涤，可先用 HCl 酸化含 Ca^{2+} 试液，再加入过量$(NH_4)_2C_2O_4$，然后在不断搅拌下用稀氨水中和试液酸度至 pH=3.5～4.5(甲基橙显黄色)，以使沉淀缓慢生成，并陈化 30min。沉淀经过过滤洗涤，直至洗涤液中不含 $C_2O_4^{2-}$ 为止。然后用 H_2SO_4 溶解 CaC_2O_4 沉淀，加热至 75～85℃，用 $KMnO_4$ 标准溶液进行滴定。必须注意，高锰酸钾法测定钙，控制试液的酸度至关重要。

7.5.2 重铬酸钾法

(1) 概述　本法以 $K_2Cr_2O_7$ 为滴定剂，在酸性条件下其半反应式为：

$$Cr_2O_7^- + 14H^+ + 6e \rightleftharpoons 2Cr^{3+} + 7H_2O \qquad \varphi^{\ominus}_{(Cr_2O_7^{2-}/Cr^{3+})} = 1.33V$$

可见 $K_2Cr_2O_7$ 是一种较强氧化剂，虽然 $K_2Cr_2O_7$ 在酸性溶液中的氧化能力不如 KMnO$_4$ 强，应用范围不如 $KMnO_4$ 法广泛。但 $K_2Cr_2O_7$ 法与 $KMnO_4$ 法相比却具有许多优点：①易于提纯，可用直接法配制 $K_2Cr_2O_7$ 标准溶液；②$K_2Cr_2O_7$ 溶液稳定，可长期保存在密闭容器中，且浓度不变；③$K_2Cr_2O_7$ 的氧化能力不如 $KMnO_4$ 强，所以用 $K_2Cr_2O_7$ 滴定时，可在盐酸溶液中进行，不受 Cl^- 还原作用的影响。

采用重铬酸钾法滴定，需用氧化还原指示剂(如二苯胺磺酸钠)确定终点。

(2) 重铬酸钾法应用示例

① 铁矿石中含铁量的测定　重铬酸钾法测定铁含量的滴定反应为：

$$6Fe^{2+} + Cr_2O_7^{2-} + 14H^+ \longrightarrow 6Fe^{3+} + 2Cr^{3+} + 7H_2O$$

试样(铁矿石)一般用热浓盐酸溶解，用 $SnCl_2$ 趁热把 Fe^{3+} 还原为 Fe^{2+}，冷却后用 $HgCl_2$ 氧化过量的 $SnCl_2$。用水稀释并加入 H_2SO_4-H_3PO_4 混合酸，目的是一方面使 Fe^{3+} 生成无色稳定的 $[Fe(HPO_4)_2]^-$，使 Fe^{3+} 的浓度降低，此时氧化还原电对 Fe^{3+}/Fe^{2+} 的电极电势降低，使滴定突跃增大；另一方面消除 Fe^{3+}(黄色)的影响，使滴定误差降低。以二苯胺磺酸钠为指示剂，用 $K_2Cr_2O_7$ 标准溶液滴定至溶液由浅绿色（Cr^{3+} 的颜色）变为紫红色，即为滴定终点，处理过程的主要反应式如下：

$$2FeCl_4^- + SnCl_2 + 4Cl^- \longrightarrow 2FeCl_4^{2-} + SnCl_6^{2-}$$

$$SnCl_2 + 2HgCl_2 \longrightarrow Hg_2Cl_2(\text{白色})\downarrow + SnCl_4$$

② 化学需要氧量（COD）的测定　在一定条件下用强氧化剂氧化废水试样（有机物）所消耗氧化剂的氧的量，称为化学需氧量，它是衡量水体被还原性物质污染的主要指标之一，目前已成为环境监测分析的重要项目。

化学需氧量测定的方法是在酸性溶液中以硫酸银为催化剂，加入过量 $K_2Cr_2O_7$ 标准溶液，当加热煮沸时 $K_2Cr_2O_7$ 能完全氧化废水中有机物质和其他还原性物质。过量的 $K_2Cr_2O_7$ 以邻二氮杂菲-Fe(Ⅱ)为指示剂，用 Fe^{2+} 标准溶液返滴定。从而计算出废水试样中还原性物质所消耗的 $K_2Cr_2O_7$ 量，即可换算水试样的化学需氧量，O_2 的量以 mg/L 表示。

7.5.3 碘量法

(1) 概述　以 I_2 作为氧化剂或以 I^- 作为还原剂进行测定的分析方法称为碘量法。

由于固体 I_2 在水中的溶解度很小（0.0013mol/L）且易挥发，应用时常将 I_2 溶解在 KI 溶液中形成 I_3^-，如：

$$I_2 + I^- \rightleftharpoons I_3^-$$

为方便和明确化学计量关系，一般仍简写为 I^-，其半反应式为：

$$I_2 + 2e \rightleftharpoons 2I^- \qquad \varphi^{\ominus}_{I_2/I^-} = 0.545V$$

由电对的电极电位数值可知，I_2 是较弱的氧化剂，可与较强的还原剂作用；而 I^- 则是中等强度的还原剂，能与许多氧化剂作用，因此，碘量法测定可用直接和间接的两种方式进行。

① 直接碘量法　电极电位比 $\varphi^{\ominus}_{I_2/I^-}$ 小的还原性物质，可以直接用 I_2 的标准溶液滴定，这种方法称为直接碘量法。

例如，SO_2 用水吸收后，可用 I_2 标准溶液直接滴定，其反应式为：

$$I_2 + SO_2 + 2H_2O \longrightarrow 2I^- + SO_4^{2-} + 4H^+$$

又如，硫化物在酸性溶液中能被 I_2 所氧化，其反应式为：

$$S^{2-} + I_2 \longrightarrow S + 2I^-$$

但是直接碘量法不能在碱性溶液中进行，当溶液的 $pH>8$ 时，部分 I_2 要发生歧化反应：

$$3I_2 + 6OH^- \longrightarrow IO_3^- + 5I^- + 3H_2O$$

即使酸性溶液中，也是有少数还原能力强而又不受 H^+ 浓度影响的物质才能与 I_2 定量反应，又由于碘的标准电极电位不高，所以直接碘量法不能被广泛应用。

② 间接碘量法　电极电位比 $\varphi^{\ominus}_{I_2/I^-}$ 大的氧化性物质，在一定条件下用 I^- 还原，定量析出的 I_2，可用 $Na_2S_2O_3$ 标准溶液进行滴定，这种方法称为间接碘量法。例如，Cu^{2+} 的测定是将过量的 KI 与 Cu^{2+} 反应，定量析出 I_2，然后用 $Na_2S_2O_3$ 标准溶液滴定，其反应如下：

$$Cu^{2+} + 2I^- \longrightarrow I_2 + Cu$$

$$I_2 + 2S_2O_3^{2-} \longrightarrow 2I^- + S_4O_6^{2-}$$

间接碘法可用于测定 $K_2Cr_2O_7$、$KMnO_4$、K_2CrO_4、H_2O_2、AsO_4^{3-}、SbO_4^{3-}、ClO_4^-、NO_2^-、IO_3^-、BrO_3^- 等氧化性物质。在间接碘量法应用过程中必须注意如下三个反应条件。

a. 控制溶液的酸度。I_2 和 $S_2O_3^{2-}$ 之间的反应必须在中性或弱酸性溶液中进行，如果在碱性溶液中，I_2 和 $S_2O_3^{2-}$ 发生如下副反应：

$$S_2O_3^{2-}+4I_2+10OH^- \longrightarrow 2SO_4^{2-}+8I^-+5H_2O$$

在碱性溶液中 I_2 还会发生歧化反应。

若在强酸性溶液中，$Na_2S_2O_3$ 溶液会发生分解。其反应为：

$$S_2O_3^{2-}+2H^+ \longrightarrow SO_2\uparrow+S\downarrow+H_2O$$

b. 防止碘的挥发和被空气中的 O_2 氧化 I^-。必须加入过量的 KI(一般比理论用量大 2～3 倍)形成 I_3^-，增大碘的溶解度，降低 I_2 的挥发性。滴定一般在室温下进行，操作要迅速，不宜过分振荡溶液，以减少 I^- 与空气的接触。酸度较高和阳光直射，都可促进空气中的 O_2 对 I^- 的氧化作用：

$$4I^-+O_2+4H^+ \longrightarrow 2I_2+2H_2O$$

滴定时最好用带有磨口玻璃塞的碘量瓶。

c. 注意淀粉指示剂的使用。应用间接碘量法滴定，一般要在滴定接近终点前加入淀粉指示剂。若是加入太早，则会有部分 I_2 与淀粉结合生成蓝色物质，这一部分 I_2 就不易与 $Na_2S_2O_3$ 溶液反应，将给滴定带来负误差。

可见碘量法的误差主要来源是因为 I_2 挥发性强、I^- 在酸性溶液中易被空气中的氧气所氧化，所以一般在中性或弱酸性溶液中及低于 25℃下滴定，I_2 溶液应保存在棕色的密闭容器中，在间接碘量法中，析出的碘应迅速滴定，最好在碘量瓶中滴定且不要剧烈振荡。

(2) 标准溶液

① I_2 溶液的配制和标定　由于 I_2 挥发性强，需用间接法配制。一般是用碘与过量 KI 共置于研钵中加少量水研磨，待溶解后再稀释到一定体积，配制成近似浓度的溶液置于棕色瓶中，然后再进行标定。I_2 溶液应避免与橡皮接触，并防止日光照射、受热等。

I_2 标准溶液的标定，可用已知准确浓度的 $Na_2S_2O_3$ 标准溶液滴定而求得，也可以用基准物质 As_2O_3(砒霜，有剧毒)来标定。由于 As_2O_3 难溶于水，易溶于碱性溶液中，生成亚砷酸盐，再与碘反应。

$$As_2O_3+6OH^- \longrightarrow 2AsO_3^{3-}+3H_2O$$

$$AsO_3^{3-}+H_2O+I_2 \longrightarrow AsO_4^{3-}+2I^-+2H^+$$

上述反应在中性或微碱性溶液中能定量地向右进行，因此，通常是加入碳酸氢钠使亚砷酸盐溶液的 pH=8，然后用 I_2 溶液进行滴定。滴定反应为：

$$2AsO_3^{3-}+4HCO_3^-+I_2 \longrightarrow 2AsO_4^{3-}+2I^-+4CO_2+2H_2O$$

② $Na_2S_2O_3$ 溶液的标定　固体 $Na_2S_2O_3\cdot 5H_2O$ 容易风化，并含有少量 S、S^{2-}、SO_3^{2-}、CO_3^{2-} 和 Cl^- 等杂质，不能直接配制标准溶液，需用间接法配制。标定 $Na_2S_2O_3$ 溶液的基准物质有纯碘、KIO_3、$KBrO_3$、$K_2Cr_2O_7$ 等。除纯碘外，它们都能与 KI 反应析出 I_2。

$$IO_3^-+5I^-+6H^+ \longrightarrow 3I_2+3H_2O$$

$$BrO_3^-+6I^-+6H^+ \longrightarrow 3I_2+3H_2O+Br^-$$

$$Cr_2O_7^{2-}+6I^-+14H^+ \longrightarrow 2Cr^{3+}+3I_2+7H_2O$$

析出的 I_2 用 $Na_2S_2O_3$ 标准溶液滴定。标定时应注意以下几点。

a. 基准物(如 KIO_3、$K_2Cr_2O_7$)与 KI 反应时，溶液开始酸度一般在 0.2～0.4mol/L。

b. $K_2Cr_2O_7$ 与 KI 的反应速率较慢，应将碘量瓶在暗处放置约 5min，待反应完全后再以 $Na_2S_2O_3$ 溶液滴定。KIO_3 与 KI 的反应快，不需要放置。

c. 在以淀粉作指示剂时，应先以 $Na_2S_2O_3$ 溶液滴定至大部分 I_2 已作用，滴定至溶液呈浅黄色，即接近化学计量点时再加入淀粉溶液，用 $Na_2S_2O_3$ 溶液继续滴定至蓝色恰好消失，即为终点。

但是，溶于水中的 CO_2 使水呈弱酸性，$Na_2S_2O_3$ 在酸性溶液中会缓慢分解：

$$Na_2S_2O_3+H_2CO_3 = NaHCO_3+NaHSO_3+S\downarrow$$

生成的 HSO_3^- 与 I_2 的反应为：

$$HSO_3^-+I_2+H_2O = HSO_4^-+2I^-+2H^+$$

由此可知，一分子的 $NaHSO_3$ 消耗一分子的 I_2，而两分子的 $Na_2S_2O_3$ 才能和一分子的 I_2 作用，这样就影响 I_2 与 $Na_2S_2O_3$ 反应时的化学计量关系，导致 $Na_2S_2O_3$ 对 I_2 的滴定度增加，造成误差。

另外，水中的微生物会消耗 $Na_2S_2O_3$ 中的硫，使它变成 Na_2SO_4，这是 $Na_2S_2O_3$ 浓度变化的主要原因，空气中氧也与 $Na_2S_2O_3$ 发生作用：

$$2Na_2S_2O_3+O_2 = 2Na_2SO_4+2S\downarrow$$

(3) 碘法应用示例 维生素 C(药片)的测定。维生素 C 又称为抗坏血酸，其分子式为 $C_6H_8O_6$，摩尔质量为 176.12g/mol 。由于维生素 C 分子中的烯二醇基具有还原性，所以它能被 I_2 定量地氧化成二酮基。维生素 C(药片)含量的测定方法：准确称取含维生素 C(药片)试样，溶解在新煮沸且冷却的蒸馏水中，以 HAc 酸化，加入淀粉指示剂，迅速用 I_2 标准溶液滴定至终点(呈现稳定的蓝色)。

必须注意：维生素 C 的还原性很强，在空气中易被氧化，在碱性介质中更容易被氧化，所以在实验操作上不但要熟练，而且在酸化后应立即滴定。由于蒸馏水中含有溶解氧，必须事先煮沸，否则会使测定结果偏低。如果有能被 I_2 直接氧化的物质存在，则对本测定有干扰。

7.6 实 验

7.6.1 $Na_2S_2O_3$ 标准溶液的配制与标定

7.6.1.1 实验目的

① 掌握 $Na_2S_2O_3$ 标准溶液的配制方法和注意事项。

② 学习使用碘瓶和正确判断淀粉指示液指示终点。

③ 了解置换碘量法的过程、原理，并掌握用基准物 $K_2Cr_2O_7$ 标定 $Na_2S_2O_3$ 溶液浓度的方法。

7.6.1.2 实验原理

硫代硫酸钠标准溶液常用于碘量法，通常用 $Na_2S_2O_3\cdot 5H_2O$ 配制，由于 $Na_2S_2O_3$ 遇酸即迅速分解产生 S，配制时若水中含 CO_2 较多，则 pH 偏低，容易使配制的 $Na_2S_2O_3$ 变混浊。另外水中若有微生物也能够慢慢分解 $Na_2S_2O_3$。因此，配制 $Na_2S_2O_3$ 通常用新煮沸放冷的蒸馏水，并先在水中加入少量 Na_2CO_3，然后再把 $Na_2S_2O_3$ 溶于其中。

标定 $Na_2S_2O_3$ 溶液可用 $KBrO_3$、KIO_3、$K_2Cr_2O_7$、$KMnO_4$ 等氧化剂，以 $K_2Cr_2O_7$ 用得最多。标定时采用置换滴定法。准确称取一定量的 $K_2Cr_2O_7$ 基准试剂，配成溶液，加入过量 KI，在酸性条件下定量完成下列反应：

反应 (1) $$Cr_2O_7^{2-}+14H^++6I^- = 3I_2+2Cr^{3+}+7H_2O$$

在酸度较低时此反应完成较慢，若酸度太强又有KI被空气氧化生成I_2的危险，因此必须注意酸度的控制并避光放置10min，此反应才能定量完成。

反应（1）生成的I_2，以淀粉溶液作指示剂，用欲标定的$Na_2S_2O_3$溶液滴定：

反应（2）
$$2S_2O_3^{2-}+I_2 = S_4O_6^{2-}+2I^-$$

淀粉溶液在有I^-存在时能与I_2分子形成蓝色可溶性吸附化合物，使溶液呈蓝色。达到终点时，溶液中的I_2全部与$Na_2S_2O_3$作用，则蓝色消失。但开始I_2太多，被淀粉吸附得过牢，就不易被完全夺出，并且也难以观察终点，因此必须在滴定至近终点时方可加入淀粉溶液。

$Na_2S_2O_3$与I_2的反应只能在中性或弱酸性溶液中进行，因为在碱性溶液中会发生下面的副反应：

$$S_2O_3^{2-}+4I_2+10OH^- = 2SO_4^{2-}+8I^-+5H_2O$$

而在酸性溶液中$Na_2S_2O_3$又易分解：

$$S_2O_3^{2-}+2H^+ = S\downarrow+SO_2\uparrow+H_2O$$

所以进行滴定以前溶液应加以稀释，一为降低酸度，二为使终点时溶液中的Cr^{3+}不致颜色太深，影响终点观察。另外KI浓度不可过大，否则I_2与淀粉所显颜色偏红紫，也不利于观察终点。

由反应(1)、(2)可知$K_2Cr_2O_7$与$Na_2S_2O_3$反应的物质的量比为1∶6，即

$$Cr_2O_7^{2-}\text{-}3I_2\text{-}6S_2O_3^{2-}$$

因此根据滴定的$Na_2S_2O_3$溶液的体积和所取$K_2Cr_2O_7$的质量，即可算出$Na_2S_2O_3$溶液的准确浓度，计算公式如下：

$$c_{Na_2S_2O_3}=\frac{6m_{K_2Cr_2O_7}}{V_{Na_2S_2O_3}\times 294.18}\times\frac{25.00}{250.0}$$

7.6.1.3 仪器与药品

仪器：棕色碱式滴定管、锥形瓶、容量瓶(250mL)、移液管(25mL)、烧杯(100mL，1000mL)，量筒(10mL，100mL)、电子天平。

药品：$K_2Cr_2O_7$固体、$Na_2S_2O_3\cdot 5H_2O$固体、KI固体、HCl溶液(2mol/L)、淀粉指示剂(10g/L)、$Na_2C_2O_3$固体。

7.6.1.4 实验步骤

(1) $Na_2S_2O_3$标准溶液(0.1mol/L)的配制　称取$Na_2S_2O_3\cdot 5H_2O$固体25g于1000mL烧杯中，加入300mL新煮沸已冷却的蒸馏水，完全溶解后，加入0.2g Na_2CO_3，用新煮沸放冷的蒸馏水稀释至1000mL，保存在棕色试剂瓶中，于暗处放置10天再标定。

(2) $K_2Cr_2O_7$标准溶液的配制　准确称取0.6～0.7g $K_2Cr_2O_7$固体于100mL烧杯中，加入约20mL蒸馏水，溶解后转移至250mL容量瓶中，定容，摇匀。

(3) $Na_2S_2O_3$溶液的标定　用移液管移取25.00mL $K_2Cr_2O_7$溶液置于碘瓶中，加约2g KI固体、蒸馏水15mL、4mol/L HCl溶液5mL，塞紧，摇匀，在暗处放置10min。然后加蒸馏水50mL稀释，用$Na_2S_2O_3$溶液快速滴定至呈浅黄绿色时，加淀粉指示液2mL，继续用$Na_2S_2O_3$溶液滴定至蓝色刚刚消失而显亮绿色时停止，记录滴定管读数于表7-3。平行测定三次，相对偏差不能超过0.2%。为防止反应产物I_2的挥发损失，平行试验的碘化钾试剂不要在同一时间加入，做一份加一份。

7.6.1.5 数据记录与计算

数据记录与计算见表7-3。

表7-3 数据记录表

记录项目	1	2	3
$m_{倾样前}/g$			
$m_{倾样后}/g$			
$m_{K_2Cr_2O_7}/g$			
移取试液中 $m_{K_2Cr_2O_7}/g$			
滴定管初读数/mL			
滴定管终读数/mL			
滴定消耗 $Na_2S_2O_3$ 体积/mL			
$c_{Na_2S_2O_3}/(mol/L)$			
$\bar{c}_{Na_2S_2O_3}/(mol/L)$			
相对极差/%			

7.6.1.6 注意事项

① $K_2Cr_2O_7$ 与 KI 反应进行较慢，在稀溶液中尤其慢，故在加水稀释前，应放置10min，使反应完全。

② 滴定前，溶液要加水稀释。

③ 酸度影响滴定，应保持在0.2～0.4mol/L的范围内。

④ KI要过量，但浓度不能超过2%～4%，因为碘离子太浓，淀粉指示剂的颜色转变不灵敏。

⑤ 终点有回褪现象，如果不是很快变蓝，可认为是由于空气中氧的氧化作用造成，不影响结果；如果很快变蓝，说明 $K_2Cr_2O_7$ 与 KI 反应不完全。

⑥ 近终点，即溶液呈绿里带点棕色时，才可加指示剂。

⑦ 滴定开始时要掌握慢摇快滴，但近终点时，要慢滴，并用力振摇，防止吸附。

7.6.2 $KMnO_4$ 标准溶液的配制与标定

7.6.2.1 实验目的

① 掌握 $KMnO_4$ 标准溶液的配制方法和保存方法。

② 掌握 $Na_2C_2O_4$ 标定 $KMnO_4$ 标准溶液浓度的方法。

③ 练习使用自身指示剂。

7.6.2.2 实验原理

$KMnO_4$ 是一种强氧化剂，纯的 $KMnO_4$ 相当稳定，但市售 $KMnO_4$ 中含有少量 MnO_2 及硝酸盐、硫酸盐和氯化物等杂质。水及空气中的微量还原性物质，都会与 $KMnO_4$ 缓慢发生反应，引起配制的溶液中析出 MnO_2 或 $MnO(OH)_2$ 沉淀，这些四价锰的物质会进一步促使 $KMnO_4$ 溶液的分解。为了得到稳定的 $KMnO_4$ 溶液，需将溶液中析出的四价锰的沉淀物质用玻璃砂芯漏斗过滤掉，然后置于棕色试剂瓶中，避光保存。

标定 $KMnO_4$ 溶液的基准物有 $H_2C_2O_4 \cdot 2H_2O$、$Na_2C_2O_4$、As_2O_3、纯铁等，其中 $Na_2C_2O_4$ 最为常用，它易于提纯，性质稳定，在酸性介质中与 $KMnO_4$ 发生下列反应：

$$2MnO_4^- + 16H^+ + 5C_2O_4^{2-} \longrightarrow 2Mn^{2+} + 8H_2O + 10CO_2\uparrow$$

由于 $Na_2C_2O_4$ 和 $KMnO_4$ 反应较慢，故开始滴定时加入的 $KMnO_4$ 不能立即褪色，但一经反应生成 Mn^{2+} 后，由于 Mn^{2+} 对反应有催化作用，反应速度加快。滴定中加热滴定溶液以提高反应速度，滴定温度应控制在 75～85℃，不能低于 60℃。温度也不宜太高，否则草酸将分解。

MnO_4^- 为紫红色，Mn^{2+} 为无色，当溶液中 MnO_4^- 浓度达到 2×10^{-6} mol/L 时，人眼即可观察到粉红色，故用 $KMnO_4$ 作滴定剂进行滴定时，通常不使用其他指示剂，利用粉红色的出现指示终点。

$$c_{KMnO_4} = \frac{2m_{Na_2C_2O_4}}{5V_{KMnO_4}M_{Na_2C_2O_4}}$$

7.6.2.3 仪器与药品

仪器：台秤、电子天平、酸式滴定管、锥形瓶、烧杯、玻璃砂芯漏斗、量筒、棕色试剂瓶。

药品：$KMnO_4$ 固体、$Na_2C_2O_4$ 固体、H_2SO_4(3mol/L)。

7.6.2.4 实验步骤

(1) $KMnO_4$ 标准溶液(0.02mol/L)的配制　称取 $KMnO_4$ 3.2～3.9g 置于烧杯中，加入适量蒸馏水，盖上表面皿，加热至微沸并保持 15～20min，冷却后，稀释至 1000mL，混匀，置棕色玻璃瓶内，于暗处放置 7～10 天，然后用玻璃砂芯漏斗过滤掉杂质，保存于另一棕色玻璃瓶中。

(2) $KMnO_4$ 标准溶液(0.02mol/L)的标定　准确称取于 105℃干燥至恒重的 $Na_2C_2O_4$ 基准物 0.15～0.2g(平行三份)，置于锥形瓶中，加 25mL 蒸馏水与 10mL H_2SO_4(3mol/L)，搅拌使其溶解。加热至 75～85℃，立即用待标定的 $KMnO_4$ 标准溶液滴定，先慢后快，至溶液显微粉红色并保持半分钟不褪色即为终点。停止滴定，记录数据于表 7-4($KMnO_4$ 颜色较深，不易观察凹液面，读数时应以液面最高线为准)。注意当滴定结束时，溶液温度不低于 55℃。

7.6.2.5 数据记录与计算

数据记录见表 7-4。

表 7-4　数据记录表

记录项目	1	2	3
$m_{倾样前}$/g			
$m_{倾样后}$/g			
$m_{Na_2C_2O_4}$/g			
滴定管初读数/mL	0.00	0.00	0.00
滴定管终读数/mL			
滴定消耗 $KMnO_4$ 体积/mL			
c_{KMnO_4}/(mol/L)			
$\bar{c}_{KMnO_4}$/(mol/L)			
相对极差/%			

7.6.2.6 注意事项

① 滴定终了时，溶液温度不低于 55℃，否则因反应速度较慢会影响终点的观察与准确性。操作中加热可使反应加快，但不应加热至沸腾，更不能直火加热，否则可能引起部分 $H_2C_2O_4$ 分解。

$$H_2C_2O_4 = CO_2\uparrow + H_2O + CO\uparrow$$

② 高锰酸钾溶液在保存时，受到热和光的辐射将发生分解。

$$4MnO_4^- + 2H_2O = 4MnO_2\downarrow + 3O_2\uparrow + 4OH^-$$

分解产物 MnO_2 会加速上面的分解反应。所以配好的溶液应放在棕色瓶中，置于冷暗处保存。

③ 高锰酸钾在酸性介质中是强氧化剂。滴定到达终点的粉红色溶液在空气中放置时，由于和空气中的还原性气体或灰尘作用能引起褪色现象。

习 题

1. 指出下列各物质中画线元素的氧化数。

$LiAl\underline{H}_4$，$\underline{H}_3N$，$Ba\underline{O}_2$，$K\underline{O}_2$，$\underline{O}F_2$，$\underline{I}_2O_5$，$K_2\underline{Pt}Cl_6$，$\underline{Cr}_2O_7^{2-}$，$\underline{Mn}_2O_7$，$K_2\underline{Mn}O_4$，$\underline{S}_2O_3^{2-}$。

2. 用离子-电子法配平酸性介质中下列反应的离子方程式。

(1) $I_2 + H_2S \longrightarrow I^- + S$

(2) $MnO_4^- + SO_3^{2-} \longrightarrow Mn^{2+} + SO_4^{2-}$

(3) $PbO_2 + Cl^- \longrightarrow PbCl_2 + Cl_2$

(4) $Cu_2S + NO_3^- \longrightarrow Cu^{2+} + NO + SO_4^{2-}$

3. 用离子-电子法配平碱性介质中下列反应的离子方程式。

(1) $Cl_2 + OH^- \longrightarrow Cl^- + ClO^-$

(2) $Zn + ClO^- + OH^- \longrightarrow Zn(OH)_4^{2-} + Cl^-$

(3) $ClO^- + CrO_2^- \longrightarrow Cl^- + CrO_4^{2-}$

(4) $H_2O_2 + Cr^{3+} \longrightarrow CrO_4^{2-} + H_2O$

4. 对于下列氧化还原反应：(1) 写出相应的半反应；(2) 以这些氧化还原反应设计构成原电池，写出电池符号。

(1) $Ag^+ + Fe \longrightarrow Fe^{2+} + Ag$

(2) $Pb^{2+} + Cu + S^{2-} \longrightarrow Pb + CuS\downarrow$

5. 计算 298K 时下列原电池的电动势，指出正、负极，写出原电池的电池反应。

(1) $Cl_2(g) \mid Cl^-(0.1mol/L) \parallel Cu^{2+}(0.01mol/L) \mid Cu$

(2) $Cu \mid Cu^{2+}(1mol/L) \parallel Zn^{2+}(0.001mol/L) \mid Zn$

(3) $Pb \mid Pb^{2+}(0.1mol/L) \parallel S^{2-}(0.1mol/L) \mid PbS \mid Pb$

(4) $Zn \mid Zn^{2+}(0.1mol/L) \parallel HAc(0.1mol/L) \mid H_2(100kPa) \mid Pt$

6. 用标准电极电势判断下列反应能否从左向右进行。

(1) $2Cl^- + 2Fe^{3+} = Cl_2 + 2Fe^{2+}$

(2) $2H_2S + H_2SO_3 = 3S\downarrow + 3H_2O$

(3) $2Ag + Zn(NO_3)_2 = Zn + 2AgNO_3$

(4) $2KMnO_4 + 5H_2O_2 + 6HCl = 2MnCl_2 + 2KCl + 8H_2O + 5O_2$

7. (1) 试根据标准电极电势，判断下列反应进行的方向。

$$MnO_4^- + Fe^{2+} + H^+ \longrightarrow Mn^{2+} + Fe^{3+} + H_2O$$

(2) 将该氧化还原反应设计构成一个原电池，用电池符号表示该原电池的组成，计算其标准电动势。

(3) 当氢离子浓度为 10mol/L，其他各离子浓度均为 1.0mol/L 时，计算该电池的电动势。

8. 试设计电池，求 AgCl 和 $PbSO_4$ 的溶度积常数。

9. 计算下列反应的标准平衡常数。

(1) $Fe^{2+} + Cl_2 \rightleftharpoons Fe^{3+} + 2Cl^-$

(2) $3Cu + 2NO_3^- + 8H^+ \rightleftharpoons 3Cu^{2+} + 2NO + 4H_2O$

(3) $6Fe^{2+} + Cr_2O_7^{2-} + 14H^+ \rightleftharpoons 6Fe^{3+} + 2Cr^{3+} + H_2O$

(4) $Cl_2 + 2Br^- \rightleftharpoons Br_2 + 2Cl^-$

10. 试根据下列元素电势图讨论哪些离子能发生歧化反应。

$\varphi_A^{\ominus}/V$

$$ClO^- \xrightarrow{1.611} Cl_2 \xrightarrow{1.36} Cl^-$$

$$Au^{3+} \xrightarrow{1.29} Au^+ \xrightarrow{1.692} Au$$

$$Fe^{3+} \xrightarrow{0.771} Fe^{2+} \xrightarrow{-0.447} Fe$$

11. 根据铬在酸性介质中的元素电势图。

$$Cr_2O_7^{2-} \xrightarrow{1.232} Cr^{3+} \xrightarrow{-0.407} Cr^{2+} \xrightarrow{-0.90} Cr$$

(1) 计算 $\varphi^{\ominus}_{Cr_2O_7^{2-}/Cr^{2+}}$ 和 $\varphi^{\ominus}_{Cr^{3+}/Cr}$。

(2) 判断 Cr^{3+} 在酸性介质中的稳定性。

12. 以 $K_2Cr_2O_7$ 标准溶液滴定 0.4000g 褐铁矿，其所用 $K_2Cr_2O_7$ 溶液的毫升数(x /mL)与试样中 Fe_2O_3 的质量分数(x%)相等。求 $K_2Cr_2O_7$ 溶液对铁的滴定度。

13. 25.00mL KI溶液用稀盐酸及 10.00mL 0.05000mol/LKIO$_3$ 溶液处理，煮沸以挥发除去释出的 I_2。冷却后，加入过量 KI溶液使之与剩余的 KIO_3 反应。释出的 I_2 需要用 21.14mL 0.1008mol/L $Na_2S_2O_3$ 溶液滴定。计算 KI溶液的浓度。

14. 称取 0.1082g $K_2Cr_2O_7$，溶解后，酸化并加入过量 KI，生成的 I_2 需用 21.98mL $Na_2S_2O_3$ 溶液滴定。$Na_2S_2O_3$ 溶液的浓度为多少？

15. 不纯的碘化钾试样 0.5180g，用 0.1940g $K_2Cr_2O_4$(过量)处理后，将溶液煮沸，除去析出的碘，然后用过量的纯 KI 处理，这时析出的碘需用 0.1000mol/L $Na_2S_2O_3$ 溶液 10.00cm^3 完成滴定，计算试样中 KI 含量。

16. 1.000g 含 FeO 和 Fe_2O_3 的试样，用 HCl 溶解后，再把 Fe^{3+} 还原成 Fe^{2+}，这时所有的 Fe^{2+} 需用 0.1120mol/L(1/5KMnO$_4$)28.59cm^3 完成滴定；另取一份相同的试样，在 N_2 气流中用酸溶解(防止 Fe^{2+} 氧化)，需用 15.60cm^3 0.1120mol/L(1/5KMnO$_4$)完成滴定。试求 Fe%，FeO%，Fe_2O_3%。

第8章

配位平衡及配位滴定法

我们知道在硝酸银溶液中加入氯化钠溶液生成白色沉淀氯化银，如果向氯化银固体中滴加氨水，可以发现氯化银溶解了。上述现象可以通过如下反应解释：

$$AgCl(s)+2NH_3 \rightleftharpoons [Ag(NH_3)_2]Cl$$

这一反应的生成物就是一种配合物，配位化合物具有许多独特的性能，在分析化学、生物化学、电化学等方面得到广泛的应用。

8.1 配位化合物

化学上常见的物质如 H_2O、$AgNO_3$、NH_3 等都是简单的原子或基团相互作用形成的，而有些化合物结构比较复杂，如 $[Ag(NH_3)_2]Cl$、$[Cu(NH_3)_4]SO_4$ 等，这些化合物中的 $[Ag(NH_3)_2]^+$ 和 $[Cu(NH_3)_4]^{2+}$ 像一个简单的离子一样参与化学反应，不易分开。这种由简单的离子与一定数目的中性分子或阴离子以配位键结合而成的，具有一定特性的带有电荷的复杂离子叫做配离子。配离子的电荷是中心离子与所有配体电荷数的总和。

配离子分为配阳离子如 $[Ag(NH_3)_2]^+$ 和配阴离子如 $[Fe(CN)_6]^{3-}$，还有一些是不带电荷的中性配位化合物如 $[Co(NO_2)_3(NH_3)_3]$、$[Ni(CO)_4]$，也叫配合物。

8.1.1 配合物的组成

配合物一般由内界和外界组成，如 $H_2[PtCl_6]$、$[Cu(NH_3)_4]SO_4$，内界一般放在方括号内，包括中心离子(原子)和配位体，不在内界的部分为外界。如：

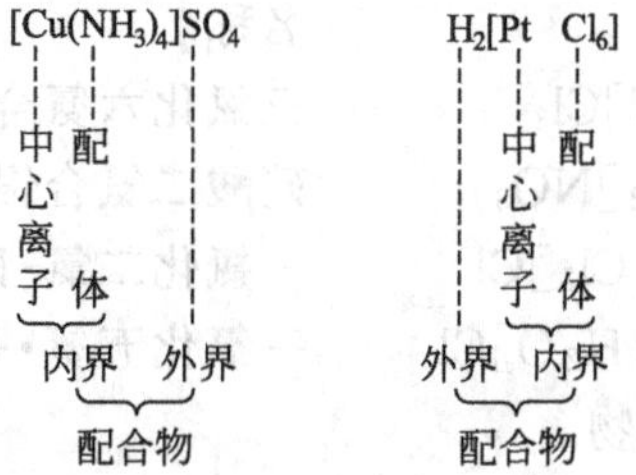

中性配合物没有外界。如：

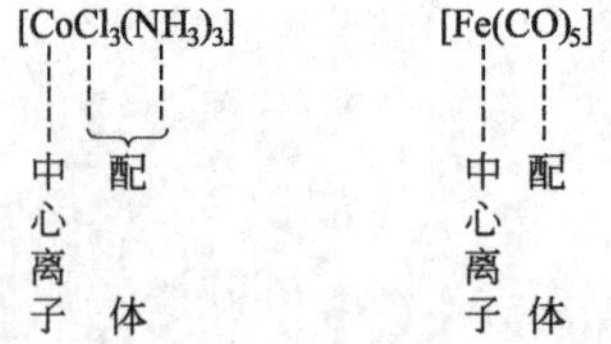

(1) 中心离子　是配位化合物的形成体，位于内界中心，一般为带正电的阳离子。常见的中心离子多为过渡元素的金属离子如 Cu^{2+}、Fe^{3+}，也有氧化数较高的非金属元素如 Si^{4+}，也有不带电的中性原子如 $[Fe(CO)_5]$ 中 Fe 的原子。

(2) 配位体　位于中心离子周围，与中心离子结合的中性分子或阴离子如 NH_3、H_2O、CO、I^-、CN^-、OH^- 等。提供配位体的物质为配位剂，如 NH_3、H_2O、NaI、NaOH。有的配位剂本身就是配位体，如 NH_3、H_2O；有的配位剂本身不是配位体，如 NaI、NaOH。一个配位化合物中可能有一种或几种配位体，如 $H_2[PtCl_6]$、$K[PtCl_5(NH_3)]$。

配位体中能够提供孤对电子与中心离子(或原子)以配位键相结合的原子叫配位原子，配位原子含有孤对电子，一般是电负性较大的非金属元素的原子如 N、O、F、C、Cl、Br、I、P、S 等。

根据一个配位体中所含的配位原子个数不同，可将配体分为单齿配体和多齿配体。

单齿配体是指一个配体中只含有一个配位原子，如 NH_3、H_2O、CN^-、CO 等。

多齿配体是指一个配体中含有两个或两个以上配位原子，如 $C_2O_4^{2-}$、乙二胺 [$H_2NCH_2CH_2NH_2$(缩写为 en)]等，一个中心离子和一个多齿配体常常形成环状配合物——螯合物。

(3) 配位数　与中心离子(或原子)以配位键结合的配位原子(可以相同也可以不同)的总数叫做这个中心离子(或原子)的配位数。如 $K_4[Fe(CN)_6]$ 配位数为 6，$[Fe(CO)_5]$ 配位数为5，$K[PtCl_3(NH)_3]$ 配位数为 6。

单齿配体的数目就是中心离子的配位数，多齿配体的数目就不等于中心离子的配位数，如 $[Ag(en)]^{2+}$的配位数是 2 而不是 1，因为配体 en 中含有两个配位原子。

8.1.2　配位化合物的命名

配位化合物的命名也同样遵循阴离子在前、阳离子在后的原则，称为“某化某”或“某酸某”或“氢氧化某”。

配离子命名的顺序依次为：配位体数-配体名称-合-金属离子(注明其氧化数)。

当配位化合物中有多个配体时，配体的先后顺序为：无机配体优先于有机配体、阴离子配体优先于中性分子配体、简单配体优先于复杂配体，相同类型配体可按配位原子在英文字母顺序中的排列，不同的配体之间用“·”隔开。

(1) 阳离子为配离子的化合物

配合物	名称
$[Co(NH_3)_6]Cl_3$	三氯化六氨合钴(Ⅲ)
$[Ag(NH_3)_2]NO_3$	硝酸二氨合银(Ⅰ)
$[Co(NH_3)_4Cl_2]Cl$	一氯化二氯·四氨合钴(Ⅲ)
$[Co(NH_3)_5H_2O]Cl$	一氯化五氨·一水合钴(Ⅲ)

(2) 阴离子为配离子的化合物

配合物	名称
$K_2[PtCl_6]$	六氯合铂(Ⅳ)酸钾

$K_3[Fe(CN)_6]$	六氰合铁(Ⅲ)酸钾
$[Cu(NH)_4][PtCl_4]$	四氯合铂(Ⅱ)酸四氨合铜(Ⅱ)

(3) 中性配位化合物

配合物	名称
$[Fe(CO)_5]$	五羰基合铁
$[Co(NO_2)_3(NH_3)_3]$	三硝基·三氨合钴(Ⅲ)
$[Ni(CO)_4]$	四羰基合镍

8.1.3 配位化合物的分类

配位化合物的分类是根据配体来分的，中心离子(或原子)与单齿配体形成的配合物为简单配合物，如 $[Ni(CO)_4]$；中心离子(或原子)与多齿配体形成的配合物为螯合物。可见螯合物也是配位化合物，如 $[Fe(EDTA)]^-$。

多齿配体的两个或两个以上配位原子同时与一个中心离子配位所形成的具有环状结构的配合物，称为螯合物，其配位剂又称螯合剂。如 Cu^{2+} 与乙二胺反应形成螯合物，所具有的环状结构称螯环(含两个五原子环)。

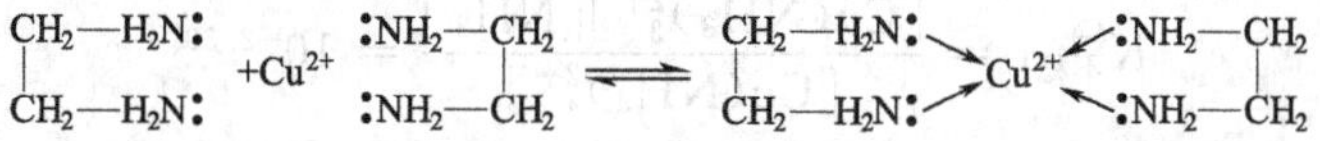

螯合剂中的两个或多个配位原子之间必须有两个或三个其他原子将其隔开，以形成五原子环或六原子环。

螯合剂一般是有机物。最常见的螯合剂是一些氨羧配位剂。如乙二胺四乙酸及其二钠盐，是最常见的螯合剂之一，应用十分广泛，两者都可简写为 EDTA。在化学反应式中，通常用 H_4Y 表示其酸，而用 Na_2H_2Y 表示其二钠盐。EDTA 的结构是：

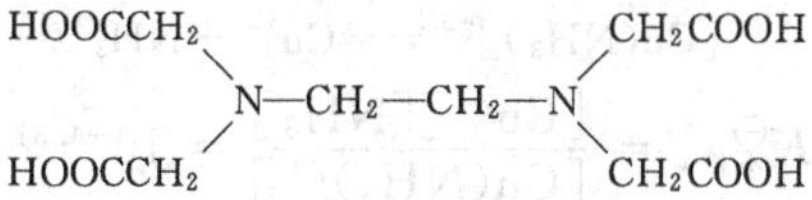

EDTA 是一个六齿配体，除了 K^+、Rb^+、Cs^+ 等离子外，EDTA 可与任何金属离子螯合，形成的螯合物大多数十分稳定，易溶于水，且 EDTA 与金属离子形成螯合物时物质的量之比为 1∶1。如：

$$M^{n+} + Y^{4-} \rightleftharpoons [MY]^{n-4}$$

这样在计算时就方便多了。除此之外，还有其他的氨羧配位剂。

乙二胺四丙酸(简称 EDTP)：

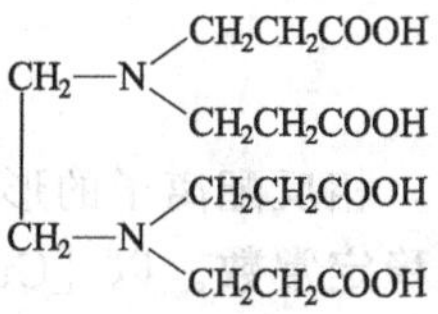

乙二醇二乙醚胺四乙酸(EGTA)：

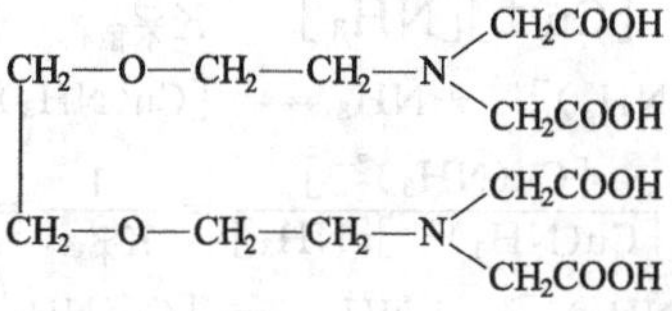

8.2 配合物的稳定常数

多配体的配离子与多元弱酸或弱碱一样，在水溶液中可以解离，也存在逐级解离及逐级解离平衡常数，配离子的这个常数叫做配合物的不稳定常数，不稳定常数的倒数称为相应的稳定常数。

8.2.1 不稳定常数

前面曾提及，配离子在溶液中能稳定存在。如在 $[Cu(NH_3)_4]SO_4$ 溶液中加入少量稀 NaOH 溶液，并没有 $Cu(OH)_2$ 沉淀生成。但是，若改为加 Na_2S 溶液，由于 CuS 的溶度积非常小($K_{sp}^{\ominus}=6.3\times10^{-36}$)，则能生成黑色的 CuS 沉淀。这说明 $[Cu(NH_3)_4]^{2+}$ 微弱地解离出 Cu^{2+}。

配离子在溶液中的解离是逐级进行的，下面以 $[Cu(NH_3)_4]^{2+}$ 为例来讨论。

第一级解离： $[Cu(NH_3)_4]^{2+} \rightleftharpoons [Cu(NH_3)_3]^{2+}+NH_3$

$$K_{不稳1}^{\ominus}=\frac{[Cu(NH_3)_3^{2+}][NH_3]}{[Cu(NH_3)_4^{2+}]}=10^{-2.30}$$

第二级解离： $[Cu(NH_3)_3]^{2+} \rightleftharpoons [Cu(NH_3)_2]^{2+}+NH_3$

$$K_{不稳2}^{\ominus}=\frac{[Cu(NH_3)_2{}^{2+}][NH_3]}{[Cu(NH_3)_3{}^{2+}]}=10^{-3.04}$$

第三级解离： $[Cu(NH_3)_2]^{2+} \rightleftharpoons [Cu(NH_3)]^{2+}+NH_3$

$$K_{不稳3}^{\ominus}=\frac{[Cu(NH_3)^{2+}][NH_3]}{[Cu(NH_3)_2{}^{2+}]}=10^{-3.67}$$

第四级解离： $[Cu(NH_3)]^{2+} \rightleftharpoons Cu^{2+}+NH_3$

$$K_{不稳4}^{\ominus}=\frac{[Cu^{2+}][NH_3]}{[Cu(NH_3)^{2+}]}=10^{-4.31}$$

总解离平衡为： $[Cu(NH_3)_4]^{2+} \rightleftharpoons Cu^{2+}+4NH_3$

$$K_{不稳}^{\ominus}=\frac{[Cu^{2+}][NH_3]^4}{[Cu(NH_3)_4^{2+}]}=K_{不稳1}^{\ominus}\,K_{不稳2}^{\ominus}\,K_{不稳3}^{\ominus}\,K_{不稳4}^{\ominus}=10^{-13.32}$$

$K_{不稳1}^{\ominus}$、$K_{不稳2}^{\ominus}$、$K_{不稳3}^{\ominus}$、$K_{不稳4}^{\ominus}$ 称为配离子的逐级不稳定常数。$K_{不稳}^{\ominus}$ 越大，表示配离子越易解离，即越不稳定，所以，$K_{不稳}^{\ominus}$ 是配离子的特征常数。不同的配离子具有不同的不稳定常数。

8.2.2 稳定常数

配离子的解离过程是逐级进行的，相反配离子的形成过程也是逐级完成的，每一步都对应一个稳定常数，称为配离子的逐级稳定常数。以 $[Cu(NH_3)_4]^{2+}$ 的形成过程为例来讨论。

$$Cu^{2+}+NH_3 \rightleftharpoons [Cu(NH_3)]^{2+}$$

$$K_{稳1}^{\ominus}=\frac{[Cu(NH_3)^{2+}]}{[Cu^{2+}][NH_3]}=\frac{1}{K_{不稳4}^{\ominus}}=10^{4.31}$$

$$[Cu(NH_3)]^{2+}+NH_3 \rightleftharpoons [Cu(NH_3)_2]^{2+}$$

$$K_{稳2}^{\ominus}=\frac{[Cu(NH_3)_2^{2+}]}{[Cu(NH_3)^{2+}][NH_3]}=\frac{1}{K_{不稳3}^{\ominus}}=10^{3.67}$$

$$[Cu(NH_3)_2]^{2+}+NH_3 \rightleftharpoons [Cu(NH_3)_3]^{2+}$$

$$K^{\ominus}_{稳3}=\frac{[Cu(NH_3)_3^{2+}]}{[Cu(NH_3)_2{}^{2+}][NH_3]}=\frac{1}{K^{\ominus}_{不稳2}}=10^{3.04}$$

$$[Cu(NH_3)_3]^{2+}+NH_3 \rightleftharpoons [Cu(NH_3)_4]^{2+}$$

$$K^{\ominus}_{稳4}=\frac{[Cu(NH_3)_4^{2+}]}{[Cu(NH_3)_3^{2+}][NH_3]}=\frac{1}{K^{\ominus}_{不稳1}}=10^{2.30}$$

$K^{\ominus}_{稳}$ 值越大，表示该离子在水溶液中越稳定，所以可以用 $K^{\ominus}_{稳}$ 的大小来判断配位反应进行的程度。一些配离子的稳定常数见附录。

从附录中还可以查到一些配离子的逐级累积稳定常数 β_i 。

$$\beta_1=K^{\ominus}_{稳1}$$

$$\beta_2=K^{\ominus}_{稳1}K^{\ominus}_{稳2}$$

$$\beta_3=K^{\ominus}_{稳1}K^{\ominus}_{稳2}K^{\ominus}_{稳3}$$

$$\beta_4=K^{\ominus}_{稳1}K^{\ominus}_{稳2}K^{\ominus}_{稳3}K^{\ominus}_{稳4}$$

必须注意：只有相同类型的配离子，才能用稳定常数 $K^{\ominus}_{稳}$ 大小直接比较配离子的稳定性。从附录中查到的一些配离子的累积稳定常数，逐级稳定常数相差并不是很大，所以，在 Cu^{2+} 与 NH_3 形成配合物时，Cu^{2+} 有五种存在形式，即 Cu^{2+}、$[Cu(NH_3)]^{2+}$、$[Cu(NH_3)_2]^{2+}$、$[Cu(NH_3)_3]^{2+}$、$[Cu(NH_3)_4]^{2+}$。但是在实际工作中，总是加入过量的配位剂，从而使金属离子形成最高配位数的配离子 $[Cu(NH_3)_4]^{2+}$，而低配位数的配离子 $[Cu(NH_3)]^{2+}$、$[Cu(NH_3)_2]^{2+}$、$[Cu(NH_3)_3]^{2+}$ 可以忽略不计，这样可使计算大大简化。

8.2.3 配离子稳定常数的应用

金属离子 Mn^{+}、过量配位体 L^{-}、配离子 $[ML_x]^{(n-x)+}$ 之间存在如下平衡：

$$M^{n+}+xL^{-} \rightleftharpoons [ML_x]^{(n-x)+}$$

这样利用配离子稳定常数就可以解决配合物中有关离子的浓度、配合物与沉淀之间的转化、配合物之间的转化等问题。

【例 8-1】 在 40mL 浓度为 0.100mol/L 的 $AgNO_3$ 溶液中，加入 10mL 浓度为 15mol/L 的氨水，求在 25℃时此平衡体系中 Ag^+ 和氨的浓度。

解 设平衡体系中 Ag^+ 浓度为 x mol/L。

硝酸银溶液与氨水混合后的体积为 50mL，则形成配合物前组分的浓度为：

$$c(Ag^+)=0.100\times\frac{40}{50}=0.080\ (mol/L)$$

$$c(NH_3)=15\times\frac{10}{50}=3.0\ (mol/L)$$

	Ag^+ +	$2NH_3$ ⇌	$[Ag(NH_3)_2]^+$
起始浓度	0.08	3.0	0
平衡浓度	x	$3.0-2(0.08-x)$ ≈2.84	$0.08-x$ ≈0.08

$$K^{\ominus}_{[Ag(NH_3)_2]^+}=\frac{[Ag(NH_3)_2{}^+]}{[Ag^+][NH_3]^2}=\frac{0.08}{2.84^2x}=1.1\times10^7$$

$$x\approx\frac{0.08}{2.84^2\times1.1\times10^7}=9.1\times10^{-10}\ (mol/L)$$

$$[NH_3]=3.0-2(0.08-x)=2.84(mol/L)$$

【例 8-2】 已知 AgCl 的 $K^{\ominus}_{sp}$ 为 1.8×10^{-10}，试计算在 1L 氨水中完全溶解 0.010 mol 的

AgCl 所需要的氨水的浓度。

解 设所需要的氨水的浓度为 x mol/L。

AgCl 在氨水中的溶解反应为：

$$AgCl + 2NH_3 \rightleftharpoons [Ag(NH_3)_2]^+ + Cl^-$$

起始浓度 0.01 x 0 0

平衡浓度 $x-2\times0.01$ 0.01 0.01

$$K^{\ominus} = \frac{[Ag(NH_3)_2{}^+][Cl^-]}{[NH_3]^2} = \frac{[Ag(NH_3)_2{}^+][Cl^-][Ag^+]}{[NH_3]^2[Ag^+]} = K^{\ominus}_{[Ag(NH_3)_2]^+}K^{\ominus}_{AgCl}$$

$$= 1.1\times10^7\times1.8\times10^{-10} = 2.0\times10^{-3}$$

$$x = \sqrt{\frac{0.01\times0.01}{2.0\times10^{-3}}} + 2\times0.02 = 0.24\ (\text{mol/L})$$

8.3 金属离子与 EDTA 形成的螯合物

EDTA(乙二胺四乙酸及其二钠盐)是一种胺羧配位剂，与金属离子形成的配合物基本上都是螯合物，而且反应物的物质的量之比为 1∶1，很方便进行化学计算。另外形成的化合物十分稳定，也有利于进行滴定分析。

8.3.1 乙二胺四乙酸及其二钠盐

乙二胺四乙酸是一种四元酸，习惯上用 H_4Y 表示。由于它在水中的溶解度很小(在 22℃时，每 100mL 水中仅能溶解 0.02g)，故常用它的二钠盐 $Na_2H_2Y\cdot2H_2O$，二者都简称 EDTA。后者的溶解度大(在 22℃时，每 100mL 水中能溶解 11.1g)，其饱和水溶液的浓度约为 0.3mol/L。在水溶液中，乙二胺四乙酸具有双偶极离子结构，即两个羧基上的 H^+ 还可以转移到 N 原子上，当酸度很高时，EDTA 便转变成六元酸 H_6Y^{2+}，在水溶液中存在着如下逐级解离平衡及解离平衡常数：

$$H_6Y^{2+} \rightleftharpoons H^+ + H_5Y^+ \qquad \frac{[H^+][H_5Y^+]}{[H_6Y^{2+}]} = K^{\ominus}_{a_1} = 10^{-0.9}$$

$$H_5Y^+ \rightleftharpoons H^+ + H_4Y \qquad \frac{[H^+][H_4Y]}{[H_5Y^+]} = K^{\ominus}_{a_2} = 10^{-1.6}$$

$$H_4Y \rightleftharpoons H^+ + H_3Y^- \qquad \frac{[H^+][H_3Y^-]}{[H_4Y]} = K^{\ominus}_{a_3} = 10^{-2.0}$$

$$H_3Y^- \rightleftharpoons H^+ + H_2Y^{2-} \qquad \frac{[H^+][H_2Y^{2-}]}{[H_3Y^-]} = K^{\ominus}_{a_4} = 10^{-2.67}$$

$$H_2Y^{2-} \rightleftharpoons H^+ + HY^{3-} \qquad \frac{[H^+][HY^{3-}]}{[H_2Y^{2-}]} = K^{\ominus}_{a_5} = 10^{-6.16}$$

$$HY^{3-} \rightleftharpoons H^+ + Y^{4-} \qquad \frac{[H^+][Y^{4-}]}{[HY^{3-}]} = K^{\ominus}_{a_6} = 10^{-10.26}$$

可见 EDTA 在水溶液中以 H_6Y^{2+}、H_5Y^+、H_4Y、H_3Y^-、H_2Y^{2-}、HY^{3-} 和 Y^{4-} 七种型体存在，当 pH 不同时，各种存在型体所占的分布分数 δ 是不同的。根据计算结果，可以绘制不同 pH 时溶液中各种存在型体的分布曲线，如图 8-1 所示。由曲线可以知道酸度越高，$[Y^{4-}]$ 越小；酸度越小，$[Y^{4-}]$ 越大。

在不同 pH 时 EDTA 主要存在型体列于表 8-1。

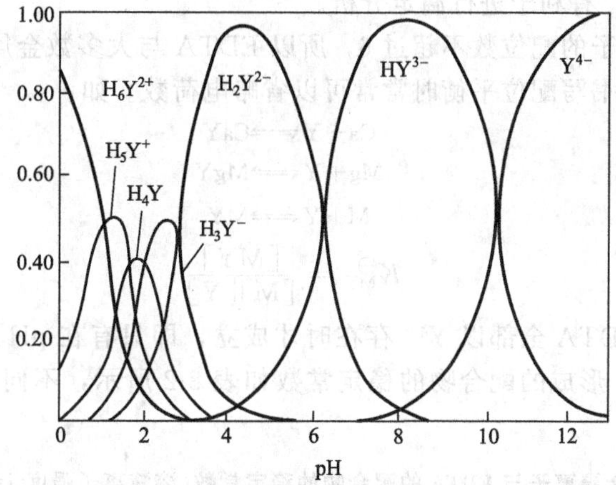

图 8-1　EDTA 各种存在型体在不同 pH 时的分布曲线

表 8-1　不同 pH 时 EDTA 主要存在型体

pH	<1	1～1.6	1.6～2	2～2.7
主要存在型体	H_6Y^{2+}	H_5Y^+	H_4Y	H_3Y^-
pH	2.7～6.2	6.2～10.3	>10.3	
主要存在型体	H_2Y^{2-}	HY^{3-}	Y^{4-}	

在这七种型体中，只有 Y^{4-} 能与金属离子直接配位，所以 EDTA 与金属配位时，常简写成 Y。溶液的酸度越低，Y^{4-} 的分布分数越大，EDTA 的配位能力越强，可见只有在 pH≥12 的碱性溶液中，才几乎完全以 Y^{4-} 的形式存在。

8.3.2 EDTA 与金属离子的配合物

Ca^{2+}、Fe^{3+} 与 EDTA 的螯合物的结构如图 8-2 所示。

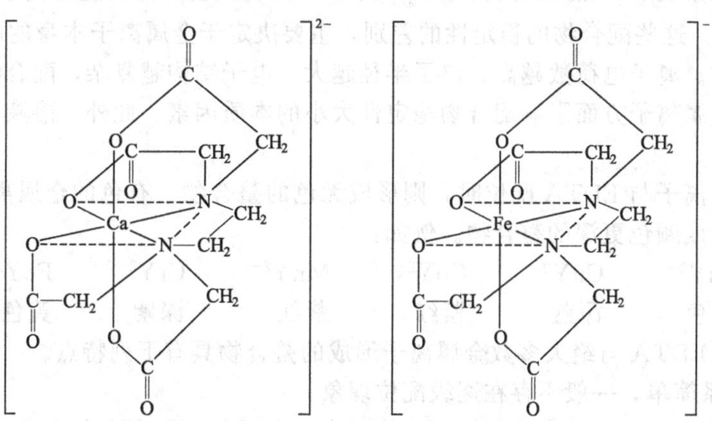

图 8-2　Ca^{2+}、Fe^{3+} 与 EDTA 的螯合物结构示意图

EDTA 分子具有两个氨氮原子和四个羧氧原子，都有孤对电子，即有 6 个配位原子。因此，绝大多数的金属离子均能与 EDTA 形成多个五元环，例如 EDTA 与 Ca^{2+}、Fe^{3+} 形成的配合物结构为五元环，即 EDTA 与金属离子形成五个五元环：四个 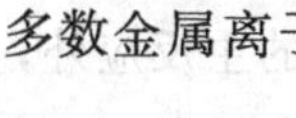 五元环及一个 五元环，具有这类环状结构的螯合物是很稳定的。而且多数金属离子与 ED-

TA 配合的速度很快，有利于进行滴定分析。

由于多数金属离子的配位数不超过 6，所以 EDTA 与大多数金属离子形成 1∶1 型的易溶于水的配合物，在书写配位平衡时常常可以省略电荷数。如：

$$Ca + Y \rightleftharpoons CaY$$

$$Mg + Y \rightleftharpoons MgY$$

通式为：

$$M + Y \rightleftharpoons MY$$

其稳定常数为：

$$K_{MY}^{\ominus} = \frac{[MY]}{[M][Y]}$$

此表达式应在 EDTA 全部以 Y^{4-} 存在时才成立，即只有在 pH≥12 时才成立。一些常见金属离子与 EDTA 形成的配合物的稳定常数如表 8-2 所示，不同的金属离子的稳定常数 $K_{稳}^{\ominus}$ 可见附录。

表 8-2　常见金属离子与 EDTA 的配合物的稳定常数(溶液离子强度 I=0.1，温度 20℃)

阳离子	$\lg K_{MY}^{\ominus}$	阳离子	$\lg K_{MY}^{\ominus}$	阳离子	$\lg K_{MY}^{\ominus}$
Na^+	1.66	Ce^{3+}	15.98	Cu^{2+}	18.80
Li^+	2.79	Al^{3+}	16.3	Hg^{2+}	21.8
Ba^{2+}	7.86	Co^{2+}	16.31	Th^{4+}	23.2
Sr^{2+}	8.73	Cd^{2+}	16.46	Cr^{3+}	23.4
Mg^{2+}	8.69	Zn^{2+}	16.50	Fe^{3+}	25.1
Ca^{2+}	10.69	Pb^{2+}	18.04	U^{4+}	25.80
Mn^{2+}	13.87	Y^{3+}	18.09	Bi^{3+}	27.94
Fe^{2+}	14.32	Ni^{2+}	18.62		

可见金属离子与 EDTA 配合物的稳定性随金属离子的不同而差别较大。碱金属离子的配合物不稳定，$\lg K_{MY}^{\ominus}$ 为 2～3；在碱土金属离子的配合物，$\lg K_{MY}^{\ominus}$ 为 8～11；二价及过渡金属离子、稀土元素及 Al^{3+} 的配合物，$\lg K_{MY}^{\ominus}$ 为 15～19；三价、四价金属离子和 Hg^{2+} 的配合物，$\lg K_{MY}^{\ominus} > 20$。这些配合物的稳定性的差别，主要决定于金属离子本身的电荷数、离子半径和电子层结构。离子电荷数越高，离子半径越大，电子结构越复杂，配合物的稳定常数就越大，这些是金属离子方面影响配合物稳定性大小的本质因素。此外，溶液的酸度影响也极为重要。

无色的金属离子与 EDTA 配位时，则形成无色的螯合物，有色的金属离子与 EDTA 配位时，一般则形成颜色更深的螯合物。例如：

NiY^{2-}	CuY^{2-}	CoY^{2-}	MnY^{2-}	CrY^{2-}	FeY^{2-}
蓝色	深蓝	紫红	紫红	深紫	黄色

综上所述，EDTA 与绝大多数金属离子形成的螯合物具有下列特点。

① 计量关系简单，一般不存在逐级配位现象；

② 配合物十分稳定，且水溶性极好，使配位滴定可以在水溶液中进行。

这些特点使 EDTA 滴定剂完全符合滴定分析的要求，而被广泛使用。

8.3.3　配位反应的副反应及副反应系数

实际分析工作中，配位滴定是在一定条件下进行的。例如，为控制溶液的酸度，需要加入某种缓冲溶液；为掩蔽干扰离子，需要加入某种掩蔽剂等。在这种条件下配位滴定，除了 M 和 Y 的主反应外，还可能发生如下一些副反应：

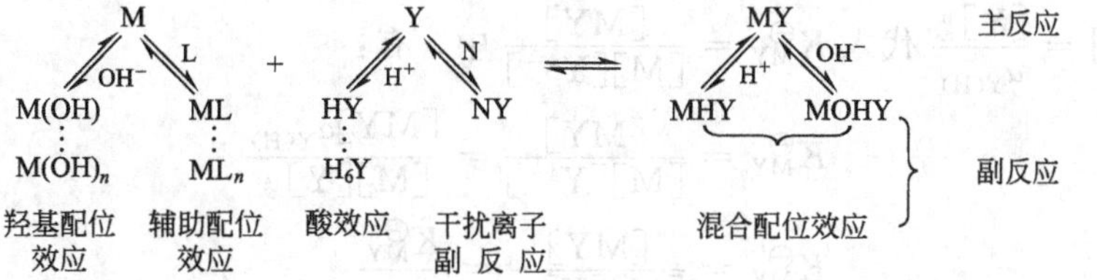

式中，L 为辅助配位体；N 为干扰离子。

反应物 M 或 Y 发生副反应，不利于主反应的进行。反应产物 MY 发生副反应，则有利于主反应进行，但这些混合配合物大多不太稳定，可以忽略不计。下面主要讨论对配位平衡影响较大的酸效应和配位效应。

8.3.3.1 EDTA 的酸效应及酸效应系数 $\alpha_{Y(H)}$

由于 H^+ 与 Y^{4-} 副反应的发生，使 EDTA 参加主反应能力降低的现象，叫做 EDTA 的酸效应。酸效应的大小用酸效应系数 $\alpha_{Y(H)}$ 来衡量。酸效应系数 $\alpha_{Y(H)}$ 是表示未参加配位反应的 EDTA 各种存在形式浓度总和与以 Y^{4-} 形式存在的平衡浓度之比。即

$$\alpha_{Y(H)}=\frac{[Y]_{总}}{[Y^{4-}]}$$

$$\alpha_{Y(H)}=\frac{[Y^{4-}]+[HY^{3-}]+[H_2Y^{2-}]+[H_3Y^{-}]+[H_4Y]+[H_5Y^{+}]+[H_6Y^{2+}]}{[Y^{4-}]}$$

$$=1+\frac{[H^+]}{K^{\ominus}_{a_6}}+\frac{[H^+]^2}{K^{\ominus}_{a_6}K^{\ominus}_{a_5}}+\frac{[H^+]^3}{K^{\ominus}_{a_6}K^{\ominus}_{a_5}K^{\ominus}_{a_4}}+\frac{[H^+]^4}{K^{\ominus}_{a_6}K^{\ominus}_{a_5}K^{\ominus}_{a_4}K^{\ominus}_{a_3}}+\frac{[H^+]^5}{K^{\ominus}_{a_6}K^{\ominus}_{a_5}K^{\ominus}_{a_4}K^{\ominus}_{a_3}K^{\ominus}_{a_2}}$$

$$+\frac{[H^+]^6}{K^{\ominus}_{a_6}K^{\ominus}_{a_5}K^{\ominus}_{a_4}K^{\ominus}_{a_3}K^{\ominus}_{a_2}K^{\ominus}_{a_1}}$$

溶液的酸度越大，[H+] 越大，pH 越小，$\alpha_{Y(H)}$ 越大，表示 EDTA 的副反应越严重。在大多数的情况下 $[Y]_{总}$ 总是大于 $[Y^{4-}]$，所以 $\alpha_{Y(H)}$ 大于 1。只有在 pH≥12 时，$\alpha_{Y(H)}$ 才等于 1，说明这时 EDTA 只有一种存在形式 Y^{4-}，EDTA 的总浓度等于 $[Y^{4-}]$，此时没有酸效应发生。

$\lg\alpha_{Y(H)}$ 与 pH 的关系如表 8-3 所示。

表 8-3　不同 pH 时的 $\lg\alpha_{Y(H)}$

pH	$\lg\alpha_{Y(H)}$	pH	$\lg\alpha_{Y(H)}$	pH	$\lg\alpha_{Y(H)}$
0.0	23.64	3.4	9.70	6.8	3.55
0.4	21.32	3.8	8.85	7.0	3.32
0.8	19.08	4.0	8.44	7.5	2.78
1.0	18.01	4.4	7.64	8.0	2.27
1.4	16.02	4.8	6.84	8.5	1.77
1.8	14.27	5.0	6.45	9.0	1.28
2.0	13.51	5.4	5.69	9.5	0.83
2.4	12.19	5.8	4.98	10.0	0.45
2.8	11.09	6.0	4.65	11.0	0.07
3.0	10.60	6.4	4.06	12.0	0.01

可以看出，多数情况下 $\lg\alpha_{Y(H)}$ 不等于 0，说明 $[Y]_{总}$ 总是大于 $[Y^{4-}]$，只有在 pH≥12 时，$[Y]_{总}$ 等于 $[Y^{4-}]$，$\lg\alpha_{Y(H)}$ 才等于 0，此时 EDTA 的配位能力最强。

稳定常数 $K^{\ominus}_{MY}$ 是衡量没有任何副反应时配合物的稳定性，即 pH≥12 时 MY 的稳定性特征，所以 $K^{\ominus}_{MY}$ 称为绝对稳定常数。

当 pH<12 时，必须考虑 EDTA 的酸效应。

将 $[Y^{4-}]=\dfrac{[Y]_{总}}{\alpha_{Y(H)}}$ 代入 $K_{MY}^{\ominus}=\dfrac{[MY]}{[M][Y^{4-}]}$ 中，有：

$$K_{MY}^{\ominus}=\frac{[MY]}{[M][Y^{4-}]}=\frac{[MY]\alpha_{Y(H)}}{[M][Y]_{总}}$$

设
$$K_{MY}^{\ominus'}=\frac{[MY]}{[M][Y]_{总}}=\frac{K_{MY}^{\ominus}}{\alpha_{Y(H)}}$$

$K_{MY}^{\ominus'}$ 是考虑了 EDTA 的酸效应后配合物的稳定常数，称为条件稳定常数，$K_{MY}^{\ominus'}$ 表示在溶液酸度的影响下，配合物的实际稳定程度。上式可变形为：

$$\lg K_{MY}^{\ominus'}=\lg K_{MY}^{\ominus}-\lg \alpha_{Y(H)}$$

条件稳定常数 $K_{MY}^{\ominus'}$ 可以通过上式进行计算，$K_{MY}^{\ominus'}$ 随溶液的 pH 变化而变化。

【例 8-3】 分别计算 pH＝3.0 和 pH＝10.0 时的 $\lg K_{CaY}^{\ominus'}$。

解 查附录知 $\lg K_{CaY}^{\ominus}=10.7$。

查表 8-3：在 pH＝3.0 时 $\lg\alpha_{Y(H)}=10.6$。

$\lg K_{CaY}^{\ominus'}=\lg K_{CaY}^{\ominus}-\lg\alpha_{Y(H)}=10.7-10.6=0.1$

查表 8-3：在 pH＝10.0 时 $\lg\alpha_{Y(H)}=0.45$。

$\lg K_{CaY}^{\ominus'}=\lg K_{CaY}^{\ominus}-\lg\alpha_{Y(H)}=10.7-0.45=10.25$

可见在 pH＝3.0 时用 EDTA 滴定 Ca^{2+}，EDTA 副反应严重，CaY 极不稳定，配位反应进行程度很小；若在 pH＝10.0 时用 EDTA 滴定 Ca^{2+}，$\lg K_{CaY}^{\ominus'}=10.25$，CaY 就很稳定，配位反应进行程度很大，可以用于滴定分析。

8.3.3.2 金属离子的配位效应及配位效应系数 $\alpha_{M(L)}$

金属离子的配位效应是指溶液中其他配位体(辅助配位体、缓冲溶液中的配位体或掩蔽剂等)能与金属离子配位所产生的副反应，使金属离子参加主反应能力降低的现象。当有配位效应存在时，未与 Y 配位的金属离子，除游离的 M 外，还有 ML、ML_2、…、MLn 等，以 $[M]_{总}$ 表示未与 Y 配位的金属离子总浓度，则：

$$\alpha_{M(L)}=\frac{[M]_{总}}{[M]}$$

$$\alpha_{M(L)}=\frac{[M]+[ML]+[ML_2]+[ML_3]+\cdots+[ML_n]}{[M]}$$
$$=1+\beta_1[L]+\beta_2[L]^2+\cdots+\beta_n[L]^n$$

式中，β_n 为金属离子与辅助配位体 L 形成配合物的逐级累积稳定常数。

将 $[M]=\dfrac{[M]_{总}}{\alpha_{M(L)}}$ 和 $[Y^{4-}]=\dfrac{[Y]_{总}}{\alpha_{Y(H)}}$ 都代入绝对稳定常数表达式中，得：

$$\frac{[MY]}{[M]_{总}[Y]_{总}}=\frac{K_{MY}^{\ominus}}{\alpha_M\alpha_{Y(H)}}=K_{MY}^{\ominus'}$$

$$\lg K_{MY}^{\ominus'}=\lg K_{MY}^{\ominus}\ \lg\alpha_{Y(H)}-\lg\alpha_M$$

此式即为考虑 EDTA 和金属离子均发生副反应时条件稳定常数的表达式，应用 $K_{MY}^{\ominus'}$ 能更加准确地判断 MY 配合物在给定条件下的稳定性。

8.4 配位滴定法

配位滴定法是以配位反应为基础的滴定分析方法，亦称络合滴定法。配位滴定反应要求反应必须符合一定的计量关系，反应速度快且进行程度达 99.9% 以上，即条件稳定常数 $K_{MY}^{\ominus'}$ 要足够大，并有适宜的指示终点方法，因此必须研究配位滴定对 $K_{MY}^{\ominus'}$ 的要求，以及如何选择合适的滴定条件。

8.4.1 滴定曲线

在滴定分析中，EDTA 的酸效应是必须要考虑的副反应，这样配位滴定就远比酸碱滴定复杂。由于条件稳定常数 $K_{MY}^{\ominus'}$ 随滴定反应条件而变化，要使 $K_{MY}^{\ominus'}$ 值基本不变，常常使用酸碱缓冲溶液控制溶液的 pH。

配位滴定时，在金属离子的溶液中滴加滴定剂，随着配位滴定剂的加入，金属离子不断发生配位反应，它的浓度也随之减小。在化学计量点附近，溶液中金属离子浓度的负对数 pM(−lg[M]) 即发生突跃。以 EDTA 加入的体积 V_{EDTA} 为横坐标，pM 为纵坐标，作 pM-V_{EDTA} 图，即为配位滴定的滴定曲线。

例如在 pH＝12.0 时，用 0.01mol/L EDTA 溶液滴定 20.00mL 0.0100mol/L Ca^{2+}，试计算加入 EDTA 的体积不同时 pCa 值。已知 CaY 的 $\lg K_{CaY}^{\ominus}=10.70$，且 pH＝12.0 时 $\lg\alpha_{Y(H)}=0$，同时 $\lg\alpha_M=0$。

$$\lg K_{CaY}^{\ominus'}=\lg K_{CaY}^{\ominus}-\lg\alpha_{Y(H)}-\lg\alpha_M=10.70-0.0-0.0=10.70$$
$$K_{CaY}^{\ominus'}=10^{10.70}$$

① 滴定前

$[Ca^{2+}]=0.01\text{mol/L}$

$pCa=-\lg[Ca^{2+}]=-\lg 0.01=2.0$

② 滴定至化学计量点前(加入的 EDTA 体积 $V<20.00$mL)

$$[Ca^{2+}]=\frac{0.01\times(20-V)}{20+V}$$

当 $V=18.00$ mL 时：

$$[Ca^{2+}]=5.3\times10^{-4}\text{mol/L}\quad pCa=-\lg[Ca^{2+}]=3.3$$

当 $V=19.98$mL 时(误差为−0.1%)：

$$[Ca^{2+}]=5.0\times10^{-6}\text{mol/L}\quad pCa=-\lg[Ca^{2+}]=5.3$$

V 取不同值时，有不同的 pCa 值。

③ 化学计量点时的 pCa($V=20.00$mL)　由于配位滴定的物质的量之比为 1∶1，因而化学计量点 $[M]_{总}=[Y]_{总}$，如果化合物稳定，即 $K_{MY}^{\ominus'}$ 较大，计量点时 MY 解离很少(忽略)，这时有：

$$[M]_{总}=\sqrt{\frac{[MY]}{K_{MY}^{\ominus'}}}$$

当滴定剂与被测金属离子初始浓度相等时，[MY] 即为金属离子初始浓度的一半。

$$[CaY]=\frac{0.01\times20.00}{20.00+20.00}=5.0\times10^{-3}(\text{mol/L})$$

$$[Ca^{2+}]=\sqrt{\frac{[CaY]}{K_{CaY}^{\ominus'}}}=3.2\times10^{-7}(\text{mol/L})\qquad pCa=-\lg[Ca^{2+}]=6.49$$

④ 计量点后(加入 EDTA 的体积 $V>20.00$mL)

$$[Y]=\frac{0.01\times(V-20.00)}{V+20.00}$$

当 $V=20.02$mL 时(误差为+0.1%)：

$$[Y]=5.0\times10^{-6}(\text{mol/L})$$

$$[Ca^{2+}]=\frac{[CaY]}{K_{CaY}^{\ominus'}[Y]_{总}}=\frac{5.0\times10^{-3}}{10^{10.70}\times5.0\times10^{-6}}=10^{-7.69}\ (mol/L)$$

$$pCa=-\lg\ [Ca^{2+}]\ =7.69$$

当 V 取不同值时，有不同的 pCa 值。

【例 8-4】 分别在 pH＝10.0 和 pH＝9.0 时，用 0.01mol/L EDTA 标准溶液滴定 20.00mL 0.0100mol/L Ca^{2+}，试计算滴定计量点时的 pCa。

解 查附录知 CaY 的 $\lg K_{CaY}^{\ominus}=10.70$。

查表 8-3 有 pH＝10.0 时 $\lg\alpha_{Y(H)}=0.45$，且 $\lg\alpha_M=0$。

$$\lg K_{CaY}^{\ominus'}=\lg K_{CaY}^{\ominus}-\lg\alpha_{Y(H)}-\lg\alpha_M$$

$$=10.70-0.45=10.25$$

$$K_{CaY}^{\ominus'}=10^{10.25}=1.8\times10^{10}$$

在计量点时，溶液中存在平衡：

$$CaY^{2-}=Ca^{2+}+Y^{4-}$$

Ca^{2+} 无副反应，所以有 $[Ca^{2+}]=[Y]_{总}$

因 $K_{CaY}^{\ominus'}=1.8\times10^{10}$，CaY 在 pH＝10.0 时基本不水解，故有：

$$[CaY]=0.0100\times\frac{20.00}{20.00+20.00}=0.005\ (mol/L)$$

$$[Ca^{2+}]=\sqrt{\frac{0.0050}{1.8\times10^{10}}}=5.3\times10^{-7}\ (mol/L)\qquad pCa=6.3$$

同样可以计算在 pH＝9.0 时，EDTA 滴定 Ca^{2+} 至化学计量点时的 pCa＝5.9。不同 pH 条件下，以 0.01mol/L EDTA 溶液滴定 0.0100mol/L Ca^{2+} 滴定曲线如图 8-3 所示。

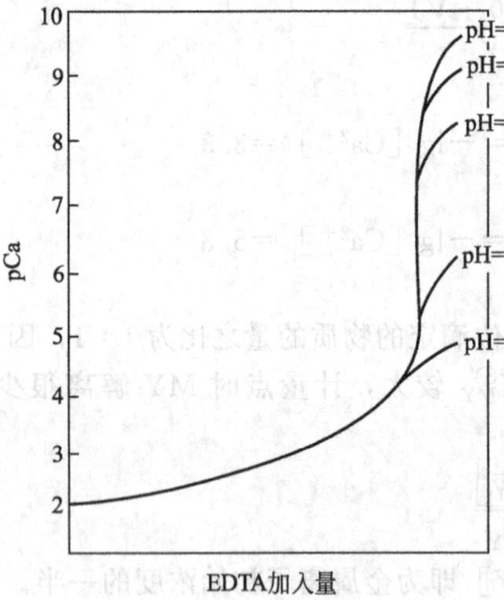

图 8-3 0.01mol/LEDTA 滴定 0.0100mol/LCa^{2+} 的滴定曲线

配位滴定中，滴定突跃范围大小决定于配合物的条件稳定常数 $K_{MY}^{\ominus'}$ 和金属离子的起始浓度。金属离子浓度一定时，配合物的条件稳定常数越大，即 pH 越大，滴定突跃范围越大，由图 8-3 可以看出，当 pH＜6 时几乎没有滴定突跃；当 $K_{MY}^{\ominus'}$ 一定时，金属离子的起始浓度越大，滴定突跃范围就越大。

由此可见，溶液 pH 的选择在 EDTA 配位滴定中非常重要，因此，每种金属离子都有一个能被定量滴定所允许的最低 pH。

8.4.2 酸效应曲线和金属离子被准确滴定的最小 pH 值

在 pH＝2.0 时，ZnY 的条件稳定常数 $K_{ZnY}^{\ominus'}$ 仅为 $10^{2.99}$，配位反应不完全，显然在该酸度条件下不能进行滴定；当将酸度降低(即提高 pH)时，$\lg\alpha_{Y(H)}$ 变小，有利于形成更稳定的配合物，配合反应趋向完全，在 pH＝5.0 时，$K_{ZnY}^{\ominus'}=10^{10.05}$，说明 ZnY 已相当稳定，能够进行滴定分析。这表明，对于配合物 ZnY 来说，在 pH＝2.0～5.0 时，存在着可以滴定与不可以滴定的界限。因此，需要求出对不同的金属离子进行滴定时，允许的最高酸度，即最小 pH 值。

在配位滴定中，当目测终点与化学计量点二者 pM(pM＝－lg [M])的差值 ΔpM 为±

0.2pM 单位，允许的终点误差为±0.1%时，根据有关公式，可推导出单一金属离子被准确滴定的条件是：

$$c_M K_{MY}^{\ominus'} \geqslant 10^6$$

或
$$\lg(c_M K_{MY}^{\ominus'}) \geqslant 6$$

式中，c_M 为金属离子的浓度。

对于 0.01mol/L 的 Zn^{2+}，由于 $\lg(c_{Zn} K_{ZnY}^{\ominus'}) \geqslant 6$，得：

$$\lg K_{ZnY}^{\ominus'} \geqslant 8$$

查表 8-2 知 $\lg K_{ZnY}^{\ominus} = 16.50$，则

$$\lg \alpha_{Y(H)} = \lg K_{ZnY}^{\ominus} - \lg K_{ZnY}^{\ominus'}$$

$$\lg \alpha_{Y(H)} = 16.5 - 8 = 8.50$$

因为溶液的 pH 越大，$\lg\alpha_{Y(H)}$ 越小，$K_{ZnY}^{\ominus'}$ 越大，有利于滴定；因为溶液的 pH 越小，$\lg \alpha_{Y(H)}$ 越大，$K_{ZnY}^{\ominus'}$ 越小，不利于滴定。为了准确滴定 Zn^{2+}，必须保证 $\lg\alpha_{Y(H)} \leqslant 8.50$，pH 必须大于某一值。

查表 8-3 可知，当 $\lg\alpha_{Y(H)} = 8.50$ 时，pH=4.0，故有：

$$\lg \alpha_{Y(H)} \leqslant 8.50 \text{ 时} \quad pH \geqslant 4.0$$

即对 0.01mol/L 的 Zn^{2+} 而言，当 pH≥4.0 时，可以进行滴定；而 pH<4，就不能准确滴定，pH=4.0 即为滴定 0.01mol/L Zn^{2+} 的最小 pH 值。

对于不同的金属离子，可求出其允许的最小 pH 值。0.01mol/L 的金属离子在允许终点误差为±0.1%时的最小 pH 值所连成的曲线，称为 EDTA 酸效应曲线，如图 8-4 所示。

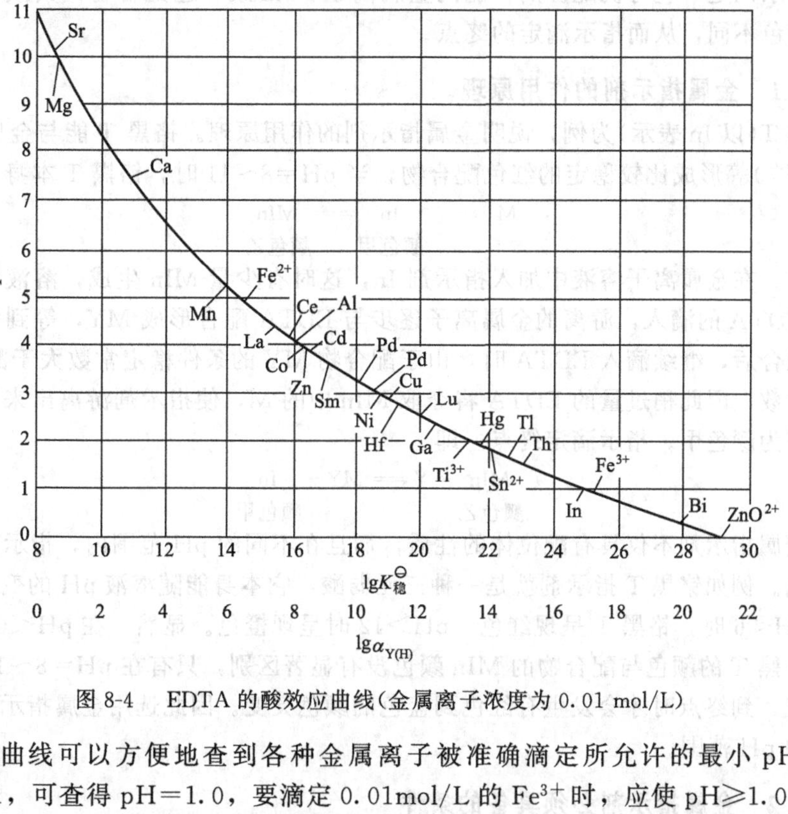

图 8-4　EDTA 的酸效应曲线（金属离子浓度为 0.01 mol/L）

从酸效应曲线可以方便地查到各种金属离子被准确滴定所允许的最小 pH 值。例如 $\lg K_{FeY}^{\ominus} = 25.1$，可查得 pH=1.0，要滴定 0.01mol/L 的 Fe^{3+} 时，应使 pH≥1.0。

实际测定某金属离子时，应将溶液的酸度控制在大于最小 pH 值且金属离子又不发生水

解的范围内。

【例 8-5】 假设 Mg^{2+} 和 EDTA 的浓度皆为 10^{-2} mol/L，①在 pH=6 时，Mg^{2+} 与 EDTA 配合物的条件稳定常数是多少(不考虑水解等副反应)？②并说明在此 pH 下能否用 EDTA 标准溶液滴定 Mg^{2+}？③如不能滴定，求其允许的最小 pH。

已知：$\lg K^{\ominus}_{MgY}=8.64$ 且 pH=6 时，$\lg\alpha_{Y(H)}=4.65$。

解 ① 根据 $\lg K^{\ominus\prime}_{MgY}=\lg K^{\ominus}_{MgY}-\lg\alpha_{Y(H)}$ 得

pH=6 时的条件稳定常数：$\lg K^{\ominus\prime}_{MgY}=8.64-4.65\approx 4.0$

则 $K^{\ominus\prime}_{MgY}=10^4$

② 因为 $\lg cK^{\ominus\prime}_{MgY}=2$ 不满足金属被准确滴定的条件：$\lg cK^{\ominus\prime}_{MgY}\geqslant 6$

所以在此 pH=6 下不能用 EDTA 标准溶液滴定 Mg^{2+}。

③ 由金属被准确滴定的条件：$\lg cK^{\ominus\prime}_{MgY}\geqslant 6$，得 $\lg K^{\ominus\prime}_{MgY}\geqslant 8$。

根据 $\lg K^{\ominus\prime}_{MgY}=\lg K^{\ominus}_{MgY}-\lg\alpha_{Y(H)}$，$\lg\alpha_{Y(H)}=\lg K^{\ominus}_{MgY}-\lg K^{\ominus\prime}_{MgY}$，得：

$$\lg\alpha_{Y(H)}=\lg K^{\ominus}_{MgY}-\lg K^{\ominus\prime}_{MgY}\leqslant 8.64-8=0.64$$

可以确定滴定的最小 pH 为 9.7。

最后强调指出，酸效应曲线是在一定条件和要求下得出的，只考虑了酸度对 EDTA 的影响，没有考虑酸度对金属离子和 MY 的影响，更没有考虑其他配位体存在的影响，因此它是较粗糙的，只能提供参考。实际分析中，合适的酸度选择应结合实验来确定。

8.4.3 金属指示剂

金属指示剂是一些有机配位剂，能同金属离子 M 形成有色配合物，其颜色与游离指示剂本身的颜色不同，从而指示滴定的终点。

8.4.3.1 金属指示剂的作用原理。

以铬黑 T(以 In 表示)为例，说明金属指示剂的作用原理。铬黑 T 能与金属离子(Ca^{2+}、Mg^{2+}、Zn^{2+})等形成比较稳定的红色配合物，当 pH=8～11 时，铬黑 T 本身呈蓝色。

$$\underset{}{M}+\underset{\text{颜色甲}}{In}\rightleftharpoons\underset{\text{颜色乙}}{MIn}$$

滴定时，在金属离子溶液中加入指示剂 In，这时有少量 MIn 生成，溶液呈颜色乙的颜色。随着 EDTA 的滴入，游离的金属离子逐步与 EDTA 配合形成 MY，等到游离的金属离子大部分配合后，继续滴入 EDTA 时，由于配合物 MY 的条件稳定常数大于配合物 MIn 的条件稳定常数，因此稍过量的 EDTA 将夺取 MIn 中的 M，使指示剂游离出来，溶液由颜色乙突然转变为颜色甲，指示滴定终点。即

$$\underset{\text{颜色乙}}{MIn}+Y\rightleftharpoons MY+\underset{\text{颜色甲}}{In}$$

许多金属指示剂不仅具有配位体的性质，而且在不同的 pH 范围内，指示剂本身会呈现不同的颜色。例如铬黑 T 指示剂就是一种三元弱酸，它本身能随溶液 pH 的变化而呈现不同的颜色：pH<6 时，铬黑 T 呈现红色，pH>12 时呈现橙色。显然，在 pH<6 或者 pH>12 时，游离铬黑 T 的颜色与配合物的 MIn 颜色没有显著区别，只有在 pH=8～11 的酸度条件下进行滴定，到终点时才会发生有红色到蓝色的颜色突变。因此选用金属指示剂，必须注意选择合适的 pH 范围。

8.4.3.2 金属指示剂必须具备的条件

从上述铬黑 T 的例子可以看到，金属指示剂必须具备下列几个条件。

① 在滴定的pH范围内，游离指示剂In本身的颜色同指示剂与金属离子配合物MIn的颜色应有明显的差别。

② 金属离子与指示剂形成有色配合物的显色反应要灵敏，在金属离子浓度很小时，仍能呈现明显的颜色。

③ 金属离子与指示剂配合物MIn应有适当的稳定性。一方面应小于EDTA与金属离子配合物MY的稳定性，$K^{\ominus}_{MIn} < K^{\ominus}_{MY}$，这样才能使EDTA滴定到化学计量点时，将指示剂从配合物MIn中取代出来。但是另一方面，如果MIn的稳定性太差，则在到达化学计量点前，就会显示出指示剂本身的颜色，使终点提前出现，而引入误差，颜色变化也不敏锐。

8.4.3.3 常用的金属指示剂

一些常用金属指示剂的主要使用情况列于表8-4。

金属指示剂大多是含有双键的有机化合物，容易被空气、氧化剂等作用而变质，在水溶液中也多不稳定，最好现用现配。

表8-4 常用金属指示剂

指示剂	适用的pH范围	颜色变化		直接滴定的离子	指示剂配制	注意事项
		In	MIn			
铬黑T(简称BT或EBT)	8～10	蓝色	红色	pH=10 Mg^{2+}、Zn^{2+}、Cd^{2+}、Pb^{2+}、Mn^{2+}、稀土元素离子	1∶100 NaCl固体	Fe^{3+}、Al^{3+}、Cu^{2+}、Ni^{2+}等离子封闭EBT
酸性铬蓝K	8～13	蓝色	红色	pH=10 Mg^{2+}、Zn^{2+}、Mn^{2+}；pH=13 Ca^{2+}	1∶100 NaCl固体	
二甲酚橙(简称XO)	<6	亮黄色	红色	pH<1 ZrO^{2+}；pH=1～3.5 Th^{4+}、Bi^{3+}；pH=5～6 Zn^{2+}、Tl^{3+}、Pb^{2+}、Cd^{2+}、Hg^{2+}、稀土元素离子	0.5%水溶液(5g/L)	Fe^{3+}、Al^{3+}、Ti^{4+}、Ni^{2+}等离子封闭XO
磺基水杨酸(简称SSAL)	1.5～2.5	无色	紫红色	pH=1.5～2.5 Fe^{3+}	0.5%水溶液(50g/L)	SSAL本身无色 FeY^-呈黄色
钙指示剂(简称NN)	12～13	蓝色	红色	pH=12～13 Ca^{2+}	1∶10 NaCl固体	Fe^{3+}、Al^{3+}、Ti^{4+}、Ni^{2+}、Cu^{2+}、Co^{2+}、Mn^{2+}等离子封闭NN
PAN	2～12	黄色	紫红色	pH=2～3 Th^{4+}、Bi^{3+}；pH=4～5 Cu^{2+}、Ni^{2+}、Pb^{2+}、Cd^{2+}、Zn^{2+}、Mn^{2+}、Fe^{2+}	0.1%乙醇溶液(1g/L)	Mn在水中溶解度小，为防止PAN僵化，滴定时须加热

8.4.4 提高配位滴定选择性的方法

由于EDTA能和大多数金属离子形成稳定配合物，而在被滴定的试液中往往同时存在多种金属离子，这样，在滴定时可能彼此干扰。如何提高配位滴定的选择性，是配位滴定要解决的重要问题。为了减少或消除共存离子的干扰，在实际滴定中，常用下列几种方法。

8.4.4.1 控制溶液的酸度

当滴定单独一种金属离子 M 时，只要满足 $\lg cK_{MY}^{\ominus'} \geqslant 6$ 的条件，就可以准确滴定 M，误差在 ±0.1% 以内。

当溶液中有不同的金属离子时，因 EDTA 能与多种金属离子形成配合物，但其稳定常数是不相同的，因此滴定所允许的最小 pH 值也不同。若溶液中同时有两种或两种以上的金属离子，它们与 EDTA 所形成的配合物稳定常数又相差足够大，则控制溶液的酸度，使其只满足滴定某一种离子允许的最小 pH 值，但又不会使该离子发生水解而析出沉淀，此时就只能有一种离子与 EDTA 形成稳定的配合物，而其他离子与 EDTA 不发生配位反应，这样就可以避免干扰。

设溶液中有 M 和 N 两种金属离子，它们均可与 EDTA 形成配合物，但 $K_{MY}^{\ominus'} > K_{NY}^{\ominus'}$，对于有干扰离子共存时的配位滴定，通常允许有≤±0.5%的相对误差，而且用指示剂检测终点时终点与化学计量点二者 pM 的差值 $\Delta pM \approx 0.3$，经计算推导可得，要准确滴定 M 而 N 不干扰，就必须满足：

$$\frac{c_M K_{MY}^{\ominus}}{c_N K_{NY}^{\ominus}} \geqslant 10^5 \text{ 和 } c_M K_{MY}^{\ominus'} \geqslant 10^6$$

或

$$\lg(c_M K_{MY}^{\ominus}) - \lg(c_N K_{NY}^{\ominus}) \geqslant 5 \text{ 和 } \lg(c_M K_{MY}^{\ominus'}) \geqslant 6$$

一般以此式作为判断能否利用控制酸度进行分别滴定的条件。

例如，当溶液中 Bi^{3+}、Pb^{2+} 浓度皆为 0.01mol/L 时，要选择滴定 Bi^{3+}。从表 8-2 可知：$\lg K_{BiY}^{\ominus} = 27.94$，$\lg K_{PbY}^{\ominus} = 18.04$，$\Delta \lg K^{\ominus} = 27.94 - 18.04 = 9.90$，故可选择滴定 Bi^{3+}，而 Pb^{2+} 不干扰。然后进一步根据 $\lg \alpha_{Y(H)} \leqslant \lg K_{MY}^{\ominus} - 8$，可确定滴定允许的最小 pH 值。此例中 $[Bi^{3+}] = 0.01$mol/L，则可由 EDTA 的酸效应曲线(图 8-4)直接查到滴定 Bi^{3+} 允许的最小 pH 值约为 0.7，即要求 pH≥0.7 时滴定 Bi^{3+}。但滴定时 pH 值不能太大，在 pH 大于 1.5 时，Bi^{3+} 将开始水解析出沉淀，因此滴定 Bi^{3+}、Pb^{2+} 溶液中的 Bi^{3+} 时，适宜酸度范围为 pH=0.7～1，此时 Pb^{2+} 不与 EDTA 配位。

同样可以确定，Pb^{2+} 可在 pH=4～6 进行滴定。

若不能满足 $\Delta \lg K^{\ominus} \geqslant 5$ 的条件，则在滴定 M 的过程中，N 将同时被滴定而发生干扰。要克服或消除这种干扰，提高滴定的选择性，必须采取其他措施，如采用掩蔽方法，或者改用其他滴定剂来达到这个目的。

8.4.4.2 掩蔽和解蔽的方法

配位滴定之所以能广泛应用，与大量使用掩蔽剂是分不开的。

常用的掩蔽方法按反应类型不同，可分为配位掩蔽法、沉淀掩蔽法和氧化还原掩蔽法，其中配位掩蔽法用得最多。

(1) 配位掩蔽法 这是利用配位反应降低干扰离子浓度以消除干扰的方法。例如，用 EDTA 滴定水中的 Ca^{2+}、Mg^{2+} 以测定水的硬度时，Fe^{3+}、Al^{3+} 等离子的存在干扰测定，若加入三乙醇胺与 Fe^{3+}、Al^{3+} 生成更稳定的配合物，则可消除 Fe^{3+}、Al^{3+} 的干扰。又如，在 Al^{3+} 与 Zn^{2+} 共存时，可用 NH4F 掩蔽 Al^{3+}，使其生成稳定性较好的 AlF_6^{3-}，调节 pH=5～6，可用 EDTA 滴定 Zn^{2+}，而 Al^{3+} 不干扰。

由上例可以看出，配位掩蔽剂必须具备下列条件。

① 与干扰离子形成配合物的稳定性，必须大于 EDTA 与该离子形成配合物的稳定性，

而且这些配合物为无色或浅色，不影响终点的观察。

② 掩蔽剂不能与被测离子形成配合物，或形成配合物的稳定性要比被测离子与 EDTA 形成配合物的稳定性小得多，这样才不会影响滴定进行。

③ 掩蔽剂的应用有一定的 pH 范围，而且要符合测定的 pH 范围要求。

一些常用的配位掩蔽剂及其使用范围列于表 8-5。

表 8-5 常用的配位掩蔽剂

名称	pH 范围	被掩蔽的离子	备注
KCN	pH>8	Co^{2+}、Ni^{2+}、Cu^{2+}、Cd^{2+}、Zn^{2+}、Hg^{2+}、Ag^{+}、Tl^{+}及铂族元素	
NH_4F	pH=4～6 pH=10	Al^{3+}、Ti^{4+}、Sn^{4+}、Zr^{4+}、W^{6+}等 Al^{3+}、Mg^{2+}、Ca^{2+}、Sr^{2+}、Ba^{2+}及稀土元素	用 NH_4F 比 NaF 好，优点是加入后溶液 pH 变化不大
三乙醇(TEA)	pH=11～12 pH=10	Al^{3+}、Sn^{4+}、Ti^{4+}、Fe^{3+} Al^{3+}、Fe^{3+}及少量 Mn^{2+}	与 KCN 并用，可提高掩蔽效果
二巯基丙醇	pH=10	Hg^{2+}、Cd^{2+}、Bi^{3+}、Zn^{2+}、Pb^{2+}、Ag^{+} Al^{3+}、Sn^{4+}及少量 Co^{2+}、Ni^{2+}、Cu^{2+}	
铜试剂(DDTC)	pH=10	能与 Hg^{2+}、Cd^{2+}、Bi^{3+}、Pb^{2+}、Cu^{2+}生成沉淀，其中 Cu-DDTC 为褐色，Bi-DDTC 为黄色，故其存在量应分别小于 2mg 和 10mg	
酒石酸	pH=1.2 pH=2 pH=5.5 pH=6～7.5 pH=10	Sb^{3+}、Sn^{4+}、Fe^{3+}及 5mg 以下的 Cu^{2+} Sn^{4+}、Fe^{3+}、Mn^{2+} Sn^{4+}、Fe^{3+}、Mn^{2+}、Ca^{2+} Mg^{2+}、Cu^{2+}、Fe^{3+}、Al^{3+}、Mo^{4+}、Sb^{3+}、W^{6+} Sn^{4+}、Al^{3+}	在抗坏血酸存在下滴定

(2) 沉淀掩蔽法 这是利用干扰离子与掩蔽剂形成沉淀以降低其浓度的方法。例如，在 Ca^{2+}、Mg^{2+}两种离子共存的溶液中加入 NaOH 溶液，使 pH>12，则 Mg^{2+}生成$Mg(OH)_2$沉淀，可以用 EDTA 滴定 Ca^{2+}。

常用的一些沉淀掩蔽剂及其使用范围列于表 8-6 中。

沉淀掩蔽法在实际应用中有一定的局限性，它要求所生成的沉淀致密、溶解度要小、无色或浅色且吸附作用小，否则，由于颜色深、体积大而吸附待测离子或吸附指示剂，将影响终点的观察和测定结果。

表 8-6 配位滴定中应用的沉淀掩蔽剂

名称	被掩蔽的离子	待测定的离子	pH 范围	指示剂
NH_4F	Ca^{2+}、Sr^{2+}、Mg^{2+}、Al^{3+}、Ti^{4+}、Ba^{2+}、稀土	Cd^{2+}、Zn^{2+}、Mn^{2+}（有还原剂存在下）	10	铬黑 T
NH_4F	Ca^{2+}、Sr^{2+} Mg^{2+}、Al^{3+}、Ti^{4+}、Ba^{2+}、稀土	Co^{2+}、Ni^{2+}、Cu^{2+}	10	紫尿酸铵
K_2CrO_4	Ba^{2+}	Sr^{2+}	10	Mg-EDTA 铬黑 T
Na_2S 或铜试剂	微量重金属	Mg^{2+}、Ca^{2+}	10	铬黑 T
H_2SO_4	Pb^{2+}	Bi^{3+}	1	二甲酚橙
$K_4[Fe(CN)_6]$	微量 Zn^{2+}	Pb^{2+}	5～6	二甲酚橙

(3) 氧化还原掩蔽法 这是利用氧化还原反应改变干扰离子价态以消除干扰的方法。例

如用 EDTA 滴定 Bi^{3+}、Zr^{4+}、Th^{4+} 等离子时，溶液中如果存在 Fe^{3+}，则 Fe^{3+} 干扰测定，此时可加入抗坏血酸或盐酸羟胺，将 Fe^{3+} 还原为 Fe^{2+}，由于 Fe^{2+} 与 EDTA 配合物的稳定性小得多（$\lg K_{FeY^-}=25.1$，$\lg K_{FeY^{2-}}=14.33$），因而能掩蔽 Fe^{3+} 的干扰。

常用的还原剂有：抗坏血酸、盐酸羟胺、联胺、硫脲、半胱氨酸等，其中有些还原剂同时又是配位剂。

(4) 解蔽方法　在金属离子配合物的溶液中，加入一种试剂（解蔽剂），将被 EDTA 或掩蔽剂配位的金属离子释放出来，再进行滴定，这种方法叫解蔽。例如，用配位滴定法测定铜合金中的 Zn^{2+} 和 Pb^{2+}，试液调至碱性后，加 KCN 掩蔽 Cu^{2+}、Zn^{2+}（氰化钾是剧毒物，只允许在碱性溶液中使用!），此时 Pb^{2+} 不被 KCN 掩蔽，故可在 pH＝10 的条件下以铬黑 T 为指示剂，用 EDTA 标准溶液进行滴定，在滴定 Pb^{2+} 后的溶液中，加入甲醛破坏 $[Zn(CN)_4]^{2-}$：

$$4HCHO+[Zn(CN)_4]^{2-}+4H_2O \rightleftharpoons Zn^{2+}+4CH_2CNOH+4OH^-$$

原来被 CN^- 配位了的 Zn^{2+} 又释放出来，再用 EDTA 继续滴定。

在实际分析中，用一种掩蔽剂常不能得到令人满意的结果，当有许多离子共存时，常将几种掩蔽剂或沉淀剂联合使用，这样才能获得较好的选择性。但须注意，共存干扰离子的量不能太多，否则得不到满意的结果。

8.4.5　选用其他配位滴定剂

随着配位滴定法的发展，除 EDTA 外又研制了一些新型的氨羧配合剂，它们与金属离子形成配合物的稳定性各有特点，可以用来提高配位滴定法的选择性。

例如，EDTA 与 Ca^{2+}、Mg^{2+} 形成的配合物稳定性相差不大，而 EGTA（乙二醇二乙醚二胺四乙酸）与形成 Ca^{2+}、Mg^{2+} 的配合物稳定性相差较大，故可以在 Ca^{2+}、Mg^{2+} 共存时，用 EGTA 选择性滴定。EDTP（乙二胺四丙酸）与 Cu^{2+} 形成的配合物稳定性高，可以在 Zn^{2+}、Cd^{2+}、Mn^{2+}、Mg^{2+} 共存的溶液中选择性滴定 Cu^{2+}。

8.5　实验

8.5.1　EDTA 标准溶液的配制与标定

8.5.1.1　实验目的

① 掌握 EDTA 标准溶液配制和标定的方法。

② 掌握配合滴定原理，了解配合滴定特点。

③ 熟悉铬黑 T 指示剂的使用。

8.5.1.2　实验原理

乙二胺四乙酸（常用 H_4Y 表示）常温下难溶于水（溶解度为 0.2g/L），故常用它的二钠盐（$Na_2H_2Y \cdot 2H_2O$，简称 EDTA，溶解度为 120g/L）配制标准溶液。EDTA 是白色结晶粉末，能与大多数金属离子形成 1∶1 的稳定配合物，其标准溶液一般用间接法配制。先配制成近似浓度的溶液，然后以基准物来标定其浓度。标定 EDTA 溶液常用的基准物有 Zn、ZnO、$CaCO_3$、$MgSO_4 \cdot 7H_2O$ 等。滴定是在 pH≈10 的条件下进行的，铬黑 T 为指示剂，终点由紫红色变为纯蓝色。

滴定过程中的反应为：

$$Zn^{2+} + HIn^{2-} \longrightarrow ZnIn^{-} + H^{+}$$
$$Zn^{2+} + H_2Y^{2-} \longrightarrow ZnY^{2-} + 2H^{+}$$

终点时：

$$\underset{紫红色}{ZnIn^{-}} + H_2Y^{2-} \longrightarrow ZnY^{2-} + \underset{纯蓝色}{HIn^{2-}} + H^{+}$$

由消耗的 EDTA 体积和 ZnO 质量计算 EDTA 浓度，公式如下：

$$c_{EDTA} = \frac{m_{ZnO} \times 1000}{V_{EDTA} \times M_{ZnO}}$$

8.5.1.3 仪器及药品

仪器：酸式滴定管、容量瓶（250mL）、移液管（25mL）、锥形瓶，量筒（25mL，100mL）、电子天平。

药品：ZnO、EDTA、盐酸(20%)、NH_3-NH_4Cl 缓冲溶液、氨水(10%)、滴铬黑 T(5g/L)。

8.5.1.4 实验步骤

(1) EDTA 标准溶液(0.05mol/L)的配制 用台秤称取 EDTA 约 9.5g，加蒸馏水 500mL 使其溶解，摇匀，贮存于洁净具有玻璃塞的试剂瓶中。

(2) Zn^{2+} 标准溶液的配制 减量法准确称取 1.5g 干燥过的基准试剂 ZnO(不得用去皮的方法)，置于 100mL 小烧杯中，盖以表面皿，用少量水润湿，加入 20mL 盐酸(20%)溶解后，用蒸馏水把可能溅到表面皿上的液滴淋洗入烧杯内，然后转移至 250mL 容量瓶中，定容，摇匀。

(3) EDTA 标准溶液(0.05mol/L)的标定 移取 25.00mL Zn^{2+} 标准溶液于 250mL 的锥形瓶中，加 75mL 水，用氨水(10%)调溶液 pH 至 7～8，加 10mL NH_3-NH_4Cl 缓冲溶液 (pH≈10)及 5 滴铬黑 T(5g/L)，用待标定的 EDTA 溶液滴定至溶液由紫色变为纯蓝色，停止滴定，将滴定管读数填于表 8-7。平行滴定三次。

8.5.1.5 数据记录与计算

数据记录见表 8-7。

表 8-7 数据记录表

记录项目	1	2	3
$m_{倾样前}$/g			
$m_{倾样后}$/g			
$m_{氧化锌}$/g			
移取试液中 $m_{氧化锌}$/g			
滴定管初读数/mL	0.00	0.00	0.00
滴定管终读数/mL			
滴定消耗 EDTA 体积/mL			
c_{EDTA}/(mol/L)			
$\bar{c}_{EDTA}$/(mol/L)			
相对极差/%			

8.5.1.6 注意事项

① EDTA 在水中溶解较慢，可加热使溶解或放置过夜。

② 贮存 EDTA 溶液应选用硬质玻璃瓶，如用聚乙烯瓶贮存更好。避免与橡皮塞、橡皮管的接触。

8.5.2 碳酸钙含量的测定

8.5.2.1 实验目的

① 掌握碳酸钙含量的测定方法。

② 熟练掌握 EDTA 滴定的操作。

8.5.2.2 仪器、试剂

仪器：电子天平、容量瓶、烧杯、移液管、称量瓶、酸式滴定管、电炉、表面皿、量筒。

试剂：EDTA 标准溶液、HCl 溶液、氨水、NaOH 溶液、钙指示指示剂、甲基红指示剂、$CaCO_3$ 试样 、$CaCO_3$ 基准物。

8.5.2.3 实验原理

用盐酸将碳酸钙试样溶解，得钙离子溶液。

$$CaCO_3 + HCl \longrightarrow Ca^{2+} + H_2O + CO_2\uparrow$$

加入掩蔽剂三乙醇胺，消除铁离子、铝离子的干扰，调 pH 值至 12 左右，在此条件下加入指示剂，则钙离子与指示剂形成稳定的酒红色配合物。开始滴定到滴定终点前：

$$Ca^{2+} + EDTA \longrightarrow CaY$$

滴定终点时，EDTA 夺取 CaIn(酒红色)中的钙，使指示剂游离出来，溶液由酒红色变为纯蓝色。

$$CaIn(\text{酒红色}) + Y \longrightarrow CaY + In(\text{蓝色})$$

根据化学计量关系，有等式 $n_{CaCO_3} = n_{Ca^{2+}} = n_{EDTA}$，由此可计算碳酸钙含量。

8.5.2.4 实验步骤

(1) 试液的制备 准确称取 $CaCO_3$ 试样 0.5～0.7g(精确至 0.0002g)，放入 250mL 烧杯中，用少量水润湿，盖上表面皿，缓缓加入（1+1）盐酸溶液至试样完全溶解，用中速滤纸过滤并洗涤，滤液和洗液一并移入 250mL 容量瓶中，加水至刻度，摇匀。

(2) $CaCO_3$ 含量的测定 移取 25.00mL 置于 250mL 锥形瓶中，加 5mL 三乙醇胺溶液(1+3)和 25mL 水置于 250mL 锥形瓶中，加入少量钙羧酸混合指示剂后用 100g/L 的氢氧化钠溶液至酒红色出现，并过量 0.5mL，用乙二胺四乙酸二钠标准溶液(c_{EDTA} = 0.02mol/L)滴定至溶液由酒红色变为纯蓝色。平行测定三次，同时做空白试验。

8.5.2.5 实验数据记录与计算

(1) 数据记录见表 8-8。

(2) 结果计算

以质量百分数 $W\%$ 表示 $CaCO_3$ 的含量，按下式计算。

$$W\% = \frac{c(V - V_0) \times 0.1001}{m \times \frac{25}{250}} \times 100 = \frac{100.1 \times c(V_1 - V_0)}{m}$$

式中，c 为 EDTA 标准溶液的浓度，mol/L；V 为滴定消耗 EDTA 溶液的体积，mL；V_0 为空白试验消耗 EDTA 溶液的体积，mL；m 为试样的质量，g；0.1001 为 1.00mL EDTA 标准溶液(c_{EDTA} = 1.000mol/L)相当于 $CaCO_3$ 的克数。

表 8-8　数据记录表

内容 \ 测定次数		1	2	3
称量瓶和试样的质量(第一次读数)				
称量瓶和试样的质量(第二次读数)				
试样的质量 m/g				
EDTA 标准溶液的浓度 c/(mol/L)				
试样试验	滴定消耗 EDTA 溶液的体积 mL			
	滴定管校正值/mL			
	溶液温度校正值/mL/L			
	实际滴定消耗 EDTA 溶液体积 V_1/mL			
空白试验	滴定消耗 EDTA 溶液的体积/mL			
	滴定管校正值/mL			
	溶液温度校正值/(mL/L)			
	实际滴定消耗 EDTA 溶液体积 V_0/mL			
试样中 $CaCO_3$ 的含量/%				
平均值/%				
平行测定结果的极差/%				

习　题

1. 无水 $CrCl_3$ 与氨可以形成两种配合物，组成分别为 $CrCl_3 \cdot 4NH_3$ 和 $CrCl_3 \cdot 5NH_3$。硝酸银能够从第一种配合物中把全部的氯转化为 AgCl 沉淀，而只能将第二种配合物中 2/3 的氯转化为 AgCl 沉淀。试分别写出两种配位化合物的结构式、名称，指出其内界、外界、配位数。

2. 解释以下现象。

(1) AgCl 能溶于氨水，AgBr 则基本不溶，但是 AgCl 和 AgBr 都能溶解于 $Na_2S_2O_3$ 溶液。

(2) CO 和氰化物对人体都有强毒性。

(3) 大多数含 Cu^{2+} 的配离子的空间构型为平面正方形。

(4) 提取金属金时，可以利用 $4Au+8CN^-+2H_2O+O_2 = 4[Au(CN)_2]^-+4OH^-$ 反应。

3. 在 1.0L 浓度为 6.0mol/L 氨水中，溶解 0.10mol $ZnSO_4$ 固体(体积变化可以忽略)。平衡后 Zn^{2+} 浓度为 8.13×10^{-14} mol/L。计算 $[Zn(NH_3)_4]^{2+}$ 的 $K^{\ominus}_{稳}$ 。

4. 填充下列表格

配位化合物	中心离子	配位体	配位原子	中心离子氧化数	配合物名称
$(NH_4)_3[SbCl_6]$					
$[Co(NH_3)_5Cl]Cl_2$					
$K_2[SiF_6]$					
$[Cu(NH_3)_4]SO_4$					
$[PtCl_4(NH_3)_2]$					
$K[PtCl_5(NH_3)]$					
$[CrCl_2(NH_3)_4]Cl\cdot 2H_2O$					

5. 若想在 1L 氨水中溶解 0.1 mol AgCl，则氨水的浓度最低为多少？

6. 水的硬度有用 mg/LCaO 表示的，还有用硬度数表示的(每升水中含 10mg CaO 称为 1 度)。今吸取水样 100mL，用 0.0100 mol/L EDTA 溶液测定硬度，用去 2.41mL，计算水的硬度：(1)用 mg/LCaO 表示；(2)用硬度数表示。

7. 某试液含 Fe^{3+} 和 Co^{2+}，浓度皆为 0.0200mol/L，今欲用同浓度的 EDTA 分别滴定，问：

(1) 有无分别滴定的可能？

(2) 滴定 Fe^{3+} 的合适的酸度范围。

(3) 滴定 Fe^{3+} 后，是否有可能滴定 Co^{2+}？求滴定 Co^{2+} 的合适的酸度范围。$K^{\ominus}_{sp[Co(OH)_2]}=10^{-14.7}$

8. 欲测定含 Pb^{2+}、Al^{3+}、Mg^{2+} 试液中 Pb^{2+} 的含量，其他两种离子是否有干扰？应如何测定 Pb^{2+} 含量？试拟出简要方案。

9. 称取 0.1005g 纯 $CaCO_3$，溶解后用容量瓶配成 100.0mL 溶液。吸取 25.00mL，在 pH>12 时，用钙指示剂指示终点，用 EDTA 标准溶液滴定，用去 24.90mL。试计算下列问题。

(1) EDTA 溶液的浓度；

(2) 每 mL EDTA 溶液相当于 ZnO、Fe_2O_3 各多少克？

10. 分析含铜锌镁合金时，称取 0.5000g 试样，溶解后用容量瓶配成 100.0mL 试样。吸取 25.00mL，调至 pH=6，用 PAN 作指示剂，用 0.0500mol/L EDTA 标准溶液滴定铜和锌，用去 37.30mL。另外又吸取 25.00mL 试液，调至 pH=10，加 KCN，以掩蔽铜和锌。用同浓度的 EDTA 溶液滴定镁，用去 4.10mL。然后再滴加甲醛以解蔽锌，又用同浓度 EDTA 溶液滴定锌，用去 13.40mL。计算试样中铜、锌、镁的质量分数。

11. 称取 1.032g 氧化铝试样，溶解后移入 250mL 容量瓶，稀释至刻度。吸取 25.00mL，加入 $T_{Al_2O_3}=1.505mg/mL$ 的 EDTA 标准溶液 10.00mL，以二甲酚橙为指示剂，用 $Zn(Ac)_2$ 标准溶液进行返滴定，至红紫色终点，消耗 $Zn(Ac)_2$ 标准溶液 12.20mL。已知 1mL $Zn(Ac)_2$ 溶液相当于 0.6812 mL EDTA 溶液，求试样中 Al_2O_3 的质量分数。

12. 计算溶液中与 1.0×10^{-3} mol/L $[Cu(NH_3)_4]^{2+}$ 和 1.0mol/L NH_3 处于平衡状态的 Cu^{2+} 的浓度。若在 1.0L 此溶液中加入 0.001 mol NaOH，问有无 $Cu(OH)_2$ 沉淀生成？若再加入 0.001 mol Na_2S，问有无 CuS 沉淀生成？

第9章

紫外-可见光分光光度法

9.1 概述

分光光度法是利用物质分子对光的选择性吸收的特性而建立起来的分析方法，其中紫外-可见分光光度法是针对物质分子对紫外和可见光区域光辐射的吸收而建立的分析方法，是一种应用范围较广的仪器分析方法。

9.1.1 紫外-可见分光光度法的分类

许多物质是有颜色的，例如 Mno_4^- 在水溶液中呈紫色，Cu^{2+} 在水溶液中呈蓝色。还有些物质本身虽然是无色或浅色的，但当它们与某些试剂(显色剂)反应后，就生成有色的物质，例如 Fe^{3+} 与 SCN^- 反应生成血红色的配合物，Fe^{2+} 与邻二氮菲反应生成橙红色的配合物。这些有色物质溶液颜色的深浅与溶液浓度有关。有色物质浓度越大，溶液颜色越深；浓度越小，溶液颜色越浅。这说明溶液颜色的深浅与有色物质的浓度之间有函数关系。利用分光光度计，根据物质对不同波长单色光的吸收程度不同而对物质进行定性和定量分析的方法称为分光光度法(又称吸光光度法)。分光光度法中，按所用单色光的波长不同又可分为可见分光光度法(400～780nm)、紫外分光光度法(200～400nm)和红外分光光度法(3×10^3～3×10^4nm)。其中可见分光光度法和紫外分光光度法合称为紫外-可见分光光度法。

9.1.2 紫外-可见分光光度法的特点

紫外-可见分光光度法是仪器分析中应用最为广泛的分析方法之一，相比于常规的化学分析法具有如下特点。

① 灵敏度高。紫外-可见分光光度法测定物质的浓度下限可达 10^{-5}～10^{-6}mol/L，相当于含量为0.001%～0.0001%的微量组分。如果可以将被测组分用适当方法富集，灵敏度还可以提高1～2个数量级。

② 准确度高。紫外-可见分光光度法的相对误差通常在2%～5%，若采用精密分光光度计测量，相对误差可达到1%～2%。虽然，对于常量组分的测定，准确度不如化学分析法，但对于微量组分的测定，已完全满足要求。由此可见，紫外-可见分光光度法特别适合于低含量和微量组分的测定，而中、高含量组分的测定更适宜采用化学分析法。

③ 操作简便、快捷，应用广泛。紫外-可见分光光度法分析速度快，操作简单，仪器也不复杂，还可以与计算机技术结合，实现多种方式、多种数据的输出。紫外-可见分光光度法应用广泛，可用于定性鉴别和定量测量，大部分无机离子与许多有机物质都可以使用这种方法进行测定。紫外-可见分光光度法还可应用在化学平衡研究方面。除此之外，紫外吸收光谱法还可用于芳香化合物及含共轭体系化合物的鉴定及结构分析。

9.2 光吸收的基本原理

物质的颜色与光有密切关系，例如硫酸铜溶液在日光下呈蓝色，在钠光灯下(黄光)呈黑色，在暗处，则什么颜色都看不到。可见，物质的颜色不仅与物质本身有关，也与光照条件有关，因此想要深入了解物质对光的选择性吸收，首先要了解光的基本性质。

9.2.1 电磁波谱

光本质上是一种电磁波，具有波粒二象性。光作为一种波，可以用波长(λ)和频率(ν)描述；作为一种粒子，光具有能量(E)。它们之间的关系为：

$$E=h\nu=h\frac{c}{\lambda}$$

式中，E 为能量，eV(电子伏特)；h 为普朗克常数 ($6.626\times10^{-34}\,\mathrm{J\cdot s}$)；$\nu$ 为频率，Hz；c 为光速，真空中约为 $3\times10^{8}\,\mathrm{m/s}$；$\lambda$ 为波长，nm。

从上式可以看出，不同波长的光能量不同，波长越小，能量越大，波长越大，能量越小。不同波长光的能量与分子和原子中的电子不同能级的跃迁能量以及分子的振动能、转动能相对应，也对应产生了各种光谱分析方法。若将各种电磁波(光)按波长或频率大小顺序排列成图表，得到的图表即为电磁波谱 (见表 9-1)。

表 9-1 电磁波谱

光谱名称	波长范围	频率/MHz	跃迁能级类型	分析方法
X 射线	10^{-2}～10nm	3×10^{14}～3×10^{10}	内层电子能级	X 射线光谱法
远紫外光	10～200nm	3×10^{10}～1.5×10^{9}	原子及分子的价电子或成键电子能级	真空紫外光度法
近紫外光	200～380nm	1.5×10^{9}～7.5×10^{8}		紫外光度法
可见光	380～780nm	7.5×10^{8}～4.0×10^{8}		可见光度法
近红外光	0.75～2.5μm	4.0×10^{8}～1.2×10^{8}	分子振动能级	近红外光谱法
中红外光	2.5～50μm	1.2×10^{8}～6.0×10^{6}		中红外光谱法
远红外光	50～1000μm	6.0×10^{6}～10^{5}	分子振动能级	远红外光谱法
微波	0.1～100cm	10^{5}～10^{2}		微波光谱法
无线电波	1～100m	10^{2}～0.1	核自旋能级	核磁共振光谱法

9.2.2 物质的颜色与光的关系

9.2.2.1 单色光与互补光

只有一种波长的光称为单色光；不同波长的光混合在一起称为复合光。纯单色光很难获得，激光单色性很好，接近于单色光。日光、白炽灯光都是复合光，白光是红、橙、黄、绿、青、蓝、紫七种单色光按一定比例混合而成。如果把两种适当颜色的光按一定强度比例混合也可以得到白光，而这两种光就叫互补光。图9-1为互补光示意图，图中处于直线两端的两种色光即为一对互补光，例如绿色光与紫色光互补，黄色光与蓝色光互补，它们按照一定强度比例混合就可得到白光。

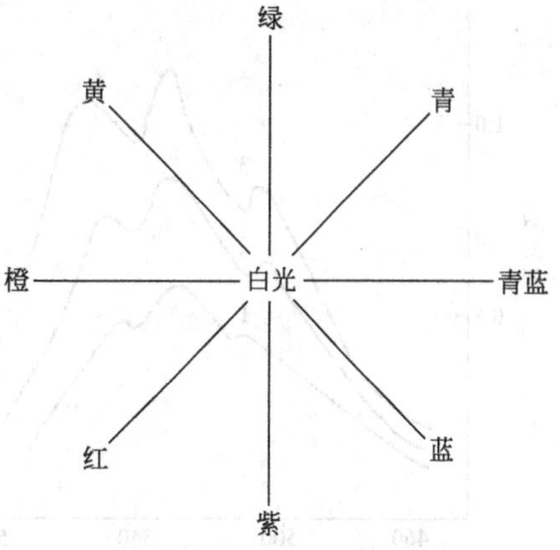

图 9-1　互补色光示意图

人眼对不同波长的光的感受也不同。能被人眼感觉到的光统称为可见光，其波长范围为400～780nm，而波长小于400nm的紫外光和波长大于780nm的红外光都不能被人眼感觉到，也就是人眼看不到紫外光和红外光。在可见光的范围内，不同波长的光刺激人眼后会产生不同的颜色感觉，图9-2列出了各种色光的近似波长范围。

9.2.2.2　物质的颜色与对光的选择性吸收

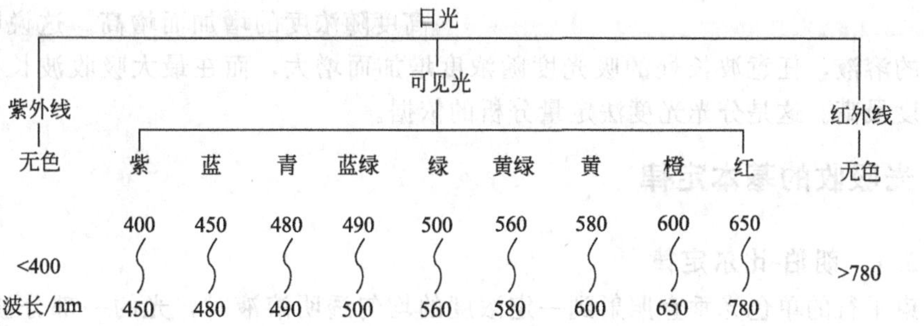

图 9-2　各种色光的波长

物质对光的吸收是物质和光能相互作用的一种形式。当一束白光照射在溶液上时，特定波长的光的能量同溶液中离子、分子的基态和激发态能量差相等时，这种波长的光才会被吸收，而物质的基态和激发态是由物质的原子结构和原子间相互作用决定的，不同的物质的能态不同，对光的选择性吸收也就不一样。所以物质对光具有选择吸收性。

物质的颜色与物质对光的选择性吸收密切相关。当一束白光照射在某透明溶液上时，若该溶液对可见光区各波长的光都不吸收，即入射光全部通过溶液，则看到的溶液呈无色透明；若该溶液对可见光区各波长的光全部吸收，即无入射光通过溶液，则看到的溶液呈黑色；若该溶液选择性吸收了可见光区某波长的光，则溶液呈现被吸收光的互补色光的颜色。例如，当一束白光通过$KMnO_4$溶液时，500～560nm的绿色光被选择性吸收，其他色光两两互补成白光通过溶液，剩下紫红色光未被互补，单独透过溶液，所以人眼看到的$KMnO_4$溶液呈现紫红色。

9.2.2.3　吸收光谱

如果将不同波长的单色光依次通过同一有色溶液，测定每一波长下有色溶液对光的吸收程度(即吸光度)，然后以波长为横坐标，吸光度为纵坐标作图，得到的曲线称为吸收光谱(或吸收曲线)。吸收光谱是通过实验绘制的，它直观地反映出物质对不同波长光的吸收情况。

图 9-3 是三种不同浓度 $KMnO_4$ 溶液的吸收曲线。由图可知以下几点。

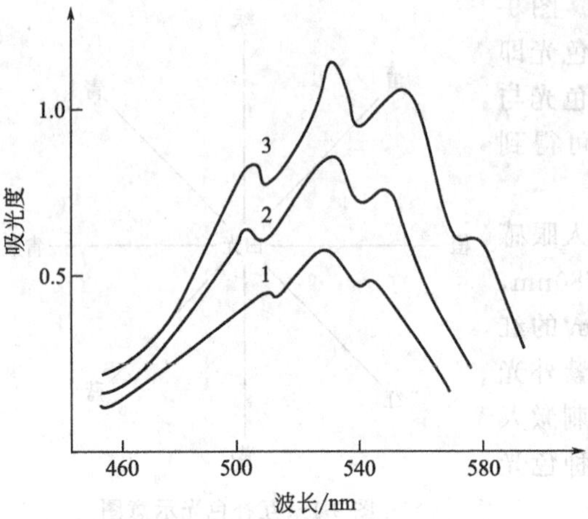

图 9-3 $KMnO_4$ 溶液的吸收曲线

1—$c_{KMnO_4}=1.56\times10^{-4}$mol/L；2—$c_{KMnO_4}=3.12\times10^{-4}$mol/L；3—$c_{KMnO_4}=4.68\times10^{-4}$mol/L；

① 高锰酸钾溶液对不同波长的光的吸收程度不同。对波长 525nm 的绿色光吸收最多，在吸收曲线上呈现为一吸收高峰（对应波长称为最大吸收波长，以 λ_{max} 表示），而对红色光（650～780nm）和紫色光（400～450nm）吸收极少，几乎完全透过，因此高锰酸钾溶液呈紫红色。吸收曲线充分反映出物质对光的吸收具有选择性。

② 不同浓度的高锰酸钾溶液的吸收曲线的形状相似，最大吸收波长相同。这说明每种物质都有特征的吸收曲线和最大吸收波长，不同物质的吸收曲线形状和最大吸收波长各不相同。这是分光光度法定性鉴别的依据。

③ 不同浓度的高锰酸钾溶液的吸收峰的高度随浓度的增加而增高。这说明同种物质不同浓度的溶液，任意波长处的吸光度随浓度增加而增大，而在最大吸收波长处测定吸光度，灵敏度最高。这是分光光度法定量分析的依据。

9.2.3 光吸收的基本定律

9.2.3.1 朗伯-比尔定律

当一束平行的单色光垂直照射到一定浓度的均匀透明溶液时，光的一部分被溶液吸收，一部分透过溶液，还有一部分被器皿表面反射。由于实际测定时，盛装溶液的比色皿的材质、厚度固定不变，所以反射光的强度基本不变，故其影响可以忽略不计。

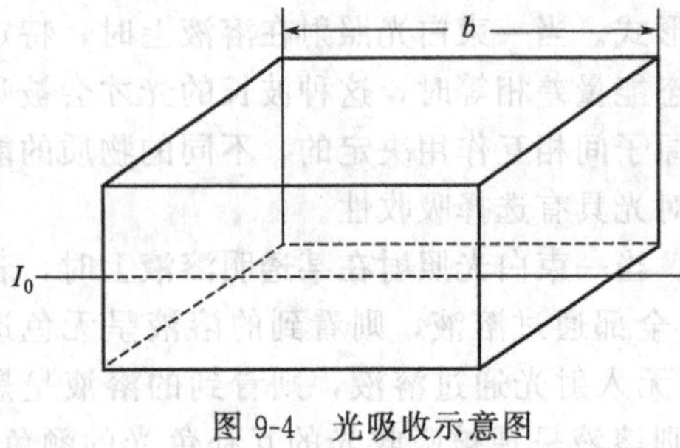

图 9-4 光吸收示意图

假设入射光强度为 I_0，透射光强度为 I_t，溶液浓度为 c，液层厚度为 b，如图 9-4 所示，则它们之间有如下关系：

$$\lg\frac{I_0}{I_t}=kbc$$

上式中 $\lg\frac{I_0}{I_t}$ 称为吸光度，用 A 表示，则上式可写为：

$$A=\lg\frac{I_0}{I_t}=kbc$$

上式即为朗伯-比尔定律的数学表达式，它表明：当一束单色光垂直射入均匀透明的吸光物质的稀溶液时，溶液对光的吸收程度与溶液的浓度及液层厚度的乘积成正比。朗伯-比尔定律应用条件：一是必须使用单色光；二是吸收发生在均匀介质中；三是吸收过程中，吸收物质互相不发生作用。

通常把透过光 I_t 和入射光 I_0 的比值 $\frac{I_0}{I_t}$ 称为透光率或透射比，以 T 表示，其数值可用小数或百分数表示。溶液的透光率 T 越大，表明溶液对光的吸收越少，而吸光度 A 越大，表明光被吸收得越多。

上式中 k 是比例系数，与入射光波长、吸光物质性质、溶液温度及溶剂性质有关，而与溶液浓度、液层厚度无关。但 k 值因溶液浓度、液层厚度采用的单位不同而数值有异。

(1) 摩尔吸光系数 当溶液浓度用物质的量浓度(mol/L)表示，液层厚度用厘米(cm)表示时，比例系数 k 称为摩尔吸光系数，以符号 ε 表示，单位为 L/(mol·cm)，上式改写为：

$$A=\varepsilon bc$$

摩尔吸光系数由实验测得，是吸光物质的重要参数之一，它表示吸光物质对一定波长光的吸收能力。ε 值越大，表明该物质对特定波长光的吸收能力越强，测定灵敏度也越高。通常认为 $\varepsilon<1\times10^4$ L/(mol·cm)，属于灵敏度较低；1×10^4 L/(mol·cm) $<\varepsilon<6\times10^4$ L/(mol·cm)，属于中等灵敏度；$\varepsilon>6\times10^4$ L/(mol·cm)，属于高灵敏度。

(2) 质量吸光系数 当溶液浓度用质量浓度(g/L)表示，液层厚度用厘米(cm)表示时，比例系数 k 称为质量吸光系数，以符号 a 表示，单位为 L/(g·cm)，吸光度公式改写为：

$$A=abc$$

【例 9-1】 已知 Fe^{3+} 溶液的质量浓度为 0.5mg/L，用 KSCN 显色，在波长 480nm 处，用 2cm 厚比色皿测定吸光度，得 $A=0.197$，计算摩尔吸光系数。

解 将质量浓度转化为摩尔浓度：

$$c_{Fe^{3+}}=\frac{0.5\times10^{-3}}{55.85}=8.95\times10^{-6}\ (\text{mol/L})$$

根据朗伯-比尔定律：

$$\varepsilon=\frac{A}{bc}=\frac{0.197}{8.95\times10^{-6}\times2}=1.1\times10^4\ \text{L/(mol·cm)}$$

9.2.3.2 朗伯-比尔定律的主要影响因素

由朗伯-比尔定律可知，吸光度与溶液浓度成正比。如果以吸光度为纵坐标，溶液浓度为横坐标作图，得到一条通过坐标原点的直线，斜率为 εb。实际上吸光度与浓度有时是非线性的(特别是溶液浓度较高时)、或者不通过坐标原点。如图 9-5 所示。发生偏离朗伯-比尔定律现象，主要有几方面原因。

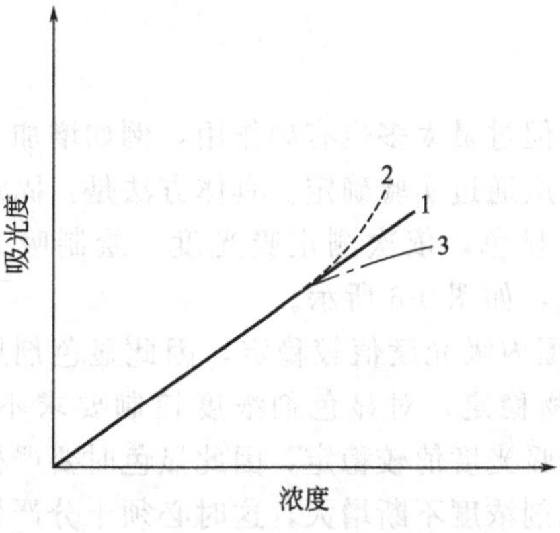

图 9-5 朗伯-比尔定律的偏离现象

1—无偏离；2—正偏离；3—负偏离

(1) 入射光非单色光 朗伯-比尔定律只适用于单色光，但实际上分光光度计上的单色器提供的入射光并非真正的单色光，而是波长范围很窄的复合光。而物质对波长不同的光的吸收程度不同(由于吸光系数不同)，所以导致了对朗伯-比尔定律的偏离。入射光中波长的摩尔吸光系数差别越大，偏离越严重。实验表明，只要所选的入射光的波长范围在被测溶液的吸收曲线较平坦的部分，偏离程度就较小。

(2) 化学因素 溶液中吸光物质由于离解、缔合、化学变化，形成新的化合物而改变吸光物质的浓度，导致偏离朗伯-比尔定律。

9.3 可见分光光度法

9.3.1 概述

可见分光光度法是利用有色物质对特定波长单色光(与自身颜色互补)选择性吸收的特性来进行测量。如果待测物质本身无色或颜色较浅，表明其对可见光不吸收或吸收较少，这就不能保证在仪器上有足够的响应信号。这时通常加入适当试剂与待测组分反应，将其转变为对可见光具有较强吸收的有色物质。将待测组分转变为有色物质的反应称为显色反应；与待测组分形成有色化合物的试剂称为显色剂。在可见分光光度法中，选择合适的显色剂、严格控制反应条件是十分重要的。

9.3.2 显色反应

9.3.2.1 显色反应

显色反应一般是氧化反应或配位反应，其中配位反应应用较为普遍。同一待测组分可能会与不同显色剂作用生成不同有色物质。在选择时，主要考虑以下几方面因素。

① 选择性好。所用显色剂最好只与一种被测组分发生显色反应，或显色剂与共存组分生成的化合物的吸收峰与被测组分的吸收峰相距较远，干扰少。

② 灵敏度高。显色反应生成的有色化合物的摩尔吸光系数要足够大，一般要达到 $10^4 \sim 10^5$ 数量级。

③ 生成的有色化合物稳定性好。组成恒定，性质稳定，测量过程中保持吸光度基本不变，保证测定的准确度和再现性。

④ 色差大。生成的有色化合物与显色剂的颜色差别要大，这样试剂空白值小，提高测定准确度。通常将两种有色物质的最大吸收波长之差称为“对比度”。一般要求显色剂与有色物质的对比度 $\Delta\lambda$ 在 60nm 以上。

⑤ 显色条件要易于控制，以保证有较好的再现性。

9.3.2.2 显色反应的影响因素

(1) 显色剂用量 设 M 为待测物质，R 为显色剂，MR 为生成的有色化合物，显色反应可表示如下：

$$M + R \rightleftharpoons MR$$

从平衡角度看，显色剂过量利于显色反应进行，但过量太多也有副作用，例如增加了试剂空白或改变了配合物的组成等。显色剂的适宜用量应通过实验确定。具体方法是：固定被测组分浓度与其他条件，然后分别用不同量显色剂显色，依次测定吸光度，绘制吸光度(A)-显色剂浓度(c_R)曲线。所得曲线可能有三种情况，如图 9-6 所示。

图 9-6(a)曲线表明，显色剂浓度在 a～b 较宽范围内吸光度值较稳定，因此显色剂用量应选择在 a～b 区间内。这类显色反应生成的配合物稳定，对显色剂浓度控制要求不严；图 9-6(b)曲线表明，显色剂浓度在 a′～b′较窄范围内吸光度值较稳定，因此显色时要严格控制显色剂用量；图 9-6(c)曲线表明，吸光度值随显色剂浓度不断增大，这时必须十分严格控制显色剂加入量或者换其他合适的显色剂。

(2) 溶液酸度 酸度是影响显色反应的重要因素。首先，金属离子与显色剂在不同酸度

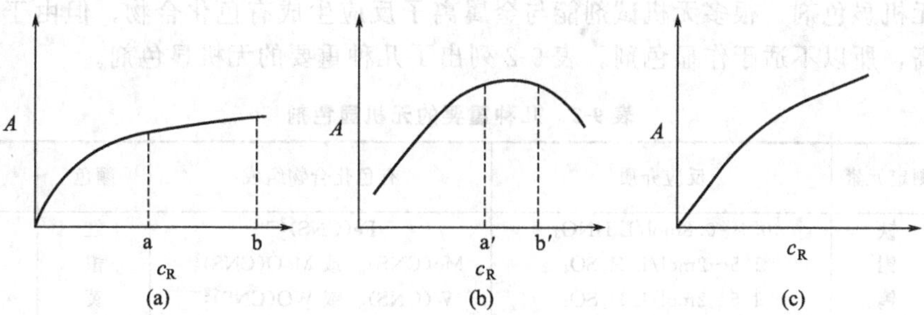

图 9-6 吸光度与显色剂浓度的关系曲线

条件下，生成不同颜色的配位化合物。例如 Fe^{3+} 与水杨酸在不同酸度条件下显色：

pH＜4	$Fe(C_7H_4O_3)^+$	紫红色(1∶1)
pH≈4～7	$Fe(C_7H_4O_3)_2^-$	橙红色(1∶2)
pH≈8～10	$Fe(C_7H_4O_3)_3^{3-}$	黄色(1∶3)

其次，溶液酸度会影响配合物的稳定性。当溶液酸度增大时，显色剂(特别是弱酸型有机显色剂)的有效浓度要降低，导致显色能力下降，有色物的稳定性也随之降低。

第三，显色剂的颜色可能会随着溶液酸度的变化而改变，因为多数有机显色剂是酸碱指示剂，例如吡啶偶氮间苯二酚(PAR)是一种二元弱酸(可写为 H_2R)，其颜色与 pH 的关系如下：

pH≈2.1～4.2	黄色 (H_2R)
pH≈4～7	橙色 (H_2R^-)
pH≈10	红色 (R^{2-})

第四，溶液酸度过低可能引起待测金属离子水解，破坏生成的有色化合物，使颜色发生变化，无法测定。

综上所述，酸度对显色反应的影响是多方面的。确定适宜的溶液酸度，必须通过实验绘制 *A*-pH 曲线，如图 9-7 所示。选择曲线上吸光度较平坦部分对应的 pH 作为应控制的 pH 范围。

(3) 显色温度 不同的显色反应对温度的要求不同。多数反应在常温下进行即可，但有些显色反应要在较高温度下才能进行或反应得较快。总之，要通过实验找出适宜的温度范围。由于温度对光吸收及颜色深浅都有影响，因此绘制工作曲线和进行样品分析时要保持温度一致。

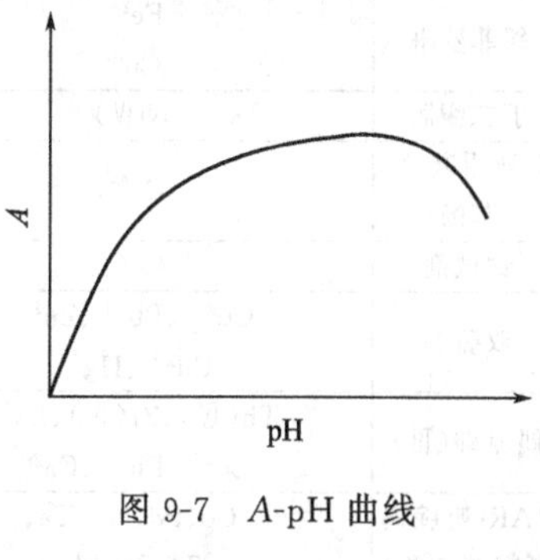

图 9-7 *A*-pH 曲线

(4) 显色时间 不同的显色反应需要的显色时间不同。应等溶液颜色达到稳定，并在较长时间保持不变，再进行光度分析。

(5) 干扰离子及消除方法 干扰离子的影响有下面几种情况。

① 共存离子本身有颜色。如 Fe^{3+}、Co^{2+}、Cu^{2+}、Ni^{2+} 等，它们的颜色影响被测离子的测定。

② 共存离子与显色剂或被测组分发生副反应，生成无色的化合物，导致测量结果偏低。

③ 共存离子与显色剂反应，生成有色配位化合物，导致测量结果偏高。

干扰离子的存在，对分析结果的准确性有较大影响，因此要采用适当办法予以消除。

9.3.3 显色剂

显色剂可分为无机显色剂与有机显色剂两大类。

(1) 无机显色剂　很多无机试剂能与金属离子反应生成有色化合物，但由于灵敏度低，选择性不高，所以不适于作显色剂。表 9-2 列出了几种重要的无机显色剂。

表 9-2　几种重要的无机显色剂

显色剂	测定元素	反应介质	有色化合物组成	颜色	λ_{max}/nm
硫氰酸盐	铁	0.1～0.8mol/L HNO_3	$Fe(CNS)_5^{2-}$	红	480
	钼	1.5～2mol/L H_2SO_4	$Mo(CNS)_6^-$ 或 $MoO(CNS)_5^{2-}$	橙	460
	钨	1.5～2mol/L H_2SO_4	$W(CNS)_6^-$ 或 $WO(CNS)_3^{2-}$	黄	405
	铌	3～4mol/L HCl	$NbO(CNS)_4^-$	黄	420
	铼	6mol/L HCl	$ReO(CNS)_4^-$	黄	420
钼酸铵	硅	0.15～0.3mol/L H_2SO_4	硅钼蓝	蓝	670～820
	磷	0.15mol/L H_2SO_4	磷钼蓝	蓝	670～820
	钨	4～6mol/L HCl	磷钨蓝	蓝	660
	硅	稀酸性	硅钼杂多酸	黄	420
	磷	稀 HNO_3	磷钼钒杂多酸	黄	430
	钒	酸性	磷钼钒杂多酸	黄	420
氨水	铜	浓氨水	$Cu(NH_3)_4^{2+}$	蓝	620
	钴	浓氨水	$Co(NH_3)_6^{2+}$	红	500
	镍	浓氨水	$Ni(NH_3)_6^{2+}$	紫	580
过氧化氢	钛	1～2mol/L H_2SO_4	$TiO(H_2O_2)^{2+}$	黄	420
	钒	6.5～3mol/L H_2SO_4	$VO(H_2O_2)^{3+}$	红橙	400～450
	铌	18mol/L H_2SO_4	$Nb_2O_3(SO_4)_2(H_2O_2)$	黄	365

(2) 有机显色剂　有机显色剂种类较多，能与金属离子形成稳定的配合物，且选择性、灵敏度都较高。表 9-3 列出了几种重要的有机显色剂。

表 9-3　几种重要的有机显色剂

显色剂	测定元素	反应介质	λ_{max}/nm	ε/[L/(mol·cm)]
磺基水杨酸	Fe^{2+}	pH 2～3	520	1.6×10^3
邻菲罗啉	Fe^{2+}	pH 3～9	510	1.1×10^4
	Cu^+		435	7×10^3
丁二酮肟	Ni(Ⅳ)	氧化剂存在、碱性	470	1.3×10^4
1-亚甲基-2-苯酚	Co^{2+}		415	2.9×10^4
钴试剂	Co^{2+}		570	1.13×10^5
双硫腙	Cu^{2+}、Pb^{2+}、Zn^{2+} Cd^{2+}、Hg^{2+}	不同酸度	490～550 (Pb 520)	4.5×10^4～3×10^4 (Pb 6.8×10^4)
偶氮砷(Ⅲ)	Th(Ⅳ)、Zr(Ⅳ)、La^{3+} Ce^{4+}、Pb^{2+}、Ca^{2+}	强酸至弱酸	665～670 (Th 665)	10^4～1.3×10^5 (Th 1.3×10^5)
RAR(吡啶偶氮间苯二酚)	Co、Pd、Nb、Ta、 Th、In、Mn	不同酸度	(Nb 550)	(Nb 3.6×10^4)
二甲酚橙	Zr(Ⅳ)、Hf(Ⅳ)、Nb(Ⅴ) UO_2^{2+}、Bi^{3+}、Pb^{2+}	不同酸度	530～580 (Hf 530)	1.6×10^4～5.5×10^4 (Hf 4.7×10^4)
铬天青 S	Al	pH 5～5.8	530	$5.9\sim10^4$
结晶紫	Ca	6mol/L HCl,$CHCl_3$-丙酮萃取		5.5×10^4
罗丹明 B	Ca	6mol/L HCl,丙酮萃取		6×10^4
	TL	1mol/L HBr,异丙醚萃取		1×10^5
孔雀绿	Ca	6mol/L HCl, C_6H_5Cl-CCL_4 萃取		9.9×10^4
亮绿	Tl	0.01～0.1mol/L HBr,乙酸乙酯萃取,pH 3.5,苯萃取		7×10^4
	B			5.2×10^4

9.3.4 测量条件的选择

测量吸光物质的吸光度时，测量的准确度受多方面因素影响。如入射光波长、吸收池性能、参比溶液、测量的吸光度范围、待测组分的浓度范围等，这些因素都需要加以控制，才能得到较为准确的结果。

9.3.4.1 入射光波长的选择

应依据待测物质的吸收曲线选择入射光的波长。通常情况下，应选择被测物质的最大吸收波长作为入射光波长，这样可以提高测量的灵敏度，而且在最大吸收波长附近稍许的偏移引起的吸光度变化较小，具有较好的测量精度。如果最大吸收波长处有干扰存在，可以在保证一定灵敏度的情况下选择其他波长(应选吸收曲线较平坦处对应的波长)，以消除干扰。

9.3.4.2 参比溶液的选择

在测定吸光度时，由于入射光的反射、溶剂及加入的其他试剂对光的吸收，会造成透射光通量的减弱。为保证光通量的减弱仅与溶液中被测物质的浓度有关，需要选择合适的参比溶液。先以参比溶液调节透射比为100%($A=0$)，然后再测定待测物质，这相当于以通过参比池的光作为入射光。这样就消除了待测溶液中其他有色物质的干扰，比较真实地反映待测物质的浓度。

(1) 溶剂参比 当试样溶液组成简单，共存组分少且无副反应、无干扰，仅有待测物质与显色剂的反应产物有吸收时，可采用溶剂作参比溶液，消除溶剂、吸收池等因素的影响。

(2) 试剂参比 如果显色剂或其他试剂在测定波长处有吸收，则应采用试剂参比溶液。即按显色条件，依次加入各种试剂和溶剂，只是不加待测组分，得到的溶液作为参比溶液。这样可以抵消试剂中的组分产生的影响。

(3) 试液参比 如果试样中其他共存组分有吸收，但不与显色剂反应，且显色剂本身在测定波长处无吸收，可用试样溶液作参比溶液，即将试液与显色溶液作相同处理，只是不加显色剂。这样可以抵消共存的有色离子的影响。

9.3.4.3 吸光度测量范围的选择

任何一个分析仪器都有一定的测量误差，但对于一个给定的分光光度计而言，透射比读数误差 ΔT 是一个常数(范围在± 0.2%～2%)，测定结果误差通常用浓度的相对误差 $\Delta c/c$ 表示。由于朗伯-比尔定律可知，透射比与浓度是负对数关系，所以同样的透射比误差 ΔT 在不同透射比处造成的 $\Delta c/c$ 是不同的，见表 9-4。

表 9-4 不同 T(或 A)时的浓度相对误差(设 $\Delta T=\pm 0.5\%$)

T/%	A	$\frac{\Delta c}{c}$%	T/%	A	$\frac{\Delta c}{c}$%
95	0.022	±10.2	40	0.399	±1.36
90	0.046	±5.3	30	0.523	±1.38
80	0.097	±2.8	20	0.699	±1.55
70	0.155	±2.0	10	1.000	±2.17
60	0.222	±1.63	3	1.523	±4.75
50	0.301	±1.44	2	1.699	±6.38

由表 9-4 可以看出在仪器透射比误差为 0.5%时，透射比在 70%～10%的范围内，浓度误差为 ±1.4%～±2.2%。测量吸光度过高或过低，误差都很大。一般适宜的吸光度范围为 0.2～0.8。

9.3.5 定量测定方法——工作曲线法

可见分光光度法主要用于微量组分的定量分析。进行定量分析时，最常用的方法就是工作曲线法，又称标准曲线法。工作曲线绘制方法：配制四种以上不同浓度的待测物质的标准溶液，在与被测试样相同测定条件下，分别测定各标准物质的吸光度，然后在坐标纸上以被测物质浓度为横坐标，吸光度为纵坐标绘图，得到的曲线即为工作曲线(也称标准曲线)，如图 9-8 所示。在相同测量条件下测量试样的吸光度，然后在工作曲线上查出待测试样的浓度。为保证测定准确度，要求标准溶液与被测试样组成一致，待测试样的浓度应在工作曲线线性范围内，最好在工作曲线中部。

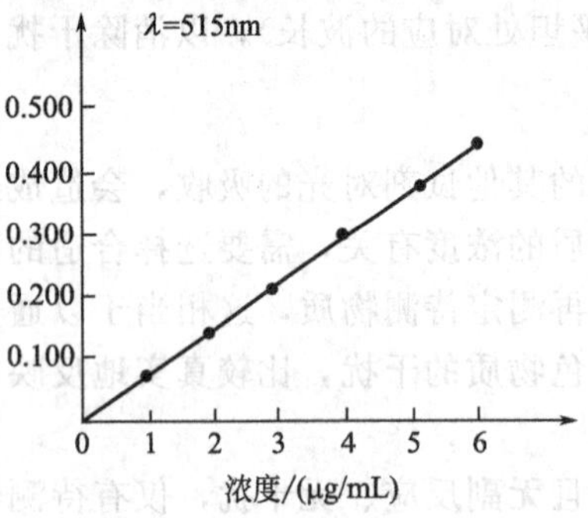

图 9-8 工作曲线

由于受各种因素影响，测出的各点可能不完全在一条直线上，这时“画”直线就随意性较大，若采用最小二乘法来确定直线回归方程，就准确多了。

工作曲线可以用一元线性方程表示，即

$$y=a+bx$$

式中，x 为标准溶液的浓度；y 为吸光度；a、b 称为回归系数。

b 为直线的斜率，可由下式求出：

$$b=\frac{\sum_{i=1}^{d}(x_i-\bar{x})(y_i-\bar{y})}{\sum_{i=1}^{n}(x_i-\bar{x})^2}$$

式中，$\bar{x}$、$\bar{y}$分别为 x、y 的平均值；x_i 为第 i 个点的标准溶液浓度；y_i 为第 i 个点的吸光度。a 为直线的截距，可由下式求出：

$$a=\frac{\sum_{i=1}^{n}y_i-b\sum_{i=1}^{n}x_i}{n}=\bar{y}-b\bar{x}$$

工作曲线的线性好坏可用回归直线的相关系数来表示，相关系数 γ 可由下式求出：

$$\gamma=b\times\sqrt{\frac{\sum_{i=1}^{n}(x_i-\bar{x})^2}{\sum_{i=1}^{n}(y_i-\bar{y})^2}}$$

相关系数接近 1，说明工作曲线线性好，一般要求工作曲线的相关系数 γ 要大于 0.999。

【例 9-2】 用邻菲罗啉法测定 Fe^{2+} 得实验数据列于表 9-5 中，确定工作曲线的直线回归方程并计算相关系数。

表 9-5 用邻菲罗啉法测定 Fe^{2+}

标准溶液的浓度 c/(mol/L)	1.00×10^{-5}	2.00×10^{-5}	3.00×10^{-5}	4.00×10^{-5}	6.00×10^{-5}	8.00×10^{-5}
吸光度 A	0.114	0.212	0.335	0.434	0.670	0.868

解 设直线回归方程为 $y=a+bx$，令 $x=10^5c$。

由所给数据可得：$\bar{x}=4.00$，$\bar{y}=0.439$

计算得：$\sum_{i=1}^{n}(x_i-\bar{x})(y_i-\bar{y})=3.71$

$$\sum_{i=1}^{n}(x_i-\bar{x})^2=34 \qquad \sum_{i=1}^{n}(y_i-\bar{y})^2=0.405$$

$$\text{则 } b=\frac{\sum_{i=1}^{n}(x_i-\bar{x})(y_i-\bar{y})}{\sum_{i=1}^{n}(x_i-\bar{x})^2}=\frac{3.71}{34}=0.109$$

$$a=\bar{y}-b\bar{x}=0.439-4\times0.109=0.003$$

所以直线回归方程为 $y=0.003+0.109x$。

$$\text{相关系数 } \gamma=b\times\sqrt{\frac{\sum_{i=1}^{n}(x_i-\bar{x})^2}{\sum_{i=1}^{n}(y_i-\bar{y})^2}}=0.109\times\sqrt{\frac{34}{0.405}}=0.999$$

符合工作曲线的要求。

由回归方程可得 $A_{试样}=0.003+0.109\times10^5c_{试样}$，只要在相同条件下，测出试样的吸光度代入上式，就可求出试样浓度。

9.3.6 可见分光光度计

可见分光光度计是可见光区域用于测量吸光度的分析仪器，其型号众多，但结构大体相似，都包含光源、单色器、吸收池、检测器和信号显示系统，如图 9-9 所示。

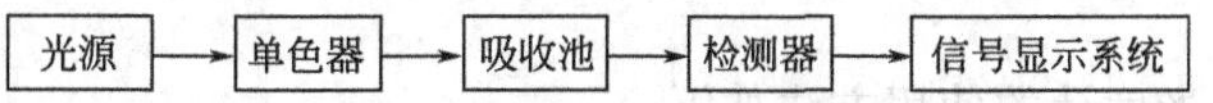

图 9-9 分光光度计结构示意图

(1) 光源 光源提供入射光。通常要求光源能在使用波长范围内提供连续的光谱，光照强度足够大，稳定性好，使用寿命长。钨丝灯是最常见的可见光光源，它可发射325～2500nm范围的连续光谱。还有用卤钨灯的，即在钨丝中加入卤化物或卤素，灯泡用石英制作，这样可以提高发光效率和使用寿命。

(2) 单色器 单色器是分光光度计的核心部件，它的作用是把光源发出的连续光谱分解为单色光，并能准确地"取出"所需的某一波长的光。单色器由狭缝、色散元件和透镜系统组成，其中色散元件是关键部件，由棱镜或反射光栅制成，也有的是二者组合而成，它将连续光谱色散成单色光。狭缝和透镜系统控制光的方向，调节光的强弱和"取出"所需的单色光。

(3) 吸收池 也叫比色皿，用于盛放待测液体。吸收池的材质有玻璃和石英两种，玻璃吸收池用于可见光区测定，石英吸收池用于紫外光区测定。吸收池的规格有 0.5cm、1.0cm、2.0cm、3.0cm、5.0cm 等。吸收池出厂前都经过配套检验，因此使用时注意避免混淆配套关系。

(4) 检测器 其作用是对透过吸收池的光做出响应，并将其转变为电信号输出，其输出信号大小与透过光强度成正比。常见的检测器有光电池、光电管及光电倍增管等。

(5) 信号显示器 其作用是将检测器产生的电信号经放大处理后，用一定方式显示出来，以便于计算和记录。常见的信号显示器有两种，一种是以检流计或微安表为指示仪表，指示仪表的表头标尺刻度值分上下两部分，上半部分是透射比 T 的百分数，均匀刻度；下半部分是与透射比对应的吸光度 A，不均匀刻度(因为 A 与 T 是对数关系)。另一种是数字显示和自动记录装置，这种显示装置用光电管或光电倍增管作检测器，产生的光电流放大后由数码管直接显示出透射比和吸光度。如果连接数据处理装置，还能自动绘制工作曲线，计算分析结果并打印报告。

图 9-10 是 721 型可见分光光度计的控制面板上各控制钮的示意图。

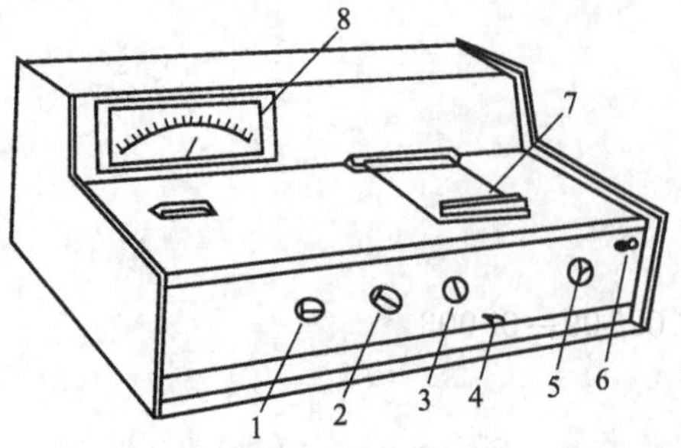

图 9-10　721 型可见分光光度计控制钮示意图

1—波长调节器(λ)　转动波长选择旋钮，读数盘上显示出相应单色光的波长。

2—调 0T 电位器(0)　仪器通电后，打开吸收池暗箱盖，用此旋钮调电表指针至 $T=0$ ($A=\infty$)位置。

3—调 100%T 电位器(100)　用此旋钮可连续改变光源亮度，控制入射光通量。当空白溶液置于光路中时，盖上吸收池盖子，将电表调至 $T=100$($A=0$)位置。

4—吸收池拉杆　拉动拉杆可将四个吸收池依次送入光路中。

5—灵敏度旋钮　分五挡，“1” 挡灵敏度最低，“5” 挡最高。当空白溶液置于光路中能调节至 $T=100\%$ 的情况下，尽可能采用低挡次。改变灵敏度挡次后应重新校正 “0” 和 “100%T”。灵敏度挡位提高不能提高测量的准确度，同一溶液在任何挡位吸光度基本一致。

6—电源开关　外接 220V 交流电，开启开关后，仪器内变压器和稳压器将其转变为 12V 供给光源。

7—吸收池暗箱盖　暗箱中放置吸收池架和吸收池。暗箱盖通过机械装置联动光电管前后光路闸门。开机后，在调 100%T 和测量时关暗箱盖(此时光路闸门自动打开，光电管受光)。

8—显示电表　电表表头上有两排数值，上排是透射比 T，均匀刻度；下排是吸光度 A，非均匀刻度。

721 型可见分光光度计的使用方法如下。

① 检查各旋钮起始位置是否正确，接通电源，打开吸收池暗箱盖，调电表指针至 “0” 位，预热 20min 后，根据需要选择波长和灵敏度挡位，用 “0” 电位器调电表为 $T=0\%$。

② 盖上吸收池暗箱盖，拉动吸收池拉杆，将参比溶液(通常置于吸收池架第一格位置)推入光路，用 “100” 电位器调电表指针在 $T=100\%$ 处。

③ 重复开盖调 “0”，关盖调 “100” 操作，至仪器稳定。

④ 盖上吸收池暗箱盖，拉动吸收池拉杆，依次将样品溶液置于光路中，读取吸光度值。测量完毕立即打开暗箱盖。

⑤ 全部测完后，关闭电源，各旋钮归位，取出吸收池，洗净后倒置于滤纸上晾干。

9.4 紫外分光光度法

9.4.1　概述

紫外分光光度法是利用物质对紫外光的选择性吸收来进行分析测定的方法。紫外光区的波长范围是 10～400nm，紫外分光光度法主要是利用 200～400nm 的近紫外光区的辐射(小于 200nm 的远紫外光会被空气强烈吸收而无法测定)进行测定。

紫外吸收光谱与可见吸收光谱同属于电子光谱，都是由分子中的价电子能级跃迁产生的。紫外分光光度法对近紫外区有吸收的无色透明的物质不需要显色剂显色可直接测定，因此简便快捷。具有 π 电子和共轭双键的化合物，在紫外光区会产生强烈的吸收，其摩尔吸光系数高达 10^4～10^5，因此紫外分光光度法的定量分析具有较高的灵敏度和准确度，可测含量低至 10^{-4}～10^{-7}g/mL，相对误差可低于 1%。

紫外吸收光谱与可见吸收光谱类似，通常用吸收曲线描述。即用连续波长的紫外光照射一定浓度的待测溶液，分别测量不同波长下溶液的吸光度，以吸光度对波长作图即得该物质的紫外吸收曲线。通常用最大吸收波长 λ_{max} 和该波长下的摩尔吸光系数 ε_{max} 表示物质的紫外吸收特征。

9.4.2　紫外吸收光谱的产生原理

化合物分子中的三种不同类型的价电子：形成单键的 σ 电子、形成双键的 π 电子和氧、硫、氮、卤素等元素的未成对的 n 电子，吸收紫外光发生能级跃迁，形成紫外吸收光谱。如甲醛分子：

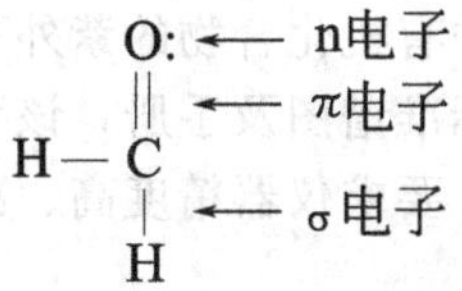

根据分子轨道理论，σ 和 π 电子所占轨道称为成键分子轨道；n 电子为非键分子轨道。当分子吸收紫外光辐射后，这些价电子跃迁到较高能态轨道，称为 σ^* 和 π^* 反键轨道，它们的能级高低依次为：$\sigma<\pi<n<\pi^*<\sigma^*$，三种价电子可能产生六种跃迁：$\sigma\rightarrow\sigma^*$，$\sigma\rightarrow\pi^*$，$\pi\rightarrow\sigma^*$，$\pi\rightarrow\pi^*$，$n\rightarrow\sigma^*$，$n\rightarrow\pi^*$。其中常见的是：$\sigma\rightarrow\sigma^*$，$n\rightarrow\sigma^*$，$\pi\rightarrow\pi^*$，$n\rightarrow\pi^*$ 这四种跃迁，所需能量高低为：$\sigma\rightarrow\sigma^*>n\rightarrow\sigma^*>\pi\rightarrow\pi^*>n\rightarrow\sigma^*$。如图 9-11 所示。

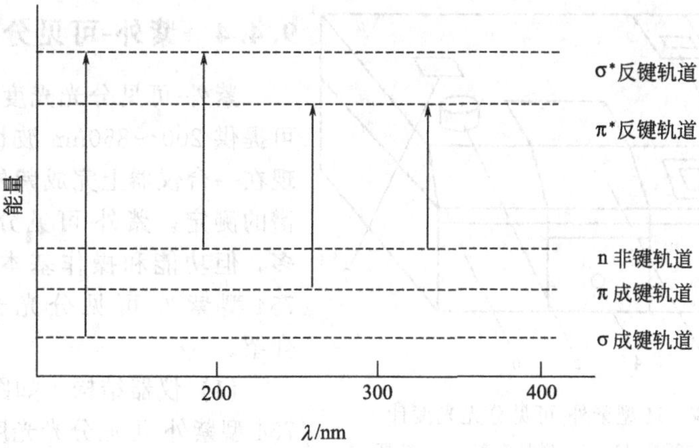

图 9-11　电子能级及电子跃迁示意图

(1) $\sigma\rightarrow\sigma^*$ 跃迁　这类跃迁的吸收带出现在 200nm 以下的远紫外区，如甲烷的 λ_{max} =125nm。

(2) $n\rightarrow\sigma^*$ 跃迁　含有氧、氮、硫、卤素等原子的饱和烃衍生物都可发生 $n\rightarrow\sigma^*$ 跃迁，大多数 $n\rightarrow\sigma^*$ 跃迁的吸收带低于 200nm，通常仅能见到末端吸收。饱和脂肪族醇或醚在 180～185nm，饱和脂肪族胺在 190～200nm，饱和脂肪族氯化物在 170～175nm，饱和脂肪族溴化物在 200～210nm。

(3) $\pi\rightarrow\pi^*$ 跃迁　含有双键、叁键的化合物、苯环或共轭烯烃可发生此类跃迁，随着双键数增加，吸收峰向长波方向移动。$\pi\rightarrow\pi^*$ 跃迁的吸收峰多为强吸收，摩尔吸光系数较大。

(4) $n\rightarrow\pi^*$ 跃迁　分子中含有孤对电子的原子和 π 键同时存在并共轭时（如含—N=O、⩾C=O、⩾C=S），会发生 $n\rightarrow\pi^*$ 跃迁。这类跃迁吸收波长大于 200nm，但吸收强度弱。

9.4.3 紫外吸收光谱的应用

9.4.3.1 定性鉴定

不同的有机化合物具有不同的紫外吸收光谱，根据紫外吸收光谱中特征吸收峰的波长、数目、形状，进行定性鉴定。未知试样的定性鉴定一般采用比较光谱法，即将提纯的样品与标准物用相同溶剂配成溶液，并在相同条件下绘制吸收光谱曲线，然后比较吸收光谱是否一致。如果紫外吸收光谱曲线完全相同(包括曲线形状 λ_{max}、λ_{min}、吸收峰数目、拐点及 ε_{max}等)，则可初步认为是同一种化合物。为进一步确认，可换一种试剂重新测定再作比较。

如果没有标准物，可借助于各种有机化合物的紫外可见标准谱图及有关电子光谱的文献资料进行比较。最常见的是萨特勒标准谱图及手册，该手册收集了 46000 种化合物的紫外光谱。使用与标准谱图比较的方法时，要求仪器精度高、准确度高，操作条件与文献规定的完全相同，否则可靠性差。

9.4.3.2 定量分析

紫外分光光度法的定量分析与可见分光光度法的定量分析的依据和方法相同。需要注意的是，在进行紫外定量分析时应选择好测量波长与溶剂。一般选 λ_{max} 作为测定波长，若 λ_{max} 处有其他共存物质有吸收，则应另选 ε 较大而共存物质无吸收的波长作测定波长。选择溶剂时要注意所用溶剂在测定波长处没有明显的吸收，而且对被测物质溶解能力强，不反应，不干扰。

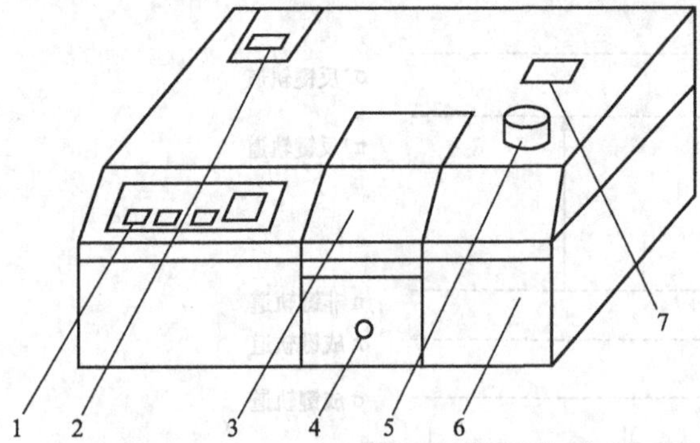

图 9-12 UV-754 型紫外-可见分光光度计

1—操作键；2—打印出口；3—样品室盖；4—拉杆；5—波长旋钮；6—电源开关；7—波长显示窗口

9.4.4 紫外-可见分光光度计

紫外-可见分光光度计带有两个光源，可提供 200～850nm 波长的连续光谱，实现在一台仪器上完成紫外光谱和可见光光谱的测定。紫外-可见分光光度计型号众多，但功能和操作基本类似，现以 UV-754 型紫外-可见分光光度计为例加以介绍。

(1) 仪器结构 如图 9-12 所示。UV-754 型紫外-可见分光光度计有卤钨灯和氘灯两种光源，分别适用于 360～850nm 和 200～360nm 波长范围。

(2) 使用方法

① 打开电源开关，仪器自检。自检结束后进入预热状态，预热 20min 后进入工作状态。

② 打开电源开关后，钨灯即亮。若仪器要在紫外区工作，则轻按【氘灯】键，再按一次【氘灯】键，氘灯关闭。若要关闭钨灯，按【功能】键→数字键【1】→【←】回车键即可。

③ 调节波长旋钮，选择所需的波长。

④ 按【100%】键，仪器显示 $T=0.0$。

⑤ 盖上样品盖，将参比溶液推入光路中，按【100%】键，仪器显示“100.0”，待蜂鸣器发出“嘟”声后，将试样溶液推入光路，选择测量数据为吸光度模式，按【T.A.C】键，仪器显示试样的吸光度数值。

⑥ 测量完毕，取出吸收池，洗净晾干。关闭电源。

9.5 实验

9.5.1 邻二氮菲分光光度法测定水中总铁含量

9.5.1.1 实验目的

① 了解邻二氮菲测定Fe^{2+}的原理与方法。

② 掌握721型分光光度计进行定量测定的方法。

③ 了解比色皿(吸收池)配对性的检验与校正方法。

9.5.1.2 实验原理

邻二氮菲(1，10-邻二氮杂菲)是有机配合剂之一。它与Fe^{2+}能形成红色配合物$[Fe(C_{12}H_8N_2)_3]^{2+}$。生成的配合物最大吸收波长为510nm，摩尔吸收系数达1.1×10^4，反应灵敏，适用于微量测定。在pH 3～9范围内，Fe^{2+}与邻二氮菲反应能迅速完成，且显色稳定，在含铁0.5～8μg/g范围内，浓度与吸光度符合朗伯-比尔定律。

被测溶液用pH 4.5～5的缓冲液保持微酸性，并用盐酸羟胺还原其中的Fe^{3+}，同时防止Fe^{2+}被空气氧化。

比色皿(或称吸收池)不配套，可影响吸收光度的测量值，应检验其透光度与厚度的一致性，必要时加以校正。

9.5.1.3 仪器与药品

仪器：721型分光光度计、容量瓶(50mL)。

药品：$(NH_4)_2SO_4\cdot FeSO_4\cdot 6H_2O$固体、邻二氮菲溶液(1.5g/L，新配制)、盐酸羟胺溶液(100g/L，新配制)、HCl(1+1)、NaAc溶液(1.0mol/L)。

9.5.1.4 实验步骤

(1) 100mg/L铁贮备标准溶液的制备　准确称取分析纯$(NH_4)_2SO_4\cdot FeSO_4\cdot 6H_2O$ 0.2159g，加入少量水和(1+1) HCl，溶解，转移至250mL容量瓶中，定容，摇匀。

(2) 10mg/L铁使用标准溶液的制备　移取100mg/L铁贮备标准溶液25.00mL置于250mL容量瓶中，定容，摇匀。

(3) 吸收曲线的绘制　移取10mg/L铁标准溶液10.00mL置于一50mL容量瓶中，另一个50mL容量瓶不加铁标准溶液，然后用吸量管各加入1.0mL盐酸羟胺，摇匀，等2min，再加2.0mL邻二氮菲溶液和5.0mL NaAc溶液，定容，摇匀，显色。以试剂空白溶液为参比，用2cm比色皿，在460～550nm间，每隔10nm测定一次吸光度，数据记录于表9-6。以波长为横坐标，吸光度为纵坐标，绘制吸收曲线，从而确定铁的最大吸收波长。

(4) 标准曲线绘制　取六个50mL容量瓶，分别用吸量管加入标准铁溶液0.00mL、2.00mL、4.00mL、6.00mL、8.00mL、10.00mL，按上步显色方法在铁的最大吸收波长处，以试剂空白溶液为参比，用2cm比色皿，测定各溶液的吸光度，数据记录于表9-7。以铁的质量浓度$\rho_{Fe^{2+}}$为横坐标，吸光度为纵坐标，绘制标准曲线，若线性好则用最小二乘法回归成直线方程式。

(5) 水样测定　以井水、河水或自来水为样品，准确吸取澄清水样25mL(或适量)置于50mL容量瓶中，按上述制备标准曲线的方法配制溶液并测定吸光度。最后按测得的吸光度求出水中含铁量。

9.5.1.5 数据记录与计算

(1) 吸收曲线的测定 见表9-6。

表9-6 不同波长下铁标准溶液的吸光度

入射光波长 λ/nm	460	470	480	490	500	510	520	530	540	550
吸光度 A										

绘制吸收曲线：

(2) 标准曲线的测定 见表9-7。

表9-7 最大吸收波长下不同浓度铁溶液的吸光度

编号	1	2	3	4	5	6	试样
铁标准溶液/mL							
100g/L 盐酸羟胺/mL							
1.0mol/L NaAc/mL							
1.5g/L 邻二氮菲/mL							
蒸馏水稀释至/mL							
铁的质量浓度 $\rho_{Fe^{2+}}$ /(mg/L)							
吸光度 A							

绘制标准曲线：

(3) 铁含量标准曲线上，由水样的吸光度查得试样的铁含量。

原水样 $\rho_{Fe}=\rho_{Fe^{2+}}\times 2$

9.5.2 紫外分光光度法测定未知有机物含量

9.5.2.1 实验目的

① 掌握可见-紫外分光光度法定性、定量分析的原理。

② 练习标准曲线的绘制。

③ 学习可见-紫外分光光度计的使用方法。

9.5.2.2 实验原理

紫外-可见光谱是用紫外-可见光测获的物质电子光谱，它产生于价电子在电子能级间的跃迁，研究物质在紫外-可见光区的分子吸收光谱。当不同波长的单色光通过被分析的物质时能测得不同波长下的吸光度或透光率，以吸光度 A 为纵坐标，波长 λ 为横坐标作图，可获得物质的吸收光谱曲线。一般紫外光区为190～400nm，可见光区为400～800nm。

紫外吸收光谱的定性分析为化合物的定性分析提供了信息依据。由于分子结构不同但只要具有相同的生色团，它们的最大吸收波长值就相同。因此，通过对未知化合物的扫描光谱、最大吸收波长值与已知化合物的标准光谱图在相同溶剂和测量条件下进行比较，就可获得基础鉴定。

将两种标准贮备液和未知液均配成浓度约为10μg/mL的待测溶液。以蒸馏水为参比，于波长200～350nm范围内测定三种溶液吸光度，并作吸收曲线。根据吸收曲线的形状确定未知物，并从曲线上确定最大吸收波长作为定量测定时的测量波长。

根据未知液吸收曲线上最大吸收波长处的吸光度，确定未知液的稀释倍数，并配制待测溶液。合理配制标准系列溶液[标准贮备液先稀释 10 倍(100μg/mL)，然后再配制成所需浓度]，于最大吸收波长处分别测出其吸光度。然后以浓度为横坐标，以相应的吸光度为纵坐标绘制标准曲线。根据待测溶液的吸光度，从标准曲线上查出未知样品的浓度。

可见-紫外分光光度计有氢(或灯)氘与钨灯两种光源，可用于紫外与可见光区；它具有色散力较高的单色器，狭缝可调，可得到较纯的单色光，是较精密的仪器。适用于定性鉴定，也可免除标准品对比，直接利用吸光系数进行定量。

9.5.2.3 仪器与药品

仪器：可见-紫外分光光度计、石英比色皿(1cm，2 个)、容量瓶(100mL，50m 各 10 支)、吸量管(1mL，2mL，5mL，10mL 各 1 支)、移液管(20mL，25mL，50mL 各 1 支)。

药品：VC 标准溶液(0.1mg/mL)、苯甲酸标准溶液(0.1mg/mL)、未知液，浓度为 40～60μg/mL(其必为给出的两种标准物质中的一种)。

9.5.2.4 实验步骤

(1) 吸收曲线的绘制　取一支 50mL 比色管，移入 5mL VC 标准溶液，以蒸馏水定容，摇匀。于波长 200～320nm 范围内测定吸光度，将数据记录于表 9-8，然后以吸光度(A)为纵坐标，波长(λ)为横坐标，绘制吸收曲线并确定最大吸收波长。

按上述方法分别绘制苯甲酸、未知液的吸收曲线。以吸收曲线的形状，作出定性结论，确定未知物为何种物质。

(2) 石英吸收池配套性检验　石英吸收池装蒸馏水，于最大吸收波长处，以一个吸收池为参比(通常为吸光度较小的吸收池)，测定并记录另一吸收池的吸光度，皿差小于 0.05 视为合格。

(3) 标准曲线的绘制　依据定性结论，用吸量管分别移取 0mL、1mL、2mL、3mL、4mL、5mL 该标准溶液于 6 支 50mL 比色管中，以水定容，制成一系列不同浓度的标准系列溶液，在最大吸收波长处，以蒸馏水为参比，测定标准系列溶液的吸光度并记录数据于表 9-9。以吸光度(A)为纵坐标，浓度 ρ(μg/mL)为横坐标，绘制标准曲线。

(4) 未知样品的定量分析　取一支 50mL 比色管，移入 5mL 未知样液，以蒸馏水定容，摇匀。在与上步相同条件下测定吸光度，样品平行测定三次并记录数据于表 9-10，计算出未知样稀释液的浓度。根据未知样的稀释倍数，求出未知液中待测组分的含量。

9.5.2.5 数据记录与计算

(1) 未知样的定性分析

a. VC 标准溶液的吸收曲线测定（见表 9-8）。

表 9-8　不同波长下 VC 溶液的吸光度

λ/nm	200	210	220	230	240	250	260	270	280	290	300	310	320
A													

绘制 VC 标准溶液的吸收曲线：

b. 苯甲酸标准溶液吸收曲线测定（见表 9-9）。

表 9-9　不同波长下苯甲酸溶液的吸光度

λ/nm	200	210	220	230	240	250	260	270	280	290	300	310	320
A													

绘制苯甲酸标准溶液的吸收曲线：

(2) 未知液的吸收曲线测定　见表 9-10。

表 9-10　不同波长下未知液的吸光度

λ/nm	200	210	220	230	240	250	260	270	280	290	300	310	320
A													

未知液的吸收曲线绘制：

未知液的定性分析结论：

(3) 未知样的定量分析

a. 吸收 3 池的配套性检查

吸收池的校正值：$A_1=0.000$，$A_2=$ ________

b. 标准曲线的绘制

测定量大波长下不同浓度标准溶液的吸光度（表 9-11）。

测定波长/nm：________测定用标准溶液的浓度 ρ/（μg/mL）：________

表 9-11　最大吸收波长下不同浓度标准溶液的吸光度

溶液编号	移取标准溶液的体积/mL	ρ/(μg/mL)	$A_{测}$	$A_{校正}$
1	0	0		
2	1	2		
3	2	4		
4	3	6		
5	4	8		
6	5	10		

标准曲线：

c. 未知样品中待测组分含量的测定

测定最大吸收波长下未知液的吸光度（表 9-12）。

未知样品的稀释倍数：________

表 9-12　最大吸收波长下未知液的吸光度

平行测定次数	1	2	3
$A_{测}$			
$A_{校正}$			
由标准曲查得的浓度 ρ/(μg/mL)			
未知样品中待测组分的平均含量/(μg/mL)			

习　题

1. 什么是透射比、吸光度？二者有何关系？

2. 什么是摩尔吸光系数？它对光度分析有何实用意义？

3. 符合朗伯-比尔定律的有色物质的浓度增加后，最大吸收波长 λ_{max}、透射比 T、吸光度 A 和摩尔吸光系数 ε 有何变化？

4. 0.088mg Fe^{3+}，用硫氰酸盐显色后，在容量瓶中用水稀释至 50mL，用 1cm 比色皿，在 480nm 波长处测得吸光度 A 为 0.740，求 ε。

5. 某试液用 2cm 比色皿测量时，透光度为 60%，若改用 1cm 或 3cm 比色皿，透光度和吸光度等于多少？

6. 为了配制锰的标准溶液，将 15mL 0.0430mol/L 的 $KMnO_4$ 溶液稀释到 500mL。取此标准溶液 1mL、2mL、3mL、…、10mL，放入 10 支比色管中，加水稀释至 100mL，制成一组标准色阶。称取钢样 0.200g，溶于酸，经适当处理将锰氧化成 MnO_4^- 后稀释到 250mL。取此试液 100mL 放入比色管内，溶液颜色介于第 4 和第 5 个标准溶液之间，求钢中锰的质量分数。

7. 用双硫腙光度法测定 Pb^{2+} 时，Pb^{2+} 的浓度为 0.08mg/50mL，用 2cm 比色皿于 520nm 下测得 $T=53\%$，求摩尔吸光系数？

8. 50mL 含 Cd^{2+} 5.0μg 的溶液，用卟啉显色剂显色后，于 428nm 波长，用 0.5cm 比色皿测得 $A=0.46$，求摩尔吸光系数。

第10章

气相色谱分析法

10.1 概述

色谱法是一种针对复杂试样的分离技术，实质上是一种物理化学分离方法。色谱分离总是在两相间进行，其中流动的一相叫流动相，固定的一相叫固定相。当流动相携带混合物流过固定相时，由于混合物中各组分在流动相和固定相之间的分配系数不同，使各组分随流动相流动速率产生差异，经过一段距离的流动，各组分就被一一分离开(见图 10-1)。

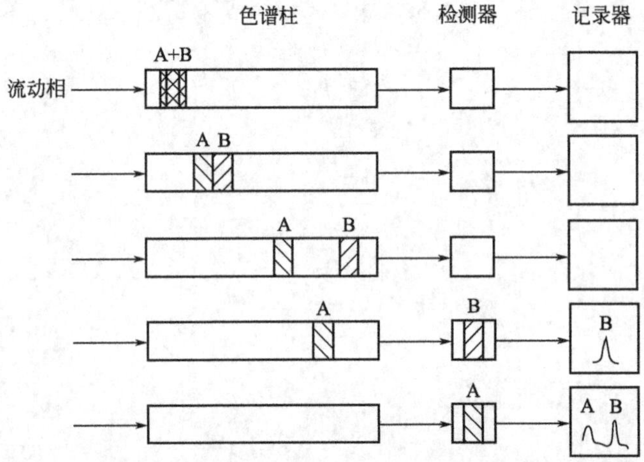

图 10-1　色谱分离过程示意图

色谱分析法种类很多。

按流动相和固定相的相态可分为气(流动相相态)固(固定相相态)色谱、气液色谱、液固色谱、液液色谱。将流动相为气相的统称为气相色谱；流动相为液相的统称为液相色谱。

按操作形式可分为柱色谱法、纸色谱法和薄层色谱法。

按分离机理可分为分配色谱法、吸附色谱法、离子交换色谱法、空间排阻色谱法和亲和色谱法。

本章主要介绍气相色谱法。

气相色谱法具有分离效率高、灵敏度高、分析速度快、应用范围广等优点。气相色谱对性质极为相似的烃类异构体、同位素等有很强的分离能力，能分离沸点十分接近的复杂混合物。通常，气相色谱完成一个样品的分析只需几分钟，配合色谱工作站还能自动画出色谱峰，打印出保留时间和分析结果。进行气相色谱分析只需少量样品，一般情况下，气体样品仅需 1mL，液体样品仅需 1μL。气相色谱法不仅可以分析气体，还可以分析液体和固体样品，只要在 450℃以下能汽化，都可以用气相色谱法分析。

10.2 气相色谱的基本理论

10.2.1 色谱有关的名词术语

(1) 色谱图和色谱流出曲线 色谱图是指色谱柱流出物通过检测器时所产生的响应信号对时间或流动相流出体积的曲线图。

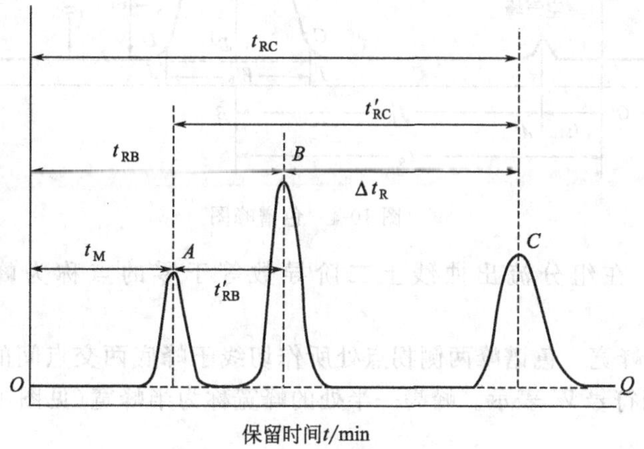

图 10-2 色谱流出曲线

色谱流出曲线是指色谱图中随时间或载气流出体积而变化的响应信号曲线，即以检测器的响应信号为纵坐标，以组分流出色谱柱的时间(t)或载气流出体积(V)为横坐标，作图得到的曲线(见图 10-2)。色谱图上有若干色谱峰，每个色谱峰代表样品中的一个组分。

(2) 基线 当没有组分进入检测器时，色谱流出曲线是一条只反映仪器噪声随时间变化的曲线，称为基线。当操作条件变化不大时，基线是一条稳定的直线(见图 10-2 中 OQ)。若基线随时间定向缓慢地变化，就称为基线漂移。

(3) 色谱峰 当有组分进入检测器时，色谱流出曲线偏离基线，检测器输出信号随组分的浓度而改变，直至组分全部流出检测器，此时绘出的曲线称为色谱峰。理论上色谱峰是对称的，符合高斯正态分布，但实际上色谱峰都是非对称的，主要有以下几种情况(见图 10-3)。

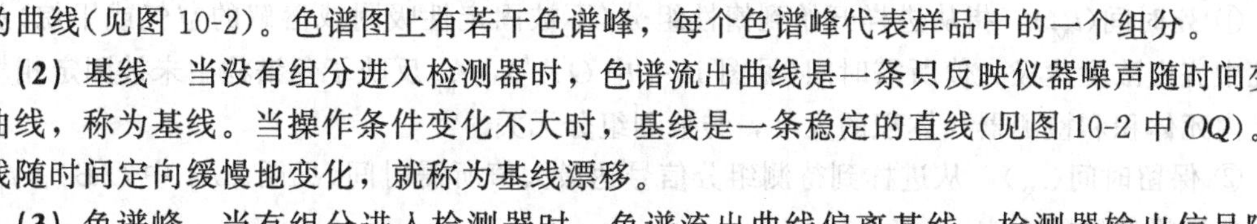

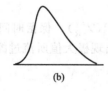

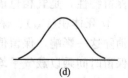

图 10-3 非高斯峰

① 前伸峰：前沿平缓，后部陡起；

② 拖尾峰：前沿陡起，后部平缓；

③ 分叉峰：两种组分没有完全分开而部分重叠；

④“馒头”峰：峰形矮而胖。

(4) 峰高和峰面积 峰高是封顶到基线的距离(见图 10-4 中 AB')，以 h 表示。峰面积是指流出曲线与基线包围的面积。峰高或峰面积的大小和组分的含量有关，是气相色谱定量分析的主要依据。

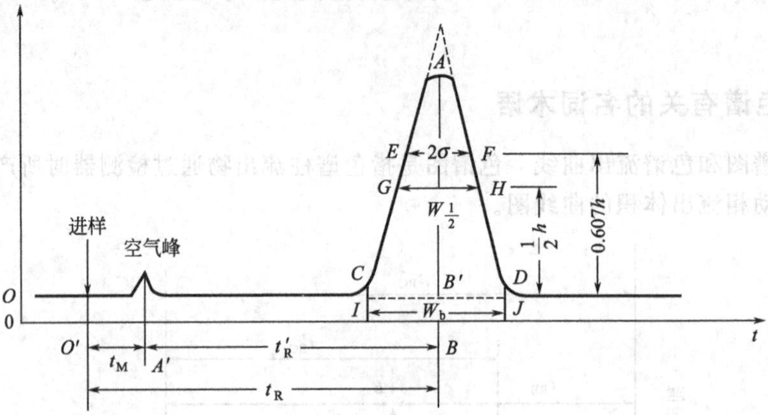

图 10-4 色谱峰图

(5) 峰拐点 在组分流出曲线上二阶导数等于零的点称为峰拐点(见图 10-4 中 E、F 点)。

(6) 峰宽和半峰宽 色谱峰两侧拐点处所作切线于峰底两交点间的距离，称为峰宽(见图 10-4 中 IJ)，用符号 W 表示。峰高一半处的峰宽称为半峰宽(见图 10-4 中 GH)，用符号 $W_{1/2}$ 表示。

(7) 保留值 通常用时间或将组分带出色谱柱所需载气的体积来表示。保留值可用来描述各组分色谱峰在色谱图中的位置。一定条件下，组分的保留值具有特征性，是气相色谱定性分析的依据。

① 死时间(t_M) 指从进样开始到惰性组分(不被固定性吸附或溶解的空气或甲烷)从色谱柱中流出浓度达极大值所需时间(见图 10-4 中 $O'A'$)，t_M 反映了色谱柱中未被固定相填充的柱内死体积和检测器死体积的大小，与被测组分无关。

② 保留时间(t_R) 从进样到待测组分信号达最大值所需时间(见图 10-4 中 $O'B$)。t_R 可作为色谱峰位置的标志。

③ 调整保留时间(t'_R) 扣除死时间后的保留时间(见图 10-4 中 $A'B$)。

$$t'_R = t_R - t_M$$

t'_R 反映了被测组分与固定相作用而在色谱柱中停留的时间，更准确地表达了被测组分的保留特性，是气相色谱定性分析的基本参数。

④ 死体积(V_M)、保留体积(V_R)和调整保留体积(V'_R) 保留时间受载气流速影响，为了消除这一影响，保留值可用从进样开始到色谱峰出现极大值所流过的载气体积来表示，即用保留时间乘以载气平均流速。

死体积 $V_M = t_M F_c$

保留体积 $V_R = t_R F_c$

调整保留体积 $V'_R = t'_R F_c$

式中，F_c 是操作条件色谱柱内载气平均流速，可用下式计算：

$$F_c = F_0 \times \frac{p_0 - p_w}{p_0} \times \frac{3}{2}\left[\frac{(p_i/p_0)^2 - 1}{(p_i/p_0)^3 - 1}\right] \times \frac{T_c}{T_r}$$

式中，F_0 是用皂膜流量计测得的柱后流速；p_0 是柱后压强，即大气压；p_w 是饱和水蒸气压；p_i 是柱进口压力；T_c、T_r 分别是柱温和室温。

⑤ 相对保留值(γ_{iS})　相同实验条件下组分 i 与标准组分 S 的调整保留时间之比。

$$\gamma_{iS} = \frac{t'_{Ri}}{t'_{RS}} = \frac{V'_{Ri}}{V'_{RS}}$$

γ_{iS} 仅与柱温及固定相性质有关，而与其他操作条件无关。

⑥ 选择性因子(α)　相邻两组分调整保留值之比。

$$\alpha = \frac{t'_{R1}}{t'_{R2}} = \frac{V'_{R1}}{V'_{R2}}$$

(8) 分配系数(K)　平衡状态时，组分在固定相与流动相中的浓度比。

(9) 容量因子(k)　又称分配比、容量比，指组分在固定相与流动相中分配量(质量、体积、物质的量)之比。

(10) 分离度(R)　又称分辨率，是指相邻两组分色谱峰的保留时间之差与两峰底之和的一半的比值，即

$$R = \frac{t_{R1} - t_{R2}}{(W_{b1} + W_{b2})/2}$$

或

$$R = \frac{2(t_{R1} - t_{R2})}{1.699[W_{1/2(1)} + W_{1/2(2)}]}$$

R 是色谱柱总分离效能指标，R 值越大，两组分分离得越完全。一般来说，当 $R=1.5$ 时，分离程度可达 99.7%；当 $R=1$ 时，分离程度可达 98%；当 $R<1$ 时，两峰有明显重叠。所以，通常用 $R \geqslant 1.5$ 作为相邻两峰完全分离的指标。

10.2.2　气相色谱的基本理论

有多种理论用于解释色谱分离过程中的各种柱现象，描述色谱流出曲线的形状和评价色谱柱的有关参数。以下介绍色谱分离理论中最常见的塔板理论和速率理论。

10.2.2.1　塔板理论

塔板理论是 1941 年由马丁与詹姆斯提出的半经验式理论，他们将色谱分离过程看做是一个蒸馏过程，即将连续的色谱过程看做是许多小段平衡过程的重复。

(1) 塔板理论的基本假设　塔板理论把色谱柱比作一个精馏塔，色谱柱由许多假想的塔板组成，每一小段(塔板)内，一部分空间为涂在载体上的液相占据，另一部分空间充满载气(气相)。当待测组分随流动相进入色谱柱后，就在两相间进行分配。流动相不停移动，组分就在这些塔板间隔的气液两相间不断达到分配平衡。塔板理论作如下假设。

① 每一小段间隔内，气相平均组成与液相平均组成很快达到分配平衡；

② 载气进入色谱柱不是连续的，而是脉动的，每次进气一个塔板体积；

③ 试样开始都加在 0 号塔板上，且沿色谱柱方向(纵向)扩散可忽略不计；

④ 分配系数在各塔板上是常数。

这样，任一组分在固定相与流动相间经过多次分配平衡，流出色谱柱时将得到一个趋于

正态分布的色谱峰。多组分的混合物，因为各组分的分配系数不同，在柱出口达到最大浓度所需的载气板体积数也将不同。由于色谱柱的塔板数很多，只要各组分的分配系数稍有不同，即可达到较好的分离效果。

(2) 理论塔板数 n 在塔板理论中，组分在柱内达到一次分配平衡所需的柱长称为理论塔板高度，简称板高，以 H 表示。假设色谱柱是直的，长度为 L，则理论踏板数：

$$n=\frac{L}{H}$$

当色谱柱长度固定时，理论塔板高度越小，则理论塔板数越多，组分在柱内分配的次数也越多，柱效能就越高。计算理论塔板数的经验式为：

$$n=5.54\left(\frac{t_R}{W_{1/2}}\right)^2=16\left(\frac{t_R}{W_b}\right)^2$$

式中，n 是理论塔板数；t_R 是组分的保留时间；$W_{1/2}$ 是以时间为单位的半峰宽；W_b 是以时间为单位的峰宽。

(3) 有效塔板理论数 $n_{有效}$ 在实际使用中，有时会出现 n 很大，但色谱柱分离效能并不高的现象。这是因为保留时间 t_R 中包含了死时间 t_M，而 t_M 不参与柱内分配。所以说理论塔板数不能准确反应色谱柱的分离效能，为此，提出以调整保留时间 t'_R 代替保留时间 t_R，计算得到有效理论塔板数。

$$n_{有效}=\frac{L}{H_{有效}}=5.54\left(\frac{t'_R}{W_{1/2}}\right)^2=16\left(\frac{t'_R}{W_b}\right)^2$$

由于同一色谱柱对不同组分的柱效能不同，因此在用 $n_{有效}$ 或 $H_{有效}$ 表示柱效能时，除了应说明色谱条件外，还必须说明对何组分而言。比较不同色谱柱的柱效能时，应在相同操作条件下，以同一组分通过不同色谱柱，测定并计算不同色谱柱的 $n_{有效}$ 或 $H_{有效}$，然后再比较。

10.2.2.2 速率理论

由于塔板理论的一些假设不合理，如分配平衡是瞬间完成的，溶质在色谱柱内无扩散等，导致塔板理论无法解释一些实验现象。速率理论是在塔板理论基础上发展起来的，它阐明了影响色谱峰展宽的物理化学因素，并指明了提高和改善色谱柱效率的方向。

(1) 速率理论方程式 1956 年，范第姆特提出了色谱柱内溶质的分布用物料平衡偏微分方程来表示，并且设定了柱内区带展宽是由于溶质在两相间的有效传质速率、溶质沿流动相方向扩展和流动相的性质造成的，从而得到偏微分方程式的近似解，即速率方程式（也称范第姆特方程式）：

$$H=A+\frac{B}{u}+Cu$$

式中，H 为塔板高度，u 为载气线速度(cm/s)，A 为涡流扩散项，B 为分子扩散项，C 为传质阻力项。

(2) 柱效能的影响因素

① 涡流扩散项 A 也称多路效应项。由于试样组分在色谱柱内碰撞柱内填充颗粒改变流动方向，因此在气相中形成类似“涡流”的紊乱流动。组分分子经过的路径长度不同，到达柱出口的时间也不同，所以导致色谱峰扩张。$A=2\lambda d_p$，此式说明涡流扩散项引起的峰形变宽与固定相颗粒的平均直径 d_p 和固定相的填充不均匀因子 λ 有关，使用直径小、颗粒均匀的固定相，并尽量填充均匀，可减小涡流扩散，降低塔板高度，提高柱效。

② 分子扩散项 B/u 也称纵向扩散项。组分随载气在柱内移动，由于柱内存在浓度梯

度，组分分子必然由高浓度向低浓度扩散，从而使峰形扩张。$B=2\gamma D_g$，其中 γ 为弯曲因子，反映了固定相对分子扩散的阻碍程度；D_g 为组分在气相中的扩散系数，随载气和组分的性质、温度、压力而变化；u 为载气线速度。u 越小，组分在气相中停留时间越长，分子扩散也越大。所以，加快载气流速，可以减少由于分子扩散而产生的峰形扩张。

③ 传质阻力项 $C\cdot u$　包括气相传质阻力项 $C_g u$ 和液相传质阻力项 $C_L u$，即

$$C\cdot u=(C_g+C_L)u$$

式中，C_g、C_L 分别是气相传质阻力系数和液相传质阻力系数。气相传质阻力是组分从气相到汽液界面间进行质量交换所受到的阻力，这个阻力使柱横断面上的浓度分布不均，导致峰形扩散。采用小颗粒的固定相，以 D_g 较大的 H_2 或 He 为载气，可减小传质阻力，提高柱效。

液相传质阻力是组分从固定相的汽液界面到液相内部进行质量交换达平衡后，再返回到汽液界面时所受到的阻力。在液相中停留时间越长，峰形扩张越明显。采用液膜薄的固定液有利于液相传质，但不宜过薄，否则会减少样品容量，降低柱的寿命。

速率理论指出来影响柱效能的因素，为色谱分离操作条件的选择提供了理论指导。由速率方程可以看出，许多影响柱效能的因素是独立关系，如载气流速加大，分子扩散项影响较少，但传质阻力项影响增大；温度升高有利于传质，但又加剧分子扩散的影响。要平衡这些矛盾的影响因素，提高柱效能，必须在色谱分离的操作条件的选择上下工夫。

10.3 气相色谱的分析方法

10.3.1 分离条件的选择

10.3.1.1 载气及流速的选择

(1) 载气种类的选择　选择载气种类首先要考虑使用何种检测器。使用 TCD 检测器，选择氢气或氦气作载气，可提高灵敏度；使用 FID 则选用氮气作载气。

其次，考虑所选的载气要有利于提高柱效能和分析速度。例如选用摩尔质量大的载气(如氮气)可以使 D_g 减小，提高柱效能。

(2) 载气流速的选择　由速率方程式可知，分子扩散项与载气流速成反比，而传质阻力项与载气流速成正比，所以必然有一最佳流速使板高 H 最小，柱效能最高。

最佳流速通过实验来确定，方法是：固定其他实验条件，依次改变载气流速，将一定量待测组分纯物质注入色谱仪。出峰后，分别测量不同载气流速下该组分的保留时间和峰底宽，计算不同流速下的有效理论塔板数 $n_{有效}$，然后再算出有效塔板高度 $H_{有效}$。以载气流速 u 为横坐标，有效塔板高度 $H_{有效}$ 为纵坐标，绘制出 H-u 曲线(见图 10-5)。图中曲线最低点对应的塔板高度最小，因此对应最佳载气流速 u_{opt}。

10.3.1.2 色谱柱的选择

分离过程是在色谱柱中进行的，混合组分能否分离完全，很大程度上取决于色谱柱的选择是否合适。

(1) 气-固色谱柱的选择　其固定相是固体，因此气-固色谱柱的选择主要是固体固定相的选择。

固体固定相一般采用固体吸附剂，主要有强极性硅胶、中等极性氧化铝、非极性活性炭

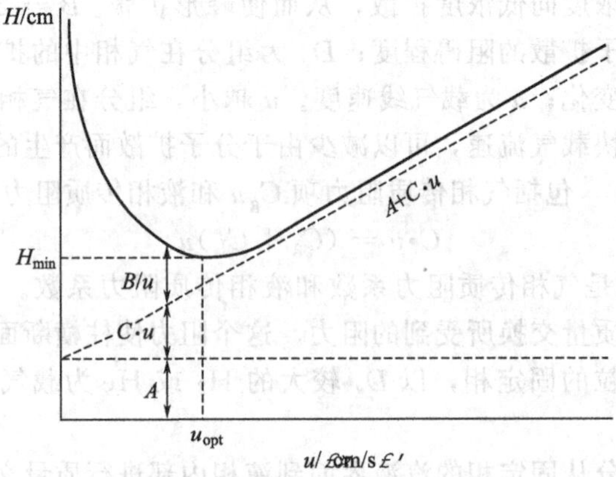

图 10-5 塔板高度与载气流苏关系曲线

和特殊作用的分子筛，它们主要用于 H_2、O_2、N_2、CO、CO_2、CH_4 和惰性气体等一般气体及低沸点有机化合物的分析。

固体吸附剂的优点是吸附容量大、热稳定性好、无流失现象、价格便宜。缺点是吸附等温线不成线性、进样量稍大就得不到对称峰、重现性差、柱效低、吸附活性中心易中毒。由于高温下有催化活性，因此不适宜分析高沸点和有活性的物质。表 10-1 列出了常用吸附剂的性能和处理方法。

表 10-1 气相色谱法常用吸附剂的性能比较

吸附剂	主要化学成分	最高使用温度/℃	极性	分析对象
碳素吸附剂活性炭	C	＜300	非极性	永久性气体及低沸点烃类
石墨化炭黑	C	＞500	非极性	分离气体及烃类，对高沸点有机化合物峰形对称
硅胶	$SiO_2 \cdot nH_2O$	＜400	氢键型	分离永久性气体及低级烃类
氧化钙	Al_2O_3	＜400	极性	分离烃类及有机异构体，低温情况下可分离氢的同位素
分子筛	$x(Mo) \cdot y(Al_2O_3) \cdot x(SiO_2) \cdot nH_2O$	＜400	强极性	特别适合永久性气体和惰性气体的分离

(2) 气-液色谱柱的选择 气-液色谱柱中所用的填料是液体固定相，它是在惰性的固体支持物的表面涂渍高沸点的有机物，形成液膜，惰性固体支持物称为载体，高沸点的液体有机物称为固定液。

固定液是一种高沸点的有机物，通常要求蒸气压低、挥发性小、稳定性好、选择性高、溶解能力强。固定液有 1000 多种，一般按固定液“极性”大小分类。固定液极性是指含有不同官能团的固定液与分析组分中官能团及亚甲基间相互作用的能力。近年来通过大量实验优选出 12 种最佳固定液(见表 10-2)，其特点是：在较宽的温度范围内稳定，并占据了固定液的全部极性范围。

载体，也叫担体，作用是提供一个具有较大表面积的惰性表面，使固定液能在它表面形成一层薄而均匀的液膜。由于载体结构和表面性质会直接影响色谱柱的分离效果，因此要求载体表面应是化学惰性的，即无吸附、无催化性，且热稳定性要好。为了能涂渍更多的固定液又不增加液膜厚度，要求载体比表面积要大，孔径分布均匀，还要机械强度高，不易破碎。载体可分为无机载体和有机聚合物载体。前者主要有硅藻土型载体和玻璃微球型载体；

后者主要是含氟载体和其他各种聚合物载体。

表 10-2 12 种最佳固定液

固定液名称	型号	相对极性	最高使用温度/℃	溶剂	分析对象
角鲨烷	SQ	−1	150	乙醚、甲苯	气态烃、轻馏分液态烃
甲基硅油或 甲基硅橡胶	SE-30 OV-101	+1	350 200	氯仿、甲苯	各种高沸点化合物
苯基(10%) 甲基聚硅氧烷	OV-3	+1	350	丙酮、苯	各种高沸点化合物、对芳香族和极性化合物保留值较大。OV-17＋QF-1 可分析含氯农药
苯基(25%) 甲基聚硅氧烷	OV-7	+2	300	丙酮、苯	
苯基(50%) 甲基聚硅氧烷	OV-17	+2	300	丙酮、苯	
苯基(60%) 甲基聚硅氧烷	OV-22	+2	300	丙酮、苯	
三氟丙基(50%) 甲基聚硅氧烷	QF-1 OV-20	+3	250	氯仿 二氯甲烷	含卤化合物、金属螯合物、类固醇
β-氰乙基(50%) 甲基聚硅氧烷	XE-60	+3	275	氯仿 二氯甲烷	苯酚、酚醚、芳胺、生物碱、类固醇
聚乙二醇	PEG-20M	+4	225	丙酮、氯仿	选择性保留分离含 O、N 官能团及 O、N 杂环化合物
聚乙二酸 二乙二醇酯	DEGA	+4	250	丙酮、氯仿	分离 C_1～C_{24}脂肪酸甲酯,甲酚异构体
聚丁二酸 二乙二醇酯	DEGS	+4	220	丙酮、氯仿	分离饱和及不饱和脂肪酸酯,苯二甲酸酯异构体
1,2,3-三 (2-氰乙氧基)丙烷	TCEP	+5	175	氯仿、甲醇	选择性保留低级含 O 化合物,伯、仲胺,不饱和烃、环烷烃等

10.3.1.3 柱温的选择

柱温直接影响色谱柱的使用寿命、柱的选择性、柱效能和分析速度。柱温低有利于分配，有利于组分的分离，但柱温过低，被测组分可能会在柱内冷凝或传质阻力增加，使峰形扩张，甚至拖尾。柱温高有利于传质，但分配系数变小不利于分离。最佳柱温一般通过实验确定，原则是：使物质分离完全，又不使峰形扩张、拖尾。柱温一般选各组分平均沸点温度或稍低些。表 10-3 列出了各类组分适宜的柱温和固定液配比。

表 10-3 柱温的选择

样品沸点/℃	固定液配比/%	柱温/℃
气体、气态烃、低沸点化合物	15～25	室温或<50
100～200 的混合物	10～15	100～150
200～300 的混合物	5～10	150～200
300～400 的混合物	<3	200～250

当被测组分的沸点范围很宽时，用同一柱温往往造成高沸点组分峰形扁平，而低沸点组分分离不好，这时应采用程序升温。选择柱温时还应注意，柱温不能高于固定液的最高使用温度，否则会造成固定液大量挥发流失。柱温还必须高于固定液的熔点，这样固定液才能发挥作用。

10.3.1.4 气化室温度的选择

合适的汽化室温度能保证样品迅速且完全汽化，又不会发生分解。一般汽化室温度比柱温高 30～70℃或比样品组分中最高沸点高 30～50℃。温度是否合适可通过实验来检验。检验方法是：重复进样时，若出峰数目变化，重现性差，则说明汽化室温度过高；若峰形不规则，出现平头峰或宽峰，则说明汽化室温度太低；若峰形正常，峰数不变，重现性好，则说明汽化室温度合适。

10.3.1.5 进样量和进样技术

(1) 进样量 在进行色谱分析时，进样量要适当。若进样量过大，得到的色谱峰峰形不对称程度增加，峰变宽，分离度变小，保留值发生变化，峰高峰面积与进样量不成线性关系，无法定量。若进样量太小，又会因检测器灵敏度不够，无法检出。可通过实验确定最大允许进样量：固定其他实验条件不变，逐渐增大进样量，直至所出的峰的半峰宽变宽或保留值改变时，此时的进样量就是最大进样量。

(2) 进样技术 进样时要求速度快，这样可使样品在汽化室汽化后随载气以浓缩状态进入柱内，而不被载气所稀释。反之，进样缓慢，样品汽化后被载气稀释，会使峰形变宽，且不对称。

10.3.2 气相色谱定性分析

气相色谱定性分析的目的是确定试样的组成，即确定每个色谱峰代表何种组分。定性分析的依据是：在一定固定相和一定操作条件下，每种物质都有固定的保留值或确定的色谱数据，并且不受其他组分的影响，即保留值具有特征性。但需要注意的是，不同物质也可能具有相同或相似的保留值，即保留值并非是专属的。因此，对于一个完全未知的物质，单靠色谱法定性比较困难，往往需要与其他方法联用。

10.3.2.1 利用保留值定性

利用已知标准物质直接对照定性是一种最简单的定性方法。具体方法是：将未知物与已知标准物用同一根色谱柱，在相同条件下进行分析，作出色谱图后进行对照比较。如图10-6所示，可以推测未知物中峰 2 可能是甲醇，峰 3 可能是乙醇，峰 4 可能是正丙醇，峰 7 可能是正丁醇，峰 9 可能是正戊醇。若要得到更可靠的结论，可另换一根极性完全不同的色谱

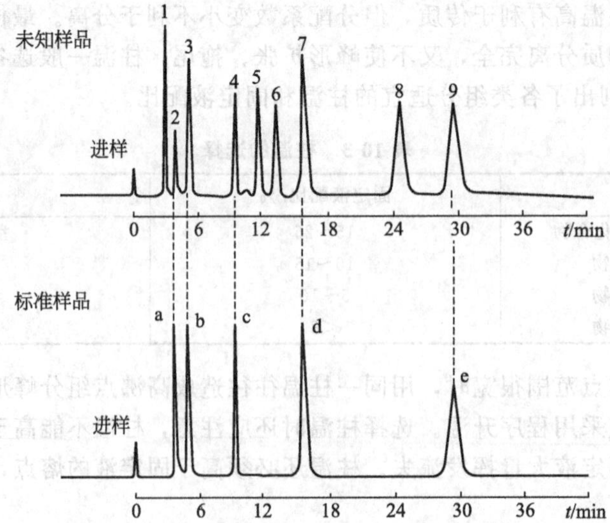

图 10-6 利用标准物质直接对照定性

已知标准物质：a—甲醇；b—乙醇；c—正丙醇；d—正丁醇；e—正戊醇

柱，做同样的对照比较，若结论不变，则分析结果比较可靠。

利用保留时间直接对照比较时，要求载气流速、温度和柱温一定要稳定，因为微小的波动都会影响保留时间，从而影响分析结果。为避免这个问题，有时利用保留体积定性。不过，保留体积直接测量很困难，一般都是用载气流速乘以保留时间。实际测量中，采用下面的方法避免因在其流速和温度波动带来的影响。

(1) 用相对保留值定性 相对保留值只受柱温和固定相性质影响，而不受柱长、固定相填充情况和载气流速的影响。因此在柱温和固定相一定时，相对保留值为定值，用它来定性结果比较可靠。

(2) 用已知标准物增加峰高法来定性 首先作出未知样品的色谱图，然后在未知样品中加入一定量的已知标准物，在同样色谱条件下，作含有已知标准物的未知样品的色谱图。对比两张色谱图，哪个峰增高了，说明该峰就是加入的已知纯物质的色谱峰。此法可避免载气、柱温的波动影响，是验证样品中是否含有某一组分的最好方法。

10.3.2.2 利用保留指数定性

在没有标准物质的情况下，可以利用文献值对照定性，即利用已知的标准物质的文献保留值与未知物的测定保留值对照来进行定性分析，这就要解决保留值的通用性与重复性问题。1958 年匈牙利色谱学家柯瓦特提出用保留指数(I)作为保留值的标准用于定性分析，这是目前国际上公认的定性指标。

(1) 保留指数的定义 保留指数是把物质的保留行为用紧靠它的两个正构烷烃标准物质来标定(两个正构烷烃的调整保留时间一个在被测组分的调整保留时间之前，一个在之后)。某物质 X 的保留指数 I_X 可用下式计算：

$$I_X=100\left[Z+n\times\frac{\lg t'_{R(X)}-\lg t'_{R(Z)}}{\lg t'_{R(Z+n)}-\lg t'_{R(Z)}}\right]$$

式中，$t'_{R(X)}$、$t'_{R(Z)}$、$t'_{R(Z+n)}$ 分别代表组分 X 和具有 Z 及 $(Z+n)$ 个碳原子数的正构烷烃的调整保留时间(也可用调整保留体积)。n 为两个正构烷烃碳原子数之差，可以为 1、2、3…，但数值不宜过大。

用保留指数定性时，人为规定正构烷烃的保留指数为其碳原子数乘以 100，如正己烷、正庚烷、正辛烷的保留指数分别为 600、700、800。

(2) 保留指数的确定 要测定某一物质的保留指数，只要与相邻两正构烷烃混合在一起(也可分别进行)，在相同色谱条件下分析，测出保留值，按上式计算被测组分的保留指数 I_X，再将计算值与文献值对照定性。使用文献上的数据时，色谱实验条件要求必须与文献一致，而且要用几个已知组分验证。

【例 10-1】 实验测得某组分的调整保留时间以记录纸距离表示为 310.0nm。又测得正庚烷和正辛烷的调整保留时间分别为 174.0nm 和 373.4nm。计算此组分保留指数(测定条件为：阿皮松 L 柱、柱温 100℃)。

解 已知 $t'_{R(X)}=310.0\text{nm}$，$t'_{R(Z)}=174.0\text{nm}$，$t'_{R(Z+n)}=373.4\text{nm}$。

$$Z=7,\ Z+n=8,\ n=8-7=1。$$

所以
$$I_X=100\times\left(7+1\times\frac{\lg 310.0-\lg 174.0}{\lg 373.4-\lg 174.0}\right)=775.6$$

查文献可知该色谱条件下，$I_{乙酸乙酯}=775.6$，再用纯乙酸乙酯对照实验，可确定该组分是乙酸乙酯。

10.3.3 气相色谱定量分析

10.3.3.1 定量分析的基本原理

定量分析就是要测定样品中某一组分的准确含量。气相色谱法是根据仪器检测器的响应值与被测组分的量成正比的关系来进行定量分析的。

(1) 定量分析的基本公式 在符合测定条件的情况下，色谱峰的高度或峰面积(检测器的响应值)与组分的数量(或浓度)成正比。色谱定量分析的基本公式为：

$$m_i = f_i A_i$$

或

$$c_i = f_i h_i$$

式中，m_i 为组分 i 的质量；c_i 为组分 i 的浓度；f_i 为组分 i 的校正因子；A_i 为组分 i 的峰面积；h_i 为组分 i 的峰高。一般而言，对浓度敏感型检测器，常用峰高定量；对质量敏感型检测器，常用峰面积定量。

(2) 峰高和峰面积的测定 峰高和峰面积的测量精度直接影响定量分析的准确度。峰高是峰尖到峰底(或基线)的距离，峰面积是色谱峰与峰底(或基线)所围区域的面积。要准确测量峰高和峰面积，关键在于峰底(或基线)的确定。一个完全分离的峰的峰底与基线是重合的。

使用积分仪或色谱工作站可以方便地测定峰高和峰面积。仪器可以设定积分参数(峰高、半峰高及最小峰面积等)和基线来计算色谱峰的峰高和峰面积，以供定量计算使用。

(3) 校正因子的测定 峰面积的大小不仅与组分的量有关，还与组分的性质及检测器性能有关。同一检测器测定同一种物质时，当实验条件一定时，组分量与峰面积成正比。但同一检测器测定相同量的不同组分时，由于组分性质不同，检测器对各组分的响应值不同，因此产生的峰面积也不同，此时不能直接用峰面积计算组分的量。为此，引入“定量校正因子”来校正峰面积。定量校正因子分为绝对校正因子和相对校正因子。

① 绝对校正因子(f_i) 是指单位峰面积或单位峰高所代表组分的量，即

$$f_i = m_i / A_i$$

或

$$f_{i(h)} = m_i / h_i$$

式中，m_i 为组分的质量(也可用物质的量或体积)，A_i 为峰面积，h_i 为峰高。要准确测定绝对校正因子，一方面要准确知道进入检测器的组分的量，另一方面要准确测定峰高或峰面积，这在实际工作中有一定困难。因此通常不用绝对校正因子，而采用相对校正因子。

② 相对校正因子(f'_i) 是指组分 i 与标准物 S 的绝对校正因子之比，即

$$f'_i = \frac{f_i}{f_S} = \frac{m_i \cdot A_S}{m_S \cdot A_i}$$

或

$$f'_i = \frac{f_i}{f_S} = \frac{c_i h_S}{c_S h_i}$$

式中，f'_i 是相对校正因子；f_i、f_S 分别是组分 i、基准物 S 的绝对校正因子；m_i、m_S 分别是组分 i、基准物 S 的质量；c_i、c_S 分别是组分 i、基准物 S 的浓度；A_i、A_S 分别是组分 i、基准物 S 的峰面积；h_i、h_S 分别是组分 i、基准物 S 的峰高。

不同的检测器常用的基准物也不同，热导检测器常用苯作基准物，氢火焰离子检测器常用正庚烷作基准物。

相对校正因子通常简称为校正因子，它是个无因次量，数值与所用计量单位有关。根据组分的量的表示方法不同，可分为相对质量校正因子(f'_m)、相对摩尔校正因子(f'_M)和相对体积校正因子(f'_V)。

③ 相对响应值 S'_i 是组分 i 与基准物 S 的响应值(灵敏度)之比。单位相同时，与校正因子互为倒数，即

$$S'_i=\frac{1}{f'_i}$$

S'_i 和 f'_i 只与试样、标准物质及检测器类型有关，而与操作条件和柱温、载气流速、固定液性质等无关，是一个能通用的参数。

10.3.3.2　定量分析的方法

常用的定量分析方法有归一化法、标准曲线法、内标法和标准加入法。按测量参数不同，上述四种方法又可分为峰面积法和峰高法，这些方法各有优缺点，视具体情况选择。

(1) 归一化法　就是以样品中被测组分经校正过的峰面积(或峰高)占样品中各组分经校正过的峰面积(或峰高)的总和的比例来表示各组分含量的定量方法。当试样中各组分都能流出色谱柱，并在检测器上产生信号，可用归一化法计算各组分含量。

设试样中有 n 个组分，质量分别为 m_1、m_2、…、m_n，在一定条件下测得各组分的峰面积分别为 A_1、A_2、…、A_n，各组分的峰高分别为 h_1、h_2、…、h_n，则组分 i 的质量分数为：

$$\omega_i=\frac{m_i}{m_1+m_2+\cdots+m_n}=\frac{f'_iA_i}{\sum_{i=1}^{n}f'_iA_i}$$

或 $$\omega_i=\frac{m_i}{m_1+m_2+\cdots+m_n}=\frac{f'_{(h)i}h_i}{f'_{(h)1}h_1+f'_{(h)2}h_2+\cdots+f'_{(h)i}h_i}=\frac{f'_{(h)i}h_i}{\sum_{i=1}^{n}f'_{(h)_i}h_i}$$

式中，f'_i 为组分 i 的相对校正因子；A_i 为组分 i 的峰面积。

若试样中各组分的相对校正因子很接近(如同分异构体或同系物)，则可忽略相对校正因子，直接用峰面积归一化法进行定量，即可简化为：

$$\omega_i=\frac{A_i}{\sum_{i=1}^{n}A_i}$$

积分仪或色谱工作站处理数据时，通常采用峰面积直接归一化法。

归一化方法简便、精确，进样量多少、操作条件的变化对结果影响较小。但校正因子的测定较为麻烦。如果试样中的组分不能完全出峰，则绝对不能使用归一化法。

(2) 标准曲线法　也称外标法或直接比较法。与分光光度法中的标准曲线相似，首先用待测组分的标准样品配制成不同浓度的标准系列，与待测组分相同的色谱条件下，等体积准确进样，测量各峰的峰面积或峰高，然后对标准样品浓度作图，得标准曲线。标准曲线应是通过原点的直线，其斜率即为绝对校正因子。若标准曲线不过原点，说明存在系统误差。

在测定待测样品含量时，要用与绘制标准曲线完全相同的色谱条件作出色谱图，测量峰面积或峰高，然后从标注曲线上查出待测样品的浓度。

当待测组分含量变化不大，且已知该组分的大概含量时，则不必绘制标准曲线，而采用单点校正法，即直接比较法定量。具体方法是：先配制一个和待测组分含量相近的已知浓度的标准溶液，在相同色谱条件下，分别将待测样品与标准样品等体积进样，作出色谱图。分别测量峰面积或峰高，然后用下式计算待测样品的含量：

$$\omega_i=\frac{A_i}{A_S}\omega_S$$

或 $$\omega_i=\frac{h_i}{h_S}\omega_S$$

式中，ω_i、ω_S 分别为待测样品、标准样品的质量分数；A_i(或 h_i)、A_S(或 h_S)分别为待测样品、标准样品的峰面积(或峰高)。

标准曲线法适用于大批量样品的分析，但对测定的色谱条件要求严格，若差异较大，必定会带来一定误差。

(3) 内标法 就是将一定量选定的标准物(称内标物 S)加入到一定量试样中，混合均匀在一定条件下注入色谱仪，出峰后分别测定组分 i 和内标物 S 的峰面积(或峰高)，按下式计算组分 i 的含量：

$$\omega_i=\frac{m_i}{m_{试样}}=\frac{m_s\dfrac{f'_iA_i}{f'_SA_S}}{m_{试样}}=\frac{m_s}{m_{试样}}\times\frac{A_i}{A_S}\times\frac{f'_i}{f'_S}$$

式中，f'_i、f'_S 分别为组分 i 和内标物 S 的质量校正因子；A_i、A_S 分别为组分 i 和内标物 S 的峰面积。也可用峰高代替峰面积。

内标法中，常以内标物为基准物，即 $f'_S=1.0$，则上式可改写为：

$$\omega_i=f'_i\times\frac{m_S}{m_{试样}}\times\frac{A_i}{A_S}$$

内标法适用于所用组分不能全部出峰，或只要求测定样品中某几个组分的含量。内标法的关键是选择合适的内标物，要求内标物是试样中不存在的物质，其性质与待测组分相近，以保证内标物的色谱峰与待测物的接近但完全分离。内标物与样品完全互溶但不反应，加入量应接近待测组分的含量。

内标法准确度高，精密度高，但选择合适内标物较难。

(4) 标准加入法 实质上是一种特殊的内标法，在找不到合适的内标物的情况下，以待测组分的纯物质作为内标物，加入到待测样品中。具体方法如下：首先在一定色谱条件下作出待测样品的色谱图，测定待测组分 i 的峰面积 A_i(或峰高 h_i)，然后在样品中定量待测组分 i 的纯物质(与样品相比，待测则分 i 的浓度增量为 $\Delta\omega_i$)，在完全相同的色谱条件下，作出已加入待测组分 i 纯物质的样品的色谱图，测定这时组分 i 的峰面积 A'_i(或峰高 h'_i)，由下式计算待测样品中组分 i 的含量：

$$\omega_i=\frac{\Delta\omega_i}{\dfrac{A'_i}{A_i}-1}$$

或

$$\omega_i=\frac{\Delta\omega_i}{\dfrac{h'_i}{h_i}-1}$$

标准加入法不需要另外的内标物，操作简单，进样量也不必十分准确，是常用的定量分析方法。

10.4 气相色谱仪

10.4.1 概述

气相色谱仪型号繁多，但基本结构相似，都由气路系统、进样系统、分离系统、检测系统、数据处理系统和温度控制系统组成。常见的色谱仪有单柱单气路和双柱双气路两种类型，图 10-7 是单柱单气路色谱仪的结构示意图，以此为例介绍一下色谱仪的工作流程。

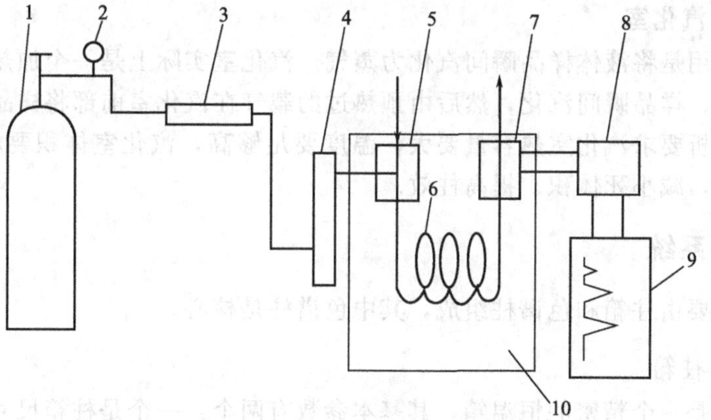

图 10-7　单柱单气路结构示意图

1—载气钢瓶；2—减压阀；3—净化器；4—流量计；5—汽化室；
6—色谱柱；7—检测器；8—放大器；9—记录仪；10—恒温箱

由高压钢瓶供给的载气经减压阀减压进入净化器，除去载气中的杂质和水分，再由稳压阀和针型阀控制压力、流量计计量，然后进入汽化室。待载气流量、汽化室、色谱柱、检测器温度及记录仪稳定后，注入试样。试样在汽室立即汽化，并被载气代入色谱柱。由于色谱柱的固定相对试样中不同组分的吸附能力或溶解能力不同，因此各组分流出色谱柱的速度有快有慢，从而达到分离的目的。各组分先后流出色谱柱，进入检测器，检测器将各组分的浓度转变成可测量的电信号，经放大器放大信号，并由记录仪记录，就得到了色谱图。

10.4.2　气路系统

气相色谱仪中的气路是一个载气连续运行的密闭管路系统。载气是载送样品的惰性气体，是气相色谱的流动相。常用的载气有氮气、氢气(在使用氢火焰离子化检测器时作燃气，在使用热导检测器时作载气)、氦气、氩气(氦气、氩气价格较贵，用得较少)。

气路系统的主要部件有载气钢瓶、减压阀、净化管、稳压阀、针形阀、稳流阀及转子流量计等，它们的作用是保证气路中的载气纯净、流速稳定及流速测量准确。

10.4.3　进样系统

进样系统包括进样器和汽化室。

10.4.3.1　进样器

气体样品通常用平面六通阀(也称旋转六通阀)进样，平面六通阀通过定量管将气体样品和载气送入色谱柱。定量管有 0.5mL、1mL、3mL、5mL，可根据需要选择合适体积的定量管。定量管阀具有使用温度高、寿命长、耐腐蚀、死体积小、气密性好等优点，是较为理想的气体定量阀。

常压气体也可用 0.25～5mL 的注射器直接量取进样。这种方法简单灵活，但误差大、重现性差。

液体样品可以用微量注射器直接进样。常用的微量注射器的规格有 1μL、5μL、10μL、50μL、100μL。

固体样品通常用溶剂溶解后，用微量注射器进样。

除此之外，还有一种自动进样器，进样过程无需人力，进样准确。

10.4.3.2 汽化室

汽化室的作用是将液体样品瞬间汽化为蒸气。汽化室实际上是一个加热器，当注射器针头将样品注入时，样品瞬间汽化，然后由预热过的载气在汽化室前部将样品迅速代入色谱柱内。气相色谱分析要求汽化室热容量要大，温度要足够高，汽化室体积要尽量小，无死角，以防止样品扩散，减小死体积，提高柱效。

10.4.4 分离系统

分离系统主要由柱箱和色谱柱组成，其中色谱柱是核心。

10.4.4.1 柱箱

柱箱实质上是一个精密的恒温箱，其基本参数有两个：一个是柱箱尺寸，另一个是柱箱的控温参数。

柱箱的尺寸关系到是否能安装多根色谱柱，以及操作是否方便。尺寸大一些较为便利，但太大会增加能耗，一般柱箱尺寸不超过 $15dm^3$。

柱箱的控温范围一般在室温～450℃，均带有多阶程序升温设计，能满足色谱优化分离的目的。有的色谱仪还带有低温功能，低温一般用液氮或液态 CO_2 来实现。

10.4.4.2 色谱柱

色谱柱可分为填充柱和毛细管柱。

(1) 填充柱　填充柱是指在柱内均匀、紧密地填充固定相颗粒，一般柱长在1～5m，内径2～4mm。依内径大小不同又可分为经典型填充柱、微型填充柱和制备型填充柱。填充柱材质多为不锈钢和玻璃的，形状有U形和螺旋形，U形柱柱效较高。

(2) 毛细管柱　毛细管柱又称空心柱，其分离效率较填充柱有较大提高。常用的毛细管柱为涂壁空心柱(WCOT)，其内壁直接涂渍固定液，柱材质多为熔融石英，即所谓弹性石英柱。柱长一般在25～100m，内径0.1～0.5mm。按内径不同WCOT又可分为微径柱、常规柱和大口径柱。涂壁空心柱的缺点是柱内固定液涂渍量小，且易流失。为此，又发明了涂载体空心柱(SCOT，即内壁上沉积载体后再涂渍固定液的空心柱)和多孔性空心柱(PLOT，即内壁上有多孔层的空心柱)。表10-4列出了常用的色谱柱。

表 10-4　常用色谱柱的规格及用途

参数		柱长/m	内径/mm	柱效/(N/m)	进样量/ng	相对压力	主要用途
填充柱	经典		2～4				分析样品
	微型	1～5	≤1	500～1000	$10\sim10^6$	高	分析样品
	制备		>4				制备纯化合物
WCOT	微径柱	1～10	≤0.1				快速GC
	常规柱	10～60	0.2～0.32	10～1000	0.1～1	低	常规分析
	大口径柱	10～50	0.53～0.75				定量分析

10.4.5 检测系统

检测器的作用是将经色谱柱分离的各组分的信息转变为便于记录的电信号，然后对各组分的组成和含量进行鉴定和测量。

10.4.5.1 检测器的类型和性能指标

(1) 检测器的类型　目前广泛使用的是微分型检测器，其显示的信号是组分随时间的瞬时量的变化。微分型检测器又可分为浓度敏感型检测器和质量敏感型检测器。浓度敏感型检测器的响应值取决于载气中组分的浓度，常用的有热导检测器和电子捕获检测器。质量敏感型检测器输出的信号取决于单位时间内进入检测器的组分的量，常用的有氢火焰离子化检测器和火焰光度检测器。

(2) 检测器的性能指标　主要包括灵敏度、检测限、噪声、线性范围和响应时间等。

① 噪声和漂移　在无样品进入检测器的情况下，仅由于仪器本身及其他操作条件使基线在短时间内发生起伏的信号，称为噪声(N)，单位 mV。使基线在一定时间内对原点产生的偏离，称为漂移(M)，单位为 mV/h。噪声和漂移都是表明检测器的稳定情况的指标，好的检测器噪声和漂移都应很小。

② 检测器的线性和线性范围　检测器的线性是指在其中的待测组分的量与响应信号成正比的关系。线性范围是指待测组分的量与响应信号呈线性关系的范围，以最大允许进样量和最小允许进样量的比值表示。良好的检测器线性应接近 1，线性范围越大越好。

③ 检测器的灵敏度　灵敏度(S)是指通过检测器的物质的量发生变化时对应的响应值的变化率。一定浓度的组分(Q)进入检测器产生响应信号(R)，以不同的量对响应信号作图，其中线性部分的斜率即为检测器的灵敏度，即

$$S=\Delta R/\Delta Q$$

式中，R 的单位为 mV，Q 的单位因检测器的类型而不同，S 的单位也随之不同。

④ 检测器的检测限　通常将产生两倍噪声信号时，单位体积的载气或单位时间内进入检测器的组分量称为检测限 D(也称敏感度)，即

$$D=2N/S$$

由于灵敏度 S 有不同的单位，所以检测限 D 的单位随之变化。灵敏度和检测限是从两个不同角度表示检测器对物质敏感程度。灵敏度越大，检测限越小，表明检测器性能越好。

10.4.5.2　气相色谱常用的检测器

可用于气相色谱分析的检测器有几十种，其中最常用的是热导检测器(TCD)、氢火焰离子化检测器(FID)、电子捕获检测器(ECD)、氮磷检测器(NPD)及火焰光度检测器(FPD)用得也较多。表 10-5 列出了常用检测器的特点及用途。

表 10-5　常用气相色谱检测器的特点及技术指标

检测器	类型	最高操作温度	最低检测限	线性范围	主要用途
氢火焰离子检测器(FID)	质量型 准通用型	450	丙烷：<5pg/s 碳	10^7 (±10%)	各种有机化合物的分析，对碳氢化合物的灵敏度高
热导检测器(TCD)	浓度型 通用型	400	丙烷：<400pg/mL 壬烷：20000mV mL/mg	10^5 (±5%)	适用于各种无机气体和有机物的分析，多用于永久气体的分析
电子捕获检测器(ECD)	浓度型 选择型	400	六氯苯：<0.04pg/s	>10^4	适合分析含电负性元素或基团的有机化合物，多用于分析含卤素化合物
微型(ECD)	质量型 选择型	400	六氯苯：<0.008pg/s	>5×10^4	同 ECD
氮磷检测器(NPD)	质量型 选择型	400	用偶氮苯和马拉硫磷的混合物测定： <0.4pg/s 氮； <0.2pg/s 磷	>10^5	适合于含氮和含磷化合物的分析

续表

检测器	类型	最高操作温度	最低检测限	线性范围	主要用途
火焰光度检测器(FPD)	浓度型 选择型	250	用十二烷硫醇和三丁基膦酸酯混合物测定： ＜20pg/s 硫； ＜0.2pg/s 磷	硫：＞10^5 磷：＞10^6	适合于含硫、磷、氮化合物的分析
脉冲 FPD(PFPD)	浓度型 选择型	400	对硫磷：＜0.1pg/s 磷； 对硫磷：＜1pg/s 硫； 硝基苯：＜10pg/s 氮	磷：10^5 硫：10^3 氮：10^2	同 FPD

10.4.6 数据处理和温度控制系统

10.4.6.1 数据处理系统

数据处理系统是气相色谱分析必不可少的一部分，其作用是将检测器输出的模拟信号随时间变化的曲线(即色谱图)画出来。

(1) 积分仪 电子积分仪是使用较为普遍的数据处理装置。它实质上是一个积分放大器，是利用电容的充放电功能，将一个峰信号(微分信号)变成一个积分信号，这样就可以直接测量出峰面积，并可打印出色谱峰的保留时间、峰面积和峰高等数据。

(2) 色谱数据处理机 色谱数据处理机是一种功能较多的积分仪，它是把单片机引入积分仪，可以将积分仪得到的数据进行存储、变换，采用多种定量分析方法进行分析并打印。还可以以文件号的形式存储不同分析方法的操作参数，使用这种分析方法时，只需调出文件号，不必一个参数一个参数地再去设定。有的色谱数据处理机还增加了对色谱仪的控制功能，如进样口温度、柱温(包括程序升温)、检测器温度和参数的设定与控制。

(3) 色谱工作站 色谱工作站是由微机实时控制色谱分析仪，并进行数据采集和处理的一个系统，它由硬件和软件两部分组成。硬件是一台微型计算机，软件包括：色谱实时控制程序、峰识别和峰面积积分程序、定量计算程序及报告打印程序等。

色谱工作站对色谱仪的实时控制功能包括了色谱仪各部分的单片机具有的所有功能，包括仪器操作条件的控制，程序的控制，自动进样的控制，自动调零、衰减、基线补偿的控制等。

10.4.6.2 温度控制系统

在气相色谱测定中，温度控制直接影响柱的分离效能、检测器的灵敏度和稳定性。控制温度主要指对色谱柱、汽化室和检测器这三处的温度控制，尤其是对色谱柱要控温准确。

(1) 柱箱 色谱柱安装在柱箱内，通过控制柱箱温度来实现对色谱柱的控温。柱箱实质是一个可控温度的恒温箱，控温范围室温～450℃，要求箱内上下温差在3℃以内，控制点的控温精度在0.1～0.5℃。控温方式是可控硅温度控制器，测温方式用水银温度计或热电偶。

当分析沸点范围很宽的混合物时，采用等温的方法很难完成分离任务，这就需要用程序升温的方法来完成分析任务。所谓程序升温就是指在一个分析周期内，色谱柱的温度连续随分析时间的增加从低温升到高温，这样可以改善宽沸程样品的分离度并缩短分离时间。

(2) 检测器与汽化室 检测器与汽化室也有独立的控温装置，其温度控制及测量与柱箱色谱柱类似。

习题

1. 名词解释：检测器的灵敏度，检测器的噪声与漂移，检测器的线性范围。
2. 简述 FID 工作原理。
3. 气相色谱仪有哪些系统组成？各系统的主要作用是什么？
4. 简述塔板理论的四个假设。
5. 速率理论考虑了色谱动力学过程的哪些因素？
6. 应用归一化法定量分析应满足什么条件？
7. 选择内标物的条件是什么？
8. 在一定条件下分析只含有二氯乙烷、二溴乙烷和四乙基铅的样品，得到如下数据。

组分	二氯乙烷	二溴乙烷	四乙基铅
峰面积 A	1.50	1.01	2.82
f'_i	1.00	1.65	1.75

计算各组分的质量分数。

9. 用内标法测定燕麦敌(2,3-二氯烯丙基-N,N-二异丙基硫代氨基甲酸酯)含量。称取 8.12g 试样，加入内标物正十八烷 1.88g，测得样品峰面积 $A_i=68.00\text{cm}^2$，已知燕麦敌对内标物的相对校正因子 $f'_{i/S}=2.40$。求燕麦敌的质量分数。

第11章

有机化学概述

11.1 有机化合物与有机化学

化学上通常把化合物分为有机化合物和无机化合物两大类。早先，人们都把从动植物等有机体中取得的物质定义为有机化合物，而把从非生物或矿物得到的化合物称为无机化合物。直到1928年，德国化学家维勒在加热氰酸铵水溶液时，意外地得到了当时公认的有机物——尿素。此后，科学家用无机物人工合成出许多有机化合物，如醋酸、脂肪等，从而打破有机化合物只能从有机体中取得的观念。但是“有机化合物”这一名词却沿用至今。

人工合成有机物的发展，使人们清楚地认识到，在有机物与无机物之间并没有一个明确的界限，两者在一定的条件下可以相互转化，例如工业上用无机物二氧化碳和氨气，在高温高压等条件下大规模合成有机化合物尿素；有机物乙醇燃烧得到无机化合物二氧化碳和水等，但是它们在组成和性质方面确实存在着某些不同之处。从组成上讲，所有的有机物中都含有碳元素，所以有机化合物也被称为含碳化合物；有机化合物多数含有氢元素，其次还含有氧、氮、卤素、硫、磷等元素。因此，化学家将有机化合物简称有机物，是指除一氧化碳、二氧化碳、碳酸盐、金属氰化物等少数简单含碳化合物以外的含碳化合物。

有机化学是碳化合物的化学，同时又是与生命有关的化学，它是研究有机化合物的组成、结构、性质及其变化规律的一门学科。它的任务是分离、提取自然界中存在的各种有机物，测定它们的结构和性质；研究有机物的结构与性质之间的关系、反应经历的途径、影响反应的因素等；充分利用有限的石油、煤炭等自然资源，合成自然界存在但不能满足人们需要可自然界原本不存在的全新的有机物，如维生素、新型药物、新材料及生活必需品等。它是有机化学工业的基础。

20世纪以来，以煤焦油和石油为主要原料的有机化学工业获得了快速的发展，以有机化合物为基础的石油、化工、医药、涂料、合成材料等已成为我国国民经济的支柱性产业；人们的衣、食、住、行更离不开有机化合物。

随着有机化学与各学科的相互渗透与交叉逐步形成了一些新的学科，如金属有机化学、生物有机化学、超分子化学等。这些新学科、新支柱产业将更好地推动有机化学工业的发展，更好地解决人们在能源、医药、材料、环境保护等方面所遇到的新问题。

11.2 有机化合物的结构及表示方法

分子是由组成原子按照一定的排列顺序，相互影响、相互作用而结合在一起的整体，这种排列顺序和相互关系称为分子结构。将表示分子中各原子的连接顺序和方式的化学式称为构造式（也称结构式）。有机化合物的结构可以用短线式、缩简式、键线式三种形式为表示。短线式是将分子中的每一个共价键都用一根短线表示出来。缩简式则是在结构式的基础上简化，不再写出碳与氢或其他原子的短线，并将同一碳原子上的相同原子或基团合并表达。键线式则更为简练、直观，只写出碳的骨架和其他基团。其中缩简式比较常用，但是表达比较复杂的有机分子构造时，链线式更有优越性。如表 11-1 所示。

表 11-1 复杂有机分子构造的链线式表达

物质名称	丁烷	1-丁烯	1-丙醇
分子式	C_4H_8	C_4H_{10}	C_3H_8O
短线式	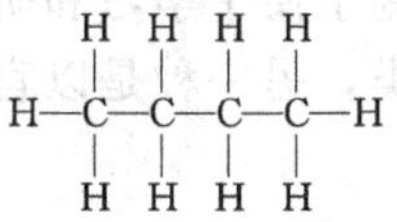	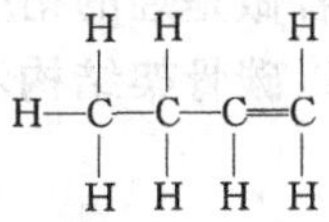	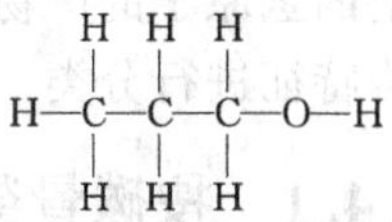
缩简式	$CH_3CH_2CH_2CH_3$	$CH_3CH_2CH{=}CH_2$	$CH_3CH_2CH_2OH$
键线式		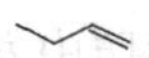	

由于分子内原子相互影响、相互作用，分子的性质不仅取决于组成元素的性质，而且也决定于分子的结构。

11.3 有机化合物的特征

有机化合物的主要元素是碳。碳原子的特殊结构使得有机化合物与无机化合物的性质存在明显的差异。一般而言，有机化合物具有以下特点。

① 对热不稳定，易燃烧。除少数有机化合物外，绝大多数均含有碳、氢两种元素，因此容易燃烧，如甲烷、酒精、汽油等。

② 熔、沸点低。有机化合物一般为共价化合物，其分子间只有微弱的分子间作用力(部分有机物的分子间有氢键存在)，常温、常压下多数以气体、液体或低熔点的固体形式存在。

③ 难溶于水，易溶于有机溶剂。有机化合物通常以弱极性键或非极性键相结合，根据“相似相溶”原理，除了低分子量醇、醛酮、羧酸、磺酸以及氨基酸、糖类化合物外，绝大多数有机物难溶于水，易溶于丙酮、苯、甲苯、石油醚等极性小的或非极性的溶剂。

④ 反应速率慢，产率低，产物复杂。无机化合物间的反应往往是离子反应，反应速度较快；而有机化合物的反应主要在分子间进行，受分子结构和机制的影响，速率较慢，有些反应需要几十小时甚至几十天才能完成。通常可以通过加热、光照或加催化剂的方法来提高反应速率。由于有机分子结构比较复杂，反应时，往往不局限于分子的某一特定部位，因此有机物在反应时反应产物复杂，常常伴有副反应而导致产率低、产物复杂。一般有机化学反

应式表示的只是其主反应。

⑤ 同分异构现象普遍。由于每个碳原子可以生成 4 个共价键，因此由多个碳原子组成的有机化合物分子，即使具有完全相同的化学组成，也可能由于碳原子间采用不同的联结方式或不同的联结顺序而形成不同的分子，具有不同的化学特性，这种现象称为同分异构现象。这也是组成有机物的元素较少，但有机物种类繁多的主要原因之一。例如分子式为 C_2H_6O 的物质就有可能是乙醇和甲醚两个性质不同的化合物，它们互称同分异构体。因此，要较为准确地描述有机化合物，不仅需要确定其分子的化学组成（分子式或化学式），而且更需要详细地描述其化学结构（结构式）。

11.4 有机化合物的分类

有机化合物数目众多，种类繁杂。仅仅由碳和氢两种元素组成的有机化合物称为碳氢化合物，简称烃。烃是最基本的有机化合物，其他有机化合物都可以看做是一定的基团取代烷烃上的氢原子的产物，即可看做是烃的衍生物。为了便于学习和研究，通常将有机化合物按结构特征进行分类，一种是以碳骨架结构不同分类，另一种是以官能团不同来分类。

11.4.1 按碳骨架分类

(1) 链状化合物 这类化合物中碳骨架可形成一条或长或短的链，有的长链上还带有支链。由于这类化合物最初是在脂肪中发现的，所以又称脂肪族化合物。根据碳原子成键方式不同，链状化合物又可分为饱和化合物和不饱和化合物。例如：

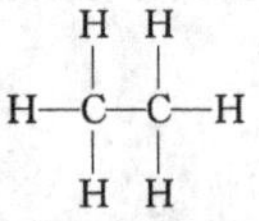
乙烷（饱和烃）

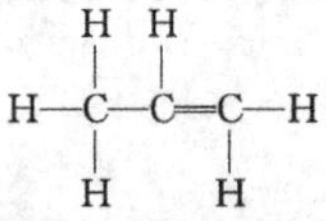
丙烯（不饱和烃）

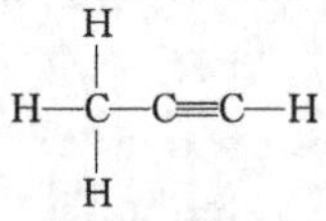
丙炔（不饱和烃）

(2) 碳环化合物 这类化合物分子中含有完全由碳原子构成的环。根据碳环的结构特点，又分为两类。

① 脂环族化合物 这类化合物在结构上可视为由链状化合物首尾碳原子互相连接而成环状的化合物，由于其性质与脂肪族化合物相似，因此称脂环族化合物。例如：

甲基环丙烷

环戊烷

环己烷

1,3-环戊二烯

② 芳香族化合物 这类化合物分子中至少含有一个苯环（芳香环），性质上与链状化合物和脂环化合物不同。例如：

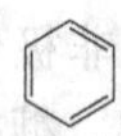
苯

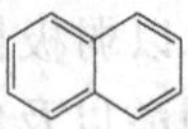
萘

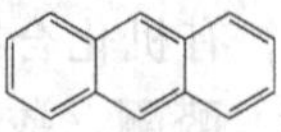
蒽

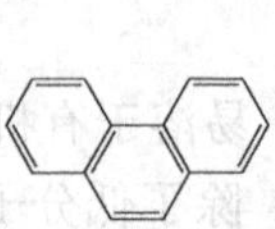
菲

(3) 杂环化合物 这类化合物分子中，一定有杂环部分存在。所谓“杂环”是指由碳原子和其他原子（如 N、O、S 等）所组成的环。因为通常称碳原子以外的其他原子为“杂原子”，所以称此类化合物为杂环化合物。例如：

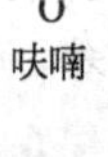
呋喃

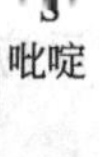
吡啶

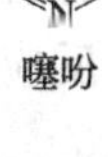
噻吩

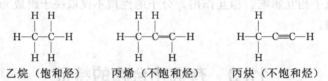

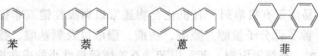

11.4.2 按官能团分类

官能团是指决定一类化合物主要化学性质的原子或原子团，有机化学反应一般发生在官能团上。按官能团分类，是将有相同官能团的化合物归为一类。具有同一官能团的有机物一般具有相同或相似的化学性质。

有机物的特征反应决定于官能团的特征结构。所谓“特征结构”是指有机物分子结构中特殊化学键，这类化学键不仅帮助我们识别它们，而且是若干典型化学反应发生处。有机化合物中的主要官能团见表 11-2。

表 11-2 有机化合物中主要的官能团

官能团	官能团名称	化合物类别	官能团	官能团名称	化合物类别
>C=C<	双键	烯烃	—C—O—C—	醚键	醚
—C≡C—	三键	炔烃	—C(=O)—OH	羧基	羧酸
—OH	羟基	醇或酚	$—NH_2$	氨基	胺
—C(=O)—	羰基	醛或酮	—SH	巯基	硫醇
$—NO_2$	硝基	硝基化合物	$—SO_3H$	磺酸基	磺酸
—X	卤素	卤代烃	—N=N—	偶氮基	偶氮化合物
—C≡N	氰基	腈			

本书主要是以官能团为分类基础来讨论各类有机化合物的。因此掌握有机化合物的分类方法并熟记各类官能团的结构特征是系统学好有机化学的前提。

11.5 有机化合物的共价键

11.5.1 共价键的属性

11.5.1.1 键长

由共价键连接起来的两个原子的核间距离，叫做共价键的键长。例如，实验测得氢分子中两个氢原子的核间距离是 0.074nm，H—H 键的键长就是 0.074nm。X 射线衍射法、电子衍射法、光谱法等物理方法，能够相当精确地测定共价键的键长。表 11-3 给出了一些共价键的键长。

表 11-3 一些共价键的键长

键的种类	键长/nm	键的种类	键长/nm
C—C	0.154	C—N	0.147
C=C	0.134	C—F	0.141
C≡C	0.120	C—Cl	0.177
C—H	0.109	C—Br	0.191
C—O	0.143	C—I	0.212

11.5.1.2 键角

分子中键和键之间的夹角叫做键角。键角是化学键的参数之一，它是反映分子空间几何结构的重要因素。例如 H_2O 分子中两个 H—O 键的夹角为 104.5°(见图 11-1)，CO_2 分子中两个 C═O 键间的夹角为 180°。键长和键角决定分子的空间构型。H_2O 和 CO_2 同是三原子分子，但 H_2O 分子是 V 形，而 CO_2 分子是直线形。NH_3 分子中三个 N—H 键的键长相等，两个 N—H 键之间的夹角为 107°18′，NH_3 分子呈三角锥形。又如 CH_4 分子，四个 C—H 键的键长相等，C—H 键之间的夹角均为 109°28′，CH_4 分子是正四面体形。

图 11-1 水分子的键角

11.5.1.3 键能

键能是化学键形成时放出的能量或化学键断裂时吸收的能量；双原子分子共价键形成所放出的能量与其共价键断裂所需吸收的能量相等，称为共价键的解离能。对于多原子分子而言，分子内包含多个共价键，每个共价键的断裂所需要吸收的能量是不同的，因而键能不等于键的解离能。多原子分子中共价键的键能是指分子中几个同类型键的解离能的平均值。例如，依次断开 CH_4 的四个 C—H 键的键离解能分别是 425kJ/mol、470kJ/mol、415kJ/mol、335kJ/mol，它们的平均值才等于 C—H 键的键能（411kJ/mol）。

常见共价键的键能见表 11-4。

表 11-4 常见共价键的键能 单位：kJ/mol

键形	键能	键形	键能	键形	键能
C—C	347	C—N	305	O—H	464
C═C	611	C—F	485	N—H	389
C≡C	837	C—Cl	339	H—H	436
C—H	414	C—Br	285	S—H	347
C—O	360	C—I	218	C—S	272

11.5.1.4 键的极性

分子中以共价键相连接的原子吸收电子的能力是不同的。元素的电负性可以表示分子中原子吸收电子能力的大小。电负性大的吸收电子的能力强；电负性小的吸收电子的能力弱。

根据成键原子电负性的差异，可将共价键分成极性共价键和非极性共价键。

同种元素的两个原子形成共价键时，共用电子对将均匀地绕两原子核运动，原子轨道相互重叠形成的电子云密度最大区域恰好在两原子之间，所以电荷的分布是对称的，这种共价键称为非极性共价键，简称非极性键。例如，H_2 分子中的 H—H 键、Cl_2 分子中的 Cl—Cl 键以及 $H_3C—CH_3$ 分子中的 C—C 键等。

不同元素的两个原子形成共价键时，由于成键原子电负性的不同，共用电子对将会偏向于电负性大的原子一方，即原子轨道重叠形成的电子云密度最大区域靠近电负性大的原子一边，造成电荷分布（电子云分布）不对称。电负性大的原子一端带有部分负电荷（以 δ^- 表示），电负性小的原子一端有部分正电荷（以 δ^+ 表示），这样形成的键具有极性，叫做极性共价键，简称极性键。图 11-2 所示为 H—Cl 键的表示方法。

共价键极性的大小可以用键的偶极矩来衡量，偶极矩（μ）等于电荷（q）与正、负电荷中心之间的距离（d）的乘积，$\mu=qd$，单位是 C•m(库仑•米)。偶极矩是向量，具有方向性，一般是用箭头指向共价键的负端。

对于卤化氢这样的双原子分子，分子的偶极矩就是键的偶极矩，对于大于等于 3 个原子的分子，分子的偶极矩与键的偶极矩不同，分子的偶极矩是键的偶极矩的向量和，例如，C—Cl 键的偶极矩是 4.90×10^{-30} C·m，而 CCl_4 分子的偶极矩为零。这是因为 CCl_4 分子是正四面体结构(图 11-3)，四个 C—Cl 键的向量和恰好为零。也就是，C—Cl 键是极性键，而 CCl_4 是非极性分子。

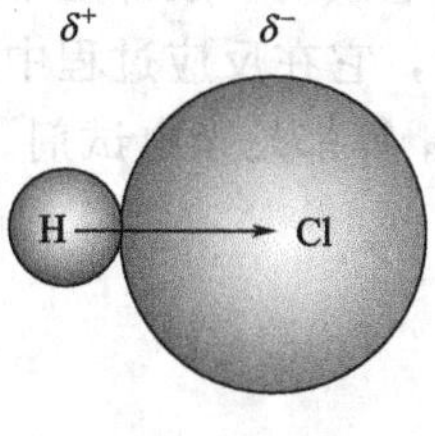

图 11-2　H—Cl 键的表示方法

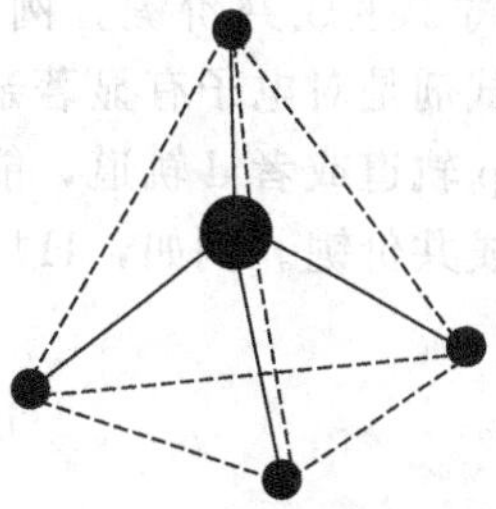

图 11-3　CCl_4 分子的正四面体结构

11.5.2　共价键的断裂方式与反应类型

有机化合物发生化学反应时，总是伴随着一部分共价键的断裂和新的共价键的生成。共价键的断裂可以有两种方式。一种是均匀的裂解，也就是两个原子之间的共用电子对均匀分裂，两个原子各保留一个电子，形成自由基。共价键的这种断裂方式叫键的均裂。反应中有均裂发生的，叫做均裂反应。例如：

$$A\overset{\cdot}{\vdots}B \longrightarrow A\cdot + \cdot B$$

$$Cl\overset{\cdot}{\vdots}Cl \longrightarrow Cl\cdot + \cdot Cl$$

$$\overset{H}{\underset{H}{H:\overset{\cdot\cdot}{C}:H}} + \cdot Cl \longrightarrow \overset{H}{\underset{H}{H:\overset{\cdot\cdot}{C}\cdot}} + H:Cl$$

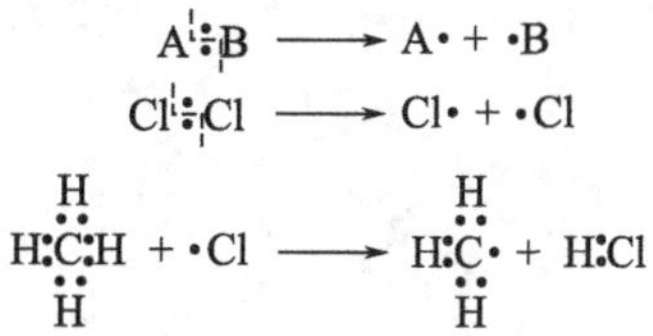

共价键断裂的另一种方式是不均匀裂解，也就是在键断裂时，两原子间的共用电子对完全转移到其中的一个原子上。共价键的这种断裂方式叫做键的异裂。键异裂的结果就产生了带正电或带负电的离子。例如：

$$A:B \longrightarrow A^+ + B^-$$

$$\overset{CH_3}{\underset{CH_3}{CH_3-\overset{|}{\underset{|}{C}}:Cl}} \longrightarrow \overset{CH_3}{\underset{CH_3}{CH_3-\overset{|}{\underset{|}{C}}{}^+}} + Cl^-$$

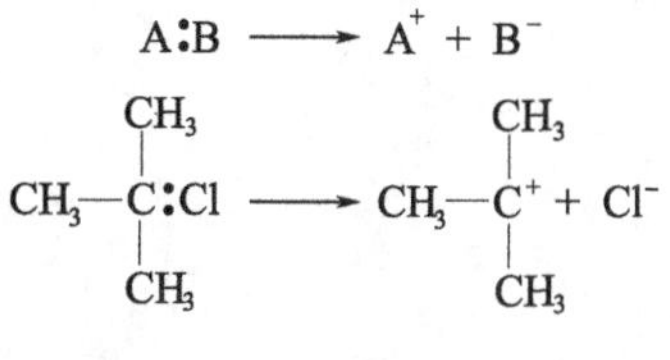

根据共价键的断裂方式分类，可分为协同反应、自由基反应、离子型反应。

(1) 协同反应　在反应过程中，旧键的断裂和新键的形成都相互协调地在同一步骤中完成的反应称为协同反应。协同反应往往有一个环状过渡态。它是一种基元反应。

(2) 自由基型反应　由于分子经过均裂产生自由基而引发的反应称为自由基型反应。自由基型反应分链引发、链转移和链终止三个阶段。链引发阶段是产生自由基的阶段。由于键的均裂需要能量，所以链引发阶段需要加热或光照。链转移阶段是由一个自由基转变成另一个自由基的阶段，犹如接力赛一样，自由基不断地传递下去，像一环接一环的链，所以称之为链反应。链终止阶段是消失自由基的阶段，自由基两两结合成键，所有的自由基都消失了，自由基反应也就终止了。

(3) 离子型反应 由分子经过异裂生成离子而引发的反应称为离子型反应。离子型反应有亲核反应和亲电反应，由亲核试剂进攻而发生的反应称为亲核反应；由亲电试剂进攻而发生的反应称为亲电反应。

亲核试剂是对原子核有显著亲和力而起反应的试剂。亲核试剂是具有未共用电子对的中性分子和负离子，是电子对的给予体，它在化学反应过程中以给出电子或共用电子的方式和其他分子或离子生成共价键。例如，OH^-、NH_2^-、CN^-、Cl^-、H_2O、NH_3 等都是亲核试剂；亲电试剂是对电子有显著亲和力而起反应的试剂。亲电试剂一般都是带正电荷的试剂或具有空的 p 轨道或者 d 轨道，能够接受电子对的中性分子，它在反应过程中从反应物接受一对电子生成共价键。例如，H^+、Cl^+、Br^+、BF_3、$AlCl_3$ 等都是亲电试剂。

习 题

1. 解释下列名词

(1) 有机化合物； (2) 构造式； (3) 键角； (4) 键长； (5) 键能；
(6) 协同反应； (7) 偶极距。

2. 简述有机化合物的特点？

3. 什么是自由基型反应和离子型反应？二者的主要区别是什么？

第12章

烷烃、环烷烃

12.1 烷烃的通式、构造异构和命名

12.1.1 烷烃的通式和同系物

12.1.1.1 烷烃的通式

甲烷（CH_4）、乙烷（C_2H_6）、丙烷（C_3H_8）、丁烷（C_4H_{10}）等都是烷烃。从这几个烷烃的分子式可以看出，在任何一个烷烃分子中，如果 C 原子数是 n，H 原子数则是 $2n+2$。因此，可以用一个共同的式子 C_nH_{2n+2}（n 表示 C 原子数）来表示烷烃分子的组成，这个式子叫做烷烃的通式。

12.1.1.2 同系物

具有同一通式，结构相似、组成上相差只是 CH_2 或其整倍数的一系列化合物叫做同系列。甲烷、乙烷、丙烷、丁烷等着一系列化合物叫做烷烃同系列。同系列中的各化合物互为同系物。甲烷、乙烷、丙烷、丁烷等互为同系物。CH_2 叫做同系列的系差。同系物具有相似的化学性质。同系物的物理性质（例如沸点、熔点、相对密度、溶解度等）一般是随着相对分子质量的改变而呈现规律性的变化。

12.1.2 烷烃的构造异构

在甲烷（CH_4）、乙烷（CH_3CH_3）、丙烷（$CH_3CH_2CH_3$）的分子中，碳原子只有一种连接方式，它们没有构造异构体。而丁烷有两种构造异构体：

$$CH_3-CH_2-CH_2-CH_3 \qquad \underset{\overset{|}{CH_3}}{CH_3-CH-CH_3}$$

正丁烷   异丁烷

戊烷有三种构造异构体：

$$CH_3-CH_2-CH_2-CH_2-CH_3 \qquad \underset{\overset{|}{CH_3}}{CH_3-CH_2-CH-CH_3} \qquad \underset{\overset{|}{CH_3}}{\overset{\overset{CH_3}{|}}{H_3C-C-CH_3}}$$

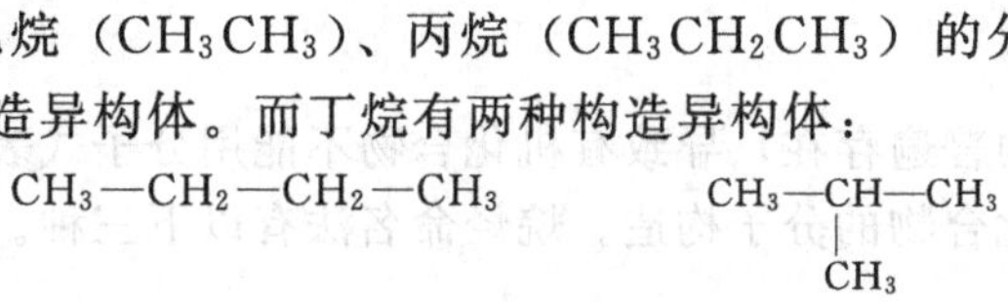

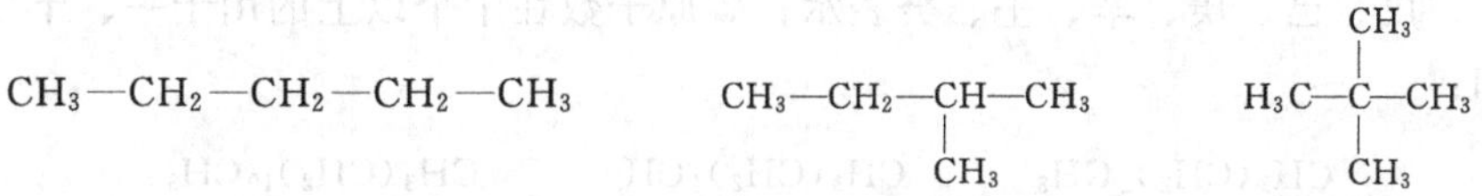

正戊烷   异戊烷   新戊烷

随着分子中碳原子数的增大，烷烃构造异构现象变得越来越复杂，构造异构体的数目也越来越大。

12.1.3 不同类型的碳原子和氢原子

烷烃分子中有四种不同的碳原子和三种氢原子。即只与一个碳原子相连接，叫做伯碳原子，或一级碳原子，用1C表示；与两个碳原子相连接的，叫做仲碳原子，或二级碳原子，用2C表示；与三个碳原子相连接的，叫做叔碳原子，用3C表示；与四个碳原子相连接的，叫做季碳原子，或四级碳原子，用4C表示。例如：

$$
\overset{\text{CH}_3}{\underset{\text{CH}_3}{\overset{|}{\underset{|}{\text{CH}_3}-\overset{4}{\text{C}}-\overset{3}{\text{CH}}-\overset{2}{\text{CH}_2}-\overset{1}{\text{CH}_3}}}}
$$

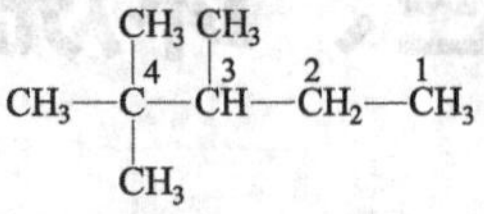

与伯、仲、叔碳原子相连接的氢原子相应地分别叫做伯、仲、叔氢原子，或一级、二级、三级氢原子，也分别用1H、2H、3H表示。

12.1.4 烷基

从烃分子中去掉一个氢原子后所剩下的基团叫做烃基。从烷烃分子中去掉一个氢原子后所剩下的基团叫做烷基。烷基通常用R—来表示。烷基的名称是从相应的烷烃名称衍生出来的。常见的烷基有：

CH_3-	CH_3CH_2-	$CH_3CH_2CH_2-$	CH_3-CH- $\quad\quad \|$ $\quad\quad CH_3$
甲基	乙基	正丙基	异丙基

$CH_3CH_2CH_2CH_2-$	$CH_3-CH-CH_2-$ $\quad\quad \|$ $\quad\quad CH_3$	$CH_3-\overset{CH_3}{\underset{CH_3}{\overset{\|}{\underset{\|}{C}}}}-$
正丁基	异丁基	叔丁基

从烷烃分子中去掉两个氢原子后剩下的基团叫做亚某基。例如：

$-CH_2-$	$CH_3CH\big\langle$	$-CH_2CH_2-$
亚甲基	亚乙基	1,2-亚乙基

12.1.5 烷烃的命名

由于构造异构现象的普遍存在，导致有机化合物不能用分子式表示。所以，有机化合物的名称必须表示出有机化合物的分子构造。烷烃命名法有以下三种。

12.1.5.1 普通命名法（习惯命名法）

在习惯命名法中，把直链烷烃叫做正某烷。分子中碳原子数在十个以下的，依次用甲、乙、丙、丁、戊、己、庚、辛、壬、癸表示；碳原子数在十个以上的用十一、十二、十三……表示。例如：

$CH_3(CH_2)_2CH_3$	$CH_3(CH_2)_4CH_3$	$CH_3(CH_2)_{10}CH_3$
正丁烷	正己烷	正十二烷

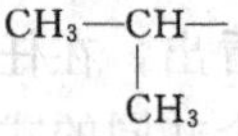

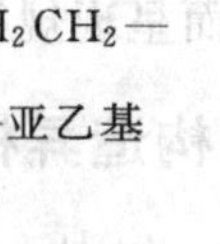

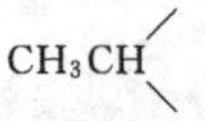

对于带支链的烷烃，以“异”、“新”前缀区别不同的构造异构体。直链构造一末端带有两个甲基的，命名为异某烷。“新”是专指具有叔丁基构造的含五六个碳原子的链烃化合物。例如：

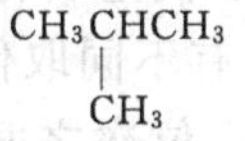
异丁烷

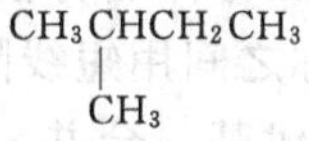
异戊烷

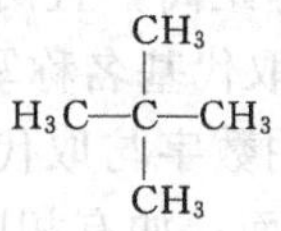
新戊烷

习惯命名法简单，不过，它只能用于上述一些烷烃。

在石油工业上，用作测定汽油辛烷值得基准物质之一的异辛烷（辛烷值定为100），是一个商品名称或俗称，不属于上述习惯命名。

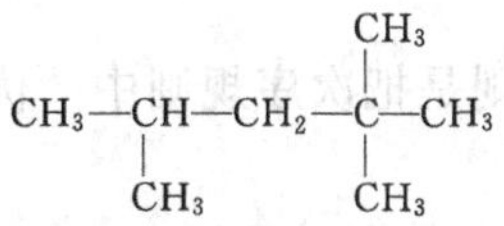
异辛烷

12.1.5.2 衍生命名法

衍生命名法是以甲烷作为母体，把其他烷烃看做是甲烷的烷基衍生物，即甲烷分子中的氢原子被烷基取代所得到的衍生物。命名时，一般是把连接烷基最多的碳原子作为母体碳原子；按照立体化学中次序规则列出烷基的顺序：

$$(CH_3)_3C- > CH_3CH_2(CH)CH- > (CH_3)_2CH- > (CH_3)_2CHCH_2- > CH_3CH_2CH_2CH_2- > CH_3CH_2CH_2- > CH_3CH_2- > CH_3-$$

把优先的基团（也就是处于前面的基团）排在后面，一次写在母体“甲烷”之前。例如：

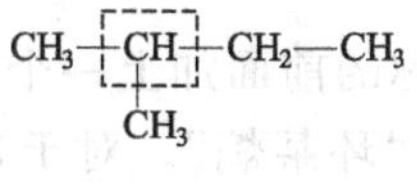
二甲基乙基甲烷

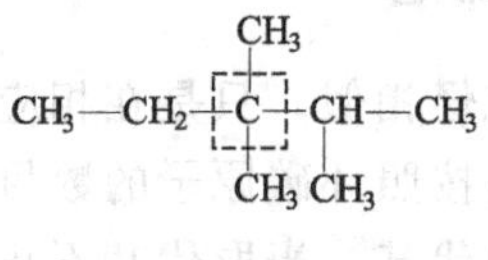
二甲基乙基异丙基甲烷

衍生命名法能够清楚地表示出分子构造，但是，对于复杂的烷烃，由于涉及的烷烃比较复杂，常常是难以采用这种方法命名的。

12.1.5.3 系统命名法

系统命名法是一种普遍适用的命名法。它是采用国际上通用的IUPAC命名原则，结合我国文字特点制定的一种命名法。

（1）直链烷烃 对于直链烷烃，其命名方法与习惯命名法相似，按照它所含的碳原子数叫做某烷，只是不加“正”字。例如：

$CH_3-(CH_2)_4-CH_3$ 己烷　　$CH_3-(CH_2)_7-CH_3$ 壬烷　　$CH_3-(CH_2)_{10}-CH_3$ 十二烷

（2）带有支链的烷烃 将其看成是直链烷烃的烷基衍生物，分以下三步命名。

① 选主链，确定母体。选择含有碳原子最多的碳链为主链，支链当成取代基；如有等

长的碳链可选择时，选择连有较多取代基的碳链为主链，依据主链中碳原子数称"某"烷。

② 主链碳原子编号，确定取代基位次。从靠近支链的一端开始，依次用阿拉伯数字给主链碳原子编号，如果两端与支链等距离的话，应从靠近构造较简单的取代基那端开始编号；如果两端与支链等距离，且两支链构造相同时，应遵循取代基位次之和最小的原则。

③ 写出全称。把取代基名称写在烷烃母体名称前，在取代基名称之前用阿拉伯数字表明它的位置。在阿拉伯数字与取代基名称之间用短线隔开。有不同取代基，应将次序规则中"优先"的基团排在后面；如有相同的取代基，合并一起写：位次之间用逗号隔开，取代基的数目用汉字写在取代基名称之前。例如：

$$\overset{1}{C}H_3-\overset{2}{C}H-\overset{3}{C}H_2-\overset{4}{C}H_3 \qquad \overset{6}{C}H_3-\overset{5}{C}H_2-\overset{4}{C}H_2-\overset{3}{C}H-\overset{2}{C}H_2-\overset{1}{C}H_3$$

$$| \qquad\qquad\qquad\qquad\qquad\qquad\qquad |$$

$$CH_3 \qquad\qquad\qquad\qquad\qquad\qquad CH_2-CH_3$$

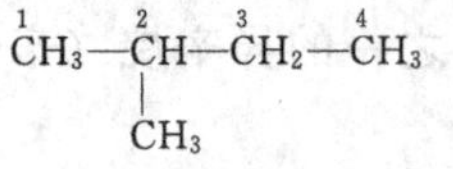

2-甲基丁烷   3-乙基己烷

如果带有几个不同的取代基，则是把次序规则中"优先"的基团（如前所列的顺序）排在后面。例如：

$$\overset{1}{C}H_3-\overset{2}{C}H-\overset{3}{C}H_2-\overset{4}{C}H-\overset{5}{C}H_2-\overset{6}{C}H_3$$

$$| \qquad\qquad | $$

$$CH_3 \qquad CH_2-CH_3$$

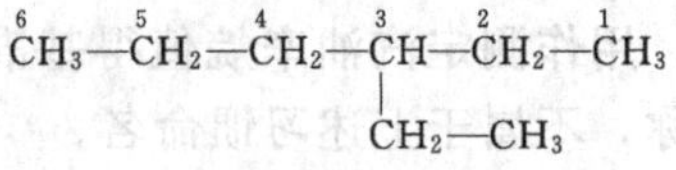

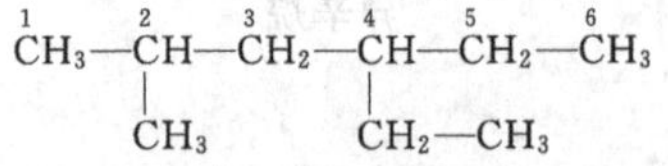

2-甲基-4-乙基己烷

如果在带有取代基中，有几个是相同的，则在相同的取代基前面用数字二、三、四等表明其数目，其位置则须逐个表明。例如：

$$\qquad\qquad CH_3 \qquad\qquad\qquad\qquad\qquad\qquad CH_2-CH_3$$

$$\qquad\qquad | \qquad\qquad\qquad\qquad\qquad\qquad\qquad |$$

$$\overset{1}{C}H_3-\overset{2}{C}-\overset{3}{C}H_2-\overset{4}{C}H_2-\overset{5}{C}H_3 \qquad \overset{1}{C}H_3-\overset{2}{C}H-\overset{3}{C}H-\overset{4}{C}-\overset{5}{C}H_2-\overset{6}{C}H_2-\overset{7}{C}H_2-\overset{8}{C}H_3$$

$$\qquad\qquad | \qquad\qquad\qquad\qquad\qquad\qquad | \quad | \quad |$$

$$\qquad\qquad CH_3 \qquad\qquad\qquad\qquad\qquad\qquad CH_3 \quad CH_2-CH_3$$

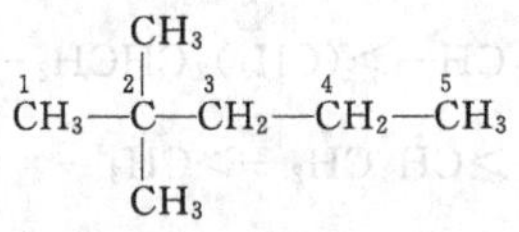

2,2-二甲基戊烷   3,4-二甲基-5,5-二乙基辛烷

12.1.6 环烷烃的命名

环烷烃的命名与烷烃相似，只是在相应烷烃名称的前面加上一个"环"字。对于不带支链的环烷烃，命名时是按照环碳原子的数目，叫做"环某烷"。对于带有支链的环烷烃，则把环上的支链看作是取代基。当取代基不止一个时，还要将环碳原子编号，编号时要使取代基的位次尽可能小，同时根据次序规则中优先的基团排在后面的原则，把较小的位次给以次序规则中位于后面的取代基。

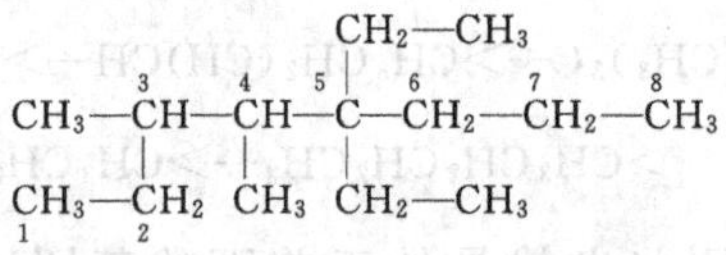

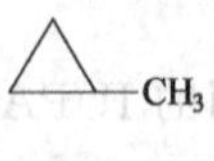

甲基环丙烷   1,2-二甲基环戊烷   1-甲基-2-乙基己烷

脂环烃的支链比较复杂时，则以碳链为母体，环作取代基。例如：

$$CH_3CH_2CH_2CH\overset{CH_3}{\underset{|}{C}}HCH_3$$

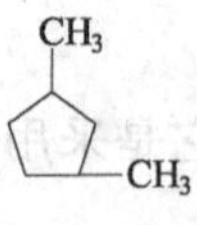

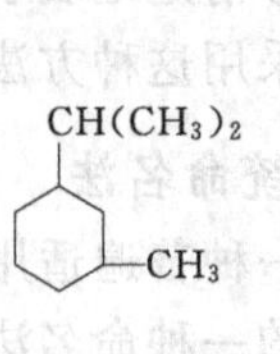

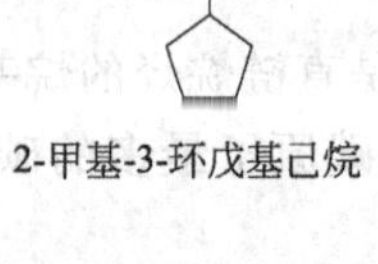

2-甲基-3-环戊基己烷

12.2 烷烃、环烷烃的结构

12.2.1 甲烷分子的结构

12.2.1.1 正四面体结构

1874 年范特霍夫提出了碳原子四面体结构。他认为，在有机化合物分子中，饱和碳原子是位于一个四面体的中心，它的四个共价单键指向四面体的四个顶角，在这位置上分别与其他四个原子相连接的有机化合物分子。其提出的碳原子四面体结构早就得到了大家的公认。到了 20 世纪以后，又得到实验的直接证实。实验测定，CH_4 分子是正四面体结构，四个 C—H 键是等同的，键角（∠HCH）是 109.5°，C—H 键的键长是 0.110nm（见图 12-1）。

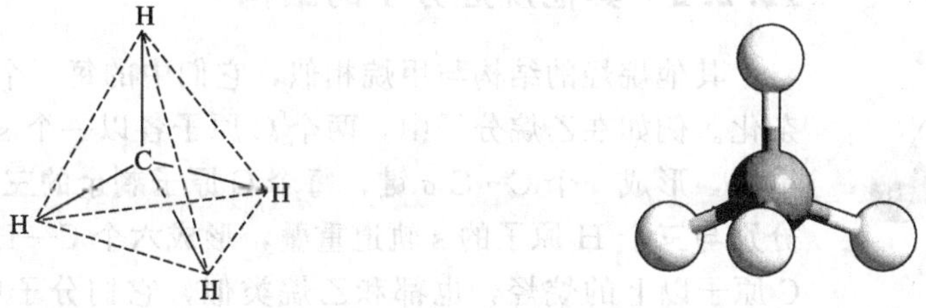

图 12-1　CH_4 分子的正四面体结构

12.2.1.2 C 原子的 sp^3 杂化

为了解释 CH_4 分子为什么是正四面体结构，四个 C—H 键为什么是同等的，1931 年鲍林和斯莱特提出了杂化轨道理论。

杂化轨道理论认为，C 原子以四个单键分别与其他四个氢原子相连接形成分子时，并不是用它的一个 s 轨道和三个 p 轨道（p_x、p_y 和 p_z）形成共价键，而是用它的一个 s 轨道和三个 p 轨道（p_x、p_y 和 p_z）杂化生成的四个等同的 sp^3 杂化轨道（简称为 sp^3 轨道）成键。

杂化可以形象地看成是“混合然后均分”的意思，即一个 s 轨道与三个 p 轨道“混合然后均分”成为四个等同的 sp^3 轨道。在 sp^3 轨道中，s 轨道成分占 1/4，p 轨道成分占 3/4。因此，sp^3 轨道可以形象地看成是由 1/4 的 s 轨道与 3/4 的 p 轨道“混合”而成的。如图 12-2所示。

碳原子的四个 sp^3 杂化轨道的空间取向是指向正四面体的四个顶点，每个轨道对称轴之间的夹角为 109°28′。轨道杂化比 s 轨道或 p 轨道有更强的方向性，更有利于成键；四个 sp^3 轨道是完全等价的；正四面体的排列方式，使四个键尽可能远离，成键电子对的互斥最小，分子最稳定。

形成 CH_4 分子时，四个 H 原子是以其 s 轨道沿着 C 原子 sp^3 轨道对称轴的方向分别与四个等同的 sp^3 轨道“头碰头”地重叠而形成 σ 键，如图 12-3 所示。在重叠的轨道上有两个自旋相反的电子，形成的四个 C—H 键是等同的，四个 C—H 键键轴之间的夹角(键角)是正四面体角，109°28′。这就圆满地解释了 CH_4 分子为什么是正四面体结构，四个 C—H 键为什么是等同的这个事实。

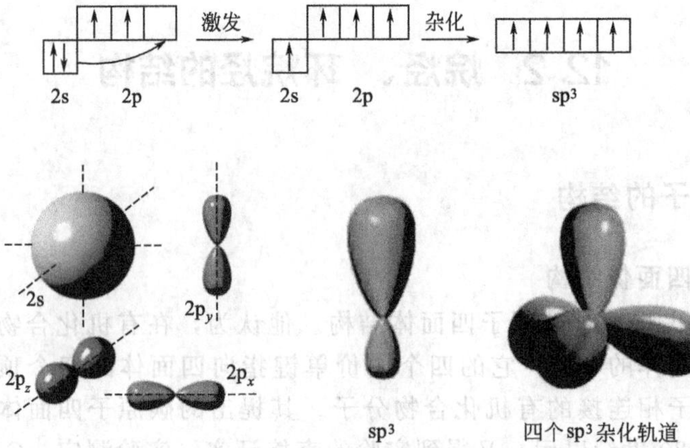

图 12-2　sp³ 杂化轨道

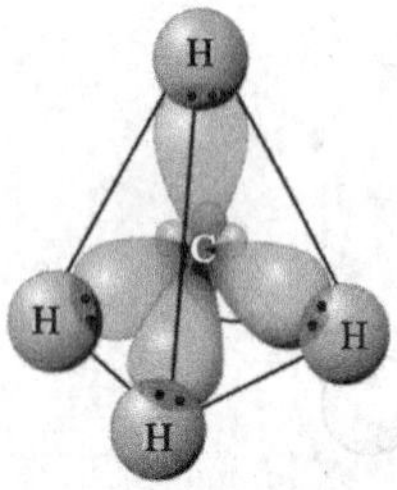

图 12-3　甲烷分子的形成

12.2.2　其他烷烃分子的结构

其他烷烃的结构与甲烷相似，它们中的每一个 C 原子也都是 sp^3 杂化。例如在乙烷分子中，两个 C 原子各以一个 sp^3 杂化轨道相互重叠，形成一个 C—C σ 键，每个 C 原子剩余的三个 sp^3 杂化轨道，分别与三个 H 原子的 s 轨道重叠，形成六个 C—H σ 键。对于三个 C 原子以上的烷烃，也都和乙烷类似，它们分子中的 C—C—C 键角都接近于 109.5°。

12.2.3　环烷烃的结构

环烷烃分子中的碳原子是饱和碳原子，在成键时以 sp^3 杂化的方式与相邻碳原子或氢原子成键，碳原子彼此连接成环，成环碳原子的数目决定了环烷烃结构的稳定性。环丙烷分子内三个碳原子核连线构成一个正三角形，分子中的三个碳原子由于受几何形状的限制，碳碳之间的 sp^3 杂化轨道不可能像烷烃那样沿着轨道对称轴进行最大程度重叠，只能以弯曲的方式相互重叠，这种重叠程度比正常的 α 键小，成键电子云没有轨道对称轴，而是分布在一条曲线上，形如香蕉，被称为弯曲键，俗称香蕉键，碳原子间的键角为 105.5°，如图 12-4 所示。由于形成弯曲键的电子云重叠较少，并且电子云分布在碳碳连线的外侧，易受试剂的进攻发生开环反应。

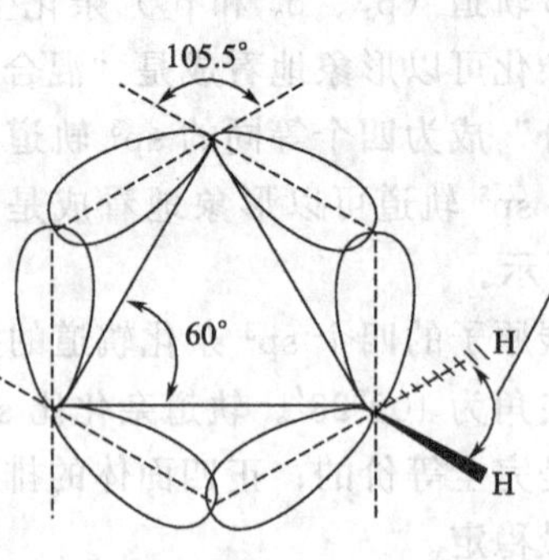

图 12-4　环丙烷分子的结构

环丁烷的结构与环丙烷相似，碳碳键也是弯曲的，只是弯曲的程度小一些，且碳原子不都在一个平面上，成键轨道的重叠较环丙烷大些，所以环丁烷的性质比环丙烷稍稳定。但仍存在一定的角张力和扭转张力。随着成环碳原子数的增多，成环碳原子之间 sp^3 杂化轨道重叠逐渐增大。如环戊烷分子中，碳碳键的夹角为 108°，接近 sp^3 杂化轨道间夹角，角张力很小，是比较稳定的环。环已烷中相邻碳原子的 sp^3 杂化轨道可以沿着轨道的对称轴进行最大程度的重叠，碳碳键角已接近正常键角 109°28′，表现出与烷烃相似的化学性质。构成环的碳原子数目和环的稳定性密切相关。

12.3 烷烃、环烷烃的构象

12.3.1 乙烷分子的构象

由于σ键电子云呈轴对称分布，绕着C—C单键旋转可以得到不同的乙烷分子空间排列方式。这种由于绕着单键转动而引起的分子中原子空间不同排列叫做构象。转动的角度可以是无穷小的，所以排列是无穷多的，换句话说，乙烷分子的构象是无穷多的。

在乙烷分子的无穷多的构象中，两个C原子上的H原子彼此相距最近的构象，也就是两个甲基互相重叠的构象，叫做重复式构象。两个C原子上的H原子彼此相距最远，也就是两个甲基上的氢原子正好相互交叉，这个构象叫做交叉式构象。

构象可用透视式（见图12-5）和纽曼投影式（见图12-6）表示。

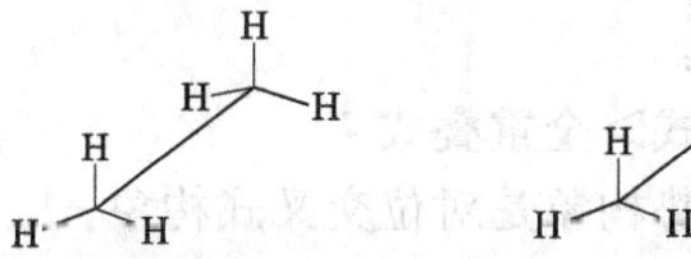

(a) 重叠式　(b) 交叉式

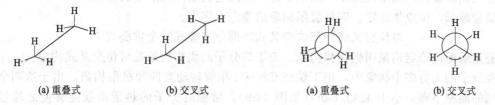

图12-5　乙烷分子的构象（透视式）

(a) 重叠式　(b) 交叉式

图12-6　乙烷分子的构象（纽曼投影式）

构象不同，分子的能量不同，稳定性不同。在乙烷分子的无穷多个构象中，能量最低、稳定性最大的是交叉式构象；能量最高、稳定性最小的是重叠式构象。两者之差约为12.5kJ/mol。其他构象的能量则介于这两者之间。图12-7是乙烷分子不同构象的能量曲线。

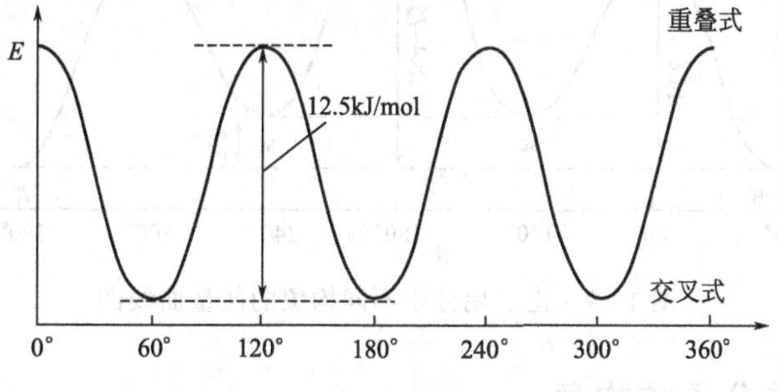

图12-7　乙烷分子不同构象的能量曲线

综上所述可以看出，乙烷分子虽然只有一个构造，但是构象是无穷多的。为了简便起见，一般只考虑在能量曲线上处在极小和极大位置上的构象，对于乙烷，有交叉式和重叠式这两个极限构象。

12.3.2 正丁烷分子的构象

正丁烷中有四个碳原子，构象比乙烷的更复杂。当绕着C2—C3单键转动时，正丁烷分子中连接在C2和C3原子上的H原子和甲基在空间就会出现无穷多个排列，即它有无穷多个构象。图12-8用纽曼投影式给出能量曲线上处在极大和极小位置的正丁烷分子的极限构象。

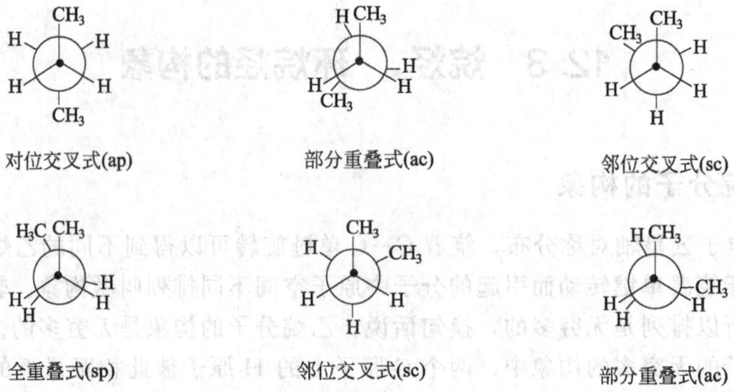

图 12-8　正丁烷分子的构象（纽曼投影式）

图 12-9 是正丁烷分子不同构象的能量曲线图。从图中可以看出，在正丁烷分子的无穷多个构象中，对位交叉式能量最低，稳定性最大；其次是邻位交叉式；然后是部分重叠式；全重叠式能量最高，稳定性最小。从图中还可看出它们之间的能量的差值。

能量越低，构象越稳定。四种极限构象的稳定次序为：

对位交叉式＞邻位交叉式＞部分重叠式＞全重叠式

能量最低的稳定构象叫做优势构象。正丁烷分子的优势构象是对位交叉式构象。

在分子的无穷多个构象中，正丁烷绕 C2—C3 单键转动有四种极限构象。由于这四个构象之间的能垒不高，小于 42kJ/mol（见图 12-9），常温时分子的热运动就能够使之越过能垒，导致构象之间的迅速转变，因此，常温时分离不出来正丁烷的构象异构体。

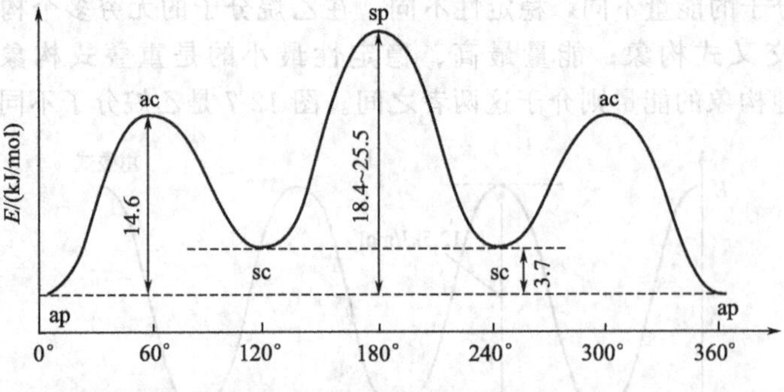

图 12-9　正丁烷分子不同构象的能量曲线图

12.3.3　环已烷的分子的构象

环已烷有椅式构象和船式构象。

饱和碳原子是四面体的空间结构，碳原子以单键相连接，键角是 109.5°。如果键角保持 109.5°或接近 109.5°，环已烷分子中的六个碳原子就不可能在同一个平面内形成平面形的环，而是在不同的平面内形成折叠式的环。由于碳碳 σ 键的转动，可以产生无穷多种构象，其中椅式和船式是环已烷的两种极限构象。图 12-10 给出环已烷分子椅式和船式构象的模型、透视式和纽曼投影式。

在环已烷的椅式构象中，每个碳原子都是等同的。所有相邻的两个碳原子上的 C—H 键都是处于交叉式位置，所以也没有扭转张力。因此，椅型构象是环已烷能量最低、最稳定的构象；在环已烷船式构象中相邻碳上的碳氢键全部为重叠式构象，存在扭转张力，船式构象

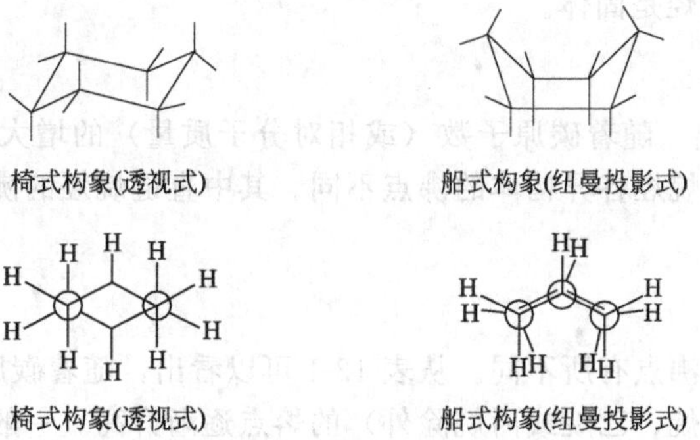

图 12-10　环己烷分子椅式和船式构象

的能量最高，比椅式构象的能量高（大约高 29.7kJ/mol）。

12.4　烷烃、环烷烃的物理性质

12.4.1　烷烃的物理性质

烷烃是无色物质，具有一定气味。直链烷烃的物理性质，例如熔点、沸点、相对密度等，随着分子中碳原子数（或相对分子质量）的增大，而呈现规律性的变化。表 12-1 给出一些直链烷烃的物理常数。

表 12-1　一些直链烷烃的物理常数

名称	熔点/℃	沸点/℃	相对密度(d_4^{20})	折射率(n_D^{20})
甲烷	−183	−162		
乙烷	−172	−88.5		
丙烷	−187	−42		
正丁烷	−138	0		
正戊烷	−130	36	0.626	1.3577
正己烷	−95	69	0.659	1.3750
正庚烷	−90.5	98	0.684	1.3877
正辛烷	−57	126	0.703	1.3976
正壬烷	−54	151	0.718	1.4056
正癸烷	−30	174	0.730	1.4120
正十一烷	−26	196	0.740	1.4173
正十二烷	−10	216	0.749	1.4216
正十三烷	−6	234	0.757	
正十四烷	5.5	252	0.764	
正十五烷	10	266	0.769	
正十六烷	18	280	0.775	
正十七烷	22	292		
正十八烷	28	308		
正十九烷	32	320		
正二十烷	36			

12.4.1.1　物态

从表 12-1 可以看出，常温常压时，C_1～C_4 直链烷烃是气体，C_5～C_{16} 直链烷烃是液体，

C_{17} 以及 C_{17} 以上直链烷烃是固体。

12.4.1.2 沸点

从表 12-1 还可看出，随着碳原子数（或相对分子质量）的增大，直链烷烃的沸点逐渐升高。相同碳原子数的烷烃各异构体的沸点不同。其中直链烷烃的沸点最高，支链越多，沸点越低。

12.4.1.3 熔点

熔点变化的情况与沸点有所不同。从表 12-1 可以看出，随着碳原子（或相对分子质量）的增大，直链烷烃（甲烷、乙烷或丙烷除外）的熔点逐渐升高。一般是从奇数碳原子变到偶数碳原子（例如从庚烷变到辛烷），熔点升高得多些；而从偶数碳原子变到奇数碳原子（例如从辛烷变到壬烷），熔点升高得少些。若将直链烷烃的熔点对应碳原子数作图，得到的不是一条平滑的曲线，而是折线。如图 12-11 所示。

12.4.1.4 相对密度

烷烃的相对密度（液体）小于 1。随着碳原子数（或相对分子质量）的增大，直链烷烃的相对密度逐渐增大。

12.4.1.5 溶解度

物质的溶解性与溶剂有关，结构相似的化合物彼此互溶，即“相似互溶”原理。烷烃是非极性分子，不溶于极性溶剂如水中，但能溶解于某些有机溶剂，例如四氯化碳、二氯乙烷等。

12.4.1.6 折射率

折射率是光通过空气和戒指的速度比，它是物质特性常数，即当入射光的波长和温度一定时，物质的折射率是一个常数，一般使用入射光的波长为钠光 D 线（$\lambda=589.3\text{nm}$），温度为 20℃时，测得折射率以 n_D^{20} 表示。直链烷烃的折射率随碳原子数增加而增大。

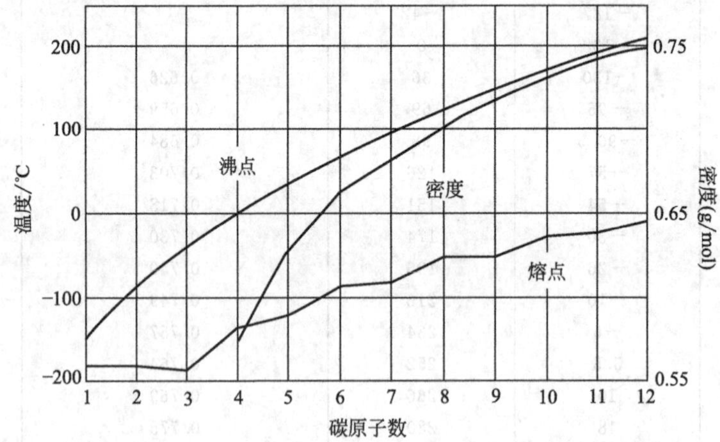

图 12-11 直链烷烃的熔点、沸点和相对密度

12.4.2 环烷烃的物理性质

环烷烃是无色、具有一定气味的物质。没有取代基的环烷烃的沸点、熔点和相对密度等，也随着分子中碳原子数（或相对分子质量）的增大，而呈现规律性的变化。环烷烃不溶于水，相对密度小于 1。环烷烃的沸点、熔点和相对密度都比同碳原子数的直链烷烃高，这

是由于环烷烃分子间的作用力较强的缘故。表 12-2 给出一些环烷烃的物理常数。

表 12-2 一些环烷烃的物理常数

名称	熔点/℃	沸点/℃	相对密度(d_4^{20})	折射率(n_D^{20})
环丙烷	−127	−33		
环丁烷	−80	13		
环戊烷	−94	49	0.746	1.4064
环己烷	6.5	81	0.778	1.4266
环庚烷	−12	118	0.810	1.4449
环辛烷	14	149	0.8803	

有机化合物的物理性质在实验室中和生产上得到了广泛的应用。例如，纯物质具有一定的熔点和沸点。萘的熔点是 80℃，苯的沸点是 80℃，熔点 80℃或沸点 80℃是鉴定萘或苯的一个最特征的物理常数。这是熔点和沸点在鉴定有机化合物方面的应用。又如，不同的物质具有不同的沸点。苯的沸点是 80℃，甲苯是 110.6℃，乙苯是 136.2℃，根据它们沸点之间的差异，在实验室中或生产上，应用精馏的方法可以从苯、甲苯和乙苯的混合物中分离出来纯的苯、甲苯和乙苯。这是沸点在分离、提纯有机化合物上的应用。再如，烷烃不溶于水，而硫酸与水混溶。当烷烃中混杂有硫酸时，可以根据它们在水中溶解性的不同，采用简单的水洗方法把硫酸除去。此外，还可以通过测定物质的折射率，以确定有机化合物的纯度，并可用于鉴定未知化合物。

总之，不论是在实验室中，还是在生产上，在制备有机化合物时，应用的是它们的化学性质，即化学反应；而在分离、提纯、鉴定时，则必定要涉及它们的物理性质。

12.5 烷烃、环烷烃的化学性质

烷烃分子中只含有碳碳、碳氢两种化学键，键能都很高。所以烷烃类化合物通常都十分稳定，在常温下，与强酸、强碱和强氧化剂不发生反应。但在一定条件下，也能发生一些反应。其中主要是取代、氧化、裂解和异构化反应。三元、四元环烷烃分子中存在张力，化学性质比较活泼，容易发生开环加成，五元以上环烷烃较稳定，性质和烷烃相似，容易发生取代反应。

12.5.1 取代反应

12.5.1.1 卤代反应

烷烃分子中的氢原子被卤原子取代的反应称为卤代反应。卤代反应包括氟代、氯代、溴代和碘代，不同卤素与烷烃的反应活性为 $F_2>Cl_2>Br_2>I_2$。因为烷烃与氟反应过于剧烈，难以控制，烷烃与碘反应难以进行，有应用价值的是氯代和溴代反应。

烷烃与氯常温时在暗处并不反应。在日光或紫外线照射下，或热的作用下，烷烃则能与氯反应。反应有时很剧烈，控制不好甚至会爆炸。例如，甲烷和氯的混合物，当比例适当时，在强烈日光照射下，会发生爆炸生成游离碳和氯化氢。但是，控制好反应条件，烷烃与氯能顺利地发生取代反应。

$$CH_4+Cl_2\xrightarrow{\text{漫射光}}CH_3Cl+HCl$$

但卤代反应通常难以停止在某一个阶段。例如：

$$CH_3Cl + Cl_2 \longrightarrow CH_2Cl_2 + HCl$$

$$CH_2Cl_2 + Cl_2 \longrightarrow CHCl_3 + HCl$$

$$CHCl_3 + Cl_2 \longrightarrow CCl_4 + HCl$$

因此，烷烃的卤代，通常不能得到单一的产物。但若控制反应条件，则可使某一种产物成为主产物。

和烷烃一样，在光照或加热的情况下，环烷烃可与卤素进行取代反应，生成环烷烃的卤代衍生物。

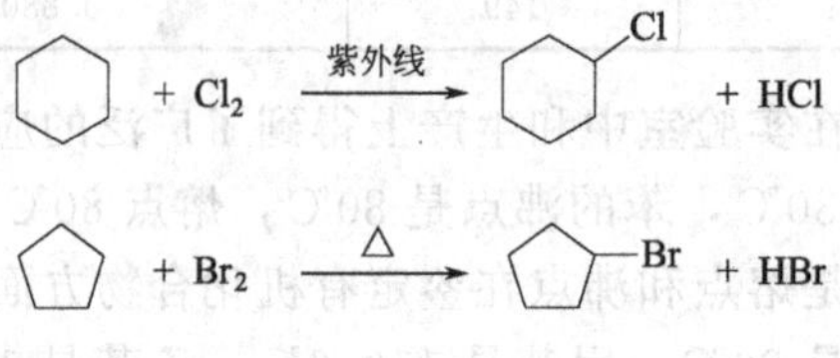

12.5.1.2　**卤代反应的反应机理**

反应物转变为产物所经过的途径叫做反应机理或反应历程。烷烃的卤代反应是自由基链反应。以氯代反应为例，自由基链反应一般分为链引发、链传递和链终止三个阶段。

链引发：

$$Cl : Cl \xrightarrow{h\nu} 2\,Cl\cdot \qquad ①$$

链传递：

$$Cl\cdot + CH_4 \longrightarrow HCl + \cdot CH_3 \qquad ②$$

$$\cdot CH_3 + Cl_2 \longrightarrow CH_3Cl + Cl\cdot \qquad ③$$

重复反应②和③，直到链终止。

链终止：

$$Cl\cdot + Cl\cdot \longrightarrow Cl_2 \qquad ④$$

$$\cdot CH_3 + \cdot CH_3 \longrightarrow CH_3CH_3 \qquad ⑤$$

$$Cl\cdot + \cdot CH_3 \longrightarrow CH_3Cl \qquad ⑥$$

链引发反应①是 Cl_2 高温解离生成氯原子 Cl·。链传递包括反应②和反应③。反应①生成的 Cl·与 CH_4 分子中的 H 原子碰撞，生成 HCl 和 CH_3·自由基。反应②生成的 CH_3·碰撞到 Cl_2 分子时，生成 CH_3Cl 和 Cl·。反应④、⑤和⑥是链终止反应。链终止是自由基结合生成分子的过程。在这过程中，自由基消失，链传递终止，反应当然也就终止了。

12.5.1.3　**卤代反应的取向**

丙烷和三个碳原子以上的烷烃发生一元卤化时，生成的卤代烷一般是两种或两种以上的构造异构体。例如：

$$CH_3CH_2CH_3 \xrightarrow[25^\circ C]{Cl_2\ h\nu} \underset{43\%}{CH_3CH_2CH_2Cl} + \underset{57\%}{CH_3\underset{\displaystyle Cl}{\underset{|}{C}}HCH_3}$$

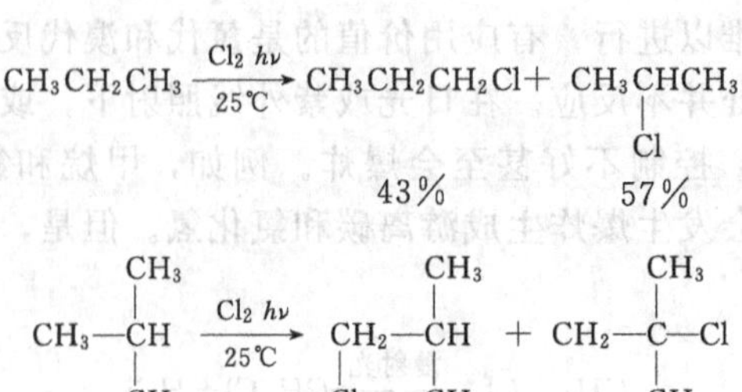

64%　　36%

对于自由基卤代反应，烷烃中氢原子的活性顺序是：

叔氢原子＞仲氢原子＞伯氢原子

上述卤代反应对氢的选择性，往往在温度不太高时有用，如果温度超过 450℃，因为有足够高的能量，反应就没有选择性，反应结果往往是与氢原子的多少有关。

12.5.2 氧化反应

常温时，烷烃一般不与氧化剂（如 $KMnO_4$ 稀溶液）反应，也不与空气中的氧反应，但在空气中易燃烧，在空气充足燃烧完全时，生成二氧化碳和水，同时放出大量的热。石油产品如汽油、煤油、柴油等作为燃料就是利用它们燃烧时放出的热能。烷烃燃烧不完全时会产生游离碳，汽油、煤油、柴油等燃烧时带有黑烟（游离碳）就是因为空气不足燃烧不完全的缘故。

在一定的条件下，用空气氧化烷烃可以生成醇、醛、酮、酸等含氧有机化合物。由于原料（烷烃和空气）便宜，这类氧化反应在有机化学工业上具有重要性。

$$CH_3CH_2CH_2CH_3 + O_2 \xrightarrow[170\sim200℃,\ 5MPa]{催化剂} 2CH_3COOH$$

$$CH_4 + O_2 \xrightarrow[460℃,\ 2MPa]{催化剂} CH_3OH + CH_2O$$

烷烃的氧化反应非常复杂。在上述反应中，还有许多副产物生成。

在无机化学中，是用电子得失，也就是氧化数升降，来描述、判断氧化还原反应。而在有机化学中，则经常把在有机化合物分子中引进氧或脱去氢的反应叫做氧化，引进氢或脱去氧的反应叫做还原。这样定义的氧化还原反应，与以碳原子氧化数的升降描述、判断的有机化合物的氧化还原反应是一致的。

烷烃是易燃易爆物质。烷烃（气体或蒸气）与空气混合达到一定比例时（爆炸范围以内）遇到火花就发生爆炸。这个混合物的比例叫做爆炸极限。例如，甲烷的爆炸极限为 5.53%～14%（体积分数）。

环烷烃在常温下不与 $KMnO_4$ 等氧化剂反应。当加热或在催化剂的作用下，用空气中的氧气等可氧化环己烷。例如：

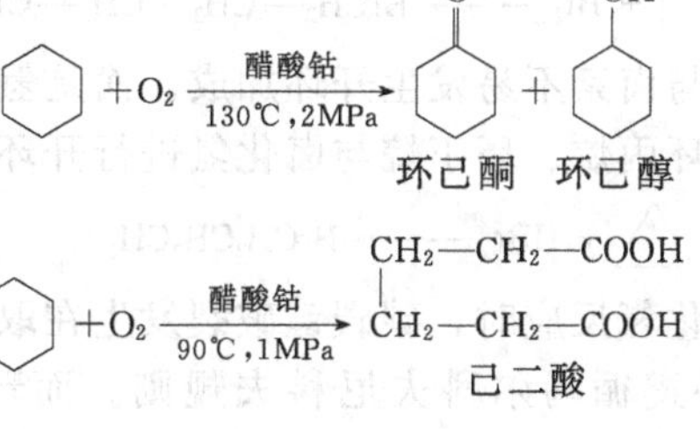

12.5.3 裂化、裂解反应

常温时，烷烃是非常稳定的物质，没有分解现象。但是，当加热到一定温度时，烷烃就开始分解。温度越高，分解得越厉害。这个现象叫做烷烃的高温裂化或高温裂解。例如：

$$CH_3CH_2CH_2CH_3 \xrightarrow{500℃} \begin{cases} CH_3—CH_2—CH=CH_2 + H_2 \\ CH_4 + CH_3—CH=CH_2 \\ CH_3—CH_3 + CH_2=CH_2 \end{cases}$$

烷烃的高温裂化或裂解产物复杂。实验表明，烷烃高温裂化或裂解的结果如下。

① 发生了C—C单键断裂，烷烃分子中任何一个C—C单键都可能断裂生成较小的烷烃和烯烃。

② 发生了C—H键断裂，烷烃脱氢生成烯烃。高温裂化或裂解时，烷烃分子中C—C单键断裂比C—H键容易些，也就是烷烃碳链断裂比脱氢容易些。这是因为C—C单键的解离能比C—H键的解离能小的缘故。

烷烃的高温裂化或裂解在石油工业和石油化学工业上具有非常重要的意义。在石油工业上，高温裂化的目的是为了增产汽油。在炼油厂催化裂化车间，是以硅酸铝为催化剂，450～470℃，裂化石油高沸点馏分（例如重柴油等）来生产汽油。所得汽油叫做催化裂化汽油，其辛烷值比直馏汽油高，可直接使用。与此同时，还得到大量的催化裂化气，其中含有氢气、C_1～C_4 烷烃、C_2～C_4 烯烃等。在石油化学工业上，高温裂解的目的是为了生产有机化学工业的基础原料乙烯，同时还得到丙烯、丁烯以及1，3-丁二烯等。

在工业操作条件下，烷烃高温裂化或裂解的反应复杂。其中有C—C单键和C—H键的断裂反应，也有异构化、环化（转变为脂环烃）、芳构化（转变为芳烃）、聚合（由相对分子质量较低的烃转变为相对分子质量较高的烃）等反应。因此，在石油工业和石油化学工业上，在烷烃高温裂化或裂解生成的产物中，既有氢和比原料相对分子质量低的烷烃、烯烃、芳烃等，又有比原料相对分子质量高的烃、焦油以及游离碳等。

12.5.4 开环反应

具有较大环张力的小环在外界试剂的作用下，可以开环加成形成链状化合物。

(1) 催化氢化 含碳原子数少的小环烷烃，在催化剂的存在下，受热能进行氢化反应。环戊烷和环己烷在此条件下不发生反应。

$$\triangle + H_2 \xrightarrow[80^\circ C]{\text{雷尼镍}} CH_3—CH_2—CH_3$$

$$\square + H_2 \xrightarrow[200^\circ C]{\text{雷尼镍}} CH_3—CH_2—CH_2—CH_3$$

(2) 与卤素反应 环丙烷和环丁烷能与卤素进行开环反应。环丙烷在室温下即可与溴反应，而环丁烷则需要加热才能反应。

$$\triangle + Br_2 \longrightarrow BrCH_2—CH_2—CH_2Br$$

$$\square + Br_2 \xrightarrow{\triangle} BrCH_2—CH_2—CH_2—CH_2Br$$

环戊烷、环己烷稳定，与卤素不易发生开环加成，而是氢原子被取代。

(3) 与卤化氢的反应 环丙烷、环丁烷与卤化氢进行开环反应，生成卤代烷。

$$\triangle + HBr \longrightarrow BrCH_2CH_2CH_3$$

烃基取代的环丙烷与卤化氢反应时，碳碳键破裂发生在取代基最多与取代基最少的两个环碳原子之间，加成产物并遵循马尔科夫尼科夫规则。而环丁烷、环戊烷、环己烷并不反应。

12.6 烷烃、环烷烃的来源

烷烃的主要来源是石油，以及与石油共存的天然气。环烷烃及其衍生物主要存在于石油及从植物中提取得到的香精油中。石油是环烷烃的主要来源，石油中所含的环烷烃主要是环戊烷、环已烷及其他们的烷基衍生物，如甲基环戊烷、乙基戊烷等。从石油中获得单一的纯环烷烃比较困难，工业上可通过合成的方法制备。

12.6.1 天然气

天然气的组成因产地不同而变化很大。天然气分为干气（干性天然气）和湿气（湿性天然气）两类。干气的成分主要是甲烷；湿气除主要成分甲烷外，还含有乙烷、丙烷、丁烷等。天然气中除上述烷烃外，还含有一些其他气体，例如硫化氢、氮、氦等。常温时干气加压不能液化，湿气加压则可部分液化。

天然气除了用作燃料外，也可用来合成氯仿、四氯化碳、甲醇和甲醛，还可用来制造水煤气、氢气、氮肥。

12.6.2 石油

石油主要是烃类的混合物。从地下开采出来的石油一般是深褐色液体，叫做原油。原油的组成与质量因油田不同而有显著的差异。有些地区的原油含有大量的烷烃，甚至几乎全部是烷烃；有些地区的原油含有环烷烃；有些地区的原油含有芳烃。此外，在原油中还含有少量的含氧、含硫、含氮的化合物。

石油经炼制可产生汽油、煤油、柴油等轻质燃料，以及润滑油、石油沥青、石油焦等产品。此外，还可得到烯烃（乙烯、丙烯及丁烯等）和芳香烃（苯、甲苯、乙苯及二甲苯等）等基础有机化工原料。其具体用途见表 12-3。

表 12-3 石油产品的具体用途

名称	大致组成	沸点范围/℃	用途
石油气	$C_1 \sim C_4$	<40	化工原料、燃料
石油醚	$C_5 \sim C_6$	40～70	溶剂
汽油	$C_7 \sim C_9$	60～180	溶剂、内燃机燃料
溶剂油	$C_8 \sim C_{11}$	150～200	溶剂
航空煤油	$C_{10} \sim C_{15}$	145～250	喷气式飞机燃料
煤油	$C_{11} \sim C_{16}$	160～300	工业洗涤油、燃料
柴油	$C_{16} \sim C_{18}$	180～350	柴油机燃料
机械油	$C_{18} \sim C_{20}$	>350	机械润滑油
凡士林	$C_{18} \sim C_{22}$	>350	防锈剂、制药
石蜡	$C_{20} \sim C_{24}$	>350	工业制皂
燃料油	—	—	燃料
沥青	—	—	防腐剂、铺路和建筑材料

石油气（简称煤气）是石油在提炼汽油、煤油、柴油、重油等油品过程中剩下的一种石油尾气，通过一定程序，如采取加压的措施，使其变成液体，装在受压容器内成液化气，主要成分为丙烷、丙烯、丁烷、丁烯等，其主要用于燃料和化工原料。

经过长期的研究，已证明石油是由古代有机物变来的。在古老的地质年代里，古代海洋或大型湖泊里的大量生物、动植物死亡后，遗体被埋在泥沙下，在缺氧的条件下逐步分解变化。随着地壳的升降运动，它们又被送到海底，被埋在沉积岩层里，承受高压和地热的烘烤，经过漫长的转化，最后形成了石油这种液态的碳氢化合物。由于石油的形成过程比较漫长，几乎不可能再生，因此，我们应该注意保护和合理利用石油。

习题

1. 写出下列各烷烃的构造式。

(1) 2-甲基-4-乙基己烷；　(2) 3,4-二甲基-5,5-二乙基辛烷；

(3) 正丁基异丁基甲烷；　(4) 三甲基甲烷；

(5) 2,2-二甲基-3,4-二乙基己烷；　(6) 2-甲基-3-乙基-4-丙基辛烷；

(7) 2,4-二甲基-3-乙基戊烷；　(8) 2,2-二甲基丁烷。

2. 用衍生命名法命名下列各烷烃。

(1) $CH_3CH_2CH(CH_3)_2$；　(2) $CH_3CH_2C(CH_3)_2CH(CH_3)$；

(3) $(CH_3)_3CCH(CH_3)CH_2CH_3$；　(4) $(CH_3)_2CHC(CH_3)_2C(CH_3)_3$。

第13章

烯 烃

13.1 烯烃的通式、构造异构和命名

13.1.1 烯烃的通式与构造异构

13.1.1.1 烯烃的通式

烯烃是一类含有碳碳双键的碳氢化合物。碳碳双键是烯烃的官能团。烯烃是一种不饱和脂肪烃，烯烃的通式是 C_nH_{2n}（式中 n 表示 C 原子数）。

13.1.1.2 烯烃的构造异构

乙烯（$CH_2{=}CH_2$）和丙烯（$CH_3{-}CH{=}CH_2$）没有构造异构，含有四个碳原子的烯烃有三种构造异构体：

$CH_3{-}CH_2{-}CH{=}CH_2$　　1-丁烯

$CH_3{-}CH{=}CH{-}CH_3$　　2-丁烯

$CH_3{-}\underset{\displaystyle CH_3}{\underset{|}{C}}{=}CH_2$　　2-甲基-1-丙烯

其中，C＝C 双键位于末端的烯烃通常叫做末端烯烃或 α-烯烃。例如，上述的 1-丁烯和 2-甲基-1-丙烯即是 α-烯烃。

从烯烃分子中去掉 1 个氢原子后所剩下的基团叫做烯基。例如：

$CH_2{=}CH{-}$　　乙烯基

$CH_3{-}CH{=}CH{-}$　　丙烯基

$CH_2{=}CH{-}CH_2{-}$　　烯丙基

13.1.2 烯烃的命名

烯烃通常是以衍生命名法和系统命名法来命名的。烯烃的衍生命名法是以乙烯作为母体，把其他烯烃看做是乙烯的烷基衍生物来命名。例如：

$CH_3{-}\underset{\displaystyle CH_3}{\underset{|}{CH}}{-}CH{=}CH_2$　　异丙基乙烯

$CH_3{-}CH_2{-}\underset{\displaystyle CH_3}{\underset{|}{CH}}{-}CH{=}CH_2$　　仲丁基乙烯

烯烃的系统命名法是以含有双键的最长碳链作为主链，把支链当做取代基来命名。命名

原则如下。

① 选取含有双键的最长碳链作为主链，依主链中所含有的碳原子数把该化合物命名为某烯。

② 从靠近双键的一端开始，将主链中的碳原子依次编号。

③ 双键的位置，以双键上位次较小的碳原子号数来表明，写在烯烃名称前。

④ 按照次序规则将取代基的位次、数目和名称，写在烯烃名称的前面。

例如：

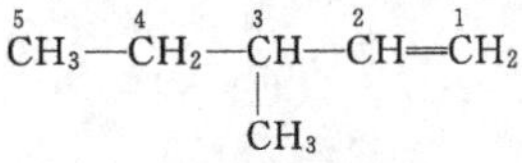

3-甲基-1-戊烯

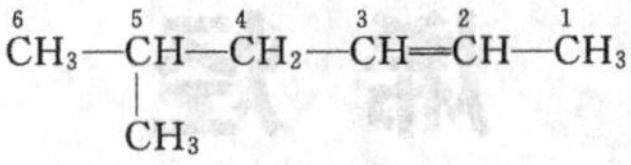

5-甲基-2-己烯

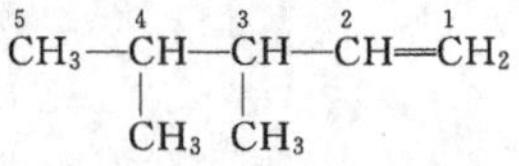

3,4-二甲基-1-戊烯

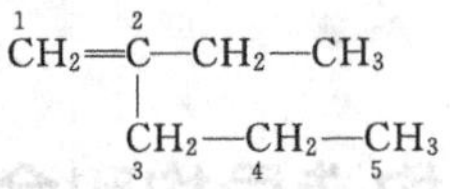

2-乙基-1-戊烯

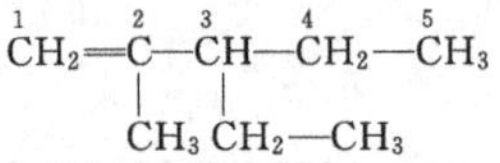

2-甲基-3-乙基-1-戊烯

13.2 烯烃的结构

13.2.1 乙烯的结构

乙烯（$CH_2{=}CH_2$）分子是平面形结构，键角和键长如图 13-1 所示。

在乙烯分子中，C 原子是以两个单键和一个双键分别与两个 H 原子和另一个 C 原子相连接的。按照轨道杂化理论，以两个单键和一个双键分别与三个原子相连接的 C 原子是以 sp^2 杂化轨道成键的。C 原子的一个 s 轨道和两个 p 轨道杂化生成三个等同的 sp^2 杂化轨道，另一个 p 轨道未参与杂化。三个 sp^2 杂化轨道同一平面上彼此成 120°角，还剩下一个 2p 轨道垂直于 sp^2 轨道所在的平面上。

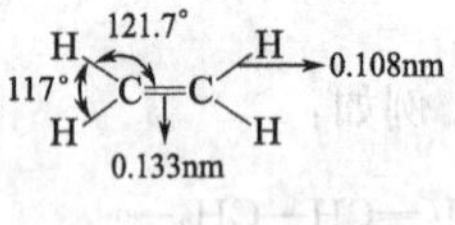

图 13-1　乙烯分子的平面形结构

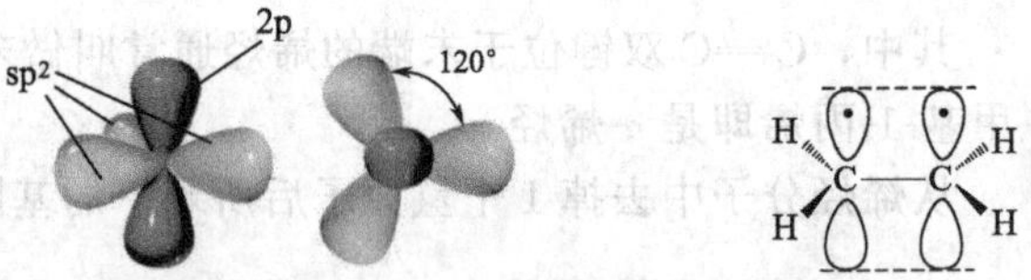

图 13-2　乙烯分子的 sp^2 杂化和 π 键

在乙烯分子中，C1 和 C2 两个原子各以 sp^2 轨道沿着对称轴方向“头碰头”地重叠，在重叠的轨道上有两个自旋方向相反的电子，形成 σ 键；这两个碳原子还各自有一个未杂化的 p 轨道，这两个 p 轨道的对称轴垂直于乙烯分子所在的平面，互相平行，它们进行另一种方式的重叠——“肩并肩”的重叠形成 π 键。如图 13-2 所示。

从 p 轨道的形状可以看出，当两个 p 轨道互相平行时，轨道重叠得最多；互相垂直时，重叠是零。轨道重叠形成共价键。重叠得越多，键越牢固。为了使两个 p 轨道“肩并肩”地达到最大重叠，形成的 π 键最牢固，乙烯分子中 C1 和 C2 原子的 p 轨道必须平行，也就是乙烯分子中的六个原子必须在同一平面内。这就是乙烯分子为什么是平面形结构的原因。

在 C═C 双键中，一个是σ键，另一个是π键，不是两个等同的共价键。当 C═C 双键绕σ键为轴转动时，由于两个 p 轨道重叠部分变小， C═C 双键中的π键就被破坏；转动 90°时，重叠部分变为零，π键完全被破坏。因此，以双键相连的碳原子不能绕其σ键键轴旋转。

此外，π电子也不像σ电子那样集中在两个 C 原子核之间，处在乙烯分子所在的平面的上面和下面，两个 C 原子核对π电子的“束缚力”就比较小。在外界的影响下，例如，当试剂进攻时，π电子就比较容易被极化，导致π键断裂发生加成反应。

13.2.2 其他烯烃的结构

其他烯烃分子中的碳碳双键与乙烯分子中的碳碳双键基本相同，都是由一个σ键和一个π键所形成。相对于单键而言，双键成键电子云密度高，所以碳碳双键键长（0.134nm）比碳碳单键（0.154nm）短。π键是由两个 p 轨道侧面交盖重叠而成，如乙烯分子的π电子云一样，烯烃π键电子云位于碳碳双键和上方和下方，相对于σ键的电子云而言，成键电子云距两原子核的束缚力比较小，在外界试剂的作用下易变形、拉长断裂，表现出较大的反应活性。

13.3 烯烃的顺反异构与命名

13.3.1 烯烃的顺反异构

顺反异构，也称几何异构，是存在于某些双键化合物和环状化合物中的一种立体异构现象。由于存在双键或环，这些分子的自由旋转受阻，产生两个互不相同的异构体，分别称为顺式（cis）和反式（trans）异构体。

在双键化合物中，若与两个双键原子相连的相同或相似的基团处在双键的同侧，则该化合物被称为“顺式”异构体；若两个基团处于异侧，则定义为“反式”异构体。例如，2-丁烯的两个异构体。

顺-2-丁烯　　反-2-丁烯

由于顺式与反式异构体中原子的空间排列不同，它们的物理性质（如熔点、沸点、溶解度等）和化学性质通常也有不同。一般来说，反式异构体比顺式异构体稳定。这是因为顺式异构体中两个相同基团处于同侧，可能造成偶极矩的叠加，增加不对称性，而反式异构体中两个基团以双键中心形成中心对称，所造成的影响可以相互抵消。

13.3.2 顺反异构体的命名

13.3.2.1 顺-反命名法

对于 abC═Cab 和 abC═Cac 这两类化合物，经常是用顺-反命名法命名。如上所述，相同的两个原子或基团在 C═C 双键的同侧，叫做顺式；在 C═C 双键的两侧，叫做反式。例如：

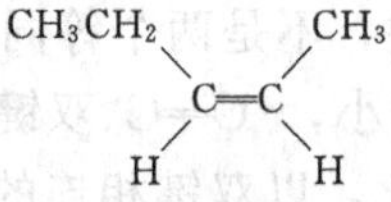

顺-2-戊烯

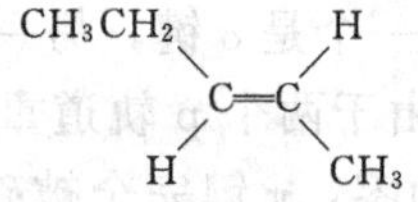

反-2-戊烯

顺-反命名法显然不适应于命名 abC═Ccd 这类化合物的顺反异构体。命名顺反异构体普遍使用的方法是 *Z-E* 命名法。

13.3.2.2 *Z-E* 命名法

在讲述 *Z-E* 命名法以前，必须先介绍次序规则。

次序规则是按照优先的次序排列原子或基团的几项规定。优先的原子或基团排列在前面。这几项规则可以概括为如下几点。

① 按照与双键碳原子直接连接的原子的原子序数减小的次序排列原子或基团；对于同位素，按照质量数减小的次序排列；孤对电子排在最后。因此，

$$I > Br > Cl > S > F > O > N > C > D > H > :$$

这里，符号“>”表示“优先于”。上述排列次序意味着，Br 原子优先于 Cl 原子，也优先于—SH 或—SR，等；—OH 或—OR 优先于$—NH_2$ 或—NHR 或$—NR_2$，也优先于$—CH_3$或$—CH_2CH_3$，等。

② 如果与双键碳原子直接连接的原子的原子序数相同，就要从这个原子起向外进行比较，依次外推，直到能够解决它们的优先次序为止。例如，$—CH_3$ 或$—CH_2CH_3$ 直接连接的都是碳原子，但是，在$—CH_3$ 中与这个碳原子相连接的是三个氢原子(H，H，H)；而在$—CH_2CH_3$ 中则是一个碳原子和两个氢原子(C，H，H)，外推比较，碳的原子数次序大于氢，所以$—CH_2CH_3 > —CH_3$。因此，几个简单烷基的优先次序是：

$$—C(CH_3)_3 > —CH(CH_3)_2 > —CH_2CH_3 > —CH_3$$

同理，$—CH_2OH > —CH_2CH_3$，$—CH_2OCH_3 > —CH_2OH$，$—CH_2Br > —CCl_3$，等。

③ 如果基团含不饱和键，可以看做是单键的重复，例如：

—C≡CH 相当于 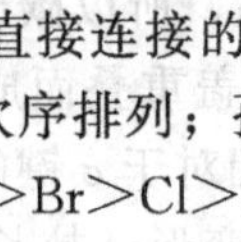 —C≡N 相当于 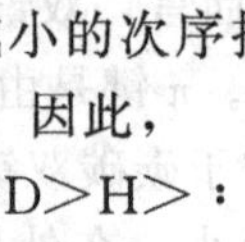

$—CH═CH_2$ 相当于 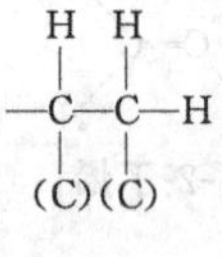 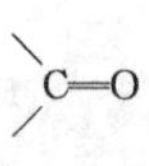 相当于 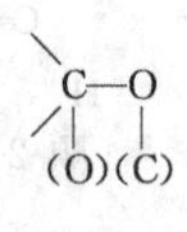

这样处理后，再进行比较。因此：

 $> —C≡CH > —CH═CH_2$

命名时，按照次序规则，比较双键碳原子上所连接的两个原子或基团哪一个优先，优先的两个原子或基团如果是位于双键同侧，就叫做 *Z* 式；如果是位于双键的两侧，就叫做 *E* 式。*Z*，*E* 写在括号里放在化合物名称的前面。例如：

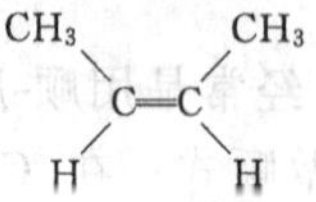

(*Z*)-2-丁烯

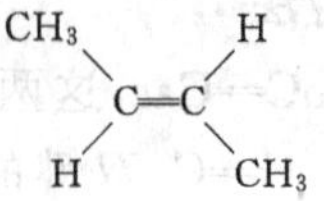

(*E*)-2-丁烯

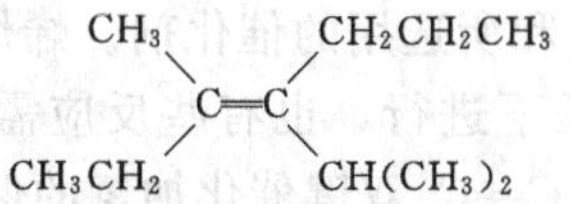

(*Z*)-3-甲基-4-异丙基-3-庚烯

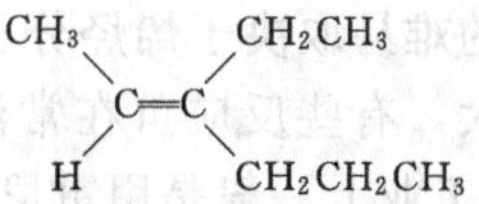

(*E*)-3-乙基-2-己烯

但是，必须指出，不能误认为 *Z* 式就一定是顺反命名中的顺式，*E* 式也一定是顺反命名中的反式。

13.4 烯烃的物理性质

烯烃是无色物质，具有一定的气味。常温常压时，乙烯、丙烯和丁烯是气体。表 13-1 给出一些烯烃的物理常数。如表 13-1 所示，在直链 α-烯烃中，从 1-戊烯开始是液体，从 1-二十碳烯开始是固体。烯烃的沸点随着分子中碳原子数(或相对分子质量)的增大而升高，碳原子数相同，直链烯烃的比带支链的高；碳链相同，双键向中间移动沸点升高；双键位置相同，顺式的烯烃沸点高。烯烃的熔点也随分子量的增加而升高；碳链相同，双键向中间移动熔点也升高；同分异构体中，对称性大的烯烃熔点高。烯烃的相对密度(液态)小于 1，但比相应的烷烃大。随着碳原子数(或相对分子质量)的增大，直链 α-烯烃的相对密度逐渐增大。烯烃不溶于水，但能溶于某些有机溶剂，例如苯、乙醚、氯仿、四氯化碳等。

表 13-1 一些直链 α-烯烃的物理常数

名称	熔点/℃	沸点/℃	相对密度(d_4^{20})
乙烯	−169	−102	0.570
丙烯	−185	−48	0.610
1-丁烯	−130	−6.5	0.625
1-戊烯	−166	3.0	0.643
1-己烯	−138	63.5	0.675
1-庚烯	−119	93	0.698

13.5 烯烃的化学性质

烯烃的化学性质主要表现在官能团 C═C 双键上，以及受 C═C 双键影响较大的 α-碳原子上。

13.5.1 加成反应

C═C 双键中 π 键较易断裂，在双键的两个碳原子上各加一个原子或基团，这种反应称为加成反应。这是 C═C 双键最普遍、最典型的一个反应。

13.5.1.1 催化加氢

在催化剂铂、钯或雷尼镍的催化下，烯烃能与氢加成生成烷烃。例如：

$$R{-}CH{=}CH{-}R' + H_2 \xrightarrow{\text{Ni 或 Pt}} R{-}CH_2{-}CH_2{-}R'$$

烯烃催化加氢的难易取决于烯烃分子的构造和所选用的催化剂。烯烃催化加氢的温度和压力变化的范围很大，有些反应可在常温、常压下进行，也有些反应需要 200～300℃、高于 10MPa 下进行。工业上一般是用雷尼镍作为 C═C 双键催化加氢的催化剂。

C═C 双键的催化加氢既可在气相进行，也可在液相进行。在液相进行时，实验室中常用乙醇作为溶剂。

烯烃的加氢可用于精制汽油和其他石油产品。石油产品中的烯烃易受空气氧化，生成的有机酸有腐蚀作用。它还容易聚合生成树脂状物质，影响油品质量。加氢后，因除掉烯烃，可以提高油品的品质。在某些精细合成中，常用加氢方法除去不需要的双键。利用加氢反应，也可以测定某些化合物的不饱和程度。

13.5.1.2 亲电加成

由于π电子受碳原子核的束缚力较小，易极化给出电子，因此易受缺电子的亲电试剂进攻而发生亲电加成反应。

(1) 加氯或溴　烯烃能与氯或溴加成，生成连二氯代烷或连二溴代烷。例如：

$$RCH{=}CHR + Br \longrightarrow \underset{\displaystyle Br}{\underset{|}{RCH}}-\underset{\displaystyle Br}{\underset{|}{CHR}}$$

C═C 双键与氯或溴加成，即可在气相进行，也可在液相进行。反应在液相进行时，四氯化碳、1,2-二氯乙烷等是常用的溶剂，有时也加入一些催化剂，例如无水氯化铁。

C═C 双键与溴加成是检验 C═C 双键等不饱和键的一种方法。把红棕色的溴-四氯化碳溶液加到含有 C═C 双键的有机化合物或其溶液中，C═C 双键就迅速地与溴加成生成连二溴化合物，而使溴的红棕色消失。

(2) 加卤化氢　烯烃能与卤化氢（氯化氢、溴化氢或碘化氢）加成生成卤代烷。

$$CH_2{=}CH_2 + HCl \longrightarrow CH_3CH_2Cl$$

① 马尔科夫尼科夫规则　不对称烯烃与卤化氢加成时显然可以生成两种产物。例如：

$$R-CH{=}CH_2 \xrightarrow{HBr} \underset{\text{主要产物}}{R-\underset{\displaystyle Br}{\underset{|}{CH}}-CH_3} + R-CH_2-\underset{\displaystyle Br}{\underset{|}{CH_2}}$$

实验发现，生成的产物主要是 2-溴代烷。也就是说，烯烃与卤化氢加成时，卤化氢分子中的氢原子主要是加在 C═C 双键含氢较多的那个碳原子上，卤原子则加在含氢较少的那个碳原子上。这是 1869 年马尔科夫尼科夫根据一些实验结果总结出来的一条经验规则，叫做马尔科夫尼科夫规则(简称马氏规则)。

C═C 双键与卤化氢加成时，卤化氢的活性顺序是：

$$HI > HBr > HCl$$

例如，乙烯不被浓盐酸吸收，但能与浓氢溴加成。

② 过氧化物效应　烯烃与溴化氢加成，如果是在过氧化物存在下进行时，得到的产物就与马尔科夫尼科夫规则不一样，是反马尔科夫尼科夫加成。例如：

$$R-CH{=}CH_2 + HBr \xrightarrow{\text{过氧化物}} R-CH_2-CH_2Br$$

由于存在过氧化物而引起的加成定位的改变，叫做过氧化物效应。烯烃与卤化氢的加成，只有溴化氢有过氧化物效应。它是自由基加成反应机理。

（3）加硫酸　烯烃能与硫酸加成生成硫酸氢酯。

$$R-CH=CH_2 + HOSO_3H \longrightarrow \underset{\underset{OSO_3H}{|}}{R-CH-CH_3}$$

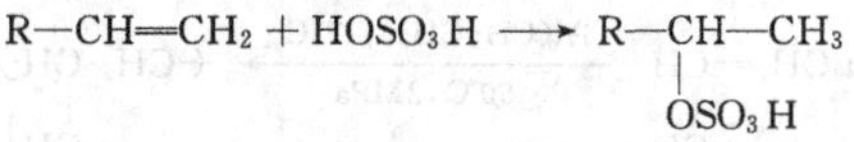

烯烃与硫酸的加成产物硫酸氢酯与水共热时则水解生成醇，并重新给出硫酸。例如：

$$\underset{\underset{OSO_3H}{|}}{R-CH-CH_3} \xrightarrow{H_2O} \underset{\underset{OH}{|}}{R-CH-CH_3} + H_2SO_4$$

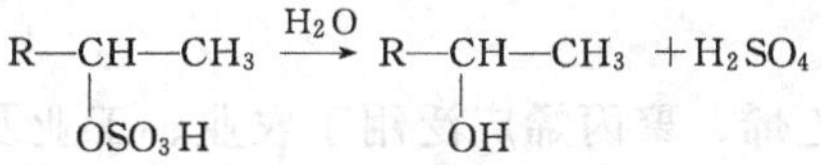

从以上所述可以看出烯烃，经过与硫酸加成反应，可以与水反应生成醇——乙烯生成乙醇，丙烯生成异丙醇等。这是工业上生产乙醇、异丙醇等低级醇的一种方法，叫做烯烃间接水合法。

烯烃与硫酸的加成产物硫酸氢酯能溶于硫酸中而被吸收。例如，常温时，异丁烯可被 65% H_2SO_4 吸收，吸收丙烯则需要约 87% H_2SO_4，而乙烯用约 95% H_2SO_4 仍不能吸收完全。不同的烯烃所需吸收的 H_2SO_4 浓度不同。借此，可分离烯烃的混合物。烷烃不与浓 H_2SO_4 反应，故可用冷的浓 H_2SO_4 除去混在烷烃中的烯烃。

（4）加水　在酸催化下，烯烃与水加成生成醇。例如：

$$CH_3CH=CH_2 + H_2O \xrightarrow{H^+} \underset{\underset{OH}{|}}{CH_3-CH-CH_3}$$

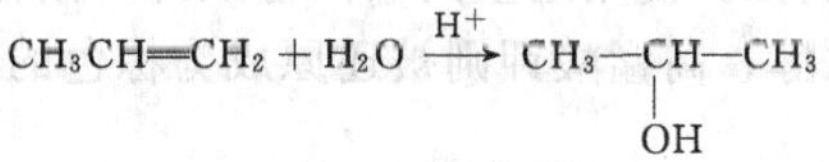

这是工业上生产乙醇、异丙醇最重要的一种方法，叫做烯烃直接水合法。

从丙烯与水的加成可以看出，在酸的催化下，不对称烯烃与水加成是马尔科夫尼科夫加成，因此除乙烯外，都得不到伯醇。

直接水合法制备醇的过程中，避免了使用腐蚀性较大的硫酸，而且省去稀硫酸的浓缩回收过程。这既可以节约设备投资和减少能源消耗，又避免酸性废水的污染。但是，直接水合法要求烯烃的纯度必须达到 97% 以上。而间接水合法，纯度较低的烯烃也可以使用，故间接水合法对于回收利用石油炼厂气中烯烃，仍然是一种良好的方法。

（5）加次氯酸　烯烃能与次氯酸（Cl_2-H_2O）加成生成氯代醇。例如：

$$CH_3CH=CH_2 + HO-Br \longrightarrow \underset{\underset{OH}{|}\quad\underset{Br}{|}}{CH_3-CH-CH_2}$$

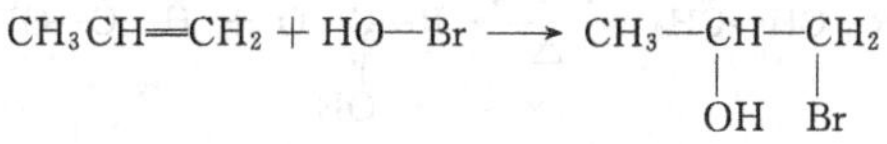

乙烯与次卤酸的加成，是合成氯乙醇的一种方法。丙烯与次氯酸加成，是合成甘油的一个步骤。

13.5.2　聚合反应

烯烃分子中的 C=C 双键不但能与许多试剂加成，而且还可以通过加成反应自身结合起来生成聚合物，这类聚合物叫做加成聚合反应，简称加聚反应。聚合生成的产物叫做聚合物。

烯烃最重要的聚合反应是由千百个烯烃分子聚合生成高分子化合物或高分子聚合物（简称高聚物）的聚合反应。乙烯在高温、高压和氧气的催化作用下，可生成聚乙烯。

$$n\ CH_2=CH_2 \xrightarrow[60\sim75℃,\ 1MPa]{Al(CH_2CH_3)_3\text{-}TiCl_4} \ \text{—}\!\!\left(CH_2\text{-}CH_2\right)\!\!{}_{\overline{n}}$$

丙烯在催化剂的作用下，聚合生成聚丙烯。

$$n\,CH_2{=}\underset{\displaystyle CH_3}{\underset{|}{CH}} \xrightarrow[50℃,2MPa]{Al(CH_2CH_3)_3\text{-}TiCl_4} {+}CH_2\text{-}\underset{\displaystyle CH_3}{\underset{|}{CH}}{+}_n$$

聚乙烯和聚丙烯是线型高聚物，乙烯和丙烯叫做单体，$-CH-CH-$ 和 $-CH-\underset{\displaystyle CH_3}{\underset{|}{CH}}-$ 叫做链节，n 叫做聚合度。聚乙烯、聚丙烯广泛用于农业、工业及国防上，例如可用它们制造薄膜、管件、容器以及各种绝缘和防腐蚀材料等。

用不同单体进行聚合的反应，叫做共聚反应。例如乙烯与比丙烯按一定比例共聚得乙烯丙烯共聚物。

13.5.3 氧化反应

烯烃比较容易被氧化。随着氧化剂和氧化条件不同，氧化产物各异。常用的氧化剂(例如高锰酸钾、重铬酸钾-硫酸、过氧化物等)都能把烯烃氧化生成含氧化合物。

13.5.3.1 氧化剂氧化

在非常缓和的条件下，例如，使用适量的稀高锰酸钾冷溶液(质量分数为1%～5%，或更稀)，烯烃被氧化生成连二醇，高锰酸钾则被还原成为棕色的二氧化锰从溶液中析出。

$$R-CH{=}CH_2 \xrightarrow[冷,OH^-]{KMnO_4,H_2O} R-\underset{\displaystyle OH}{\underset{|}{CH}}-\underset{\displaystyle OH}{\underset{|}{CH_2}} + MnO_2$$

这个反应常用来检验 C═C 双键等不饱和键。常温时，把高锰酸钾稀溶液(约2%)滴加到含有 C═C 双键的有机化合物或其溶液中，摇荡， C═C 双键就与高锰酸钾反应而使溶液的紫色褪去，同时生成棕色的二氧化锰沉淀。

在较剧烈的氧化条件下，例如，使用过量的高锰酸钾，并使反应在加热的条件下进行，烯烃被氧化的结果是在原来 C═C 双键的位置上发生碳链断裂，生成氧化裂解产物。例如：

$$R-CH{=}CH_2 \xrightarrow[\triangle]{KMnO_4} R-\underset{\displaystyle OH}{\underset{|}{C}}{=}O + H-\overset{\displaystyle O}{\overset{\|}{C}}-OH$$

$$CH_3-\underset{\displaystyle CH_3}{\underset{|}{C}}{=}CH-CH_3 \xrightarrow[H^+]{KMnO_4} CH_3-\underset{\displaystyle CH_3}{\underset{|}{C}}{=}O + CH_3COOH$$

当用高锰酸钾-硫酸、重铬酸钾-硫酸作为氧化剂时，也发生上述氧化裂解反应。根据反应得到的氧化裂解产物。可以推测原来的烯烃的构造。

13.5.3.2 催化氧化

烯烃催化氧化可以生成不同的产物。例如：

$$CH_2{=}CH_2 + O_2 \xrightarrow[100\sim125℃]{PbCl_2\text{-}CuCl_2} CH_3CHO$$

$$CH_2{=}CH_2 + O_2 \xrightarrow[200\sim300℃]{Ag} \underset{\displaystyle O}{CH_2-CH_2}$$

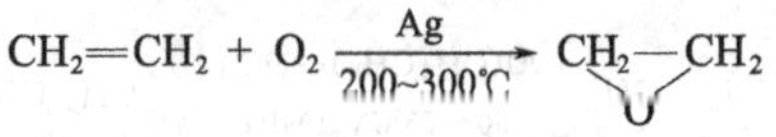

工业上利用上述反应生产醛、酮和环氧乙烷。就最后一个反应而言，反应温度低于 220℃，则反应太慢；超过 300℃，便部分地氧化成二氧化碳和水，致使产率下降。所以，严格控制反应温度十分重要。

13.5.4 α-氢原子的反应

和官能团直接相连的碳原子称为 α-碳原子，α-碳原子上的氢称为 α-氢原子。烯烃分子中的 α-氢原子因受双键的影响，表现出特殊的活泼性，容易发生取代反应和氧化反应。

丙烯（$CH_3—CH{=}CH_2$）分子中含有乙烯基（$CH_2{=}CH—$）和甲基（$CH_3—$），在一定条件下， $C{=}C$ 双键可以与氢加成，α-H 可以被氯原子取代。因此，当丙烯与氯反应时，就会发生两个互相竞争的反应——加成与取代，生成两种不同的产物：

$$CH_3—CH{=}CH_2 + Cl_2 \begin{cases} \xrightarrow{\text{<200℃, 加成}} CH_3—\underset{Cl}{CH}—\underset{Cl}{CH_2} \\ \xrightarrow{\text{>300℃, 取代}} \underset{Cl}{CH_2}—CH{=}CH_2 \end{cases}$$

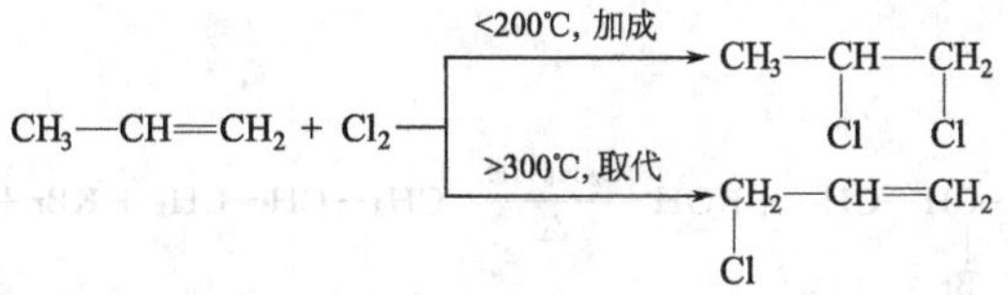

实验发现，温度越高，越有利于取代。200℃以下，主要反应是加成；300℃以上，主要反应变成了取代。当温度升高到 500℃，丙烯与氯的加成大大被抑制，可以得到较高产率的取代产物。工业上就是采用这种方法，使干燥的丙烯在 500～530℃与氯反应来生产 3-氯丙烯。

α-氢原子不仅易被卤素取代，也易被氧化。在不同的催化条件下，用空气或氧气作氧化剂，氧化产物不同。例如，丙烯在下列条件下，可氧化生成丙烯醛：

$$CH_3CH{=}CH_2 + O_2 \xrightarrow[350\sim400℃]{CuO\text{-}AlCl_3} CH_2{=}CHCHO$$

这是工业上生产丙烯醛的主要方法。

13.6　烯烃的制法

烯烃中最重要的是乙烯，其次是丙烯，它们都是有机化学工业基础原料。

13.6.1 从裂解气、炼厂气中分离

石油化工厂裂解石油得到的石油裂解气中含有乙烯、丙烯、丁烯、1,3-丁二烯等烯烃和二烯烃。炼油厂炼制石油时得到的炼厂气中含有乙烯、丙烯、丁烯等烯烃。经过一系列的步骤，可以从它们中分离出乙烯、丙烯等。这是工业上大规模生产乙烯、丙烯等的方法。

13.6.2 醇脱水

醇脱水是实验室中制备烯烃的一种重要方法。在催化剂作用下，加热时，醇脱水可以生成烯烃。醇催化脱水一般分成以下两类。

(1) 液相催化脱水　以浓硫酸为催化剂，加热时，醇即脱水生成烯烃。例如：

$$CH_3CH_2OH \xrightarrow[170℃]{\text{浓 } H_2SO_4} CH_2{=}CH_2 + H_2O$$

(2) 气相催化脱水　以氧化铝为催化剂，高温下，醇的蒸气即在氧化铝表面上脱水生成烯烃。例如：

$$CH_3CH_2OH \xrightarrow[350\sim400^\circ C]{Al_2O_3} CH_2{=\!=}CH_2 + H_2O$$

$$\underset{\displaystyle OH}{CH_3\underset{|}{C}HCH_3} \xrightarrow[350\sim400^\circ C]{Al_2O_3} CH_3CH{=\!=}CH_2 + H_2O$$

13.6.3　卤代烷脱卤化氢

卤代烷与浓的强碱醇溶液（如浓的氢氧化钾乙醇溶液）共热，则脱去一分子卤化氢生成烯烃。

例如：

$$CH_3{-}\underset{\displaystyle Br}{\underset{|}{C}H}{-}CH_3 + KOH \xrightarrow[\triangle]{C_2H_5OH} CH_3{-}CH{=\!=}CH_2 + KBr + H_2O$$

这是制备烯烃也是生成碳碳双键的一种方法。

13.7　实验——环己烯的制备

13.7.1　实验目的

掌握以浓磷酸催化环己醇脱水制备环己烯的方法，学习分馏及蒸馏操作。

13.7.2　实验原理

烯烃是重要的有机化工原料。工业上主要通过石油裂解的方法制备烯烃，有时也利用醇在氧化铝等催化剂存在下，进行高温催化脱水来制取，实验室里则主要用浓硫酸，作催化剂使醇脱水或卤代烃在醇钠作用下脱卤化氢来制备烯烃。

本实验采用浓磷酸作催化剂使环己醇脱水制备环己烯。

主反应式：

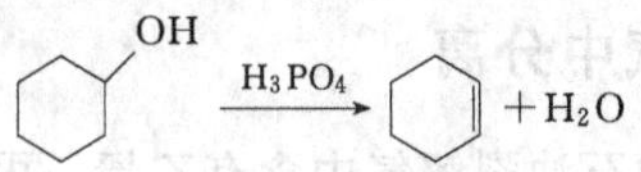

13.7.3　仪器与药品

仪器：50mL 圆底烧瓶、分馏柱、直型冷凝管、100mL 分液漏斗、100mL 锥形瓶、蒸馏头、接液管。

药品：环己醇 10.0g（10.4mL，0.1mol）、浓磷酸 4mL、氯化钠、无水氯化钙、5%碳酸钠水溶液。

实验装置如图 13-3 所示。

13.7.4　实验步骤

按图 13-3 装好反应装置。在 50mL 干燥的圆底烧瓶中加入 10g 环己醇、4mL 浓磷酸和几粒沸石，充分摇振使之混合均匀。

将烧瓶在恒温水浴内缓缓加热至沸，控制分馏柱顶部的溜出温度不超过 90℃，馏出液为带水的混浊液。至无液体蒸出时，可升高加热温度，当烧瓶中只剩下很少残液并出现阵阵白雾时，即可停止蒸馏。

将馏出液用氯化钠饱和，然后加入 3～4mL 5%的碳酸钠溶液中和微量的酸。将液体转入分液漏斗中，振摇（注意放气操作）后静置分层，打开上口玻塞，再将活塞缓缓旋开，下层液体从分液漏斗的活塞放出，产物从分液漏斗上口倒入一干燥的小锥形瓶中，用 1～2g 无水氯化钙干燥。

待溶液清亮透明后，小心滤入干燥的小烧瓶中，投入几粒沸石后用水浴蒸馏，收集80～85℃的馏分于一已称量的小锥形瓶中。

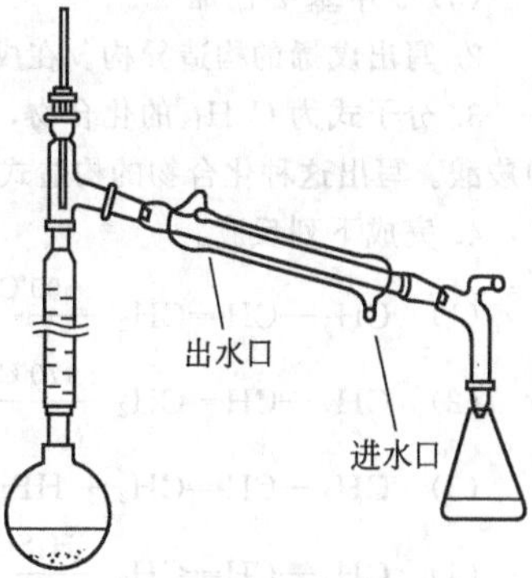

图 13-3 环己烯反应装置

13.7.5 检验与测试

① 溴的四氯化碳溶液试验将试管内放入 1mL 5%的溴的四氯化碳溶液，然后一滴一滴地滴加样品，并随时摇动，观察颜色变化。

② 高锰酸钾溶液试验将 5 滴样品滴入 2mL 水中，再加入 0.1%高锰酸钾溶液，同时摇动试管，观察产颜色变化。

13.7.6 注意事项

① 投料时应先投环己醇，再投浓磷酸；投料后，一定要混合均匀。

② 反应时，控制温度不要超过 90℃。

③ 干燥剂用量合理。

④ 反应、干燥、蒸馏所涉及器皿都应干燥。

⑤ 磷酸有一定的氧化性，加完磷酸要摇匀后再加热，否则反应物会被氧化。

⑥ 环己醇的黏度较大，尤其室温低时，量筒内的环己醇若倒不干净会影响产率。

⑦ 用无水氯化钙干燥时氯化钙用量不能太多，必须使用粒状无水氯化钙。粗产物干燥好后再蒸馏，蒸馏装置要预先干燥，否则前馏分多（环己烯-水共沸物），降低产率。不要忘记加沸石、温度计位置要正确。

⑧ 加热反应一段时间后再逐渐蒸出产物，调节加热速度，保持反应速度大于蒸出速度才能使分馏连续进行。

13.7.7 思考题

为什么蒸馏液用 NaCl 饱和？

习题

1. 根据下列名称写出烯烃的构造式。

（1）3,4-二甲基-1-戊烯　　（2）2-甲基-3-乙基-1-戊烯

(3) 2-甲基-2-丁烯　　　　　　　　(4) 2-甲基-3-乙基-2-己烯

(5) 5-甲基-2-己烯　　　　　　　　(6) 2,5-二甲基-3,4-二乙基-3-己烯

2. 写出戊烯的构造异构。在戊烯的构造异构体中，哪些有顺反异构体？写出其顺反异构体，并命名。

3. 分子式为 C_6H_{12}的化合物，能使溴水褪色，催化加氢生成正己烷，用过量的高锰酸钾氧化则生成两种羧酸。写出这种化合物的构造式及各步反应的反应式。

4. 完成下列反应。

(1) $CH_3-CH=CH_2 \xrightarrow{500℃}$

(2) $CH_3-CH=CH_2 \xrightarrow{170℃}$

(3) $CH_3-CH=CH_2 + HBr \xrightarrow{过氧化物}$

(4) $CH_3-CH=CH_2 \xrightarrow{H_2SO_4} \xrightarrow{H_2O}$

(5) $CH_3CH_2CH=CH_2 \xrightarrow[H^+]{KMnO_4}$

第14章

炔 烃

14.1 炔烃的通式、构造异构和命名

14.1.1 炔烃的通式与同分异构

炔烃是指分子中含有 $C\equiv C$ 的烃类化合物。$C\equiv C$ 是炔烃的官能团。炔烃是不饱和脂肪烃。炔烃也形成一个同系列。炔烃的通式是 C_nH_{2n-2}(n 表示 C 原子数)。

在炔烃分子中，$C\equiv C$ 处于末端的，例如 $HC\equiv CH$、$RC\equiv CH$，叫做末端炔烃；处于中间的，例如 $RC\equiv CR'$ 叫做非末端炔烃。在末端炔烃分子中，$C\equiv C$ 碳原子上的氢叫做炔氢。

炔烃只有碳链异构和官能团位置异构这两种异构现象。例如，

$$HC\equiv C-CH_2-CH_3 \qquad H_3C-C\equiv C-CH_3$$
$$\text{1-丁炔} \qquad\qquad \text{2-丁炔}$$

$$CH\equiv C-CH_2-CH_2-CH_3 \qquad CH_3-C\equiv C-CH_2-CH_3 \qquad CH\equiv C-\underset{\underset{CH_3}{|}}{CH}-CH_3$$

$$\qquad\text{1-戊炔} \qquad\qquad\qquad \text{2-戊炔} \qquad\qquad\qquad \text{3-甲基-1-丁炔}$$

14.1.2 炔烃的命名

炔烃的命名原则与烯烃的相似。选择含有 $C\equiv C$ 在内的最长碳链为主链，根据主链碳原子数称为"某"炔，从靠近 $C\equiv C$ 一端开始编号确定取代基的位次；支链作为取代基，$C\equiv C$ 官能团的位置以其碳原子编号较小的阿拉伯数字表示，写在炔烃母体名称前面，取代基的位置、数目、名称表示的原则同烷烃的相似。例如：

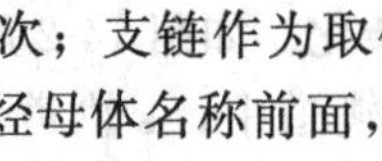

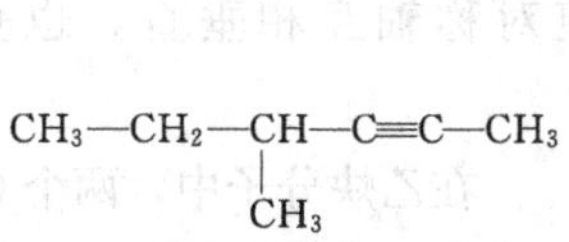

$$CH_3-CH_2-\underset{\underset{CH_3}{|}}{CH}-C\equiv C-CH_3 \qquad CH_3-\overset{\overset{CH_3}{|}}{\underset{\underset{CH_3}{|}}{C}}-C\equiv C-CH_3$$

$$\qquad\text{4-甲基-2-己炔} \qquad\qquad\qquad \text{4,4-二甲基-2-戊炔}$$

炔烃的衍生命名法是把炔烃看作是乙炔的衍生物。例如：

$$CH_3-CH_2-\underset{\underset{CH_3}{|}}{CH}-C\equiv C-CH_3 \qquad CH\equiv C-\underset{\underset{CH_3}{|}}{CH}-CH_3$$

$$\qquad\text{甲基仲丁基乙炔} \qquad\qquad\qquad \text{异丙基乙炔}$$

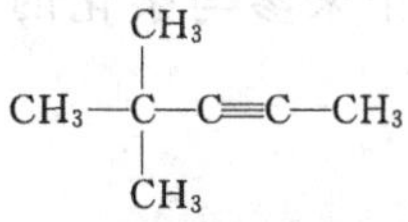

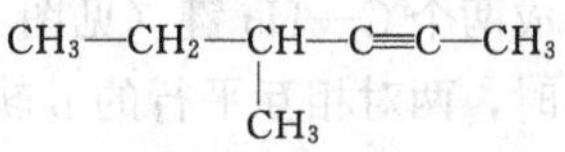

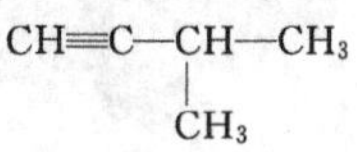

脂肪烃分子中同时含有 C═C、C≡C 的，叫做烯炔，命名时，选择含有双键、叁键的最长碳链为主链，从靠近不饱和键的一端开始，将主链中的碳原子依次编号。如果双键、叁键处于相同位次供选择时，则从靠近双键一端开始编号。例如：

CH≡C—CH═CH—CH_3	CH≡C—CH(—CH_3)—CH═CH_2
3-戊烯-1-炔	3-甲基-1-戊烯-4-炔

14.2 炔烃的结构

14.2.1 乙炔的结构

乙炔（CH≡CH）分子是直线形结构（见图 14-1），键角（∠HCC）是 180°，C≡C 的键长是 0.120nm，C—H 的键长是 0.106nm。

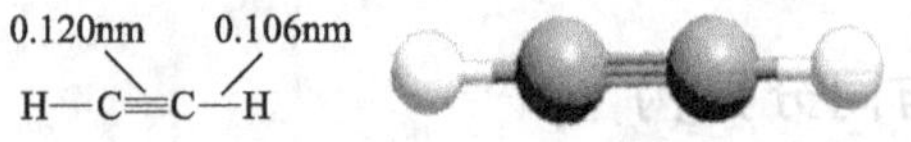

图 14-1 乙炔分子的直线形结构

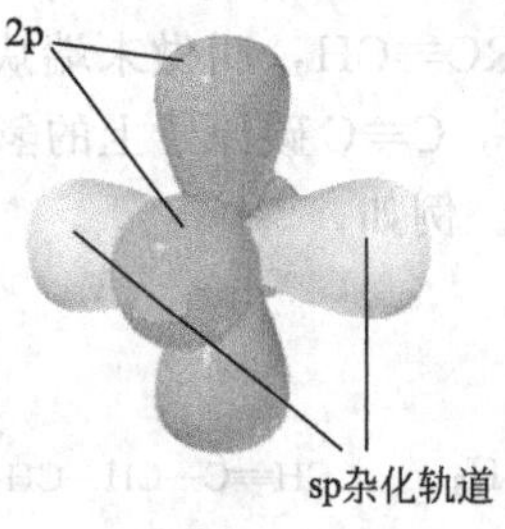

图 14-2 炔烃的 sp 杂化轨道

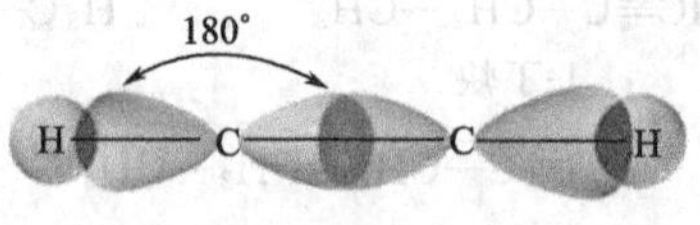

图 14-3 乙炔分子中的三个 σ 键

乙炔分子中的 C 原子是以一个叁键和一个单键分别与另一个 C 原子和 H 原子相连接的。按照杂化轨道理论，以一个叁键和一个单键分别与两个原子相连接的 C 原子是以 sp 杂化轨道成键的。C 原子的一个 s 轨道和一个 p 轨道杂化生成两个等同的 sp 轨道，另外两个 p 轨道未参与杂化。如图 14-2 所示。

在 sp 轨道中，s 轨道成分占 1/2，p 轨道成分占 1/2。sp 轨道的形状也与 sp^3 轨道相似。两个 sp 轨道的对称轴的夹角为 180°，即两个 sp 轨道对称地分布在同一条直线上。碳原子剩下的两个未参与杂化的 p 轨道对称轴互相垂直，也垂直于两个杂化轨道的对称轴。

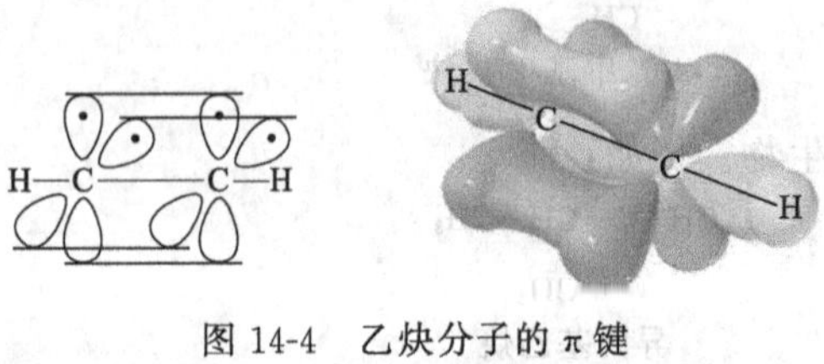

图 14-4 乙炔分子的 π 键

在乙炔分子中，两个 C 原子各以一个 sp 轨道相重叠，形成一个 C—Cσ 键，而 C 原子上另外的两个 sp 轨道分别与一个 H 原子的 s 轨道重叠，形成两个 C—Hσ 键（见图 14-3）。在形成 σ 键的同时，两对相互平行的 p 轨道从侧面“肩并肩”地重叠，形成两个互相垂直的 π 键（见图 14-4）。

14.2.2 其他炔烃的结构

其他炔烃分子中的官能团—C≡C—的结构如乙炔的一样，由一个 σ 键和两个相互垂直的 π 键组成，炔烃没有顺反异构现象。

14.3 炔烃的物理性质

炔烃的熔点、沸点与相应的烷烃、烯烃相比，稍高一些，相对密度稍大一点，但也小于1。与烯烃一样，炔烃难溶于水而易溶于非极性或极性小的有机溶剂。烯烃、炔烃的折射率通常比烷烃大，可用于液态烯烃、炔烃的鉴定。三键由链的外侧向中间移动时，沸点、相对密度、折射率都显著升高；一些炔烃的物理常数见表 14-1。

表 14-1 一些炔烃的物理常数

名称	熔点/℃	沸点/℃	相对密度(d_4^{20})
乙炔	−81.8	−83.4	0.618
丙炔	−101.5	−23.3	0.671
1-丁炔	−122.5	8.5	0.668
1-戊炔	−98	39.7	0.695
2-戊炔	−101	55.5	0.712
1-己烯	−124	71.4	0.675
1-庚烯	−80.9	99.8	0.733

炔烃中最重要的是乙炔。纯的乙炔是无色、无臭味的气体。乙炔的临界温度是 36.5℃，临界压力是 6.17MPa，常温是在乙炔的临界温度以下，所以常温时增大压力可使乙炔液化。液态乙炔受到振动会发生爆炸，所以在乙炔钢瓶中既要填入多孔性物质，例如硅藻土、石棉等，又要加入丙酮作为溶剂，这样贮存、运输、使用可以避免危险。

乙炔难溶于水。常温时 1 体积水约能溶解 1 体积乙炔。乙炔易溶于丙酮和某些有机溶剂。

乙炔与空气组成爆炸性的混合气体。其爆炸极限为 3%～81%（体积分数）。乙炔与空气组成的爆炸气体的组成范围，比其他烃类要大得多。在生产、使用乙炔时必须注意这一点，防止发生爆炸事故。

14.4 炔烃的化学性质

炔烃的典型反应表现在官能团 C≡C 以及炔氢上。

14.4.1 加成反应

14.4.1.1 催化加氢

与烯烃相似，炔烃也与氢加成。根据反应条件，既可以加上一分子氢气部分氢化生成烯烃，也可以加上两分子氢气完全氢化生成烷烃。例如：

$$CH_3C{\equiv}CCH_3 + H_2 \xrightarrow{Pt} CH_3CH_2CH_2CH_3$$

在催化剂铂、钯或雷尼镍的催化下，乙炔加上两分子氢完全氢化生成乙烷，中间产物乙烯难以分离得到。使 C≡C 部分氢化生成 C═C 合适的方法是使用钝化了的催化剂。例如，在钯-碳酸钙中加入一些醋酸铅使钯钝化［林德拉（Lindlar H）催化剂］。使用这类钝化了的催化剂，可以较容易地控制 C≡C 的催化加氢停止在 C═C 上，而不再反应下去。石油裂解得到的乙烯中含有微量的乙炔，工业上就是利用乙炔部分氢化生成乙烯的反应，以提高乙烯的纯度。

$$CH_3C{\equiv}CCH_3 \xrightarrow{Lindlar} CH_3CH{=}CHCH_3$$

14.4.1.2 亲电加成

(1) 加氯或溴　与乙烯相似，乙炔也可与氯发生加成反应。乙炔可以加上一分子或两分子氯，生成 1,2-二氯乙烯（或对称二氯乙烯）或 1,1,2,2-四氯乙烷（或对称四氯乙烷）：

$$CH{\equiv}CH \xrightarrow[80\sim85℃]{Cl_2,\ FeCl_3} CHCl{=}CHCl \xrightarrow[80\sim85℃]{Cl_2,\ FeCl_3} CHCl_2{=}CHCl_2$$

反应一般是在液相中进行。四氯化碳、对称四氯乙烷是常用的溶剂，有时也加入一些无水氯化铁作为催化剂。这是工业上制备 1,1,2,2-四氯乙烷的方法。

乙炔也能与溴加成，加上一分子或两分子溴，分别生成 1,2-二溴乙烯或 1,1,2,2-四溴乙烷。C≡C 与溴加成后，溴的红棕色消失，因此可用溴-四氯化碳溶液的褪色来检验炔烃。

C≡C 的亲电加成反应活性较双键低。当分子内同时存在双键和叁键时，双键首先与溴加成，在溴不过量的情况下，只有双键加成而叁键保留。例如：

$$CH{\equiv}C{-}CH_2{-}CH{=}CH_2 + Br_2 \xrightarrow[CCl_4]{-20℃} CH{\equiv}C{-}CH_2{-}\underset{Br}{\underset{|}{CH}}{-}\underset{Br}{\underset{|}{CH_2}}$$

(2) 加氯化氢或溴化氢　炔烃与 HCl、HBr 进行亲电加成反应时，可以加一分子或两分子卤化氢，加成产物符合马氏规则。例如

$$CH_3{-}C{\equiv}CH \xrightarrow{HCl} CH_3{-}\underset{Cl}{\underset{|}{C}}{=}CH_2 \xrightarrow{HCl} CH_3{-}\overset{Cl}{\overset{|}{\underset{Cl}{\underset{|}{C}}}}{-}CH_3$$

乙炔与氯化氢加成生成氯乙烯：

$$CH{\equiv}CH \xrightarrow[HgCl_2,\ 120℃]{HCl} CH_2{=}CH{-}Cl$$

这曾是工业上生产氯乙烯的一种方法。氯乙烯是生产聚氯乙烯的单体。氯乙烯可以进一步与氯化氢加成，生成的产物主要是 1,1-二氯乙烷。

乙炔也能与溴化氢加成，加上一分子或两分子溴化氢，分别生成溴乙烯或 1,1-二溴乙烷（主要产物）。

(3) 加水　一般情况下，乙炔与水不发生反应。但在硫酸汞的稀硫酸溶液中（硫酸汞是催化剂），乙炔则可与水加成，首先生成乙烯醇，乙烯醇不稳定，立即异构化生成乙醛。

$$CH\equiv CH+H_2O\xrightarrow[H_2SO_4]{HgSO_4}[CH_2=\underset{\displaystyle|\atop\displaystyle OH}{CH}]\longrightarrow CH_3\underset{\displaystyle|\atop\displaystyle H}{C}=O$$

这曾是工业上生产乙醛的一种方法，目前工业上主要采用乙烯催化氧化生产乙醛。

不对称炔烃与水的加成产物与马尔科夫尼科夫规则一致。末端炔烃与水加成产物为甲基酮。

14.4.1.3 亲核加成

(1) 加醇 在碱的催化下，乙炔与醇加成生成乙烯基醚。例如：

$$CH\equiv CH+CH_3OH\xrightarrow[98\sim105℃,\ 2MPa]{20\%KOH\text{水溶液}}CH_2=CH-O-CH_3$$

在碱催化下，C≡C 与醇的加成不是亲电加成，而是亲核加成。

(2) 加醋酸 在醋酸锌-活性炭的催化下，170～230℃，乙炔可与醋酸加成生成醋酸乙烯酯。

$$CH\equiv CH+CH_3COOH\xrightarrow[170\sim1230℃]{\text{醋酸锌}}CH_2=CH-O-\overset{\displaystyle O\atop\displaystyle\|}{C}-CH_3$$

醋酸乙烯酯是生产聚乙烯醇与合成纤维维纶的原料。

(3) 加氢氰酸 乙炔和 HCN 进行加成，生成丙烯腈，其他炔烃加氢氰酸也生成腈。

$$CH\equiv CH+HCN\xrightarrow[80\sim90℃]{CuCl}CH_2=CH-CN$$

$$R-C\equiv CH+HCN\longrightarrow R-\underset{\displaystyle|\atop\displaystyle CN}{C}=CH_2$$

14.4.2 聚合反应

乙炔也能聚合。取决于反应条件，乙炔可以聚合生成不同的聚合产物。例如：

$$2\ CH\equiv CH\xrightarrow[HCl,\ 70℃]{CuCl\text{-}NH_4Cl}CH_2=CH-C\equiv CH$$

$$3\ CH\equiv CH\xrightarrow[\triangle]{AlCl_3}$$ 

在 $Al(C_2H_5)_3$-$TiCl_4$ 等的催化下，乙炔可聚合生成具有单、双键交替排列的聚乙炔。

$$n\ CH\equiv CH\longrightarrow +CH=CH+_n$$

聚乙炔有顺、反两种异构体，是一种有机共轭高分子材料，具有较好的导电性，其卤化衍生物是一种有机导电高分子材料。

14.4.3 氧化反应

与 C=C 相似，C≡C 也被高锰酸钾氧化。乙炔被高锰酸钾氧化的最终产物是二氧化碳(C≡C 断裂)，高锰酸钾则被乙炔还原生成棕色的二氧化锰沉淀。

如果是非末端炔烃，氧化的最终产物则是羧酸。

$$R-C\equiv CH\xrightarrow{KMnO_4}R-COOH+CO_2$$

$$R-C\equiv C-R' \xrightarrow{KMnO_4} R-COOH+R'-COOH$$

炔烃与高锰酸钾反应，常用来检验 C≡C 的存在，也可根据氧化产物推测原来的炔烃的构造。

14.4.4 炔烃的反应

14.4.4.1 炔钠的生成

末端炔烃可与强碱反应形成金属化合物，叫做炔化物。例如，乙炔的酸性强度（$pK_a=25$）比氨（$pK_a=34$）大很多，氨基负离子可以定量地把乙炔转变成为乙炔基负离子。

$$CH\equiv CH+NH_3^- \longrightarrow CH\equiv C^- +NH_3$$

在液氨中，用氨基钠处理乙炔是实验室中制备乙炔钠普遍采用的方法。

$$CH\equiv CH+Na^+ NH_3^- \longrightarrow CH\equiv C^- Na^+ +NH_3$$

$CH\equiv C^-$ 是很强的亲核试剂，在液氨中可与伯卤代烷发生取代反应生成烷基乙炔-乙炔的烷基化。例如：

$$CH\equiv CH \xrightarrow[-33℃]{NaNH_2，液氨} CH\equiv CNa \xrightarrow[液氨，-33℃]{CH_3CH_2CH_2CH_2Br} CH_3CH_2CH_2CH_2C\equiv CH$$

$$CH_3CH_2C\equiv CH \xrightarrow[-33℃]{NaNH_2，液氨} CH_3CH_2C\equiv CNa \xrightarrow[液氨，-33℃]{CH_3CH_2Br} CH_3CH_2C\equiv CCH_2CH_3$$

这是实验室中从乙炔制备其他炔烃普遍采用的一种方法。

14.4.4.2 炔银和炔亚铜的生成

末端炔烃分子中的炔氢可被 Ag^+ 或 Cu^+ 取代生成炔银或炔亚铜。例如，把末端炔烃通入硝酸银的氨溶液中，立即生成白色乙炔银沉淀。

$$RC\equiv CH+AgNO_3 \xrightarrow{NH_3，H_3O} RC\equiv CAg\downarrow（白）$$

把末端炔烃通入氯化亚铜的氨溶液中，则立即生成棕红色乙炔亚铜沉淀。

$$RC\equiv CH+Cu_2Cl_2 \xrightarrow{NH_3，H_3O} RC\equiv CCu\downarrow（红）$$

这是具有 C≡C—H 构造的末端炔烃的特征反应。反应非常灵敏，在实验室中和生产上经常用于乙炔以及其他末端炔烃的分析、鉴定。

炔银（RC≡CAg）和炔亚铜（RC≡CCu）不与水反应，也不溶于水。但是，它们可被稀盐酸分解，重新生成末端炔烃。这个性质在实验室中可用来分离、精制末端炔烃。炔银、炔亚铜潮湿时比较稳定，干燥时，因撞击、振动或受热会发生爆炸。因此，实验后应立即用酸处理。

14.5 炔烃的制法

14.5.1 乙炔的制法

乙炔是有机化学工业的一个基础原料，用于生产乙醛、乙酸、乙酐、聚乙烯醇以及氯丁橡胶等。此外，乙炔在氧中燃烧时生成的氧乙炔焰能达到 3000℃以上的高温，工业上常用来焊接或切断金属材料。

工业上生产乙炔有两种方法。

14.5.1.1 以电石为原料

在高温电炉中加热生石灰和焦炭到2500～3000℃，生石灰即与焦炭反应生成碳化钙。碳化钙俗名电石。电石与水反应即得乙炔，所以，乙炔俗名电石气。例如：

$$CaO + 3C \xrightarrow{2500 \sim 3000^\circ C} CaC_2 + CO$$
$$CaC_2 + 2H_2O \longrightarrow CH \equiv CH + Ca(OH)_2$$

生成的乙炔中含有的硫化氢、磷化氢等杂质，在实验室或工业上一般是采用氧化法除去。把乙炔通入次氯酸钠水溶液中，硫化氢、磷化氢等就被氧化成为硫酸盐、磷酸盐等而除去。由上述方法得到的乙炔纯度较高，生产流程简单，但耗电量大，成本高，污染严重。

14.5.1.2 以天然气为原料

天然气（CH_4）在约1500℃进行裂解可生成乙炔：

$$2CH_4 \xrightarrow{1500^\circ C} CH \equiv CH + H_2。$$

此法的优点是原料便宜，但用此法得到的乙炔纯度较低。

14.5.2 其他炔烃的制法

14.5.2.1 利用炔钠和伯卤代烷制备

$$R-C \equiv CNa + R'-X \longrightarrow R-C \equiv C-R' + NaX$$

14.5.2.2 由邻二卤代烷或偕二卤代烷脱卤化氢制备

$$CH_3-\underset{\substack{|\\Br}}{CH}-\underset{\substack{|\\Br}}{CH_2} \xrightarrow[\triangle]{KOH,乙醇} CH_3-C \equiv CH + 2HBr$$

$$CH_3-CH_2-CHCl_2 \xrightarrow[\triangle]{KOH，乙醇} CH_3-C \equiv CH + 2HCl$$

习 题

1. 写出分子式为 C_5H_8 的炔烃的构造异构体，并用系统命名法命名。

2. 写出下列化合物的构造式或命名。

(1) 异戊基异丁基乙炔；　(2) 烯丙基乙烯基乙炔；

(3) 异丁基仲丁基乙炔；　(4) 4,4-二甲基-2-戊炔；

(5) 2,5-二甲基-3-庚炔；　(6) 3-甲基-1-戊炔；

(7) $CH_2=CH-C \equiv C-CH=CH_2$；　(8) $CH_3-C \equiv C-C \equiv CH$。

3. 分子式为 C_6H_{10} 的化合物，能使溴水褪色，催化加氢生成正己烷，用过量的高锰酸钾氧化则生成两种羧酸。写出这种化合物的构造式及各步反应的反应式。

4. 脂肪烃A和B的分子式都是 C_6H_{10}，催化加氢都生成2-甲基戊烷。A与氯化亚铜氨溶液反应，生成棕红色沉淀，B不与氯化亚铜氨溶液反应，推测A、B可能的构造式。

5. 用简便的方法鉴别下列化合物。

(1) 1-丁炔和2-丁炔；　(2) 丁烷、1-丁烯和1-丁炔。

第15章

芳香烃

15.1 芳香烃的分类与命名

15.1.1 芳烃的分类

芳香烃是指含有苯环或多个苯环组合结构（即稠环）的碳氢化合物。它们是芳香族化合物的母体，芳香族化合物是芳香烃及其衍生物的总称。

根据分子中所含的苯环数目及连接方式不同可将芳香烃分为单环芳香烃、多环芳香烃和稠环芳香烃。单环芳香烃有苯、甲苯等，多环芳香烃则有联苯、二苯甲烷等，稠环芳香烃则有萘、蒽、菲等。

15.1.2 芳烃的命名

15.1.2.1 一元取代苯的命名

简单的一元取代苯的命名是以苯环作为母体、烷基作为取代基来命名。对于≤10 个碳原子的烷基，常省略某基的“基”字；对于＞10 个碳原子的烷基，一般不省略“基”字。例如：

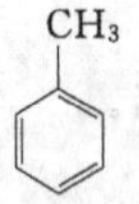
甲苯

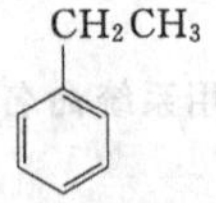
乙苯

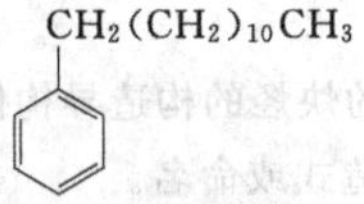
十二烷基苯

15.1.2.2 相同二元取代苯的命名

相同二元取代苯命名时是以邻、间、对作为字头来表明两个取代基的相对位次，或者用 ortho（邻）、mata（间）、para（对）的第一个字母 *o*-、*m*-、*p*-来表示，还可用阿拉伯数字来表明取代基的位次。例如：

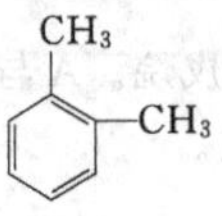
邻二甲苯
或 1,2-二甲苯

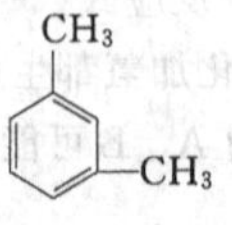
间二甲苯
或 1,3-二甲苯

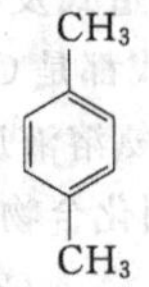
对二甲苯
或 1,4-二甲苯

15.1.2.3 不同二元取代苯的命名

不同二元取代苯的命名是以苯环作为母体，选择在次序规则中原子或基团的优先顺序排列时，编号较小的烷基所在碳原子位号为 1 位。然后按“最低系列”原则编号，并按“较优基团后列出”来命名。例如：

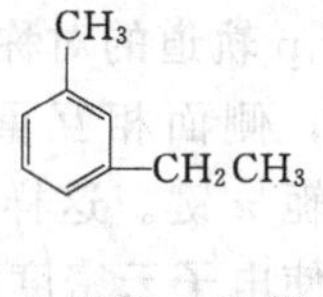

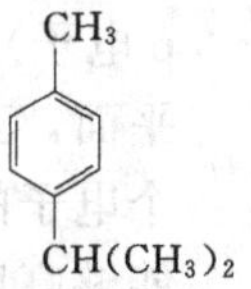

1-甲基-3-乙苯	1-甲基-4-异丙苯

15.1.2.4 多元取代苯的命名

多元取代苯的命名和不同二元取代苯的命名方法一样。例如：

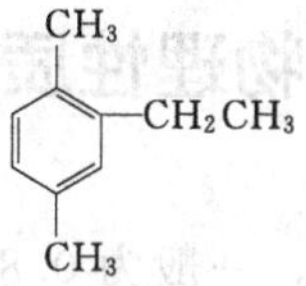

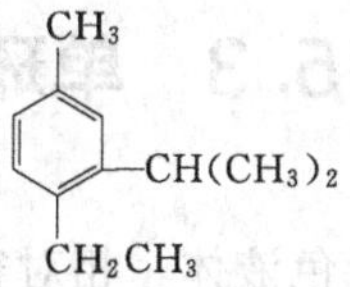

1,4-二甲基-2-乙苯	1-甲基-4-乙基-3-异丙苯

15.1.2.5 三个相同烷基取代苯命名

对于三个相同烷基取代苯，则可用连、偏、均字头来表示。例如：

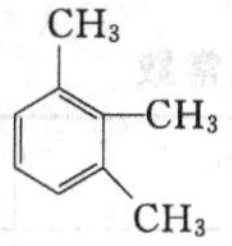

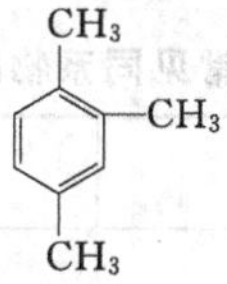

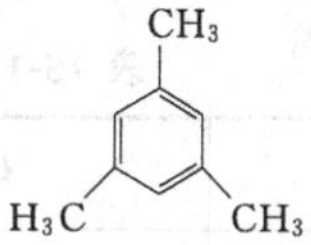

连三甲苯	偏三甲苯	均三甲苯
或 1,2,3-三甲苯	或 1,2,4-三甲苯	或 1,3,5-三甲苯

15.1.2.6 复杂取代苯化合物的命名

当苯环上连接的脂肪烃基比较复杂，或连接的是不饱和烃基，或烃链上有多个苯环时，则以脂肪烃作为母体，苯环作为取代基来命名。例如：

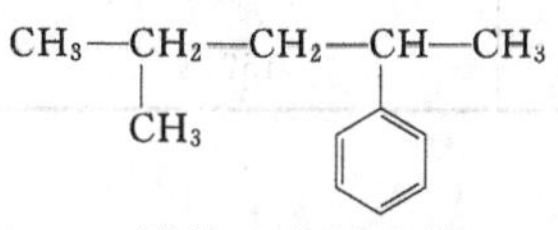

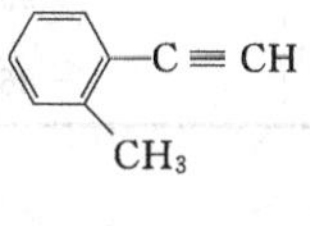

2-甲基-4-苯基戊烷	邻甲苯基乙炔

芳烃分子中去掉一个氢原子后剩下的基团称为芳基。常用 Ar-表示。苯分子去掉一个氢原子后形成苯基，一般是用 Ph-（phenyl 的缩写）表示。

15.2 苯分子的结构

近代物理方法证明，苯(C_6H_6)分子中的 6 个碳原子和 6 个氢原子都在同一平面内，6

个碳原子构成平面正六边形，碳碳键长都是 0.140nm，比碳碳单键（0.154nm）短，比碳碳双键（0.134nm）长，碳氢键长都是 0.108nm，所有键角都是 120°。

从图 15-1 苯分子的形状可知，6 个碳原子都是以 sp^2 杂化轨道成键，互相以 sp^2 轨道形成 6 个 C—Cσ 键，以 sp^2 轨道分别与 6 个氢原子的 1s 轨道形成 6 个 C—Hσ 键。每个碳原子还有 1 个 p 轨道（含 1 个 p 电子），这 6 个 p 轨道的对称轴都垂直于碳氢原子所在的平面，互相平行，侧面相互重叠，形成一个 6 个原子、6 个电子的环状共轭 π 键。这样，处于该 π 轨道中的 π 电子能够高度离域，使电子云密度完全平均化，从而能量降低。

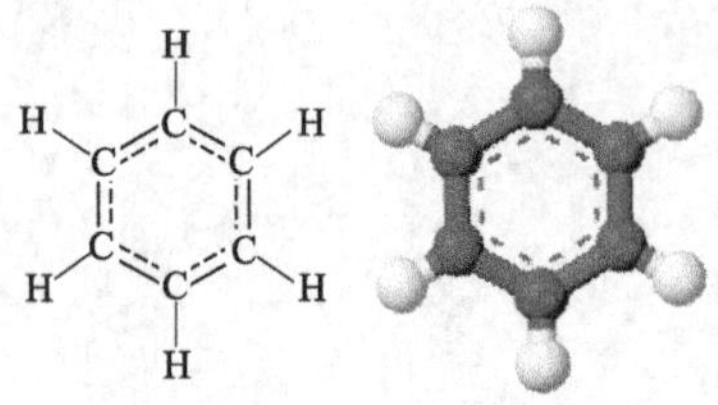

图 15-1　苯分子的结构

用凯库勒构造式  或  虽然未能完全正确地反映苯分子的结构，但仍在普遍使用。本书中采用凯库勒构造式来表示苯分子的结构。

15.3　单环芳烃的物理性质

苯及其同系物多数是无色液体，相对密度小于 1，一般为 0.86～0.9。不溶于水，可溶于乙醚、四氯化碳、乙醇、石油醚等溶剂。与脂肪烃不同，芳烃易溶于 *N*,*N*-二甲基甲酰胺等溶剂，利用此性质可从脂肪烃和芳烃的混合物中萃取芳烃。甲苯、二甲苯等对某些涂料有较好的溶解性，可用作涂料工业的稀释剂。苯及其同系物有特殊气味，苯蒸气有毒，使用时应注意。苯及其常见同系物的一些物理常数见表 15-1。

表 15-1　苯及其常见同系物的一些物理常数

名称	熔点/℃	沸点/℃	相对密度(d_4^{20})
苯	5.5	80	0.879
甲苯	−95	110.6	0.867
邻二甲苯	−25.2	144.4	0.880
间二甲苯	−47.9	139.1	0.864
对二甲苯	13.3	138.4	0.712
乙苯	−95.0	136.2	0.867
正丙苯	−99.5	159.2	0.862
异丙苯	−86.0	152.4	0.862

15.4　单环芳烃的化学性质

苯具有环状的共轭 π 键，它有特殊的稳定性，没有典型的 C═C 双键的性质，不易加成和氧化。同时，苯环上的 π 电子云暴露在苯环平面的上方与下方，容易受到亲电试剂的进攻，引起 C—H 键的 H 原子被取代——亲电取代，取代产物仍保持原有环状共轭 π 键。

苯环具有特殊的稳定性，取代反应远比加成、氧化易于进行，这是芳香族化合物特有的性质，叫做芳香性。

15.4.1 亲电取代反应

苯环的硝化、卤代、磺化、烷基化和酰基化是典型的亲电取代反应。

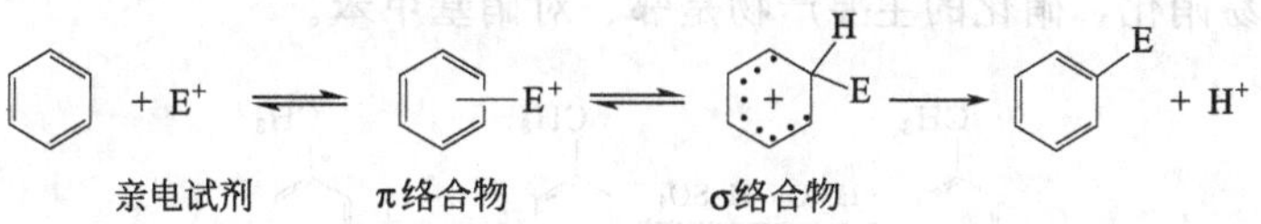

亲电取代反应机理：首先是亲电试剂 E^+ 加到苯环上，生成活性中间体——σ 络合物；然后是 σ 络合物消去生成产物一元取代苯。

15.4.1.1 卤代

卤代中最重要的是氯代和溴代。以铁粉或路易斯酸无水氯化铁为催化剂，苯与氯气或溴发生卤代反应生成氯苯或溴苯。

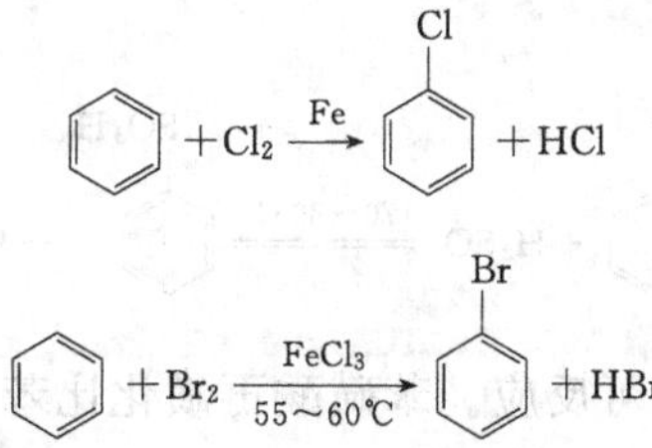

氯苯或溴苯继续卤代比苯困难些，产物主要是邻二氯苯和对二氯苯或邻二溴苯和对二溴苯。

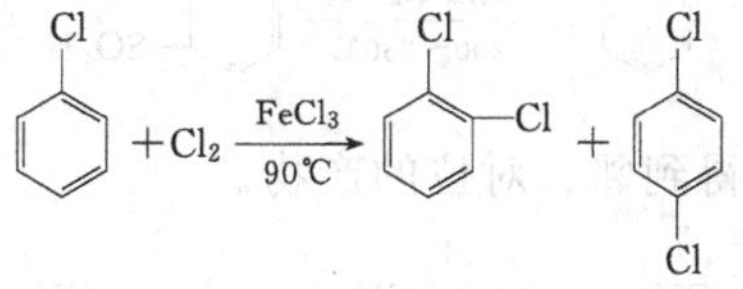

甲苯的卤代比苯容易，如甲苯的氯代，其产物主要是邻氯甲苯和对氯甲苯。

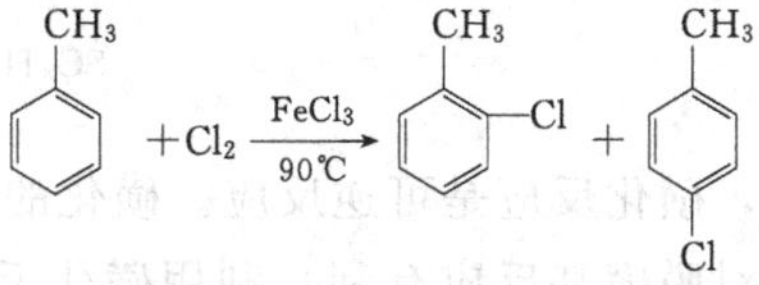

卤代反应的亲电试剂是 X^+。

15.4.1.2 硝化

苯及其同系物与浓硝酸和浓硫酸的混合物（通常称混酸）在一定温度下可发生硝化反应，苯环上的氢原子被硝基（$—NO_2$）取代，生成硝基化合物。例如，苯硝化生成硝基苯。

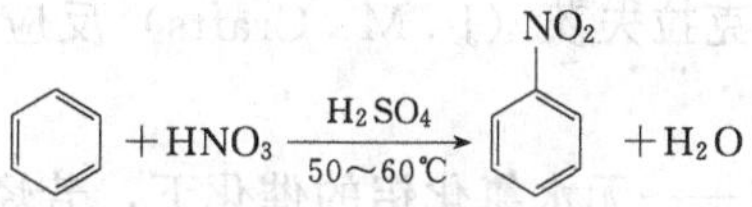

硝基苯继续硝化比苯困难，生成的产物主要是间二硝基苯：

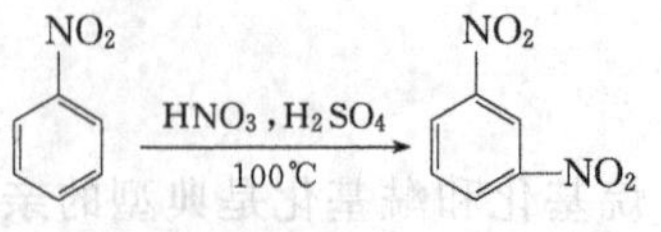

甲苯比苯容易硝化，硝化的主要产物是邻、对硝基甲苯。

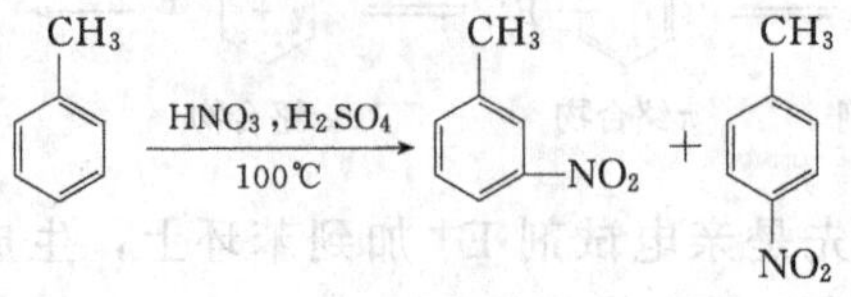

以浓硝酸-浓硫酸硝化芳烃时，亲电试剂是 NO_2^+。

15.4.1.3 磺化

苯及其同系物与浓 H_2SO_4 发生磺化反应，在苯环上引入磺基（$-SO_3H$），生成芳磺酸。例如：

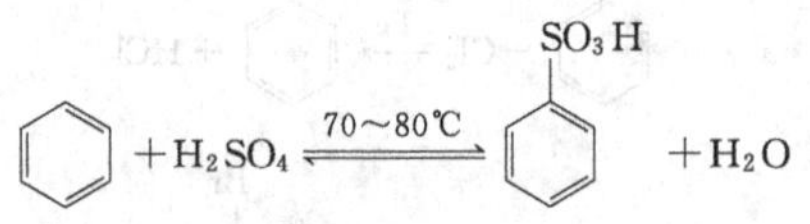

如果用发烟硫酸，25℃时即可反应。苯磺酸再磺化比苯困难，须采用发烟硫酸并在较高温度下进行。再磺化的产物主要是间苯二磺酸。

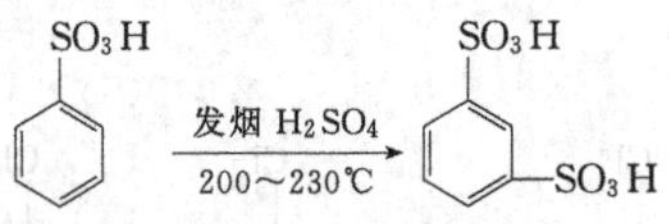

甲苯比苯容易磺化，主要得到邻、对位的产物。

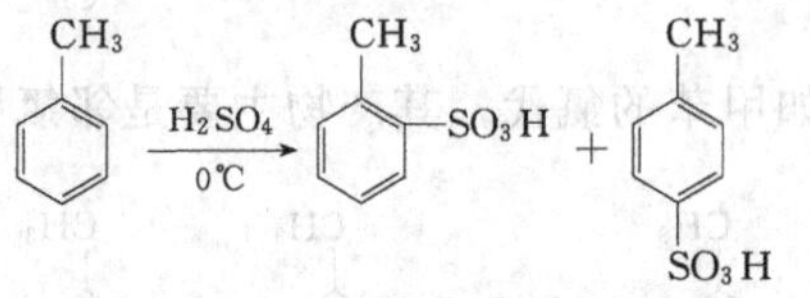

与硝化、氯化和溴化不同，磺化反应是可逆反应。磺化的逆反应称为脱磺基反应或水解反应。高温和较低的硫酸浓度对脱磺基反应有利。利用磺化反应的可逆性，在有机合成中，可把磺基作为临时占位基团，以得到所需的产物。例如，由甲苯制取邻氯甲苯时，若用甲苯直接氯化，得到的是邻氯甲苯和对氯甲苯的混合物，分离困难。如果先用磺基占据甲基的对位，再进行氯化，就可避免对位氯化物的生成。产物再经水解，就可得到高产率的邻氯甲苯。

15.4.1.4 傅-克反应

傅瑞德尔（C. Friedel）-克拉夫茨（J. M. Crafts）反应（简称傅-克反应），一般分为烷基化和酰基化两类。

(1) 烷基化　在路易斯酸——无水氯化铝的催化下，芳烃与氯代烷（或溴代烷）的反应是典型的傅-克烷基化反应。例如：

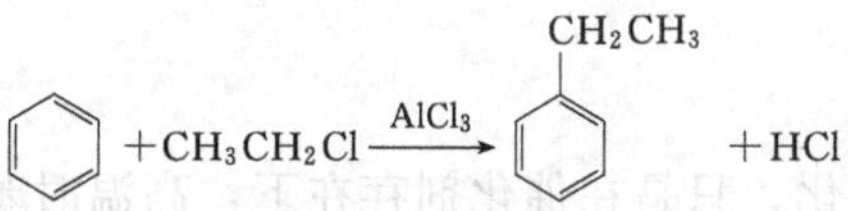

在烷基化中，引入的烷基含有三个或三个以上碳原子时，常常发生重排，生成重排产物。例如：

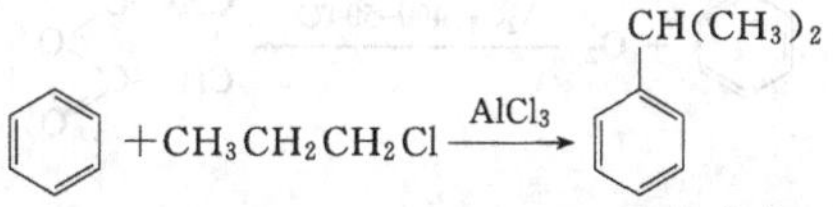

重排产物

除了烷基可能重排外，烷基化时还常发生多烷基化。这是因为烷基是一个推电子的活化苯环的取代基，当苯环引入了第一个烷基后，第二个烷基的引入比第一个要容易些。

如果苯环上带有拉电子的取代基会使苯环钝化，由于苯环被钝化，一般不发生烷基化，例如硝基苯。由于硝基苯不发生烷基化，又能很好地溶解 $AlCl_3$，所以硝基苯可用作烷基化的溶剂。

在烷基化反应中，除卤代烷外，烯烃和醇也是常用的烷基化试剂；质子酸（例如 H_2SO_4、无水 HF、HF-BF_3 等）也是常用的催化剂。

傅-克烷基化反应在工业生产上有重要的意义。例如，苯分别与乙烯和丙烯反应，是工业上生产乙苯和异丙苯的方法。烷基化产物中的乙苯、异丙苯、十二烷基苯等都是重要的化工原料。乙苯经催化脱氢后生成苯乙烯，后者是合成树脂和合成橡胶的重要单体；异丙苯是生产苯酚、丙酮的主要原料；十二烷基苯磺化、中和后生成的十二烷基苯磺酸钠是重要的合成洗涤剂。

(2) 酰基化 在无水氯化铝催化下，芳烃与酰氯（RCOCl）反应生成芳酮是典型的傅-克酰基化反应。例如：

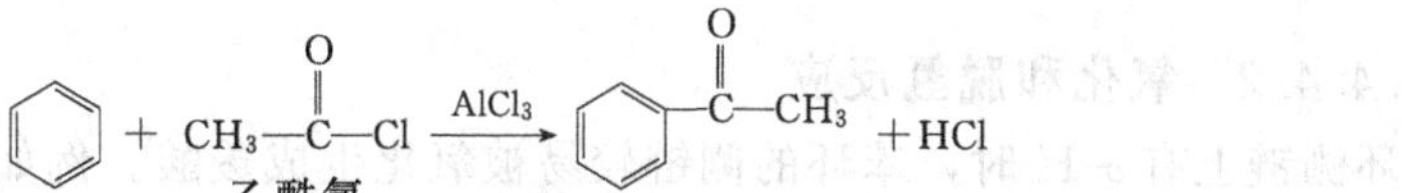

乙酰氯 苯乙酮

酰基化反应是不可逆的。由于酰基是一个吸电子的钝化苯环的取代基，酰基化产物芳酮的活性比反应物芳烃小，所以一般不发生多酰基化反应。酰基化时，引入的酰基也不发生重排。

除酰氯外，酸酐也常用作酰基化试剂。例如：

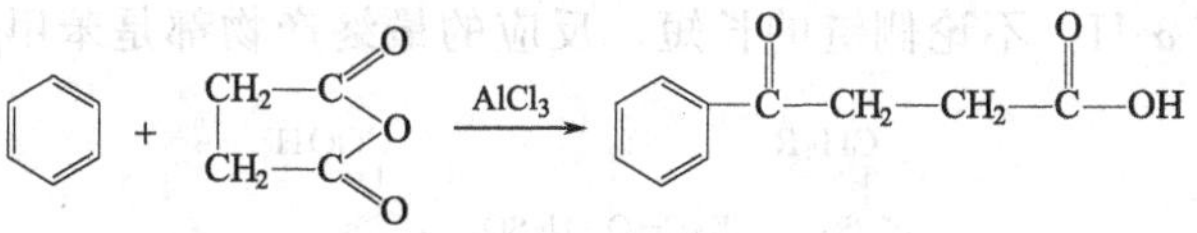

15.4.2 加成反应

苯环易发生取代反应，但在一定条件下也可以发生加成反应。在催化剂铂、钯、雷尼镍等作用下，苯也能与氢加成。例如：

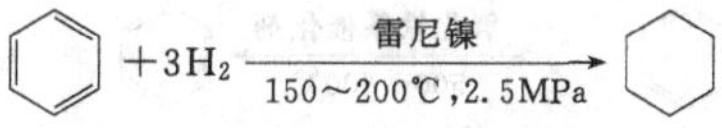

15.4.3 氧化反应

苯环很稳定，不易被氧化，只是在催化剂存在下，高温时苯才会氧化开环，生成顺丁烯二酸酐。

$$\text{苯} + O_2 \xrightarrow[V_2O_5, 400\sim500℃]{} \text{顺丁烯二酸酐}$$

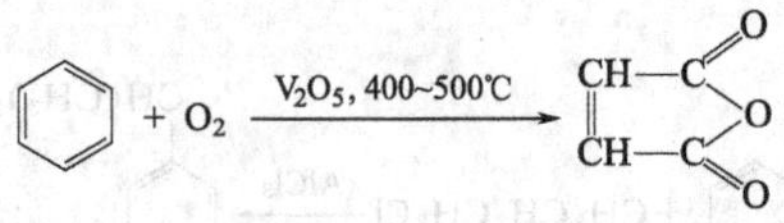

这是顺丁烯二酸酐的工业制法。

15.4.4 芳烃侧链上的反应

15.4.4.1 卤代反应

芳烃侧链上的卤代与烷烃卤代一样，是自由基反应。在加热或日光照射下，反应主要发生在与苯环直接相连的 α-H 原子上。例如：

$$CH_3\text{苯} + Cl_2 \xrightarrow[\text{或}\triangle]{h\nu} CH_2Cl\text{苯} + HCl$$

生成的苄氯可以继续发生氯代反应。

$$CH_2Cl\text{苯} \xrightarrow[h\nu \text{ 或}\triangle]{Cl_2} CHCl_2\text{苯} \xrightarrow[h\nu \text{ 或}\triangle]{Cl_2} CCl_3\text{苯}$$

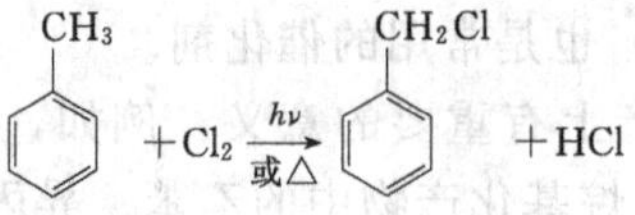

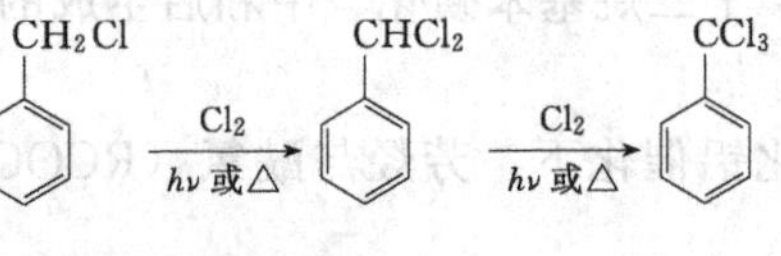

控制氯的用量可以使反应停止在某一阶段。

15.4.4.2 氧化和脱氢反应

苯环侧链上有 α-H 时，苯环的侧链较易被氧化生成羧酸。例如：

$$CH_3\text{苯} \xrightarrow[400\sim500℃, 0.8MPa]{\text{空气,醋酸钴}} COOH\text{苯}$$

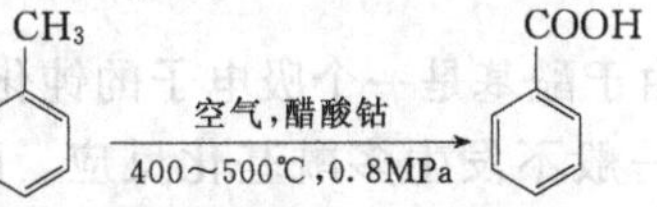

这是苯甲酸（俗称安息香酸）的工业制法。苯甲酸用于制备香料等。它的钠盐可用作食品和药物中的防腐剂。

在侧链上只要有 α-H，不论侧链的长短，反应的最终产物都是苯甲酸。例如：

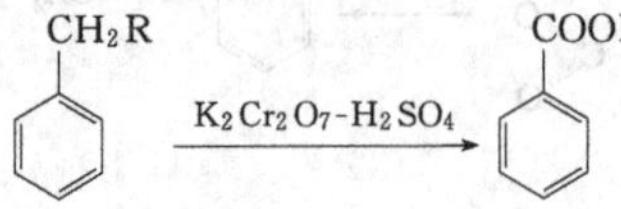

$$CH_2R\text{苯} \xrightarrow{K_2Cr_2O_7\text{-}H_2SO_4} COOH\text{苯}$$

若无 α-H，如叔丁苯，一般不能被氧化。

某些烷基苯，如乙苯在催化剂存在下可发生脱氢反应，生成苯乙烯：

$$CH_2CH_3\text{苯} \xrightarrow[500\sim600℃]{\text{氧化铁系催化剂}} CH=CH_2\text{苯}$$

这是苯乙烯的工业制法。苯乙烯是生产聚苯乙烯、ABS树脂、丁苯橡胶及离子交换树脂等的原料。在引发剂的作用下，苯乙烯可以聚合生成聚苯乙烯。

15.5 稠环芳烃

15.5.1 萘

15.5.1.1 萘分子的结构

萘（$C_{10}H_8$）是由两个苯环共用两个邻位碳原子的稠环化合物，构造式为 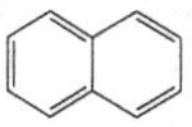。

萘分子中的10个碳原子和8个氢原子均处于同一平面内。碳原子都是sp^2杂化，每个碳原子都有垂直于萘环平面的p轨道，其中都有一个p电子。萘环上的10个p轨道以“肩并肩”的形式相互重叠，电子在其中高度离域，形成两个封闭的环状共轭π键，如图15-2所示。

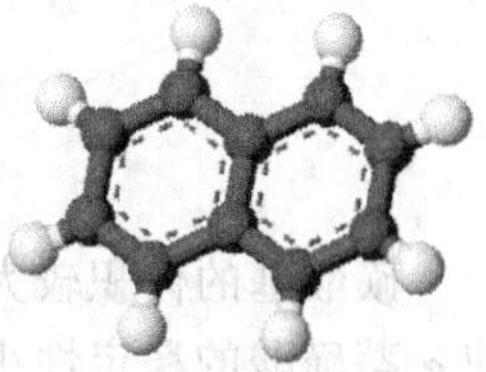
图15-2 萘分子的结构

测定表明，萘分子中的碳碳键键长并不是完全等同的。萘环碳原子的编号如下：

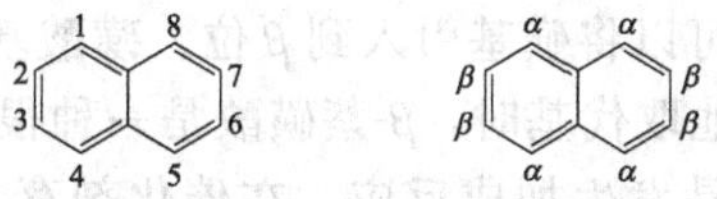

其中的1、4、5、8位是等同的，称为α位；2、3、6、7位也是等同的，称为β位。所以，一元取代萘有两种不同的异构体，α-取代萘和β-取代萘。

15.5.1.2 萘的性质

萘是无色片状晶体，熔点80℃，沸点218℃，易升华。萘有特殊的气味，溶于乙醇、乙醚及苯中。萘是基础有机化工原料，它的很多衍生物是合成染料、农药和医药的重要中间体。

萘的化学性质与苯相似。萘的共轭能是254.8kJ/mol，比两个单独苯环的共轭能的总和（2×150kJ/mol）低。因此，萘的稳定性比苯小，萘环的活泼性比苯大。

(1) 亲电取代反应　萘比苯容易发生亲电取代反应。萘的α位比β位活泼，取代反应较易发生在α位。

① 卤代：在无水氯化铁催化下，萘与氯反应，主要生成α-氯萘。

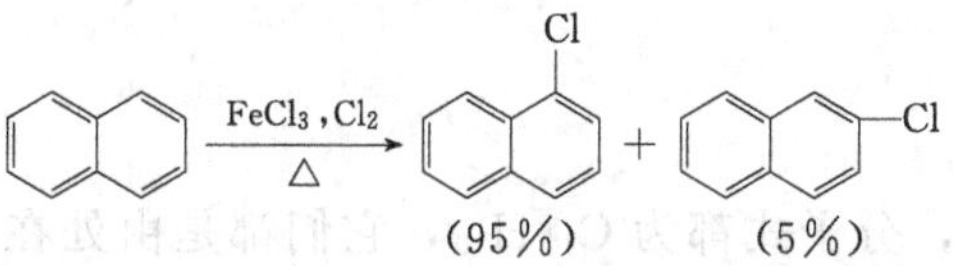

α-氯萘是无色液体，沸点259℃，常用作高沸点溶剂和增塑剂。

在四氯化碳作溶剂和回流下，萘与溴反应，主要生成α-溴萘。

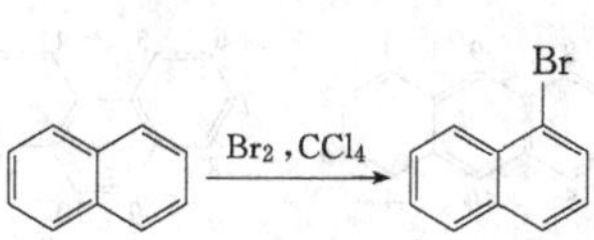

α-溴萘为无色液体，沸点281℃。

② 硝化：萘在30～60℃与混酸反应，生成α-硝基萘。

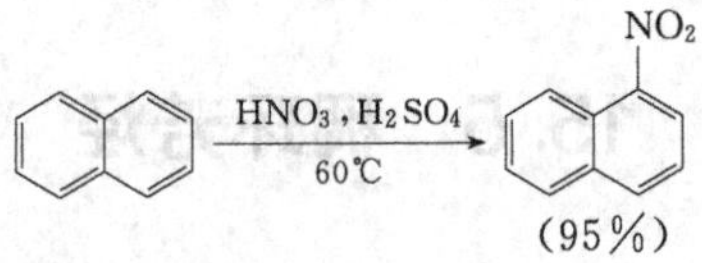

α-硝基萘为黄色针状晶体，熔点61℃。

③ 磺化：萘在较低温度下(80℃)与浓 H_2SO_4 发生磺化反应，生成的主要产物是α-萘酸，当反应升温至165℃时，主要产物则是β-萘磺酸。

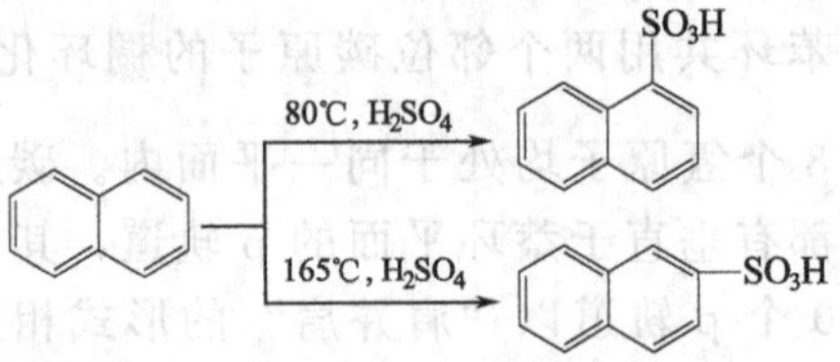

磺酸基的体积较大，萘环1位上的磺酸基同8位上的氢原子之间存在着立体张力，从而使α-萘磺酸的稳定性小于β-萘磺酸。萘磺化低温时得到α-萘磺酸，高温时得到稳定性较大的β-萘磺酸。

萘磺酸在有机合成中有重要的应用。由于萘环的亲电取代反应一般发生在α位，而在磺化反应中，控制适当的条件，可以将磺基引入到β位。磺酸基又可以转换成羟基、氨基等基团，因此，萘环β位要引入其他取代基时，β-萘磺酸是一种很重要的中间体。

(2) 加成反应　萘比苯容易发生加成反应。在催化剂存在下，萘与氢气反应，生成1,2,3,4-四氢化萘（沸点207.2℃）。

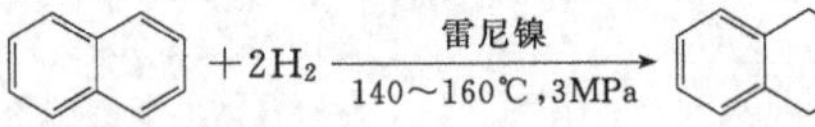

在更剧烈的条件下，四氢化萘继续加氢，最终得到十氢化萘。1,2,3,4-四氢化萘和十氢化萘都是性能良好的高沸点溶剂。

(3) 氧化反应　萘比苯容易氧化。在催化条件下，萘被空气氧化生成邻苯二甲酸酐（俗称苯酐）。这是邻苯二甲酸酐的一种工业制法，也是萘的主要用途。目前约有2/3的萘用于生产邻苯二甲酸酐。

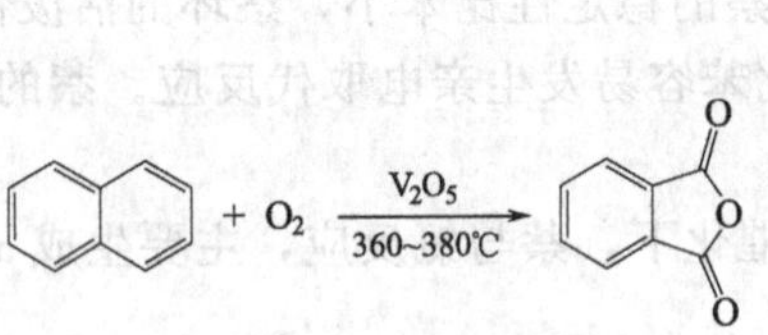

15.5.2　蒽和菲

蒽和菲是同分异构体，分子式都为 $C_{14}H_{10}$，它们都是由处在同一平面上的三个苯环稠合而成的稠环化合物，蒽是直线形的，而菲是角式稠合。它们都是闭合的共轭体系，都具有芳香性。其芳香性由苯、萘、菲、蒽依次降低。蒽环、菲环的编号如下：

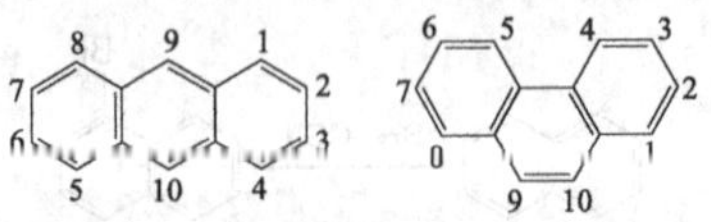

蒽是无色的片状晶体，有弱的蓝色荧光。不溶于水，难溶于乙醇和乙醚，易溶于热苯。熔点 216.5℃，沸点 350℃。蒽可从煤焦油中提取，主要用于合成蒽醌。

菲是有光泽的无色片状晶体，熔点 100℃，沸点 340℃，不溶于水，易溶于苯，溶液有蓝色荧光。菲也可以从煤焦油中提取。

蒽、菲的化学性质相似，可以发生亲电取代、加成和氧化。9,10 位活性最高。例如：

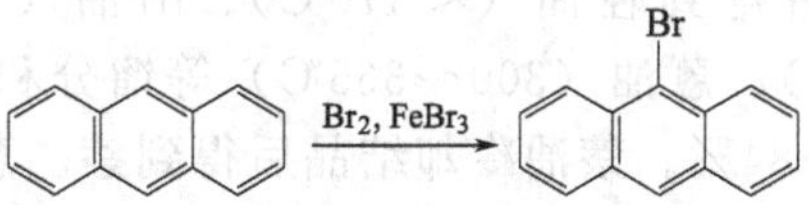

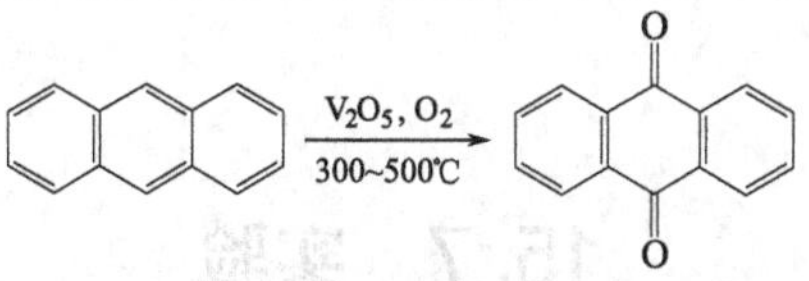

这是工业上生产蒽醌的一种方法，蒽是一种化工原料。蒽醌的许多衍生物是染料中间体，用于制备蒽醌染料。

15.6 芳烃的来源与制备

芳烃是重要的有机化工原料，其中最重要的是苯、甲苯、二甲苯和萘，它们是有机化工基础原料。芳烃主要来自石油加工和煤加工。在石油化工发展之前，芳烃都来源于炼焦工业的副产物煤焦油。石油化工的发展，给芳烃提供了丰富的来源。近年来，苯及其同系物已主要由石油加工来提供，但萘和蒽仍主要来自煤焦油。

15.6.1 由石油加工得到芳烃

15.6.1.1 从石油裂解的副产物中提取芳烃

乙烯、丙烯、丁二烯是石油化工最重要的原料，通常用馏分油的热裂解来制备。在热裂解的同时，能副产 C_5～C_9 的馏分，该馏分称为裂解汽油。例如，石油裂解可以得到约 20% 的裂解汽油。裂解汽油中含有芳烃，其中苯、甲苯、二甲苯的含量为 40%～80%，是芳烃的重要来源。

石油化工越发展，乙烯的产量越高，副产裂解汽油的量也越多。有些石油化学工业发达的国家，大约一半的芳烃来源于裂解汽油。

15.6.1.2 石油芳构化

以铂为催化剂，约 500℃，3MPa，处理石油的 C_6～C_8 馏分，C_6～C_8 馏分中的各组分发生一系列的反应，最后生成 C_6～C_8 芳烃——苯、甲苯、乙苯和邻、间、对二甲苯。这个过程在石油工业上叫做石油的铂重整。这个反应叫做芳构化。

铂重整后的产物经过萃取、分离、精馏等过程，即可得到苯、甲苯以及 C_8 芳烃（乙苯和邻、间、对二甲苯）的混合物。

15.6.2 从煤焦油中提取芳烃

煤在隔绝空气下强热称为煤的干馏。煤在 900～1100℃干馏得到焦炭和焦炉煤气。焦炉煤气经过冷却、洗油（中油）吸收，最后得到煤气、氨、粗苯和煤焦油。

粗苯是从洗油中分离得到的馏分，其产率是原料用煤质量的1%～1.5%。它的主要成分是苯（50%～70%）、甲苯（12%～22%）、二甲苯（2%～6%）。粗苯经过精制、精馏后可得到苯、甲苯和二甲苯。

煤焦油的产率是原料用煤质量的3%～4%，它的成分相当复杂，目前已经查明的物质有近 500 种。煤焦油精馏后得到轻油（＜170℃）、酚油（170～210℃）、萘油（210～230℃）、洗油（230～3000℃）、蒽油（300～365℃）等馏分和沥青。萘油占煤焦油总量的9%～13%，其中含萘 78%～84%。萘油冷却结晶后得到萘。蒽油占煤焦油的 20%～24%，其中含蒽 18%～30%，从蒽油中提取、精制后可得到纯蒽。从煤焦油中还可以分离得到菲和其他许多有机化工原料。

15.7 实验

15.7.1 苯甲酸的制备

15.7.1.1 实验目的

① 掌握相转移催化氧化制备苯甲酸的方法。

② 进一步熟练掌握回流反应、减压过滤、重结晶等操作。

15.7.1.2 实验原理

烷基苯在相转移催化剂存在下，在强氧化剂的氧化下，氧化生成苯甲酸。

反应式：

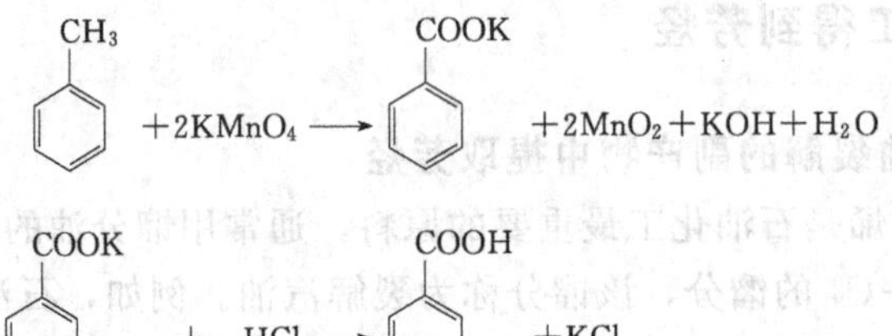

15.7.1.3 仪器与药品

仪器：250mL 三口烧瓶、球形冷凝管、布氏漏斗、吸滤瓶、搅拌装置。

药品：甲苯 2.3 克（2.7mL，0.0025mol）、高锰酸钾 8.5g、浓盐酸 4～5mL、亚硫酸氢钠 7g、刚果红试纸。

15.7.1.4 实验步骤

在 250mL 三口瓶中加入 2.7mL 甲苯和 100mL 水，瓶口装一冷凝管，加热至沸。从冷凝管上口分批加入 8.5g 高锰酸钾，每次加料不宜多，整个加料过程约需 60min。最后用少量水(约 25mL)将粘在冷凝管内壁的高锰酸钾冲洗入烧瓶内。继续煮沸直到甲苯层消失，回流液不再有明显油珠。

若溶液显较深的紫色，加入少量亚硫酸氢钠，振摇使紫色褪去后趁热将反应混合物减压过滤，用少量热水洗涤残渣。将滤液放在冷水浴中冷却，用浓盐酸酸化直至溶液呈强酸性，直到苯甲酸全部沉淀析出为止。

抽滤，用少量冷水洗涤，尽量抽干，把苯甲酸在表面皿上摊开，晾干、称重。粗产品可用热水重结晶。

15.7.1.5 注意事项

① 高锰酸钾要分批加入，小心操作不能使其粘在管壁上。

② 控制氧化反应速度；防止发生暴沸冲出现象。

③ 酸化要彻底，使苯甲酸充分结晶析出。

④ $NaHSO_3$ 小心分批加入，温度也不能太高，否则会发生暴沸；而若还原不彻底，会影响产品颜色和纯度。

15.7.1.6 思考题

① 反应结束后，滤液呈紫色时为什么要加入少量亚硫酸氢钠？

② 如何判断酸化过程中已呈强酸性？

③ 精制苯甲酸还有什么方法？

15.7.2 对甲苯磺酸钠的制备

15.7.2.1 实验目的

掌握芳烃磺化及形成钠盐的方法。

15.7.2.2 实验原理

烷基苯在磺化剂作用下于较高的温度进行磺化反应，主要产生对位化合物。磺化产物与氯化钠形成磺酸钠盐。

主反应：

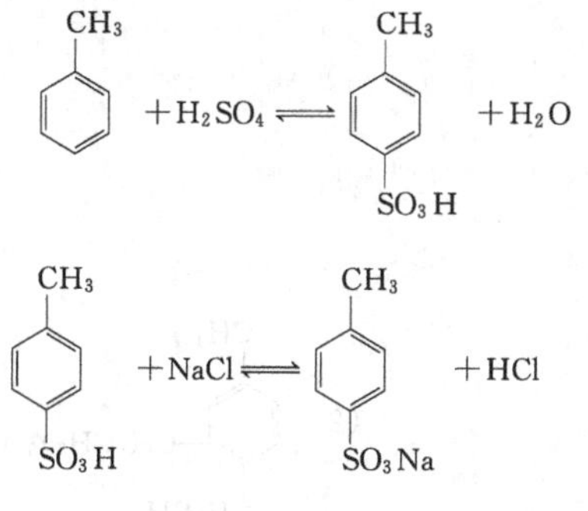

副反应：

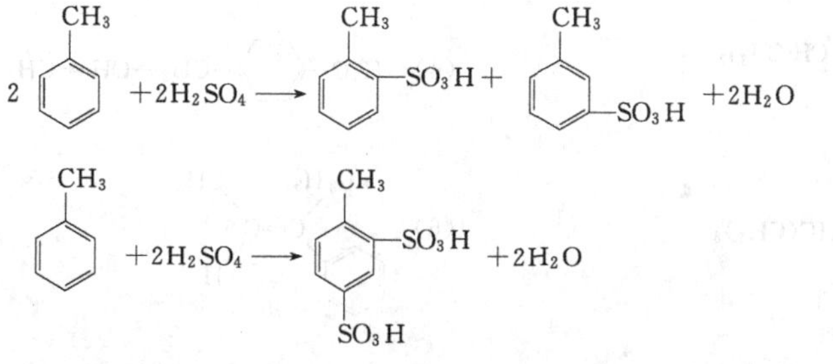

15.7.2.3 仪器与药品

仪器：100mL 圆底烧瓶、球形冷凝器、电磁搅拌装置、抽滤装置。

药品：甲苯 14g（16mL，0.15mol）、浓硫酸 18g（10mL，0.19mol）、碳酸氢钠、氯化钠、活性炭。

15.7.2.4 实验步骤

在装有电磁搅拌的回流装置中，先将搅拌转子放入 100mL 圆底烧瓶。然后加入 16mL 甲苯和 10mL 浓硫酸。搅拌并加热至沸腾，使保持在微沸状态下进行反应。反应约 1h 后，甲苯几乎消失；冷凝器中的回流滴也很少时，可以停止加热。

将反应物导入盛有 50mL 水的烧杯中，用几毫升热水洗涤烧瓶，洗涤瓶，洗涤液也倒入烧杯中，取出搅拌转子。

在不断搅拌下分批加入 8g 粉状碳酸氢钠，中和部分酸。然后加入 15g 氯化钠，加热至沸腾，使固体盐完全溶解。如有固体杂质，可趁热过滤。滤液冷至室温，待析出晶体后进行减压过滤，滤去水分。

将粗产品放入 50mL 水中，加热使完全溶解。加入 13g 氯化钠，加热至沸，使盐完全溶解。稍冷，加入约 1g 活性炭脱色。趁热过滤，冷却。对甲苯磺酸钠晶体析出后，减压过滤。得到的产物需进行干燥。

15.7.2.5 注意事项

① 磺化反应，温度不同，生成的主要产物也不同。低温有利于邻位异构体生成。较高温度，有利于对位异构体的生成。更高温度，则有利于二磺酸异构体生成。

② 中和酸时会放出大量的二氧化碳，必须在不断搅拌下，分批加入碳酸氢钠。

15.7.2.6 思考题

① 为什么在反应过程中需要搅拌？

② 本实验加入氯化钠过多或过少，对实验有什么影响？

习题

1. 命名下列化合物。

(1) 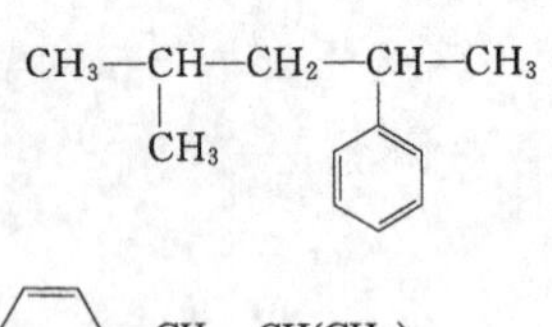

(2) 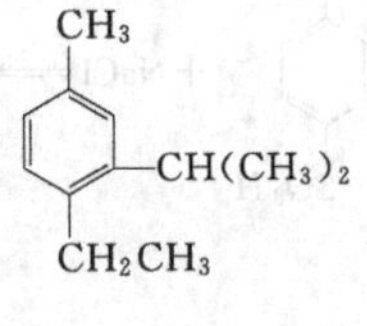

(3) 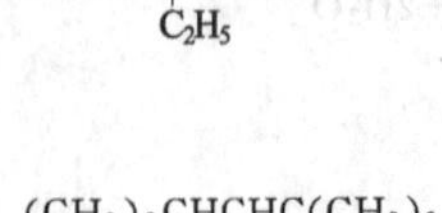

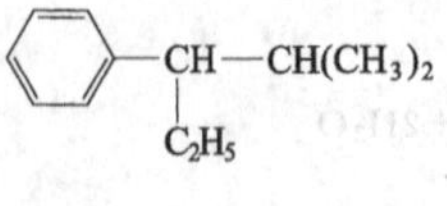

(4) 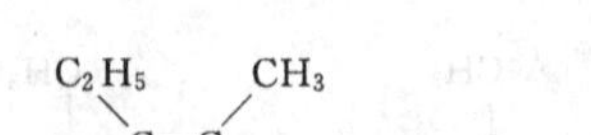

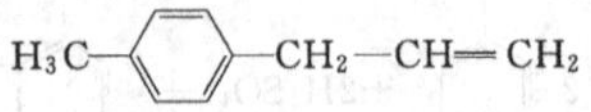

(5) 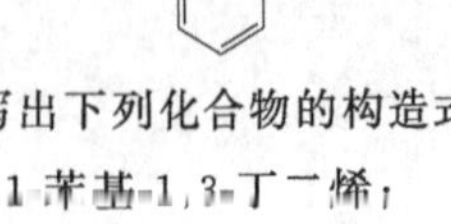

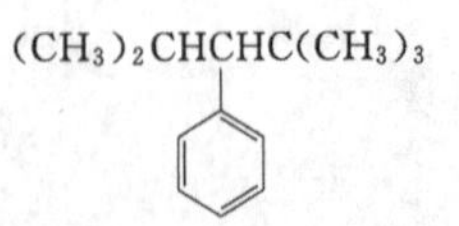

(6) 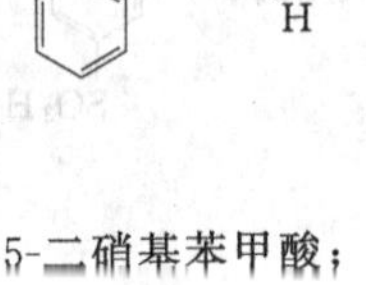

2. 写出下列化合物的构造式。

(1) 1-苯基-1,3-丁二烯；　　(2) 3,5-二硝基苯甲酸；

(3) 顺-1,4-二苯基-2-丁二烯；　　(4) 1,5-二溴萘；

(5) 2-硝基-1,4-二氯苯；　　　　　　(6) 8-硝基-1-萘磺酸。

3. 完成下列反应式。

(1) 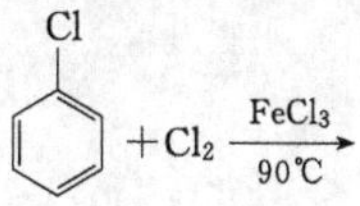

(2) 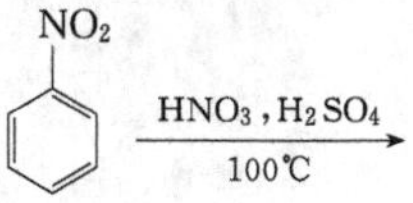

(3) 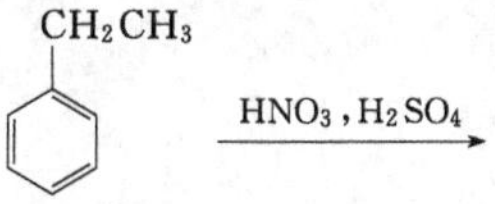

(4) 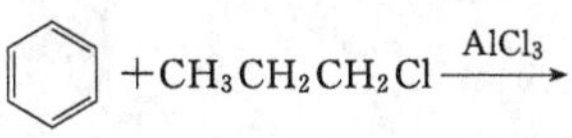

(5) 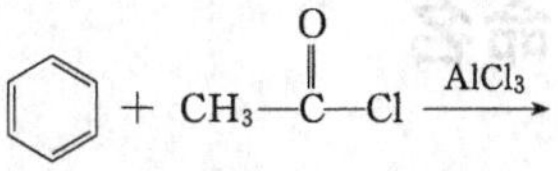

(6) 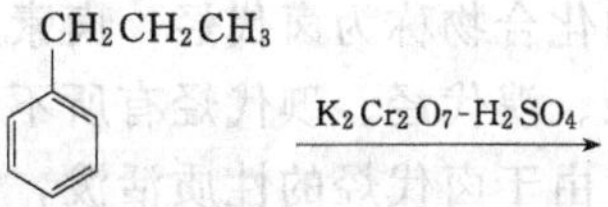

4. 用化学方法鉴别下列两组化合物。

(1) 乙苯和苯乙烯；

(2) 环己烯、环己烷和苯。

5. 化合物 A（C_9H_{10}）在室温下能迅速使 Br_2-CCl_4 溶液和稀 $KMnO_4$ 溶液褪色，催化氢化可吸收 4mol H_2，强烈氧化可生成邻苯二甲酸，试推测化合物 A 的构造式，并写出有关的反应式。

第16章 卤代烃

16.1 卤代烃的分类与命名

烃类分子中一个或多个氢原子被卤素原子取代生成的化合物称为卤代烃，卤素原子是它的官能团。在卤代烃中，氟代烃的性质较特殊，和氯代烃、溴代烃、碘代烃有所不同。

卤代烃基本上都是合成产物，自然界中一般不存在。由于卤代烃的性质活泼，它们在有机合成中往往起着桥梁的作用。由于碘太贵，碘代烃在工业上没有什么重要意义。在工业上最重要的、大规模生产的是氯代烃。凡是用氯代烃可以满足需要的，就不用溴代烃，更不用碘代烃。

16.1.1 卤代烃的分类

16.1.1.1 根据分子中烃基的不同分类

根据卤代烃分子中烃基结构的不同，可分为以下三种。

(1) 饱和卤代烃　例如：

$(CH_3)_3CCl$　　CH_2BrCH_2Br　　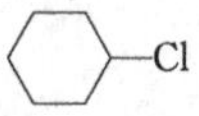

(2) 不饱和卤代烃　例如：

$CH_2{=}CH{-}Cl$　　$CH_2{=}CHCH_2Br$　　$CCl_2{=}CCl_2$

(3) 芳香卤代烃　例如：

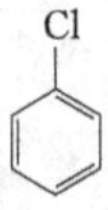　　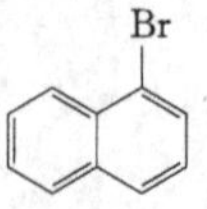

16.1.1.2 根据分子中与卤素原子相连的碳原子种类不同分类

根据分子中与卤素原子相连的碳原子种类不同分为：伯（一级，1°）卤代烃、仲（二级，2°）卤代烃、叔（三级，3°）卤代烃。

16.1.1.3 根据分子中所含卤原子的数目分类

根据分子中所含卤原子的数目分为一卤代烃和多卤代烃。

16.1.2 卤代烃的命名

16.1.2.1 习惯命名法

简单的卤代烷可根据与卤原子相连的烃基来命名。例如：

CH_3Cl 氯甲烷（甲基氯）　　$CHCl_3$ 三氯甲烷（氯仿）　　$CH_2{=}CH{-}CH_2{-}Cl$ 烯丙基氯

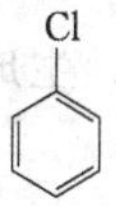

氯苯

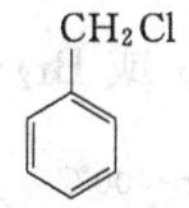

苯基氯甲烷(苄基氯)

16.1.2.2 系统命名法

(1) 饱和卤代烃的命名　可以烷烃为母体，卤原子作为取代基；选择带有卤原子的最长碳链作为主链；先按“最低系列”原则将主链编号，然后按次序规则中“较优基团后列出”来命名。例如：

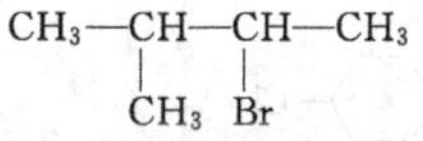

2-甲基-3-溴丁烷

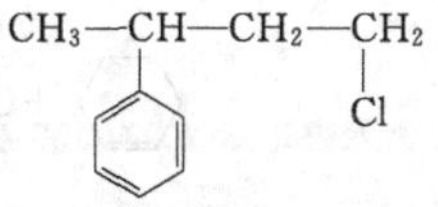

3-苯基-1-氯丁烷

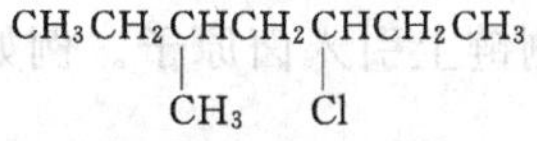

3-甲基-5-氯庚烷

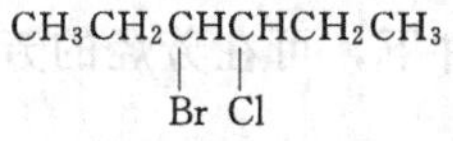

3-氯-4-溴己烷

(2) 不饱和卤代烃的命名　选择含不饱和键和卤素原子的最长碳链作主链；从靠近不饱和键的一段将主链编号，以烯烃或炔烃为母体来命名。例如：

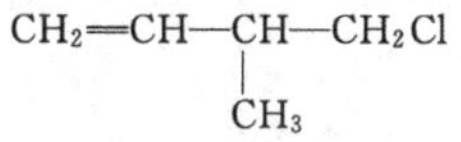

3-甲基-4-氯-1-丁烯

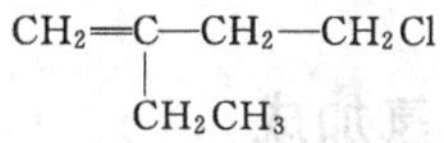

2-乙基-4-氯-1-丁烯

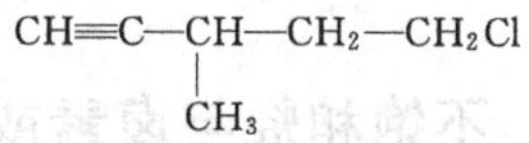

2-甲基-5-氯-1-戊炔

(3) 卤代芳烃的命名　当卤原子直接连在芳环上时，以芳烃为母体，卤原子作为取代基来命名。例如：

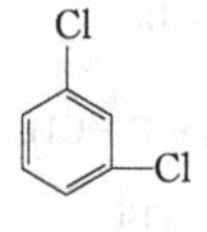

1,3-二氯苯或间二氯苯

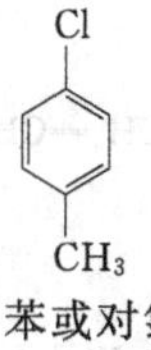

4-氯甲苯或对氯甲苯

当卤原子连在芳环侧链上时，则以脂肪烃为母体，芳基和卤原子都作为取代基来命名。例如：

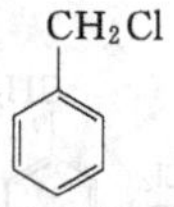

苯(基)氯甲烷(苄基氯)

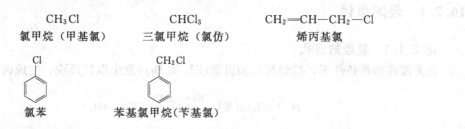

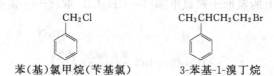

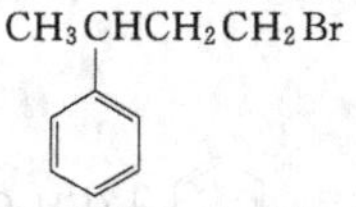

3-苯基-1-溴丁烷

16.2 卤代烃的制备

16.2.1 烃的卤代

16.2.1.1 烷烃的卤代

在光照或加热条件下，烷烃可以和卤素(Cl_2 或 Br_2)发生取代反应，生成卤代烷。例如：

$$CH_4 + 4Cl_2(\text{过量}) \xrightarrow{350\sim400℃} CCl_4 + 4HCl$$

16.2.1.2 烯烃 α-H 原子被卤原子取代

烯丙基型的化合物，在高温下可发生 α-H 的卤代反应，是制备不饱和卤代烃的重要方法。例如：

$$CH_2{=}CH{-}CH_3 + Cl_2 \xrightarrow{500℃} CH_2{=}CH{-}CH_2Cl + HCl$$

16.2.1.3 芳烃的卤代

在不同的反应条件下，可在芳烃的芳环或侧链上引入卤原子。例如：

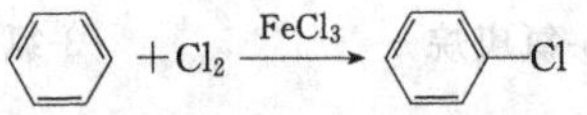

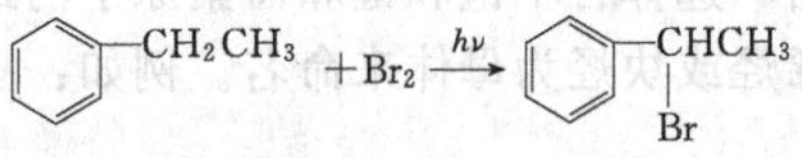

16.2.2 不饱和烃与卤素或卤化氢加成

烯烃或炔烃与卤素或卤化氢加成，可以制得一卤代烃或多卤代烃。例如：

$$CH_2{=}CH{-}CH_3 + Br_2 \xrightarrow{CCl_4} \underset{Br}{CH}{=}\underset{Br}{C}{-}CH_3$$

$$CH_2{=}CH{-}CH_3 + HBr \longrightarrow CH_2{=}\underset{Br}{C}{-}CH_3$$

16.2.3 芳环上的氯甲基化

在催化剂无水氯化锌的作用下，芳烃与干燥的甲醛（通常用三聚甲醛代替）和干燥的氯化氢反应，结果是苯环上的氢原子被氯甲基（$-CH_2Cl$）取代——氯甲基化。例如：

这个反应与傅-克烷基化反应相似，也是苯环上的亲电取代。苯、甲苯、乙苯、二甲苯等都发生这个反应。但是，当苯环上带有强的钝化苯环的取代基（例如硝基）时，则不能发生氯甲基化反应。

16.2.4 以醇为原料制备

醇（R—OH）与氢卤酸、三卤化磷、亚硫酰氯反应生成卤代烃(RX)。这是实验室中制备卤代烃常用的一种方法。

16.3 卤代烃的物理性质

在室温下，只有少数低级卤代烃是气体，例如氯甲烷、溴甲烷、氯乙烷、氯乙烯等。其他常见的卤代烃大多是液体。纯净的卤代烷多数是无色的。溴代烷和碘代烷对光较敏感，光照下能缓慢地分解出游离卤素而分别带棕黄色和紫色。

卤代烃不溶于水。但是，它们彼此可以相互混溶，也能溶于醇、醚、烃类等有机溶剂中。有些卤代烃本身就是有机溶剂。多氯代烷和多氯代烯可用作干洗剂。

卤代烃的沸点随相对分子质量的增加而升高。烃基相同而卤素原子不同的卤代烃中，碘代烃的沸点最高，溴代烃、氯代烃、氟代烃依次降低。直链卤代烃的沸点高于含相同碳原子数的支链卤代烃。这与烷烃类似。此外，氯代烷、溴代烷、碘代烷与相对分子质量相近的烷烃的沸点相近。一氟代烷和一氯代烷的相对密度小于1，一溴代烷和一碘代烷以及多卤代烷和卤代芳烃的相对密度都大于1，此物理性质常用于卤代烃的分离、提纯。

在有机分子中引入氯原子或溴原子可减弱其可燃性，某些含氯、含溴的有机化合物是很好的灭火剂和阻燃剂。

16.4 卤代烷的化学性质

卤原子是卤代烷的官能团。由于卤原子的电负性较大，C—X 为极性共价键，电子云分布为$\overset{\delta^+}{R}—\overset{\delta^-}{X}$，又由于$X^{\delta^-}$比$R^{\delta^+}$更为稳定，在与其他物质发生反应时，往往是$R^{\delta^+}$被亲核试剂进攻而发生反应。反应时，卤代烷的活性顺序是碘代烷＞溴代烷＞氯代烷。

16.4.1 取代反应

16.4.1.1 水解（生成醇）

卤代烷不溶或微溶于水，水解很慢，为了加速水解反应，通常采用强碱水溶液。例如，伯卤代烷与稀氢氧化钠水溶液反应时，主要发生取代反应生成醇。

$$CH_3CH_2CH_2CH_2Br + NaOH \xrightarrow[\text{回流}]{H_2O} CH_3CH_2CH_2CH_2OH + NaBr$$

16.4.1.2 醇解（生成醚）

卤代烷与醇钠在相应的醇中反应，卤原子被烷氧基（RO—）取代生成醚，此反应称为卤代烷的醇解。例如：

$$CH_3CH_2CH_2CH_2Br+CH_3CH_2ONa \xrightarrow{CH_3CH_2OH} CH_3CH_2CH_2CH_2OCH_2CH_3+NaBr$$

这是制备醚，特别是制备 R—O—R′ 类型的醚，最常用的一种方法。

16.4.1.3　氰解（生成腈）

伯卤代烷与氰化钠主要发生取代反应生成腈，称为卤代烷的氰解。例如：

$$CH_3CH_2CH_2Cl+NaCN \xrightarrow{CH_3CH_2OH} CH_3CH_2CH_2CN+NaCl$$

由卤代烷转变成为腈时，分子中增加了一个碳原子。在有机合成上，这是增长碳链常用的一种方法。此外，这也是制备腈的一种方法。由于—CN 水解生成—COOH、还原生成—CH$_2$NH$_2$，所以，这也是从伯卤代烷制备羧酸 RCOOH 和胺 RCH$_2$NH$_2$ 的一种方法。

$$CH_3CH_2CH_2CN \xrightarrow[H^+]{H_2O} CH_3CH_2CH_2COOH$$

16.4.1.4　氨解（生成胺）

伯卤代烷与氨主要发生取代反应生成胺，称为卤代烷的氨解。伯卤代烷与过量的氨反应生成伯胺。例如：

$$CH_3CH_2CH_2CH_2Br+2NH_3 \longrightarrow CH_3CH_2CH_2CH_2NH_2+NH_4Br$$

工业上用这个反应制备伯胺。

如果不是伯卤代烷，而是叔卤代烷分别与上述试剂 NaOH、RONa、NaCN 和 NH$_3$ 反应，发生的主要反应则不是取代，而是消除一分子卤化氢生成烯烃。例如：

$$\begin{array}{c} CH_3 \\ | \\ CH_3-C-Cl \\ | \\ CH_3 \end{array} \xrightarrow{NaOH \text{ 或 } RONa} \begin{array}{c} CH_3-C=CH_2 \\ | \\ CH_3 \end{array}$$

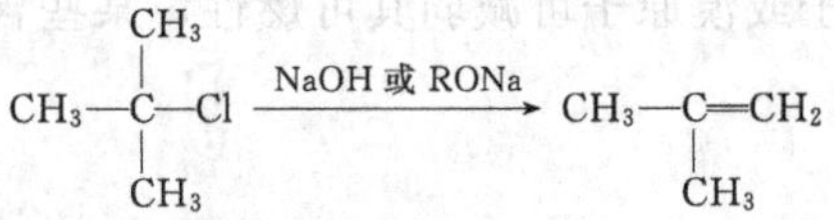

如果是仲卤代烷，一般也生成较多的消除产物烯烃。

16.4.1.5　与硝酸银-乙醇溶液反应（检验卤代烷）

卤代烷与硝酸银-乙醇溶液反应生成卤化银沉淀。

$$R-X+AgNO_3 \xrightarrow{C_2H_5OH} R-O-NO_2+AgX\downarrow$$

此反应中卤代烷的活性顺序是：

$$叔卤代烷 > 仲卤代烷 > 伯卤代烷$$

叔卤代烷生成卤化银沉淀最快，一般是立即反应；而伯卤代烷最慢，常常需要加热。这个反应在有机分析上常用来检验卤代烷。

16.4.1.6　与碘化钠-丙酮溶液反应（检验氯代烷和溴代烷）

碘化钠易溶于丙酮，而氯化钠和溴化钠不溶于丙酮，因此在丙酮中氯代烷或溴代烷可与碘化钠反应生成碘代烷和氯化钠或溴化钠沉淀，以利于反应进行。

$$R-X+NaI \xrightarrow{丙酮} R-I+NaX\downarrow$$

此反应中卤代烷（氯代烷和溴代烷）的活性顺序是：

$$伯卤代烷 > 仲卤代烷 > 叔卤代烷$$

此顺序与卤代烷和硝酸银-乙醇溶液的反应的活性顺序正好相反。这个反应除了在实验室中用来制备碘代烷外，在有机分析上还可用来检验氯代烷和溴代烷。

16.4.2 消除反应

伯卤代烷与强碱的稀水溶液（常用氢氧化钠稀水溶液）共热时，主要发生取代反应生成醇（如前所述）。而与浓的强碱醇溶液（常用浓氢氧化钾的乙醇溶液，氢氧化钠在乙醇中的溶解度较小）共热时，则主要发生消除反应，消除一分子卤化氢生成烯烃。例如：

$$CH_3CH_2CH_2CH_2Br + KOH \xrightarrow{\triangle} CH_3CH_2CH{=}CH_2 + KBr + H_2O$$

这是制备烯烃的一种方法。此反应中卤代烷的活性顺序是：

叔卤代烷＞仲卤代烷＞伯卤代烷

仲卤代烷或叔卤代烷进行消除时，就可能生成几种不同的烯烃。例如：

$$\underset{\displaystyle\overset{|}{Br}}{CH_3{-}CH_2{-}CH{-}CH_3} \xrightarrow[\triangle]{KOH,乙醇} \underset{81\%}{CH_3{-}CH{=}CH{-}CH_3} + \underset{19\%}{CH_3{-}CH_2{-}CH{=}CH_2}$$

通过大量实验证明：卤代烷消除卤化氢时，主要是从含氢较少的β-碳原子上消除氢原子形成烯烃，也就是，生成双键碳上连接较多烃基的烯烃，这是一条经验规律，称为扎依采夫规则。

16.4.3 与金属镁反应（格氏试剂的生成）

卤代烷可以与某些金属（例如锂、镁等）反应，生成金属原子与碳原子直接相连的一类化合物，称为金属有机化合物。卤代烷与镁反应生成烷基卤化镁，被称为格利雅（Grignard）试剂，简称格氏试剂。

$$R{-}X + Mg \xrightarrow[回流]{干醚} \underset{烷基卤化镁}{R{-}Mg{-}X}$$

制备格氏试剂时，卤代烷的活性顺序是：

碘代烷＞溴代烷＞氯代烷

实验室中常使用溴代烷制备格氏试剂。除乙醚以外，四氢呋喃及其他干醚也可作为反应溶剂，得到的格氏试剂不用分离即可以用于各种合成反应。

格氏试剂中C—Mg键是强的极性共价键，很容易与含活泼氢的化合物作用生成相应的烷烃，易被空气中的氧气氧化，因此，制备格氏试剂时要用干醚，最好在氮气保护下进行。

$$R{-}MgX + H_2O \longrightarrow R{-}H + Mg(OH)X$$

$$R{-}MgX + R'OH \longrightarrow R{-}H + Mg(OR')X$$

$$R{-}MgX + HX \longrightarrow R{-}H + MgX_2$$

$$R{-}MgX + NH_3 \longrightarrow R{-}H + Mg(NH_2)X$$

格氏试剂作为亲核试剂，在有机合成上有突出的重要性，这些反应将在以后相应的章节中介绍。

16.5 亲核取代反应机理

有机化合物分子中的原子或原子团被亲核试剂取代的反应称为亲核取代反应。卤代烷的取代：水解、醇解、氰解和氨解等都是亲核取代。

$$\text{中心碳原子} \quad \text{离去基团}$$
$$\text{RCH}_2\text{—L} + \text{Nu:} \longrightarrow \text{RCH}_2\text{—Nu} + \text{L:}$$
$$\text{反应物} \qquad \text{亲核试剂}$$

$$\text{HO:}^- + \text{CH}_3\text{CH}_2\overset{\delta^+}{:}\overset{\delta^-}{\text{Br}} \longrightarrow \text{CH}_3\text{CH}_2:\text{OH} + :\text{Br}^-$$

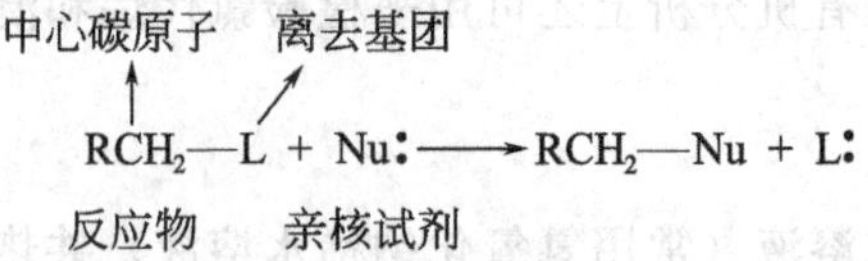

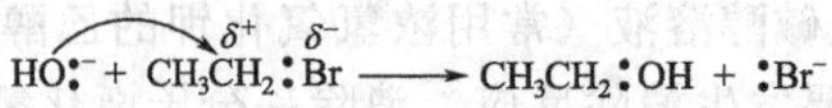

在溴乙烷分子中，碳溴键是极性键。:OH—是亲核试剂，反应时用它的孤对电子进攻溴乙烷分子中带有部分正电荷的 α-C 原子，结果是—OH 基取代了—Br 生成 $\text{CH}_3\text{CH}_2:\text{OH}$，—Br 则带着 C:Br 间的共有电子对离去，生成:Br^-。所以，这类由亲核试剂进攻而发生的取代反应叫做亲核取代。亲核取代通常用 S_N 表示，S(substitution)表示"取代"，N(nucleophilic)表示"亲核的"不同结构的卤代烷，其亲核取代反应的难易与反应历程有关。大量的实验表明，S_N 反应有两种不同的反应机理：双分子亲核取代机理 S_N2 和单分子亲核取代机理 S_N1。

16.5.1 双分子亲核取代机理 (S_N2)

16.5.1.1 S_N2 反应的历程

在乙醇-水溶液（80%乙醇-20%水，体积比）中，溴甲烷与 HO:$^-$（NaOH 或 KOH）的反应是 S_N2 机理。如图 16-1 所示。

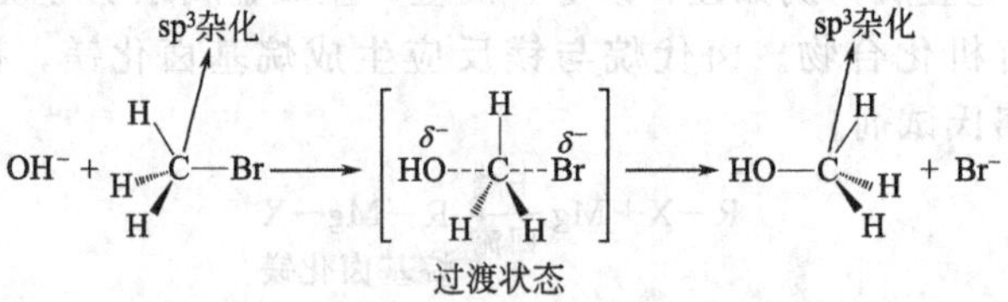

图 16-1 溴甲烷碱性水解的 S_N2 机理

在反应中，由于 Br 原子带微量的负电荷，因此进攻基团 OH^- 从 Br 原子的背面沿着 C—Br 键的轴进攻 α-C 原子，在逐渐接近的过程中，HO—C 间的共价键部分地形成，C—Br 共价键逐渐拉长和变弱，但并没有完全断开。当体系处于碳氧键尚未完全形成，碳溴键也未完全断裂的状态时，称为"过渡态"（过渡态的碳氧键和碳卤键均以虚线表示），此时体系能量最高，不稳定，也不能分离出来。随着反应继续进行，碳溴键断裂的同时碳氧键形成。

16.5.1.2 S_N2 反应的特点

这类反应的特点是旧键的断裂和新键的形成几乎是同时进行的，反应是一步完成的，反应的速率取决于卤代烷与碱两种反应物的浓度，因此叫双分子亲核取代反应。反应过程中能量最高的是过渡态，卤原子相同的不同卤代烷反应活性的大小取决于其过渡态是否容易形成，取决于过渡态能量的高低，即取决于与 α-C 直接相连的原子或基团的空间位阻等因素，因此，不同结构的卤代烷按 S_N2 历程进行取代反应时，活性次序为：

$$\text{卤代甲烷}>\text{伯卤代烷}>\text{仲卤代烷}>\text{叔卤代烷}$$

同时，由于 S_N2 机理是亲核试剂 HO^- 沿着 CH_3Br 分子中 C—Br 键键轴的延长线，从 C—Br 的背面进攻碳原子，这就必然导致构型翻转，就像伞被大风吹翻转一样，这种转化过程，称为瓦登翻转。

16.5.2　单分子亲核取代机理（S_N1）

16.5.2.1　S_N1反应的历程

S_N1反应的历程如图16-2所示。

$$\text{Nu}^- + R_1\overset{R_2}{\underset{R_3}{\text{—}\overset{+}{\text{C}}\text{—}}} \longrightarrow R_1\overset{\text{Nu}}{\underset{R_3}{\text{—}\text{C}\text{—}}}R_2 + R_1\overset{R_3}{\underset{\text{Nu}}{\text{—}\text{C}\text{—}}}R_2$$

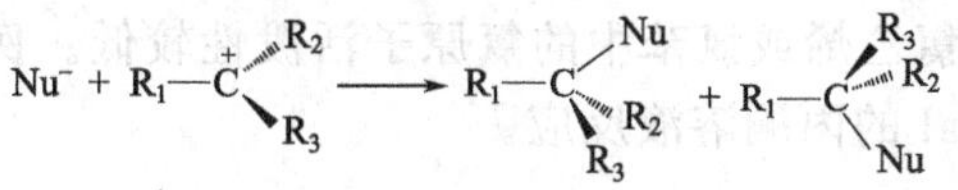

图16-2　S_N1反应机理

在乙醇-水溶液中，叔丁基溴与：OH^-的反应是S_N1机理。

$$(CH_3)_3C\text{—}Br + OH^- \longrightarrow (CH_3)_3C\text{—}OH + Br^-$$

与S_N2不同，S_N1是分步进行的反应。

第一步

$$(CH_3)_3C\text{—}Br \xrightarrow{\text{慢}} [(CH_3)_3 \overset{\delta+}{C} \text{—} \overset{\delta-}{B}r] \longrightarrow (CH_3)_3C^+ + Br^-$$

第二步

$$(CH_3)_3C^+ + OH^- \longrightarrow [(CH_3)_3 \overset{\delta+}{C} \text{—} \overset{\delta-}{O}H] \longrightarrow (CH_3)_3C\text{—}OH$$

第一步是叔丁基溴解离为叔丁基碳正离子和溴负离子。碳正离子性质活泼，一旦生成即进行第二步反应，碳正离子与—OH结合生成产物。

由于第一步是将极性C—Br键异裂为离子，既需要能量高反应速率也慢，是决定整个反应速率的一步。由于这一步的反应物只有卤代烷一种，因此整个反应的速率只与卤代烷的浓度有关，与亲核试剂的浓度无关，称单分子亲核取代反应，简写为S_N1反应。

16.5.2.2　S_N1反应的特点

S_N1反应的特点是反应分两步进行，第一步生成碳正离子，是定速步骤；反应的速率只与卤代烷有关。卤原子相同不同烷基的卤代烷反应的速率取决于其形成的碳正离子的稳定性，因此不同烷烃的活性次序为：

叔卤代烷＞仲卤代烷＞伯卤代烷＞甲基卤代烷

通常情况下，S_N1和S_N2机理总是同时并存并且相互竞争，只是伯卤代烷主要按S_N2机理进行，叔卤代烷主要按S_N1机理进行，仲卤代烷既按S_N1又按S_N2两种机理进行反应。

16.6　卤代烯烃和卤代芳烃

16.6.1　卤代烯烃与卤代芳烃的分类

根据卤原子和双键（或芳环）的相对位置，可把卤代烯烃和卤代芳烃分为下列三类。

16.6.1.1　乙烯基型和苯基型卤代烃

卤原子直接连在双键碳上（或芳环上）的卤代烃属于乙烯基型或苯基型卤代烃。例如：

$$RCH\text{=}CHX$$

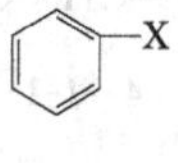

这类卤代烃的特点：卤原子的活性较小，在 CH_3—CH_2—Cl 与亲核试剂 NaOH、RONa、NaCN、NH_3 等发生取代反应的条件下，它们很难或者不发生反应。在乙烯基型和苯基型卤代烃中，以氯乙烯、氯苯为例，氯原子 p 轨道上的未共用电子对与氯乙烯分子中的 π 键或氯苯分子中的大 π 键发生共轭，形成包括氯原子在内的 p-π 共轭体系。p-π 共轭的结果，使氯原子上的电子云向双键或苯环移动，由于 C—Cl 键之间的电子云密度增大，使 C—Cl 键缩短，键能增加，因此氯乙烯或氯苯中的氯原子活泼性较低。例如，它们不与 $AgNO_3$ 的乙醇溶液反应，也不与 NaI 的丙酮溶液反应。

16.6.1.2 烯丙基型和苄基型卤代烃

卤原子与碳碳双键（或芳环）相隔一个饱和碳原子的卤代烃属于烯丙基型或苄基型卤代烃。例如：

RCH═CHCH₂X 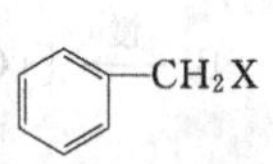

烯丙基型卤代烃中的卤原子非常活泼，很容易发生亲核取代反应，一般比叔卤代烃中卤原子的活性还要高。在室温下即能与 NaOH、NaOR、NaCN、NH_3 及 $AgNO_3$ 的醇溶液等试剂发生反应。这类卤代烃的特点：卤原子的活性较大，如与硝酸银-乙醇溶液反应时，立即生成卤化银沉淀。例如：

$$CH_2{=}CHCH_2Cl + AgNO_3 \xrightarrow{\text{醇}} AgCl\downarrow + CH_2{=}CHCH_2ONO_2$$

硝酸烯丙酯

烯丙基氯中氯原子的这种活泼性是由于失去 Cl^- 后，生成了稳定的烯丙基正离子。该正离子中带正电荷的碳原子是 sp^2 杂化，它的空 p 轨道与 C═C 双键的 π 轨道形成缺电子共轭体系，使得正电荷不再集中在原来与氯相连的碳原子上，而是得到共轭体系的分散。而降低了烯丙基正离子的内能，稳定性增强，越稳定的碳正离子越容易生成，这是烯丙基型卤代烃中氯原子比较活泼的原因。

苄基氯中的氯原子与烯丙基氯中的氯原子相似，也比较活泼。苄基氯中的氯原子活泼是由于氯原子离去后生成了稳定的苄基正离子。由于碳正离子的空 p 轨道与苯环的兀轨道形成了 p-π 共轭，从而降低了苄基正离子的内能，使苄基正离子稳定性增强。

16.6.1.3 孤立式卤代烯烃

卤原子与双键（或芳环）上的碳相隔两个或两个以上的碳原子，称为孤立型卤代烯烃。例如：

$CH_2{=}CH{-}CH_2CH_2Cl$ 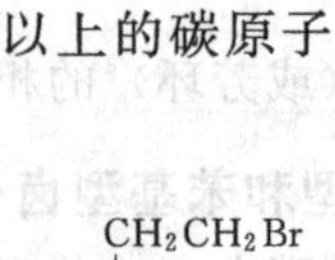

4-氯-1-丁烯　　β-溴乙苯

孤立型卤代烃中卤原子的活性与卤代烷中的卤原子相似。常温下，卤代烯烃中，氯乙烯、溴乙烯为气体，其余多为液体，高级的为固体。卤代芳烃大多为有香味的液体，苄基卤有催泪性。卤代芳烃相对密度都大于1，不溶于水，易溶于有机溶剂。

16.6.2 卤代烯烃和卤代芳烃中卤原子的活性比较

由以上分析可知各类卤代烃中卤原子的反应活性差别很大。烯丙基型和苄基型卤代烃最活泼，在室温下，它们与硝酸银的醇溶液迅速生成卤化银沉淀；孤立型卤代烃与卤代烷反应活性相似；而乙烯型和苯型卤代烃最不活泼，与硝酸银-醇溶液作用时，即使加热也不能生成卤代银沉淀。

各种卤代烃反应活性如下。

① $RI>RBr>RCl$

② $RCH{=}CHCH_2X$

$C_6H_5CH_2X$ $>R_2CHX>RCH_2X>$ $RCH{=}CHX$

R_3CX C_6H_5X

16.7 实验——溴乙烷的制备

16.7.1 实验目的

① 学习以结构上相对应的醇为原料制备一卤代烷的实验原理和方法。

② 掌握低沸物蒸馏的基本操作和分液漏斗的使用方法。

16.7.2 实验原理

醇和氢溴酸作用可以生成溴代烷，而氢溴酸通过溴化钠与硫酸反应生成。

主反应：$NaBr+H_2SO_4 \longrightarrow NaHSO_4+HBr$

$$C_2H_5OH+HBr \xrightleftharpoons{H_2SO_4} C_2H_5Br+H_2O$$

副反应：$C_2H_5OH \xrightarrow{H_2SO_4} C_2H_4+H_2O$

$$RX+AgNO_3 \longrightarrow AgX\downarrow+RONO_2$$

16.7.3 仪器与药品

仪器：250mL圆底烧瓶、直形冷凝管、接液管、温度计、蒸馏头、分液漏斗、锥形瓶。

药品：乙醇（95%）10mL（0.17mol）、溴化钠（无水）15g（0.15mol）、浓硫酸（$d=1.84$）19mL、饱和亚硫酸氢钠5mL。

16.7.4 实验步骤

(1) 溴乙烷的粗制　在250mL圆底烧瓶中，放入20mL 95%乙醇及18mL水，在不断振荡和冷却下，缓缓加入浓硫酸 38mL，混合物必须冷却至室温，再加入研细的溴化钠 26g 和几粒沸石。按图 16-3 装配成蒸馏装置，接收器内外均应放入冰水混合物，以防止溴乙烷的挥发损失。接液管末端应浸没在接收器内液面以下。

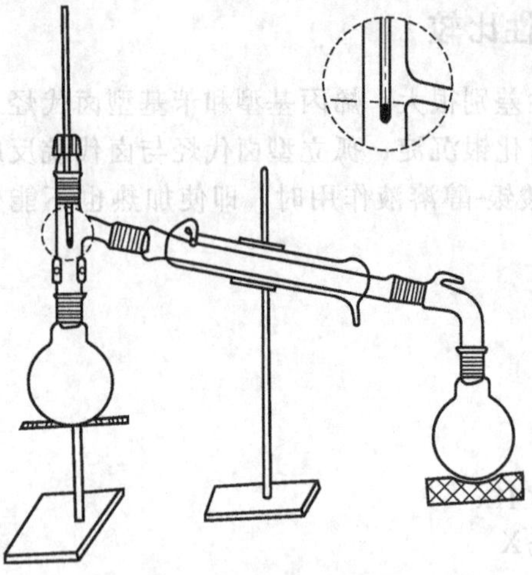

图 16-3 蒸馏装置

通过恒温水浴加热烧瓶，使反应平稳地发生，直到接收器内无油滴滴出为止。约 40min，反应即可结束。此时必须趁热将反应瓶内的无机盐硫酸氢钠倒入废液缸内，以免因冷却结块而给洗涤烧瓶带来困难。

(2) 溴乙烷精制 将馏出液（粗制溴乙烷）小心地倒入分液漏斗中，分出有机层（哪一层?）置于干净的三角烧瓶中（三角烧瓶最好浸在冰水中），在振荡下逐滴滴入浓硫酸以除去乙醚、水、乙醇等杂质，滴加硫酸 2～4mL，使溶液明显分层。再用分液漏斗分去硫酸层（是上层还是下层?）。

经硫酸处理后的溴乙烷转入 50mL 蒸馏烧瓶中，加入沸石，在水浴上加热蒸馏，为避免损失，接收器须浸在冰水中。收集 36～40℃的馏分，产量约 20g。

纯溴乙烷为无色液体，沸点 38.4℃，相对密度 1.461，折光率 1.4239。

(3) 测试与检验——硝酸银酒精溶液试验 卤代烃及其衍生物都与硝酸银作用生成卤化银沉淀：

$$RX + AgNO_3 \longrightarrow AgX\downarrow + RONO_2$$

取 0.5mL $AgNO_3$ 酒精溶液，放入洗净干燥的试管中，加入 2 滴新制的溴乙烷样品中，振荡后，再静置约 3min，观察有无沉淀。如不析出沉淀，在水浴中温热 2～3min，再观察现象。

16.7.5 注意事项

① 溴化钠要先研细，在振摇下加入，以防止结块而影响反应进行，如用含结晶水的溴化钠($NaBr \cdot 2H_2O$)，其用量按摩尔数换算，并相应地减少加入的水量。

② 加热不均或过烈时，会有少量的溴分解出来使蒸出的油层带棕黄色，为防止此现象的发生，应在反应物混合时，严格地将温度控制在室温。

③ 在反应过程中，一旦发生接收器中的液体倒吸进入冷凝管时，应暂时把接收器放低，使接液管的下端露出液面，即可排出。

④ 反应结束，烧瓶中残液由浑浊变为清亮透明。应趁热将残液倒出，以防硫酸氢钠冷却结块，不易倒出。

⑤ 要避免将水带入分出的溴乙烷中，否则加硫酸处理时将产生较多的热量而使溴乙烷挥发损失。

16.7.6 思考题

① 粗产品中可能有什么杂质？说明是如何除去的？

② 如果你的实验结果产率不高，试分析其原因。

1. 命名下列化合物。

(1) $(CH_3)_2CHCH_2CH_2Cl$；

(2) $(CH_3)_3CCH_2CH_2CHCl_2$；

(3) $CH_2=\overset{\underset{\displaystyle CH_2CH_3}{|}}{C}-CH_2-CH_2Cl$ ；

(4) $CH\equiv C-\overset{\underset{\displaystyle CH_3}{|}}{CH}-CH_2-CH_2Cl$ ；

(5) ⬡—$CH_2CH_2CH_2Br$ ；

(6) $CH_2=CH-CH=CH$—⬡—Cl ；

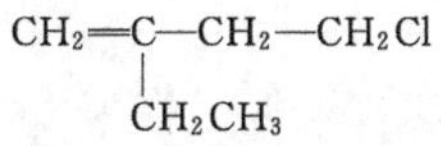

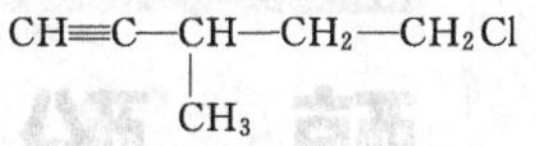

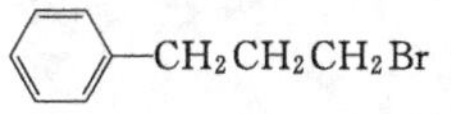

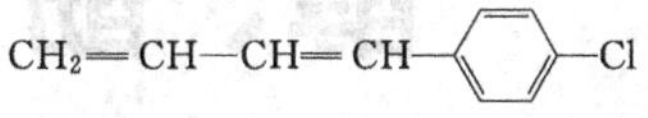

(7) $BrCH_2CH_2CHClC(CH_3)_3$；

(8) 。

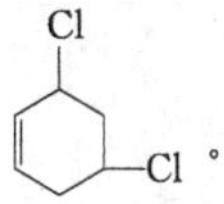

2. 写出下列化合物的构造式。

(1) 1-苯基-1-溴丁烷；

(2) 1-苯基-4-溴-1-丁烯；

(3) 1-对苯基-2-氯丁烷；

(4) 3-溴-1,4-环己二烯；

(5) 叔丁基溴；

(6) 新戊基碘。

3. 完成下列反应。

(1) $CH_3CH_2CH_2Cl+Mg \xrightarrow{(C_2H_5)_2O}$

(2) $CH_3CH_2CH_2CH_2Br+KOH \xrightarrow{\triangle}$

(3) $CH_3CH_2Cl+AgNO_3 \xrightarrow{C_2H_5OH}$

(4) $CH_3CH_2CH_2Cl+NaCN \xrightarrow{CH_3CH_2OH}$

(5) $CH_3CH_2CH_2Br+NaOH \xrightarrow{H_2O}$

(6) $CH_3CH_2CH_2CH_2Br+CH_3CH_2ONa \xrightarrow{CH_3CH_2OH}$

4. 用化学方法区别下列两组化合物。

(1) 正丁基溴，叔丁基溴，烯丙基溴；

(2) $CH_3CH=CHCl$，$CH_2=CHCH_2Cl$，$(CH_3)_2CHCl$，$CH_3(CH_2)_4CH_3$。

5. 完成下列转变：

(1) $CH_3-CH=CH_2 \longrightarrow \overset{\underset{\displaystyle Cl}{|}}{CH_2}-\overset{\underset{\displaystyle Cl}{|}}{CH}-\overset{\underset{\displaystyle I}{|}}{CH_2}$

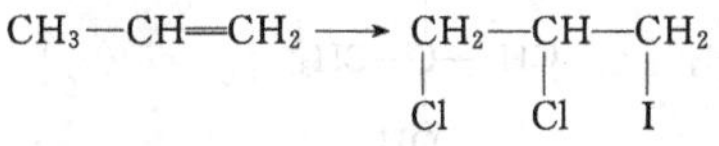

(2)

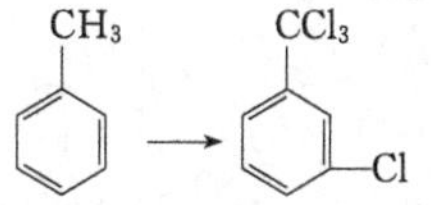

6. 卤代烃 A（C_2H_7Br）与热浓 KOH 乙醇溶液作用生成烯烃 B（C_3H_6）。氧化 B 得两个碳的酸 C 和 CO_2。B 与 HBr 作用生成 A 的异构体 D。试写出 A、B、C 和 D 的构造式。

7. 卤化物 A 的分子式为 $C_6H_{13}I$。用热浓 KOH 乙醇溶液处理后得产物 B。经 $KMnO_4$ 氧化生成 $(CH_3)_2CHCOOH$ 和 CH_3COOH。推测 A、B 的构造式。

第17章

醇、酚、醚

17.1 醇

醇可以看成是脂肪烃分子中一个或几个氢原子被羟基（—OH）取代的生成物。一元醇也可以看作是水分子中的一个氢原子被脂肪烃基取代的生成物。羟基是醇的官能团。

17.1.1 醇的分类和命名

17.1.1.1 醇的分类

① 按分子中烃基的不同，分为脂肪醇、脂环醇和芳醇。又可根据烃基的不饱和程度分为饱和醇和不饱和醇。

$$CH_3CH_2OH$$
乙醇（脂肪醇）

环己醇（脂环醇）

苯甲醇（芳香醇）

② 根据和羟基直接相连的碳原子的类型，可以分为伯醇、仲醇、叔醇。

$$CH_3CH_2CH_2CH_2OH \qquad CH_3CH_2\underset{OH}{C}HCH_3 \qquad CH_3\underset{OH}{\overset{CH_3}{\underset{|}{\overset{|}{C}}}}CH_3$$

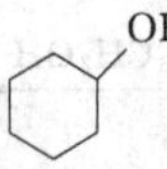

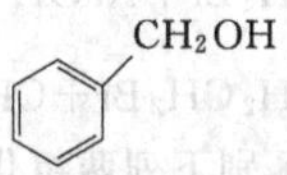

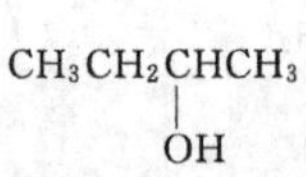

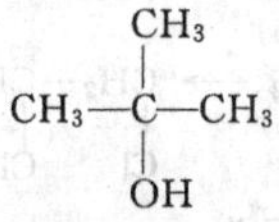

③ 根据醇分子中羟基数目的多少可以分为一元醇和多元醇。

$$CH_3\underset{CH_3}{C}H CH_2\underset{OH}{C}HCH_2CH_3 \qquad CH_3\underset{OHOH}{\overset{CH_3\ CH_3}{C}}CH_3 \qquad \underset{OH}{C}H_2-\underset{OH}{C}H-\underset{OH}{C}H_2$$

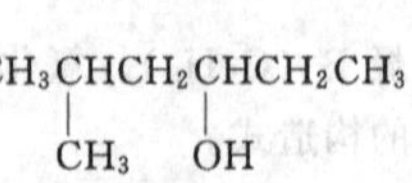

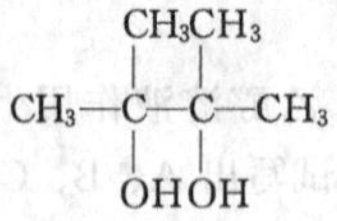

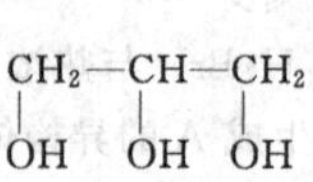

17.1.1.2 醇的命名法

(1) 习惯命名法 习惯命名法适用于含碳原子数少的一元醇。命名时，根据与羟基相连的烃基命名为"烃基醇"。例如：

$$CH_3CH_2CH_2CH_2OH \qquad CH_3CH_2\underset{OH}{C}HCH_3 \qquad CH_3\underset{CH_3}{C}HCH_2OH$$

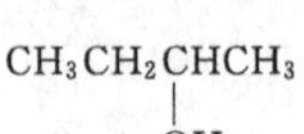

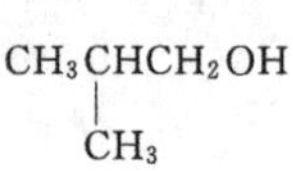

正丁醇

仲丁醇

异丁醇

(2) 衍生命名法　衍生命名法是以甲醇为母体，把其他醇看作是甲醇的烃基衍生物。例如：

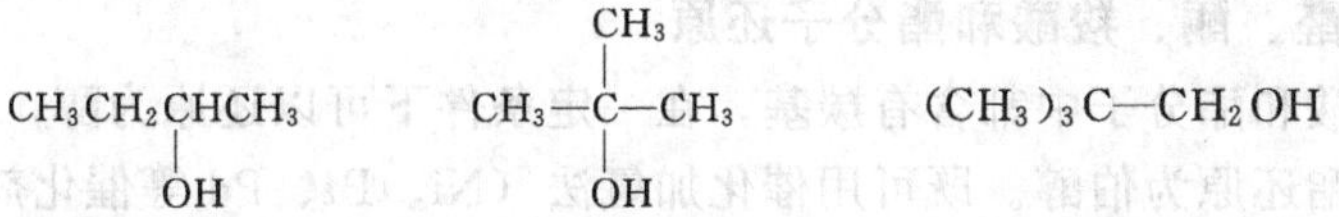

甲基乙基甲醇　　三甲基甲醇　　叔丁基甲醇

衍生命名法常用于构造不太复杂的醇的命名。

(3) 系统命名法　羟基为官能团，以醇为母体命名，其命名规则如下。

① 选择含有羟基的最长碳链作为主链，支链为取代基；

② 主链碳原子的编号从靠近羟基的一端开始，以主链碳原子的数目称为某醇；

③ 醇名前按次序规则规定的顺序冠以取代基的位次、数目、名称及羟基的位次、数目。例如：

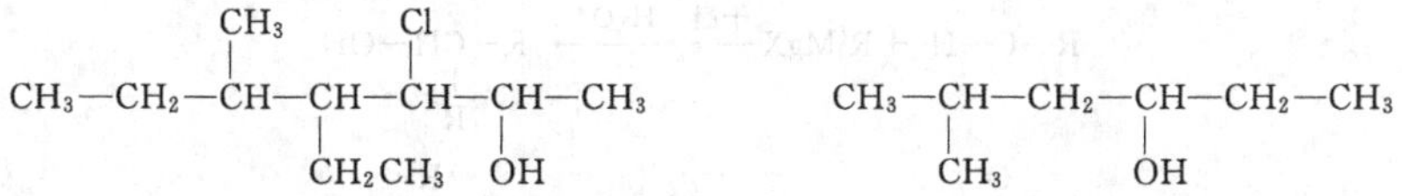

5-甲基-4-乙基-3-氯-2-庚醇　　5-甲基-3-己醇

不饱和醇应选择同时含连有羟基碳原子和不饱和键在内的最长碳链作为主链，碳原子的编号从离羟基最近的一端开始。例如：

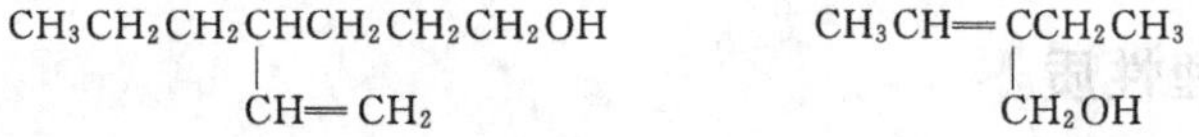

5-甲基-4-乙基-3-氯-2-庚醇　　2-乙基-2-丁烯-1-醇

脂环醇则从连有羟基的环碳原子开始编号。例如：

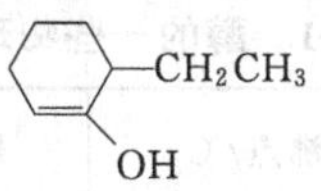

6-乙基-2-环己烯-1-醇

17.1.2　醇的制备

17.1.2.1　烯烃酸催化水合

工业上以烯烃为原料，通过直接或间接水合法可制低级醇。除了乙烯水合可制得伯醇（乙醇）以外，其他烯烃水合的产物是仲醇或叔醇。例如：

$$CH_2{=}CH_2 + H_2O \xrightarrow[300℃，7MPa]{磷酸\text{-}硅藻土} CH_3CH_2OH$$

$$CH_3{-}CH{=}CH_2 + H_2O \xrightarrow[250℃，4MPa]{磷酸\text{-}硅藻土} CH_3\underset{\underset{OH}{|}}{C}HCH_3$$

17.1.2.2　卤代烃水解

$$R{-}X + H_2O \xrightarrow{OH^-} R{-}OH + HX$$

伯和仲卤代烃水解时常要碱溶液，叔卤代烃用水就可以水解。水解的主要副反应是消除反应，尤其是叔卤代烃更易发生消除反应。

17.1.2.3 醛、酮、羧酸和酯分子还原

醛、酮、羧酸和酯分子中都含有羰基，在一定条件下可以还原为醇，醛、酮还原成伯醇和仲醇，羧酸、酯还原为伯醇。既可用催化加氢法（Ni、Pt、Pd 等催化剂），也可用化学还原剂（$NaBH_4$，$LiAlH_4$）还原（具体见醛、酮和羧酸及其衍生物）。

一般化学还原剂对羧酸不起作用，但羧酸可被强还原剂氢化铝锂（$LiAlH_4$）还原成醇。

17.1.2.4 格氏试剂合成

格氏试剂与醛、酮反应的产物再水解，生成伯、仲、叔醇（见醛酮的化学性质）。例如：

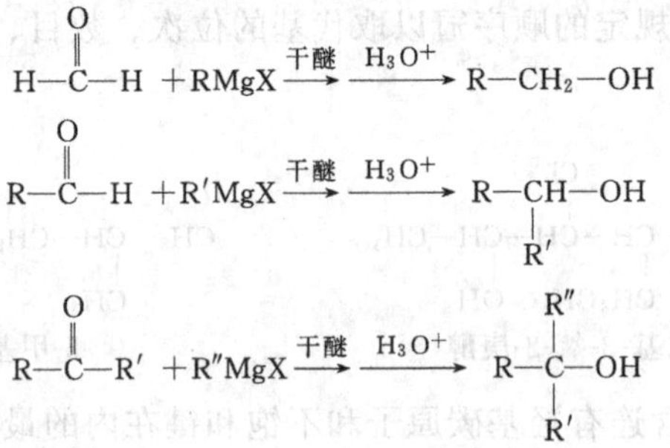

甲醛与格氏试剂反应再水解得到伯醇，其他醛得到仲醇；酮与格氏试剂反应得到叔醇。

17.1.3 醇的物理性质

直链饱和一元醇中，C_4 以下的醇为有酒精气味的液体，$C_5 \sim C_{11}$的醇为具有不愉快气味的油状液体，C_{12}以上的醇为无臭无味的蜡状固体。一些醇的物理常数见表 17-1。

表 17-1 醇的一些物理常数

名称	熔点/℃	沸点/℃	相对密度（d_4^{20}）	溶解度(25℃)/(g/100g 水)
甲醇	−97	64.96	0.7914	∞
乙醇	−114.3	78.5	0.7893	∞
1-丙醇	−126.5	97.4	0.8035	∞
1-丁醇	−89.53	117.25	0.8098	8.00
1-戊醇	−79	137.3	0.817	2.70
2-丙醇	−89.5	82.4	0.7855	∞
2-丁醇	−114.7	99.5	0.808	12.5
2-甲基-1-丙醇	−108	108.39	0.802	11.1
2-甲基-2-丙醇	25.5	82.2	0.789	∞
2-戊醇	—	118.9	0.8103	4.9
环己醇	25.15	161.5	0.9624	3.6
苯甲醇	−15.3	205.35	1.0419	4
乙二醇	−16.5	198	1.13	∞
丙三醇	20	290	1.2613	∞

醇分子中含有羟基，分子间能形成氢键。氢键比一般分子间作用力强得多，它明显地影响醇的物理性质。一元醇的沸点比相应的烷烃高得多，原因是在液态时醇的羟基通过氢键互相缔合（用虚线表示）：

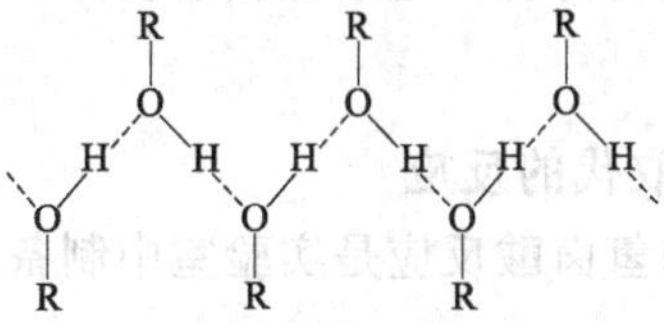

醇分子间的氢键

要使醇达到沸点，除提供克服分子间的范德华力所需能量以外，还需提供破坏氢键所需的能量（氢键键能为16～33kJ/mol）。因此醇的沸点比相应的烷烃和卤代烃都高。形成氢键能力越大，沸点越高，所以多元醇的沸点高于一元醇。然而，醇分子中的烃基对缔合有阻碍作用，烃基越大，位阻越大，故直链饱和一元醇的沸点随相对分子质量增加越来越接近于相应烷烃的沸点。碳原子数相同的醇，含支链越多其沸点越低。

醇在水中的溶解度随分子中碳原子数的增多而下降。C_1～C_3 醇能与水混溶，从丁醇开始在水中的溶解度显著降低，C_{10} 以上的醇不溶于水。因为低级醇能与水形成氢键，故能与水混溶。烃基越大，与水形成氢键的能力越弱，使它更类似于烃的性质，在水中的溶解度也就越小，甚至不溶。高级醇不溶于水而溶于烃。相反，低级醇不易溶于烃，如甲醇仅部分溶于正辛烷。多元醇在水中溶解度比一元醇更大。乙二醇、丙三醇等有强烈的吸水性，常用作吸湿剂和助溶剂。

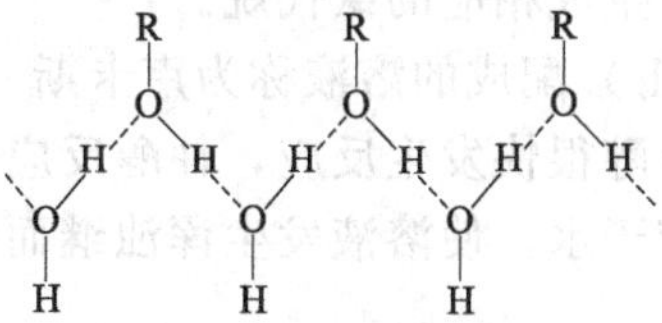

醇与水分子间的氢键

低级醇与水类似，能与某些无机盐类如 $MgCl_2$、$CaCl_2$、$CuSO_4$ 等形成结晶醇络合物，如 $MgCl_2 \cdot 6CH_3OH$、$CaCl_2 \cdot 3C_2H_5OH$、$CaCl_2 \cdot 4CH_3OH$ 等，它们不溶于有机溶剂而溶于水。利用这一性质可使醇与其他化合物分离，或从反应产物中除去醇。也由于这个性质，实验室中干燥低级醇时不能使用无水 $CaCl_2$ 等作为干燥剂。

17.1.4 醇的化学性质

醇的化学性质主要由官能团羟基决定。醇分子中 C—O 键与 O—H 键易受试剂进攻而发生反应。α-C 原子上的 H，受羟基的影响也具有一定的活性。因此，醇可以发生三种类型的反应：① O—H 键断裂，氢原子被取代；② C—O 键断裂，羟基被取代；③ α-H 具有一定的活泼性。

17.1.4.1 与活泼金属的反应

醇与水相似，羟基上的氢原子比较活泼，能与活泼金属如钾、钠、镁或铝反应生成氢气和醇金属，但醇的反应要缓和得多。反应活性：甲醇＞伯醇＞仲醇＞叔醇。例如：

$$CH_3CH_2OH + Na \longrightarrow CH_3CH_2ONa + \frac{1}{2}H_2$$

由于RO—的碱性比OH—强，因此醇钠在水中立即分解。

$$CH_3CH_2ONa + H_2O \longrightarrow CH_3CH_2OH + NaOH$$

醇钠为白色的固体，是离子化合物，化学性质活泼，在有机合成中常被用作碱性催化剂和烷基化试剂。

17.1.4.2 羟基被卤原子取代的反应

(1) 醇与氢卤酸反应 醇与氢卤酸反应是实验室中制备卤代烃的一种方法。

$$R{-}OH + HX \xrightleftharpoons{S_N} R{-}X + H_2O$$

这个反应是可逆的。如果使一种反应物过量和/或移去一种生成物，可使平衡向右移动，从而提高卤代烃的产量。

氢卤酸的反应活性为：HI＞HBr＞HCl（HF通常不起反应）。

醇的活性为：烯丙醇、苄醇＞叔醇＞仲醇＞伯醇。

加热醇与浓氢碘酸就可生成碘代烷。溴代烷则要用浓 $HBr + H_2SO_4$（或 $NaBr + H_2SO_4$）加热制得。例如：

$$CH_3CH_2CH_2CH_2OH \xrightarrow[\text{回流}]{NaBr + H_2SO_4} CH_3CH_2CH_2CH_2Br$$

醇与盐酸反应较困难，只有活泼的醇才能起反应，如叔丁醇与过量浓盐酸，室温下在分液漏斗中振摇，即可得到高产率（94%）的叔丁基氯。当与溶有无水氯化锌的浓盐酸加热时，活性较低的伯醇也能反应，生成相应的氯代烷。

浓盐酸与无水氯化锌（$ZnCl_2$）配成的溶液称为卢卡斯（Lucas）试剂。常温下卢卡斯试剂分别与伯、仲、叔醇作用，叔醇很快发生反应，仲醇反应较慢，伯醇则无变化，需加热后才反应。因为生成的卤代烷不溶于水，使溶液发生浑浊继而分层，观察此现象的快慢，就可以鉴别伯、仲、叔醇。

(2) 醇与 PX_3、$SOCl_2$ 反应 醇与 PX_3、$SOCl_2$ 反应也是实验室中制备卤代烃的一种方法。

例如：

$$R{-}OH + PX_3 \longrightarrow RX + P(OH)_3 \quad (X = Cl,\ Br)$$

$$R{-}OH + SOCl_2 \xrightarrow[\triangle]{\text{吡啶}} R{-}Cl + SO_2 + HCl$$

17.1.4.3 脱水反应

在一定的条件下醇脱水包括：分子内脱水生成烯烃、分子间脱水生成醚两种方式。

(1) 分子内脱水

① 醇与强酸共热。常用的酸是 H_2SO_4 或 H_3PO_4。脱水所需要的温度和酸的浓度与醇的构造有关。醇的反应活性是：叔醇＞仲醇＞伯醇。反应取向与卤代烃消除卤化氢相似，符合扎依采夫规则。脱去的是羟基和含氢较少的 β-H 原子，即反应主要趋于生成碳碳双键上烃基较多的较稳定的烯烃。例如：

$$CH_3CH_2OH \xrightarrow[\triangle]{\text{浓 } H_2SO_4} CH_2{=}CH_2 + H_2O$$

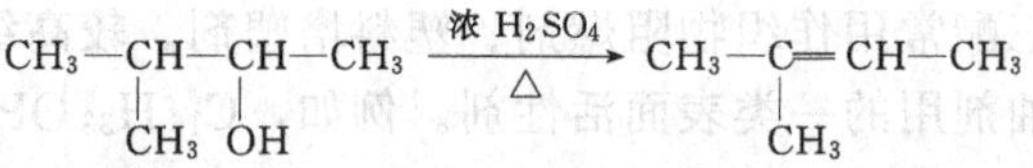

② 醇蒸气高温下通过催化剂（通常用氧化铝）脱水生成烯烃。气相醇脱水反应的温度要求较高(～360℃)，反应过程中很少有重排现象发生，催化剂经再生可重复使用。例如：

$$CH_3CH_2CH_2CH_2OH \xrightarrow[300\sim400℃]{Al_2O_3} CH_3CH_2CH{=}CH_2$$

(2) 分子间脱水　醇与浓硫酸反应也可发生分子间脱水生成醚。

$$2CH_3CH_2OH \xrightarrow[140℃]{浓\ H_2SO_4} CH_3CH_2OCH_2CH_3 + H_2O$$

一般而言，在较高温度下有利于分子内脱水生成烯烃；在较低温度下，有利于分子间脱水生成醚。醇脱水的方式不仅与反应条件有关，还与醇的构造有关。仲醇易发生分子内脱水，烯烃为主要产物；叔醇则只能得到烯烃；只有伯醇与浓硫酸共热才能得到醚。例如，工业上乙醚是由乙醇与浓硫酸共热制得，也可由乙醇与氧化铝高温气相催化脱水制得。

17.1.4.4 酯化反应

醇与含氧无机酸或有机酸反应，发生分子间脱水生成酯。

(1) 硫酸酯的生成

$$ROH + HOSO_2OH \rightleftharpoons \underset{硫酸氢酯}{ROSO_2OH} + H_2O$$

这是一个可逆反应，生成的酸性硫酸氢酯用碱中和后，得到烷基硫酸钠($ROSO_2ONa$)。当R为C_{12}～C_{16}时，烷基硫酸钠常用作洗涤剂、乳化剂。这类表面活性剂的缺点是高温易水解。

酸性硫酸氢酯经减压蒸馏，可得中性硫酸酯。

$$2ROSO_2OH \longrightarrow ROSO_2OR + H_2SO_4$$

最重要的中性硫酸酯是硫酸二甲酯、硫酸二乙酯，它们是重要的甲基化和乙基化试剂，用于工业上和实验室中。硫酸二甲酯具有较大的毒性，对呼吸器官及皮肤有强烈刺激性，使用时应注意。

(2) 硝酸酯的生成　醇与硝酸作用生成硝酸酯。多元醇的硝酸酯是烈性炸药。例如，用浓硫酸和浓硝酸处理甘油得三硝酸甘油酯。它受热或撞击立即引起爆炸。将它与木屑、硅藻土混合制成甘油炸药，对振动较稳定，只有在起爆剂引发下才会爆炸，是常用的炸药。在医药上，硝化甘油可用作扩张心血管药物。

(3) 磷酸酯的生成　磷酸是三元酸，有三种类型的磷酸酯：

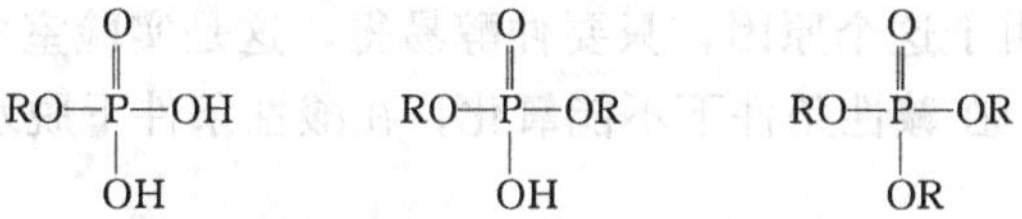

磷酸酯大多是由醇与磷酰氯反应制得。

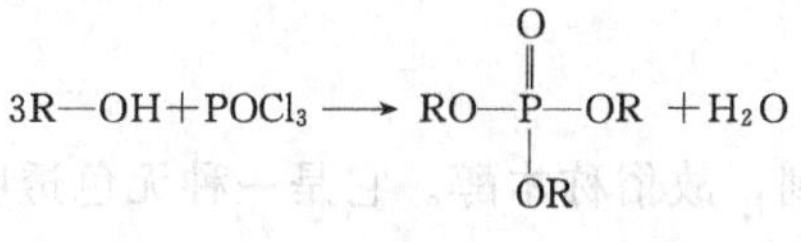

一些脂肪醇的磷酸三酯常用作织物阻燃剂、塑料增塑剂。较高级的脂肪醇的单或双磷酸酯则常作为合成纤维上油剂用的一类表面活性剂。例如，$C_{16}H_{33}OP(OCH_2CH_2OH)_2$ 是腈纶抗静电剂和柔软剂。

(4) 羧酸酯的生成 醇与有机酸（或酰氯、酸酐）反应生成羧酸酯。这个反应将在羧酸一章中进一步讨论。

$$R-\overset{\overset{O}{\|}}{C}-OH + R'-OH \underset{}{\overset{H^+}{\rightleftharpoons}} R-\overset{\overset{O}{\|}}{C}-OR' + H_2O$$

17.1.4.5 脱氢和氧化

醇分子中与羟基直接相连的 α-C 原子上若有 H 原子，由于羟基的影响，α-H 较活泼，较易脱氢或氧化生成醛或酮。

伯醇、仲醇的蒸气在高温下通过高活性铜（或银）催化剂发生脱氢反应，分别生成醛和酮。

$$RCH_2-OH \underset{250℃}{\overset{Cu}{\rightleftharpoons}} R-\overset{\overset{O}{\|}}{C}-H + H_2$$

$$\begin{matrix}R \\ R'\end{matrix}\!\!>CH-OH \underset{250℃}{\overset{Cu}{\rightleftharpoons}} \begin{matrix}R \\ R'\end{matrix}\!\!>C{=}O + H_2$$

例如：

$$CH_3-\overset{\overset{OH}{|}}{CH}-CH_3 \underset{250℃}{\overset{Cu}{\rightleftharpoons}} CH_3-\overset{\overset{O}{\|}}{C}-CH_3 + H_2$$

这是丙酮的一种工业制法。若同时通入空气，则氢被氧化成水，反应可进行到底。

$$CH_3CH_2OH + O_2 \xrightarrow[\triangle]{Cu或Ag} CH_3CHO + H_2O$$

叔醇分子中没有 α-H，不能脱氢。将其蒸气于 300℃下通过铜，只能脱水生成烯烃。醇的催化脱氢或催化氧化脱氢一般多用于工业生产上。在实验室中通常使用氧化剂使醇氧化。常用的氧化剂有 $K_2Cr_2O_7$-稀 H_2SO_4、CrO_3-冰醋酸、$KMnO_4$ 碱溶液，以及三氧化铬-吡啶络合物等。

伯醇氧化首先生成醛，由于醛容易继续被氧化生成羧酸，所以由伯醇制备醛时一定要将生成的醛立即蒸出。

仲醇易被 $K_2Cr_2O_7$-稀 H_2SO_4 氧化生成酮，酮较难进一步氧化。因此，仲醇的氧化较易控制在生成酮这一步。由于这个原因，只要仲醇易得，这是实验室中制备酮常用的方法。

叔醇分子中无 α-H，在碱性条件下不能氧化，在酸性条件下脱水生成烯烃，然后氧化断链生成小分子化合物。

17.1.5 重要的醇

17.1.5.1 甲醇

甲醇最初由木材干馏得到，故俗称木醇。它是一种无色透明、有特殊气味的挥发性易燃液体，沸点 64.9℃，在空气中爆炸极限为 6%～36.5%（体积分数），能与水及多种有机溶剂如乙醇、乙醚等混溶。甲醇与水不形成恒沸混合物，可用分馏方法从水溶液中分离甲醇。甲醇毒性很强，误饮 5～10mL 能致使人双目失明，大量饮用会导致死亡；目前主要以合成气($CO+H_2$)为原料，在高压下通过适当催化剂合成甲醇。甲醇是基础的有机化工原料和优质燃料，主要应用于精细化工，塑料等领域，用来制造甲醛、醋酸、氯甲烷、甲胺、硫二甲酯等多种有机产品，也是农药、医药的重要原料之一。甲醇还是重要的燃料，可掺入汽油作替代燃料使用。

17.1.5.2　乙醇

俗名酒精，它是无色透明易燃液体，沸点 78.5℃，在空气中的爆炸极限为3.28%～18.95%（体积分数）。它能与水及大多数有机溶剂混溶。

工业上从乙烯直接或间接水合生产乙醇。除此之外，发酵法生产乙醇现仍然在应用。发酵所得乙醇的浓度约为 12%，利用高效分馏可制得浓度为 92%～95%的乙醇。发酵法副产物是二氧化碳。

由于乙醇与水形成恒沸混合物（质量分数为 95.6%乙醇与 4.4%水），因此不能用分馏法得到无水乙醇。工业上常用 95%的乙醇加入一定量的苯进行蒸馏，在 64.9℃时，蒸出的是苯-水-乙醇三元恒沸混合物，然后升温至 68.3℃馏出苯-乙醇二元恒沸混合物，待所有的苯都蒸出后，最后在 78.3℃时蒸出的是市售无水乙醇（质量分数为 99.5%）。实验室一般用生石灰与工业乙醇共热回流去水，蒸馏得到质量分数为 99.5%的乙醇，再用镁处理可得质量分数为 99.95%的乙醇。

目前我国采用的新工艺是将 95%乙醇在 60℃左右通过磺酸钾型阳离子交换树脂，树脂吸去水分，流出来的就是无水乙醇。吸水后的树脂经减压、干燥（约 150℃）后可重复使用。无水乙醇在空气中能逐渐吸收水分，贮存时必须严格密封。乙醇的用途很广，可用来制取乙醛、乙醚、乙酸乙酯、乙胺等化工原料，也可用乙醇来制造醋酸、饮料、香精、染料、燃料等；医疗上也常用体积分数为 70%～75%的乙醇作消毒剂等。

17.1.5.3　乙二醇

俗名甘醇。它是具有甜味的黏稠液体，沸点 198℃，相对密度 1.13，能与水、低级醇、甘油、丙酮、乙酸、吡啶等混溶，微溶于乙醚，几乎不溶于石油醚、苯、卤代烃。

工业上主要由乙烯通过银催化剂经空气氧化生成环氧乙烷，然后水合生成乙二醇。乙二醇是重要的有机化工原料，可用于制造树脂、增塑剂、合成纤维（涤纶），以及常用的高沸点溶剂二甘醇、三甘醇。60%的乙二醇水溶液的凝固点为－49℃，是很好的抗冻剂。

17.1.5.4　丙三醇

俗名甘油，是无色无臭有甜味的黏稠液体，沸点 290℃，相对密度 1.261，可与水混溶，也能溶于乙醇，但不溶于乙醚、氯仿等溶剂。甘油吸湿性强，能吸收空气中的水分。

丙三醇以酯的形式广泛地存在于自然界中，油脂的主要成分是丙三醇的高级脂肪酸酯。丙三醇最初是油脂水解制肥皂时的副产物。近代工业上以丙烯为原料合成。

甘油是重要的有机原料，广泛用于军工、化工和食品工业中。它可用于生产多种类型的树脂，例如醇酸树脂及甘油环氧树脂等。它有强吸湿性，常用于印刷工业、烟草工业。在医药工业上用作软膏调配剂及皮肤润滑剂。它也是制备硝化甘油炸药的原料。

17.2 酚

17.2.1 酚的命名

羟基直接连在芳环上的化合物称为酚，其通式为 Ar—OH，最简单的酚为苯酚（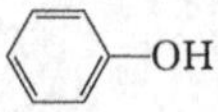）。酚的命名一般是在“酚”字前加上芳烃的名称作为母体，按最低系列原则和立体化学次序规则再冠以其他取代基的位次、数目和名称。当芳环上连有—COOH、—SO_3H、$\overset{\mathrm{O}}{\overset{\parallel}{—\mathrm{C}—}}$ 等基团时，则把羟基作为取代基来命名。例如：

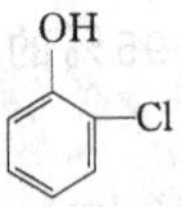
邻氯苯酚

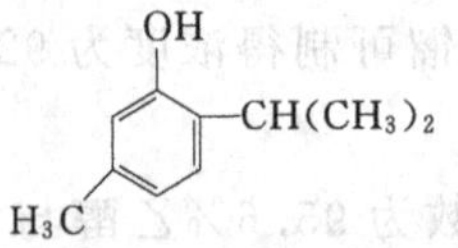
5-甲基-2-异丙基苯酚

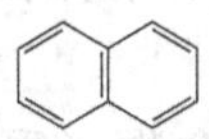
2-萘酚（β-萘酚）

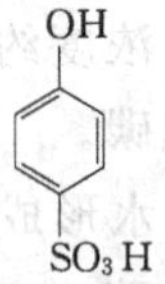
对羟基苯磺酸

多元酚则需要表示出羟基的值次和数目。例如：

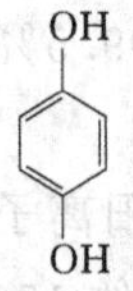
对苯二酚

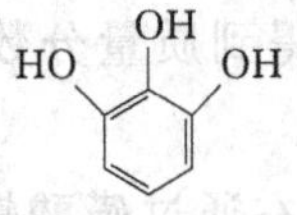
1,2,3-苯三酚

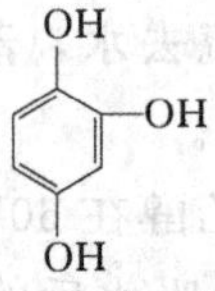
1,2,4-苯三酚

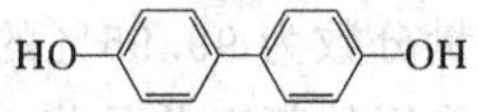
4,4′-联苯二酚

17.2.2 酚的物理性质

除少数烷基酚为高沸点液体外，大多数的酚都为无色晶体。但酚类在空气中易被氧化而呈粉红色或红色。由于分子间能形成氢键，酚有较高的沸点，其熔点也比相应的烃高。酚虽然含有羟基，但仅微溶或不溶于水，这是因为芳基在分子中占有较大的比例。酚类在水中的溶解度随羟基数目增加而增大。常见酚的物理常数见表 17-2。

表 17-2　酚的物理常数

名称	熔点/℃	沸点/℃	溶解度(25℃)/(g/100g 水)	pK_a
苯酚	43	181	9.3	9.89
邻甲苯酚	30	191	2.5	10.20
间甲苯酚	11	201	2.3	10.17
对甲苯酚	35.5	201	2.6	10.01
邻硝基苯酚	44.5	214	0.2	7.23
间硝基苯酚	96	194	1.4	8.40
对硝基苯酚	114	279	1.6	7.15
2,4-二硝基苯酚	113		0.56	4.0
2,4,6-三硝基苯酚	122		1.4	0.71

续表

名称	熔点/℃	沸点/℃	溶解度(25℃)/(g/100g 水)	pK_a
邻苯二酚	105	245	45.1	9.48
间苯二酚	110	281	123	9.44
对苯二酚	170	286	8	9.96
1,2,3-苯三酚	133	309	62	7.0
α-萘酚	94	279		9.31
β-萘酚	123	286	0.1	9.55

由表 17-2 可知，在硝基苯酚的三个异构体中，邻位异构体的熔点、沸点和在水中的溶解度都比间位、对位异构体低得多。由于间位、对位异构体分子间形成氢键而缔合，故沸点较高，它们与水分子也可形成氢键，在水中也有一定的溶解度。邻位异构体则不然，由于相邻的羟基和硝基之间通过分子内氢键螯合成环，难以形成分子间的氢键而缔合，同时也降低了它与水分子形成氢键的能力，因此其熔点、沸点和水中溶解度都较低。在三个异构体中唯有邻位异构体可随水蒸气蒸馏出来。

17.2.3 酚的化学性质

酚与醇分子中都有极性的 C—O 键和 O—H 键，它们能发生相似的反应。但由于酚羟基参与芳环共轭，酚羟基中的氧原子呈 sp^2 杂化状态，两个 sp^2 轨道分别与氢原子和碳原子成键，两对孤对电子分别占据一个 sp^2 轨道和一个未杂化的 p 轨道，后者与苯环 π 轨道形成 p-π 共轭（图 17-1，使 O—H 键极性增大，C—O 键加强，因此，酚一方面酸性比醇大，另一方面较难发生羟基被取代的反应。酚羟基使芳环活化，容易发生环上的亲电取代。

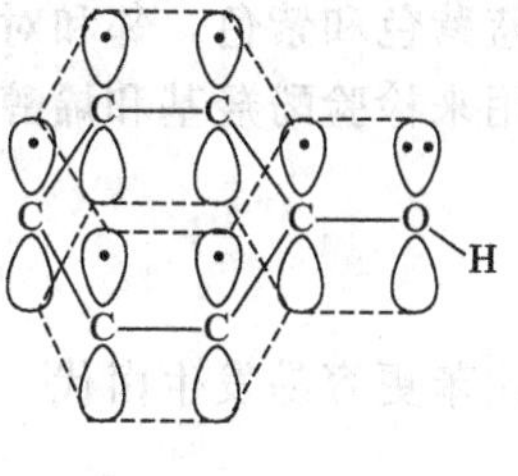

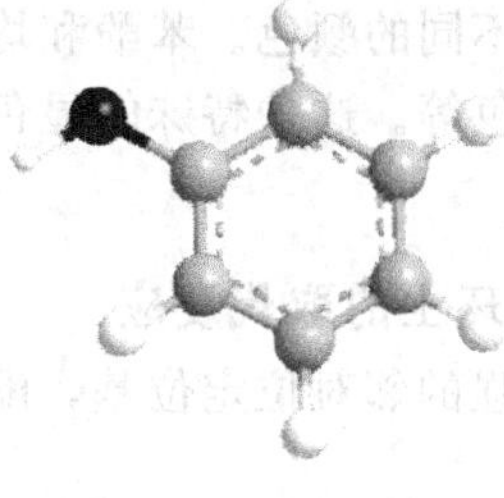

图 17-1 苯酚的 p-π 共轭结构

17.2.3.1 酚羟基的反应

(1) 酸性 酚具有酸性，其酸性（例如苯酚的 $pK_a \approx 10$，水溶液能使石蕊变红）比醇（$pK_a \approx 18$）、水（$pK_a = 15.7$）强，但比碳酸（$pK_{a1} = 6.38$）弱。因此酚能溶于氢氧化钠水溶液生成酚钠，但不能与碳酸氢钠反应。相反，将二氧化碳通入酚钠水溶液，酚即游离出来。

由于酚羟基氧原子上孤对电子与苯环 π 电子共轭，电子离域使氧原子上电子云密度降低，有利于氢以质子形式解离，解离后生成苯氧负离子，其负电荷能更好地离域而分散到整个共轭体系，从而使苯氧负离子比苯酚更稳定，因此酚的酸性比醇强。

当苯酚环上连有给电子基时，因不利于负电荷分散，取代苯氧负离子的稳定性降低，酸性减弱。当苯酚环上连有吸电子基时，因有利于负电荷离域，取代苯氧负离子稳定性更高，因而酸性增强。例如，邻硝基苯酚或对硝基苯酚，由于硝基的吸电子的诱导效应和共轭效应，使苯氧负离子上的负电荷离域到硝基上，从而使硝基苯氧负离子更加稳定，所以邻硝基苯酚或对硝基苯酚的酸性比苯酚强。苯酚的邻、对位上硝基越多，酸性越强。对于间硝基苯酚，由于共轭效应不能直接传递到间位，只有硝基的诱导效应，故间硝基苯酚的酸性虽比苯酚强，但比邻位、对位硝基苯酚弱。

(2) 酚醚的生成 与醇相似，酚也可以生成醚。但酚醚不能通过酚分子之间脱水制得，通常是通过酚钠与比较强的烃基化试剂如碘甲烷或硫酸二甲酯反应制得。例如：

$$\text{C}_6\text{H}_5\text{—ONa} + \text{CH}_3\text{OSO}_2\text{OCH}_3 \longrightarrow \text{C}_6\text{H}_5\text{—OCH}_3 + \text{CH}_3\text{OSO}_2\text{ONa}$$

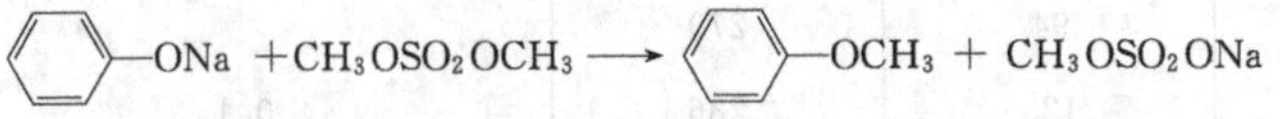

酚醚的化学性质较稳定，但与氢碘酸作用可分解为原来的酚。在有机合成上，常用酚醚来"保护酚羟基"，以免羟基在反应中被破坏，待反应终了后，再将醚分解为相应的酚。

(3) 酚酯的生成 酚与羧酸直接酯化比较困难，一般是与酰氯或酸酐作用来制备酚酯。例如：

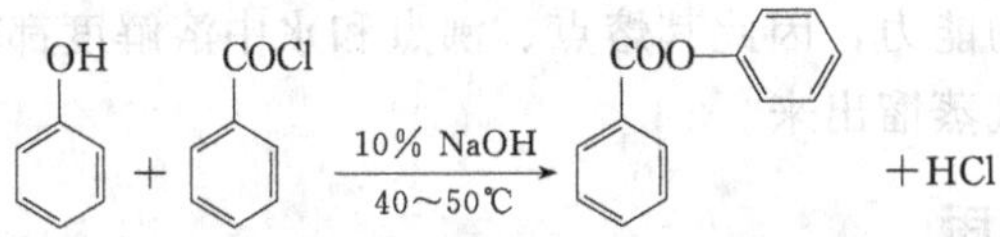

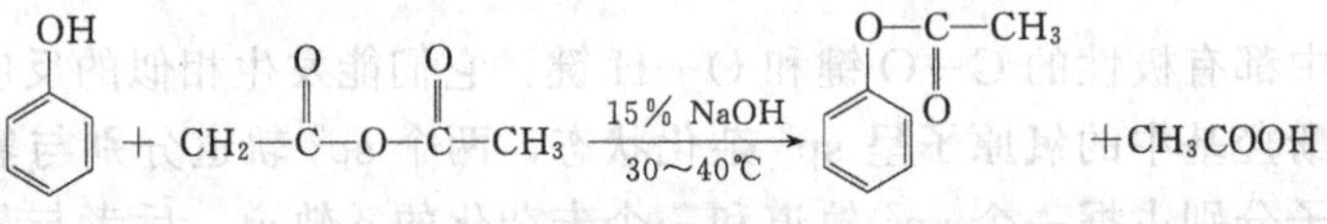

(4) 与氯化铁的显色反应 大多数酚可与氯化铁溶液作用生成有色络离子。

$$6\text{ArOH} + \text{FeCl}_3 \longrightarrow [\text{Fe(OAr)}_6]^{3-} + 6\text{H}^+ + 3\text{Cl}^-$$

不同的酚显示不同的颜色。苯酚和均苯三酚显蓝紫色和紫色，邻和对苯二酚及 β-萘酚显绿色，甲苯酚显蓝色等。这种特殊的显色反应，可用来检验酚羟基和烯醇的存在（烯醇显红褐色和红紫色）。

17.2.3.2　芳环上的取代反应

羟基是一个较强的邻对位定位基，酚的苯环上比苯更容易发生卤代、硝化、磺化等亲电取代反应。

(1) 卤代反应 苯酚的卤代反应不需要用路易斯酸催化，却需要仔细地选择反应条件，以便获得一、二或三卤代产物。

苯酚在没有溶剂存在下或在非极性溶剂中卤化，可得到邻和对卤代苯酚的混合物。在酸性溶液中卤化则可得到 2,4-二卤代苯酚。例如：

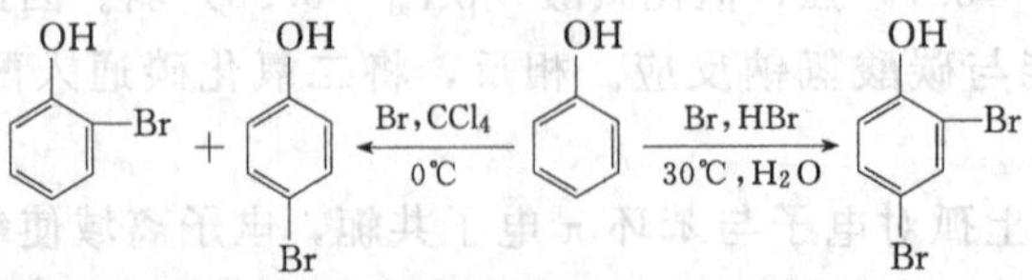

苯酚与溴水可在室温下迅速反应生成 2,4,6-三溴苯酚的白色沉淀。这个反应很灵敏，而且是定量完成的，常用于酚的定量、定性试验。

(2) 磺化反应 浓硫酸易使苯酚磺化。如果反应在室温下进行，生成几乎等量的邻位和对位取代产物；如果反应在较高温度下进行，则对位异构体为主要产物，如果进一步磺化可得到4-羟基苯-1,3-二磺酸。

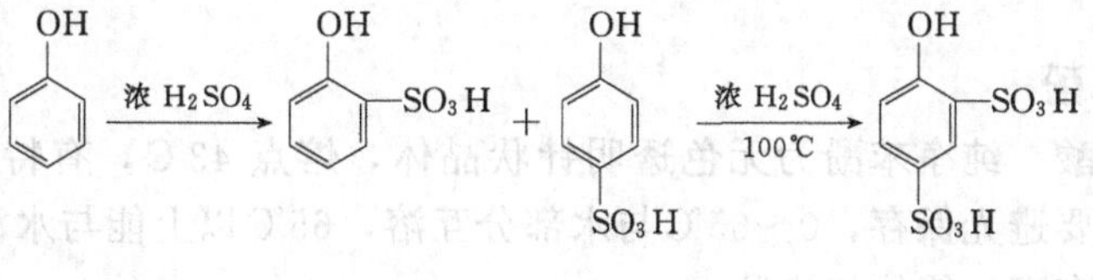

磺化是一个可逆反应。

(3) 硝化反应 在室温下，用稀硝酸就可使苯酚硝化，生成邻和对硝基苯酚的混合物。反应产生大量焦油状酚的氧化副产物，产率相当低，无制备意义。当用较浓的硝酸进行硝化时，酚更易发生氧化，所以多硝基酚不能用酚的直接硝化法制备。如2,4-二硝基苯酚通常是由2,4-二硝基氯苯水解制得。2,4,6-三硝基苯酚（苦味酸）可通过先磺化后硝化的方法制备。

(4) 傅-克反应 酚的傅-克烷基化反应常常是以烯烃或醇为烷基化试剂，以浓硫酸、磷酸或酸性离子交换树脂作为催化剂，反应迅速生成二烷基化和三烷基化产物。例如：

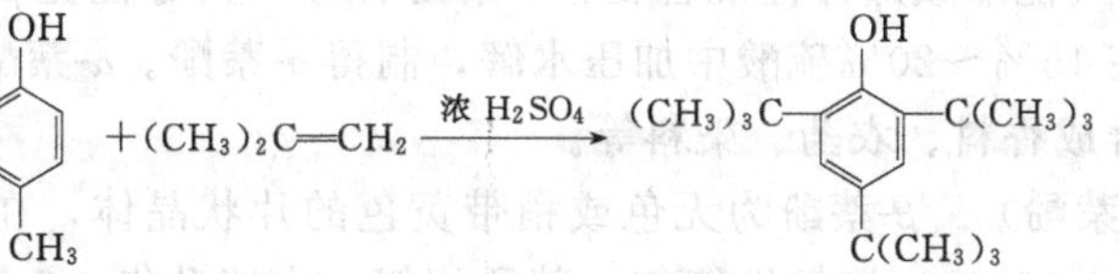

4-甲基-2,6-二叔丁基苯酚

4-甲基-2,6-二叔丁基苯酚是无色晶体，熔点70℃，可用作有机物的抗氧剂，也可用作食物防腐剂。

17.2.3.3 氧化和加氢反应

(1) 氧化反应 酚易被氧化。如苯酚置于空气中，随氧化作用的加深，颜色由无色逐渐变为粉红色、红色甚至暗红色。二元酚更易被氧化。例如，邻或对苯二酚在室温时即可被弱氧化剂如氧化银或氯化铁氧化为邻或对苯醌。

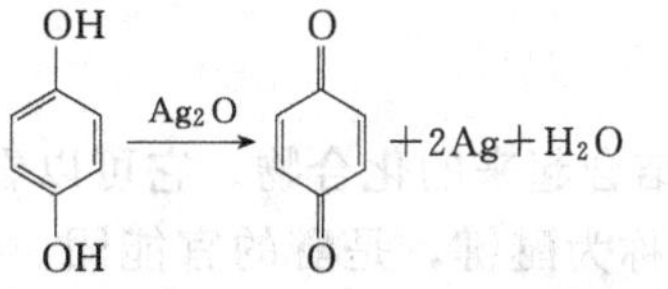

对苯二酚的水溶液因易被氧化而呈褐色，它在碱性溶液中更易被氧化。它是一个强的还原剂。对苯二酚广泛用作显影剂、阻聚剂、橡胶防老剂，氮肥工业中用作催化脱硫剂以及自由基链反应的抑制剂。

(2) 加氢反应 酚可通过催化加氢生成环烷基醇。例如，在工业生产中，苯酚在雷尼镍催化下于140～160℃通入氢气可生成环己醇。

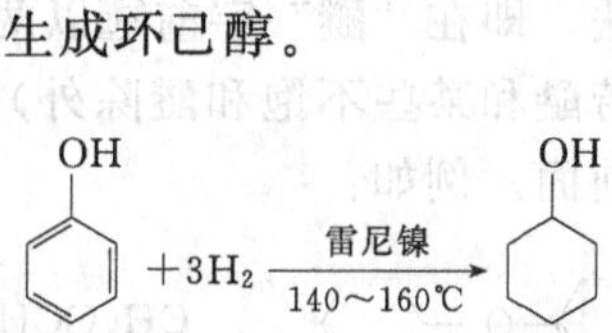

环己醇是制备聚酰胺类合成纤维的原料。

17.2.4 重要的酚

17.2.4.1 苯酚

苯酚俗名石炭酸，纯净苯酚为无色透明针状晶体，熔点43℃，有特殊气味，在光照下易被空气氧化，故要避光保存，0～65℃与水部分互溶，65℃以上能与水混溶，易溶于乙醇、乙醚、苯等。苯酚有毒，能灼烧皮肤。

工业上大量生产苯酚的方法是异丙苯法。以丙烯、苯为原料，首先制得异丙苯；然后在100～120℃时通入空气，使异丙苯氧化生成氢过氧化异丙苯；最后与硫酸反应，分解为两种重要的化工原料苯酚和丙酮。

苯酚是重要的有机化工原料，大量用于制造酚醛树脂、环氧树脂、聚碳酸酯，以及己内酰胺和己二酸、香料、染料、药物的中间体，还可直接用作杀菌剂、消毒剂等。

17.2.4.2 萘酚

(1) α-萘酚（1-萘酚） α-萘酚为无色细针状晶体，在空气中和光照下逐渐变为玫瑰色，能升华，熔点94℃，难溶于水，易溶于乙醇、乙醚、氯仿、苯和碱溶液中，微溶于四氯化碳。α-萘酚粉末与空气能形成爆炸性混合物，α-萘酚有毒，其毒性比β-萘酚大3倍。工业上以α-萘胺为原料，在15%～20%硫酸中加压水解，制得α-萘酚。α-萘酚可用作抗氧剂、橡胶防老剂，也可用来合成香料、农药、染料等。

(2) β-萘酚（2-萘酚） β-萘酚为无色或稍带黄色的片状晶体，在空气中和光照下颜色逐渐变深。熔点122～123℃，溶解性能与α-萘酚相似，也能升华。β-萘酚由萘高温磺化碱熔（即磺化碱熔法）制得。萘酚的化学性质与苯酚相似，呈弱酸性而溶于NaOH。与苯酚相比，萘酚的羟基容易生成酚醚和酚酯。

17.3 醚

17.3.1 醚的分类与命名

17.3.1.1 醚的分类

醚是两个烃基通过氧原子结合起来的化合物。它可以看作是水分子中的两个氢原子被烃基取代的生成物。C—O—C键称为醚键，是醚的官能团。氧原子连接两个相同烃基的醚称为单醚，连接两个不同烃基的醚则称为混醚。两个烃基都是饱和的称为饱和醚，两个烃基中有一个是不饱和的或是芳基的则称为不饱和醚或芳醚。如果烃基与氧原子连接成环则称为环醚。

17.3.1.2 醚的命名法

简单的醚一般都用习惯命名法，即在“醚”字前冠以两个烃基的名称。单醚在烃基名称前加“二”字（一般可省略，但芳醚和某些不饱和醚除外）；混醚则将次序规则中较优的烃基放在后面；芳醚则是芳基放在前面。例如：

$CH_3CH_2OCH_2CH_3$
（二）乙醚

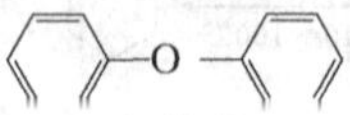
二苯醚

$CH_3OCH_2CH_3$
甲乙醚

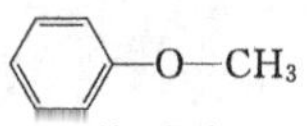
苯甲醚

烃基结构复杂的醚使用系统名称，将烷氧基作为取代基命名。

$$\underset{\underset{OCH_3 \ OCH_3 \ OCH_3}{|}}{CH_2-CH-CH_2} \qquad \underset{\underset{OCH_3 \ CH_3}{|}}{CH_3CHCH_2CHCH_3}$$

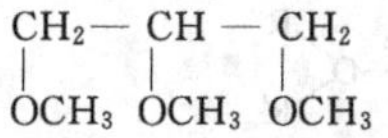

1,2,3-三甲氧基丙烷   2-甲基-4-甲氧基戊烷

环醚多用俗名，一般称环氧某烃或按杂环化合物命名。例如：

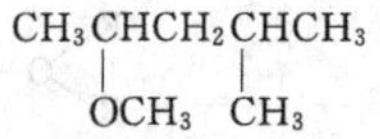

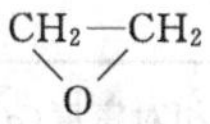

$$\underset{环氧丙烷}{\overset{\displaystyle CH_2-CH_2}{\underset{O}{\diagdown \diagup}}}$$

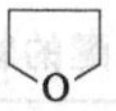

1,4-环氧丁烷
（四氢呋喃）

1,4-二氧六环
（二噁烷）

17.3.2　醚的制备

17.3.2.1　醇分子间脱水

在酸（如浓硫酸、芳磺酸或三氟化硼）催化下，醇分子间脱水生成醚。

$$R-OH+HO-R' \xrightarrow[\triangle]{浓\ H_2SO_4} R-O-R'+H_2O$$

这是制备低级单醚的方法，例如乙醚、正丁醚。这种方法只限于伯醇和含活泼羟基的醇，例如，苯甲醇只需与稀酸共热即脱水生成二苄醚。工业上常用氧化铝、ZSM 分子筛等作为催化剂。

17.3.2.2　威廉森合成法

醇钠或酚钠与卤代烃反应生成醚是制备醚的一种重要方法，称为威廉森（Williamson）合成法。

例如：

$$R-ONa+R'-X \longrightarrow R-O-R'+NaX$$

$$Ar-ONa+R'-X \longrightarrow Ar-O-R'+NaX$$

醚的威廉森合成法既可用于合成单醚，又可用于合成混醚。由于芳卤代烃中卤原子不活泼，因此在制备芳基烷基醚时宜采用酚钠而不采用醇钠。

17.3.3　醚的物理性质

在常温下除了甲醚和甲乙醚为气体外，其余大多数醚为有香味的液体。醚分子中没有与强电负性氧原子相连的氢原子，因此分子间不能形成氢键。醚的沸点显著低于相对分子质量相同的醇，如甲醚和乙醇的沸点分别为 $-24.9\,℃$ 和 $78.5\,℃$。

乙醚的沸点为 $34.5\,℃$，在常温下很易挥发，其蒸气密度大于空气。乙醚易燃，不能接近明火，使用时必须注意安全。乙醚在空气中的爆炸极限为 $2.34\%\sim36.15\%$（体积分数）。实验时反应中逸出的乙醚应排出户外。

醚分子能与水分子形成氢键，使它在水中的溶解度与相对分子质量相同的醇相近，如甲醚能与水混溶，乙醚与正丁醇在水中溶解度都约为 8g/100g 水。1,4-二氧六环分子中四个碳原子连有两个醚键氧原子，与水生成的氢键足以使它与水混溶。四氢呋喃分子中，虽然四个碳原子仅连一个醚键氧原子，但因氧原子在环上，使孤对电子暴露在外，与乙醚相比较，它更易与水形成氢键，故也可与水混溶。环醚的水溶液既能溶解离子化合物，又能溶解非离子

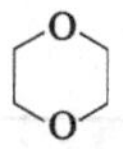

化合物，为常用的优良溶剂。

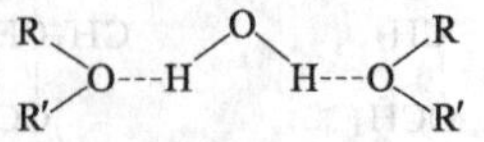

醚和水分子间氢键

一些醚的物理常数列于表 17-3 中。

表 17-3 醚的物理常数

名称	熔点/℃	沸点/℃	相对密度(d_4^{20})	n_D^{20}
甲醚	−141.5	−24.9	0.661	
乙醚	−116.3	34.5	0.7137	1.3526
丙醚	−112	90.5	0.736	1.3809
异丙醚	−85.89	68.7	0.7241	1.3679
丁醚	−95.3	142.4	0.7689	1.3992
苯甲醚	−37.5	155	0.9961	1.5179
二苯醚	26.84	257.9	1.0748	1.5787
环氧乙烷	−110	10.73	0.8824	1.5787
1,2-环氧丙烷	−104	33.9	0.8590	1.3057
1,4-环氧丁烷	−65	66	0.8892	1.4050
1,4-二氧六环	11.8	101	1.0337	1.4224

17.3.4 醚的化学性质

除了某些环醚以外，醚对大多数试剂如碱、稀酸、氧化剂、还原剂都十分稳定。醚常作为许多反应的溶剂。醚在常温下不与金属钠反应，因而可用金属钠干燥醚。但这种稳定性是相对的，在一定条件下，醚可以发生特有的反应。

17.3.4.1 锌盐的生成

醚的氧原子上有孤对电子，能与强酸（如浓 H_2SO_4 或浓 HX）的质子结合生成锌盐而溶于浓的强酸中。

$$R-\ddot{O}-R' + H_2SO_4 \rightleftharpoons \left[R-\underset{H}{\ddot{O}}-R'\right]^+ HSO_4^-$$

锌盐是弱碱强酸的盐，不稳定，遇水很快分解为原来的醚。在此过程中，若冷却程度不够，则部分醚可水解生成醇。这一性质常用于将醚从烷烃或卤代烃等混合物中分离出来。

17.3.4.2 醚键的断裂

当醚与浓氢卤酸共热时，醚键断裂。氢卤酸的反应活性：HI＞HBr＞HCl。通常使用 HI 或 HBr 来断裂醚键。

$$CH_3-O-R + HI \longrightarrow CH_3-I + R-OH$$

烷基醚与氢碘酸反应，首先生成碘代烷和醇，醇可以进一步与过量氢碘酸反应生成碘代烷。当两个烷基不相同时，往往是含碳原子较少的烷基断裂下来与碘结合，而且反应可定量完成。例如，含甲氧基或乙氧基的醚与氢碘酸反应可定量地生成碘甲烷或碘乙烷。若将生成物蒸出，通入硝酸银的乙醇溶液，按照生成碘化银的量就可计算出原来醚分子中甲氧基或乙氧基的含量。

17.3.4.3 过氧化物的生成

醚对氧化剂较稳定，但长期置于空气中可被空气氧化为过氧化物。醚 α-H 容易在 C—H 之间发生自动氧化，慢慢生成过氧化物。过氧化物不稳定，受热易爆炸，沸点又比醚高，因此蒸醚时切勿蒸干。尤其是异丙醚特别容易形成过氧化物，乙醚和四氢呋喃贮存时间过长时，蒸干也是危险的。

检测过氧化物存在的简单方法是：将少量醚、2%碘化钾溶液、几滴稀硫酸和 2 滴淀粉溶液一起振摇，如有过氧化物则碘离子被氧化为碘，遇淀粉呈蓝色。贮存过久含有过氧化物的醚一定要用 $FeSO_4$-H_2SO_4 水溶液洗涤或 Na_2SO_3 等还原剂处理后方能蒸馏。为避免过氧化物生成，贮存时可在醚中加入少许金属钠。

17.3.5 环氧乙烷

最简单、最重要的环醚是环氧乙烷，又称氧化乙烯。它是无色有毒气体，易燃，沸点 10.73℃，易液化，可与水混溶，也可溶于乙醇、乙醚等有机溶剂。

环氧乙烷与空气能形成爆炸性混合物，爆炸极限为 3.6%～78%（体积分数），使用时注意安全。环氧乙烷一般保存在高压钢瓶中。

工业上环氧乙烷是通过乙烯空气催化氧化制得。

$$CH_2{=}CH_2+O_2\xrightarrow[220\sim280^{\circ}C]{Ag}\underset{\diagdown\, O\, \diagup}{CH_2-CH_2}$$

环氧乙烷为具有高度的活泼性。在酸或碱催化下易与亲核试剂反应，发生开环反应，生成多种重要的有机化合物。所以环氧乙烷是一种重要的有机工业原料。

在酸催化下，环氧乙烷可以和水、醇、酚、卤代烃等开环加成，生成双官能团化合物。

17.4 实 验

17.4.1 正丁醚的制备

17.4.1.1 实验目的

① 掌握醇分子间脱水制备醚的反应原理和实验方法。

② 学习使用分水器的实验操作。

17.4.1.2 实验原理

醇分子间脱水生成醚是制备简单醚的常用方法。用硫酸作为催化剂，在不同温度下正丁醇和硫酸作用生成的产物会有不同，主要是正丁醚或丁烯，因此反应须严格控制温度。

主反应：

$$2C_4H_9OH\xrightarrow{H_2SO_4}C_4H_9-O-C_4H_9+H_2O$$

副反应：

$$2C_4H_9OH \xrightarrow{H_2SO_4} C_2H_5CH{=}CH_2 + H_2O$$

17.4.1.3 仪器与药品

仪器：100mL 三口瓶、球形冷凝管、分水器、温度计、电热套、分液漏斗、25mL 蒸馏瓶、锥形瓶。

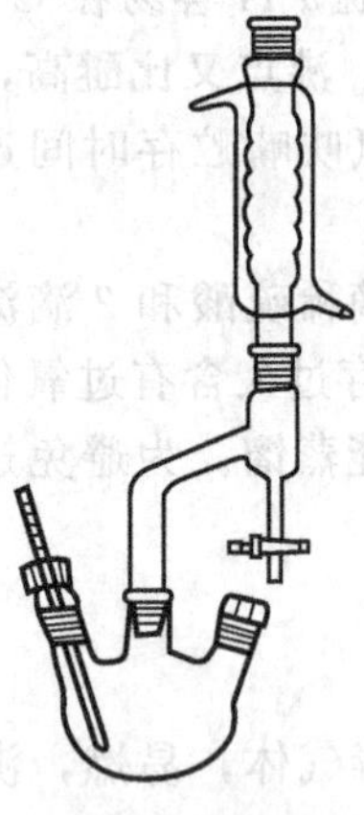

图 17-2 正丁醚制备装置

药品：正丁醇、浓硫酸、无水氯化钙、5%氢氧化钠溶液、饱和氯化钙溶液、沸石。

实验装置如图 17-2 所示。

17.4.1.4 实验步骤

① 在 100mL 三口烧瓶中，加入 31mL 正丁醇。在冷水浴中分多次加 5mL 浓硫酸和几粒沸石，摇匀后，一口装上温度计，温度计插入液面以下，另一口装上分水器，分水器的上端接一回流冷凝管。先在分水器内放置(V—3.5)mL 水，另一口用塞子塞紧。

② 然后将三口瓶放在电热套小火加热至微沸，进行分水。反应中产生的水经冷凝后收集在分水器的下层，上层有机相积至分水器支管时，即可返回烧瓶。大约经 1.5h 后，三口瓶中反应液温度达 138～140℃时停止加热。若继续加热，则反应液变黑并有较多副产物烯生成。

③ 将反应液及分水器中的液体冷却到室温后倒入盛有 50mL 水的分液漏斗中，充分振摇，静置后弃去下层液体。上层粗产物依次用 25mL 水、15mL 5%的氢氧化钠、25mL 水、15mL 饱和氯化钙溶液洗涤。

④ 将粗产物倒入干燥锥形瓶中，用 3g 无水氯化钙干燥 15min。注意旋摇锥形瓶。

⑤ 将干燥后的产物滤入蒸馏瓶中，搭好蒸馏装置，收集 140～144℃的馏分。

17.4.1.5 实验注意事项

① 正丁醇与浓硫酸混合时要慢要均匀，防止局部碳化。

② V 为分水器的体积，本实验根据理论计算失水体积为 3mL，实际分出水的体积略大于计算量，故分水器放满水后先分掉约 3.5mL 水。回流过程中若分水器中的水层有明显溢出，可从活塞放出一部分水。

③ 温度要控制好，加热不可过速，防止温度过高大量生成丁烯。制备正丁醚的较宜温度是 130～140℃，但这一温度在开始回流时是很难达到的。因为正丁醚可与水形成共沸物（沸点 94.1℃，含水 33.4%），另外，正丁醚与水及正丁醇形成三元共沸物（沸点 90.6℃，含水 29.0%，正丁醇 34.6%），正丁醇与水也可形成共沸物（沸点 93.0℃，含水 44.5%）。故应控制温度在 90～100℃较合适，而实际操作是在 100～115℃。

④ 在碱洗过程中，不要剧烈地摇动分液漏斗，否则生成的乳浊液很难破坏而影响分离。

⑤ 当分水器中水层不再变化，瓶中温度达到 150℃，表示反应基本完成。

⑥ 干燥完后，转移产品时不可将氯化钙带入蒸馏烧瓶中。

17.4.1.6 思考题

① 正丁醚制备实验中，反应物冷却后为什么要倒入 50mL 水中？各步的洗涤（水洗、碱洗、再水洗、饱和氯化钙洗）目的何在？

② 正丁醚制备实验中，如何得知反应已经比较完全？

③ 如果反应温度过高，反应时间过长，可导致什么结果？

④ 为什么要先在分水器内放置（$V-V_0$）mL 水？V_0 为反应中生成的水量。

17.4.2 乙酸乙酯的制备

17.4.2.1 实验目的

① 熟悉酯化反应原理及进行的条件，掌握乙酸乙酯的制备方法。

② 掌握回流、洗涤、分离和干燥的操作方法。

17.4.2.2 实验原理

有机酸与醇在酸催化下进行酯化反应可生成酯。当没有催化剂存在时，酯化反应很慢；当采用酸作催化剂时，就可以大大地加快酯化反应的速度。酯化反应是一个可逆反应。为使平衡向生成酯的方向移动，常常使反应物之一过量，或将生成物从反应体系中及时除去，或者两者兼用。

主反应：$CH_3COOH + C_2H_5OH \xrightleftharpoons{H_2SO_4} CH_3COOC_2H_5 + H_2O$

副反应：$2C_2H_5OH \xrightarrow{H_2SO_4} C_2H_5OC_2H_5 + H_2O$

17.4.2.3 仪器与药品

仪器：圆底烧瓶、冷凝管、温度计、蒸馏头、温度计套管、分液漏斗、电热套、接液管。

药品：冰醋酸 12mL（12.6g，0.21mol）、无水乙醇 19mL（15g，0.32mol）、浓硫酸 5mL、饱和碳酸钠溶液、饱和氯化钙溶液、饱和氯化钠溶液、无水硫酸镁。

实验装置如图 17-3 所示。

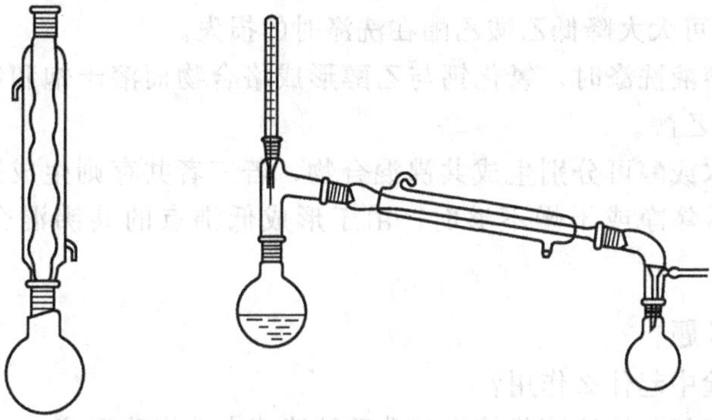

图 17-3　乙酸乙酯制备装置

17.4.2.4 实验步骤

(1) 回流　在 100mL 圆底烧瓶中，加入 12mL 冰醋酸和 19mL 无水乙醇，混合均匀后，将烧瓶放置于冰水浴中，分批缓慢地加入 5mL 浓 H_2SO_4，同时振摇烧瓶。混匀后加入 2～3 粒沸石，按图 17-3 安装好回流装置，打开冷凝水，用电热套加热，保持反应液在微沸状态下回流 30～40min。

(2) 蒸馏　反应完成后，冷却近室温，将装置改成蒸馏装置，用电热套或水浴加热，直到没有馏出液蒸出为止。

(3) 乙酸乙酯的精制

① 中和：在粗乙酸乙酯中慢慢地加入约 10mL 饱和 Na_2CO_3 溶液，直到无二氧化碳气

体逸出后，再多加1～3滴。然后将混合液倒入分液漏斗中，静置分层后，放出下层的水。

② 水洗：用约10mL饱和食盐水洗涤酯层，充分振摇，静置分层后，分出水层。

③ 二氯化钙饱和溶液洗：再用约20mL饱和 $CaCl_2$ 溶液分两次洗涤酯层，静置后分去水层。

④ 干燥：酯层由漏斗上口倒入一个50mL干燥的锥形瓶中，并放入2g无水 $MgSO_4$ 干燥，配上塞子，然后充分振摇至液体澄清。

⑤ 精馏：收集74～79℃的馏分，产量约10～12g。

17.4.2.5 检验与测试

酯的氧肟酸铁实验：酯与羟胺反应生成一种氧肟酸。氧肟酸与铁离子形成牢固的品红色络合物。

在试管中加入两滴新制备的酯，再加入5滴溴水。如果溴水的颜色不变或没有白色沉淀生成就可做下面的实验。

将5滴新制备的酯滴入干燥的试管中，再滴加7滴3%的盐酸羟胺95%酒精溶液和3滴2%的NaOH溶液，摇匀后滴加7滴5%的HCl溶液和1滴5%的 $FeCl_3$ 溶液。试管中液体显示为品红色，证明酯的存在。

17.4.2.6 注意事项

① 实验进行前，圆底烧瓶、冷凝管应是干燥的。

② 回流时注意控制温度，温度不宜太高，否则会增加副产物的量。

③ 在馏出液中除了酯和水外，还含有未反应的少量乙醇和乙酸，也还有副产物乙醚，故加饱和碳酸钠溶液主要除去其中的酸。多余的碳酸钠在后续的洗涤过程可被除去，可用石蕊试纸检验产品是否呈碱性。

④ 饱和食盐水主要洗涤粗产品中的少量碳酸钠，还可洗除一部分水。此外，由于饱和食盐水的盐析作用，可大大降低乙酸乙酯在洗涤时的损失。

⑤ 氯化钙饱和溶液洗涤时，氯化钙与乙醇形成络合物而溶于饱和氯化钙溶液中，由此除去粗产品中所含的乙醇。

⑥ 乙酸乙酯与水或醇可分别生成共沸混合物，若三者共存则生成三元共沸混合物。因此，酯层中的乙醇不除净或干燥不够时，由于形成低沸点的共沸混合物，从而影响酯的产率。

17.4.2.7 思考题

① 硫酸在本实验中起什么作用?

② 能否用浓的氢氧化钠溶液代替饱和碳酸钠溶液来洗涤蒸馏液?

17.4.3 乙酸正丁酯的制备

17.4.3.1 实验目的

① 通过乙酸正丁酯的制备学习并掌握羧酸的酯化反应原理和基本操作。

② 正确使用分水器及时分出反应过程中生成的水使反应向生成产物的方向移动，以提高产率。

③ 进一步掌握加热回流、洗涤、干燥、蒸馏等产品的后处理方法。

17.4.3.2 实验原理

酸与醇反应制备酯，是一类典型的可逆反应。

主反应：

$$CH_3COOH+CH_3CH_2CH_2CH_2OH \xrightleftharpoons{H^+} CH_3COOHCH_2CH_2CH_2CH_3+H_2O$$

副反应：

$$2CH_3CH_2CH_2CH_2OH \xrightleftharpoons{H^+} CH_3CH_2CH_2CH_2OCH_2CH_2CH_2CH_3+H_2O$$

$$CH_3CH_2CH_2CH_2OH \xrightleftharpoons{H^+} CH_3CH_2CH{=}CH_2+H_2O$$

为提高产品收率，一般采用以下措施。

① 使某一反应物过量；

② 在反应中移走某一产物（蒸出产物或水）；

③ 使用特殊催化剂。

用酸与醇直接制备酯，通常有三种方法。

第一种是共沸蒸馏分水法，生成的酯和水以沸腾物的形式蒸出来，冷凝后通过分水器分出水，油层回到反应器中。

第二种是提取酯化法，加入溶剂，使反应物、生成的酯溶于溶剂中，和水层分开。

第三种是直接回流法，一种反应物过量，直接回流。

制备乙酸正丁酯用共沸蒸馏分水法较好。为了将反应物中生成的水除去，利用酯、酸和水形成二元或三元恒沸物，采取共沸蒸馏分水法。使生成的酯和水以共沸物形式逸出，冷凝后通过分水器分出水层，油层则回到反应器中。

17.4.3.3 仪器与药品

仪器：50mL 圆底烧瓶、分水器、球形冷凝管、分液漏斗、锥形瓶、直形冷凝管、蒸馏头、接受弯头、电热套。

药品：无水硫酸镁 2～3g、正丁醇 11.5mL（9.3g，0.125mol）、浓硫酸、冰醋酸 7.2mL（7.5g，0.125mol）、10％碳酸钠水溶液 10mL。

实验装置如图 17-4 所示。

17.4.3.4 实验步骤

在干燥的 50mL 单口烧瓶中加入 11.5mL 正丁醇、7.2mL 冰醋酸和 3～4 滴浓硫酸、几粒沸石，摇动烧瓶使之混合均匀。装上分水器（分水器中加入水至支管下沿约 1cm 处）、球形冷凝管。用加热套加热回流 40min，注意观察分水器支管液面高度，始终控制在距支管下沿 0.5～1.0cm。计量分出水的体积，当分出水的体积接近理论值（此时已无水生成），停止加热回流，撤掉加热套。

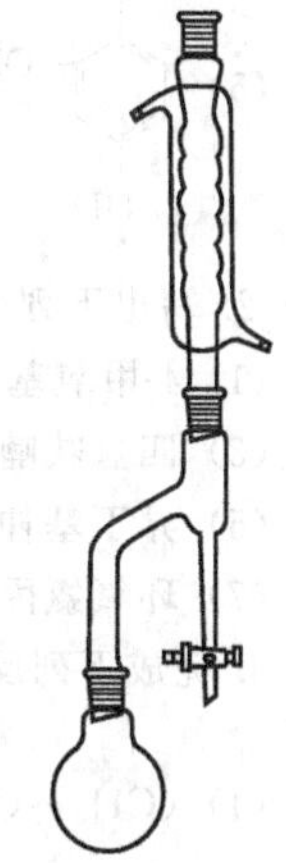

图 17-4 反应装置图

将分水器中液体转移到反应用烧瓶中，摇动烧瓶使之混合均匀（此步操作既是将分水器中产品回收，又是用水洗涤反应混合物），然后将烧瓶中液体转移到分液漏斗中，静置分层，自分液漏斗下口放出水。再向分液漏斗中加入 10mL 10％碳酸钠水溶液，洗涤有机相，放出水相，有机相再用 10mL 水洗一次。

将有机相自分液漏斗上口转移至干燥的锥形瓶中，用无水硫酸镁干燥之（可以小心加热加快干燥速度）。

在 50mL 烧瓶中进行蒸馏，收集 124～126℃馏分。

17.4.3.5 注意事项

① 冰醋酸在低温时凝结成冰状固体（熔点16.6℃）。取用时可温水浴加热使其熔化后量取。注意不要触及皮肤，防止烫伤。

② 浓硫酸起催化剂作用，只需少量即可。也可用固体超强酸作催化剂。

③ 当酯化反应进行到一定程度时，可连续蒸出乙酸正丁酯、正丁醇和水的三元共沸物（恒沸点 90.7℃），其回流液组成为：上层三者分别为 86%、11%、3%，下层为 19%、2%、97%。故分水时也不要分去太多的水，而以能让上层液溢流回圆底烧瓶继续反应为宜。

④ 本实验中不能用无水氯化钙为干燥剂，因为它与产品能形成络合物而影响产率。

⑤ 产品的纯度可用气相色谱检查。

17.4.3.6 思考题

① 在加入反应物之前，仪器必须干燥，为什么？

② 本实验是根据什么原理来提高乙酸正丁酯的产率的？

习 题

1. 命名下列化合物。

(1) $(CH_3)_2CHCH_2CH_2OH$　　(2) $(CH_3)_3CCH_2CH(OH)CH_3$

(3) $CH_2{=}C(CH_2CH_3){-}CH_2{-}CH_2OH$　　(4) $HOCH_2CH_2CH_2OH$

(5) 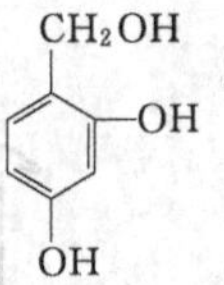　　(6) 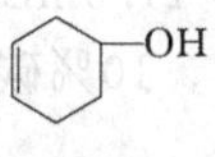

2. 写出下列化合物的结构式。

(1) 4-甲氧基苯甲醇；　　(2) 1-丙烯基-4-甲氧基苯；

(3) 四氢呋喃；　　(4) 乙烯基丙基醚；

(5) 异丁基仲丁基甲醇；　　(6) 5-甲基-2-异丙基苯酚；

(7) 环氧氯丙烷；　　(8) 二苄醚。

3. 完成下列反应。

(1) $(CH_3)_3C{-}CH{=}CH_2 \xrightarrow{H_3O^+}$

(2) 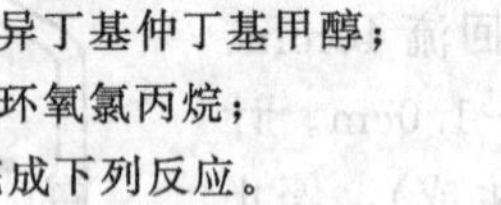

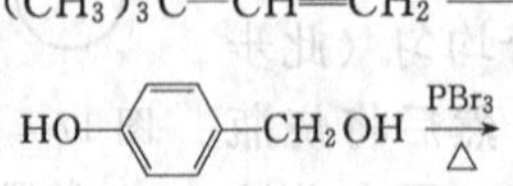

(3) 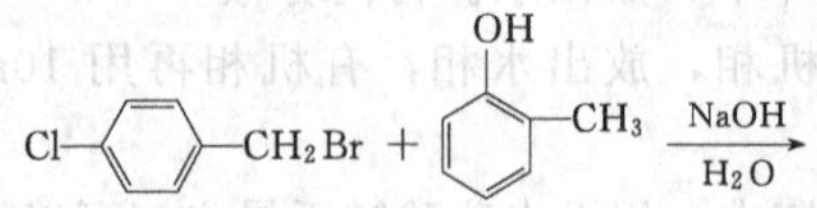

(4) 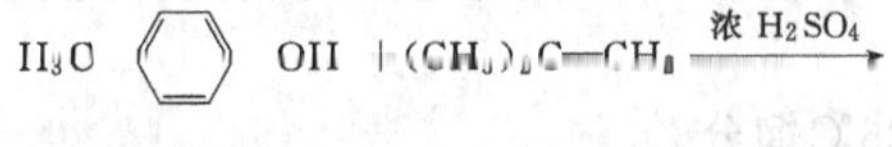

$$\text{(5)} \quad CH_3-CH-CH-CH_3 \xrightarrow[\triangle]{\text{浓 } H_2SO_4}$$
$$\qquad\qquad\quad \overset{|}{CH_3}\ \overset{|}{OH}$$

(6)

$$\text{苯酚-OH} + CH_2-C-O-C-CH_3 \xrightarrow[30\sim40℃]{15\% \text{ NaOH}}$$

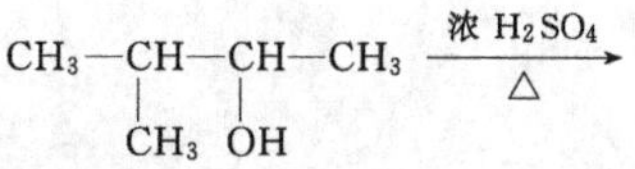

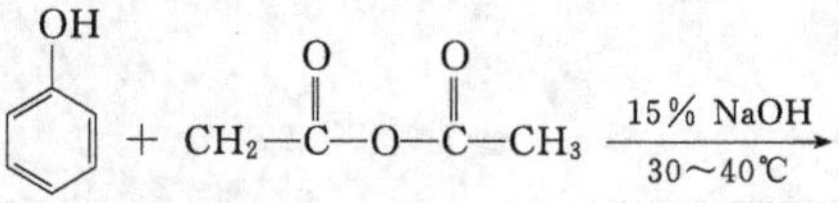

4. 用化学方法鉴别下列两组化合物。

(1) 苯酚、2,4,6-三硝基苯酚和 2,4,6-三甲基苯酚；

(2) 苯甲醚、苯酚和 1-苯基乙醇。

5. 某醇的分子式为 $C_5H_{12}O$，经氧化后得酮，经浓硫酸加热脱水得烃，此烃经氧化生成另一种酮和一种羧酸。推测该醇的构造式。

6. 化合物 A 的分子式为 $C_7H_{14}O$。A 与金属钠反应放出氢气，A 与热的铬酸作用只能得到一种化合物 B，其分子式为 $C_7H_{12}O$。当 A 与浓硫酸共热，也只得到一种化合物（无异构体）C，其分子式为 C_7H_{12}。C 用碱性高锰酸钾溶液加热处理得化合物 $HOOCCH_2CH_2\overset{|}{\underset{CH_3}{C}HCH_2COOH}$。推测 A、B、C 的构造式。

7. 某芳香族化合物 A，分子式为 C_7H_8O。A 与钠不发生反应，与浓 HI 共热生成两种化合物 B 和 C。B 能溶于 NaOH 水溶液，并与 $FeCl_3$ 水溶液作用呈紫色；C 与 $AgNO_3$ 水溶液作用生成黄色 AgI。写出 A、B、C 的构造式及各步反应式。

第18章

醛、酮

18.1 醛和酮的分类和命名

醛、酮分子中都含有羰基（$\rangle C{=}O$），统称为羰基化合物。羰基是羰基化合物的官能团。

羰基碳原子分别与氢原子和烃基相连接的化合物，称为醛，可用通式 $R-\overset{\overset{\displaystyle O}{\|}}{C}-H$ 表示。$-\overset{\overset{\displaystyle O}{\|}}{C}-H$ 叫做醛基，是醛的官能团。甲醛是最简单的醛，其羰基碳原子连有两个氢原子。

羰基碳原子连有两个烃基的化合物，称为酮，可用通式 $R-\overset{\overset{\displaystyle O}{\|}}{C}-R'$ 表示。最简单的酮是丙酮。酮分子中的羰基也叫做酮基。

羰基中，碳各氧以双键相结合，成键的形式与乙烯有些相似，碳原子以三个 sp^2 杂化轨道成三个 σ 键，其中一个是和氧形成的 σ 键，这三个键在同一平面上，碳原子的一个 p 轨道和氧的一个 p 轨道彼此重叠起形成一个 π 键，与这三个 σ 键所形成的平面垂直，因此羰基的碳氧双键是由一个 σ 键和一个 π 键形成的，如图 18-1 所示。

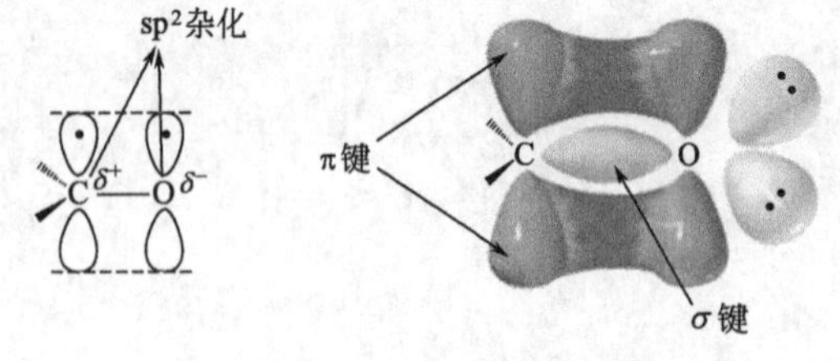

图 18-1　羰基的结构

18.1.1 醛和酮的分类

根据羰基所连接的烃基不同，醛、酮可以分为脂肪醛、酮和芳香醛、酮；根据烃基是否含有不饱和键，分为饱和醛、酮和不饱和醛、酮；根据分子中含有羰基的数目，分为一元醛、酮和多元醛、酮。一元酮又可分为单酮和混酮。羰基连接两个相同烃基的酮，叫做单酮；羰基连接两个不同烃基的酮，叫做混酮。

18.1.2 醛和酮的命名

18.1.2.1 习惯命名法

醛的习惯命名和伯醇相似，只要把“醇”字改为“醛”字便可。例如：

$CH_3CH_2CH_2CHO$　　$(CH_3)_2CHCHO$

正丁醛　　异丁醛

命名酮时，则只需在羰基所连接的两个烃基名称后面加上“酮”字。脂肪混酮命名时，要把“次序规则”中较优的烃基写在后面；但芳基和脂基的混酮却要把芳基写在前面。例如：

$CH_3CH_2\overset{\overset{O}{\|}}{C}CH_3$　　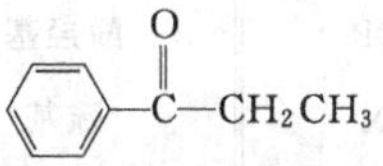

甲基乙基酮(甲乙酮)　　苯基乙基酮(芳香酮)

18.1.2.2 系统命名法

选择含有羰基的最长碳链作为主链，从离羰基最近的一端开始，将主链碳原子编号，然后把取代基的位次、数目及名称写在醛、酮母体名称前面。此外，还需在酮名称前面标明羰基的位次。因醛基总在碳链一端，在命名醛时没有必要标出其位次。

主链碳原子位次除用阿拉伯数字表示外，也可用希腊字母表示，与羰基直接相连的碳原子为 α-碳原子，其余依次为 β，γ，δ…酮分子中有两个 α-碳原子，可分别用 α、α'表示，其余依次为 β、β'等。醛、酮分子中连有苯环时，常把苯环作为取代基。例如：

$CH_3\overset{\overset{CH_3}{|}}{C}HCH_2CHO$　　$CH_3CH_2\overset{\overset{O}{\|}}{C}CH_2CH_3$　　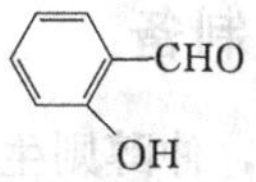　　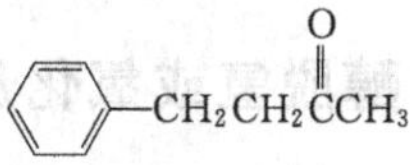

3-甲基丁醛 (β-甲基丁醛)　　3-戊酮　　邻羟基苯甲醛　　4-苯基-2-丁酮

不饱和醛、酮命名时，应选择同时含有羰基和不饱和键的最长碳链作为主链，主链编号时仍从靠近羰基的一端起始，称为某烯醛或某烯酮，并在名称中标明不饱和键的位次。例如：

$CH_3CH{=}CHCHO$　　$CH_3\overset{\overset{O}{\|}}{C}CH_2CH{=}CH_2$　　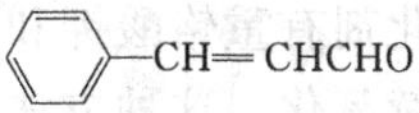

2-丁烯醛　　4-戊烯-2-酮　　3-苯基丙烯醛

18.2 多官能团有机化合物的命名

多官能团化合物的命名通常是按照表 18-1 所列举的官能团优先次序来确定母体和取代基。在同一个分子中有多个官能团时，以表 18-1 中处于最前面的一个官能团为优先基团，由它决定母体名称，其他官能团都作为取代基来命名。命名时，按最低系列原则和立体化学中的次序规则在母体名称前冠以取代基的位次、数目和名称。例如：

$\underset{\underset{Cl}{|}}{CH_2}-\underset{\underset{Br}{|}}{CH}-\underset{\underset{CH_3}{|}}{CH}-CHO$　　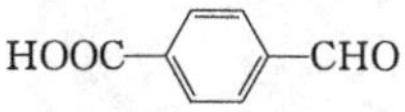　　$CH_3-\overset{\overset{O}{\|}}{C}-CH_2-COOH$

2-甲基-4-氯-3-溴丁烷　　对甲酰基苯甲酸　　3-丁酮酸

表 18-1 一些重要官能团的优先次序①

官能团名称	官能团结构	官能团名称	官能团结构	官能团名称	官能团结构
羧酸	$-\overset{O}{\overset{\Vert}{C}}-OH$	酮基	$>C=O$	三键	$-C\equiv C-$
磺酸基	$-SO_3H$	醇羟基	$-OH$	双键	$>C=C<$
酯基	$-COOR$	酚羟基	$-OH$	烷氧基	$-O-R$
卤代甲酰基	$-COX$	巯基	$-SH$	烷基	$-R$
氨基甲酰基	$-CONH_2$	氢过氧基	$-O-O-H$	卤原子	$-X$
腈基	$-C\equiv N$	氨基	$-NH_2$	硝基	$-NO_2$
醛基	$-CHO$	亚氨基	$>NH$		

① 本次序是按照国际纯粹与应用化学联合会(IUPAC)1979 年公布的有机化合物命名法和我国目前化学界约定俗成的次序排列而成的。

18.3 醛和酮的制备

18.3.1 醇脱氢或氧化反应制备

伯醇脱氢或氧化反应生成醛，仲醇则生成酮。

$$R-CH_2OH \xrightarrow{-2[H]或[O]} R-CHO$$

$$R-\underset{}{\overset{OH}{\overset{|}{C}H}}-R' \xrightarrow{-2[H]或[O]} R-\overset{O}{\overset{\Vert}{C}}-R'$$

工业上，在高温下将伯醇或仲醇的蒸气，通过铜、银等催化剂，分别脱氢生成醛或酮。若同时通入空气，则氢被氧化成水，反应可进行到底，即催化氧化脱氢。

常用的氧化剂有重铬酸钾和稀硫酸。反应时，需要把生成的醛从反应混合物中立即蒸馏出来，避免继续氧化。这种方法适用于制取沸点在 100℃以下的低级醛。由于酮不会进一步氧化，不需立即分离，故本法更适合于制备酮。

18.3.2 羰基合成制备

在八羰基二钴$[Co(CO)_4]_2$ 的催化下，α-烯烃与一氧化碳和氢反应，生成比原料烯烃多一个碳原子的醛。这个反应称为羰基合成，是工业上制取醛的重要方法。

$$R-CH=CH_2+CO+H_2 \xrightarrow[110\sim150℃,20MPa]{[Co(CO)_4]_2} R-CH_2CH_2CHO+R-\underset{CH_3}{\underset{|}{C}H}CHO$$

碳基合成又称氢甲酰化反应，相当于氢原子与甲酰基（—CHO）加到 C═C 上。产物中通常以直链醛为主，是有机合成中使碳链增加一个碳原子的方法之一。羰基合成得到的醛催化加氢可得到伯醇。这是工业生产低级伯醇的一种重要方法。

18.3.3 烷基苯氧化反应制备

工业上常用烷基苯氧化制得芳醛和芳酮。例如：

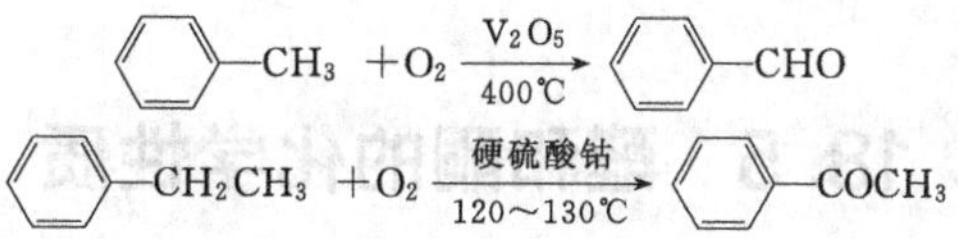

18.3.4 傅-克酰基化反应制备

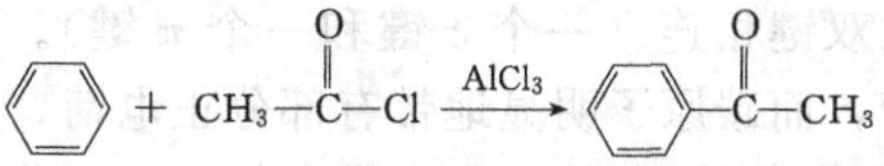

也可以用羧酸酐代替酰氯作酰化剂，这是合成芳香酮常用的方法。

18.4 醛和酮的物理性质

在常温下，只有甲醛是气体，低级醛、酮都是液体。低级醛具有强烈刺激气味，中级醛有花果香味，含 8～13 个碳原子的醛常应用于香料工业中。高级醛、酮为固体。

羰基是极性基团，故醛、酮分子间的引力大。与相对分子质量相近的烷烃和醚相比，醛、酮的沸点较高。又由于醛、酮分子间不能形成氢键，因而沸点低于相对分子质量相近的醇。

对于高级醛、酮，随着羰基在分子中所占比例越来越小，与相对分子质量相近的烷烃的沸点差别也逐步减少。例如，相对分子质量同为 156 的癸酮和正十一烷，沸点分别是 210℃和 196℃。

醛、酮分子之间虽不能形成氢键，但羰基氧原子却能和水分子形成氢键。所以，相对分子质量低的醛、酮可溶于水。例如，乙醛和丙酮能与水混溶。醛、酮的水溶性随相对分子质量增大逐渐降低，乃至不溶。醛、酮可溶于一般的有机溶剂。丙酮、丁酮能溶解许多有机化合物，故常用作有机溶剂。脂肪族醛、酮的相对密度小于 1，芳香族醛、酮的相对密度则大于 1。表 18-2 列出一些醛、酮的物理常数。

表 18-2 一些重要醛、酮的物理常数

名称	熔点/℃	沸点/℃	相对密度(d_4^{20})	溶解度(25℃)/(g/100g 水)
甲醛	−92	−19.5	0.815	55
乙醛	−123	21	0.781	∞
丙醛	−80	48.8	0.807	20
丁醛	−97	74.7	0.817	4
乙二醛	15	50.4	1.14	
苯甲醛	−26	179	1.046	0.33
丙酮	−95	56	0.792	∞
丁酮	−86	79.6	0.805	35.3
2-戊酮	−77.6	102	0.812	微溶
3-戊酮	−42	102	0.814	4.7
环己酮	−16.4	156	0.942	微溶
丁二酮	−2.4	88	0.980	25
苯乙酮	19.7	202	1.026	微溶

18.5 醛和酮的化学性质

醛、酮的化学性质主要由官能团羰基决定。羰基碳原子以 sp^2 杂化参与成键，羰基具有平面三角形结构，碳和氧以双键相连（一个 σ 键和一个 π 键）。由于氧原子的电负性较大，使其明显地带有部分负电荷，而碳原子明显地带有部分正电荷，所以羰基是强极性基团。

由于氧原子具有较大的容纳负电荷的能力，带有部分正电荷的碳原子比带有部分负电荷的氧原子活性大，因此，羰基易受亲核试剂进攻而发生亲核加成反应；受羰基影响，α-H 具有活性；且醛基氢也具活性，易被氧化。因此，醛和酮可发生三种类型的反应：① C═O 的亲核加成；② 醛基 C—H 键断裂（醛基上氢原子的反应）；③ α-H 原子的反应。

18.5.1 羰基的亲核加成反应

亲核加成反应机理：

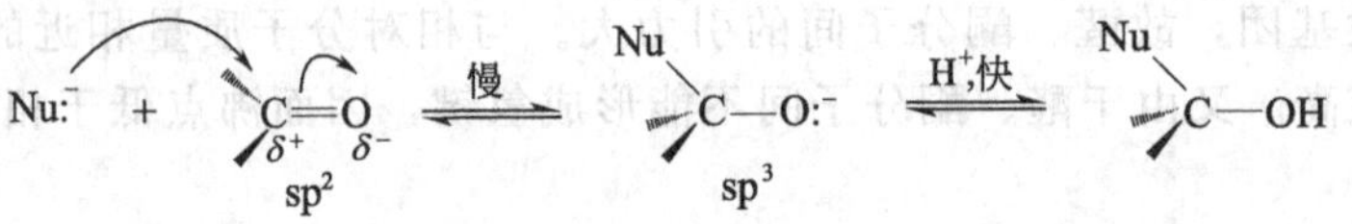

亲核试剂 $Nu:^-$ 首先进攻带有部分正电荷的羰基碳原子，生成氧负离子中间体。此时，羰基碳原子由 sp^2 杂化变为 sp^3 杂化。然后氧负离子与试剂的亲电部分（通常是 H^+）结合生成产物。由于决定加成反应速率的一步是亲核试剂进攻，故称亲核加成反应。

醛和酮进行亲核加成的难易程度是不同的。酮羰基连有两个烃基，空间位阻及两个烃基的推电子效应导致其亲核加成反应活性比醛小。且羰基所连烃基的体积越大，立体阻碍越大，越不利于亲核加成。综上所述，亲核加成反应活性次序大致如下：

$$HCHO > RCHO > PhCHO > CH_3COCH_3 > RCOCH_3 > PhCOCH_3 > PhCOR > PhCOPh$$

18.5.1.1 与氢氰酸的加成

醛、大多数甲基酮和少于 8 个碳原子的环酮都可以与氢氰酸发生亲核加成反应，产物是 α-羟基腈。

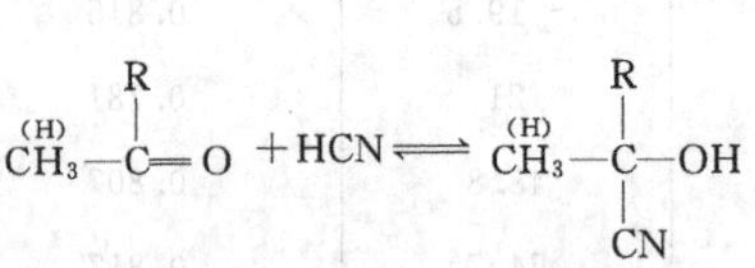

α-羟基腈比原料醛或酮增加了一个碳原子。这是使碳链增长一个碳原子的一种方法。由于氢氰酸剧毒，又易挥发（沸点 26℃），为了安全起见，可以将醛或酮与氰化钠或氰化钾水溶液混合，然后慢慢加入硫酸，使生成的氢氰酸立即和醛或酮反应。氰化钠或氰化钾的毒性虽然也很大，但不易挥发，容易控制。即使这样，实验仍需在通风橱中进行。生成的 α-羟基腈根据不同的条件，可以转化为 β-羟基酸或 α，β-不饱和酸。

18.5.1.2 与亚硫酸氢钠的加成

醛、脂肪族甲基酮和少于 8 个碳原子的环酮可以和饱和亚硫酸氢钠溶液（浓度约 40%）发生亲核加成反应。产物 α-羟基磺酸钠能溶于水，但不溶于饱和亚硫酸氢钠溶液中，而以无色晶体析出。

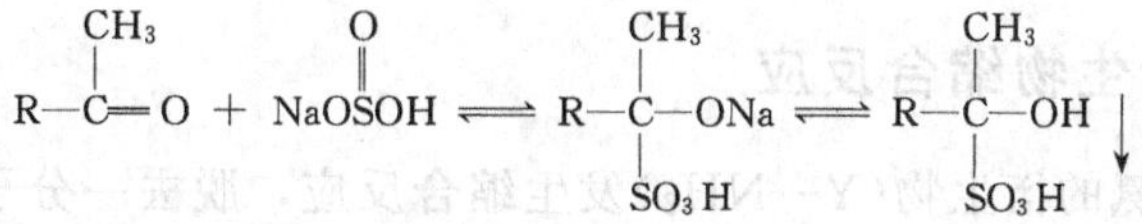

加成产物 α-羟基磺酸钠遇稀酸或稀碱都可以重新分解为原来的醛、酮。利用这个反应可以分离和提纯醛、酮。

18.5.1.3　与格氏试剂的加成

格氏试剂（RMgX）的碳原子带有部分负电荷，具有强亲核性，能与醛、酮发生亲核加成反应。加成产物经水解，可以制得不同种类的醇，这是合成醇的一种好方法。

① 格氏试剂与甲醛反应制伯醇。例如：

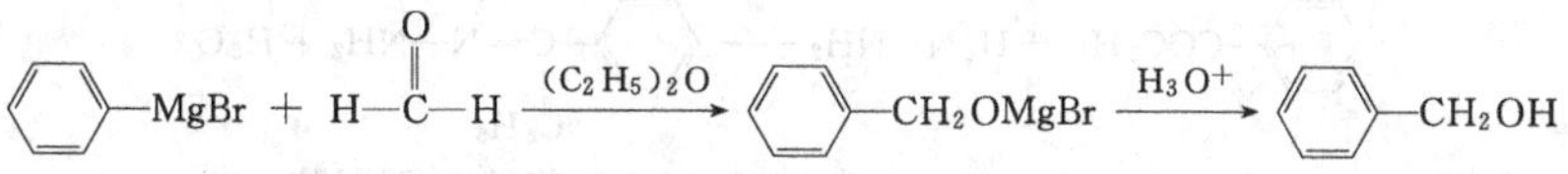

② 格氏试剂与其他醛反应，可制仲醇。例如：

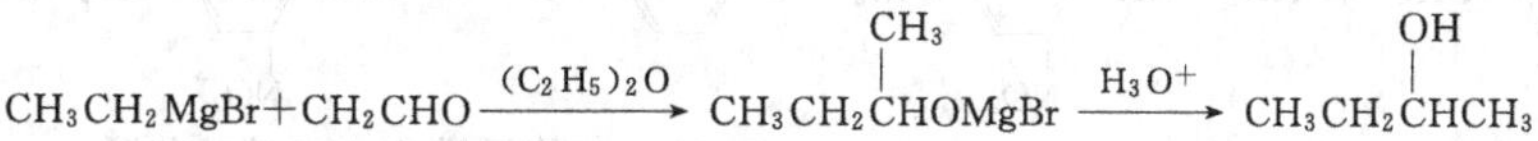

③ 格氏试剂与酮反应，可制叔醇。例如：

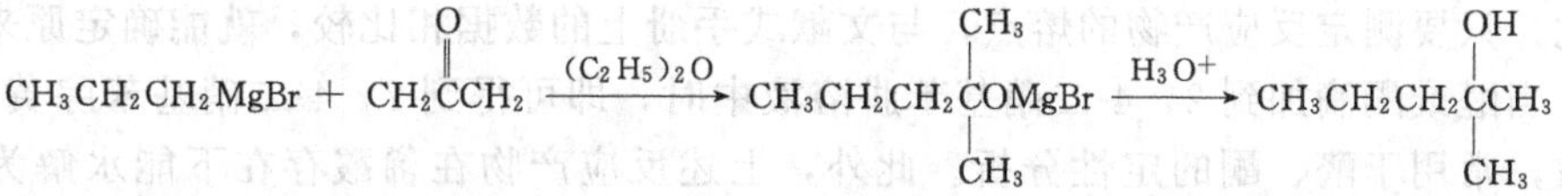

由此可见，只要选择适当的原料，除甲醇外，几乎是任何醇都可通过格氏试剂来合成。

18.5.1.4　与醇的加成

在酸催化下，醛可以和醇发生亲核加成反应，生成的产物叫做半缩醛。半缩醛再与一分子醇反应，失去一分子水，生成缩醛。反应是可逆的，需在无水的酸性条件下形成缩醛。

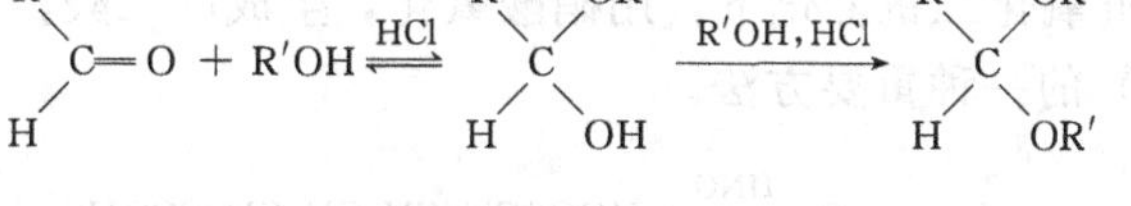

半缩醛通常是不稳定的，容易分解为原来的醛。

与醛相比，酮形成半缩酮和缩酮要困难些。即便是在酸催化下，酮一般也不和一元醇反应，但可与某些二元醇（例如乙二醇）反应，生成环状缩酮。为使平衡向右边进行，需不断除去水。缩醛与环状缩酮在稀酸中都能水解生成原来的醛或酮；但对碱、氧化剂和还原剂却很稳定。根据这些特性，在有机合成中，可以利用形成缩醛或环状缩酮来保护醛基和酮基。例如，欲从 OHC—⟨⟩—CH$_2$OH 合成 OHC—⟨⟩—COOH 时，就需要保护醛基。

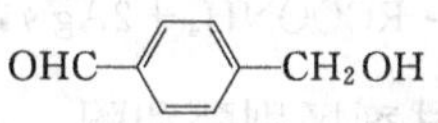

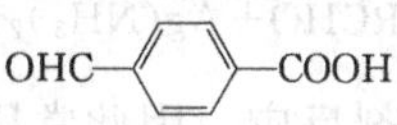

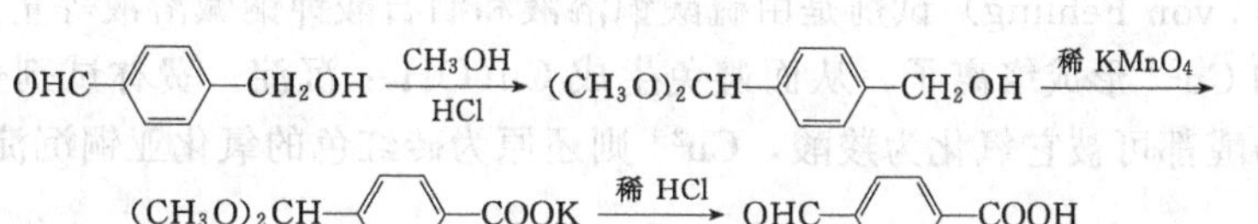

18.5.2　与氨的衍生物缩合反应

醛和酮可与一些氨的衍生物$(Y—NH_2)$发生缩合反应，脱去一分子水，生成含 C—N 键的化合物。反应通式可表示如下：

$$\underset{}{\backslash}C{=}O + H_2N—M \xrightarrow{-H_2O} \underset{}{\backslash}C{=}N—M$$

反应举例如下：

$$(CH_3)_2C{=}O + H_2N—OH \longrightarrow (CH_3)_2C{=}N—OH_2 + H_2O$$
丙酮肟

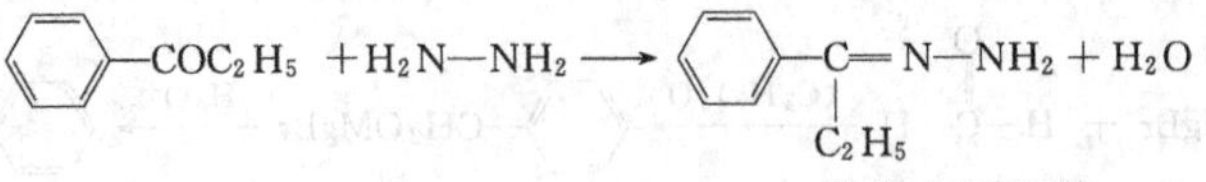

$$\text{（苯环）}—COC_2H_5 + H_2N—NH_2 \longrightarrow \text{（苯环）}—\underset{C_2H_5}{C}{=}N—NH_2 + H_2O$$
1-苯基-1-丙酮腙

$$\text{（苯环）}—CHO + NH_2—NH—\text{（硝基苯环）}NO_2 \longrightarrow \text{（苯环）}—CH{=}N—NH—\text{（硝基苯环）}NO_2 + H_2O$$
苯甲醛-2,4-二硝基苯腙

上述反应产物通常都是不溶于水的晶体，具有明确的熔点，在化学手册或文献上可以查到。因此，只要测定反应产物的熔点，与文献或手册上的数据相比较，就能确定原来是何种醛、酮。当醛或酮滴加到 2，4-二硝基苯肼溶液中时，即可得到 2，4-二硝基苯腙黄色晶体，反应灵敏，常用于醛、酮的定性分析。此外，上述反应产物在稀酸存在下能水解为原来的醛、酮，故又可用来分离和提纯醛、酮。

18.5.3　氧化还原反应

18.5.3.1　氧化反应

醛容易氧化为羧酸。常用的氧化剂有 Ag_2O、H_2O_2、$KMnO_4$、CrO_3 和过氧酸。空气中的氧也能将醛氧化，所以在存放时间较长的醛中常含有少量的羧酸。酮与上述氧化剂不发生氧化。但环己酮在五氧化二钒催化下，用硝酸氧化，生成己二酸，却是工业上生产己二酸（合成尼龙-66 的原料）的一种重要方法。

$$\text{（环己酮）}O \xrightarrow[V_2O_5]{HNO_3} HOOCCH_2CH_2CH_2CH_2COOH$$

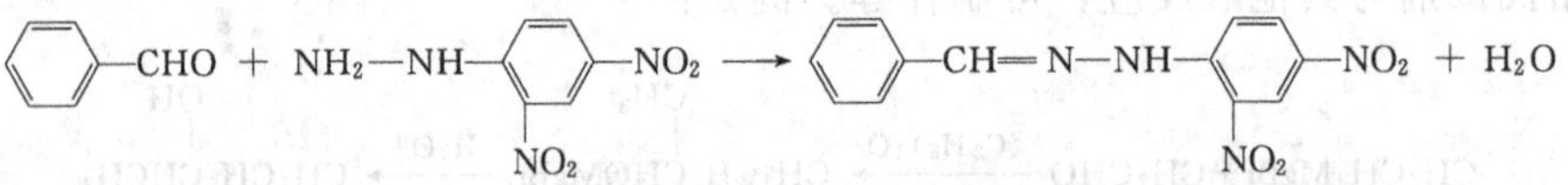

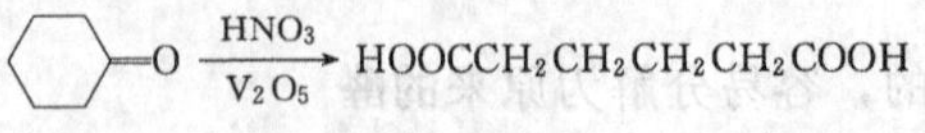

托伦（B.C.Tollens）试剂是氢氧化银氨溶液，属于弱氧化剂。它能将醛氧化为羧酸，自身则还原为金属银。如果反应容器事先处理洁净，则金属银将沉积在容器内壁形成银镜，通常称此反应为银镜反应。

$$RCHO + Ag(NH_3)_2OH \longrightarrow RCOONH_4 + 2Ag\downarrow + 3NH_3 + H_2O$$

酮不与托伦试剂反应，因此常用托伦试剂区别醛和酮。

费林（H.von Fehling）试剂是由硫酸铜溶液和酒石酸钾钠碱溶液等量混合而成。酒石酸钾钠可以和 Cu^{2+} 形成络离子，从而避免生成 $Cu(OH)_2$ 沉淀。费林试剂也是一种弱氧化剂，所有脂肪醛都可被它氧化为羧酸，Cu^{2+} 则还原为砖红色的氧化亚铜沉淀。

$$RCHO + 2Cu^{2+} + OH^- + H_2O \longrightarrow RCOO^- + CuO\downarrow + 4H^+$$

芳香醛和酮（α-羟基酮除外）不与费林试剂反应。因此，利用费林试剂既可以鉴别脂肪醛与酮，又可以区别脂肪醛和芳香醛。

这两种弱氧化剂都不能氧化醛分子中的碳碳双键和碳碳三键，以及β位或比β位更远的羟基，所以是良好的选择性氧化剂。

18.5.3.2 还原反应

(1) 还原为醇　醛和酮都能容易地分别被还原为伯醇和仲醇。

还原可以采用催化加氢的方法。铂、钯、雷尼镍、$CuO\text{-}Cr_2O_3$ 等是常用的催化剂。如果醛、酮分子中含有 C═C 和 C≡C、—NO_2、—C≡N 等基团，这些不饱和基团也能被还原。例如：

$$CH_3CH{=}CHCHO \xrightarrow[\text{雷尼镍}]{H_2} CH_3CH_2CH_2CH_2OH$$

还原也可采用化学还原剂。硼氢化钠($NaBH_4$)是一种常用的络合金属氢化物还原剂，其活性较小，反应选择性较高，只能还原醛和酮，不能还原碳碳双键和三键、羧酸和酯。反应可在水或醇溶液中进行，例如：

$$CH_3CH{=}CHCHO \xrightarrow[H_2O]{NaBH_4} CH_3CH{=}CHCH_2OH$$

(2) 羰基还原为亚甲基　醛或酮与锌汞齐（金属锌与汞形成的合金）和盐酸加热回流，羰基直接还原为亚甲基。这个反应称为克莱门森(E.Clemmensen)还原。例如：

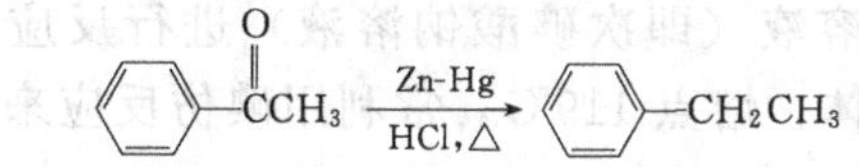

克莱门森还原反应中间并不经过醇的阶段，反应的最后结果生成了亚甲基。对于酮，特别是芳香酮，这个还原反应具有重要的意义，在有机合成中，常用来合成直链烷基苯。克莱门森反应是在强酸性条件下进行的，仅适合于对酸稳定的化合物。

18.5.3.3 歧化反应

不含α-氢原子的醛，例如 HCHO、R_3CCHO、ArCHO，在浓碱作用下，发生自身氧化还原反应。一分子醛被氧化，生成羧酸（在碱性条件下变为羧酸盐），另一分子醛被还原，生成醇。这种反应称为歧化反应，又称坎尼扎罗（S.Cannizzaro）反应。例如：

$$2HCHO + NaOH \longrightarrow HCOONa + CH_3OH$$

两种不含α-氢原子的醛能发生交叉歧化反应，生成四种产物，不易分离，在合成上通常没有什么实际意义。但是，如果甲醛和另一种不含α-氢原子的醛进行交叉歧化反应，由于甲醛具有较强的还原性，总是被氧化为甲酸，另一种醛总是被还原为醇。这一反应在有机合成上把芳醛还原成芳醇。例如：

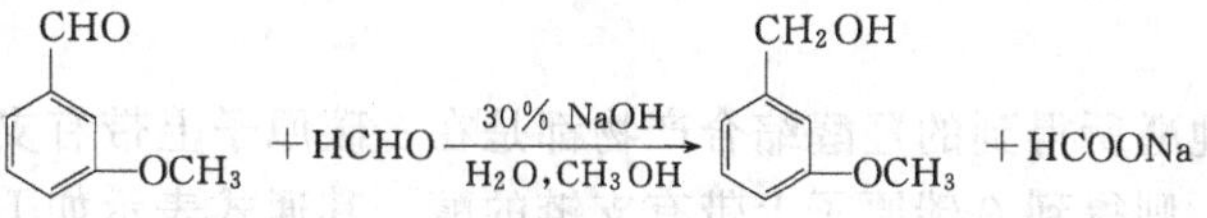

18.5.4 α-氢原子的反应

醛、酮分子中的及一氢原子受羰基的吸电子诱导效应及吸电子超共轭效应影响，具有一定的酸性（pK_a=19～20），化学性质较活泼。含α-氢原子的醛、酮能发生以下一些反应。

18.5.4.1 卤化和卤仿反应

在酸、碱催化下，醛、酮分子中的 α-氢原子可以逐步地被卤素（氯、溴、碘）取代，生成 α-卤代醛、酮。

酸催化易控制在一元卤代。例如：

$$CH_3\overset{O}{\overset{\|}{C}}CH_3 + Br_2 \xrightarrow{H^+} CH_2Br\overset{O}{\overset{\|}{C}}CH_3 + HBr$$

碱催化，卤化反应很快，具有 $-\overset{O}{\overset{\|}{C}}-CH_3$ 构造的醛（乙醛）、酮（甲基酮）一般不易控制生成一元、二元卤代物，而是生成三卤代物。例如：

$$RCOCH_3 + 3Cl_2 + 3OH^- \longrightarrow RCOCCl_3 + 3Cl^- + H_2O$$

在三卤代物分子中，氧原子和三个卤原子强烈的吸电子效应，使碳碳键电子云密度大大下降而变得很弱，在碱作用下，极易发生断裂，生成卤仿和羧酸盐。反应的最终结果是生成卤仿，故称卤仿反应。

$$RCOCl_3 + OH^- \longrightarrow CCl_3^- + RCOOH \longrightarrow CHCl_3 + RCOO^-$$

乙醇和含有 $CH_3-\overset{OH}{\overset{|}{C}H}-$ 构造的醇可以被卤素的碱溶液（即次卤酸盐溶液）氧化成乙醛和甲基酮，故上述的醇也有卤仿反应。

如果使用碘的氢氧化钠溶液（即次碘酸钠溶液）进行反应，生成的是碘仿（CHI_3）。CHI_3 是不溶于水的亮黄色晶体，熔点 119℃，常利用碘仿反应来鉴定乙醛和甲基酮以及含 $CH_3-\overset{OH}{\overset{|}{C}H}-$ 构造的醇。

18.5.4.2 羟醛缩合反应

(1) 羟醛缩合　在稀碱作用下，两分子含有 α-氢原子的醛可以相互结合，生成 β-羟基醛的反应，称为羟醛缩合。生成的羟醛在加热下易失水生成 α，β-不饱和醛。在许多情况下甚至得不到羟醛，而直接得到 α，β-不饱和醛。例如，乙醛在室温或低于室温时，用 10％氢氧化钠溶液处理，生成 3-羟基丁醛，失水后得 2-丁烯醛。

$$CH_3\overset{O}{\overset{\|}{C}}H + HCH_2CHO \xrightarrow{10\%\ NaOH} CH_3\overset{OH}{\overset{|}{C}H}CH_2CHO \xrightarrow{-H_2O} CH_3CH{=}CHCHO$$

羟醛缩合反应是制备 α,β-不饱和醛的一种方法。α,β-不饱和醛进一步催化加氢，则得到饱和醇。

通过羟醛缩合可以合成比原料醛增多一倍碳原子的醛或醇。例如，工业上从乙醛合成正丁醇。

除乙醛外，其他醛所得到的羟醛缩合产物都是在 α-碳原子上带有支链的羟醛、烯醛。烯醛进一步催化加氢，则得到 β-碳原子上带有支链的醇。其通式表示如下：

$$RCH_2\overset{O}{\overset{\|}{C}}H + H\underset{R'}{\underset{|}{C}}HCHO \xrightarrow{稀\ OH^-} RCH_2\overset{OH}{\overset{|}{C}H}-\underset{R'}{\underset{|}{C}}HCHO \xrightarrow[\triangle]{-H_2O}$$

$$RCH_2CH{=}\underset{|\atop R'}{C}CHO \xrightarrow[Ni]{H_2} RCH_2CH_2\underset{|\atop R'}{C}HCH_2OH$$

(2) 交叉羟醛缩合　两种都含有α-氢原子的不同醛之间发生的羟醛缩合反应，称为交叉羟醛缩合。产物为四种产物的混合物，在有机合成上没有多大的实际意义。

不含α-氢原子的醛不能发生羟醛缩合反应，使用一种不含α-氢原子的醛与另一种含有α-氢原子的醛在一定的条件下可进行交叉羟醛缩合反应，在合成上有实际意义。例如：

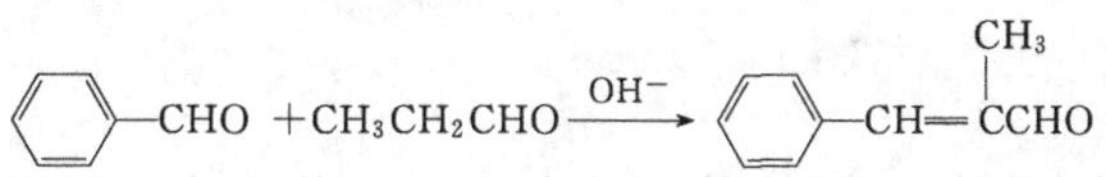

2-甲基-3-苯基丙烯醛

工业上以甲醛和乙醛为原料，先后进行交叉羟醛缩合和交叉歧化反应来制备季戊四醇。

季戊四醇是略有甜味的无色固体，熔点260℃，在水中溶解度为6g/100g水(20℃)，用于涂料工业。它的硝酸酯是优良的炸药，它的脂肪酸酯可用作聚氯乙烯树脂的增塑剂和稳定剂。

18.6 重要的醛和酮

18.6.1 甲醛

甲醛又名蚁醛，沸点-19.5℃，是无色有刺激性气味的气体，在空气中的爆炸极限为7%～73%（体积分数），能溶于水，在水溶液中存在下列平衡：

$$HCHO + H_2O \rightleftharpoons HOCH_2OH$$

小心蒸发甲醛水溶液，可以生成白色固体多聚甲醛。

$$n\ HOCH_2OH \longrightarrow HO(CHO)_nH + (n-1)H_2O$$

多聚甲醛的聚合度在8～100，当加热至180～200℃时，易解聚生成甲醛。因此，多聚甲醛是贮存甲醛的最好形式，也是气态甲醛的方便来源。

常温下，甲醛气体能自动聚合为三聚甲醛。60%～65%的甲醛水溶液在少量硫酸存在下煮沸，也可聚合为三聚甲醛。三聚甲醛是无色晶体，没有醛的性质，在中性和碱性条件下相当稳定，但在酸性环境中加热，容易解聚重新生成甲醛。

在$(CH_3CH_2CH_2CH_2)_3N$催化下，纯甲醛可聚合成相对分子质量高达数万至数十万的线型高分子化合物——聚甲醛，聚甲醛是一种性能优良的工程塑料，化学稳定性好，机械强度也较高。

甲醛是一种非常重要的化工原料，大量用于制造酚醛、脲醛、聚甲醛和三聚氰胺等树脂以及各种黏合剂。甲醛还可用来生产季戊四醇、乌洛托品以及其他药剂及染料。

36%～40%的甲醛水溶液（通常含6%～12%甲醇作稳定剂）称为“福尔马林”，广泛地用作消毒剂和防腐剂，能保护动物标本。

18.6.2 乙醛

乙醛是无色液体，沸点21℃，有辛辣刺激性的气味，能与水、乙醇、乙醚、氯仿等溶剂混溶。乙醛对眼及皮肤有刺激作用。乙醛蒸气与空气形成爆炸性混合物，爆炸极限40%～

57.0%（体积分数），厂房空气中乙醛最大允许质量浓度为0.1mg/L。

乙醛具有典型的醛的性质。室温时，在少量硫酸存在下，乙醛容易聚合成三聚乙醛。

三聚乙醛是具有香味的无色液体，沸点128℃，具有醚和缩醛的性质，很稳定，不易氧化。加酸蒸馏时，可以解聚成为乙醛。由于乙醛的沸点太低，故三聚乙醛是贮存乙醛的一种好形式。

乙醛是重要的有机化工原料，主要用于生产醋酸、醋酐、醋酸乙酯、正丁醇、季戊四醇等。

18.6.3 丙酮

丙酮是无色、易燃、易挥发的液体，沸点56℃，能与水、甲醇、乙醚、氯仿、吡啶、二甲基甲酰胺等溶剂混溶。

丙酮是常用的有机溶剂，能溶解许多树脂、油脂、涂料、炸药、胶片、化学纤维等。丙酮也是各种维生素和激素生产过程中的萃取剂。

丙酮具有典型的酮的化学性质，是重要的有机化工原料，用来制造环氧树脂、有机玻璃、二丙酮醇、氯仿、碘仿、乙烯酮等。

18.6.4 环己酮

环己酮是无色油状液体，有丙酮的气味，沸点155.6℃，微溶于水，较易溶于乙醇、乙醚等溶剂。皮肤经常与之接触会引起皮炎，其蒸气对人的视网膜和上呼吸道黏膜有刺激性。

环己酮具有典型的酮的化学性质，它既是溶剂，又是合成己二酸和己内酰胺的原料。

习题

1. 命名下列化合物。

(1) 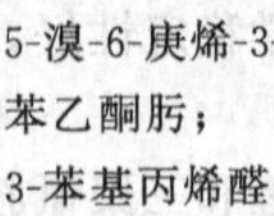

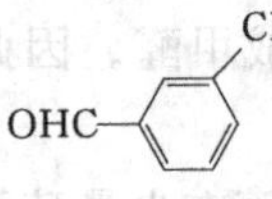

(2) $(CH_3)_3CCH_2\overset{O}{\overset{\|}{C}}CH_3$

(3) $CH_3-\underset{CH_2CH_3}{\underset{|}{CH}}-CH_2-CHO$

(4) $CH_3\overset{O}{\overset{\|}{C}}CH_2\overset{O}{\overset{\|}{C}}CH_3$

2. 写出下列化合物的结构式。

(1) 5-溴-6-庚烯-3-酮；　(2) 三聚甲醛；

(3) 苯乙酮肟；　(4) 新戊醛；

(5) 3-苯基丙烯醛；　(6) 甲醛苯腙。

3. 完成下列反应。

(1) 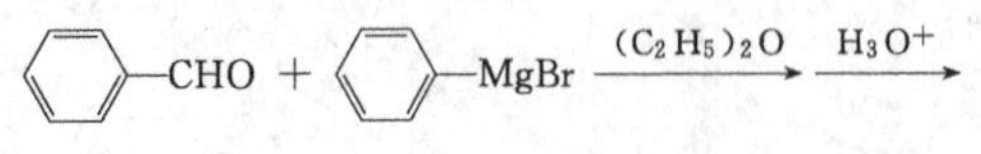

(2) 

(3) $CH_3\overset{O}{\overset{\|}{C}}H + HCHO \xrightarrow{10\%\ NaOH} \xrightarrow{-H_2O}$

(4) 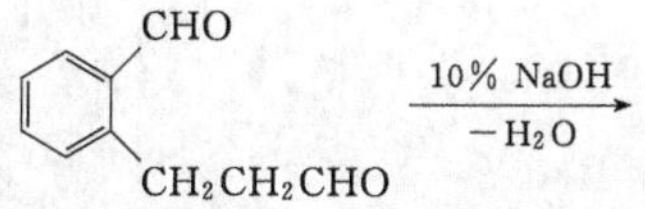

4. 用化学方法鉴别下列两组化合物。

(1) 甲醛、乙醛、丙酮和苯乙醛；　　(2) 1-丁醇、2-丁醇、丁醛和丁酮；

(3) 丙酮、丙醛、正丙醇、异丙醇和正丙醚。

5. 用指定的原料合成下列化合物。

(1) 由丙烯合成 $CH_3CH_2CH_2CH_2OH$；

(2) 由丙酮合成 $(CH_3)_2CHC(CH_3)_2OH$；

(3) 由丙酮合成 $(CH_3)_2C{=}CHCOCH_3$。

6. 化合物 A 的分子式为 $C_8H_{14}O$。A 可使溴水很快褪色，又能与苯肼反应。A 氧化后生成一分子丙酮和另一化合物 B。B 具有酸性，能与 NaOCl 的碱溶液作用，生成一分子氯仿和一分子丁二酸二钠盐。写出 A 和 B 的构造式。

7. 化合物 A 的分子式为 $C_9H_{10}O_2$，能溶于氢氧化钠溶液，既可与羟氨、氨基脲等反应，又能与 $FeCl_3$ 溶液发反应。A 经 $LiAlH_4$ 还原则生成化合物 B，分子式为 $C_9H_{12}O_2$。A 和 B 均能起卤仿反应。将 A 用 Zn-Hg 齐在浓盐酸中还原，可以生成化合物 C，分子式为 $C_9H_{12}O$。将 C 与 NaOH 溶液作用，然后与碘甲烷煮沸，得到化合物 D，分子式为 $C_{10}H_{14}O$。D 用 $KMnO_4$ 溶液氧化，最后得到对甲氧基苯甲酸。写出 A、B、C 和 D 的构造式。

第19章

羧酸及其衍生物

19.1 羧酸

19.1.1 羧酸的分类和命名

19.1.1.1 羧酸的分类

分子中含有羧基（—COOH）的化合物称为羧酸。羧酸可以用通式 RCOOH 和 ArCOOH 表示。

按照与羧基所连的烃基不同，羧酸可分为脂肪酸和芳香酸，饱和酸和不饱和酸。

按照分子中所含羧基的数目，羧酸可分为一元羧酸和多元羧酸。

19.1.1.2 羧酸的命名

许多羧酸最初是从天然产物中得到的，因此常根据它们的来源命名。如：

HCOOH　　　　　CH_3COOH

甲酸（蚁酸）　　　乙酸（醋酸）

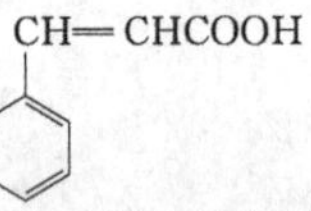

3-苯基-2-丙烯酸(肉桂酸)

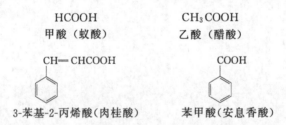

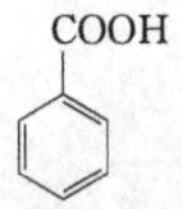

苯甲酸(安息香酸)

脂肪一元酸的系统命名原则是选择含有羧基的最长碳链作为主链，按主链碳原子的数目称为某酸，编号从羧基碳原子开始，用阿拉伯数字（或从羧基相邻的碳原子开始用希腊字母）标明取代基的位次，并将取代基的位次、数目、名称写于酸名称之前。对于不饱和酸，则选取含有不饱和键和羧基在内的最长碳链为主链称为某烯酸或某炔酸。羧酸也常用希腊字母标明位次，与羧基直接相连的碳原子为 α，其余依次为 β，γ，δ…例如：

$CH_3-CH(CH_3)-CH(CH_3)-CH_2-COOH$

3,4-二甲基戊酸

$CH_3-C(CH_3)=CH-COOH$

3-甲基-2-丁烯酸

脂肪二元羧酸的命名是选择含有两个羧基的最长碳链作为主链，称为某二酸。例如：

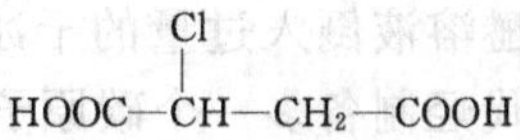

$$\underset{\text{氯代丁二酸}}{\text{HOOC—}\overset{\overset{\displaystyle \text{Cl}}{|}}{\text{CH}}\text{—CH}_2\text{—COOH}}$$

芳香酸分为两类：一类是羧基连在芳环上，一类是羧基连在侧链上。前者以芳甲酸为母体，环上其他基团作为取代基来命名；后者以脂肪酸为母体，芳基作为取代基来命名。例如：

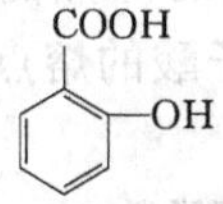

邻羟基苯甲酸(水杨酸)   α-萘乙酸

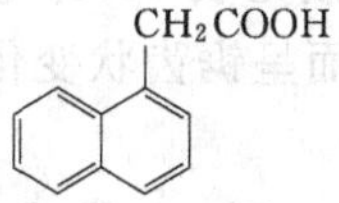

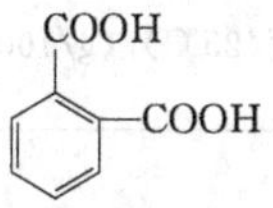

邻苯二甲酸   对硝基苯甲酸

19.1.2　羧酸的制备

19.1.2.1　伯醇或醛氧化

伯醇或醛氧化是制备羧酸的一种方法。常用的氧化剂有 $K_2Cr_2O_7$-稀 H_2SO_4、$KMnO_4$ 碱溶液等。例如：

$$CH_3CH_2CH_2OH \xrightarrow[\text{稀 } H_2SO_4]{K_2Cr_2O_7} CH_3CH_2COOH$$

$$\underset{\underset{\displaystyle CH_2CH_3}{|}}{CH_3(CH_2)_2CHCHO} \xrightarrow[H_2O]{KMnO_4,\,OH^-} \underset{\underset{\displaystyle CH_2CH_3}{|}}{CH_3(CH_2)_2CHCOOH}$$

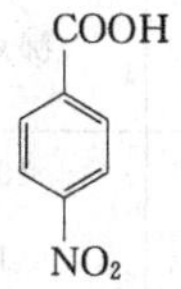

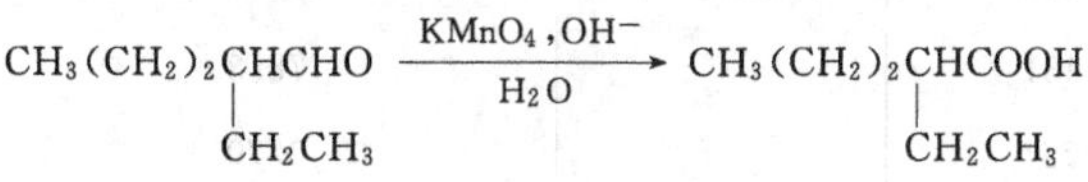

19.1.2.2　腈水解

腈在酸或碱溶液中水解得相应的羧酸。腈常从卤代烃制得，故此法也可制备比原来卤代烃多一个碳原子的羧酸。例如：

$$HOCH_2CH_2Cl \xrightarrow{NaCN} HOCH_2CH_2CN \xrightarrow[\text{②}H_3O^+]{\text{①}OH^-,\,H_2O} HOCH_2CH_2COOH$$

此法仅限于由伯卤代烃、苄基型和烯丙基型卤代烃制备腈，其产率很高。仲、叔卤代烃因氰化钠碱性较强易失水成烯，卤代芳烃一般不与氰化钠反应。

19.1.2.3　格氏试剂与 CO_2 作用

格氏试剂与 CO_2 在干醚等溶剂中加成，酸性条件下水解可以制得羧酸。通式为，

$$R{-}MgX + CO_2 \xrightarrow{(C_2H_5)_2O} R{-}\overset{\overset{\displaystyle O}{\|}}{C}OMgX \xrightarrow{H_3O^+} R{-}\overset{\overset{\displaystyle O}{\|}}{C}{-}OH$$

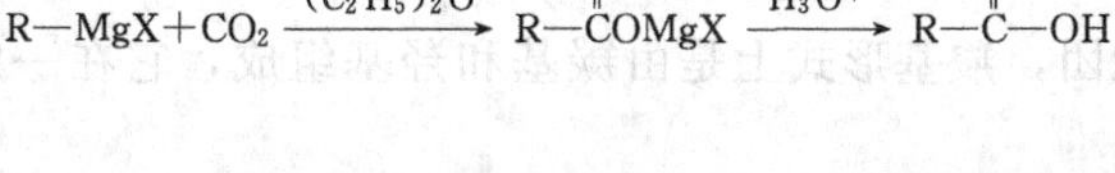

制备时，一般是将格氏试剂的醚溶液倒入过量的干冰中，使格氏试剂与二氧化碳加成，再经水解即生成羧酸。此法可从卤代烃制备多一个碳原子的羧酸。

19.1.3 羧酸的物理性质

直链饱和脂肪酸中，C_1～C_3 酸为具有酸味的刺激性液体，C_4～C_6 酸为有腐败气味的油状液体，C_{10}以上的羧酸为石蜡状固体。芳酸和二元酸都是晶体。固态羧酸基本上没有气味。

一些羧酸的物理常数见表 19-1。直链饱和脂肪酸的沸点随相对分子质量增大而升高，熔点则随碳原子数增加而呈锯齿状变化，含偶数碳原子酸的熔点比前、后两个相邻的奇数碳原子酸的熔点都高。

表 19-1 一些羧酸的物理常数

名称	熔点/℃	沸点/℃	溶解度(25℃)/(g/100g 水)	pK_a(25℃)	
				pK_a 或 pK_{a1}	pK_{a2}
甲酸	8	100.5	∞	3.76	
乙酸	16.6	119	∞	4.76	
丙酸	−21	141	∞	4.87	
丁酸	−6	164	∞	4.81	
戊酸	−34	187	4.97	2.82	
己酸	−3	205	1.08	4.88	
苯甲酸	122	250	0.34	4.19	
乙二酸	189		10.2	1.23	4.19
丙二酸	136		138	2.85	5.70
丁二酸	182	235	6.8	4.16	5.60
己二酸	153	303.5		4.43	5.62
顺丁烯二酸	131		78.8	1.85	6.07
反丁烯二酸	287		0.70	3.03	4.44
邻苯二甲酸	20		0.7	2.89	5.41

羧酸分子间能形成较强的氢键，如图 19-1 所示。

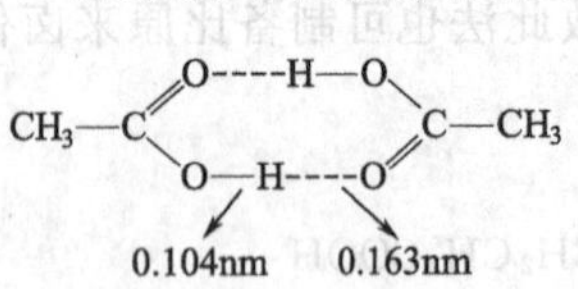

图 19-1 分子间氢键示意图

羧酸分子间的氢键比醇分子间的氢键更强些。例如，乙醇分子间氢键键能约 26kJ/mol，而甲酸分子间氢键键能约 30.2kJ/mol。氢键的强度足以使羧酸作为二缔合体存在，相对分子质量低的羧酸如甲酸、乙酸即使在气态时，也以二缔合体形式存在。分子间的氢键缔合使羧酸的沸点比相对分子质量相当的醇还要高。

羧酸也能与水形成较强的氢键，因此在水中的溶解度也比相对分子质量相当的醇更大。例如，丙酸与 1-丁醇的相对分子质量相当，丙酸能与水混溶，1-丁醇在水中溶解度仅为 8g/100g 水。C_1～C_4 酸能与水混溶，从戊酸开始，随碳链增长水溶性迅速降低，C_{10}以上的羧酸不溶于水。羧酸一般都能溶于乙醇、乙醚、氯仿等有机溶剂中。

芳香酸一般具有升华特性，有些能随水蒸气挥发，这些特性可用来分离、精制芳香酸。

19.1.4 羧酸的化学性质

羧基是羧酸的官能团，羧基形式上是由羰基和羟基组成，它在一定程度上反映了羰基、羟基的某些性质，但又与醛、酮中的羰基和醇中的羟基有显著差别，这是羰基与羟基相互影响的结果。由于羟基氧原子上孤对电子与羰基的 π 电子发生离域，使羧酸具有明显的酸性，同时也使羧基中羰基碳原子的正电性降低，不利于发生亲核反应。羧酸不能与 HCN、$HO—NH_2$ 等亲核试剂进行羰基上的加成反应。

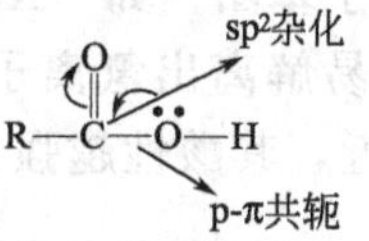

羧基对烃基的影响是使 α-H 活化；当羧基直接与芳环相连时，使芳环亲电取代反应钝化。

根据羧酸的构造，其化学反应可分为如下四类：O—H 键断裂、C—O 键断裂、α-H 键断裂和脱羧反应。

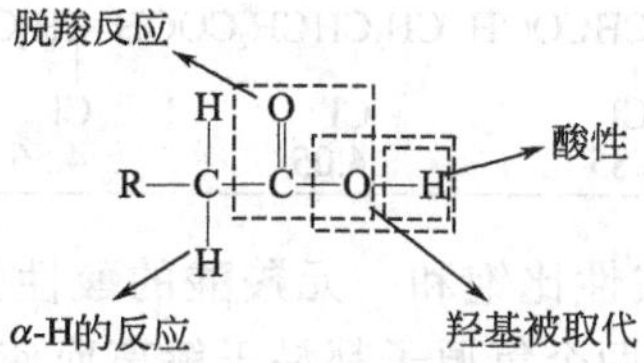

19.1.4.1 酸性

羧酸在水中可解离出质子而呈酸性，能使蓝色石蕊试纸变红。大多数一元羧酸的 pK_a 值在 3.5～5 范围内，比醇的酸性强 10 加倍以上。这主要是因为羧酸解离后的负离子发生电荷离域，负电荷完全均等地分布在两个氧原子上，使羧酸根负离子比羧基更为稳定的缘故。这可以由物理方法测得的键长得以证明。例如，甲酸分子中 C—O 键的键长为 0.136nm，比甲醇分子中的 C—O 键键长(0.143nm)短；C═O 键的键长为 0.123nm，比甲醛分子中的C═O 键键长(0.120nm)长。这显然是由于羧基中羟基氧原子上的孤对电子与碳氧双键的 π 电子发生共轭而离域，使键长平均化。

一些羧酸的 pK_a 值列于表 19-1 中。羧酸与无机强酸相比为弱酸，但其酸性比碳酸($pK_a=6.38$)和酚($pK_a\approx10$)强。羧酸能与碱中和生成羧酸盐和水，能分解碳酸盐或碳酸氢盐放出二氧化碳，这个性质常用于鉴别、分离和精制羧酸。

羧酸盐是离子化合物，钠、钾盐在水中溶解度较大。例如，C_{10} 以下的一元羧酸钠盐或钾盐溶于水，C_{10}～C_{18} 的羧酸钠盐或钾盐在水中呈胶体溶液。某些羧酸盐有抑制细菌生长的作用，用于食品加工中作为防腐剂，常用的食品防腐剂有苯甲酸钠、乙酸钙和山梨酸钾($CH_3CH═CHCH═CHCOOK$)等。

不同构造的羧酸的酸性强弱各不相同。虽然影响酸性的因素（如电子效应、立体效应、溶剂化效应等）十分复杂，但判断的依据是任何使羧酸根负离子趋向更稳定的因素都使酸性增强，任何使羧酸根负离子趋向不稳定的因素都使酸性减弱。以下主要讨论取代基的电子效应对羧酸酸性的影响。

羧酸的酸性强弱，受分子中烃基的结构影响很大。一般地说，羧基分子中连有吸电子的基团时，能降低羧基中氧原子的电子云密度，从而增加了氢氧键的极性，氢原子易于解离而使其酸性增强。相反，若羧基分子中连有给电子基团时，酸性减弱。各种羧酸的酸性强弱规律如下。

① 饱和一元羧酸中，甲酸的酸性最强。例如：

	HCOOH	CH_3COOH	CH_3CH_2COOH
pK_a	3.77	4.76	4.88

这是由于烷基有给电子效应，而且这种给电子效应会沿着 π 键传递，烷基越多，给电子效应越强，因而一般羧酸的酸性比甲酸弱。

② 饱和一元羧酸的烃基连有吸电子基团（如—X、—NO_2、—OH 等）时，由于吸电子效应，使羧基中 O—H 键极性增强，易解离出氢离子，因此酸性增强。同时，取代基的电负性越大，取代数目越多，离羧基越近，其酸性越强。例如：

	FCH_2COOH	$ClCH_2COOH$	$BrCH_2COOH$	ICH_2COOH
pK_a	2.59	2.85	2.89	3.17

→ 酸性减弱

	Cl_3COOH	Cl_2HCOOH	ClH_2COOH	CH_3COOH
pK_a	0.7	1.48	2.85	4.75

	$CH_3CH_2\underset{Cl}{C}HCOOH$	$CH_3\underset{Cl}{C}HCH_2COOH$	$CH_3\underset{Cl}{C}HCH_2COOH$
pK_a	2.85	4.05	4.56

③ 低级的饱和二元羧酸的酸性比饱和一元羧酸的酸性强，特别是乙二酸。这是由于羧基的相互吸电子作用，使分子中两个氢原子都易于解离而使酸性显著增强。但二元酸的酸性随碳原子数的增加而相应减弱。

④ 羧基直接连于苯环上的芳香族羧酸比饱和一元羧酸的酸性强，但比甲酸弱。例如：

	HCOOH	C_6H_5COOH	CH_3COOH	CH_3CH_2COOH
pK_a	3.77	4.19	4.76	4.88

这是由于苯环的大 π 键和羧基形成了共轭体系，电子云向羧基偏移，减弱了 O—H 的极性，使氢原子较难解离为质子，故苯甲酸的酸性比甲酸弱。

诱导效应的特点是沿着碳链由近到远传递下去，距离越远，受到的影响也越小，一般经过三个碳原子以上就微弱到可以忽略不计了。

19.1.4.2 羟基被取代的反应

羧基中的羟基在一定的条件下可被其他原子或基团取代，生成羧酸衍生物。

氯原子   酰氧基   烷氧基   氨基

R—C(=O)—Cl   R—C(=O)—O—C(=O)—R   R—C(=O)—OR   R—C(=O)—NH_2

酰氯   酸酐   酯   酰胺

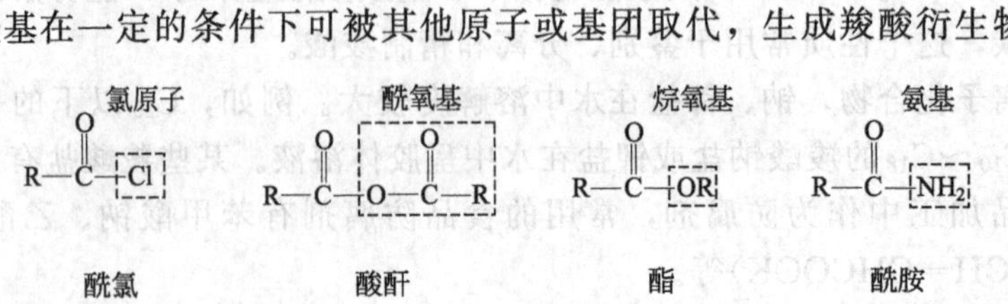

(1) 酰氯的生成 羧酸（除甲酸外）与三氯化磷、五氯化磷、亚硫酰氯反应生成相应的酰氯。但 HCl 不能使羧酸生成酰氯。

$$R—C(=O)—OH + PCl_3 \longrightarrow R—C(=O)—Cl + H_3PO_3$$

$$R—C(=O)—OH + PCl_5 \longrightarrow R—C(=O)—Cl + POCl_3 + HCl$$

$$R—C(=O)—OH + SOCl_2 \longrightarrow R—C(=O)—Cl + SO_2 + HCl$$

酰氯很活泼，易水解，通常用蒸馏法将产物分离。PCl_3 适于制备低沸点酰氯如乙酰氯（沸点 52℃）。PCl_5 适于制备沸点较高的酰氯如苯甲酰氯（沸点 197℃）。虽然 $SOCl_2$ 活性比氯化磷低，但它是最常用的试剂，它是低沸点（沸点 79℃）的液体，在制备酰氯时，它既可作溶剂又可作试剂。制备时，常将羧酸加到亚硫酰氯中，副产物 SO_2 和 HCl 作为气体释出，然后蒸出过量的试剂，所得到的酰氯纯度好、产率高。

酰氯是一类重要的酰基化试剂。甲酰氯极不稳定，不存在。

（2）酸酐的生成　羧酸（除甲酸外）在脱水剂（如 P_2O_5）作用下，加热脱水生成酸酐。

$$2\ CH_3-\overset{O}{\overset{\|}{C}}-OH \xrightarrow[\triangle]{P_2O_5} CH_3-\overset{O}{\overset{\|}{C}}-O-\overset{O}{\overset{\|}{C}}-CH_3 + H_2O$$

由于乙酸酐能较迅速地与水反应，价格又较低廉，且与水反应生成沸点较低的乙酸可通过分馏除去，因此常用乙酸酐作为制备其他酸酐时的脱水剂。例如：

$$2\ \bigcirc\!\!-COOH \xrightarrow{(CH_3CO)_2O} \bigcirc\!\!-\overset{O}{\overset{\|}{C}}-O-\overset{O}{\overset{\|}{C}}-\!\!\bigcirc + 2CH_3COOH$$

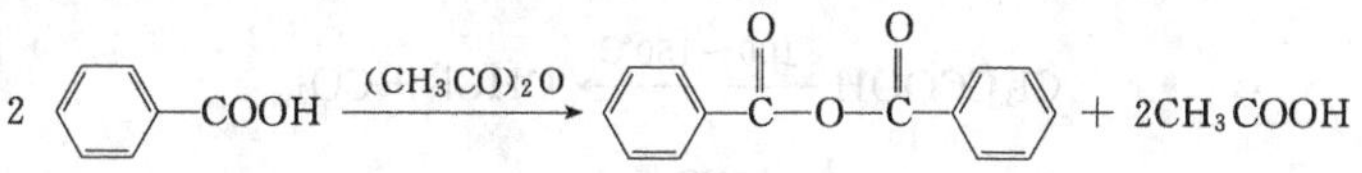

两个羧基相隔 2～3 个碳原子的二元酸，不需要任何脱水剂，加热就能脱水生成五元或六元环酐。例如：

$$\bigcirc\!\!\begin{matrix}\overset{O}{\overset{\|}{C}}-OH\\ \overset{\|}{\underset{O}{C}}-OH\end{matrix} \xrightarrow{230℃} \bigcirc\!\!\begin{matrix}\overset{O}{\overset{\|}{C}}\\ \overset{\|}{\underset{O}{C}}\end{matrix}O + H_2O$$

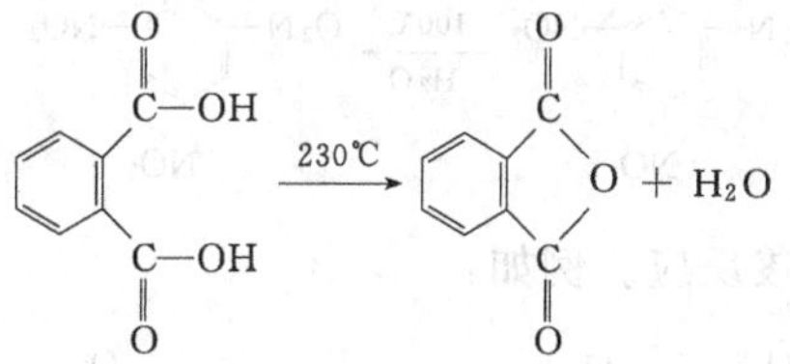

(3) 酯的生成　在强酸（如浓 H_2SO_4、浓 HCl、$CH_3-\bigcirc\!\!-SO_3H$ 或强酸性离子交换树脂）的催化下，羧酸与醇作用生成酯的反应称酯化反应。

$$R-\overset{O}{\overset{\|}{C}}-OH + HOR' \underset{}{\overset{H^+}{\rightleftharpoons}} R-\overset{O}{\overset{\|}{C}}-OR' + H_2O$$

酯化是可逆反应。为了提高酯的产率，一种方法是增加反应物的量，通常加过量的酸或醇，在大多数情况下，是加过量的醇，醇既作试剂又作溶剂；另一种方法是从反应体系中蒸出沸点较低的酯或水（或加入苯，通过蒸出苯-水恒沸混合物将水带出）。

(4) 酰胺的生成　羧酸与氨或胺反应，首先生成铵盐，然后高温（150℃ 以上）分解得到酰胺。这是一个可逆反应，反应过程中不断蒸出所生成的水使平衡右移，产率很好。例如：

$$CH_3-\overset{O}{\overset{\|}{C}}-OH + NH_3 \rightleftharpoons CH_3-\overset{O}{\overset{\|}{C}}-O^-\overset{+}{N}H_3 \xrightarrow{\triangle} CH_3-\overset{O}{\overset{\|}{C}}-NH_2 + H_2O$$

$$\bigcirc\!\!-\overset{O}{\overset{\|}{C}}-OH + H_2N-\!\!\bigcirc \xrightarrow{180\sim190℃} \bigcirc\!\!-\overset{O}{\overset{\|}{C}}-NH-\!\!\bigcirc + H_2O$$

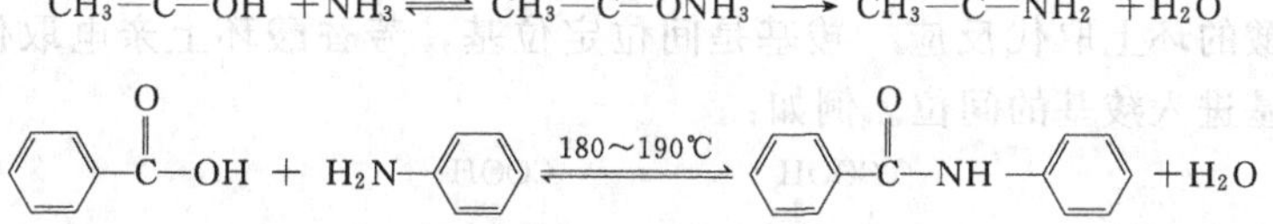

这类反应在工业上用于聚酰胺的制备。

19.1.4.3 还原反应

羧基不被硼氢化钠($NaBH_4$)还原，实验室中常用强还原剂氢化铝锂($LiAlH_4$)还原羧酸为伯醇，常需要在四氢呋喃溶剂中加热才能完成反应。例如：

$$(CH_3)_3CCOOH + LiAlH_4 \xrightarrow[\text{②} H_2O]{\text{①} (C_2H_5)_2O} (CH_3)_3CCH_2OH$$

氢化铝锂还原羧酸不仅可获得高产率的伯醇，而且分子中的碳碳不饱和键不受影响，但由于它价格昂贵，仅限于实验室使用。

19.1.4.4 脱羧反应

羧酸脱去二氧化碳的反应称为脱羧反应。脂肪羧酸的羧基较稳定，不易脱羧。长链脂肪酸的脱羧要求高温，并常伴有大量的分解产物，产率低，在合成上没有什么价值。只有α-碳原子上连有强吸电子基的羧酸或羧酸盐，当加热时可脱羧。芳基上带有拉电子基，使芳酸的脱羧比脂肪酸容易。例如：

$$Cl_3CCOOH \xrightarrow{100\sim150℃} CHCl_3 + CO_2$$

$$Cl_3CCOONa \xrightarrow[H_2O]{50℃} CHCl_3 + NaHCO_3$$

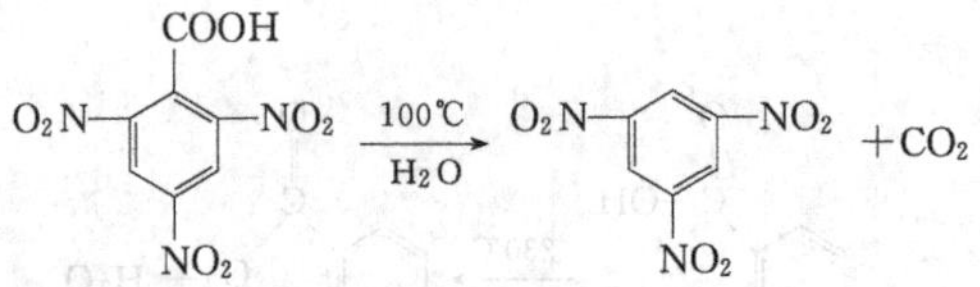

二元羧酸也较易发生脱羧反应。例如：

$$HO-\overset{O}{\overset{\|}{C}}-CH_2-\overset{O}{\overset{\|}{C}}-OH \xrightarrow{120\sim140℃} CH_3-\overset{O}{\overset{\|}{C}}-OH + CO_2$$

19.1.4.5 烃基上的反应

(1) α-H 卤代　羧基与羰基类似，能使α-H 活化。但羧基的致活作用比羰基小得多，必须在碘、硫或红磷等催化剂存在下α-H 才能被卤原子取代。

$$RCH_2COOH \xrightarrow[P]{X_2} \underset{X}{\underset{|}{RCHCOOH}} \xrightarrow[P]{X_2} R\overset{X}{\overset{|}{\underset{X}{\underset{|}{C}}}}COOH \quad (X=Cl,Br)$$

控制反应条件可使反应停留在一元或二元取代阶段。α-卤代酸可转变为其他的α-取代酸和α,β-不饱和酸。

$$\underset{H}{\underset{|}{RCH}}-\underset{X}{\underset{|}{CHCOOH}} \xrightarrow[ROH]{KOH} RCH=CHCOOK \xrightarrow{H_3O^+} RCH=CHCOOH$$

(2) 芳香酸的环上取代反应　羧基是间位定位基，芳香酸环上亲电取代较母体芳烃困难，且使取代基进入羧基的间位。例如：

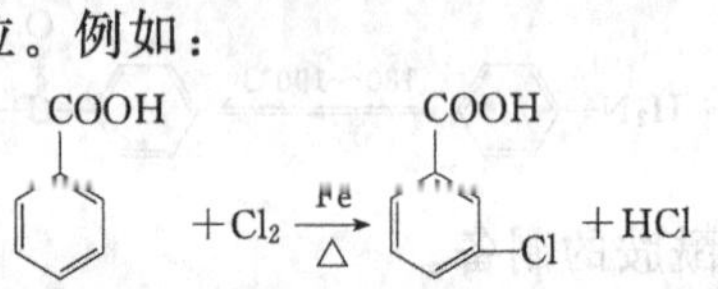

19.1.5 重要的羧酸

19.1.5.1 甲酸

甲酸俗称蚁酸，为无色有强烈刺激性气味的液体，沸点100.5℃，能与水、乙醇、乙醚混溶。甲酸酸性较强（pK_a=3.76），是饱和一元酸中酸性最强的。甲酸有腐蚀性，能刺激皮肤起泡。它存在于红蚂蚁体液中，也是蜂毒的主要成分。

甲酸的工业制法是将一氧化碳与氢氧化钠溶液在加热加压下反应生成甲酸钠，然后用浓硫酸处理，蒸出甲酸。

甲酸的构造特殊，羧基与氢原子相连，既有羧基构造，又有醛基构造。

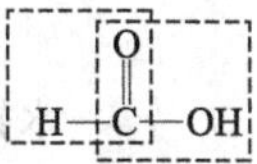

因此甲酸具有还原性，是一种还原剂。它能被托伦试剂和费林试剂氧化，也易被高锰酸钾氧化，使高锰酸钾溶液褪色。这些性质常用于甲酸的定性鉴别。

甲酸与浓硫酸共热分解生成一氧化碳和水，这是实验室制备纯一氧化碳的方法。甲酸在工业上用作酸性还原剂、媒染剂、防腐剂、橡胶凝聚剂。

19.1.5.2 乙酸

乙酸俗称醋酸，常温时为无色透明具有刺激性气味的液体，沸点118℃，熔点16.6℃。低于熔点时无水乙酸凝固成冰状固体，俗称冰醋酸。乙酸能与水、乙醇、乙醚、四氯化碳等混溶。

乙酸是人类最早使用的有机酸，可用于调味（食醋中含6%～8%乙酸）。乙酸在工业上应用很广，它是重要的有机化工原料，主要用于制取乙酸乙烯酯，也用于制造乙酐、氯乙酸及各种乙酸酯。乙酸不易被氧化，常用作氧化反应的溶剂。

19.1.5.3 丙烯酸

丙烯酸为具有类似于醋酸的刺激性气味的无色液体，沸点为141.6℃，溶于水、乙醇和乙醚等溶剂中。它的酸性较强，能腐蚀皮肤，其蒸气强烈刺激和腐蚀人体呼吸器官。

丙烯酸在光、热或过氧化物的影响下容易聚合，因此丙烯酸在贮存、运输时需加入阻聚剂，如对苯二酚或对苯二酚一甲醚（用量均约为0.1%），以防其自发聚合。

丙烯酸兼有羧酸和烯烃的性质，易发生氧化和聚合反应。控制反应条件可得到不同相对分子质量的、性质上不同的聚丙烯酸。丙烯酸树脂黏合剂广泛用于纺织工业。

19.1.5.4 乙二酸

乙二酸俗称草酸，为无色透明单斜晶体，常含有两分子结晶水，熔点101.5℃；加热至100℃可失去结晶水而得无水草酸，熔点189℃（分解），157℃时升华，易溶于水和乙醇，而不溶于乙醚。

草酸是最简单的饱和二元羧酸，在二元羧酸中它的酸性最强（pK_a=1.23）。它除了具有羧酸的通性外，还有如下一些特殊性质。

草酸分子中两个羧基直接相连，碳碳键稳定性降低，易被氧化而断键生成二氧化碳和水，因此可用作还原剂。例如：

$$5HOOC{-}COOH + 2KMnO_4 + 3H_2O_4 \longrightarrow K_2SO_4 + 2MnSO_4 + 10CO_2 + 8H_2O$$

上述反应是定量进行的，常用来标定高锰酸钾溶液的浓度。

草酸急速加热易脱羧生成甲酸和二氧化碳。

草酸能与多种金属离子形成水溶性络盐，例如，草酸能与 Fe^{3+} 生成易溶于水的三草酸络铁负离子，因此草酸在纺织、印染、服装工业中广泛用作除铁迹用剂。

19.1.5.5 邻羟基苯甲酸

邻羟基苯甲酸俗称水杨酸。它是无色晶体，有刺激性气味，熔点159℃，迅速加热可升华，能随水蒸气挥发。微溶于水，能溶于乙醇、乙醚等有机溶剂。它具有羧酸和酚的性质。与醇反应生成羧酸酯；与酸酐（如乙酐）反应生成酚酯。例如：

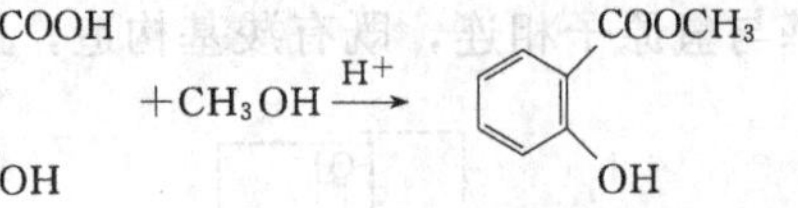

水杨酸甲酯(冬青油)

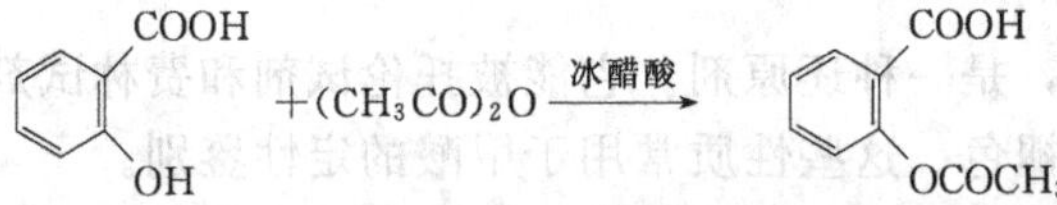

乙酰水杨酸(阿司匹林)

冬青油是无色液体，常用于外伤止痛剂，还可医治风湿病，并广泛用于香料中。阿司匹林是解热镇痛剂，也可用于医治心血管病、预防血栓等。水杨酸是合成染料和医药的原料，医药上除药用外，还可用作防腐剂，并可配制杀菌、消毒膏。

19.2 羧酸衍生物

19.2.1 羧酸衍生物的分类和命名

19.2.1.1 羧酸衍生物的分类

羧酸分子中羟基被其他原子或基团取代生成的化合物称为羧酸衍生物。羧酸分子中的羟基被卤原子、酰氧基、烷氧基、氨基取代后生成的化合物，分别称为酰卤、酸酐、酯和酰胺。

19.2.1.2 羧酸衍生物的命名

羧酸分子中去掉羟基后剩余基团，称为酰基。酰基的名称为对应羧酸名称去掉“酸”后加上“酰基”。例如：

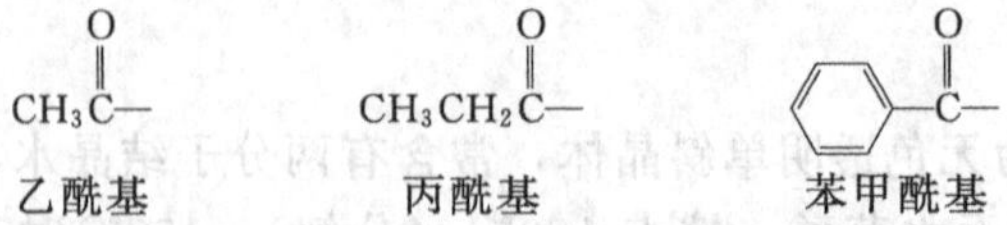

乙酰基　　　丙酰基　　　苯甲酰基

(1) 酰卤和酰胺的命名　酰卤和酰胺都是以其相应的酰基命名。例如：

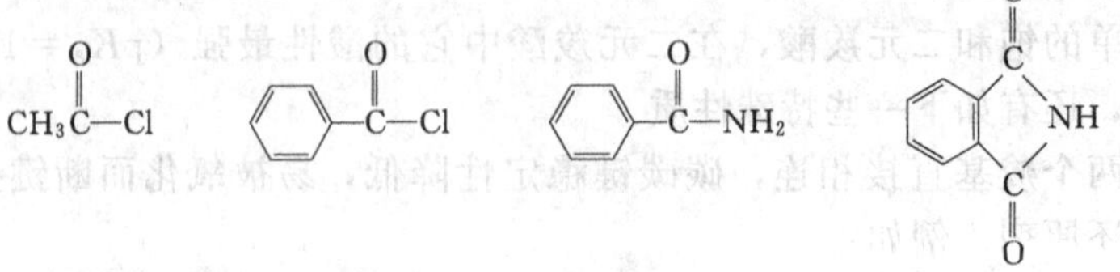

乙酰氯　　　苯甲酰氯　　　苯甲酰胺　　　邻苯二甲酰亚胺

酰胺分子中氮原子上的氢原子被烃基取代生成的取代酰胺命名时，在酰胺前冠以 *N*-烃基。例如：

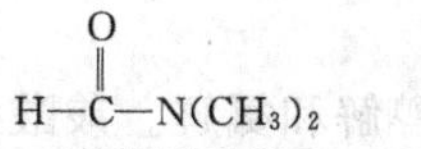

$$H-\overset{\overset{\displaystyle O}{\|}}{C}-N(CH_3)_2$$

N,N-二甲基甲酰胺（DMF）

$$CH_3-\overset{\overset{\displaystyle O}{\|}}{C}-NHCH_2CH_3$$

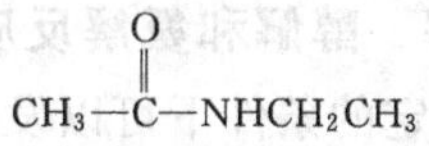

N-乙基乙酰胺

含有—CO—NH—结构的环状酰胺称为内酰胺。例如：

$$\overset{\beta}{CH_2}-\overset{\alpha}{CH_2}-CO$$
$$\underset{\gamma}{CH_2}-\underset{\delta}{CH_2}-\underset{\varepsilon}{CH_2}-NH$$

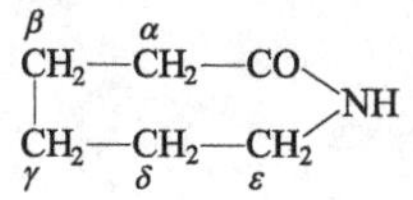

(2) 酸酐的命名 酸酐是根据相应的酸命名，有时可将"酸"字省略。例如：

$$CH_3-\overset{\overset{\displaystyle O}{\|}}{C}-O-\overset{\overset{\displaystyle O}{\|}}{C}-C_2H_5$$

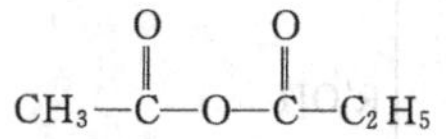

乙丙（酸）酐

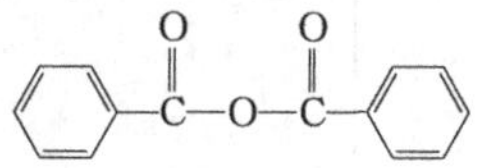

苯甲酸酐

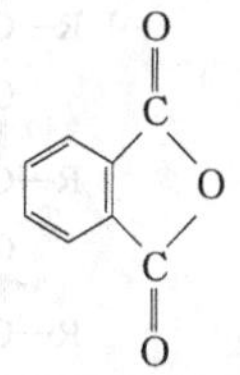

邻苯二甲酸酐

(3) 酯的命名 酯的命名是按照形成它的酸和醇称为某酸某酯，多元醇酯也可把酸的名称放在后面。例如：

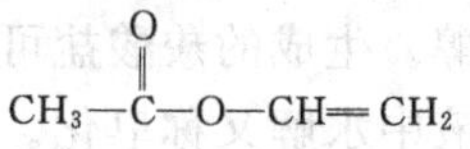

$$CH_3-\overset{\overset{\displaystyle O}{\|}}{C}-O-CH=CH_2$$

乙酸乙烯酯

苯甲酸乙酯

$$CH_3-\overset{\overset{\displaystyle CH_3}{|}}{C}=COOCH_3$$

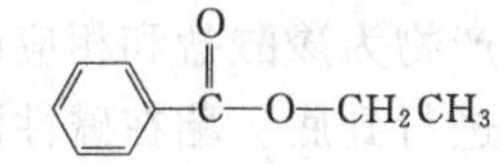

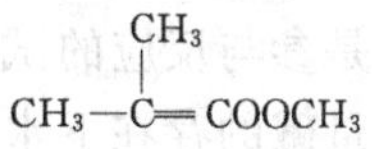

甲基丙烯酸甲酯

19.2.2　羧酸衍生物的物理性质

低级酰氯和酸酐是有刺激性气味的液体。低级酯具有香味，存在于水果中，可用作香料（例如乙酸异戊酯等）。C_{14} 以下的羧酸甲酯、乙酯均为液体。

除甲酰胺为高沸点液体以外，大多数酰胺和 *N*-取代酰胺在室温时是晶体。由于分子间的氢键缔合随氨基上氢原子逐步被取代而减少，故脂肪族 *N,N*-二取代酰胺常为液体。

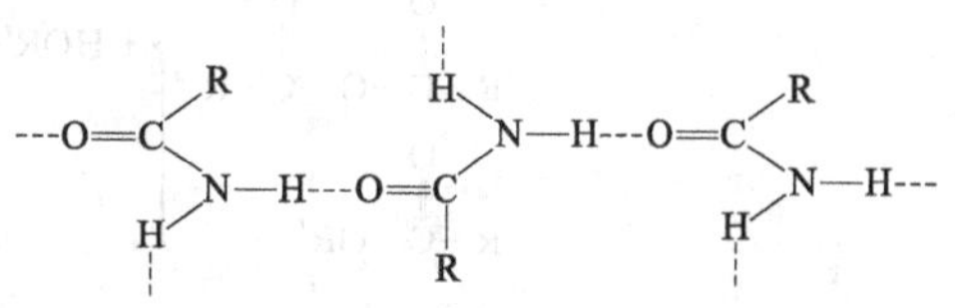

图 19-2　酰胺分子间氢键示意图

酰胺由于分子间氢键缔合比羧酸强，故沸点比相应的羧酸高；而酰氯、酸酐和酯则因分子间没有氢键缔合，它们的沸点比相对分子质量相近的羧酸低得多。例如，乙酰胺的沸点为 222℃，比乙酸（沸点 118℃）高得多，而乙酰氯的沸点为 52℃，比乙酸低得多。图 19-2 为酰胺分子间氢键示意图。

酰氯、酸酐的水溶性比相应的羧酸小，低级的遇水分解。C_4 及 C_4 以下的酯有一定的水溶性，但随碳原子数增加而大大降低。低级酰胺可溶于水。*N,N*-二甲基甲酰胺和 *N,N*-二甲基乙酰胺可与水混溶。羧酸衍生物都可溶于有机溶剂。

19.2.3　羧酸衍生物的化学性质

19.2.3.1　水解、醇解和氨解反应

羧酸衍生物在一定的条件下可以发生水解、醇解和氨解。羧酸衍生物反应活性为：

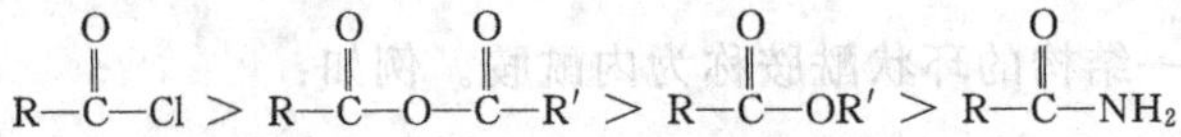

$$
\underset{\substack{\parallel\\O}}{R-C-Cl} > \underset{\substack{\parallel\\O}}{R-C-O}\underset{\substack{\parallel\\O}}{C-R'} > \underset{\substack{\parallel\\O}}{R-C-OR'} > \underset{\substack{\parallel\\O}}{R-C-NH_2}
$$

(1) 水解

$$
\left.\begin{array}{l}
R-\overset{O}{\underset{\parallel}{C}}-Cl\\[4pt]
R-\overset{O}{\underset{\parallel}{C}}-O-\overset{O}{\underset{\parallel}{C}}-R'\\[4pt]
R-\overset{O}{\underset{\parallel}{C}}-OR'\\[4pt]
R-\overset{O}{\underset{\parallel}{C}}-NH_2
\end{array}\right\}+HOH \longrightarrow R-\overset{O}{\underset{\parallel}{C}}-OH+\left\{\begin{array}{l}
HCl\\[4pt]
R'-\overset{O}{\underset{\parallel}{C}}-OH\\[4pt]
R'OH\\[4pt]
NH_3
\end{array}\right.
$$

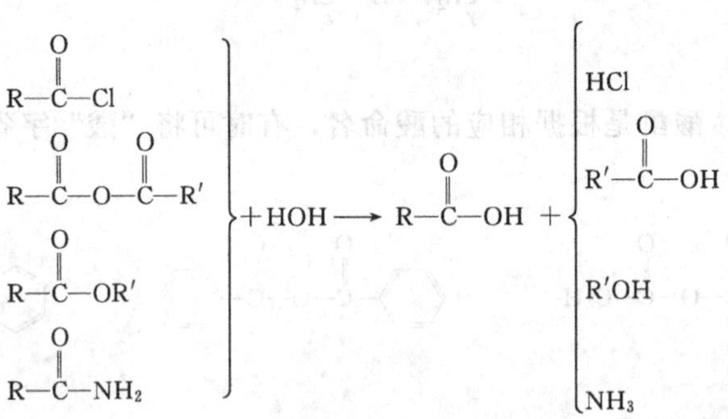

酰氯、酸酐容易水解，低级酰氯、酸酐能较快地被空气中水汽水解，尤其是酰氯。因此在制备及贮存这两类化合物时，必须隔绝水汽。酯和酰胺水解都需酸或碱催化，还需加热。酯在酸催化下水解是酯化反应的逆过程，水解不完全。在碱作用下水解完全，碱实际上不仅是催化剂而且是参与反应的试剂，产物为羧酸盐和相应的醇。生成的羧酸盐可从平衡体系中除去，故在足量碱的存在下水解可进行到底。酯在碱性溶液中水解又称皂化。酯的水解反应可用于分析酯的结构。

(2) 醇解

$$
\left.\begin{array}{l}
R-\overset{O}{\underset{\parallel}{C}}-Cl\\[4pt]
R-\overset{O}{\underset{\parallel}{C}}-O-\overset{O}{\underset{\parallel}{C}}-R\\[4pt]
R-\overset{O}{\underset{\parallel}{C}}-OR'
\end{array}\right\}+HOR' \longrightarrow R-\overset{O}{\underset{\parallel}{C}}-OR'+\left\{\begin{array}{l}
HCl\\[4pt]
R-\overset{O}{\underset{\parallel}{C}}-OH\\[4pt]
ROH
\end{array}\right.
$$

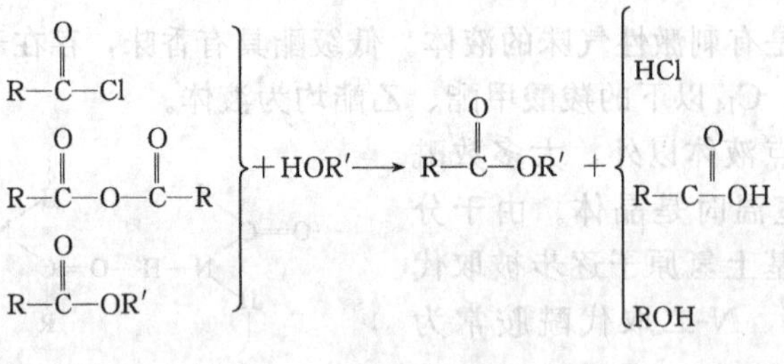

酯的醇解生成新的酯和新的醇的反应，又称酯交换反应。酯交换反应是可逆的，受酸、碱催化，要使反应趋于完成，需用过量的醇 $R'OH$ 及蒸出低沸点的醇 ROH 或酯 $RCOOR'$。

(3) 氨解

$$
\left.\begin{array}{l}
R-\overset{O}{\underset{\parallel}{C}}-Cl\\[4pt]
R-\overset{O}{\underset{\parallel}{C}}-O-\overset{O}{\underset{\parallel}{C}}-R\\[4pt]
R-\overset{O}{\underset{\parallel}{C}}-OR'
\end{array}\right\}+NH_3 \longrightarrow R-\overset{O}{\underset{\parallel}{C}}-NH_2+\left\{\begin{array}{l}
NH_4Cl\\[4pt]
R-\overset{O}{\underset{\parallel}{C}}-O^-NH_4^+\\[4pt]
ROH
\end{array}\right.
$$

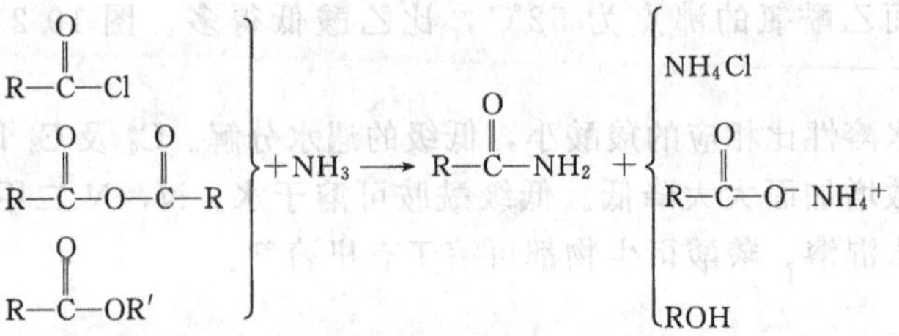

酰氯与浓氨水或胺（RNH_2，R_2NH）在室温或低于室温下反应是实验室制备酰胺或 *N*-取代酰胺的方法。反应迅速，并有高的产率。乙酰氯与浓氨水的反应太激烈，故常以乙酸酐代替乙酰氯，以便控制。酯与氨或胺（RNH_2，R_2NH）的反应虽较慢，但也常用于合成中。酰氯、酸酐、酯的氨解是制备酰胺的常用方法。

19.2.3.2 酰胺的特殊性质

(1) 酰胺的弱碱性和弱酸性 氨呈碱性，当氨分子中的氢原子被酰基取代，生成的酰胺则是中性化合物，不能使石蕊变色。但在一定条件下酰胺还能表现出弱碱性和弱酸性。

如果氨分子中的两个氢原子都被酰基取代，生成的酰亚胺氮原子上的氢原子显示出明显的酸性（pK_a 为 9～10），能与氢氧化钠（或钾）的水溶液作用生成盐。

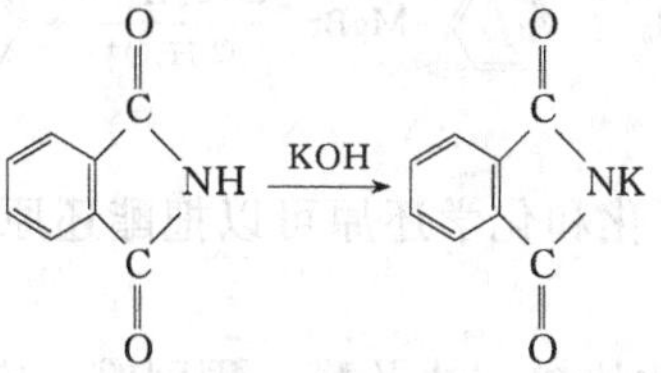

邻苯二甲酰亚胺的盐与卤代烷作用得到 *N*-烷基邻苯二甲酰亚胺，后者被氢氧化钠溶液水解则生成伯胺。

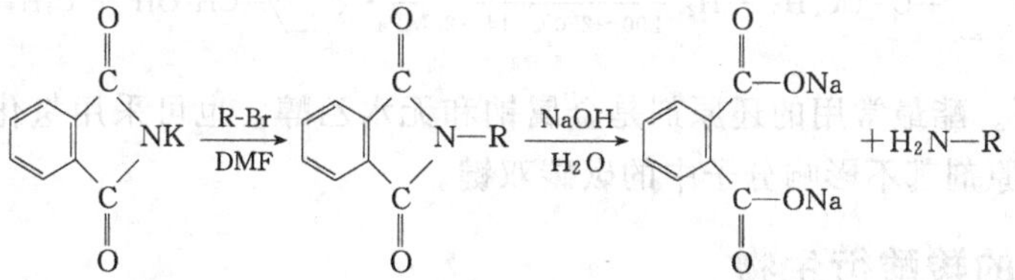

这是合成纯伯胺的一种方法，叫做盖布瑞尔(S . Gabriel)合成。

(2) 霍夫曼降解反应 酰胺与次氯酸钠或次溴酸钠的碱溶液作用时脱去 $\rangle C{=}O$ 生成伯胺。这是由霍夫曼(W. von HofmannA)发现的制纯伯胺的一种好方法，在反应中碳链减少了一个碳原子，故称霍夫曼降解反应。

$$R{-}\overset{O}{\overset{\|}{C}}{-}NH_2+Br_2+NaOH\xrightarrow{H_2O}R{-}NH_2+2NaBr+Na_2CO_3+2H_2O$$

$$CH_3(CH_2)_4\overset{O}{\overset{\|}{C}}{-}NH_2\xrightarrow[NaOH,H_2O]{Br_2}CH_3(CH_2)_3CH_2NH_2$$

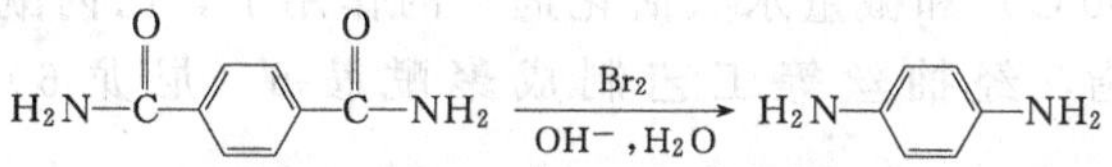

(3) 酰胺脱水反应 酰胺与强脱水剂共热则脱水生成腈。这是实验室制备腈的一种方法(尤其是对于那些用卤代烃和 NaCN 反应难以制备的腈)。通常采用 P_2O_5、PCl_5、$POCl_3$、$SOCl_2$ 或乙酸酐等为脱水剂。例如：

$$(CH_3)_2CH-\overset{\displaystyle O}{\overset{\|}{C}}-NH_2 \xrightarrow[200℃]{P_2O_5} (CH_3)_2CH-C\equiv N + H_2O$$

$$(CH_3)_3C-\overset{\displaystyle O}{\overset{\|}{C}}-NH_2 \xrightarrow[\triangle]{SOCl_2} (CH_3)_3C-C\equiv N + H_2O$$

酰胺蒸气高温催化脱水也可生成腈。

19.2.3.3 酯与格氏试剂反应及酯的还原

(1) 酯与格氏试剂反应 酯与过量的格氏试剂在干醚中进行反应，然后水解，可以高产率地得到醇。这是制备叔醇和仲醇（以甲酸酯为原料）的一种方法。例如：

$$CH_3-\overset{\displaystyle O}{\overset{\|}{C}}-OC_2H_5 + \text{苯}-MgBr \xrightarrow[②H_3O^+]{①(C_2H_5)_2O} \text{苯}-\underset{CH_3}{\overset{OH}{\underset{|}{\overset{|}{C}}}}-\text{苯}$$

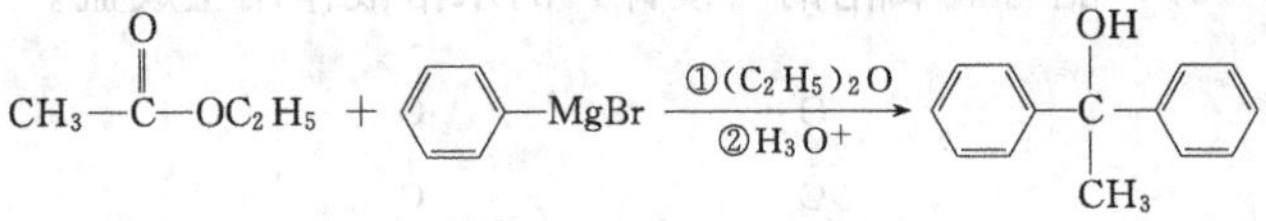

(2) 酯的还原反应 催化氢化和化学还原可以把酯还原为伯醇，并释放出原有酯中的醇或酚。

① 催化氢化。酯的催化氢化比烯、炔及醛、酮困难，它需要高温（200～250℃）、高压（14～28MPa）以及特殊的催化剂（$Cu_2O+Cr_2O_3$）。例如：

$$\text{苯}-\overset{\displaystyle O}{\overset{\|}{C}}-OC_2H_5 + H_2 \xrightarrow[200\sim250℃,14\sim28MPa]{Cu_2O+Cr_2O_3} \text{苯}-CH_2OH + C_2H_5OH$$

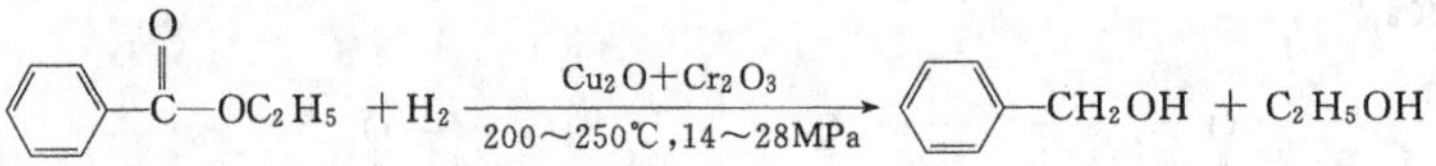

② 化学还原。酯最常用的还原剂是金属钠和无水乙醇，也可采用氢化铝锂（$LiAlH_4$）还原剂。这两种还原剂都不影响分子中的碳碳双键。

19.2.4 重要的羧酸衍生物

19.2.4.1 邻苯二甲酸酐

邻苯二甲酸酐为无色鳞片状晶体，熔点131℃，沸点284℃，易升华，难溶于冷水，可溶于热水、乙醇、乙醚、氯仿以及苯等。

邻苯二甲酸酐与多元醇作用生成高分子醇酸树脂，例如丙三醇-邻苯二甲酸酐树脂（甘酞树脂）。甘酞树脂用于制磁漆及义齿，用松香或脂肪酸改性后的甘酞树脂则广泛用于制造涂料。

19.2.4.2 ε-己内酰胺

ε-己内酰胺简称己内酰胺，为白色固体，熔点69℃；带薄荷味，溶于水和许多有机溶剂中。己内酰胺有毒。

在高温（200～300℃）和微量水（活化剂）的作用下，己内酰胺发生开环聚合反应生成聚己内酰胺树脂，经抽丝等工艺制成聚酰胺-6（尼龙-6）纤维。我国商品名称"锦纶"。

19.2.4.3 乙酸酐

乙酸酐是无色具有刺激性的液体，沸点139.5℃，是优良的溶剂，它具有酸酐的通性，是重要的化工原料，在工业生产中它大量用于制造醋酸纤维、合成染料、香料、涂料。

19.2.4.4 *N*,*N*-二甲基甲酰胺

N,*N*-二甲基甲酰胺（DMF）为带有氨味的无色液体，沸点153℃，其蒸气有毒，对皮肤、眼睛和黏膜有刺激作用。它与水及大多数有机溶剂混溶，它能溶解很多无机物和许多难溶的有机物，尤其是有机高聚物。它是聚丙烯腈抽丝的良好溶剂，又是丙烯酸纤维加工中使用的溶剂。在纺织品中某些成分检测时，*N*,*N*-二甲基甲酰胺是常用的溶剂，它有万能溶剂之称。

19.3 实　验

19.3.1　肉桂酸的制备

19.3.1.1　实验目的
掌握由柏琴（Perkin）反应制备 α,β-不饱和酸的原理和方法。

19.3.1.2　实验原理
所谓柏琴反应，是指芳香醛和酸酐在碱性催化剂作用下，发生类似羟醛缩合的缩合作用，生成 α,β-不饱和芳香酸。所用的催化剂一般是相应酸酐的羧酸钾或钠盐，也可用碳酸钾或叔胺。本实验采用无水醋酸钾（钠）作催化剂，反应时酸酐受催化剂的作用，生成一个酸酐的负离子，负离子与醛发生亲核加成，生成中间产物 β-羟基酸酐，然后发生失水和水解作用而得到不饱和酸。

反应历程：

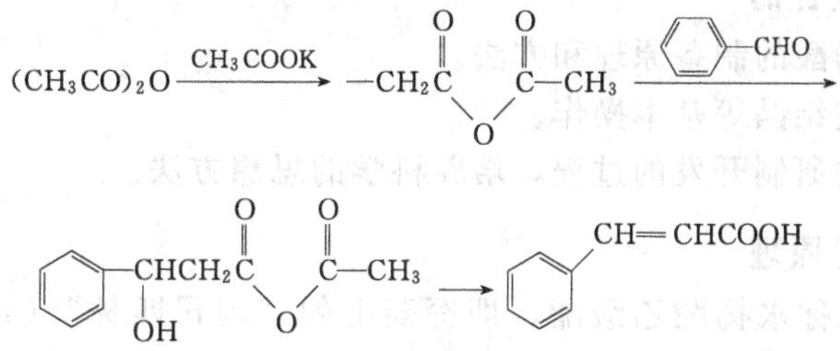

$$(CH_3CO)_2O \xrightarrow{CH_3COOK} -CH_2\overset{O}{\overset{\|}{C}}\overset{O}{\overset{\|}{C}}CH_3 \xrightarrow{\text{C}_6\text{H}_5\text{CHO}}$$

反应式：

$$\underset{}{C_6H_5}CHO +(CH_3CO)_2O \xrightarrow{CH_3COOK} C_6H_5CH{=}CHCOOH +CH_3COOH$$

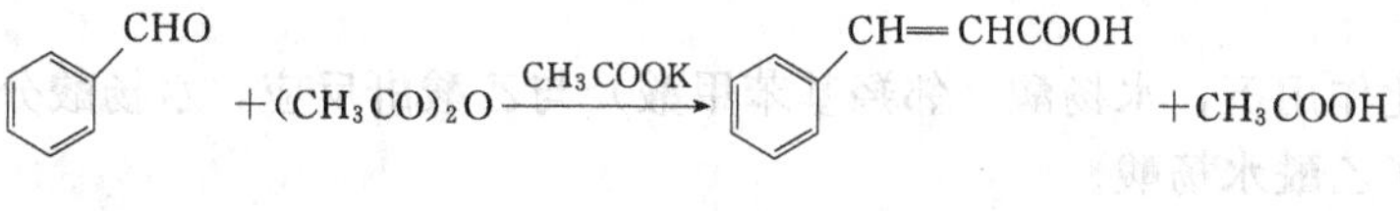

19.3.1.3　仪器与药品
仪器：圆底烧瓶、球形冷凝器、直形冷凝器、水蒸气蒸馏装置。
药品：苯甲醛 3.2g（3mL，0.03mol）、无水乙酸钾 3g（0.03mol）、乙酐 6g（5.5mL，0.06mol）、饱和碳酸钠溶液、浓盐酸、活性炭。

19.3.1.4　实验步骤
在装有球形冷凝器的 250mL 三口瓶中，加入 3g 研细的无水醋酸钾、3mL 苯甲醛和 5.5mL 乙酐，并使三者充分混合。在三口瓶的另一侧口安装一支 300℃ 温度计，并将温度计

水银球部分插入液面下，但不要触及瓶底。三口瓶的正口用玻璃塞封住。将三口瓶置于电热套内加热回流 1h，并保持反应温度在 165～170℃。

反应完毕后，趁热取下三口瓶，一边充分摇动，一边缓慢地加入适量的饱和碳酸钠溶液，使反应混合物成为碱性。

将反应装置改装为水蒸气蒸馏装置，进行水蒸气蒸馏，至馏出液无油珠为止。在剩余液中，加入少量活性炭，并加热煮沸数分钟，然后趁热过滤。在不断搅拌下，小心向热滤液中加入 5mL 左右的浓盐酸，至滤液呈酸性为止。冷却滤液，待肉桂酸晶体全部析出后，减压过滤。结晶用少量水洗涤，抽滤挤去水分，干燥。粗产物可用热水或 30％乙醇进行重结晶。

纯肉桂酸为无色晶体，有顺反异构体，通常以反式形式存在，熔点为 135.6℃。

19.3.1.5 注意事项

① 所用仪器必须是干燥的。

② 加热回流，控制反应呈微沸状态，如果反应液激烈沸腾易使乙酸酐蒸气冷凝管送出，影响产率。

③ 在反应温度下长时间加热，肉桂酸脱成苯乙烯，进而生成苯乙烯低聚物。

④ 中和时必须使溶液呈碱性，控制 pH＝8 较合适。

19.3.1.6 思考题

① 进行柏琴反应，对醛的要求是什么？

② 本实验采用水蒸气蒸馏除去什么？是否可以采用其他方法？

19.3.2 乙酰水杨酸的制备

19.3.2.1 实验目的

① 学习乙酰水杨酸的制备原理和方法。

② 掌握抽滤、重结晶等基本操作。

③ 了解一些药物研制开发的过程，培养科学的思想方法。

19.3.2.2 实验原理

乙酰水杨酸，又称水杨酸乙酸酯，即医药上的“阿司匹林”（aspirin）。这是一种应用最早、最广和最普通的解热镇痛药和抗风湿药。它与“非那西丁”（phenacetin）、“咖啡因”（caffeine）一起组成的“复方阿司匹林”（APC）也是最广泛使用的复方解热止痛药。

在浓酸催化作用下，水杨酸（邻羟基苯甲酸）与乙酸酐反应，水杨酸分子中的羟基被乙酰化，就生成了乙酰水杨酸。

主反应：

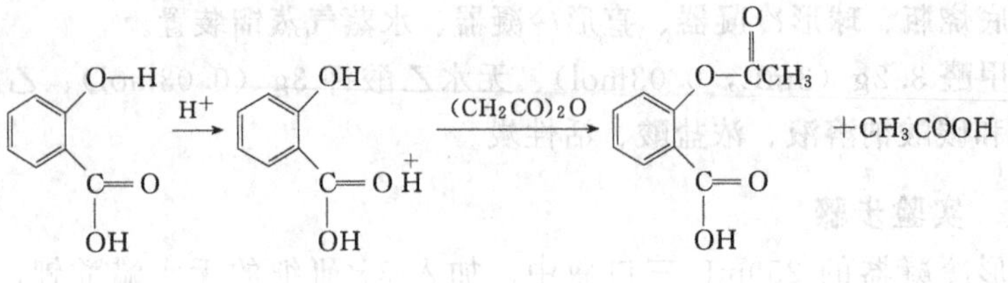

副反应：

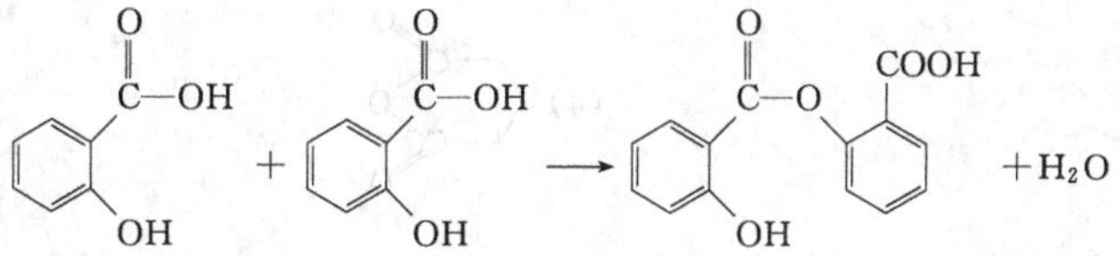

19.3.2.3 仪器与药品

仪器：50mL 锥形瓶、抽滤装置、烧杯、普通蒸馏装置。

药品：水杨酸、乙酸酐（新蒸）、浓磷酸、饱和碳酸氢钠、三氯化铁（1%）、浓盐酸。

19.3.2.4 实验步骤

在 50mL 干燥的锥形瓶中放置 1.38g 水杨酸；4mL 乙酸酐和 5 滴浓磷酸。振摇使固体溶解，然后用水浴加热，控制浴温在 85～90℃，维持 10min，其间用玻棒不断搅拌，待反应物冷却到室温后，在振摇下慢慢加入 13～14mL 水。在冰浴中冷却后，抽滤收集产物，用 25mL 冰水洗涤晶体，抽干。

将粗产物转移到 100mL 烧杯中，在搅拌下加入 20mL 10%的碳酸氢钠溶液，当不再有二氧化碳放出后，抽滤除去少量高聚物固体。滤液倒至 100mL 烧杯中，在不断搅拌下慢慢加入 10mL 18%盐酸，这时析出大量晶体。

将混合物在冰浴中冷却，使晶体析出完全。抽滤，用少量水洗涤晶体 2～3 次，干燥后称重。

为了得到纯度更高的产品，可用甲苯或乙酸乙酯重结晶提纯。纯粹乙酰水杨酸的熔点为 135℃。

19.3.2.5 检验与测试

在两个试管中分别放置不多于 0.05g 的水杨酸和本实验制得的乙酰水杨酸，再加入 1mL 乙醇使晶体溶解。然后在每个试管中加入几滴 1%三氯化铁溶液，观察其结果并加以对照，以确定产物中是否有水杨酸存在。

19.3.2.6 注意事项

① 加水分解过量乙酸酐时会产生大量的热量，甚至使反应物沸腾，因此必须小心操作。

② 乙酰水杨酸受热后易分解，测定熔点较难，也无定值，一般在 132～135℃。

③ 乙酸酐和浓磷酸具有很强的腐蚀性，使用时须小心。如溅在皮肤上，应立即用大量水冲洗。

19.3.2.7 思考题

① 在水杨酸的乙酰化反应中，加入磷酸的作用是什么？

② 用化学方程式表示在合成阿司匹林时产生少量高聚物的过程。

习题

1. 命名下列化合物。

(1)

(2) 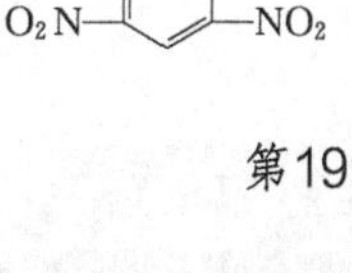

(3) [邻羟基-CHO, COOH 苯环结构]

(4) [丁二酸酐结构]

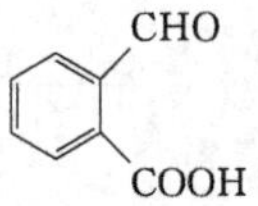

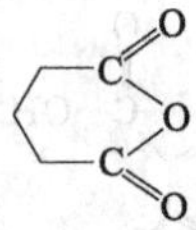

2. 写出下列化合物的结构式。

(1) 邻苯甲酰苯甲酸；　　　　　　　(2) 马来酸酐；

(3) 过氧化苯甲酰；　　　　　　　　(4) (R)-4-甲基-2-羟基-4-戊烯酸；

(5) 对乙酰氧基苯甲酰氯；　　　　　(6) N-甲基-N-乙基对异丙基苯甲酰胺。

3. 完成下列反应。

(1) $(CH_3)_3CCOOH + LiAlH_4 \xrightarrow[\text{②}H_2O]{\text{①}(C_2H_5)_2O}$

(2) [苯环]—$CH_2Cl \xrightarrow{NaCN}$? $\xrightarrow{H_3O^+}$?

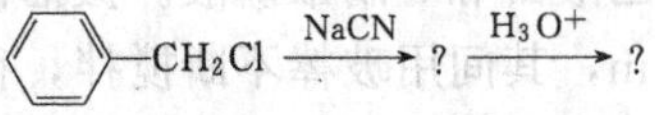

(3) $CH_3CH_2COOC_2H_5 + NaOH \longrightarrow$

(4) [苯环-COOH] $\xrightarrow[\triangle]{Cl_2, Fe}$?

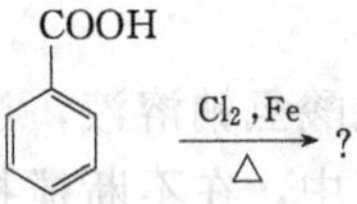

(5) $CH_3CH_2COOC_2H_5 \xrightarrow[\text{②}H_3O^+]{\text{①}CH_3MgI}$

4. 用化学方法鉴别下列两组化合物。

(1) 甲酸、乙酸、丙酮和乙醛；　　　(2) 苯酚、苯甲醛、苯乙酮和苯甲酸。

5. 化合物 A、B 的分子式都是 $C_4H_6O_2$，它们都不溶于 NaOH 溶液，也不与 Na_2CO_3 作用，但可使溴水褪色，有类似乙酸乙酯的香味。它们与 NaOH 共热后，A 生成 CH_3COONa 和 CH_3CHO，B 生成甲醇和羧酸钠盐。该钠盐用硫酸中和后蒸馏出的有机物可使溴水褪色。写出 A、B 的构造式及有关反应式。

第20章

有机高分子化合物

20.1 高分子化合物概述

20.1.1 高分子化合物的基本概念和特征

20.1.1.1 基本概念

高分子化合物（又称高聚物、聚合物或大分子），系指那些由众多原子或原子团主要以共价键结合而成的相对分子质量在 10000 以上的化合物。一般有机化合物的相对分子质量为几十或几百，而有机高分子化合物的相对分子质量可自几万至几十万、几百万，甚至上千万。例如，通常聚氯乙烯的相对分子质量为 5 万～15 万，丁苯橡胶的为 15 万～20 万等。高分子化合物的相对分子质量虽然很大，但组成并不复杂，它们的分子往往都是由特定的结构单元通过共价键多次重复连接而成的。例如，聚氯乙烯的分子为：

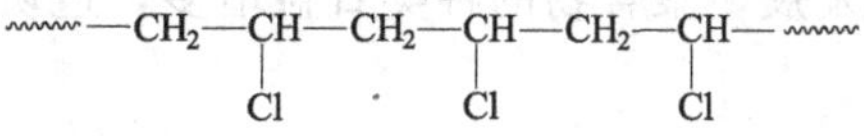

$$\sim\!\!\sim\!\!-CH_2-\underset{\underset{Cl}{|}}{CH}-CH_2-\underset{\underset{Cl}{|}}{CH}-CH_2-\underset{\underset{Cl}{|}}{CH}-\sim\!\!\sim$$

此长链分子的结构式常可简写为：

$$\left[\!\!\!\begin{array}{c}CH_2-\underset{\underset{Cl}{|}}{CH_2}\end{array}\!\!\!\right]_n$$

式中 $\left[CH_2-\underset{\underset{Cl}{|}}{CH_2}\right]$ 即为聚氯乙烯分子的特定结构单元，又称为链节。n 为高分子链所含链节的数目，称为聚合度。聚合度是衡量高分子化合物分子大小的一个指标，高分子化合物的聚合度通常都在 1000 以上。同一种高分子化合物的分子链所含的链节数并不相同，所以高分子化合物实质上是由许多链节结构相同而聚合度不同的化合物所组成的混合物。因此，实验测得的高分子化合物的相对分子质量和聚合度实际上都是平均值，这也是与低分子化合物的明显不同之处。不同的高分子化合物常具有不同的结构单元，通常将能提供结构单元的低分子化合物称为单体。如聚氯乙烯的单体为氯乙烯（$CH_2\!\!=\!\!CH-Cl$）。

由一种单体聚合而成的聚合物称为均聚物，如上述的聚氯乙烯和聚乙烯等。由两种以上单体共聚而成的聚合物则称为共聚物，如氯乙烯-醋酸乙烯共聚物。

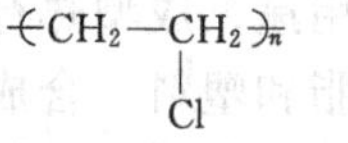

由单体合成高分子化合物的聚合反应按反应机理类型分为加成聚合反应（简称加聚反应）和缩合聚合反应（简称缩聚反应）两类。

所谓加聚反应是数量众多的含不饱和键的单体（多为烯烃）进行连续、多步的加成反应，由双键打开而使分子彼此连接，形成高聚物。其特征为所得高聚物的结构单元的原子组成与单体的组成相同。例如，四氟乙烯单体通过打开双键彼此连接而聚合成聚四氟乙烯的反应即为加聚反应。

缩聚反应通常由具有两个或两个以上可反应官能团的单体分子间通过缩合反应成键，而彼此连接，形成高聚物。其特点是在形成缩聚物的同时，伴有小分子物质（如水、氨、醇及卤化氢等）的失去。所以，缩聚物中结构单元的组成与其单体的组成不同。例如：

$$n\,H_2N(CH_2)_6NH_2 + n\,HOOC(CH_2)_4COOH \xrightarrow{\triangle} \left[NH(CH_2)_6NH\overset{\overset{\large O}{\|}}{C}(CH_2)_4\overset{\overset{\large O}{\|}}{C} \right]_n + n\,H_2O$$

20.1.1.2　高分子化合物的特征

高分子化合物由于其很高的相对分子质量与长链结构，决定了它具有某些与低分子有机化合物不同的特征，主要如下。

① 几乎无挥发性，常温下主要以固态或液态存在。固态高分子化合物有晶态与非晶态之分，且晶态与非晶态可同时存在于同一种高分子化合物中。

② 高分子化合物的分子链很长，且互相缠绕，使分子链间作用力的总和很大，因此能表现出一定的韧性和耐磨性。

③ 由于长链分子通常呈卷曲状，因而高分子化合物通常显示有一定程度的弹性。

④ 高分子化合物的溶解过程很慢，有时只发生溶胀，且溶液的黏度比一般的低分子化合物溶液的要大得多。

20.1.2　聚合物的分类和命名

随着高分子科学技术的发展，聚合物的种类日益增多，迫切需要一个科学的分类方案和系统命名法。

20.1.2.1　聚合物的分类

可以从单体的来源、合成方法、用途、成型热行为、结构等不同角度，对其进行多种分类。例如，按用途，可粗分为合成树脂和塑料、合成橡胶、合成纤维等；按热行为，可分为热塑性和热固性聚合物。但从高分子化学角度，则按主链结构将聚合物分成碳链聚合物、杂链聚合物和元素有机聚合物三大类更为确切。

(1) 碳链聚合物　主链完全由碳原子组成，绝大多数烯类和二烯类的聚合物属于这一类，如聚乙烯、聚氯乙烯、聚苯乙烯等。

(2) 杂链聚合物　主链除碳原子外，还含有氧、氮、硫等杂原子，如聚醚、聚酯、聚酰胺、聚氨酯等，这些大分子链中都有特征官能团。

(3) 元素有机聚合物　主链中无碳原子，而是由硅、硼、铝与氧、氮、硫、磷等原子组成，但侧基多半是有机基团，如甲基、乙基、乙烯基、芳基等。例如：

$$\left[\underset{\underset{\large CH_3}{|}}{\overset{\overset{\large CH_3}{|}}{Si}} - O \right]_n$$　聚二甲基硅氧烷（有机硅橡胶）

如果主链和侧基均无碳原子，则称为无机高分子化合物。

20.1.2.2 高分子化合物的命名

经常采用的是按单体和/或聚合物结构的习惯命名法，间有少量的商品俗名。1972 年，国际纯粹与应用化学联合会（IUPAC）对线型聚合物提出了结构系统命名法。

(1) 习惯命名法 经常采用的聚合物名称常以单体名为基础。烯类聚合物以烯类单体名前冠以“聚”字命名，例如乙烯、氯乙烯、苯乙烯的聚合物分别称为聚乙烯、聚氯乙烯、聚苯乙烯。

由两种单体合成的共聚物，常摘取两单体的简名，后缀“树脂”两字来命名，例如苯酚和甲醛、尿素和甲醛、甘油和邻苯二甲酸酐的缩聚物分别称为酚醛树脂、脲醛树脂、醇酸树脂等。这类产物形态类似天然树脂，因此有合成树脂之统称。目前已扩展到将未加有助剂的聚合物粉料和粒料也称为合成树脂。共聚合成橡胶往往从共聚体中各取一字，后缀“橡胶”二字来命名，如丁（二烯）苯（乙烯）橡胶、丁（二烯）（丙烯）腈橡胶、乙（烯）丙（烯）橡胶等。

也有以聚合物的结构特征来命名的，如聚酰胺、聚酯、聚碳酸酯等。这些名称都代表一类聚合物，具体品种另有专名，如由己二酸与己二胺的缩聚物称为聚己二酰己二胺。这样的名称似嫌冗长，商业上往往称为尼龙-66。尼龙代表聚酰胺一大类，尼龙后第一个数字代表二元胺的碳原子数，第二个数字则代表二元酸的碳原子数，例如尼龙-610 是己二胺与癸二酸的缩聚物。尼龙只附一个数字的则代表氨基酸或内酰胺的聚合物，数字也代表碳原子数，如尼龙-6 是己内酰胺的聚合物。我国习惯以“纶”作为合成纤维商品名的后缀，如涤纶（聚对苯二甲酸乙二醇酯纤维）、氯纶（聚氯乙烯纤维）等。

此外，为解决聚合物名称冗长，读写不便，可对常见的一些聚合物采用国际通用的英文缩写符号。例如，聚甲基丙烯酸甲酯用 PMMA 表示。

(2) 结构系统命名法 为了作出更严格的科学系统命名，IUPAC 对线型聚合物提出下列命名原则和程序：确定重复单元结构，排好其中次级单元次序，给出重复单元命名，最后冠以“聚”字。IUPAC 系统命名法比较严谨，但有些聚合物的名称过于冗长，故往往沿用习惯命名。

20.2 高分子化合物的结构和性能

20.2.1 高分子化合物的结构

① 高分子长链是由许多单体分子聚合连接而成的，一般聚合度都在 1000 以上。在成千上万次连接中，每一次连接时的位置或取向的不同，都会导致整个高分子链结构上的差异，造成高分子链结构的多重性及异构现象。高分子连结的多重性具体表现为单体的连接形式、立体异构、顺反结构、支化和交联。例如，在聚氯乙烯高分子链中，氯乙烯单体主要以头尾方式连接，但也伴有少量的头头或尾尾连接（聚氯乙烯分子链中，头头连接可高达 16%）：

② 线型高分子与体型高分子：高分子化合物按分子形状可分为线型和体型高分子。如图 20-1 所示。两者主要区别在于其主链延伸方向的维数。若高分子链主要沿一维方向延伸，则得到的是线型高分子，不带侧链或带有少量的短小侧链。若高分子主链沿二维或三维方向延伸，则得到网状或体型高分子。若主链带有较多、较长的侧链，容易生成体型高分子。高分子化合物究竟呈何种结构形态，取决于单体种类和聚合条件。乙二醇与对苯二甲酸可缩合成线型的聚对苯二甲酸乙二醇酯，若以甘油代替部分乙二醇，则可得到体型缩聚物。

高分子化合物的物理性质与几何构型密切相关。线型（包括少量支化）的高聚物能溶于适当的溶剂。受热时会软化、熔融、冷却时又硬化，可反复加热和冷却。体型高分子化合物不溶于溶剂，加热也不熔融，只能一次加热成型，不可反复热加工。交联程度较低的高分子化合物在溶剂中不溶解，但能溶胀，加热时不熔融，但能软化。

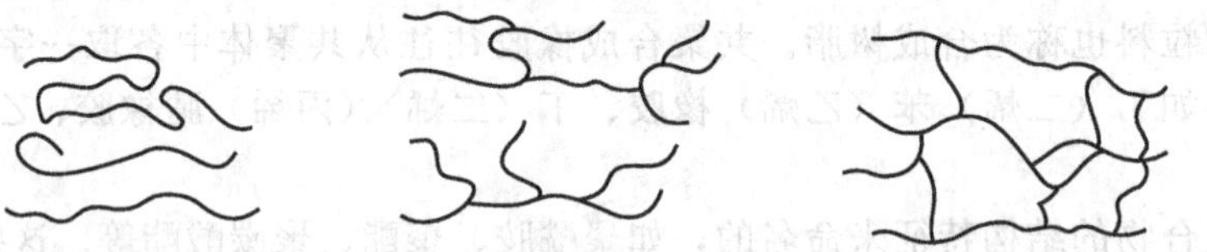

(a) 线型　　(b) 线型有支链　　(c) 体型

图 20-1　线型高分子与体型高分子

20.2.2 高分子链的柔顺性

通常，高分子化合物在溶液、熔体或非晶体中，并不是以伸直的长链存在的，而是像普通的乱线团，无规则地卷曲缠绕成团。这正是高分子链柔顺性的表现。高分子的柔顺性是与高分子链结构的特性分不开的，这种特性源于很长的分子链中单键的内旋转性。以工业生产的聚异丁烯为例，其相对分子质量约为 5.6×10^6，若将分子“拉直”，链长度约为 25μm，而链的粗细（链径）约为 500pm，即此高分子链的链长约为其链径的 5 万倍。如此大的长度与径度比，即使是一根钢丝（相当于直径 1mm，而长 50m），如果没有外力强行将其拉直，势必不可能呈直线状存在的，更何况是高分子链。这是高分子链具有柔顺性通常呈卷曲状态的原因之一。

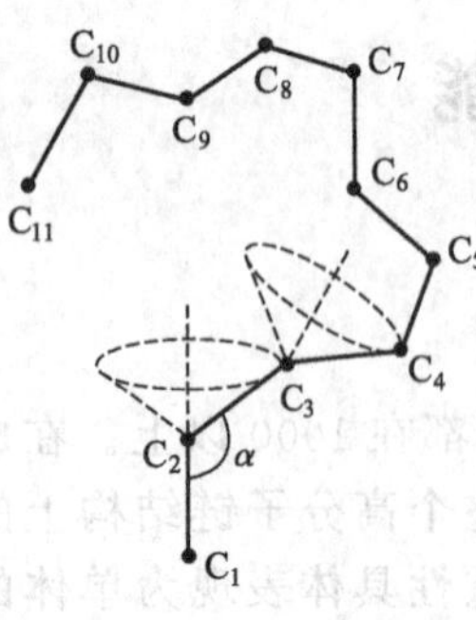

图 20-2　单键的内旋

此外，高分子链中各原子间绝大部分以单键相连。每个 σ 单键都能绕着它邻近的键轴，按一定的键角旋转，即内旋转，如图 20-2 所示。一个高分子中含有成千上万个单键，由于单键的内旋转，使分子的形状有无数种可能性，且每一瞬间都有不同。由于热运动，每种可能的形态出现的概率是相同的。因分子的内旋转所形成的异构体称为内旋转异构体，又称构象。因此一个高分子实际有无数个构象，并且这些构象是在不断变换着的。但这无数种构象中，只有一种构象是呈直线形的，因此这种构象真正出现的概率实际为零。所以高分子链通常总是呈无规则卷曲状而缠绕成团的。这是造成高分子链的柔顺性的另一个原因。高分子链的柔顺性是高聚物及一切弹性材料产生高弹性的根本原因。因此，只有高聚物才可能是高弹体。

而高分子链的柔顺性大小，主要取决于高分子链的结构特点。一般说来，对于简单的线型高分子链（或带有少量的较小侧链）而言，分子链越长，其柔顺性越好。而同为线型高分子链，则非极性主链比极性主链更柔顺。分子链间相互作用越强，链的柔顺性越差。当高分子链带有较多、较大的侧链，则分子链间易发生交联，形成网状或三维的高分子，分子链的柔顺性将随之大大降低，到形成三维高分子时，其柔顺性就几乎完全失去了。此外，链上取代基的极性大小、取代基本身体积大小、有无侧链、侧链大小以及取代基的多少、彼此间隔大小等因素都会影响到高分子的柔顺性。

20.2.3 高分子化合物的力学状态

高分子化合物按其结构形态可分为晶态和非晶态两种。大多数的合成树脂和合成橡胶属非晶体。线型的非晶态高聚物在不同温度下，可以呈现三种不同的力学状态，即玻璃态、高弹态和黏流态。这是由于高分子链的热运动有两种不同的运动方式引起的：一种是分子链的整体运动，另一种是高分子链中的个别链段（一个包含几个或几十个链节的部分称链段）的运动。

20.2.3.1 玻璃态

处于玻璃态的高分子化合物，整个分子链的热运动受到限制，而且链段的内旋也处于被“冻结”的状态。分子链只能在自己的位置上做振动，分子链和链段的相对位置固定，分子链卷曲成一条无规线团。受到外力作用时，只有链段做瞬时的微小伸缩和键角改变，总的形变很小。外力撤销后，形变立即恢复。此时，高分子化合物同玻璃一般，表现得坚硬而缺少弹性。这种力学状态称为玻璃态。常温下，塑料就处于玻璃态。因此，把常温下处于玻璃态的高分子化合物称为塑料。

20.2.3.2 高弹态

随温度升高，分子的热运动加剧，处于高弹态。此时，分子链段运动的自由度增大，虽然整个分子链还不能自由移动，但链段能自由转动。此时，在外力作用下，高聚物可产生很大的可逆形变。虽然分子间不会互相滑动，但链段可以自由地卷曲或伸长，显得柔软而富有弹性。撤去外力后，形变又可复原，表现出很高的弹性，因此称为高弹态。常温下的橡胶就处于这种状态。因此，把常温下处于高弹态的高分子化合物称为橡胶。

20.2.3.3 黏流态

当温度继续升高，分子动能愈来愈大，较易克服分子间力。此时，不仅链段能够运动，而且整个分子链都能移动。聚合物成为可流动的黏稠液体，具有流变性。这种流动形变是不可逆的。当外力解除后，形变不能恢复。高聚物所处的这种状态称为黏流态。在常温下处于黏流态的高分子化合物称为流动性树脂。一般高分子材料加工成型都是在黏流态完成的。

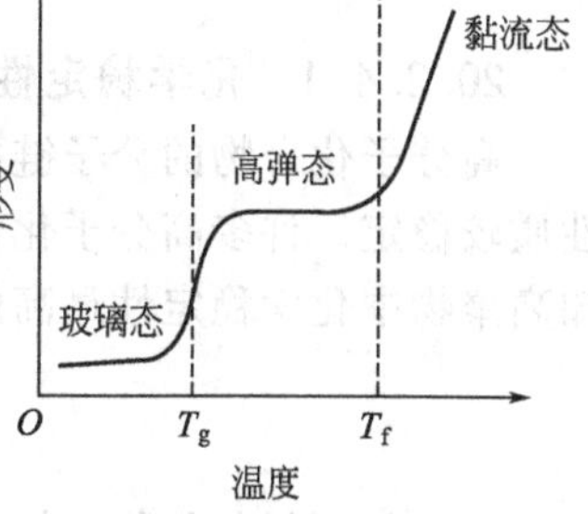

图 20-3 高分子化合物的力学状态与温度的关系

20.2.3.4 非晶态高分子的玻璃化温度和黏流化温度

高分子化合物不同的力学状态随温度的变化可以互相转化，如图 20-3 所示。这三种状态的转变都不是突变过程，而是在一定的温度区间内发生。两个转变温度区间分别是：在玻璃态与高弹态之间的转变温度称为玻璃化温度，以 T_g 表示；在高弹态与黏流态之间的转变温度称为黏流化温度，以 T_f 表示。习惯上把 T_g 高于室温的高聚物称为塑料；把 T_g 低于室温的高聚物称为橡胶。这几个转变温度表征了高分子化合物的应用特性和工作温区，是人们选用高分子材料的重要依据。一些高聚物的玻璃化温度可参见表 20-1。

高分子化合物的上述三种状态和两个转变温度对聚合物的加工和应用有着重要的意义。对橡胶材料而言，要保持高度的弹性，高分子化合物的 T_g 就是工作温度的下限（即耐寒性的标志）。因为低于 T_g 时，高聚物将进入玻璃态，会变硬、发脆而失去弹性，所以，应选取 T_g 低、T_f 高的高分子化合物。这样，橡胶的高弹态的温区较宽。塑料和纤维是在玻璃态下使用，T_g 就成为工作温度的上限（即耐热性标志）。因为，若高于此温度，高聚物便呈现高弹性，因而丧失了机械强度和形状尺寸的精度，以致无法使用。因此，为扩大其工作温度范围，塑料、纤维的 T_g 愈高愈好。同时，作为塑料还要求它既易于加工又要很快成型，所以 T_g 与 T_f 的差值还要小。一般对高聚物的加工成型来说，T_f 越低越好；对耐热性来说，T_f 越高越好。

表 20-1　几种高分子化合物的玻璃化温度

高分子化合物	$T_g/℃$
聚苯乙烯	$80\sim100$
有机玻璃	$57\sim68$
聚氯乙烯	75
聚丙烯腈	>100
聚乙烯醇	85
尼龙-66	48
天然橡胶	-73
丁苯橡胶	$-75\sim-63$
氯丁橡胶	$-50\sim-40$
硅橡胶	-109

体型高分子化合物，其链呈三维方向延伸，相互交联，变得不溶不熔。因而无黏流态存在。这类体型高分子的加工成型只能在未完成三维交联前，将其放在一定形状的模具中，再加热使其交联，在完成内部交联，变成体型高分子的同时就成型了。这种成型是一次性成型，成型以后就不能再变了。

20.2.4　高分子化合物的性能

20.2.4.1　化学稳定性

高分子化合物的分子链主要由 C—C、C—H 等共价键构成，所含活泼基团较少，化学性质较稳定。许多高分子化合物可以制成耐酸碱、耐化学腐蚀的优良材料。含氟高聚物是已知高聚物中化学稳定性最高的高分子化合物。例如：

$$-(CF_2-CF)_m-(CH_3-CF_2)_n-$$
$$|$$
$$CF_3$$

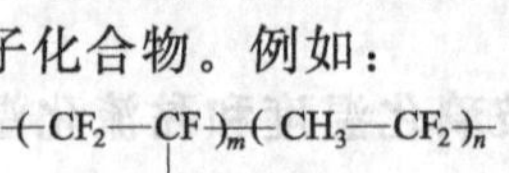

是六氟丙烯与偏氟乙烯的共聚物，它广泛运用于航天飞机的密封材料，其性能在170～260℃的极端严酷环境下仍保持不变。在高聚物中引入含氟基团能大大改善其化学稳定性。无机阻燃高分子化合物聚磷腈在潮气中极不稳定，若用三氟乙醇钠处理，引入含氟基团，即便在77℃下，仍有极高的弹性，并能抑烟、抑火。

但事物总具有两面性的，高分子材料总体比较耐化学腐蚀，但也不是绝对不被腐蚀。实际上，许多高分子化合物在物理因素（光照、受热以及高能辐射等）和化学因素（如氧化、受潮以及酸、碱）的长期作用下，也会发生化学变化。高分子化合物的化学变化可归结为链的交联和链的裂解。交联反应是高分子链与高分子链相连，形成体形结构致使高分子化合物进一步变硬、变脆而丧失弹性。裂解反应是高分子链的断裂、相对分子质量降低，致使高分子化合物变软、变黏，并丧失机械性能。例如，由1，3-丁二烯聚合而成的橡胶，骨架链中含有双键，在臭氧的作用下，骨架链中的双键被氧化，尔后水解，使聚合物变软、发黏。

高聚物材料在加工使用过程中，由于环境的影响使高聚物逐渐失去弹性，变硬、变脆，出现龟裂或失去刚性，变软、发黏等，从而使得其使用性能愈来愈坏的现象，叫做高聚物的老化。为提高聚合物材料的使用价值，可采用改变聚合物的结构，添加防老化剂以及在聚合物表面镀膜（涂膜）等手段以防止老化。

20.2.4.2　弹性与塑性

(1) 弹性　线型高聚物在通常情况下，总是处于能量最低的卷曲状态。由于高分子链的柔顺性，当线型聚合物被拉伸时，卷曲的分子链可以延展，整个分子链的能量增大，高聚物处于紧绷状态。撤去外力，分子链又蜷缩在一起，高聚物又恢复原状。这时，高聚物呈现弹性。橡胶就是极好的例子。交联度较小的体型高分子化合物（如橡皮）仍有弹性，但高度硫化的橡胶因交联度很大，变得很僵硬，弹性很差。

(2) 塑性　线型高分子化合物受热会逐渐软化，直至形成黏流态。这时可将它们加工成各种形状，冷却去压后，形状仍可保持。然后，再加热至黏流态，又可加工成别的形状。这种性质称为塑性。塑料即因其具有塑性而得名。如聚乙烯、聚苯乙烯、聚酰胺等线型高聚物具有热塑性，都属于热塑性高聚物。在反复受热时会变软，可多次加工，反复使用。而另一些高聚物如酚醛树脂、脲醛树脂等体型高聚物，由于受热过程中发生了交联，变得不溶不熔，无法再使其变到黏流态。这类高聚物称热固性高聚物。它们只能一次成型，不能反复加工。

20.2.4.3　机械性能

高分子化合物的机械性能如抗压、抗拉、抗冲击、抗弯等与其化学结构、聚合度、结晶度及分子间力等因素密切相关。一般而言，同种高聚物的聚合度愈大，结晶度和晶体的定向性愈高，分子间力愈大，机械性能愈好。但当聚合度大于400时，这种关系就不那么显著，此时，高聚物的机械性能更大程度上受其他因素的影响，如高聚物中的添加成分等。

20.2.4.4　绝缘性

大多数高分子化合物具有良好的绝缘性，这与它们的化学结构有关。由于高分子链基本上由共价单键构成，分子链中没有自由电子或离子，因此，高聚物一般不具备导电特性。

近年来，科研人员发现一些高聚物在光照条件下具有良好的导电性，其中最引人注目的有聚乙炔。在聚乙炔分子链中，离域的共轭π电子能在整条高分子链迁移，在外电场作用下，能形成电子定向流动。其他的导电性高聚物还有聚苯硫醚、聚吡咯、聚噻吩等，对它们的研究开发成为日益蓬勃的功能高分子材料的研究内容之一。

20.3　几种重要的高分子合成材料

高分子合成材料具有许多优异的性能，如质轻、比强度大、高弹性、透明、绝热、绝缘、耐磨、耐辐射、耐化学腐蚀等，因此，高分子合成材料已成了人类生活、生产、科研中不可或缺的重要材料。这里简要介绍塑料、合成橡胶、合成纤维、黏合剂和涂料。

20.3.1 塑料

塑料原意是具有塑性的高分子化合物。现在一般是指在一定的温度和压力下可塑制成型的高分子材料，即热塑性高聚物。但习惯上把像酚醛树脂、脲醛树脂这样的热固性树脂也并在塑料之列。因此，比较合理的定义还应是在室温下，以玻璃态存在和工作的高分子材料称为塑料。

塑料和其他合成高分子材料一样，都是由一定的高聚物（称合成树脂）作为主要成分，加上各种辅助成分（如添加剂）组成的。

合成树脂是塑料的重要成分，它决定了塑料的基本性质和类型（热固性或热塑性），而塑料中的添加剂可改善塑料的各种使用性能。例如，加入增塑剂（如氯化石蜡、苯二甲酸酯、癸二酸酯、磷酸酯类化合物）可增加合成材料的可塑性；加入稳定剂（如硬脂酸、铅化合物等）可防止塑料的老化；加入脱模剂（如硬脂酸、硬脂酸盐）可防止塑料黏附模具，使塑料表面光滑；加入颜料可使塑料制品色彩丰富；加入发泡剂可制成泡沫塑料；加入抗静电剂可消除塑料的静电效应；加入金属添加剂可增强塑料的导电性等。

塑料按其用途可分为通用塑料、工程塑料等。兹举例简介如下。

20.3.1.1 通用塑料

通用塑料常指应用范围广、产量大的塑料品种，主要有聚烯烃如聚乙烯、聚丙烯、聚氯乙烯、聚苯乙烯、酚醛树脂、脲醛树脂等。

(1) 聚乙烯和聚丙烯

① 聚乙烯（PE） 是通用合成树脂中产量最大的品种，主要包括低密度聚乙烯(LDPE)、线型低密度聚乙烯（LLDPE)、高密度聚乙烯（HDPE）及一些具有特殊性能的产品。聚乙烯为白色蜡状半透明材料，柔而韧，比水轻，无毒，具有优越的介电性能，易燃烧且离火后继续燃烧，透水率低，对有机蒸气透过率则较大。聚乙烯有优异的化学稳定性，室温下耐盐酸、氢氟酸、磷酸、甲酸、胺类、氢氧化钠、氢氧化钾等各种化学物质，但硝酸和硫酸对聚乙烯有较强的破坏作用。主要用做化工管道、防腐材料及包装材料等。

② 聚丙烯（PP） 是一种半结晶的热塑性塑料，为淡乳白色粒料、无味、无毒、质轻，具有较高的耐冲击性，机械性质强韧，耐热性能良好，其熔点为170℃左右，化学稳定性好，耐酸、碱和有机溶剂，是最常见的高分子材料之一。可用注塑、挤塑、吹塑、抽丝等方法进行加工。适宜制作各种电器部件、电视机和收音机外壳，防腐管道、板材、汽车部件、周转箱、编织包装袋、包装薄膜捆扎材料、各种容器、各种衣着用品、人工草坪等。

(2) 聚氯乙烯（PVC） 是通用塑料中产量最大、用途最广的一个品种，这是由于聚氯乙烯原料易得，具有较好的综合性能，可制成各种型材，如板材、棒材、薄膜、管材等软硬制品。聚氯乙烯相对密度很小，只相当于最轻的金属铝的一半，其抗拉强度与橡胶相当，且具有良好的耐水性、耐油性及耐化学腐蚀。常用做化工、纺织等工业废水、尾气排污管道及腐蚀性液体的输送管道，也常用做建筑材料。聚氯乙烯薄膜也是重要的包装材料（但不宜做食品包装）及农用薄膜的主要材料。

聚氯乙烯本身无毒，但在制膜过程中使用的亲油性添加剂会渗出聚氯乙烯薄膜表面，污染食品，因此，不能用于食品包装。聚氯乙烯塑料的性能可以通过改变聚合配方来加以改善。例如，添加适量的醋酸乙烯单体，嵌聚在聚氯乙烯高分子链中，可制成软的聚氯乙烯塑料，即便在冬天也不会变硬。又如在配方中加入特种耐油的增塑剂，还可制成耐油污的聚氯乙烯塑料制品。

(3) 聚苯乙烯（PS） 电绝缘性好、透明、易加工。广泛用于制造高频绝缘材料、家用电器外壳、化工设备衬里及各种日用品、文具、玩具等。聚苯乙烯的一项重要用途是制成泡沫塑料，用于防震、防湿、隔热、保温、隔声材料，并可用于打捞沉船。

(4) 酚醛树脂（PF），又称电木是第一个人工合成的热固性塑料。用酸催化，在苯酚与甲醛比大于1时，得到线型低聚物，常称为热塑性酚醛树脂。该低聚体不会交联，需用六亚甲基四胺（乌洛脱品）交联剂才能形成体型聚合物。酚醛树脂可做层压板、电器零件和仪表外壳等。

(5) 脲醛树脂和密胺树脂

① 脲醛树脂（UF） 是由尿素与甲醛缩合得到的具有体型结构的热固性塑料。脲醛树脂俗称电玉，具有优良的电绝缘性能及耐热性，可带有各种鲜艳的色彩。用于制作各种胶合板、纤维板、装饰板，也大量用来制造生活用品、加热容器、家用电器外壳等。

② 密胺树脂（MF） 是三聚氰胺与甲醛的缩聚物。反应得到的缩合物继续与甲醛反应生成二、三多羟基取代物。多羟基的三聚氰胺可进一步与甲醛缩合成体型高聚物，即密胺树脂。与酚醛树脂类似，缩聚发生在羟甲基与甲醛之间。密胺树脂与脲醛树脂属于同一类塑料，强度大、刚性好、耐热耐潮，大量用于制造色彩艳丽的餐具、生活品、玩具及家用电器等。此外还可用做瓷釉和纺织纤维整理剂，与酚醛树脂一样，密胺树脂、脲醛树脂是产量很大的通用塑料，在热固性塑料中占首位。

20.3.1.2 工程塑料

工程塑料通常是指综合性能好（电绝缘性、机械性能、耐高温低温性能），可以作为工程材料或替代金属使用的塑料。这里以聚甲醛、聚酰胺、聚碳酸酯和ABS工程塑料为例。

(1) 聚甲醛（POM） 由甲醛聚合得到。它的力学、机械性能与铜、锌极其相似，可在40～100℃的温度范围内长期使用，其耐磨性和自润滑性也比绝大多数工程塑料优越，且耐油、耐老化，但不耐酸和强碱，不耐日光、紫外线的辐射。聚甲醛的用途很广，自来水和煤气工业中的管件、阀门和各种结构的泵、运动服的拉链等都由聚甲醛制成。

(2) 聚酰胺（PA） 是含有酰胺键的高聚物总称，分为脂肪族聚酰胺（主链由脂肪链组成）和芳香族聚酰胺（主链上有芳环），尼龙-6、尼龙-66是脂肪族聚酰胺中最重要的品种。由于聚酰胺内部存在氢键，尼龙-66的熔点高达265℃，芳香族聚酰胺的熔点更可高达近400℃。尼龙质轻，耐油性极为优良，可替代有色金属，广泛用于制造轴承、齿轮、泵叶等零件。

(3) 聚氨酯（PU） 塑料属于聚酰胺一类，它由二异氰酸酯与二元醇（二元胺）通过逐步聚合而得。常用的单体有甲苯二异氰酸酯（简称TDI）、4,4′-二苯基甲烷二异氰酸酯（简称MDI）以及1,4-丁二醇（但更多用聚醚二醇和聚酯二醇）。二异氰酸酯如与二元胺加聚则生成聚脲。聚氨酯塑料熔点高、韧性好，适宜做纤维。

(4) 聚碳酸酯（PC） 属于聚酯类高分子化合物。工业上重要的聚碳酸酯树脂是以双酚A为原料，与光气或碳酸二苯酯经酯交换反应制成。由于主链中有苯环和四取代碳原子，使链刚性增加。聚碳酸酯被誉为“透明金属”，透明度达86%～92%，$T_f=270℃$，$T_g=150℃$。抗冲击性、韧性极高，不但可以替代某些金属，还可以替代玻璃、木材、特种合金等，用做飞机、汽车、摩托车的挡风玻璃，安全头盔，仪表面板，电器外壳等。聚碳酸酯制品质轻、透明、耐冲击，是重要的工程塑料。

(5) ABS工程塑料　是由丙烯腈、丁二烯和苯乙烯的共聚物。将丙烯腈、丁二烯、苯乙烯三元共聚后，聚合物保留了聚苯乙烯的坚硬、良好的电性能和加工性，又兼具聚丙烯腈较高的强度、耐热、耐油性以及聚丁二烯良好的弹性、耐冲击性。ABS工程塑料广泛用于制造电讯器材、汽车和飞机上的零件，也可以代替金属制成电镀工件，或代替木材做装潢材料。

20.3.2　合成橡胶

合成橡胶指由人工合成的，在常温下以高弹态存在并工作的一大类高聚物材料。合成橡胶主要是由二烯类单体合成的高聚物。在结构上与天然橡胶有共同之处，因而它的性能与天然橡胶十分相似。它们共同的特点是在工作温区内都显示出极优良的高弹性。合成橡胶的原料主要来自石油化工产品。油田气、炼厂气经过高温裂解和分离提纯后，得到能制造合成橡胶的各种原料：乙烯、丁烯、丁烷、异戊烯、戊烯、异戊烷。乙烯等在一定条件下与水分子作用，可以合成乙醇，两个乙醇分子脱水后，生成丁二烯；丁烯和丁烷在高温下脱氢，也可生成丁二烯；丁二烯经过聚合，生成丁钠橡胶、顺丁橡胶。同样，异戊烷和异戊烯通过高温裂解，生成异戊二烯，异戊二烯聚合得到异戊橡胶。

按照不同的性能和用途，合成橡胶可分为通用橡胶和特种橡胶。

20.3.2.1　通用橡胶

(1) 丁苯橡胶（BS）　丁苯橡胶是应用最广、产量最多的合成橡胶，其性能与天然橡胶接近，加入炭黑后，其强度与天然橡胶相仿。它与天然橡胶混炼，可制成轮胎、密封器件、电绝缘材料等。

(2) 顺丁橡胶（BR）　顺丁橡胶的全称是顺式1,4-聚丁二烯橡胶，它由单体丁二烯分子通过定向的1,4加成聚合而成。高分子链中的碳碳双键均在链的一侧，为顺式结构，这种结构与天然橡胶的结构十分接近，所以其性能很像天然橡胶，甚至在弹性、耐磨性、耐老化性等方面还超过天然橡胶。但其加工性能较差，耐油性不好，目前用于制造三角胶带、耐热胶管、鞋底等。

(3) 氯丁橡胶（CR）　它由氯丁二烯聚合而成，有耐油、耐氧化、耐老化、阻燃、耐酸碱、抗曲挠和耐气性好等性能。氯丁橡胶遇火会释放出HCl气体，具有阻燃特性，尤其适宜制造采矿用的橡胶制品。它的缺点是耐寒性差，电绝缘性低劣。

(4) 丁腈橡胶（NBR）　丁腈橡胶由丁二烯与丙烯腈通过自由基乳液共聚而成。因为分子链中有氰基（—CN）存在，耐油性特别好，特别耐脂肪烃，故被广泛用来制造油箱、印刷用品等，其缺点是耐寒性差，电绝缘性低劣。

(5) 丁基橡胶（IIR）　用异丁烯和少量的戊二烯为原料，采用阳离子共聚，在CH_3Cl溶剂中冷却至100℃，得到丁基橡胶。丁基橡胶的耐候性好，在50℃时仍具有柔性，气密性为天然橡胶5～11倍。但交联度小于天然橡胶，弹性较差，不适合制造轮胎的外胎，多用做汽车内胎。

(6) 异戊橡胶（IR）　异戊橡胶的单体是异戊二烯。异戊橡胶的结构与天然橡胶相同，因此，其性能与天然橡胶相当接近，是天然橡胶的极佳的替代品。

20.3.2.2　特种橡胶

特种橡胶是一些具有特殊性能的合成橡胶。它们往往是为某种特殊需要而专门设计制造出来的。

(1) 硅橡胶 以高纯的二甲基二氯硅烷为原料，经水解和缩合等反应可制得硅橡胶。硅橡胶制品柔软、光滑，物理性能稳定，对人体无毒性反应，能长期与人体组织、体液接触，不发生变化，因此，在医疗方面用做整容材料。由于硅橡胶中的主链由硅、氧原子构成，它与碳链橡胶性能不同，既能耐低温，又能耐高温，能在 65～250℃保持弹性，耐油、防水、耐老化和电绝缘性也很好，可用做高温高压设备的衬垫、油管衬里、火箭导弹的零件和绝缘材料等。硅橡胶的缺点是机械性能较差，较脆，容易撕裂。

(2) 氟橡胶 氟橡胶是含氟特种橡胶的统称。例如，偏氟乙烯与六氟丙烯的共聚物；偏氟乙烯与三氟氯乙烯的共聚物；四氟乙烯与六氟丙烯的共聚物等。这类橡胶经硫化后所得的制品能耐高温、耐油、耐化学腐蚀，可用来制造喷气飞机、火箭、导弹的特种零件。氟橡胶还可用做人造血管、人造皮肤等。

(3) 合成橡胶 也可制造成复合材料，如石棉橡胶板是由石棉砂、磨床粉尘为填料，与丁苯橡胶、顺丁橡胶及其他添加剂，经混练、压延、合层热压、磨底、冲模而成的轻质材料。具有质轻、耐磨、阻燃、富有弹性、美观等特点，在建筑及车船制造中大有作为。又如硬质橡胶，是一种高强度的复合材料，它是含有硬质胶粉（常用丁苯橡胶）、无烟煤粉、陶土、氧化镁或炭黑的高度硫化橡胶。另外，在固体橡胶中加入发泡剂（如氟里昂类化合物），可制成海绵橡胶或泡沫橡胶，它们多用于制造家具、汽车和飞机的衬垫材料。

20.3.3 合成纤维

合成纤维一般是线型高聚物。它要求分子链具有较大的极性，这样可以形成定向排列而产生局部结晶区。在结晶区内分子间力较大，可使纤维具有一定的强度。此外，高聚物内部还存在无定形区域，其中的高分子链可自由转动，使纤维柔软、富有弹性。合成纤维一般都具有强度高、弹性大、密度小、耐磨、耐化学腐蚀、耐光、耐热等特点，广泛用做衣料等生活用品，在工农业、交通、国防等部门也有许多重要应用。例如，用尼龙做汽车轮胎帘子线，寿命比一般天然纤维高出 1～2 倍，并可节约橡胶用量 20%。

合成纤维除日常生活用的涤纶、尼龙、腈纶、维纶、丙纶、氯纶这六种纤维外，还有耐高温的纤维（芳纶 1313）、高强力纤维（芳纶 1414）、高温耐腐蚀纤维（氟纶）、耐辐射纤维（聚酰亚胺纤维）和弹性纤维（氨纶）等。

耐高温纤维一般指可在 200℃以上连续使用几千小时，或者可在 400℃以上短时间使用的合成纤维，如聚间苯二甲酰间二苯胺纤维（芳纶 1313）。由于芳环的存在，大大增强了分子间力，使分子的柔顺性减小，刚性增大，耐热性增大。

高强度纤维芳纶 1414（聚对苯二甲酰对苯二胺纤维）是目前合成纤维中强度最高的一种。这是由于其高分子链之间存在着氢键，使分子间力增强。用这种纤维制成的帘子线的强度比同等质量的钢丝强度大 5 倍。该种纤维对橡胶有良好的黏合力，做轮胎中的帘子线质量可减轻，布层数可减小，热量易散发，增加了轮胎的使用寿命。

高模量碳纤维是将腈纶纤维在 200～300℃空气中氧化，然后在稀有气体保护下，将温度升至 700～1000℃进行碳化处理，形成碳原子组成的碳纤维。在此过程中，需对纤维施加一定的张力，其作用是限制纤维的收缩，并使分子定向排列，从而使纤维获得高强度和高弹模量。碳纤维与合成树脂制成的复合材料，其性能优于玻璃钢。

20.3.4 涂料和黏合剂

高分子合成材料通常指塑料、合成纤维和合成橡胶三大类。除此之外，涂料、黏合剂、离子交换树脂以及其他液态的高分子化合物（如聚硅油、液态的氟碳化合物）也属高分子合成材料。

20.3.4.1 涂料

涂料也称“漆”，可分为天然涂料和人造涂料（合成涂料）。天然涂料是漆汁（或称火漆、生漆）经过加工而成的涂料。涂料膜坚韧光滑，经久耐用，并且能够耐化学试剂的侵蚀。桐油和生漆是天然涂料的典型产品。人造涂料是高分子合成材料，是含有干性油、颜料和树脂的合成涂料，即通常所说的“油漆”。油漆有清漆、喷漆、调和漆、瓷漆和防锈漆等许多品种。按涂料的特殊用途分为耐高温涂料、船舶涂料、绝缘涂料等。

(1) 涂料的组成及作用 涂料虽有许多种类，但它们都含有四种主要成分，即成膜物质、颜料、溶剂和助剂。

成膜物质是形成涂膜（或称漆膜、涂层）的物质，是涂料的基本组分，是天然或合成的高聚物。它在涂料的储存期间内应相当稳定，不发生明显的物理和化学变化。而在涂饰成膜后，在设定的条件下，应能迅速形成固化膜层。合成涂料的成膜物质是合成树脂，它们是决定合成涂料基本性能优劣的决定因素。

颜料不仅使涂膜呈现颜色和遮盖力，还可以增强机械强度、耐久性以及特种功能（如防蚀、防污等）。涂料中的颜色可分为无机颜料，如氧化锌（白色）、炭黑（黑色）、铅丹（红色）、铅黄（黄色）、普鲁士蓝（蓝色）、铬绿（绿色）等；或为有机颜料，如酸性染料系、盐基性染料等。

溶剂不仅能降低涂料的黏度，以符合施工工艺的要求，且对涂膜的形成质量起关键作用。正确地使用溶剂可提高涂膜的物理性质，如光泽、致密性等。

助剂在涂料中用量虽小，但对涂料的储存性、施工性及对所形成的炭膜的物理性质都有明显的作用。

(2) 涂料的成膜机理 当涂料被涂覆在被涂物上，由液态（或粉末状）变成固态薄膜的过程，称为涂料的成膜过程（或称涂料的固化）。涂料主要靠溶剂挥发、熔融、缩合、聚合等物理或化学作用成膜。其成膜机理随涂料的组分和结构的不同而异，一般可分为非转化型（溶剂挥发、熔融冷却）、转化型（缩合反应、聚合反应、氧化聚合、电子束聚合、光聚合）和混合型（即物理和化学作用结果，为上述两类成膜机理的组合）三大类。

(3) 涂料的品种 涂料的品种很多，可分为油性涂料、天然树脂涂料（如松香及其衍生物、虫胶漆、生漆等）、酚醛树脂涂料、沥青涂料、醇酸树脂涂料、氨基树脂涂料，此外还有硝化纤维素涂料、纤维素酯和醚涂料、聚氯乙烯树脂涂料、乙烯树脂涂料、丙烯酸树脂涂料、聚酯树脂涂料、环氧树脂涂料、聚氨酯涂料、元素有机聚合物涂料、橡胶涂料等。

(4) 涂料在建筑方面的应用 涂料在建筑中应用极广，这里主要对防水涂料、防火涂料、防腐蚀材料略作论述。

① 防水涂料——涂膜具有抗水性，使被保护物件不被水渗透或润湿，并具有耐久性和耐老化性，不致开裂或粉化。常用的防水涂料有沥青涂料、氯丁橡胶涂料等。

② 防火涂料 能滞延燃烧，防止火势扩大，防火涂料采用不燃或难燃的树脂，最常用的有氯丁橡胶、聚氯乙烯树脂、氯乙烯醋酸乙烯树脂、酚醛树脂和氨基树脂等。防火涂料

所用颜料均为不燃烧、能高度反射热量和传导散热的颜料，以钛白、锑白、云母、石棉等较为常用。同时，在防火涂料组成中还添加有增强防火效果的阻燃剂，如氯化石蜡、碳酸钙、硫酸铵、磷酸铵等，它们一旦受热，便分解出 CO_2、NH_3 等不燃性气体，隔绝空气以达到熄火的目的。低熔点的无机材料如硅酸钠、硼酸钠、玻璃粉等也能起到阻燃作用，它们受热时均能熔融凝结成绝热的玻璃层，将被涂物与火隔绝，而不致迅速燃烧。此外，还有磷酸二氢铵、磷酸铵、硼酸锌、淀粉、硅油等物质，它们不仅能在受热时放出不燃性气体，降低燃烧，而且能使涂膜起泡，形成厚的泡沫层，产生隔热作用。常用的防火涂料有酚醛防火涂料、聚氯乙烯防火涂料等。

③ 防腐蚀涂料——在各种条件下，能经受多种介质（如水、酸、碱、盐、溶剂、油类等）的化学腐蚀的涂料。如酚醛树脂、环氧树脂、聚四氟乙烯等合成树脂皆可作为防腐蚀涂料。

④ 其他特种涂料——根据应用的需要，专门设计合成的特种涂料，如耐高温涂料、绝缘涂料、不去锈涂料、示温涂料、感光涂料、磁性涂料、伪装涂料、发光涂料、特制墙粉、彩色玻璃涂料。

耐高温涂料是含有硅、磷、钛、氟、溴等元素的合成树脂，具有耐高温和不燃烧特性。如果再加入类似云母、石棉等无机粉末，则既耐高温又有良好的隔热性能。耐高温涂料在航空、航天方面有重要的用途。例如，在火箭的外壳涂上一层又轻又薄的耐高温涂料，就能阻止因火箭高速飞行在表面产生的几千摄氏度高温传到火箭内部，又因为涂料被慢慢烧蚀，也可以消耗部分热量。因为在高温作用下，涂料逐渐形成一层和外壳牢固结合的碳化层，这层碳化层就像一道隔热的屏障，把大部分热量隔绝，避免了热量传到火箭内壳去，而使火箭内的各种仪表能正常工作。这就是所谓烧蚀涂料的作用原理。

绝缘涂料是一种重要的绝缘材料。绝缘涂料包覆的铜丝可绕成电机的转子和定子，在电器仪表中有很多用途。绝缘涂料的原料和一般的涂料大致相同，里面含有油料、树脂、颜料和溶剂等，但绝缘涂料中的树脂是一种电阻系数大、电击穿强度高、耐热、抗潮的树脂，因而能起到良好的绝缘作用。而用于热带的绝缘涂料，还要选用防霉、防盐的合成树脂，并加入适量的杀菌剂，如汞、铜等化合物，以防霉菌对电器绝缘包皮的腐蚀。

不去锈涂料是一种含磷酸亚氰化钾为去锈剂，以环氧树脂煤焦油为主要成膜剂的新型涂料，当用于钢铁设备的防腐蚀表面涂层时，可直接涂刷在工件上，而不必事先去锈。采用这种涂料，可免去繁重的去锈处理，大大提高了劳动生产率，保护了环境和操作人员的身体健康。还可加强膜的附着力和保护性。不去锈涂料既可以在干燥表面上涂刷，也可以在潮湿表面上涂刷，并能在常温的大气中固化。不去锈涂料在某些情况下，还能替代底漆使用。

20.3.4.2 黏合剂

黏合剂又称胶黏剂，简称“胶”。它能把两个物体牢固地粘贴在一起。

(1) 黏合剂的分类

黏合剂的种类繁多，组成各异。大的分类可分为天然和合成两大类。一般糨糊、虫胶等动植物胶属于天然黏合剂；我们目前常用的环氧树脂黏合剂等属于合成黏合剂。

合成黏合剂是通过化学合成的方法来制备的，它无论在性能上和用途上都比天然的黏合剂优越和重要得多。合成黏合剂的种类也很多，按用途（或按胶结接头受力情况）可分为结构胶和非结构胶两种。所谓结构胶，粘接后能承受较大的负荷，受热、低温和化学试剂作用亦不降低其性能或使其变形。

非结构胶一般不承受任何较大的负荷，只用来胶结受力较小的制件或用作定位。它在正常使用时，具有一定的黏结强度，但受较高温度或较大负荷时，性能迅速下降。

(2) 黏合剂的组成　黏合剂的组成包括以下几个方面。

① 树脂成分（俗称黏料）　这是黏合剂的基本组分，黏合剂的黏结性主要由它决定。在合成树脂黏合剂中，黏料主要是合成的高分子化合物，其中属于热固性树脂的有酚醛树脂、脲醛树脂、有机硅树脂等；属于热塑性树脂的有聚苯乙烯、聚醋酸乙烯酯等；属于弹性材料——橡胶型的有氯丁橡胶、丁腈橡胶等。所有这些材料都可以根据需要作为黏料使用。但是热固性树脂作为黏料往往脆性高，抗弯曲、抗冲击、抗剥离能力差；而用热塑性树脂、弹性材料做黏料时，则易产生蠕变和冷流现象，这会使胶层抗拉和抗剪强度降低，也影响胶的耐热性。因此，在设计黏合剂配方时，应作全面考虑，选择适当的材料、合理的用量，以获得优良的综合性能。

② 固化剂（硬化剂）和促进剂　固化后胶层的性能在很大程度取决于固化剂。例如，环氧树脂中加入胺类或酸类固化剂，便可分别在室温或高温作用后成为坚固的胶层，以适应不同的需要。因此，熟悉各种固化剂的特性，对正确设计配方是很重要的。在某种情况下，为加快固化速率，提高某种性能，还常常加入促进剂来达到目的。

③ 填料　填料的基本作用在于克服黏料在固化时造成的孔隙缺陷，或是赋予黏合剂某些特殊性能以适应使用的要求。例如，加入石棉填料对提高耐热性有很好的作用。一般加入填料有增大胶料黏度，降低热膨胀，减小收缩性和降低成本等作用。

④ 其他附加剂　为有效提高黏合剂的抗冲击性能和抗断裂性能，增加胶层对裂缝增长的抵抗能力，常需加入增韧剂。为了满足黏合剂对光、热、氧等抵抗力，还常加入防霉剂、防氧剂、稳定剂等。

总之，黏合剂的组成是复杂的，根据需要可做不同的配方。

(3) 黏合剂的性能　合成黏合剂具有优良的黏合强度，耐水、耐热、耐化学试剂、密封性好，质量轻，胶结应力分布均匀，可用做不同材料的黏结（不仅能用来黏结纸张、织物、木材、皮革、玻璃等非金属材料，也能黏结钢铁、铝、铜等金属材料）等优点。但是，它在性能上也有不足之处，在使用上也有一定的局限性。其主要问题是：使用温度还不够高，某些黏合剂耐环境老化、耐酸、耐碱性等尚不稳定；有些黏合剂虽性能优良，但施工工艺复杂，需加温加压，固化时间长，或需要特殊的表面处理方法等。

(4) 黏合剂的用途　黏合剂具有各种各样的优良性能，因此，它的用途也是多方面的。

目前，黏合剂已广泛用于建筑、装饰、汽车、造船、航空、宇航、照相机、家用电器、音响器材、乐器、体育用品、造纸、纺织、家具、制鞋、包装、机械、情报、医疗及牙科等几乎一切的行业之中，以至于成为我们生活中不可或缺的一部分。例如：现代建筑改用黏合工艺后，使天花板、墙壁、地板等内部装饰的安装几乎全靠黏合来完成。而层合板、装饰板、建筑密封板、屋面及地下工程中的防火（防漏）等建筑材料也是用黏合剂加上其他原料制成的。飞机跑道、高速公路以及桥面与桥墩的连接缝隙都需要使用黏合剂铺建或处理。半导体收音机的组装就用到30种以上的黏合剂，完全不用钉子和螺丝。扬声器锥形筒除用黏合法外，别无他法。钢琴则完全是黏合剂创造出来的艺术作品，外壳用层压板（把几块板黏合起来）制造，内部则是用大小不同的几百块木片黏合而成。喷气式飞机的机身和机翼等结构体，直升机的回转翼（铝板和金属框黏合）也使用黏合剂。汽车的车顶、地板、壁面等内部装饰，挡泥板、车门的内部、车翼的增强板等也是黏合的。此外，挡风的安全玻璃也是利用黏合法组装到车身上去的。

20.4　油田常用高分子化合物

20.4.1　部分水解聚丙烯酰胺 (HPAM)

聚丙烯酰胺 (PAM) 是由丙烯酰胺引发聚合而成的水溶性链状高分子化合物,其结构式为:

$$\begin{array}{c} -\!\!\!\!-CH_2-CH\!\!-\!\!\!\!-_{\overline{n}} \\ | \\ C=O \\ | \\ NH_2 \end{array}$$

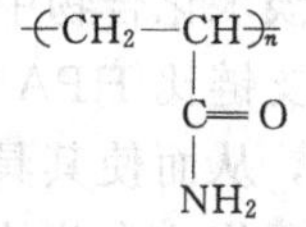

它不溶于汽油、煤油、柴油、苯、甲苯和二甲苯等有机溶剂,但可溶于水。聚丙烯酰胺在碱的作用下可以水解,水解产物仍含有—$CONH_2$,这表示聚丙烯酰胺仅是部分水解,所以称为部分水解聚丙烯酰胺。

部分水解聚丙烯酰胺在水中发生解离,产生—COO^-,使整个离子带负电荷,链节上有静电斥力,因此卷曲的高分子在水中分子链变得较为伸展,增黏性好。部分水解聚丙烯酰胺不仅可以提高水相黏度,还可以降低水相的有效渗透率,从而有效改善流度比,扩大注水波及体积。

由于部分水解聚丙烯酰胺存在盐敏效应,为使聚丙烯酰胺有较高的增黏效果,地层水含盐度超过 100000mg/L,注入水要求为淡水。聚合物化学降解随温度升高急剧增强,所以使用部分水解聚丙烯酰胺,要求油藏温度低于 93℃,当温度高于 70℃,要求体系严格除氧;并且随温度越高,盐敏效应影响越大,甚至会发生沉淀,阻塞油层。

20.4.2　酚醛树脂

热固性酚醛树脂热固前为液体,可以注入地层,而热固性后不溶、不熔,因此可用作封堵剂和胶结剂。热固反应可在催化剂作用下加速进行。在油水井防砂中,就是用酸性催化剂(如盐酸、草酸)使热固性酚醛树脂加速固化。

热固性酚醛树脂中的羟基可与环氧乙烷作用,生成聚氧乙烯酚醛树脂,由于在酚醛树脂中加入亲水的聚氧乙烯基,因此产物的水溶性大大提高,而且由于它的支链结构,使它对水有很好的增黏作用。

20.4.3　脲醛树脂

脲醛树脂可由尿素与甲醛通过缩聚反应生成。脲醛树脂是在碱性催化剂(例如氢氧化钠、氢氧化胺)作用下,保持尿素和甲醛的物质的量的比小于 1(一般为 1:2)的条件合成的,脲醛树脂加热后变成不溶、不熔的交联体结构。在使用时,为了加快热固反应的进行,也可使用酸性催化剂。脲醛树脂常用作封堵剂和胶结剂。

20.4.4　羧甲基纤维素

羧甲基纤维素简称 CMC,白色絮状或略呈纤维粉末,是由纤维素(如棉花纤维或木屑纤维等)经过苛性钠处理变成碱纤维后,再与一氯乙酸钠反应制成。

$$R_{纤}OH + NaOH + ClCH_2COONa \longrightarrow R_{纤}OCH_2COONa + NaCl + H_2O$$

羧甲基纤维素中的羧基被 NaOH 中和后,即生成羧甲基纤维素钠盐,以 Na-CMC 表示。

Na-CMC中含有羧甲酸钠基（—COONa）官能团，它在水中电离成—COO^-和Na^+，使高分子链节上带负电而互相排斥，从而使高分子的卷曲程度减小，从而有较好的增黏能力。Na^+分布于扩散层中，水化能力强，故有降失水作用。此外，在Na—CMC分子结构中，有许多羟基和醚键键，吸附在水泥及黏土颗粒上而形成吸附层，增加水泥及黏土颗粒的分散性。但其仅耐高温120℃，超过此温度即开始分解，因此羧甲基纤维素钠盐高温时不能用其作降失水剂。

20.4.5 生物聚合物黄胞胶

黄胞胶是由黄单胞菌微生物接种到淡水化合物中，经发酵而产生的生物聚合物，又称黄原胶。黄胞胶的主链为纤维素骨架，其支链比HPAM更多且较长。由于支链对分子卷曲的阻碍，所以它的主链采取较伸展的构象，从而使其具有增黏性、抗剪切性和耐盐性等特性。黄胞胶主要用作水的增黏剂，交联后可用作注水井的调剖剂和油水井的压裂液。

黄胞胶对盐不十分敏感，适于地层水含盐度较高的油藏。其主要缺点首先是生物稳定性差，细菌对微生物聚合物易引起生物降解；其次，生物聚合物热稳定性也较差，温度超过80℃则易发生热降解，所以使用温度一般不超过75℃；此外，溶解氧也易引起黄胞胶的氧化降解。所以在黄胞胶使用过程中应添加除氧剂、热稳定剂和杀菌剂等；加之生物聚合物价格昂贵，因此黄胞胶一般只适用于含盐度较高的地层，其使用范围不如聚丙烯酰胺广泛。

20.4.6 木质素磺酸盐

木质素磺酸盐是利用木材中天然存在的木质素，经亚硫酸盐的磺化作用后，从纸浆废液中提取出来的副产品。经常使用的是木质素磺酸钙和木质素磺酸钠，它们可以在井底循环温度87℃以下单独使用，缓凝效果好，也能显著延长水泥浆的稠化时间。

钻井液常用的稀释剂铁铬盐全称是铁铬木质素磺酸盐，有时也用作油井水泥的缓凝剂，但使用温度不宜超过87℃，一般加量为水泥质量的0.2%～1.0%，加量多时会产生气泡，使缓凝效果下降，影响固井质量。目前，由于考虑重金属铬离子的毒性，将其用作钻井液稀释剂及固井缓凝剂的情况逐渐减少。

20.4.7 水解聚丙烯腈

水解聚丙烯腈常记作HPAN，白色或淡黄色粉末。聚丙烯腈不溶于水，不能直接加入水泥浆中，必须预先在95～100℃烧碱溶液中水解，变成水溶性的水解聚丙烯腈。聚丙烯腈水解度范围较广，具有中等水解度的水解聚丙烯腈可用作油井水泥的降失水剂；其他水解范围的聚丙烯腈因对水泥浆有絮凝或增稠作用，不宜在油井水泥中使用。由于水解聚丙烯腈线型大分子主链全是C—C结合，因此不耐高温，不宜用作深井注水泥的降失水剂。

习题

1. 解释下列名词，

(1) 单体、链节、聚合度；

(2) 加聚、缩聚、连锁聚合、逐步聚合；

(3) 高聚物的热塑性、热固性与其化学结构的关系；

(4) 玻璃态、高弹态、黏流态。

2. 写出聚烯烃、聚酯、聚醚、聚酰胺类中的一个高分子化合物的名称、重复单元。

3. T_g 和 T_f 与高分子化合物的哪些性质有关？

4. 从力学状态的角度，举例说明橡胶、纤维、塑料间的区别。

5. 举例说明什么是通用塑料，什么是工程塑料。

6. 举例说明什么是热塑性塑料，什么是热固性塑料。

7. 举例说明什么是涂料，什么是胶黏剂。

8. 何为合成纤维？试写出尼龙-66 及芳纶-1313 的分子式，简述它们的性能特征。

9. 合成黏合剂由哪些组分组成？各组分的作用如何？

第21章

糖类和蛋白质

21.1 糖

糖类是广泛存在于自然界的一类重要有机化合物。葡萄糖、核糖、麦芽糖、淀粉、糖原和纤维素等都是糖类化合物，它们对人类的生命活动有着重要的意义。核糖是生命物质基础的成分。糖原在人体代谢中对维持血液中的血糖浓度起着重要的作用。

糖类化合物由碳、氢、氧三种元素组成。多数糖类化合物分子中氢与氧的比例恰好等于水分子中的氢氧之比，可用分子式 $C_n(H_2O)_m$ 表示，所以糖类最早被称为“碳水化合物”。后来，发现有些糖类化合物分子中氢氧之比不是 2∶1，如鼠李糖 $C_6H_{12}O_5$，有的物质如乳酸 $C_3H_6O_3$、醋酸 $C_2H_4O_2$，虽然分子组成符合 $C_n(H_2O)_m$，但不属于糖类。因此，“碳水化合物”这个名称是不恰当、不合理、不科学的。但因沿用已久，至今仍在使用。

从化学结构上看，糖类是多羟基醛或多羟基酮及其脱水缩合物。根据水解情况把糖类化合物分为单糖、低聚糖和多糖。不能水解的糖称为单糖；能水解成 2～10 个分子单糖的糖称为低聚糖；能水解生成 10 个以上单糖分子的糖称为多糖。

21.1.1 单糖

从结构上看，单糖都是多羟基醛或多羟基酮。其中多羟基醛称为醛糖，多羟基酮称为酮糖。根据单糖分子中的碳原子数目，可分为丙糖（三碳糖）、丁糖（四碳糖）、戊糖（五碳糖）和己糖（六碳糖）等。单糖中，较为重要的有葡萄糖、果糖、核糖和脱氧核糖。

21.1.1.1 单糖的结构

(1) 葡萄糖的结构

① 开链式　葡萄糖的分子式为 $C_6H_{12}O_6$，它是己醛糖。实验证明，葡萄糖分子中有 1 个醛基和 5 个羟基，醛基碳是 1 位碳，其余 5 个碳原子上各连接 1 个羟基，除了 3 位碳上的羟基排在竖直碳链左边外，其余的羟基都排在右边。葡萄糖的开链式结构如下：

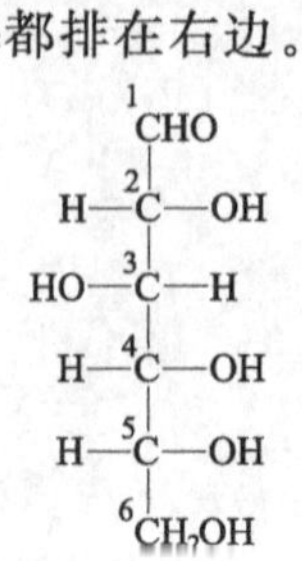

开链式葡萄糖(费歇尔式)

② 氧环式　由于葡萄糖分子中既含有羟基又含有醛基，两者可以发生加成反应。一般是醛基与5位碳上的羟基发生反应，生成环状的半缩醛结构。糖分子中的半缩醛羟基又称为苷羟基。由于1位碳上的苷羟基与氢原子在空间有两种排列方式，从而氧环式糖就有两种构型。通常把苷羟基排在右边的称α-型，排在左边的称为β-型。这两种异构体在溶液中可以通过开链式结构互相转变，成为一个平衡体系。α-葡萄糖和β-葡萄糖的环状结构及其相互转化，可用费歇尔式表示如下：

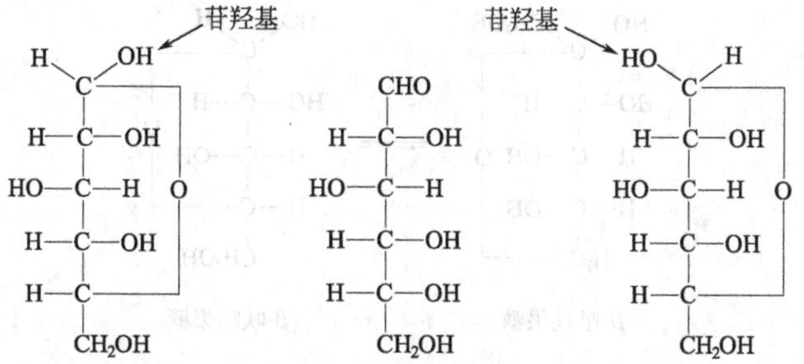

α-葡萄糖（37%）　开链式葡萄糖　β-葡萄糖（53%）

费歇尔式不能表示出葡萄糖的真实结构。这是因为在环状结构中，碳原子不可能是直线排列，同时C1和C5之间是通过氧桥联结的键也不可能那么长。为了更接近真实地表示出葡萄糖的环状结构，我们常用哈沃斯式来表示。

在哈沃斯式中，葡萄糖分子环上的碳原子和氧原子构成一个六边形平面，C1在右边，C2和C3在前面，C4在左边，C5和氧原子在后面，成环的碳原子可以省略不写，但氧原子要写出，前面的三个碳碳单键用粗线表示，表示在前面的部分。把在费歇尔式环状结构中排在左边的氢原子和羟基（C5上不包括氢原子，而包括羟甲基）写在环平面之上；排在右边的氢原子（包括C5上的氢原子）和羟基（不包括C5上的羟甲基）写在环平面之下。在哈沃斯式里，α-葡萄糖的C1和C2上的羟基在环平面的同侧；β-葡萄糖的C1和C2上的羟基在环平面的两侧。α-葡萄糖和β-葡萄糖的哈沃斯式表示如下：

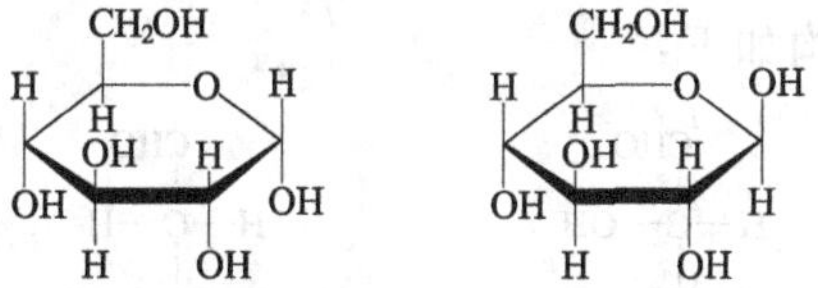
α-葡萄糖　β-葡萄糖

(2) 果糖的结构

① 开链式　果糖的分子式为$C_6H_{12}O_6$，是己酮糖，它是葡萄糖的同分异构体。果糖分子中2位碳是酮基，其余5个碳原子上各连有1个羟基，除1位碳外，其余碳原子上羟基的空间位置与葡萄糖相同，其开链式结构如下：

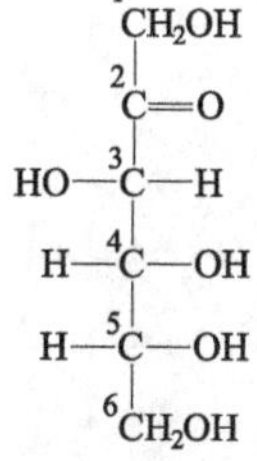
开链式果糖

② 氧环式　由于果糖分子中与酮基相邻的碳原子上都有羟基，致使酮基的活泼性提高，能与 5 位或 6 位碳上的羟基作用生成半缩酮。实验证明，果糖以游离状态存在时，其半缩酮以六元环（吡喃型）的形式存在为主（约 80%）；当果糖以结合状态（如在蔗糖中）存在时，则半缩酮以五元环（呋喃型）的形式存在为主。由于 2 位碳上苷羟基在空间的排列不同，氧环式结构的果糖也有 α-型和 β-型两种构型，苷羟基在右边为 α-型，在左边为 β-型。

五元环和六元环可以互相转变，用费歇尔式表示如下：

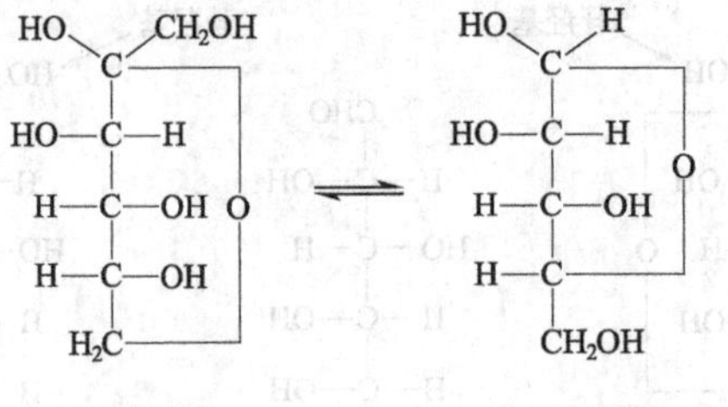

β-吡喃果糖　　β-呋喃果糖

在果糖的水溶液中，呋喃果糖和吡喃果糖同时存在，在 20℃水溶液中大约有 20%呋喃果糖存在。

果糖的环状结构也可用哈沃斯式表示，例如：

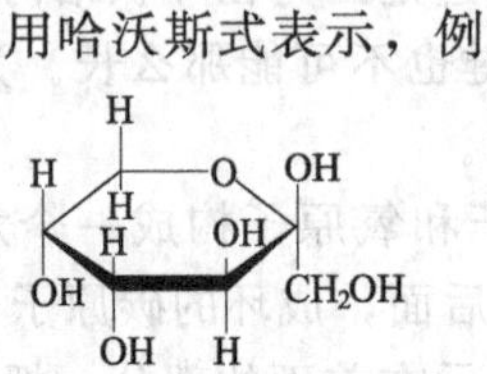

β-吡喃果糖

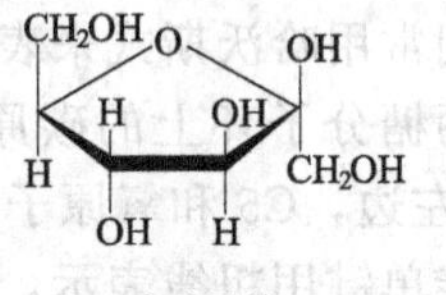

β-呋喃果糖

(3) 核糖和脱氧核糖的结构

① 开链式　核糖的分子式为 $C_5H_{10}O_5$，脱氧核糖的分子式为 $C_5H_{10}O_4$，它们都是戊醛糖。两者在结构上的差异在于：核糖的 2 位碳原子上有 1 个羟基，而脱氧核糖的 2 位碳原子上没有羟基，只有氢原子。因此，脱氧核糖可以看做是核糖中 2 位碳原子上的羟基脱去氧原子而成的。它们的开链式结构如下：

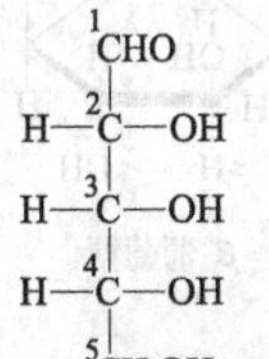

开链式核糖

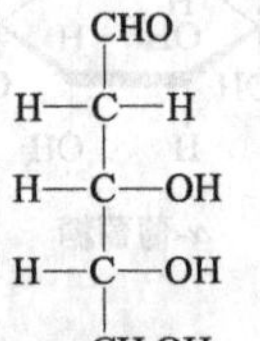

开链式脱氧核糖

② 氧环式　核糖和脱氧核糖中都有醛基和羟基，可以发生反应生成半缩醛，在生物体内以五元环（呋喃型）的形式存在，其氧环的费歇尔式结构如下：

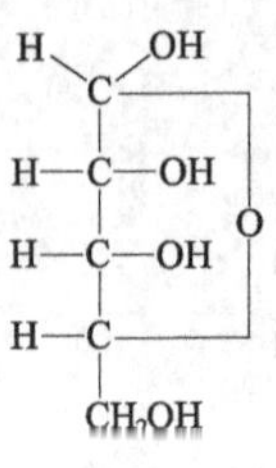

α-核糖

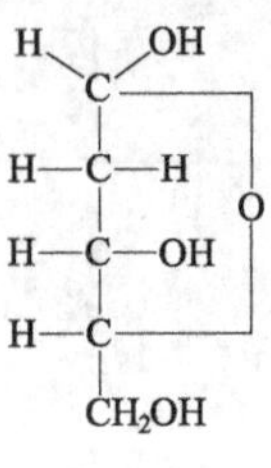

α-脱氧核糖

在生物化学中，多用哈沃斯式来表示核糖和脱氧核糖的环状结构，如：

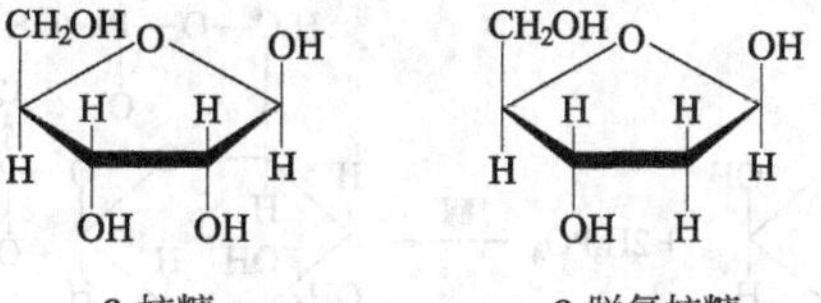

β-核糖　　　　β-脱氧核糖

21.1.1.2　单糖的性质

单糖都是无色或白色结晶，有甜味，有吸湿性，易溶于水，难溶于乙醇，不溶于乙醚。单糖具有相似的化学性质。即使是含有酮基的果糖，由于它具有α-羟基酮的结构，酮基受到相邻碳原子上羟基的影响而变得活泼，故其化学性质与醛式单糖相似。以葡萄糖为例，单糖的主要化学性质如下。

(1) 还原性

① 与托伦试剂反应（银镜反应）　单糖都能被托伦试剂氧化，生成复杂的氧化产物；托伦试剂中的$[Ag(NH_3)_2]^+$则被还原成金属银，并附着在玻璃壁上形成光亮银镜或析出黑色银粒。

$$C_5H_{11}O_5CHO+2[Ag(NH_3)_2]OH \xrightarrow{\triangle} C_5H_{11}O_5COONH_4+3NH_3+H_2O+2Ag\downarrow$$

② 与班氏试剂反应（班氏反应）　单糖都能与班氏试剂发生反应。班氏试剂是由柠檬酸钠、碳酸钠和硫酸铜配制而成的，溶液主要成分是氢氧化铜。例如，葡萄糖和班氏试剂作用，葡萄糖被氧化生成复杂的化合物，班氏试剂中二价铜离子被还原成砖红色的氧化亚铜沉淀。

$$C_5H_{11}O_5CHO+2Cu(OH)_2 \xrightarrow{\triangle} C_5H_{11}O_5COOH+Cu_2O\downarrow+2H_2O$$

在临床上，常用这一反应来检查尿中的葡萄糖。

凡是能被托伦试剂、斐林试剂、费林试剂所氧化的糖称还原性糖，简称还原糖；反之，不能被托伦试剂或班氏试剂等氧化的糖称非还原性糖，简称非还原糖。

(2) 成酯反应　葡萄糖分子中含有羟基，能与酸作用生成酯。人体内的葡萄糖在酶的存在下，可以和磷酸作用生成葡萄糖-1-磷酸、葡萄糖-1,6-二磷酸和葡萄糖-6-磷酸。其化学反应式为：

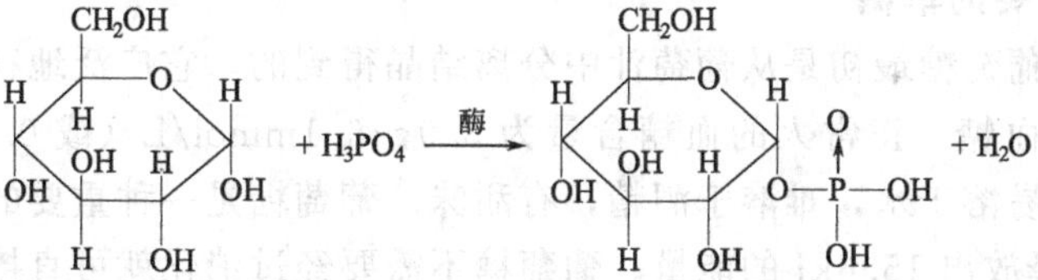

α-葡萄糖　　　　α-葡萄糖-1-磷酸

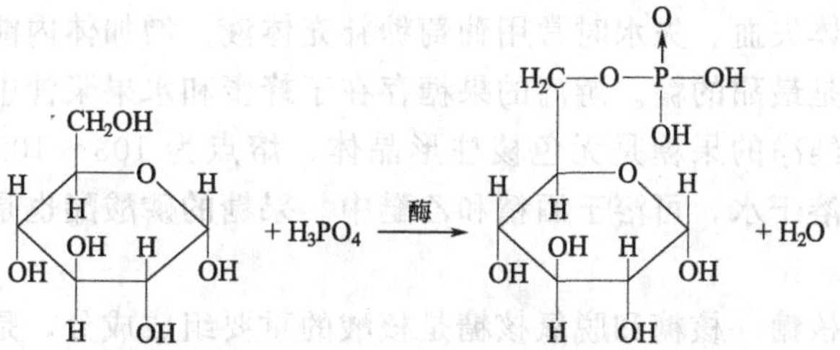

α-葡萄糖　　　　α-葡萄糖-6-磷酸

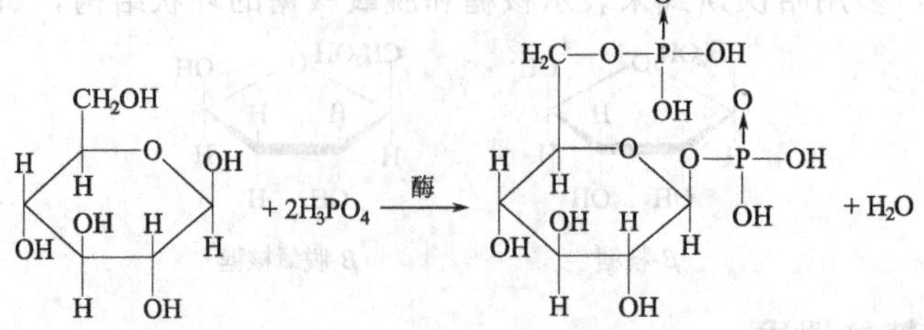

β-葡萄糖　　　　β-葡萄糖-1,6-二磷酸

糖在代谢中首先要经过磷酸化，然后才能进行一系列化学反应。因此，糖的成酯反应是糖代谢的重要中间步骤。

21.1.1.3　成苷反应

在单糖的环状结构中的苷羟基是半缩醛羟基，比分子中其他羟基活泼，容易与醇或酚中的羟基脱水生成缩醛化合物，这种缩醛化合物称为苷或甙。例如葡萄糖在干燥氯化氢的催化下，能和甲醇反应脱去一分子水生成葡萄糖甲苷。

糖苷由糖和非糖两部分组成，糖的部分称为糖苷基；非糖部分称为苷元或配糖基。例如，葡萄糖甲苷中的葡氧基就是糖苷基，甲基则是配糖基（或苷元）。糖苷基和配糖基相结合的键称为糖苷键。糖苷键是糖苷所特有的化学键。大多数天然糖苷中的配糖基为醇类或酚类，它们与糖苷基之间是由氧连接的，所以称为氧苷键。

糖苷的结构比较稳定，只有在稀酸或酶的作用下水解生成糖和醇（或酚）。因为糖苷中没有苷羟基，所以糖苷没有还原性。

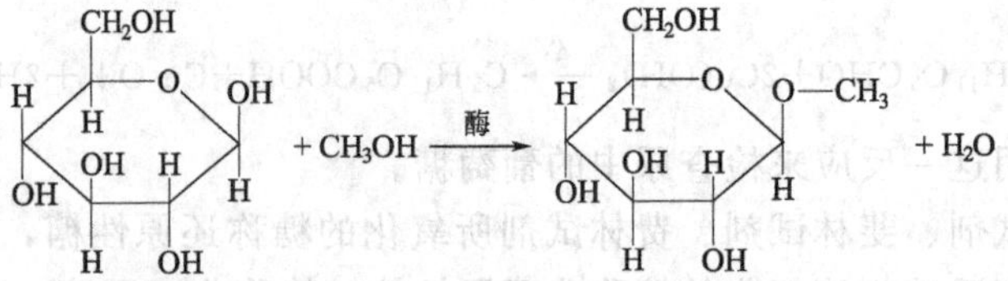

β-葡萄糖　　　　β-葡萄糖甲苷

糖苷广泛存在于植物体中，多数具有生理活性，是许多中草药的有效成分之一。

21.1.1.4　重要的单糖

(1) 葡萄糖　葡萄糖最初是从葡萄汁中分离结晶得到的，它广泛地存在于生物体内。血液中的葡萄糖称为血糖。正常人的血糖含量为3.9～6.1mmol/L（或0.70～1.10g/L）。葡萄糖为无色晶体，易溶于水，难溶于酒精，有甜味。葡萄糖是一种重要的营养物质，在体内氧化1g葡萄糖可释放出15.6kJ的能量。葡萄糖不需要经过消化就可直接被吸收，它是婴儿和体弱病人的良好补品。葡萄糖注射液有解毒、利尿的作用，临床上用于治疗水肿、血糖过低、心肌炎等。在人体失血、失水时常用葡萄糖补充体液，增加体内能量。

(2) 果糖　果糖是最甜的糖。游离的果糖存在于蜂蜜和水果浆汁中，大量的果糖都以结合态存在于蔗糖中。纯净的果糖是无色棱柱形晶体，熔点为103～105℃。它不易结晶，通常是黏稠的液体，易溶于水，可溶于酒精和乙醚中。果糖的磷酸酯也是体内糖代谢的重要中间产物。

(3) 核糖和脱氧核糖　核糖和脱氧核糖是核酸的重要组成成分，是生命现象中非常重要的糖。它们与磷酸及一些杂环化合物结合而存在于核蛋白中。

21.1.2 二糖

糖类水解后能生成少数（2～10）分子单糖的糖称为低聚糖。

糖类水解后，能生成 2 个分子单糖的糖称为二糖。二糖也可以看成是由 2 分子单糖脱水缩合而成的糖。常见的二糖有蔗糖、乳糖、麦芽糖等。它们的分子式都为 $C_{12}H_{22}O_{11}$，互为同分异构体。

21.1.2.1 蔗糖

蔗糖主要存在于甘蔗和甜菜中，平时食用的白糖、红糖等都是蔗糖制品。它是重要的调味剂，医药上常用来制造糖浆，也可用作药物的防腐剂。

(1) 蔗糖的结构 从结构上看，蔗糖是由 1 分子 α-葡萄糖的苷羟基与另 1 分子 β-果糖的苷羟基脱去 1 分子水缩合而成的糖苷。它的哈沃斯式为：

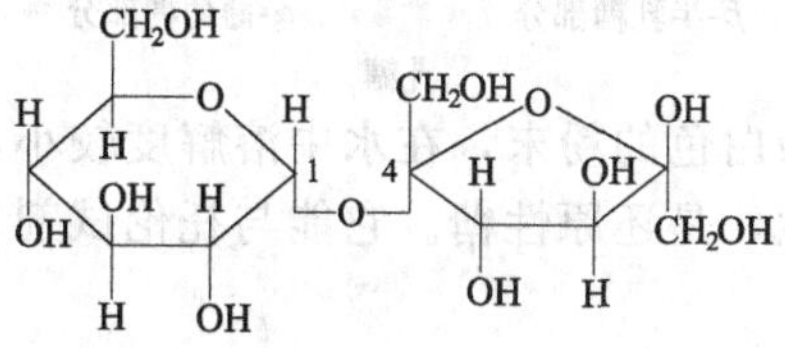

α-葡萄糖部分　β-果糖部分

蔗糖

(2) 蔗糖的性质 纯净的蔗糖是白色晶体，易溶于水，较难溶于乙醇，其甜味仅次于果糖。

由于蔗糖分子中已没有自由的苷羟基，因此蔗糖没有还原性，是非还原糖。它不能与托伦试剂、班氏试剂作用，也不能发生成苷反应。蔗糖比其他的二糖易水解，在弱酸或酶的作用下，水解生成等物质的量的葡萄糖和果糖的混合物，这种混合物称为转化糖，比蔗糖更甜。蜂蜜里的糖类主要是转化糖。

$$\underset{\text{蔗糖}}{C_{11}H_{22}O_{11}} + H_2O \xrightarrow{H^+\text{或酶}} \underset{\text{葡萄糖}}{C_5H_{11}O_5CHO} + \underset{\text{果糖}}{C_5H_{11}O_5CHO}$$

21.1.2.2 麦芽糖

麦芽糖主要存在于发芽的谷粒和麦芽中，饴糖就是麦芽糖的粗制品。麦芽糖一般是在淀粉酶的作用下，由淀粉水解得到，所以麦芽糖是淀粉在消化过程中的一个中间产物。

(1) 麦芽糖的结构 从结构上看，麦芽糖可以看作是 1 分子 α-葡萄糖的苷羟基与另 1 分子 α-葡萄糖 4 位碳上的醇羟基之间脱水缩合而成的糖苷。其结构式为：

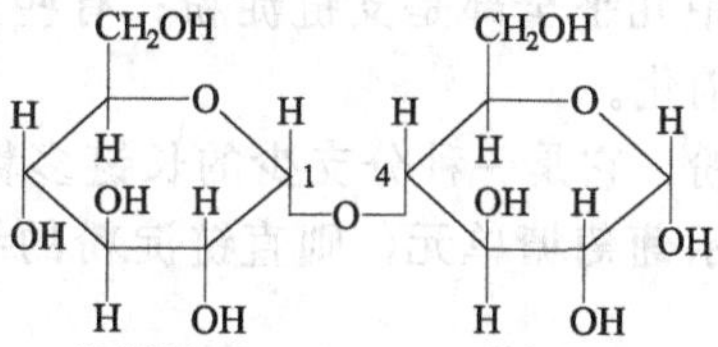

α-葡萄糖部分　α-葡萄糖部分

麦芽糖

(2) 麦芽糖的性质 麦芽糖是白色晶体，易溶于水，甜度约为蔗糖的 1/3，是一种廉价的营养食品。由于麦芽糖分子中仍有 1 个自由的苷羟基，因此具有还原性，能与托伦试剂、班氏试剂作用，是还原糖。它也能发生成酯反应和成苷反应。在稀酸或酶的作用下，1mol 麦芽糖能水解生成 2mol α-葡萄糖。

$$\underset{\text{麦芽糖}}{C_{11}H_{22}O_{11}} + H_2O \xrightarrow{H^+\text{或酶}} \underset{\text{葡萄糖}}{2C_5H_{11}O_5CHO}$$

21.1.2.3 乳糖

乳糖存在于人和哺乳动物的乳汁中，人乳中含量约为50～70g/L，牛乳中约为40g/L。乳糖是奶酪工业的副产品。

(1) 乳糖的结构　乳糖是由1分子β-半乳糖的苷羟基与1分子葡萄糖4位碳上的醇羟基之间脱水缩合而成的糖苷。半乳糖也是己醛糖，它与葡萄糖的区别仅在于4位碳上羟基的空间位置不同。乳糖的结构式如下：

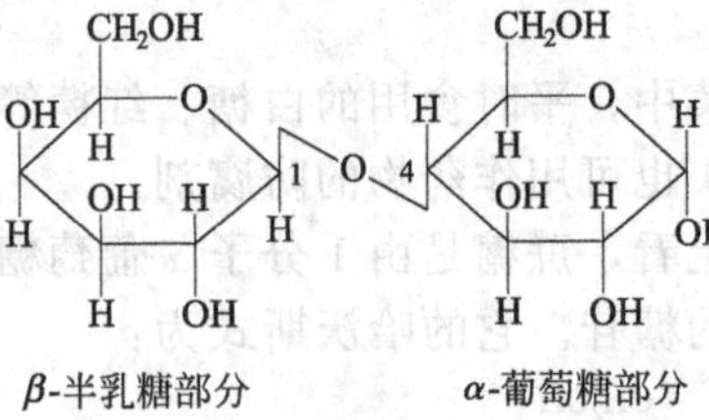

乳糖

(2) 乳糖的性质　乳糖为白色的粉末，在水中溶解度较小，味不甚甜。由于乳糖分子中有自由苷羟基，因此有还原性，是还原性糖。它能与托伦试剂、班氏试剂作用，也能发生成苷反应和成酯反应。

在稀酸或酶作用下乳糖能水解，生成1分子半乳糖和1分子葡萄糖。

$$\underset{\text{乳糖}}{C_{11}H_{22}O_{11}} + H_2O \xrightarrow{H^+\text{或酶}} \underset{\text{半乳糖}}{C_5H_{11}O_5CHO} + \underset{\text{葡萄糖}}{C_5H_{11}O_5CHO}$$

乳糖的吸湿性小，因而在医药上用作矫味剂和填充剂，如糖衣片等。

21.1.3 多糖

多糖可以看作是由许多个单糖分子脱水缩合而成的糖苷。多糖在自然界分布很广，是生物体的重要组成成分。常见的多糖有淀粉、糖原、纤维素等，它们由很多个葡萄糖以苷键连接而成，可用通式$(C_6H_{10}O_5)_n$表示。它们的分子相对质量很大，但不尽相同。多糖属于天然高分子化合物。

在性质上多糖均无还原性，无甜味，大多不溶于水，少数多糖能与水形成胶体溶液。

21.1.3.1 淀粉

淀粉大量存在于植物的种子和块茎里，是绿色植物进行光合作用的产物，是植物储存营养物质的一种形式。天然淀粉主要由直链淀粉和支链淀粉组成。如玉米淀粉中，直链淀粉占27%，其余为支链淀粉；糯米中几乎全部是支链淀粉；有些豆类的淀粉则几乎全是直链淀粉。直链淀粉比支链淀粉容易消化。

直链淀粉又称为可溶性淀粉。它是一种分支少的长链多糖，其分子由3800个以上的α-葡萄糖单元组成。如以小圈表示葡萄糖单元，则直链淀粉的结构示意图如图21-1所示。直链淀粉溶于热水，呈胶体溶液。

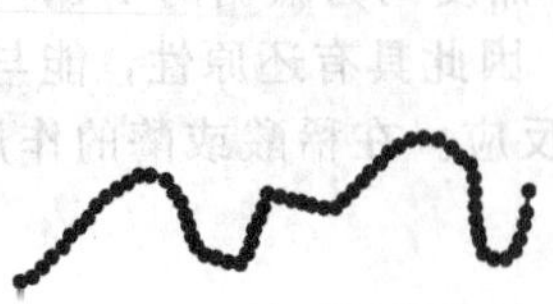

图21-1　直链淀粉的结构示意图

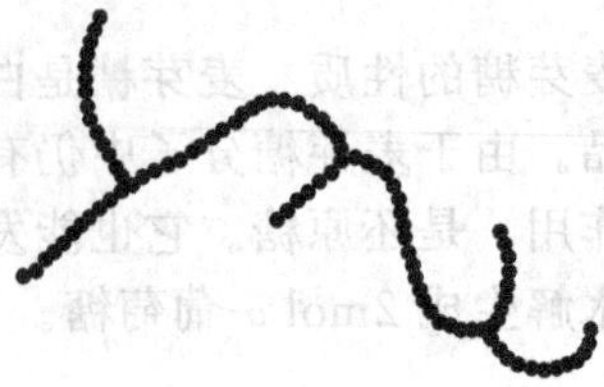

图21-2　支链淀粉结构示意图

支链淀粉是一种分支很多，分子相对质量比直链淀粉更大的多糖。它一般含有145万个葡萄糖单元，其结构示意图如图21-2所示。

直链淀粉遇碘呈深蓝色，支链淀粉遇碘呈蓝紫色。在稀酸或酶的作用下，淀粉能水解。在人体内，淀粉先被淀粉酶转化为麦芽糖，然后继续水解得到α-葡萄糖。

$$\underset{\text{淀粉}}{(C_6H_{10}O_5)_n} + nH_2O \xrightarrow{\text{淀粉酶}} \underset{\text{葡萄糖}}{nC_5H_{11}O_5CHO}$$

21.1.3.2 糖原

糖原是人和动物体内储存葡萄糖的一种形式，是葡萄糖在体内缩合而成的一种多糖。糖原主要存在于肝和肌肉中，因此又有肝糖原和肌糖原之分。

糖原的结构与支链淀粉相似，只是其支链比淀粉更多、更稠密，分子相对质量更大，形成像树枝状的紧密结构。糖原的结构示意图如图21-3所示。

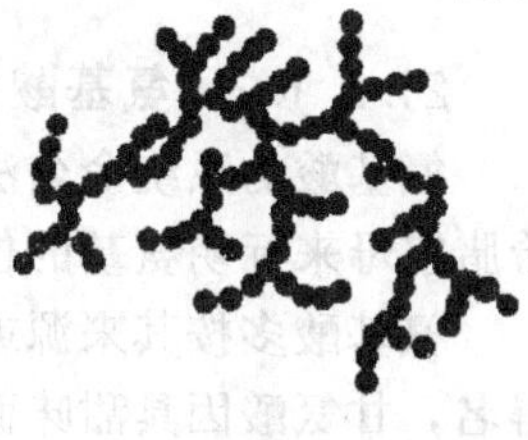

图21-3 糖原结构示意图

糖原是无定形粉末，不溶于冷水，遇碘作用呈红棕色。糖原水解的最终产物也是α-葡萄糖。

糖原在人体代谢中对维持血液中的血糖浓度起着重要的作用。当血糖浓度增高时，在胰岛素的作用下，肝脏把多余的葡萄糖变成糖原储存起来；当血液中的葡萄糖浓度降低时，在高血糖素的作用下，肝糖原就分解为葡萄糖而进入血液，以保持血糖浓度正常。

21.1.3.3 纤维素

纤维素是世界上蕴藏量最丰富的天然高分子化合物。绝大多数纤维素是由绿色植物通过光合作用合成的，纤维素在植物中构成细胞壁网络，是植物体的支撑物质。纤维素的分子相对质量很大，其结构与直链淀粉相似。

纤维素的性质稳定，一般不溶于水和有机溶剂，但在一定条件下，某些酸、碱和盐的水溶液可使纤维素产生无限溶胀或溶解。

纤维素的组成单元中β-葡萄糖苷易受酸催化水解而断裂，水解的最终产物是β-葡萄糖。牛、马、羊等食草动物胃能分泌纤维素水解酶，能将纤维素水解生成葡萄糖，所以纤维素可作为这些食草动物的饲料。人体胃肠不能分泌纤维素水解酶，因此纤维素不能直接作为人的营养物质。但食物中纤维素能促进肠蠕动，具有通便作用，所以纤维素在人类的食物中也是不可缺少的。为此，多吃蔬菜、水果以保持足量的纤维素对于人体健康有着重要的意义。

21.2 氨基酸、蛋白质

蛋白质广泛存在于生物体内，是一切细胞的重要组成成分，是生命的重要物质基础。一切重要的生命现象和生理功能，如机体的运动、消化、生长、遗传和繁殖等都与蛋白质、核酸密切相关。氨基酸是组成蛋白质的基本成分单位，要认识蛋白质，必须首先了解氨基酸。

21.2.1 氨基酸

21.2.1.1 氨基酸的结构和分类

从结构上看，羧酸分子中烃基上的氢原子被氨基（$-NH_2$）取代而生成的化合物，称为氨基酸。例如：

$$H_2NCH_2COOH \qquad CH_3\underset{\underset{\displaystyle NH_2}{|}}{C}HCH_2OOH$$

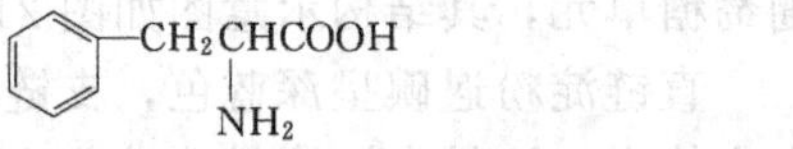

氨基酸分子由烃基和两种官能团（氨基和羧基）组成，它属于具有复合官能团的化合物。

氨基酸的种类很多。可以根据分子中烃基的结构不同，分为脂肪氨基酸、芳香氨基酸和杂环氨基酸。也可以根据分子中氨基和羧基的相对数目，分成中性（一氨基一羧基）氨基酸、酸性（一氨基二羧基）氨基酸和碱性（二氨基一羧基）氨基酸。还可以根据氨基和羧基的相对位置，分成 *α*-氨基酸、*β*-氨基酸、*γ*-氨基酸等。组成人体蛋白质的氨基酸都是 *α*-氨基酸。

21.2.1.2 氨基酸的命名

氨基酸的系统命名法与羟基酸相同，即以羧酸为母体，氨基当作取代基来命名；也可用希腊字母来标明氨基的位置而命名。

氨基酸多按其来源或性质而得俗名。如天门冬氨酸最初是从植物天门冬的幼苗中发现而得名，甘氨酸因具甜味而得名。

21.2.1.3 氨基酸的性质

α-氨基酸都是无色固体，能形成一定形状的结晶，熔点较高（多在 200～300℃），加热到熔点时，易分解并放出 CO_2。氨基酸都溶于强酸或强碱溶液中，除少数外，一般均能溶于水，而难溶于酒精及乙醚。有的氨基酸具有甜味，但也有无味甚至苦味的。至于谷氨酸的钠盐则具有鲜味，它是调味品“味精”的主要成分。氨基酸分子含有氨基和羧基，故具有氨基上和羧基上的一般反应。由于分子内基团之间的相互影响，又有一些特殊性质。

(1) 两性电离和等电点 氨基酸分子中含有碱性的氨基和酸性的羧基，是两性化合物，具有两性电离的性质；所以，它们既能与酸，又能与碱作用生成盐。例如：

$$R\underset{\underset{\displaystyle NH_2}{|}}{C}HCOOH + HCl \longrightarrow R\underset{\underset{\displaystyle NH_3^+\ Cl^-}{|}}{C}HCOOH$$

$$R\underset{\underset{\displaystyle NH_2}{|}}{C}HCOOH + NaOH \longrightarrow R\underset{\underset{\displaystyle NH_2}{|}}{C}HCOONa + H_2O$$

氨基酸分子内的氨基与羧基之间也可相互作用（自相中和）。氨基能接受由羧基上电离出的氢离子，而成为两性离子（内盐）：

$$R\underset{\underset{\displaystyle NH_2}{|}}{C}HCOOH \rightleftharpoons R\underset{\underset{\displaystyle NH_3^+}{|}}{C}HCOO^-$$

这种内盐形态的离子同时带有正电荷与负电荷，称为两性离子。

两性离子的净电荷为零，而处于等电状态，在电场中不向任何一极移动，这时溶液的 pH 值叫做氨基酸的等电点，用 pI 表示。由于各种氨基酸的组成和结构不同，因此它们的等电点不同。等电点并不是中性点，两性离子的净电荷为零，并不意味着溶液呈中性，即 pH 不等于 7。在中性氨基酸的两性离子的溶液中，因为酸式电离程度略大于碱式电离程度，所以中性氨基酸的等电点小于 7（pI＜7）。酸性氨基酸的等电点都小于 7（pI＜7），碱性氨基酸的等电点都大于 7（pI＞7）。

在等电点时，氨基酸的溶解度、黏度和吸水性都最小。由于等电状态时溶解度最小，最易从溶液中析出，因此利用调节等电点的方法，可以从氨基酸的混合物中分离出某些氨基酸。

氨基酸在水溶液中的带电情况，除了由本身的结构所决定外，还可以通过溶液酸碱度的调节加以改变。例如，将氨基酸溶液酸化，就抑制了氨基酸的酸式电离，促进了碱式电离，使氨基酸成为阳离子，向电场的负极移动。将氨基酸溶液碱化，就抑制了氨基酸的碱式电离，促进了酸式电离，使氨基酸成为阴离子，向电场的正极移动。

氨基酸在酸、碱性溶液中的变化，可表示如下：

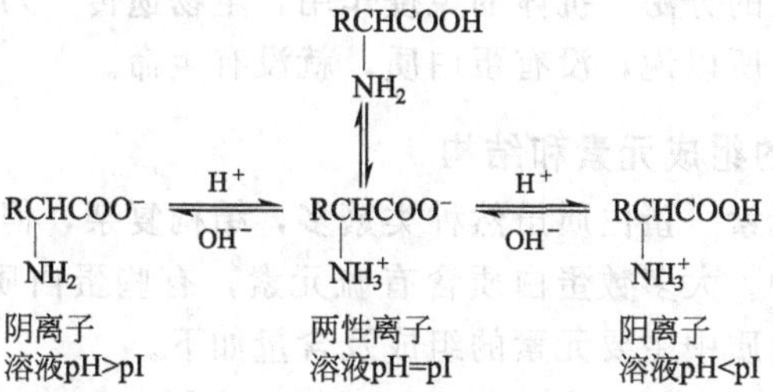

$$
\begin{array}{c}
RCHCOOH \\
| \\
NH_2
\end{array}
$$

$$
\underset{\underset{OH^-}{\longleftarrow}}{\overset{H^+}{\longrightarrow}}
$$

$$
\begin{array}{ccc}
RCHCOO^- & RCHCOO^- & RCHCOOH \\
| & | & | \\
NH_2 & NH_3^+ & NH_3^+ \\
阴离子 & 两性离子 & 阳离子 \\
溶液pH>pI & 溶液pH=pI & 溶液pH<pI
\end{array}
$$

（2）成肽反应　两个 α-氨基酸分子在适当条件下加热时，一分子氨基酸的羧基与另一分子氨基酸的氨基之间，可以脱去一分子水而缩合生成二肽。

$$
H_2N-\overset{H}{\underset{R}{C}}-\overset{O}{C}-\boxed{OH+H}-\overset{H}{N}-\overset{H}{\underset{R}{C}}-COOH \xrightarrow[\triangle]{-H_2O} H_2N-\overset{H}{\underset{R}{C}}-\boxed{\overset{O}{C}-\overset{H}{N}}-\overset{H}{\underset{R}{C}}-COOH
$$

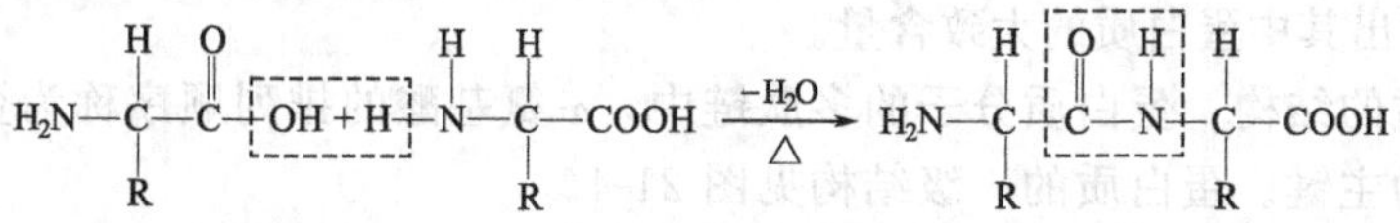

二肽分子中具有酰胺键（—CONH—）结构，这种由 α-氨基酸脱水缩合而成的酰胺键，称为肽键。在二肽分子中仍含有未结合的羧基和氨基，因此，二肽还可以再和其他氨基酸分子脱水以肽键结合，生成三肽。依此类推可以生成四肽、五肽……许多不同的氨基酸分子通过多个肽键联结起来，便形成了长链状的多肽。

$$
H_2N-\overset{H}{\underset{R_1}{C}}-\overset{O}{C}-\overset{H}{N}-\overset{H}{\underset{R_2}{C}}-\overset{O}{C}-\overset{H}{N}-\overset{H}{\underset{R_3}{C}}-\overset{O}{C}-\overset{H}{N}-\overset{H}{\underset{R_4}{C}}-\overset{O}{C}-\overset{H}{N}\cdots\cdots-\overset{H}{N}-\overset{H}{\underset{R_n}{C}}-\overset{O}{C}-OH
$$

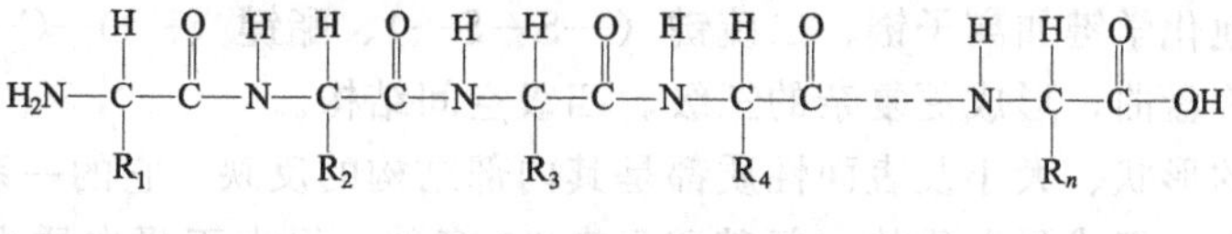

由此可知，肽是由两个或两个以上氨基酸分子脱水后以肽键相连的化合物。肽键中每个氨基酸单位通常叫做氨基酸残基。肽链的一端具有未结合的氨基，叫做 N 端，通常写在左边；链的另一端有未结合的羧基，则叫做 C 端，通常写在右边。

由于氨基酸的组合和排列方式不同，因此由几个不同的氨基酸可以生成多种不同的肽。例如，由甘氨酸和丙氨酸所生成的二肽就有以下两种：

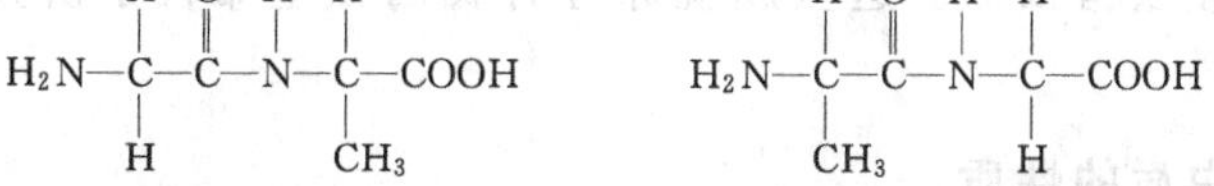

$$
\begin{array}{cc}
H_2N-\overset{H}{\underset{H}{C}}-\overset{O}{C}-\overset{H}{N}-\overset{H}{\underset{CH_3}{C}}-COOH & H_2N-\overset{H}{\underset{CH_3}{C}}-\overset{O}{C}-\overset{H}{N}-\overset{H}{\underset{H}{C}}-COOH \\
甘氨酰丙氨酸 & 丙氨酰甘氨酸
\end{array}
$$

由 3 种不同的氨基酸可形成 6 种不同的三肽，由 4 种不同的氨基酸则可形成 24 种不同的四肽；所以，由多种氨基酸按不同的排列顺序以肽键相互结合，可以形成许许多多不同的多肽链。

21.2.2 蛋白质

蛋白质是生物高分子化合物，它存在于所有动、植物的原生质内。蛋白质是生物体内最重要的组成成分，也是人体最重要的营养物质，成人大约每人每天需要80g蛋白质。动物的肌肉、上皮组织、血液、毛发、角、蹄、爪、蚕丝等都是由蛋白质构成的。能催化体内绝大多数化学反应的酶，调节物质代谢的某些激素，与遗传有密切关系的核蛋白，能起抗病免疫作用的抗体，能致病的细菌和病毒也都是蛋白质。

蛋白质不仅是生物体的重要成分，而且是一切生命现象的物质基础。例如，肌肉的收缩，消化道的蠕动，激素的分泌，抗体的免疫作用，生物遗传，乃至高等动物记忆活动都离不开蛋白质的重要作用。所以说，没有蛋白质，就没有生命。

21.2.2.1 蛋白质的组成元素和结构

(1) 蛋白质的组成元素 蛋白质虽然种类繁多，结构复杂，但其组成的元素并不多，主要有碳、氢、氧和氮4种。大多数蛋白质含有硫元素，有些蛋白质还含有磷、铁、碘、锰、锌及其他元素。动物蛋白质中主要元素的组成及含量如下。

C：50%～55%；N：13%～19%；H：6.0%～7.3%；O：19%～24%；S：0%～4%。大多数蛋白质含氮量相当接近，平均约为16%。因此，通常生物组织每含1g氮大约相当于100/16=6.25g的蛋白质。此商数称为蛋白质系数，化学分析时，只要测出生物样品中的含氮量，就可以推算出其中蛋白质的大致含量。

(2) 蛋白质的结构 蛋白质分子的多肽链中，α-氨基酸的排列顺序称为蛋白质的一级结构。其中肽键为主键。蛋白质的一级结构见图21-4。

牛胰岛素是第一个被阐明其结构的蛋白质，它是由51个氨基酸、两个多肽链构成的。蛋白质中氨基酸的排列顺序是十分重要的，它对整个蛋白质的性质起着决定性的作用。

多肽链间借助氢键卷曲盘旋成螺旋状，如图21-4所示。蛋白质分子以螺旋方式卷曲而成的空间结构，称为蛋白质的二级结构。氢键在维持和固定蛋白质的二级结构中起了重要作用。此外还以其他化学键如离子键、二硫键（—S—S—）、酯键（—O—C—）等，按照一定的方式进一步折叠盘曲，形成更复杂的三级、四级空间结构。

蛋白质分子的形状、大小及表面性质都是其内部结构的反映，它的一系列理化性质也都与它的结构分不开。组成蛋白质的α-氨基酸只有20多种，但由于蛋白质中所含氨基酸的种类、数目不同，氨基酸排列的顺序和方式又是多种多样的，加上多肽链盘旋折叠的情况不一，所以自然界就存在着种类繁多、具有各种特殊生理功能的蛋白质。

约100年前，恩格斯就预言“只要把蛋白质的化学成分弄清楚，化学就能着手制造活的蛋白质。”我国科学工作者于1965年第一次用人工方法合成了具有生物活性的蛋白质——牛胰岛素。1971年我国又完成了对猪胰岛素结构的测定工作。1981年末用人工方法成功地合成了酵母丙氨酸转移核糖核酸。这些成就标志着我国在生命科学研究方面处于世界先进水平。

21.2.2.2 蛋白质的性质

蛋白质是由氨基酸组成的结构复杂的高分子化合物。其化学性质有些与氨基酸相似，如两性电离等。也有些与氨基酸不同，如盐析、水解、变性等。

(1) 两性电离和等电点 多肽链无论多长，总有自由的氨基和羧基存在（末端或侧链），因此蛋白质也具有两性电离的性质，既可与酸又可与碱作用生成盐。

一级结构　　　　　　　　　二级结构

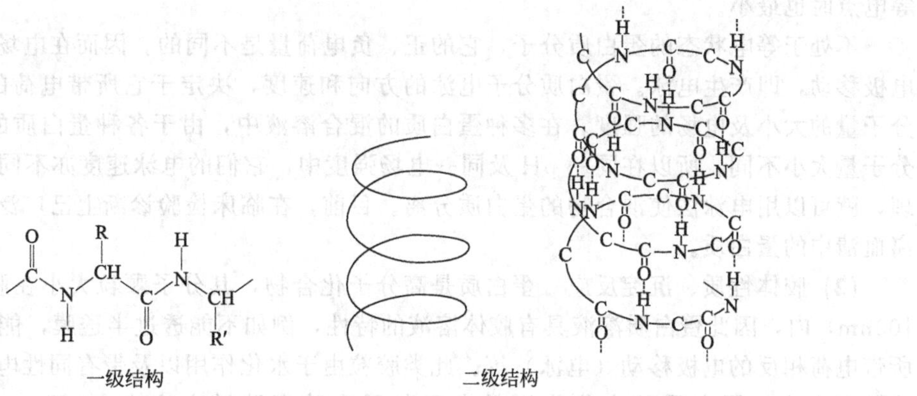

图 21-4　蛋白质的一级、二级结构

蛋白质在水溶液中带电情况除由本身的结构所决定外，也与溶液的 pH 有关。调节溶液的 pH，可使蛋白质羧基电离程度与氨基电离程度相等。蛋白质呈两性离子状态时溶液的 pH，称为该蛋白质的等电点（pI）。

如果以 $M \begin{smallmatrix} NH_2 \\ COOH \end{smallmatrix}$ 代表蛋白质分子，则它在酸性、碱性溶液中的电离情况可表示如下：

$$M \begin{smallmatrix} NH_2 \\ COOH \end{smallmatrix}$$

$$M \begin{smallmatrix} NH_2 \\ COO^- \end{smallmatrix} \underset{OH^-}{\overset{H^+}{\rightleftharpoons}} M \begin{smallmatrix} NH_3^+ \\ COO^- \end{smallmatrix} \underset{OH^-}{\overset{H^+}{\rightleftharpoons}} M \begin{smallmatrix} NH_3^+ \\ COOH \end{smallmatrix}$$

阴离子　　　　　两性离子　　　　阳离子
溶液pH>pI　　　溶液pH=pI　　　溶液pH<pI

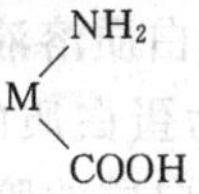

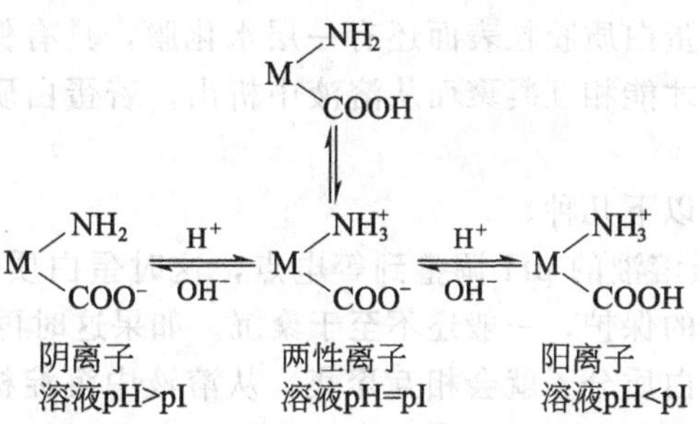

不同的蛋白质具有不同的等电点（见表 21-1）。一般含酸性氨基酸较多的蛋白质，其等电点较低（pH<7）；含碱性氨基酸较多的蛋白质，其等电点较高（pH>7）。大多数蛋白质的等电点接近 5，所以它们在人体内（人的体液如血液、组织液及细胞内液的 pH 约为 7.4）大多电离成带负电荷的阴离子，即以弱酸根形式存在，或与体内的 K^+、Na^+、Ca^{2+}、Mg^{2+} 等阳离子结合成盐。蛋白质盐和蛋白质可组成缓冲对，在血液中起着重要的缓冲作用。

表 21-1　几种蛋白质的等电点（pI）

蛋白质名称	来源	等电点	蛋白质名称	来源	等电点
白明胶	动物皮	4.8～.85	血清球蛋白	马血	5.4～5.5
乳球蛋白	牛乳	4.5～5.5	肌球蛋白	肌肉	7.0
酪蛋白	牛乳	4.6	肌凝蛋白	肌肉	6.2～6.6
卵清蛋白	鸡蛋	4.84～4.9	胃蛋白酶	猪胃	2.5～3.0
血清清蛋白	马血	4.88	膜蛋白酶	膜液	5.0

在等电点时，蛋白质的溶解度最小，最容易从溶液中析出。蛋白质的黏度、渗透压等在

等电点时也最小。

不处于等电状态的蛋白质分子，它的正、负电荷量是不同的。因而在电场中可向相反的电极移动，即产生电泳。蛋白质分子电泳的方向和速度，决定于它所带电荷的性质、电量、分子量的大小及电场的强度。在多种蛋白质的混合溶液中，由于各种蛋白质的等电点不同，分子量大小不同，所以在同一 pH 及同一电场强度中，它们的电泳速度亦不同。根据这个原理，就可以用电泳法使混合物的蛋白质分离。目前，在临床检验诊断上已广泛应用电泳法分离血清中的蛋白质。

(2) 胶体性质、沉淀反应　蛋白质是高分子化合物，其分子颗粒大小在胶体范围（1～100nm）内，因此蛋白质溶液具有胶体溶液的特性，例如不能透过半透膜，能在电场中向与所带电荷相反的电极移动（电泳）等。此类胶粒由于水化作用以及带有同性电荷，能稳定地分散在水中。蛋白质的水化作用是由于分子中的多肽链上含有$—NH_2$、—NH—CO—、—OH、—COOH 等基团，其中的氧或氮原子能借助于氢键与水分子结合，形成水化膜。同时，蛋白质分子的$—COO^-$及$—NH_3^+$也能吸引水分子，因此在水溶液中，蛋白质的胶粒外面都包围着一层水分子而形成水化膜，水化膜的存在是蛋白质在水溶液中稳定的一个因素。此外，蛋白质溶液的 pH 不在等电点时，蛋白质离子可带相同的电荷，带相同电荷的蛋白质离子互相排斥，使其难以合并下沉，这是它稳定的另一因素。失去使蛋白质溶液稳定的两个因素，蛋白质胶粒就凝聚析出。蛋白质自溶液中凝聚成固体析出，称为蛋白质的沉淀反应。如果在蛋白质溶液中加入适当的电解质或调整溶液的 pH 到等电点，蛋白质的胶粒就失去电荷，但并不能沉淀，因为蛋白质胶粒表面还有一层水化膜，具有保护作用。再加入脱水剂，除去水化膜，蛋白质胶粒才能相互凝聚而从溶液中析出。若蛋白质胶粒先脱水后失去电荷，也同样能发生沉淀作用。

沉淀蛋白质的方法有以下几种。

① 盐析　如将蛋白质溶液的 pH 调整到等电点，这时蛋白质分子处于等电状态，不是很稳定，但由于有水化膜的保护，一般还不至于聚沉。如果这时再加入某种脱水剂，去掉蛋白质分子的水化膜，则蛋白质分子就会相互聚集，从溶液中沉淀析出。通常用盐析的方法，即在蛋白质溶液中，加入大量无机盐，如 NaCl、$(NH_4)_2SO_4$、Na_2SO_4 等，就可以使蛋白质从溶液中沉淀出来。由于盐的离子结合水的能力大于蛋白质，因而破坏了蛋白质的水化膜，同时盐离子又能中和蛋白质所带的电荷，结果使蛋白质分子失去稳定因素而发生沉淀。

盐析所需盐的最小量叫做盐析浓度。使不同的蛋白质发生盐析所需盐的浓度不同。例如，球蛋白在半饱和硫酸铵溶液中即可析出，而白蛋白却要在饱和硫酸铵溶液中才能析出。因此，可以用逐渐加大盐溶液浓度的方法，使不同蛋白质分段析出从而得以分离。这种操作叫做分段盐析。在临床检验上，利用分段盐析可以测定血清白蛋白和球蛋白的含量，借以帮助诊断某些疾病。

盐析所得的蛋白质，性质并未改变，加水仍可重新溶解，形成稳定的蛋白质溶液。

② 加入脱水剂　酒精（低温）和丙酮等脱水剂对水的亲和能力较大，能破坏蛋白质胶粒的水化膜，使蛋白质沉淀析出。沉淀后如迅速将蛋白质与脱水剂分离，仍可保持蛋白质原来的性质，$\varphi_B=0.95$ 的酒精吸水较强，与细胞接触，细菌表面的蛋白质立即凝固，使酒精不能继续扩散到细胞内部，细菌只暂时丧失活力而并不死亡。$\varphi_B<0.70$ 的酒精，沉淀蛋白的能力不足，所以 $\varphi_B=0.70～0.75$ 的酒精消毒效力最好。在制备中草药注射剂的过程中，常需加入浓乙醇使含量达70%以上，以沉淀（除去）蛋白质。

利用有机溶剂沉淀蛋白质后有机溶剂很容易蒸发除去，不像盐析沉淀的蛋白质中存在大量盐类，必须经过透析才能除去电解质。

③ 加入重金属盐　蛋白质在 pH 大于其等电点的溶液中带负电荷，因此可与 Hg^{2+}、Cu^{2+}、Pb^{2+}、Ag^{+} 等重金属离子结合成不溶性的沉淀。重金属的杀菌作用是由于它能沉淀蛋白质。急救铅、汞等金属盐中毒时，服用生蛋清或牛奶以解毒，也是根据这一原理，使蛋白质与铅盐、汞盐结合成为沉淀，而阻止毒物进入组织。

④ 加入生物碱沉淀试剂　沉淀生物碱的试剂如磷钨酸、苦味酸、鞣酸等，一般都是有机酸或无机酸，而蛋白质在 pH 小于其等电点的溶液中带正电荷，可与生物碱沉淀试剂的酸根离子结合，生成不溶性的沉淀。

(3) 蛋白质的变性　蛋白质在某些物理或化学因素（如加热、高压、紫外线或 X 射线、超声波、强酸、强碱、重金属盐、酒精等）的影响下，分子的空间结构发生了某种改变，致使蛋白质的某些性质也随着发生了改变，这种作用叫做蛋白质的变性。例如，煮鸡蛋时，胶态的鸡蛋白受热而凝固，就是蛋白质的一种变性作用；在豆浆中加入盐卤（$MgCl_2$）或石膏，使豆浆中的蛋白质凝结，也是蛋白质的变性作用。

蛋白质变性以后，它的溶解度减小，容易凝固沉淀。蛋白质变性凝固后，不能再重新溶解于水中，即不能恢复原状。此外，变性后的蛋白质易被蛋白酶水解，所以蛋白质在变性后较易被消化。具有生物活性的蛋白质（酶、激素、抗体等）经变性后即失去原有的活性，例如酶变性后不再具有催化活性。

蛋白质的变性说明了有机体之所以不能耐高温以及重金属盐会使机体中毒的原因。

蛋白质的变性有许多实际应用。例如，医学上用放射性核素治疗癌肿，就是利用放射线使癌细胞变性破坏；用加热、高压和用 70%～75%酒精以及其他化学药品进行消毒灭菌，就是由于上述理化因素使细菌蛋白质变性凝固而死亡；重金属盐中毒者急救时，可先洗胃，然后让病人口服大量生鸡蛋或牛奶、豆浆等，使重金属盐与之结合生成不溶的变性蛋白质，以减少机体对重金属盐离子的吸收。临床检验上还利用蛋白质受热凝固沉淀的性质，来检验尿液中的蛋白质。

(4) 蛋白质的水解　蛋白质在酸、碱的水溶液中加热或在酶的催化下，能水解为分子量较小的化合物，其水解过程如下：

$$\text{蛋白质}\rightarrow\text{初解蛋白质}\rightarrow\text{消化蛋白质}\rightarrow\text{多肽}\rightarrow\text{二肽}\rightarrow\alpha\text{-氨基酸}$$

食入的蛋白质在酶的催化下，水解成各种 α-氨基酸后，才能被人体吸收，然后在体内重新合成人体所需的蛋白质。

(5) 显色反应

① 缩二脲反应　蛋白质在强碱性溶液中（如 100g/L NaOH）和稀硫酸铜（5～10g/L $CuSO_4$）溶液作用，显紫色或紫红色。因蛋白质分子含有许多肽键，所以蛋白质能发生缩二脲反应，并且蛋白质的含量越多，产生的颜色也越深。医学上利用这个反应来测定血清蛋白质的总量及其中白蛋白和球蛋白的含量。

② 黄蛋白反应　某些蛋白质遇浓硝酸立即变成黄色，再加氨水后又变为橙色，这个反应称为黄蛋白反应。含有苯环的蛋白质能发生此反应。

③ 茚三酮反应　蛋白质与茚三酮试剂反应生成蓝紫色化合物。α-氨基酸和多肽均有此性质。此反应在蛋白质鉴定上也极为重要，色层分析时都用这个试剂，但要注意，稀的氨溶液、铵盐及某些胺也有此显色反应。

21.2.2.3　蛋白质的分类

大多数蛋白质的结构尚未阐明，还不能按其化学结构来分类。目前按蛋白质的化学组成，分成单纯蛋白质和结合蛋白质两大类。

(1) 单纯蛋白质　只由α-氨基酸组成的蛋白质，称为单纯蛋白质。如血清清蛋白和血清球蛋白等。

(2) 结合蛋白质　由单纯蛋白质和非蛋白质两部分结合而成的蛋白质，称为结合蛋白质。如核蛋白、糖蛋白和血红蛋白等。结合蛋白质中的非蛋白质部分，称为辅基。

在单纯蛋白质里也被发现了微量的非蛋白质物质，因此单纯蛋白质和结合蛋白质的分类是相对的。

习　题

1. 写出葡萄糖与下列试剂反应的主要产物。

(1) HNO_3；(2) Br_2-H_2O；(3) 托伦试剂。

2. 解释下列名词。

(1) 等电点；(2) 盐析；(3) 蛋白质的变性作用；(4) 肽。

3. 写出下列物质的开链结构式。

(1) 果糖；(2) 核糖；(3) 脱氧核糖；(4) 甘氨酰丙氨酸；(5) 丙氨酰苯丙氨酸

4. 写出下列糖的氧环结构式（哈沃斯式）。

(1) α-葡萄糖；(2) β-果糖（六元环）；(3) α-核糖。

5. 写出在下列 pH 介质中，氨基酸存在的主要结构形式。

(1) 丝氨酸（pI=5.68）在 pH=8.15 时；

(2) 半胱氨酸（pI=5.07）在 pH=2.55 时；

(3) 蛋氨酸（pI=5.75）在 pH=5.75 时；

(4) 赖氨酸（pI=9.74）在 pH=10.10 时。

第22章

化学与健康

人类赖以生存的自然界，向人们提供了生活所需的各种物质。随着人类社会的不断进步、生活质量的提高，人们越来越意识到健康的重要性，而化学对健康的影响已涉及衣、食、住、行等各个方面，人类的生存质量和生存安全离不开化学。因此，认识健康与化学的密切关系，依据化学知识科学地、有意识地选择健康，预防疾病，对提高人们的生活质量和健康水平是十分重要的。

22.1　化学与健康概述

22.1.1　健康的概念

长期以来，人们认为健康就是指人体生理机能正常，没有缺陷和疾病。应该说，这种看法是具有一定片面性的，其含义主要是指人体健康。随着人类自身认识的深入和提高，人们越来越意识到，健康不应仅仅是生物学意义上的正常，还应包括心理、性格乃至情感等精神方面的因素。近年来，世界卫生组织综合各方面情况，对健康下了这样的定义："健康不仅是没有疾病和虚弱，而且应包括体格、心理和社会适应能力的全面发展"。而且，世界卫生组织还进一步提出了健康的十条标准，它们是：有充沛精力，能从容不迫地担负日常生活和繁重的工作；处世乐观积极，乐于承担责任；应变能力强，能适应环境的各种变化；能抵抗一般的感冒和传染病；体重适中，身体匀称，站立时头、肩、臂位置协调；眼睛明亮，反应敏捷无炎症；头发有光泽，无头屑或很少；牙齿清洁，无龋齿，不疼痛，牙龈颜色正常，无出血现象；肌肉丰满，皮肤有弹性；善于休息，睡眠好。

由此可见，健康的含义是多方面的。一个完整意义上的健康的人，应该同时具有健康的身体、健康的心理、健康的性格等。总之，健康包括精神和身体方面的良好状态，这一点，已被许多国家承认。当然，人体健康是基础，也是健康的内涵中最重要的方面。本章讲的就是人体健康。

22.1.2　健康与化学的关系

健康是人类生存的前提和保障，是我们共同追求的目标。化学对健康的影响是逐步被人们所认识的。在我国古代，劳动人民就用天然植物和矿物质来治病强身，如用海藻（碘）来治（瘿）甲状腺肿。随着社会的发展、人类的进步和科技水平的提高，各种治疗疾病的化学药物数量不断增加，已有数千种，并且新药、特效药还在不断被发明出来。现在，化学对人类健康的影响不仅仅停留在治疗疾病上，它已涉及衣、食、住、行等方面，化学物质影响人体健康，人体健康离不开化学物质，健康与化学有着密切的关系。

人体是由各种化学物质构成的，人体本身的变化是一连串非常复杂、彼此制约、彼此协调的化学物质变化过程，在这些由多种元素构成的化学物质中，碳、氢、氧、氮形成的有机物和水占人体质量的96%，其余4%是由磷、硫、钾、钠、钙、氯、镁、铁、铜、碘、钴等元素组成的无机物。这些无机物又称为矿物质。人体中，水占59%～62%，蛋白质占16%～18%，脂肪占13%～18%，无机盐占4%，碳水化合物占1%，它们在人体内时刻都在进行着化学反应。发生在人体内并由整个人体所调控的动态化学过程是生命的基础，生命过程本身就是无数化学反应的综合表现，生命活动从根本上讲是复杂的化学反应过程。人体遗传物质的传递、体内各种循环的调节、人体对外界的反应以及对环境的适应等，都是许多具有生物活性分子之间的有序反应的表现。

可见，化学与人体健康是密切相关的，人体是各种化学物质的聚集器和反应器。随着科学技术的进步，先进仪器设备和手段的运用，化学与健康关系的研究将向微观、深层次方向发展，化学知识将更好地为人类健康服务。

22.1.3 影响健康的因素

影响人体健康的因素很多，其中既有物质方面的又有精神方面的；既与生活方式、个人的行为有关，又与生活环境有关。

22.1.3.1 生活方式和个人行为

生活方式和个人行为对人体健康有很大影响。良好的生活方式和行为有利于身体健康，而不良的生活方式和行为可导致各种疾病的发生，危害人的健康。据调查在我国人口的死因中，不良生活方式和生活习惯的比重在逐渐加大，已经逐渐引起人们的重视。对健康影响较大的生活方式有饮食、运动、吸烟、饮酒等。

(1) 饮食与健康 人体为了维持生命和保证身体健康，必须从食物中摄取营养。营养是机体摄取食物，经过消化、吸收、代谢和排泄，利用食物中的营养素和其他对身体有益的成分构建组织器官、调节各种生理功能，维持正常生长、发育和防病保健的过程。饮食营养和饮食习惯对人体的健康有很大影响。

① 饮食结构对健康的影响 饮食结构是指饮食中主要食物种类及其数量的组成，亦称食物结构或膳食构成。合理的饮食结构表现为平衡膳食，人体处于良好的健康状态；而长期不合理的饮食结构将导致营养失调甚至造成与营养有关的非传染性慢性疾病。概括起来主要表现为以下两种情况。

a. 营养缺乏 营养缺乏，亦称“营养不足”，是指机体从食物中获得的能量、营养素不能满足身体需要，从而影响生长、发育或生理功能的现象。营养缺乏可以通过膳食调查、体格测量及相关的生理、生化指标的检测来发现。世界四大营养缺乏病为：缺铁性贫血、维生素A缺乏病、缺钙、蛋白质-能量不足。

营养缺乏病在第三世界仍然是对人民健康的主要威胁，蛋白质热能营养不良和维生素A缺乏、地方性甲状腺肿是主要的常见病。即使在发达国家，营养调查表明缺铁性贫血和其他微量元素缺乏的发生也不少。静脉高营养和要素膳的疗法开展以来，如果对长期使用的病人未能及时监测和设计全营养补给方案，也可出现某些营养素的缺乏，严重的可出现临床症状，如微量元素、维生素、或必需脂肪酸的缺乏。因此，研究营养缺乏病不仅是公共营养的重要内容，而且也是临床营养必须包括的组成部分，特别是对于临床病人营养状况的评价和亚临床缺乏的诊治方面，将是综合治疗中重要的一环。

b. 营养过剩　生命处于一种动态平衡的状态，物极必反。能量的摄入也不例外。如果机体摄入能量远超过机体消耗的能量，必定会造成能量的储备。这种能量的储备现象就是营养过剩的表现。过多的能量往往是以脂肪的形式储存在我们的皮下组织、内脏器官的周围以及腹部网膜上。男性的体脂肪率超过25％，女性体脂肪率超过30％，我们就称之为肥胖了。多余的脂肪堆积起来，不仅使我们的体型不美观，还增加了身体的负担，使心肺机能减弱，并对身体尤其是下肢各关节造成极大的压力，继而出现身体退行性改变。同时，过多的脂肪还会妨碍其他营养素如蛋白质、钙、铁等的吸收。过多摄入某些营养素，又不能及时在体内代谢掉，就有可能引起中毒。如脂溶性营养素的维生素A、D、E及K不易排出体外，就会造成中毒，过多的蛋白质摄入也会增加肝肾代谢负担并阻碍铁的吸收。

② 不良的饮食习惯对健康的影响　饮食习惯不良同样对健康不利，可导致多种疾病。

a. 饮食过量　饮食过量往往损伤肠胃。调理饮食即要善食，也要善节，特别是晚餐要少食，不要太饱。如果餐餐饮食过量，会引起胃扩张，横膈升高，增加心脏负担，还诱发心肌梗死、胆囊炎、胰腺炎、胃溃疡、急性肠胃炎等疾病。

b. 常喝矿泉水　由于矿泉水中含有大量的矿物质，经常大量饮用，会使其中的钙质沉积，形成结石。

c. 吃荤后立即饮茶　有些人吃完肉、蛋、海味等高蛋白食物后，习惯于立即饮茶，以便去味，帮助消化。其实不然，由于茶叶中含有大量的鞣酸，鞣酸与蛋白质合成具有收敛性的鞣酸蛋白质，使肠蠕动减慢。这样会延长粪便在肠道的滞留时间，不但易造成便秘，而且还增加有毒物质的吸收，影响健康。

(2) 运动与健康　生命在于运动，运动有利于健康。运动可增大肺活量，一般人的肺活量是3500mL左右，而经过体育锻炼的人肺活量可达到4000～5000mL，提高了肺泡吸收氧气和排出二氧化碳的换气效能；运动可增强心肌收缩力，增加血液输出量，改善心脏功能状态，有利于全身血液循环；运动可加强新陈代谢、增进食欲、促进睡眠、增强体质，提高抗病能力，延缓衰老。可见运动能增强身体机能，使全身器官充满活力，代谢旺盛。

在一般情况和适量运动时，人体吸入新鲜O_2呼出CO_2，即体内的葡萄糖在酶的作用下，被氧化成二氧化碳和水，放出人体所需的能量。由于所需的氧气少而葡萄糖完全转化，故称为有氧运动或有氧呼吸，有氧运动发生的反应如下：

$$C_6H_{12}O_6 + 6O_2 \xrightarrow{\text{酶}} 6CO_2 + 6H_2O + 2881\text{kJ/mol}$$

在剧烈运动时，人体所需的氧气增加，当呼吸的氧气不能满足需要时，则葡萄糖氧化不完全，称为无氧运动或无氧呼吸，无氧运动发生的化学反应如下：

$$C_6H_{12}O_6 \xrightarrow{\text{酶}} 2C_3H_6O_3 + 196.65\text{kJ/mol} \quad \text{或}$$

$$C_6H_{12}O_6 \xrightarrow{\text{酶}} 2CO_2 + 2C_2H_5OH\ \text{（放出少量能量）}$$

平时很少运动的人，由于肺活量较小，偶尔进行大量的运动时，吸入氧气不够用，便会发生无氧运动，在体内产生乳酸，出现的症状就是肌肉酸痛，重症的是晕倒休克，平时坚持运动的人很少出现这种现象。

有些运动持续的时间较长如：马拉松、铁人三项赛等，长时间的运动会导致体内的矿物质消耗过大，如钾离子、钠离子随汗液排出，人体会出现抽筋现象，这时应及时补充无机盐类。

(3) 吸烟与健康　自1939年起，人们做了无数的关于吸烟是否有害健康的研究，其结果表明吸烟可以直接毒杀生命，可以破坏人体的营养成分，可以诱发多种疾病，吸烟严重危害健康。

烟草中含有一种特殊的生物碱——尼古丁，对人的神经细胞和中枢神经系统有兴奋和抑制作用，是吸烟致病的主要物质之一。人在吸入一定量的尼古丁后就会产生“烟瘾”。烟草在燃烧过程中产生大量烟雾，烟雾中含有多环芳烃类，3，4-苯并[a]芘等焦油物质，一支烟能收集10～40mg的焦油，含铅量可达0.8μg，烟草中还含有放射性元素^{210}Pb和^{210}Po。烟气中除焦油外，还含有各种气体，如一氧化碳、二氧化碳、氢氧化物、氢氟酸、氨、烯、烷、醇、醚等气体。可见“吸烟”是吸入多种有毒化学物质，使其在体内发生不利于健康的多种化学反应。

吸烟可诱发多种病症，与吸烟有关的疾病有肺癌、喉癌、食管癌、胰腺癌、胃癌、肝癌、膀胱癌、卒中、冠心病、支气管炎、消化道溃疡等。吸烟能引起孕妇流产、早产、增大胎儿畸形率和死亡率。吸烟可以影响周围的人群，它不但影响吸烟者的身体健康状况，还使周围环境受到污染，迫使他人甚至胎儿“被动吸烟”，被动吸烟者受到的危害不亚于主动吸烟者。美国医学研究人员最近发表研究报告指出，被动吸烟即俗称的“吸二手烟”比原来外界知道的还要危险，一些与吸烟者共同生活的女性，患肺癌的概率比常人多出6倍。

(4) 饮酒与健康　酒的化学成分是酒精，化学名称为乙醇。乙醇进入人体后在肝脏中进行代谢，其主要过程是由乙醇脱氢酶将其转化为乙醛，然后由乙醛脱氢酶分解、转化、降解，最后生成二氧化碳和水。适当的饮酒可增加热量，促进血液循环，有御寒祛湿、调整情绪的作用。但超过一定的量就会产生多方面的破坏作用。

酒精对人的损害主要是中枢神经系统。它使神经系统从兴奋到高度的抑制，严重地破坏神经系统的正常功能，过量的饮酒还会损害肝脏，可以引起肝硬化、酒精肝等。此外，慢性酒精中毒对身体还有多方面的损害，如可导致多发性神经炎、心肌病变、脑病变、造血功能障碍、胰腺炎、胃炎和溃疡病等；还是一种性腺毒素，能破坏生殖细胞及功能，导致后代的智力低下。

22.1.3.2　环境因素

环境是指人类生存和发展的各种天然的和经过人工改造的自然因素总体，可分为社会环境和自然环境。这里主要讨论自然环境对人体健康的影响。

环境创造了生命，生命又改造了环境。人与环境是相互依存、相互影响、对立统一的关系。人体通过新陈代谢和周围环境进行物质交换，环境中的物质与人体之间保持动态平衡。自然界是不断变化的，人体总是调节自身内部以适应不断变化的自然界。当发生环境污染时，环境中某些有害物质突然增加，或出现了环境中本来没有的化合物，就会引起人体生病，甚至死亡。环境污染对人体健康的影响极为复杂，一般有以下特征。

影响范围大环境污染涉及的地区广，人口多，接触的人群不仅有青壮年，还包括老、幼、病、弱，甚至胎儿。

作用时间长接触者长时间不断地暴露在被污染的环境中，有的甚至长达终生。

污染物浓度低容易被人们忽视，各种污染物在环境中迁移、转化，改变了原来的性质和浓度，产生不同的危害作用；多种污染物还可同时作用于人体，产生复杂的联合作用，如相加作用、协同作用等。

污染容易治理难如重金属、多氯联苯、有机氯污染土壤后，能长期残留，短期内很难消除，治理困难。

22.2 化学元素与健康

22.2.1 化学元素在人体中的作用

22.2.1.1 人体机体的基本组成成分

人体肌体组织主要为有机化合物：由碳、氢、氧、氮元素组成，也含有少量的硫、钾、钠、镁、氯是体液和细胞质中的成分；钙、磷、镁是构成骨骼、牙齿的重要元素。

22.2.1.2 调节生理功能

人的血液总是恒定在微碱性状态，（pH 值为 7.35～7.45），钾、钠、元素起着巨大作用。人有敏锐的味觉离不开元素锌。人体肌肉维持紧张与弛缓的平衡状态，心脏保持一定的节律，离不开元素钙和镁。

22.2.1.3 参加酶的活动

酶是人体活细胞产生的一种生物催化剂，催化生物体内各种生物化学反应的进程。它的结构比化学催化剂复杂得多，效率也较之强百万倍，乃至千万倍。人体内有 2000 多种酶、酶的催化作用是单一的，但多种酶的作用又是连续的。它们将食物分解成营养素，然后或者组合成肌肉、血液等新的肌体组织，或者经体内加工后储存备用，或者将它们变成热能，用来维持体温和脑力、体力劳动所需的能量。酶还可对老化的或死亡的组织、新陈代谢的产物和进入身体的有害物质进行清理，参加酶活动的元素有铁、铜、锌、镁、钴、钼六种。这些元素不足时可使酶的活性降低，使体内生物化学反应紊乱。

22.2.1.4 运送氧的任务

血液中的血红素与二价铁结合形成血红蛋白，随着血液在全身的循环，血红蛋白担负着把肺部吸入的新鲜氧气输送到大脑和全身各组织细胞中，供其完成重要的生理功能。当人体内铁不足时，就会患缺铁性贫血，大脑和全身细胞得不到充足的氧，就会使人感到头晕、疲乏无力、心跳气喘。

22.2.1.5 参与人体中激素的活动

人体内的激素是由内分泌细胞产生的一种物质，它起控制和调节体内各项生命活动的作用。但很多激素需要微量元素参与才能有效地起作用。例如胰岛素需要铬和锰参加，才能有效地调节人体血糖浓度。

22.2.2 人体中的基本元素

组成人体的化学元素多达 81 种，其中碳、氢、氧、氮、钙、钠、钾、镁、磷、硫、氯 11 种属必需的常量元素（含量大于 0.01%），铁、铜、锌、锰、钴、钒、铬、钼、硒、碘等 14 种为必需的微量元素（含量小于 0.01%），钙、钠、钾、镁四种元素约占人体金属离子总量的 99%以上。它们大多以络合物的形式存在于人体之中，传递生命所需的各种物质，调节人的新陈代谢。当日常膳食中缺少某种元素或含量不足时，必然会影响到人的身体健康。碳、氢、氧、氮是组成人体有机质的主要元素，占人体总质量的 96%以上，还有少量的硫（0.25%）也是组成有机质的元素。下面介绍几种人体中的基本元素。

22.2.2.1 钙

钙占人体重的1.7%左右，99%存在于骨骼和牙齿中，血液中占0.1%。离子态的钙可促进凝血酶原转变为凝血酶，使伤口处的血液凝固。钙在其他多种生理过程都有重要作用，如在肌肉的伸缩运动中，它能活化ATP酶，保持肌体正常运动。缺钙少儿会患软骨病；中老年人出现骨质疏松症（骨质增生）；受伤易流血不止。钙还是很好的镇静剂，它有助于神经刺激的传达、神经的放松，它可以代替安眠药使你容易入眠，缺钙神经就会变得紧张，脾气暴躁、失眠。钙还能降低细胞膜的渗透性，防止有害细菌、病毒或过敏原等进入细胞中。钙还是良好的镇痛剂，还能帮你减少疲劳、加速体力的恢复。成人对钙的日需要量推荐值为1.0g/日以上。奶及奶制品是理想的钙源，此外海参、黄玉参、芝麻、蚕豆、虾皮、干酪、小麦、大豆、芥末、蜂蜜等也含有丰富的钙。适量的维生素D_3及磷有利于钙的吸收。葡萄糖酸钙及乳酸钙易被吸收，是较理想的钙的补充片剂。成年人体中磷的含量约为700g，80%以不溶性磷酸盐的形式沉积于骨骼和牙齿中，其余主要集中在细胞内液中。它是细胞内液中含量最多的阴离子，是构成骨质、核酸的基本成分，既是肌体内代谢过程的储能和释能物质，又是细胞内的主要缓冲剂。缺磷和摄入过量的磷都会影响钙的吸收，而缺钙也会影响磷的吸收。每天摄入的钙、磷比为Ca/P=1～1.5最好，有利于两者的吸收。正常的膳食结构一般不会缺磷。镁在人体中含量约为体重的0.05%，它是生物必需的营养元素之一。

钙缺乏容易引起软骨瘤质，骨质疏松，佝偻病，坐骨神经痛，龋齿，白发，肌肉痉挛，心肌功能下降，心脏病，生殖能力下降，经痛，神经兴奋性增强，精神失，记忆力下降，易于疲劳过敏反应，增加肠癌患病率，高血压，骨骼畸形，痉挛。

22.2.2.2 镁

人体中镁50%沉积于骨骼中，其次在细胞内部，血液中只占2%，镁和钙一样具有保护神经的作用，是很好的镇静剂，严重缺镁时，会使大脑的思维混乱，丧失方向感，产生幻觉，甚至精神错乱。镁是降低血液中胆固醇的主要催化剂，又能防止动脉粥样硬化，所以摄入足量的镁，可以防治心脏病。镁又是人和哺乳类动物体内多种酶的活化剂。人体中每一个细胞都需要镁，它对于蛋白质的合成、脂肪和糖类的利用及数百组酶系统都有重要作用。因为多数酶中都含有VB_6，必须与镁结合，才能被充分的吸收、利用。缺少其中一种都会出现抽筋、颤抖、失眠、肾炎等症状，因此镁和VB_6配合可治疗癫痫病。镁和钙的比例得当，可帮助钙的吸收，其适当比例为Mg/Ca=0.4～0.5。若缺少镁、钙会随尿液流失，若缺乏镁和VB_6，则钙和磷会形成结石（胆结石、肾结石、膀胱结石）是不溶性磷酸钙，这也是动脉硬化的原因。镁还是利尿剂和导泻剂。若镁过量也会导致镁、钙、磷从粪便、尿液中大量的流失，而导致肌肉无力、眩晕、丧失方向感、反胃、心跳变慢、呕吐甚至失去知觉。因此对钙、镁、磷的摄取都要适量，符合比例，就能保证你健康长寿。镁最佳的来源是坚果、大豆和绿色蔬菜。男人比妇女更需要镁。

镁缺乏容易引起心肌坏死、心肌梗死，并发生代谢性碱中毒、动脉硬化、心血管病、胃肿瘤，关节炎、胃结石、白血病、糖尿病、白内障、听觉迟钝及耳硬化症、器官衰老症、骨变形、膜异常、结缔组织缺陷、惊厥。

22.2.2.3 铁

人体内约含铁4.2～6.1g，其中70%存在于血红蛋白和肌红蛋白内，25%以铁蛋白形式分布在肝、肾、骨髓中，另有少量为氧化酶辅助因子。

铁是血红蛋白、肌红蛋白、细胞色素和其他酶的主要成分。血红蛋白中的铁是体内氧的输送者，缺铁发生贫血，使肌肉细胞利用氧产生能量的功能下降，工作效率降低。据统计，世界上有15%～20%的人有缺铁现象。

铁缺乏容易引起贫血，使细胞色素和含铁酶的活性减弱，以致氧的运输供应不足，使氧化还原、电子传递和能量代谢过程发生紊乱，免疫功能降低，影响生长发育，四肢无力，精神倦怠，食欲不振，神志淡漠，容易感冒，吞咽困难，脸色苍白，头痛心惊，口腔炎，肝癌。

22.2.2.4 锌

人体内含锌2～2.5g，大部分分布在骨髓、肌肉、血液和头发中，含锌最高的组织是眼球和前列腺。锌参与了人体内五十多种酶的合成，维持着人体的正常新陈代谢。缺锌会影响人体细胞的分裂和生长，尤其会影响孩子的生长发育和多种生理功能，主要症状为异食癖、偏食厌食、口腔溃荡、生长发育迟缓、智力落后、性机能发育不全等。因此锌被称为“生命之花”。

锌缺乏容易引起食欲不振、味觉减退、嗅觉异常、生长迟缓、侏儒症，智力低下、溃疡、皮节炎、脑腺萎缩、免疫功能下降、生殖系统功能受损，创伤愈合缓慢、容易感冒、流产、早产、生殖无能、头发早白、脱发、视神经萎缩、近视、白内障、老年黄斑变性、老年人加速衰老、缺血症、毒血症、肝硬化。大多数疾病和癌症病人血锌含量降低。

22.2.2.5 铜

铜主要存在于血、肝、脑及肌肉中，组成铜蛋白。铜为多种酶的成分，参与组成细胞色素、氧化酶及其他酶，同时对血红蛋白的形成有催化作用。

铜缺乏容易引起营养不良，贫血，中性白细胞减少症，中枢神经系统退化，骨骼缺陷，血清胆固醇升高，心血管损伤，不育，免疫功能受损，溃疡，关节炎，毛发褪色、变硬、卷毛综合征，动脉异常，脑障碍，生长迟缓，情绪容易激动，冠心病。

22.2.2.6 硒

长期以来，硒及其化合物被认为有毒有害的物质，若发生硒中毒，可使人头痛，并丧失嗅觉味觉等。直到1957年美国著名化学家施瓦茨从啤酒酵母中分离出硒，才确立了它在医学生物学上应有的地位。近来研究发现，人体血液中硒含量为0.2μg/mg，它参与人体的新陈代谢，与许多酶的活性休戚相关，还能防止肿瘤的扩散及心血管疾病的流行。此外，硒还具有良好抗氧化功能，可延长细胞寿命，延缓人体衰老。据统计，食物中缺硒，死于心脏病、中风及高血压的人数，比含硒高的地区高三倍，所以硒也是人体必需的微量元素。

以我国黑龙江省克山县命名的“克山病”就与土壤中缺硒有直接关系，克山病在我国从东北到西南十四省的宽带上流行，在人们的饮食中补硒，可大幅度降低此病的发生率。

硒缺乏容易引起心血管病，关节炎，婴儿猝死综合征，蛋白质、能量缺乏性营养不良，溶血性贫血，染色体损伤，白内障，糖尿病性视网膜病，癌症，大骨节病，克山病，高血压，肝脏坏死，心肌病，缺血性心脏病，胰腺炎，肌肉萎缩症，多发性硬化症，衰老，白肌症。

22.2.2.7 其他元素

(1) 碘 人体内约含碘20～50mg，其中2/5分布在甲状腺内，其余分布在血清、肌肉、肾上腺、卵巢中。甲状腺分泌甲状腺激素，能增强机体的能量代谢和机体代谢，增强脂肪、糖和蛋白质的代谢。缺碘易患甲状腺肿大症，也叫“大脖子病”。儿童缺碘会导致生长发育迟缓，智力低下等。含碘丰富的食物是海带、紫菜等海藻类。为了防止碘缺乏病，我国采取食盐加碘的办法，并为此制定了专门的政策法规。

(2) 磷 人体中含磷约 1%，其中大部分是与钙形成骨盐，分布于骨骼和牙齿中，一部分存在于血液磷脂、磷蛋白、三磷酸腺苷中。

磷是骨骼、牙齿、细胞核蛋白以及多种酶的主要成分，协助物质的代谢，参与缓冲系统，维持酸、碱平衡。磷也是脑神经不能缺少的成分。食物经代谢变化后，一般将能量转变为可被人体内任何组织吸收利用的三磷酸腺苷（ATP）及糖原等形式，因此说是“能量仓库”。我国膳食中磷一般不易缺乏，但磷摄入过多会导致钙的流失。

(3) 钾 钾的功能是维持体内酸、碱平衡和渗透压；调节神经和肌肉张力，保持神经兴奋性，钾也是细胞液的主要元素。在各种食物（如橘汁、胡萝卜、乳和肉类）中含钾量极多。

(4) 钠和氯 钠和氯的主要作用是调节酸碱和水的平衡，维持渗透压。补充钠和氯的主要途径是从食盐和各类食物中摄取。氟是构成牙齿、骨骼的材料，同时对钙、磷的代谢有重要的作用。氟的主要来源是各类食物，尤其饮用水是氟的主要来源。为此各国都规定了饮水的含氟量。但氟的摄取量过多，会造成起氟中毒，轻则引起牙齿斑釉症，俗称黄牙病；重则患氟骨病；另外还会损害心肌、胃黏膜和肾脏。

(5) 铬、锰、钼 铬的+3 价氧化态是人体糖与脂肪代谢、特别是胆固醇代谢所必需的。由于食物成分精制而造成的缺铬，会使身体不能有效地利用糖，也是患动脉粥样硬化的重要原因。氧化态为+6 价的铬对人体有毒，它干扰重要的酶体系，与肺癌及肝、肾损伤有关。

锰也是生物体必需的微量元素之一。Mn^{2+}是多种酶的组分，它还能激活其他酶，对组织中的氧化还原过程有着极大影响，对血液的循环与生成也有关系。锰还有趋脂作用，可影响动脉硬化患者的脂类代谢。缺 Mn^{2+} 会导致贫血和儿童骨骼畸变。但若吸入大量锰尘则会引起锰中毒（帕金森综合征）和肺炎。

钼包含在与染色体有关的金属酶之中，它还存在于醛氧化酶中，参与有毒醛类的新陈代谢。环境中缺钼将导致硝酸盐的积累和 VC 的破坏，有利于强致癌物亚硝胺的合成。

元素各有特性，对人体也就有利有弊；而同一元素常常既能提供营养，又能损害人体，关键在于其不同的化合物和不同的量。人体每时每刻都在进行着元素参与其间的高度精细的生化反应，因此元素不仅是构成人体的基本要素，而且在人的生长、发育、衰老、疾病和死亡中都起着举足轻重的作用。

22.3 营养物质与健康

人类从外界摄取食物满足自身生理需要的过程叫做营养。合理的营养不仅可以保证人体的正常生长发育，应付繁重的工作和生活以及由此带来的精神压力，保持人体最佳机能状态，而且能增强人体对疾病的抵抗能力以获得合理的寿命。食物中能保证人体生长发育和健康的物质称为营养素。到目前所知，人体所需要的营养素有很多种，通常把这些营养素分为水分、矿物质、糖类、油脂、蛋白质和维生素六大类。这些营养素多从食物中吸取，因此，合理的营养就是维持膳食中各种营养素的平衡。

22.3.1 水

水本身是没有营养的，但它却是最重要的一种营养素，是一切生命所必需的物质。人体中水分约占 65.9%，主要分布在肌肉、骨骼、血液、组织及细胞内部。水有如下重要作用。

① 水是一种极好的溶剂，能溶解多种物质，促进人体的化学和生化作用，同时也起稀释作用，便于人体吸收；

② 作为一种载体，将各种物质运送到身体的各个部分，同时以尿、汗水、蒸汽等形式排出代谢废物；

③ 润滑作用，使关节等摩擦面润滑，减小损伤，同时，唾液使食物易于吞咽；

④ 随气候的变化调节体温，当气温变化时，人体排出尿、汗等的数量随之增减，以保持适度的体温。

人体内的水必须“收支”平衡。一般来说，每天人体通过呼吸、汗及大小便等约损失 3000mL 水。体内物质代谢能够产生约 300mL 水，三餐食物约供给 1000mL 水，剩下就主要靠喝水、饮料等来补充了。水的需要量与气温、食物的种类和数量等有关。此外，水的需要量还与年龄有关，年幼者要适当多喝水，老年人饮水则不宜过多，以免增加心、肾负担。喝水的正确方法是口渴之前就喝，同时，应少量多次。

22.3.2 矿物质

食物中除去水分以外的无机物称为矿物质。人体内矿物质的总量约占体重的 4%～5%，是人和动物体内不可缺少的物质。它们不提供热量，其主要作用是构造机体和调节生理机能，维持体液的渗透压和酸碱平衡。有些矿物质营养元素还有特殊的功能。各种矿物质营养元素在人体中都有一定的限量，过多或过少，都会对健康产生不良影响。

22.3.3 糖类

糖类物质是人体六大营养素之一，对于人体正常生长发育起着重要作用。从化学的角度讲，糖是指“碳水化合物”，是含醛基或酮基的多羟基化合物和它们的缩聚产物及某些衍生物的总称，可分为单糖（葡萄糖、果糖、木糖等）、双糖（蔗糖、麦芽糖等）和多糖（淀粉、纤维素等）。糖既是人体最经济、最安全的能源物质，又是人体重要的结构物质，其生理功能无可替代，是人体不可缺少的营养物质。

糖经胃肠消化后，最终变成单糖（葡萄糖），经肠吸收入静脉，再经肛门静脉到肝，由血液输送到全身，体内胰岛素可使血糖降低，肾上腺皮质激素则使血糖增加。

22.3.3.1 糖对人体的作用

① 供给能量　在糖类、脂肪、蛋白质三大热源中，贡献最大的当数糖类物质了。糖类，亦称为碳水化合物。它在人体主要为生命活动提供燃料，是人体能量的主要来源。人每日脏器活动和肢体活动所需的能量中，约有 70% 源于糖类。

② 糖类摄入充足时，在体内可转化成脂肪储存起来以“备战备荒”。

糖类食物在进入人体以后，经酶的水解作用，变成可被人体直接利用的单糖，其中主要是葡萄糖。进入血液循环以供给机体需要，形成血糖。血糖是糖在体内的运输形式，血液流经各组织时，一部分被直接氧化利用，一部分变成组织糖原储存起来以备急用。其中以肌糖原为最多，它的氧化可以为肌肉收缩做功，满足人体运动的需要。血糖的浓度基本上是恒定的，当进食后葡萄糖的大量增加，使得超过血糖浓度的那部分葡萄糖就在肝和肌肉内迅速转变成肝糖原和肌糖原储存起来，以备血糖浓度不足时“紧急调用”，维持血糖浓度的恒定。

③ 糖对人体还有保健作用。在中国几千年的中医学和民间食疗法、药膳中多有记载。据《本草纲目》载：“石蜜，即白砂糖也。凝结作饼块如石者为石蜜，轻而如霜者为糖霜，

坚如白冰者为冰糖，皆一物而有精粗之异也。"味甘性寒，冷利。具有润肺生津、和中益脾、舒缓肝气之功效。赤砂糖又名红糖、黑糖。《本草纲目》称之为砂糖，并分析其药用性能道："砂糖性温，殊于蔗浆，故不宜多食，但其性能和脾缓肝，故治脾胃及泻肝药用为先奇。"红糖营养价值优于白糖，每 100g 中含钙 90mg，近于白砂糖的 3 倍；含铁 4mg，亦为白砂糖的 3 倍。此外尚含有核黄素、尼克酸、胡萝卜素以及锰、锌、铬等微量元素。因此，砂糖亦具有补血、破瘀、缓肝、祛寒等效能，尤适于产妇、儿童及贫血患者食用。

22.3.3.2　正确摄入糖类

糖摄入过少，人会怕冷，易疲劳，机能衰退，体重减轻，患低血糖症。糖类摄入过多，会产生高血糖，易致糖尿病。因此，在日常生活中要注意正确摄入糖类。

(1) 糖类与肥胖　很多人都认为"吃糖容易引发肥胖"。国内外医学专家一致认为，肥胖多数是因营养失调造成，由于摄入的能量超过人体活动消耗量，超过部分以脂肪形式储存于体内，而人体需要的能量首先是使用糖的能量，所以糖在人体内形成脂肪而储存得很少，因此，膳食中最易导致肥胖的是脂肪而不是糖。

(2) 糖类与龋齿　另外，关于吃糖与龋齿的关系，是因为如果糖存在于口腔中，则可引起龋齿的细菌培养基。但如果采用漱口或其他办法不使糖留在口腔中，就不会引起龋齿。同样，如果将面包和米饭留在口腔中，分解成糖后也会造成龋齿。所以，关键在于口腔卫生。

22.3.4　油脂

油脂是油和脂肪的总称。习惯上把在室温下为液态的叫做油，如花生油、菜籽油、芝麻油、豆油等，而把在室温下为固态的称为脂肪，如猪油、牛油等。此外，食物中鱼、肉、蛋、奶、核桃仁等也含有丰富的油脂。油脂可以看成是多种高级脂肪酸与甘油酯化反应而成的酯类物质。油脂的结构式为：

$$
\begin{array}{l}
R{-}\overset{\displaystyle O}{\overset{\|}{C}}{-}O{-}CH_2\\[4pt]
R'{-}\overset{\displaystyle O}{\overset{\|}{C}}{-}O{-}CH\\[4pt]
R''{-}\overset{\displaystyle O}{\overset{\|}{C}}{-}O{-}CH_2
\end{array}
$$

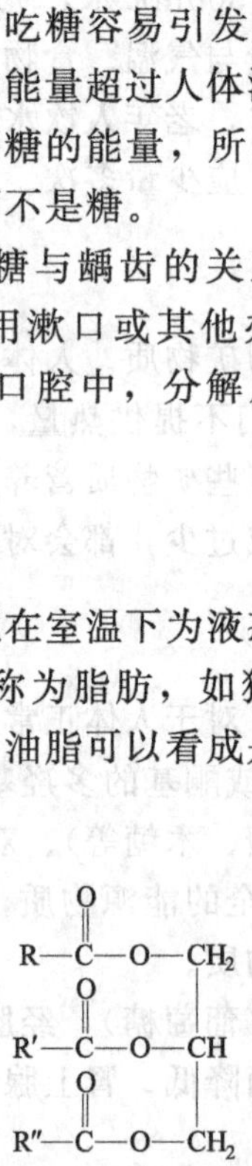

R、R′、R″均为烃基，可以相同但也可以不同。相同者为单甘油酯，不同者为混甘酯。而高级脂肪酸中，既有饱和的脂肪酸，也有不饱和的脂肪酸。在脂肪中饱和的高级脂肪酸（硬脂酸、软脂酸）的甘油酯较多。而在液态油中不饱和的脂肪酸（如油酸）的甘油酯较多。因此，有些油脂兼有酯类和烯烃的一些性质。

油脂和酯类一样在，适当条件（如酸、碱或加热）下可以水解。例如：

$$
\begin{array}{l}
C_{17}H_{35}COO{-}CH_2\\
C_{17}H_{35}COO{-}CH\\
C_{17}H_{35}COO{-}CH_2
\end{array}
+3H_2O \underset{\triangle}{\overset{H_2SO_4}{=\!=\!=}} 3C_{17}H_{35}COOH +
\begin{array}{l}
CH_2{-}OH\\
CH{-}OH\\
CH_2{-}OH
\end{array}
$$

若水解是在碱（如 NaOH）存在的条件下进行的，生成的高级脂肪酸便跟碱反应，生成高级脂肪酸盐（如硬脂酸钠）。硬脂酸钠是肥皂的主要成分。因此，油脂在碱性条件下的水解称为皂化反应。

$$
\begin{array}{l}
C_{17}H_{35}COO-CH_2 \\
C_{17}H_{35}COO-CH \\
C_{17}H_{35}COO-CH_2
\end{array}
+3NaOH \xrightarrow{\triangle} 3C_{17}H_{35}COONa +
\begin{array}{l}
CH_2-OH \\
CH-OH \\
CH_2-OH
\end{array}
$$

油脂的营养功能主要有以下几方面。

① 脂肪是人体的重要组成部分。其中类脂和磷脂是机体细胞，尤其是脑细胞和神经细胞的主要成分。胆固醇是某些激素的主要成分，能促进新陈代谢。体表细胞脂肪可隔热保温，这能保护内脏器官。

② 提供能量。脂肪是体内储存和供给能量的重要物质，占热能供应的 $15\% \sim 20\%$。

③ 促进脂溶性维生素（如维生素 A、D、E、K 等）的溶解、吸收和利用。同时，脂肪能使食物味道美，从而增加食欲和饱腹感。

④ 提供必需的脂肪酸。亚油酸、亚麻酸、花生四烯酸三种不饱和脂肪酸是人体必需的，而人体自身又不能合成或合成量较少，必须从植物油等油脂中摄取。我国的膳食结构中的乳、蛋、鱼、肉、肝和各种植物油都能提供丰富的脂肪。长期脂肪供应不足，会发生营养不良、生长迟缓和各种脂溶性维生素缺乏症。但随着生活水平的提高，更应防止的是脂肪过度摄取，这易产生肥胖症，可能会导致血液黏度增加、胆固醇在动脉管壁沉积，从而引发冠心病或血栓形成等疾病。此外许多脂溶性致癌物会蓄积于脂肪组织中，使致癌的危险也大为增加。

22.3.5 蛋白质

蛋白质是构成细胞的基础物质。动物的肌肉、血液、乳汁、蛋、毛皮、角及蹄等都有含有蛋白质；在各种植物体中，如大豆、稻谷、小麦等也都含有蛋白质。一切重要的生命现象和生理机能都与蛋白质有关，可以说蛋白质是生命的物质基础，没有蛋白质就没有生命。

22.3.5.1 蛋白质的组成

蛋白质水解的最后产物都是氨基酸，根据这种生成物可以帮助我们推测蛋白质的结构。氨基酸分子中不但有氨基（—NH_2），还有羧基（—$COOH$）。其中，氨基为碱性基，羧基是酸性基，故氨基酸具有酸、碱两性。例如：

CH_2CHCOOH　　　　　CH_3CHCOOH
　　|　　　　　　　　　　|
　　NH_2　　　　　　　　 NH_2

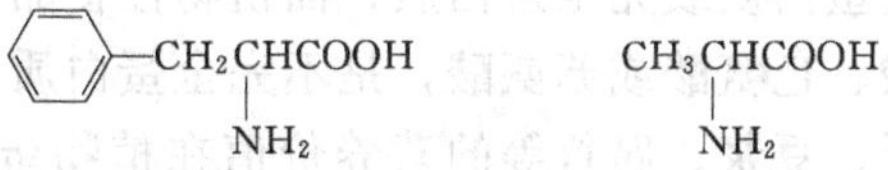

苯丙氨酸　　　　　　　2-氨基乙酸

正因为氨基酸为两性，故氨基酸分子间脱水能互相结合而形成低分子化合物（肽或多肽）和高分子化合物（蛋白质）。蛋白质就是由氨基酸分子间脱水而形成的高分子化合物。组成蛋白质的氨基酸种类、数量和排列顺序各不相同，因而蛋白质的结构十分复杂。研究蛋白质结构和合成，进一步探索生命现象，是目前科学研究的重要课题。

22.3.5.2 蛋白质的性质

（1）水解　蛋白质在酸、碱或酶的作用下，逐步水解成肽或多肽，最终产物是各种氨基酸。

（2）盐析　少量的盐（如 Na_2SO_4，$NaCl$ 等）能促进蛋白质的溶解；但如果向蛋白质溶液中加入浓的盐溶液，可使蛋白质的溶解度降低而从溶液中析出，这种作用叫盐析。析出的蛋白质加水稀释后仍能溶解，故盐析是一个可逆过程，不会影响蛋白质原来的性质。采用多次盐析，可以分离和提纯蛋白质。

(3) 变性　在热、酸、碱、重金属盐或紫外线等因素的分别作用下，蛋白质会发生性质上的改变，从而凝结起来，不能再恢复为原来的性质，这种变化叫变性。蛋白质的变性是两个不可逆过程，变性后不能恢复原来的水溶性，也失去了它的生理活性。蛋白质的变性有许多实际应用，例如采用高温、酒精或紫外线等方法消毒杀菌；腌制松花蛋；用生鸡蛋或牛奶救重金属中毒的病人等。

(4) 颜色反应　蛋白质能与多种试剂反应且显色。例如，含有苯环结构的蛋白质与浓硝酸反应显黄色。使用浓硝酸时，若浓硝酸不慎溅在皮肤上会使皮肤呈黄色，就是这个原因。

22.3.5.3　蛋白质的功能

我们从食物中摄取的蛋白质，在胃液中的胃蛋白酶或胰液中的胰蛋白酶的作用下，经水解后生成肽或多肽，并最终变成各种氨基酸，各种氨基酸被人体吸收后，又重新结合成人体所需的蛋白质，而人体各组织中的蛋白质也会不断分解，最后主要生成尿素而排出体外。这就是蛋白质的新陈代谢，因此，蛋白质的营养功能非常重要。主要表现在以下几个方面。

① 蛋白质是构成血液、肌肉等的材料。儿童、青少年正处生长发育时期，各种组织、细胞不断更新、创造的过程中；成人的机体中，组织细胞的新陈代谢，都离不开蛋白质。所以，蛋白质最重要的营养作用就是为机体新陈代谢提供材料，这是糖类、脂肪不能代替的。

② 参与机体重要物质的合成。例如，起催化作用的酶本身就是蛋白质；调节生理机能的各种激素，抗体有许多也是蛋白质或多肽，此外，血红蛋白参与氧的输送，肌球蛋白是主要的遗传物质等。这些生命活动中的重要物质的合成与更新，无不需要蛋白质的参与。

③ 维持机体的酸碱平衡。由于蛋白质和氨基酸具有酸、碱两性，它们和无机缓冲体系一起，维持体内酸、碱平衡。

④ 提供热量。当糖类和脂肪不足时，需要蛋白质提供能量。

⑤ 提供必需的氨基酸。目前已发现的人体中的氨基酸有二十多种，其中凡人体不能合成，只能由食物中蛋白质提供的，称为必需氨基酸。成人必需的氨基酸有八种，即亮氨酸、异亮氨酸、赖氨酸、蛋氨酸、色氨酸、苯丙氨酸、缬氨酸和苏氨酸，此外，小儿还需组氨酸和精氨酸。

在我国人民的膳食结构中，鱼、肉、禽、蛋、乳等动物性食品的蛋白质含八种必需氨基酸，且比例恰当，称为优质蛋白质或完全蛋白质；而植物性食品，如大米、面粉等含的蛋白质往往缺乏赖氨酸、蛋氨酸、色氨酸或苏氨酸，是不完全蛋白质，营养价值较差；但大豆和它的制成品，如豆腐、豆干、豆浆、腐竹等的营养价值在植物蛋白中是最好的，宜多食用。因此，把这些食物适当混合食用，使其中的氨基酸互相补偿且比例适当，可提高蛋白质的营养作用，这称为蛋白质的互补作用。如黄豆和玉米、小米和麦等同食。膳食中蛋白质不足，将严重影响人的生长发育及健康。轻者表现为疲乏，体重减轻，抵抗力下降等，重者生长发育停滞，贫血，智力发育受阻，甚至出现营养性水肿。当然，摄取过量对身体无益，既是一种浪费，还可能加重肾脏负担。

22.3.6　维生素

维生素是维持正常生长和生理功能而必须从食物中获取的一类微量有机物。维生素本身不能提供热量，但却是维持人的生命活动必需的营养素。人体本身不能合成或只能合成很少的维生素，必须从食物中摄取。

维生素种类很多，其中十多种已确知对人体健康和发育的关系较大，分为脂溶性和水溶性两大类。前者包括维生素A、D、E、K等，水溶性维生素包括B族维生素，如B_1、B_2、B_3、B_5、B_6、B_{12}等。常见维生素的功用、来源及需要量见表22-1。

表22-1 常见维生素的功用及来源

种类	主要功能	来　源
维生素A	用来提高视力并且增强免疫系统功能	鱼肝油、牛肉、鸡肉、蛋和乳制品；后者主要来自黄绿蔬菜，如胡萝卜、菠菜、豌豆苗、红心甜薯、青椒、南瓜、苋菜、韭菜等和黄色水果
维生素B_1	对神经组织和精神状态有良好的影响	酵母、米糠、全麦、燕麦、花生、猪肉、大多数种类的蔬菜、麦麸、牛奶
维生素B_2	是形成维持组织细胞呼吸的脱氢酶的重要物质	牛奶、动物肝脏与肾脏、酿造酵母、奶酪、绿叶蔬菜、鱼、蛋类
维生素B_6	促进氨基酸和脂肪的代谢，重要的辅酶。防止贫血和脂溢性皮炎等	啤酒酵母、小麦麸、麦芽、动物肝脏与肾脏、大豆、美国甜瓜(cantaloupe)、甘蓝菜、废糖蜜、糙米、蛋、燕麦、花生、胡桃
维生素B_{12}	参与核酸的合成，对生血和神经系统代谢有重要作用	动物肝脏、牛肉、猪肉、蛋、牛奶、奶酪
维生素C	抗癌，阻止心脏病的发生，提高免疫系统的功能，防止污染和烟尘，帮助伤口愈合，减少得白内障的危险等	柑橘类的水果，如柑橘、柠檬、红果、红辣椒、柿子椒、番木瓜、香瓜、花椰菜、牙甘蓝、草莓、猕猴桃等
维生素D	主要用于组成和维持骨骼的强壮。维生素D还被用于降低结肠癌、乳腺癌和前列腺癌的概率，对免疫系统也有增强作用	鳕鱼肝脏中的油脂以及其他咸水鱼，如大比目鱼、剑鱼、金枪鱼、沙丁鱼以及青鱼等的鱼肝油中。此外奶类也是另一种理想的补充源
维生素E	防止心脏病，增进循环，有助于防止血凝；也能抵抗某种癌症，延缓衰老，预防白内障；帮助免疫系统正常发挥功能；帮助伤口愈合	麦芽、大豆、植物油、坚果类、芽甘蓝、绿叶蔬菜、菠菜、有添加营养素的面粉、全麦、未精制的谷类制品、蛋
维生素K	被肝脏利用合成凝血酶原，防止各组织和器官出血	肝、蛋、豆、青菜等

22.4 食品污染与人体健康

22.4.1 食品污染的危害

在正常情况下，食物并无毒性，它们是人类维持生命的物质基础。然而，人们生活在一个异常复杂的环境中，绝对纯净的食物是不存在的，由于自然或人为因素，常常使食物受到各种有害成分的污染。污染食品对人体的危害与污染物本身的毒性、食品中污染物含量、人体本身的生理状况等多种因素有关。

22.4.1.1 农药污染食品的危害

农药污染环境，必然导致食品被农药污染，农药的种类很多，成分复杂，因此毒性也不一样。其中一些危害性较大的农药如下。

(1) 有机氯农药的危害　有机氯农药是一类最常见的农药，主要用作杀虫剂。它的品种很多，普遍使用的有 DDT、六六六、林丹、甲氧 DDT、狄氏剂、异狄氏剂、艾氏剂、氯丹、毒杀芬、开乐散等。有机氯农药的急性中毒主要表现为对中枢神经系统的毒害作用。中毒的症状是肌肉震颤、阵发性及强直性抽搐、严重时全身麻痹，最后死亡。

(2) 有机汞农药的危害 有机汞农药排入环境后，在环境中残留的时间很长，更为严重的是，载物体具有将有机汞转化为甲基汞的能力，而甲基汞是极毒的物质。有机汞农药的慢性中毒症状表现为：神经衰弱、幻听幻觉、肌肉震颤、供给失调、行动发生障碍、流涎、视线模糊等。部分患者见有肝大、甲状腺肿大、盗汗、窦性心动过速、低血压等症状。

(3) 有机磷农药的危害 有机磷农药在我国农村中普遍使用，它们主要用作杀虫剂。有机磷农药的中毒特征是血液中胆碱酶活性下降。由于胆碱酶的功能与神经系统关系密切，它的活性下降必然导致神经系统机能失调，于是这些受神经系统支配的心脏、支气管、肠、胃等脏器相继发生异常。出现全身乏力、头痛眩晕、恶心、呕吐、多汗、流涎、腹泻，严重时语言不清、呼吸困难，或者血压上升、全身痉挛等。有机磷农药具有比较容易水解的特性，吸入体内后，易于分解排泄，有部分可经肾脏、尿液排出体外。因此，有机磷农药对环境的污染危害通常比有机氯农药要小。

22.4.1.2 黄曲霉毒素的危害

黄曲霉是一种有荧光的金黄色毒素。在紫外线照射下，能发出紫色、绿色的荧光。黄曲霉的种类很多，都具有毒性，有些毒性是剧毒物氰化钾的10倍，砒霜的68倍。产生黄曲霉的主要菌种是黄曲霉菌。高温潮湿的环境最易使黄曲霉菌大量繁殖。黄曲霉主要产生于玉米、花生、食油中。黄曲霉经消化道进入人体，使正常细胞发生恶变，能诱发多种癌症，主要是肝癌。

22.4.1.3 亚硝基化合物污染的危害

亚硝基化合物对人体的危害在于它的致癌性。人类对亚硝基化合物的毒性认识历史不长，世界上第一次把亚硝胺与癌症联系在一起不过四十多年，而确认亚硝基化合物具有致癌作用也不过三十多年的历史。动物试验表明，亚硝基化合物对鼠、兔、狗、猴等动物都能引起严重的肝脏损害。亚硝胺除了诱发肝癌外，还能引起食道、胃、小肠、肺、膀胱等系统的肿瘤，也能使末梢神经生长恶性肿瘤。

22.4.1.4 苯并芘及多环芳烃的危害

苯并芘包括苯并[a]芘和 3,4-苯并芘，是数百种有致癌作用的多环芳烃的代表物，可通过环境污染进入食物中，也可在食品加工过程中产生，而后者是主要的。农作物可因叶面受到大气中沉降的灰尘而污染，亦可吸收土壤中的多环芳烃；动物饲料中含有多环芳烃时，肉品、乳品及禽蛋中亦可含多环芳烃；在烟熏、烧烤及烘干过程中，由于染料不完全燃烧而产生的多环芳烃与食品直接接触会造成污染；食品加工过程中脂肪及类脂质受热可产生多环芳烃；用油煎食物时，特别是油冒黑烟、食物烧焦时，苯并芘含量均超标。另外，沥青、煤焦油、烟草及其燃烧的烟雾中，燃烧效率低的汽车尾气中都含有苯并芘。

苯并芘可通过呼吸、饮食或皮肤接触进入人体，可导致肺癌、胃癌及皮肤癌。

22.4.1.5 添加剂的影响

(1) 急性和慢性中毒 日本砷乳中毒症是一次由添加剂引起的急性中毒的典型例子。1955年初夏开始，日本西部各地婴儿、幼儿大多发生食欲不振、贫血、腹泻、呕吐、发烧、腹胀、肝大等症，至8月中旬冈山县有3名儿童死亡，患者几乎都是人工喂养儿。至1959年6月，全日本患者总数达12131名，其中死亡130名。后来调查表明，这次大规模中毒事件是由于添加剂次磷酸钠中含有3%～9%的亚砷酸，而原乳中溶有1%的次磷酸钠，结果导致奶粉中含砷量达0.03～0.09mg/g。此外日本还发生过含砷酱油慢性中毒事件。甲醇和硼砂曾经作为牛奶的防腐剂使用，由于这些物质本身有明显的毒性，也可发生急性中毒。

(2) 变态反应　一些食品添加剂可以引起某些高敏感性人群的变态反应。例如糖精可引起皮炎，表现为皮肤发红、奇痒、出现红斑，有的呈日光性过敏性皮炎反应，防腐剂苯甲酸钠可导致过敏性哮喘，某些香料可引起呼吸系统的过敏反应，如荨麻疹、关节痛等；色素柠檬黄则能引起支气管哮喘等。

(3) 致癌作用　动物试验与流行病学的统计方法发现，某些食品添加剂有致癌的危险。除了着色剂亚硝胺肯定有致癌性质外，在盐渍萝卜的黄色染料奥黄以及梅干菜使用的若丹明等焦油类色素，对肝、肾有很强的亲和性，并且动物试验证明有较强的致癌性，现正逐步禁止使用。人造甜味剂甘精、对苯脲等也能引起动物肝癌。作为香料的香豆素，动物试验已证明有致癌性。

22.4.2　食品污染的防治

22.4.2.1　黄曲霉毒素的防治

国家卫生标准规定，玉米、花生油、花生及其制品，黄曲霉毒素污染不得超过20μg/kg；大米和其他食用油不得超过10μg/kg，其他粮食与豆类发酵食品不得超5μg/kg，婴儿食品中不得检出。

22.4.2.2　苯并芘的防治

日常防止苯并芘污染的方法是改进烟熏食品加工方法，食品受污染的程度与烟熏温度、熏烤距离、时间长短有关，热烟比冷烟产生的苯并芘多，食品熏成黑色时受污染的程度重。

22.4.2.3　农药污染的防治

① 发展高效、低毒、低残毒或无公害的新农药。许多国家已经禁止生产或限制使用那些毒性大，化学性质稳定，具有破坏自然生态平衡、污染环境、威胁人类健康的农药。我国已经停止生产和使用有机汞农药，并禁止在蔬菜上施用六六六和DDT。

② 合理使用农药，提高药剂的杀虫效率。科学合理地使用农药，不仅可以提高药剂的杀虫效果，而且可以减少污染，保证安全，降低成本，真是一举多得。合理施用要求做到合理选择农药品种、药液浓度、施肥次数、用量和面积、施药时间、施药方法。

③ 推广综合防治病虫害的方法。除了化学农药外，生物防治、物理防治、植物检疫、农业防治等措施都是防治病虫害的有效方法。

22.4.2.4　亚硝胺污染的防治

肉类、鱼类、贝壳类食物蛋白质丰富，一般蔬菜中硝酸盐含量较多，这些食品容易腐烂变质，应该新鲜时食用，或者尽量低温储存，以减少胺类及亚硝酸盐的摄入量，同时应积极研究和培养含硝酸盐少的蔬菜品种供应居民食用。

尽量减少食用腌菜、酸菜、咸海鱼等有亚硝胺潜在危险的食品，经常食用新鲜水果及含维生素较多的食品等，可以抑制体内亚硝基化合物的生成。

亚硝酸盐有光解特性，遇到紫外光就会分解，所以将粮食等食品经常在阳光下曝晒，可以防止亚硝基化合物生成。

注意饮食卫生，过夜的剩余饭菜一定要蒸煮后再食用。通常在菜肴中加些醋可以使亚硝酸盐分解。蒸过馒头的水不能用来煮粥。注意烹调方法，香肠、腊肉、咸鱼、火腿等尽量避免油炸，要用煮或蒸的方法，因为在碱性或中性时，亚硝胺容易随水蒸气逸出。在制作香肠、腊肉、咸鱼、火腿时，必须严格控制硝酸钠和亚硝酸钠的用量，国家规定，硝酸钠的最大用量为 0.5g/kg，亚硝酸钠 0.15g/kg。

硝酸盐和亚硝酸盐一般易溶于水，食物在食用或烹调前，应该尽量洗涤干净，这样可以大大减少亚硝酸盐的摄入量。如果发现饮用水中含有硝酸盐，特别是饮用井水的，可以加入少许漂白粉。

注意个人的口腔卫生。食后和睡前可洗漱口腔，以减少唾液中亚硝酸盐的含量。

22.5 绿色化学

化学的发展在不断促进人类进步的同时，在客观上使环境污染成为可能，但是起决定性的是人的因素，最终要靠人们的认识不断提升来解决这个问题。一些著名的环境事件多数与化学有关，诸如臭氧层空洞、白色污染、酸雨和水体富营养化等；另一方面把所有的环境问题都归结为化学的原因，显然是不公平的，比如森林锐减、沙尘暴和煤的燃烧等。现在，有些人把化学和化工当成了污染源。人们开始厌恶化学，进而对化学产生了莫名其妙的恐惧心理，结果造成凡是有“人工添加剂”的食品都不受欢迎，有些化妆品厂家也反复强调本产品不含有任何“化学物质”。事实上，这些是对化学的偏见。绿色化学是应对挑战的必然。

22.5.1 绿色化学的定义

“绿色化学”是在 20 世纪 90 年代提出的，“绿色化学”又称为无害化学、环境友好化学和清洁化学。绿色化学是指以绿色意识为指导，研究和设计环境副作用没有或尽可能小的，并在技术上，经济上可行的化学品与化学过程。其核心是利用化学知识和技术预防污染，从源头消除污染，避免或减少废物的产生。是一门从源头上减少或消除污染的化学。

22.5.2 绿色化学的特点

22.5.2.1 绿色化学是更高层次的化学

绿色化学的最大特点，在于它是在始端就采用实现污染预防的科学手段，因而过程和终端均为零排放或零污染。由于它在通过化学转化获取新物质的过程中就已充分利用了每个原料的原子，具有“原子经济性”，因此它既充分利用了资源，又实现了防止污染。传统化学虽然具有不可替代的作用，但在许多场合却不能有效地利用资源，又大量排放废物造成严重污染。从环保、经济和社会的要求来看，化学工业已不能再使用和产生有毒、有害物质了，需大力研究与开发从源头上减少和消除污染的绿色技术，而不仅是对废水、废气、废渣等局部性终端治理技术的开发。绿色化学包括节约材料和能源，淘汰有毒原材料；在生产过程排放废物之前减降废物的数量和毒性；对产品而言，绿色化学旨在减少从原材料的提炼到产品的最终处置全过程的不利影响。绿色化学不仅对传统的化学工业带来革命性的变化，而且还将推进绿色能源工业、绿色农业的建立和发展。

从科学观点看，绿色化学是对传统化学思维方式的创新和发展。

从经济观点看，绿色化学为我们提供合理利用资源和能源、降低生产成本、符合经济持续发展的原理和方法。

从环境观点看，绿色化学是从源头上消除污染，保护环境的新科学和新技术方法。

22.5.2.2 绿色化学与环境化学

环境化学是一门研究污染物的分布、存在形式、运行、迁移及其对环境影响的科学。环境治理则是对已被污染了的环境进行治理，即研究污染物对环境的污染情况和治理污染物的原理和方法。

而绿色化学是从源头上阻止污染物生成的新学科，它是利用化学原理来预防污染，不让污染产生，而不是处理已有的污染物。

22.5.3 绿色化学产品

22.5.3.1 甲苯代替苯

苯是合成塑料、合成纤维、合成橡胶、医药、农药、炸药等工业的基本原料，也是重要的有机溶剂。

苯会引起肝中毒甚至白血病，这是因为苯在肝中会发生氧化反应，生成一系列物质，其中包括毒性很强的酚。苯还是一种致癌物，且能诱发人的染色体畸变。如果在苯环上引入一个甲基——变成甲苯，则氧化反应主要发生在甲基上，依次生成苯甲醇、苯甲酸，其中苯甲酸是无毒的，因而甲苯的毒性比苯有所降低。

甲苯与苯的性质有许多相似之处，在许多情况下可用甲苯代替苯。

22.5.3.2 安全有效的毛虫克星 Confirm™

据联合国粮农组织估计，全球每年粮食作物因病虫害而减产达 30%，由此而造成的经济损失达 1200 亿美元。为了对付病虫害，全球每年要生产 200 万吨农药，年销售额达 180 亿美元。但长期使用化学农药，会使害虫产生抗药性，导致杀虫剂用量大增，不仅增加经济负担，而且容易造成人畜中毒。

联合国有关组织曾对使用杀虫剂作出严格规定，并禁用和限制使用 500 种化学农药。

Rohm&Haas 公司发现了一个新的杀虫剂家族——二酰基肼，能有效地控制履带式害虫，而对人和生态系统没有显著的危险。

Confirm™的杀虫机制非常独特。它是通过模仿在昆虫体内发现的叫做 20-羟基蜕化素的物质而起作用的，这种蜕化素能导致昆虫脱皮（脱皮阶段不能进食）并调节昆虫的发育。毛虫食用 Confirm™后，使脱皮过程延长，致使它们因停食、脱水而死亡。

由于 20-羟基蜕化素对许多非节肢动物不具有生物功能，所以 Confirm™对于各种各样的哺乳动物、植物、水生动物、益虫（蜜蜂、瓢虫、甲虫等）以及其他食肉节肢动物（如蜘蛛）都非常安全。它是迄今发现的最安全、最具选择性、最有效的昆虫控制剂之一。

22.5.3.3 海洋船舶防垢剂

船体表面往往会长满海藻和贝壳，形成积垢。

危害：结垢 1mm，阻力增加约 80%，每年多消耗燃料费用约 30 亿元；同时对环境带来不利影响。

传统对策：在涂料中添加有机锡防垢剂 TBTO。

存在问题：TBTO 有毒副作用，降低生育能力，引起生物变种；半衰期长，在生物体内产生积累放大效应，最高可达 10000 倍。

Rohm&Haas 公司研究出 Sea-Nine™抗浮游生物剂：

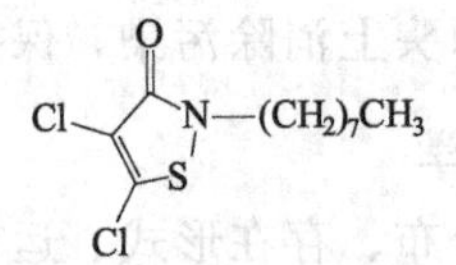

该产品毒副作用小，降解快，海水中半衰期为1d，沉积物中为1h，在生物体中积累基本为零。

22.5.3.4 可生物降解螯合剂

传统的螯合剂的生物降解能力很弱，有些会持久存在，对水体产生影响。同时，许多螯合剂，例如氨基羧酸盐，是以剧毒的氢氰酸为原料生产的，这对从业人员的健康和安全是一个极大的威胁。

美国拜尔公司以顺丁烯二酸酐、氢氧化钠和氨为原料，水为溶剂生产了一种新的环境友好螯合剂——亚氨二丁二酸钠，该产品不仅具有优秀的螯合性能，而且无毒、可生物降解，生产过程不产生废物，无污染，是传统螯合剂的理想替代物。

习 题

1. 影响健康的因素有哪些？对照自己和周围的亲友同学，列出几种不良行为和生活方式，并指出其危险和改正方法。
2. 酒的主要化学成分是什么？它在人体内发生一些什么化学变化？饮酒过量有什么危害？
3. 举例说明适当的运动有利健康。体力劳动为什么不能代替体育锻炼？
4. 为什么用稀盐酸或醋酸或食醋可以除去热水瓶胆内的污垢？
5. 为什么人们不宜长期饮用纯净水？
6. 为什么要少吃泡菜和长期存放的酸白菜？
7. 为什么人们在进行长时间的运动后要喝大量的盐水？
8. 绿色化学的定义及特点是什么？

附 录

附录1 相对分子质量

$AgBr$	187.772	CaF_2	78.075	$CrCl_3$	158.354
$AgCl$	143.321	$Ca(NO_3)_2$	164.087	$Cr(NO_3)_3$	238.011
$AgCN$	133.886	$Ca(OH)_2$	74.093	Cr_2O_3	151.990
$AgSCN$	165.952	$Ca_3(PO_4)_2$	310.177	$CuCl$	98.999
Ag_2CrO_4	331.730	$CaSO_4$	136.142	$CuCl_2$	134.451
AgI	234.772	$CdCO_3$	172.420	$CuSCN$	121.630
$AgNO_3$	169.873	$CdCl_2$	183.316	CuI	190.450
$AlCl_3$	133.340	CdS	144.477	$Cu(NO_3)_2$	187.555
Al_2O_3	101.961	$Ce(SO_4)_2$	332.24	CuO	79.545
$Al(OH)_3$	78.004	CH_3COOH	60.05	Cu_2O	143.091
$Al_2(SO_4)_3$	342.154	CH_3OH	32.04	CuS	95.612
As_2O_3	197.841	CH_3COCH_3	58.08	$CuSO_4$	159.610
As_2O_5	229.840	C_6H_5COOH	122.12	$FeCl_2$	126.750
As_2S_3	246.041	C_6H_5COONa	144.11	$FeCl_3$	162.203
$BaCO_3$	197.336	$C_6H_4COOHCOOK$	204.22	$Fe(NO_3)_3$	241.862
BaC_2O_4	225.347	CH_3COONH_4	77.08	FeO	71.844
$BaCl_2$	208.232	CH_3COONa	82.03	Fe_2O_3	159.688
$BaCrO_4$	253.321	C_6H_5OH	94.11	Fe_3O_4	231.533
BaO	153.326	$(C_9H_7N)_3H_3PO_4 \cdot 12MoO_3$	2212.74	$Fe(OH)_3$	106.867
$Ba(OH)_2$	171.342	(磷钼酸喹啉)		FeS	87.911
$BaSO_4$	233.391	$COOHCH_2COOH$	104.06	Fe_2S_3	207.87
$BiCl_3$	315.338	$COOHCH_2COONa$	126.04	$FeSO_4$	151.909
$BiOCl$	260.432	CCl_4	153.82	$Fe_2(SO_4)_3$	399.881
CO_2	44.010	$CoCl_2$	129.838	H_3AsO_3	125.944
CaO	56.077	$Co(NO_3)_2$	182.942	H_3AsO_4	141.944
$CaCO_3$	100.087	CoS	91.00	H_3BO_3	61.833
CaC_2O_4	128.098	$CoSO_4$	154.997	HBr	80.912
$CaCl_2$	110.983	$CO(NH_2)_2$	60.06	HCN	27.026
$HCOOH$	46.03	$KHC_2O_4 \cdot H_2C_2O_4 \cdot 2H_2O$	254.20	$(NH_4)_2S$	68.143
H_2CO_3	62.0251	$KHC_4H_4O_6$	188.178	$(NH_4)_2SO_4$	132.141
$H_2C_2O_4$	90.04	$KHSO_4$	136.170	Na_3AsO_3	191.89
$H_2C_2O_4 \cdot 2H_2O$	126.0665	KI	166.003	$Na_2B_4O_7$	201.220
$H_2C_4H_4O_6$(酒石酸)	150.09	KIO_3	214.001	$Na_2B_4O_7 \cdot 10H_2O$	381.373
HCl	36.461	$KIO_3 \cdot HIO_3$	389.91	$NaBiO_3$	279.968

续表

$HClO_4$	100.459	$KMnO_4$	158.034	$NaBr$	102.894
HF	20.006	$KNaC_4H_4O_6 \cdot 4H_2O$	282.221	$NaCN$	49.008
HI	127.912	KNO_3	101.103	$NaSCN$	81.074
HIO_3	175.910	KNO_2	85.104	$Na_2CO_3 \cdot 10H_2O$	286.142
HNO_3	63.013	K_2O	94.196	$Na_2C_2O_4$	134.000
HNO_2	47.014	KOH	56.105	$NaCl$	58.443
H_2O	18.015	K_2SO_4	174.261	$NaClO$	74.442
H_2O_2	34.015	$MgCO_3$	84.314	NaI	149.894
H_3PO_4	97.995	$MgCl_2$	95.210	NaF	41.988
H_2S	34.082	$MgC_2O_4 \cdot 2H_2O$	148.355	$NaHCO_3$	84.007
H_2SO_3	82.080	$Mg(NO_3)_2 \cdot 6H_2O$	256.406	Na_2HPO_4	141.959
H_2SO_4	98.080	$MgNH_4PO_4$	137.82	NaH_2PO_4	119.997
$Hg(CN)_2$	252.63	MgO	40.304	$Na_2H_2Y \cdot 2H_2O$	372.240
$HgCl_2$	271.50	$Mg(OH)_2$	58.320	$NaNO_2$	68.996
Hg_2Cl_2	472.09	$Mg_2P_2O_7 \cdot 3H_2O$	276.600	$NaNO_3$	84.995
HgI_2	454.40	$MgSO_4 \cdot 7H_2O$	246.475	Na_2O	61.979
$Hg_2(NO_3)_2$	525.19	$MnCO_3$	114.947	Na_2O_2	77.979
$Hg(NO_3)_2$	324.60	$MnCl_2 \cdot 4H_2O$	197.905	$NaOH$	39.997
HgO	216.59	$Mn(NO_3)_2 \cdot 6H_2O$	287.040	Na_3PO_4	163.94
HgS	232.66	MnO	70.937	Na_2S	78.046
$HgSO_4$	296.65	MnO_2	86.937	Na_2SiF_6	188.056
Hg_2SO_4	497.24	MnS	87.004	Na_2SO_3	126.044
$KAl(SO_4)_2 \cdot 12H_2O$	474.391	$MnSO_4$	151.002	$Na_2S_2O_3$	158.11
$KB(C_6H_5)_4$	358.332	NO	30.006	Na_2SO_4	142.044
KBr	119.002	NO_2	46.006	$NiC_8H_{14}O_4N_4$	288.92
$KBrO_3$	167.000	NH_3	17.031	(丁二酮肟合镍)	
KCl	74.551	$NH_3 \cdot H_2O$	35.046	$NiCl_2 \cdot 6H_2O$	237.689
$KClO_3$	122.549	NH_4Cl	53.492	NiO	74.692
$KClO_4$	138.549	$(NH_4)_2CO_3$	96.086	$Ni(NO_3)_2 \cdot 6H_2O$	290.794
KCN	65.116	$(NH_4)_2C_2O_4$	124.10	NiS	90.759
$KSCN$	97.182	$NH_4Fe(SO_4)_2 \cdot 12H_2O$	482.194	$NiSO_4 \cdot 7H_2O$	280.863
K_2CO_3	138.206	$(NH_4)_3PO_4 \cdot 12MoO_3$	1876.35	P_2O_5	141.945
K_2CrO_4	194.191	NH_4SCN	76.122	$PbCO_3$	267.2
$K_2Cr_2O_7$	294.185	$(NH_4)_2HCO_3$	79.056	PbC_2O_4	295.2
$K_3Fe(CN)_6$	329.246	$(NH_4)_2MoO_4$	196.04	$PbCl_2$	278.1
$K_4Fe(CN)_6$	368.347	NH_4NO_3	80.043	$PbCrO_4$	323.2
$KHC_2O_4 \cdot H_2O$	146.141	$(NH_4)_2HPO_4$	132.055	$Pb(CH_3COO)_2$	325.3
$Pb(CH_3COO)_2 \cdot 3H_2O$	427.3	Sb_2O_3	291.518	TiO_2	79.866
PbI_2	461.0	Sb_2S_3	339.718	$UO_2(CH_3COO)_2 \cdot 2H_2O$	422.13
$Pb(NO_3)_2$	331.2	SiO_2	60.085	WO_3	231.84
PbO	223.2	$SnCO_3$	178.82	$ZnCO_3$	125.40
PbO_2	239.2	$SnCl_2$	189.615	$ZnC_2O_4 \cdot 2H_2O$	189.44
Pb_3O_4	685.6	$SnCl_4$	260.521	$ZnCl_2$	136.29
$Pb_3(PO_4)_2$	811.5	SnO_2	150.709	$Zn(CH_3COO)_2$	183.48
PbS	239.3	SnS	150.776	$Zn(NO_3)_2$	189.40
$PbSO_4$	303.3	$SrCO_3$	147.63	$Zn_2P_2O_7$	304.72
SO_3	80.064	SrC_2O_4	175.64	ZnO	81.39
SO_2	64.065	$SrCrO_4$	203.61	ZnS	97.46
$SbCl_3$	228.118	$Sr(NO_3)_2$	211.63	$ZnSO_4$	161.45
$SbCl_5$	299.024	$SrSO_4$	183.68		

附录 2　常见弱电解质的标准解离常数（298.15K）

附录 2.1　酸

名称	化学式	$\ominus K_a^{\ominus}$		$pK_a^{\ominus}$
砷酸	H_3AsO_4	$K_{a_1}^{\ominus}$	5.50×10^{-3}	2.26
		$K_{a_2}^{\ominus}$	1.74×10^{-7}	6.76
		$K_{a_3}^{\ominus}$	5.13×10^{-12}	11.29
亚砷酸	H_3AsO_3		5.13×10^{-10}	9.29
硼酸	H_3BO_3		5.81×10^{-10}	9.236
焦硼酸	$H_2B_4O_7$	$K_{a_1}^{\ominus}$	1.00×10^{-4}	4.00
		$K_{a_2}^{\ominus}$	1.00×10^{-9}	9.00
碳酸	H_2CO_3	$K_{a_1}^{\ominus}$	4.47×10^{-7}	6.35
		$K_{a_2}^{\ominus}$	4.68×10^{-11}	10.33
铬酸	H_2CrO_4	$K_{a_1}^{\ominus}$	1.80×10^{-1}	0.74
		$K_{a_2}^{\ominus}$	3.20×10^{-7}	6.49
氢氟酸	HF		6.31×10^{-4}	3.20
亚硝酸	HNO_2		5.62×10^{-4}	3.25
过氧化氢	H_2O_2		2.4×10^{-12}	11.62
磷酸	H_3PO_4	$K_{a_1}^{\ominus}$	6.92×10^{-3}	2.16
		$K_{a_2}^{\ominus}$	6.23×10^{-8}	7.21
		$K_{a_3}^{\ominus}$	4.80×10^{-13}	12.32
焦磷酸	$H_4P_2O_7$	$K_{a_1}^{\ominus}$	1.23×10^{-1}	0.91
		$K_{a_2}^{\ominus}$	7.94×10^{-3}	2.10
		$K_{a_3}^{\ominus}$	2.00×10^{-7}	6.70
		$K_{a_4}^{\ominus}$	4.79×10^{-10}	9.32
氢硫酸	H_2S	$K_{a_1}^{\ominus}$	8.90×10^{-8}	7.05
		$K_{a_2}^{\ominus}$	1.26×10^{-14}	13.9
亚硫酸	H_2SO_3	$K_{a_1}^{\ominus}$	1.40×10^{-2}	1.85
		$K_{a_2}^{\ominus}$	6.31×10^{-2}	7.20
硫酸	H_2SO_4	$K_{a_2}^{\ominus}$	1.02×10^{-2}	1.99
偏硅酸	H_2SiO_3	$K_{a_1}^{\ominus}$	1.70×10^{-10}	9.77
		$K_{a_2}^{\ominus}$	1.58×10^{-12}	11.80
甲酸	$HCOOH$		1.772×10^{-4}	3.75
醋酸	CH_3COOH		1.74×10^{-5}	4.76
草酸	$H_2C_2O_4$	$K_{a_1}^{\ominus}$	5.9×10^{-2}	1.23
		$K_{a_2}^{\ominus}$	6.46×10^{-5}	4.19
酒石酸	$HOOC(CHOH)_2COOH$	$K_{a_1}^{\ominus}$	1.04×10^{-3}	2.98
		$K_{a_2}^{\ominus}$	4.57×10^{-5}	4.34
苯酚	C_6H_5OH		1.02×10^{-10}	9.99
抗坏血酸	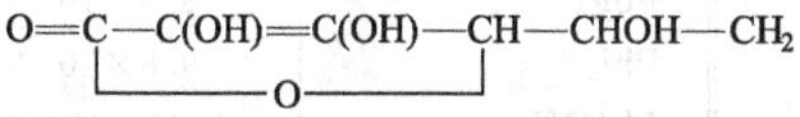	$K_{a_1}^{\ominus}$	5.0×10^{-5}	4.10
		$K_{a_2}^{\ominus}$	1.5×10^{-10}	11.79
柠檬酸	$HO—C(CH_2COOH)_2COOH$	$K_{a_1}^{\ominus}$	7.24×10^{-4}	3.14
		$K_{a_2}^{\ominus}$	1.70×10^{-5}	4.77
		$K_{a_3}^{\ominus}$	4.07×10^{-7}	6.39
苯甲酸	C_6H_5COOH		6.45×10^{-5}	4.19
邻苯二甲酸	$C_6H_4(COOH)_2$	$K_{a_1}^{\ominus}$	1.30×10^{-3}	2.89
		$K_{a_2}^{\ominus}$	3.09×10^{-6}	5.51

附录 2.2 碱

名称	化学式		$K_b^\ominus$	$pK_b^\ominus$
氨水	$NH_3 \cdot H_2O$		1.79×10^{-5}	4.75
甲胺	CH_3NH_2		4.20×10^{-4}	3.38
乙胺	$C_2H_5NH_2$		4.30×10^{-4}	3.37
二甲胺	$(CH_3)_2NH$		5.90×10^{-4}	3.23
二乙胺	$(C_2H_5)_2NH$		6.31×10^{-4}	3.2
苯胺	$C_6H_5NH_2$		3.98×10^{-10}	9.40
乙二胺	$H_2NCH_2CH_2NH_2$	$K_{b_1}^\ominus$	8.32×10^{-5}	4.08
		$K_{b_2}^\ominus$	7.10×10^{-8}	7.15
乙醇胺	$HOCH_2CH_2NH_2$		3.2×10^{-5}	4.50
三乙醇胺	$(HOCH_2CH_2)_3N$		5.8×10^{-7}	6.24
六次甲基四胺	$(CH_2)_6N_4$		1.35×10^{-9}	8.87
吡啶	C_5H_5N		1.80×10^{-9}	8.70

附录 3 常见难溶电解质的溶度积（298.15K，离子强度 $I=0$）

化学式	$K_{sp}^\ominus$	$pK_{sp}^\ominus$	化学式	$K_{sp}^\ominus$	$pK_{sp}^\ominus$
AgBr	5.35×10^{-13}	12.27	CaF_2	3.45×10^{-11}	10.46
Ag_2CO_3	8.46×10^{-12}	11.07	CdS	8.0×10^{-27}	26.10
AgCl	1.77×10^{-10}	9.75	CoS(α)	4.0×10^{-21}	20.40
Ag_2CrO_4	1.12×10^{-12}	11.95	CoS(β)	2.0×10^{-25}	24.70
AgI	8.52×10^{-17}	16.07	$Cr(OH)_3$	6.3×10^{-31}	30.20
AgOH	2.0×10^{-8}	7.71	CuBr	6.27×10^{-9}	8.20
Ag_2S	6.3×10^{-50}	49.20	CuCl	1.72×10^{-7}	6.76
$Al(OH)_3$(无定形)	1.3×10^{-33}	32.89	CuI	1.27×10^{-12}	11.90
$BaCO_3$	2.58×10^{-9}	8.59	CuS	6.3×10^{-36}	35.20
BaC_2O_4	1.6×10^{-7}	6.79	Cu_2S	2.5×10^{-48}	47.60
$BaCrO_4$	1.17×10^{-10}	9.93	CuSCN	1.77×10^{-13}	12.75
$BaSO_4$	1.08×10^{-10}	9.97	$FeC_2O_4 \cdot 2H_2O$	3.2×10^{-7}	6.50
$CaCO_3$	3.36×10^{-9}	8.47	$Fe(OH)_2$	4.87×10^{-17}	16.31
$CaC_2O_4 \cdot H_2O$	2.32×10^{-9}	8.63	$Fe(OH)_3$	2.79×10^{-39}	38.55
FeS	6.3×10^{-18}	17.20	$PbCO_3$	7.40×10^{-14}	13.13
Hg_2Cl_2	1.43×10^{-18}	17.84	PbC_2O_4	4.8×10^{-10}	9.32
Hg_2I_2	5.2×10^{-29}	28.72	$PbCrO_4$	2.8×10^{-13}	12.55
HgS(红)	4.0×10^{-53}	52.40	PbF_2	3.3×10^{-8}	7.48
HgS(黑)	1.6×10^{-52}	51.80	PbI_2	9.8×10^{-9}	8.01
$MgCO_3$	6.82×10^{-6}	5.17	$Pb(OH)_2$	1.43×10^{-20}	19.84
$MgC_2O_4 \cdot 2H_2O$	4.83×10^{-6}	5.32	PbS	8.0×10^{-28}	27.10
MgF_2	5.16×10^{-11}	10.29	$PbSO_4$	2.53×10^{-8}	7.60
$MgNH_4PO_4$	2.5×10^{-13}	12.60	$SrCO_3$	5.60×10^{-10}	9.25
$Mg(OH)_2$	5.61×10^{-12}	11.25	$SrSO_4$	3.44×10^{-7}	6.46
$Mn(OH)_2$	1.9×10^{-13}	12.72	$Sn(OH)_2$	5.45×10^{-27}	26.26
MnS	2.5×10^{-13}	12.60	$Sn(OH)_4$	1.0×10^{-56}	56.00
$Ni(OH)_2$	5.48×10^{-16}	15.26	$Zn(OH)_2$(无定形)	3×10^{-17}	16.5
NiS(α)	3.2×10^{-19}	18.49	ZnS(α)	1.6×10^{-24}	23.80
NiS(β)	1.0×10^{-24}	24.00	ZnS(β)	2.5×10^{-22}	21.60

附录 4 常见氧化还原电对的标准电极电势

附录 4.1 在酸性溶液中 $\varphi^{\ominus}$

电对	电极反应	$\varphi^{\ominus}$/V
Li^+/Li	$Li^+ + e \rightleftharpoons Li$	−3.0401
Cs^+/Cs	$Cs^+ + e \rightleftharpoons Cs$	−3.026
K^+/K	$K^+ + e \rightleftharpoons K$	−2.931
Ba^{2+}/Ba	$Ba^{2+} + 2e \rightleftharpoons Ba$	−2.912
Ca^{2+}/Ca	$Ca^{2+} + 2e \rightleftharpoons Ca$	−2.868
Na^+/Na	$Na^+ + e \rightleftharpoons Na$	−2.71
Mg^{2+}/Mg	$Mg^{2+} + 2e \rightleftharpoons Mg$	−2.372
H_2/H^-	$1/2H_2 + e \rightleftharpoons H^-$	−2.23
Al^{3+}/Al	$Al^{3+} + 3e \rightleftharpoons Al$	−1.662
Mn^{2+}/Mn	$Mn^{2+} + 2e \rightleftharpoons Mn$	−1.185
Zn^{2+}/Zn	$Zn^{2+} + 2e \rightleftharpoons Zn$	−0.7618
Cr^{3+}/Cr	$Cr^{3+} + 3e \rightleftharpoons Cr$	−0.744
Ag_2S/Ag^-	$Ag_2S + 2e \rightleftharpoons 2Ag + S^{2-}$	−0.691
$CO_2/H_2C_2O_4$	$2CO_2 + 2H^+ + 2e \rightleftharpoons H_2C_2O_4$	−0.481
Fe^{2+}/Fe	$Fe^{2+} + 2e \rightleftharpoons Fe$	−0.447
Cr^{3+}/Cr^{2+}	$Cr^{3+} + e \rightleftharpoons Cr^{2+}$	−0.407
Cd^{2+}/Cd	$Cd^{2+} + 2e \rightleftharpoons Cd$	−0.4030
$PbSO_4/Pb$	$PbSO_4 + 2e \rightleftharpoons Pb + SO_4^{2-}$	−0.3588
Co^{2+}/Co	$Co^{2+} + 2e \rightleftharpoons Co$	−0.28
$PbCl_2/Pb$	$PbCl_2 + 2e \rightleftharpoons Pb + 2Cl^-$	−0.2675
Ni^{2+}/Ni	$Ni^{2+} + 2e \rightleftharpoons Ni$	−0.257
AgI/Ag	$AgI + e \rightleftharpoons Ag + I^-$	−0.15224
Sn^{2+}/Sn	$Sn^{2+} + 2e \rightleftharpoons Sn$	−0.1375
Pb^{2+}/Pb	$Pb^{2+} + 2e \rightleftharpoons Pb$	−0.1262
Fe^{3+}/Fe	$Fe^{3+} + 3e \rightleftharpoons Fe$	−0.037
$AgCN/Ag$	$AgCN + e \rightleftharpoons Ag + CN^-$	−0.017
H^+/H_2	$2H^+ + 2e \rightleftharpoons H_2$	0.0000
$AgBr/Ag$	$AgBr + e \rightleftharpoons Ag + Br^-$	0.07133
S/H_2S	$S + 2H^+ + 2e \rightleftharpoons H_2S(aq)$	0.142
Sn^{4+}/Sn^{2+}	$Sn^{4+} + 2e \rightleftharpoons Sn^{2+}$	0.151
Cu^{2+}/Cu^+	$Cu^{2+} + e \rightleftharpoons Cu^+$	0.153
$AgCl/Ag$	$AgCl + e \rightleftharpoons Ag + Cl^-$	0.22233
Hg_2Cl_2/Hg	$Hg_2Cl_2 + 2e \rightleftharpoons 2Hg + 2Cl^-$	0.26808
Cu^{2+}/Cu	$Cu^{2+} + 2e \rightleftharpoons Cu$	0.3419
$S_2O_3{}^{2-}/S$	$S_2O_3{}^{2-} + 6H^+ + 4e \rightleftharpoons 2S + 3H_2O$	0.5
Cu^+/Cu	$Cu^+ + e \rightleftharpoons Cu$	0.521
I_2/I^-	$I_2 + 2e \rightleftharpoons 2I^-$	0.5355
$I_3{}^-/I^-$	$I_3{}^- + 2e \rightleftharpoons 3I^-$	0.536
MnO_4^-/MnO_4^{2-}	$MnO_4^- + e \rightleftharpoons MnO_4^{2-}$	0.558

续表

电对	电极反应	$\varphi^{\ominus}$/V
$H_3AsO_4/HAsO_2$	$H_3AsO_4+2H^++2e \rightleftharpoons HAsO_2+2H_2O$	0.560
Ag_2SO_4/Ag	$Ag_2SO_4+2e \rightleftharpoons 2Ag+SO_4^{2-}$	0.654
O_2/H_2O_2	$O_2+2H^++2e \rightleftharpoons H_2O_2$	0.695
Fe^{3+}/Fe^{2+}	$Fe^{3+}+e \rightleftharpoons Fe^{2+}$	0.771
Hg_2^{2+}/Hg	$Hg_2^{2+}+2e \rightleftharpoons 2Hg$	0.7973
Ag^+/Ag	$Ag^++e \rightleftharpoons Ag$	0.7996
NO_3^-/N_2O_4	$2NO_3^-+4H^++2e \rightleftharpoons N_2O_4+2H_2O$	0.803
Hg^{2+}/Hg	$Hg^{2+}+2e \rightleftharpoons Hg$	0.851
Cu^{2+}/CuI	$Cu^{2+}+I^-+e \rightleftharpoons CuI$	0.86
Hg^{2+}/Hg_2^{2+}	$2Hg^{2+}+2e \rightleftharpoons Hg_2^{2+}$	0.920
NO_3^-/HNO_2	$NO_3^-+3H^++2e \rightleftharpoons HNO_2+H_2O$	0.934
NO_3^-/NO	$NO_3^-+4H^++3e \rightleftharpoons NO+2H_2O$	0.957
HNO_2/NO	$HNO_2+H^++e \rightleftharpoons NO+H_2O$	0.983
$[AuCl_4]^-/Au$	$[AuCl_4]^-+3e \rightleftharpoons Au+4Cl^-$	1.002
Br_2/Br^-	$Br_2(l)+2e \rightleftharpoons 2Br^-$	1.066
$Cu^{2+}/[Cu(CN)_2]^-$	$Cu^{2+}+2CN^-+e \rightleftharpoons [Cu(CN)_2]^-$	1.103
IO_3^-/HIO	$IO_3^-+5H^++4e \rightleftharpoons HIO+2H_2O$	1.14
IO_3^-/I_2	$2IO_3^-+12H^++10e \rightleftharpoons I_2+6H_2O$	1.195
MnO_2/Mn^{2+}	$MnO_2+4H^++2e \rightleftharpoons Mn^{2+}+2H_2O$	1.224
O_2/H_2O	$O_2+4H^++4e \rightleftharpoons 2H_2O$	1.229
$Cr_2O_7{}^{2-}/Cr^{3+}$	$Cr_2O_7^{2-}+14H^++6e \rightleftharpoons 2Cr^{3+}+7H_2O$	1.232
Cl_2/Cl^-	$Cl_2(g)+2e \rightleftharpoons 2Cl^-$	1.35827
ClO_4^-/Cl_2	$2ClO_4^-+16H^++14e \rightleftharpoons Cl_2+8H_2O$	1.39
ClO_3^-/Cl^-	$ClO_3^-+6H^++6e \rightleftharpoons Cl^-+3H_2O$	1.451
PbO_2/Pb^{2+}	$PbO_2+4H^++2e \rightleftharpoons Pb^{2+}+2H_2O$	1.455
ClO_3^-/Cl_2	$ClO_3^-+6H^++5e \rightleftharpoons 1/2Cl_2+3H_2O$	1.47
BrO_3^-/Br_2	$2BrO_3^-+12H^++10e \rightleftharpoons Br_2+6H_2O$	1.482
$HClO/Cl^-$	$HClO+H^++2e \rightleftharpoons Cl^-+H_2O$	1.482
Au^{3+}/Au	$Au^{3+}+3e \rightleftharpoons Au$	1.498
MnO_4^-/Mn^{2+}	$MnO_4^-+8H^++5e \rightleftharpoons Mn^{2+}+4H_2O$	1.507
Mn^{3+}/Mn^{2+}	$Mn^{3+}+e \rightleftharpoons Mn^{2+}$	1.5415
$HBrO/Br_2$	$2HBrO+2H^++2e \rightleftharpoons Br_2+2H_2O$	1.596
H_5IO_6/IO_3^-	$H_5IO_6+H^++2e \rightleftharpoons IO_3^-+3H_2O$	1.601
$HClO/Cl_2$	$2HClO+2H^++2e \rightleftharpoons Cl_2+2H_2O$	1.611
$HClO_2/HClO$	$HClO_2+2H^++2e \rightleftharpoons HClO+H_2O$	1.645
MnO_4^-/MnO_2	$MnO_4^-+4H^++3e \rightleftharpoons MnO_2+2H_2O$	1.679
$PbO_2/PbSO_4$	$PbO_2+SO_4^{2-}+4H^++2e \rightleftharpoons PbSO_4+2H_2O$	1.6913
H_2O_2/H_2O	$H_2O_2+2H^++2e \rightleftharpoons 2H_2O$	1.776
Co^{3+}/Co^{2+}	$Co^{3+}+e \rightleftharpoons Co^{2+}$	1.92
$S_2O_8^{2-}/SO_4^{2-}$	$S_2O_8^{2-}+2e \rightleftharpoons 2SO_4^{2-}$	2.010
O_3/O_2	$O_3+2H^++2e \rightleftharpoons O_2+H_2O$	2.076
F_2/F^-	$F_2+2e \rightleftharpoons 2F^-$	2.866
F_2/HF	$F_2(g)+2H^++2e \rightleftharpoons 2HF$	3.503

附录 4.2 在碱性溶液中

电对	电极反应	$\varphi^{\ominus}$/V
$Mn(OH)_2/Mn$	$Mn(OH)_2+2e \rightleftharpoons Mn+2OH^-$	−1.56
$[Zn(CN)_4]^{2-}/Zn$	$[Zn(CN)_4]^{2-}+2e \rightleftharpoons Zn+4CN^-$	−1.34
$ZnO_2{}^{2-}/Zn$	$ZnO_2{}^{2-}+2H_2O+2e \rightleftharpoons Zn+4OH^-$	−1.215
$[Sn(OH)_6]^{2-}/HSnO_2^-$	$[Sn(OH)_6]^{2-}+2e \rightleftharpoons HSnO_2^-+3OH^-+H_2O$	−0.93
$SO_4^{2-}/SO_3{}^{2-}$	$SO_4^{2-}+H_2O+2e \rightleftharpoons SO_3{}^{2-}+2OH^-$	−0.93
$HSnO_2^-/Sn$	$HSnO_2^-+H_2O+2e \rightleftharpoons Sn+3OH^-$	−0.909
H_2O/H_2	$2H_2O+2e \rightleftharpoons H_2+2OH^-$	−0.8277
$Ni(OH)_2/Ni$	$Ni(OH)_2+2e \rightleftharpoons Ni+2OH^-$	−0.72
$AsO_4{}^{3-}/AsO_2^-$	$AsO_4^{3-}+2H_2O+2e \rightleftharpoons AsO_2^-+4OH^-$	−0.71
$SO_3{}^{2-}/S$	$SO_3{}^{2-}+3H_2O+4e \rightleftharpoons S+6OH^-$	−0.59
$SO_3{}^{2-}/S_2O_3{}^{2-}$	$2SO_3{}^{2-}+3H_2O+4e \rightleftharpoons S_2O_3{}^{2-}+6OH^-$	−0.571
S/S^{2-}	$S+2e \rightleftharpoons S^{2-}$	−0.47627
$[Ag(CN)_2]^-/Ag$	$[Ag(CN)_2]^-+e \rightleftharpoons Ag+2CN^-$	−0.31
CrO_4^{2-}/CrO_2^-	$CrO_4^{2-}+4H_2O+3e \rightleftharpoons Cr(OH)_4^-+4OH^-$	−0.13
O_2/HO_2^-	$O_2+H_2O+2e \rightleftharpoons HO_2^-+OH^-$	−0.076
NO_3^-/NO_2^-	$NO_3^-+H_2O+2e \rightleftharpoons NO_2^-+2OH^-$	0.01
$S_4O_6{}^{2-}/S_2O_3{}^{2-}$	$S_4O_6{}^{2-}+2e \rightleftharpoons 2S_2O_3{}^{2-}$	0.08
$[Co(NH_3)_6]^{3+}/[Co(NH_3)_6]^{2+}$	$[Co(NH_3)_6]^{3+}+e \rightleftharpoons [Co(NH_3)_6]^{2+}$	0.108
MnO_2/Mn^{2+}	$Mn(OH)_3+e \rightleftharpoons Mn(OH)_2+OH^-$	0.15
$Cr_2O_7{}^{2-}/Cr^{3+}$	$Co(OH)_3+e \rightleftharpoons Co(OH)_2+OH^-$	0.17
Ag_2O/Ag	$Ag_2O+H_2O+2e \rightleftharpoons 2Ag+2OH^-$	0.342
O_2/OH^-	$O_2+2H_2O+4e \rightleftharpoons 4OH^-$	0.401
MnO_4^-/MnO_2	$MnO_4^-+2H_2O+3e \rightleftharpoons MnO_2+4OH$	0.595
BrO_3^-/Br^-	$BrO_3^-+3H_2O+6e \rightleftharpoons Br^-+6OH^-$	0.61
BrO^-/Br^-	$BrO^-+H_2O+2e \rightleftharpoons Br^-+2OH^-$	0.761
ClO^-/Cl^-	$ClO^-+H_2O+2e \rightleftharpoons Cl^-+2OH^-$	0.81
H_2O_2/OH^-	$H_2O_2+2e \rightleftharpoons 2OH^-$	0.88
O_3/OH^-	$O_3+H_2O+2e \rightleftharpoons O_2+2OH^-$	1.24

附录 5　一些氧化还原电对的条件电极电势 $\varphi^{\ominus\prime}$

电极反应	$\varphi^{\ominus\prime}$/V	介质
$Ag(II)+e \rightleftharpoons Ag^+$	1.927	4mol/L HNO_3
$Ce(IV)+e \rightleftharpoons Ce(III)$	1.70	1mol/L $HClO_4$
	1.61	1mol/L HNO_3
	1.44	0.5mol/L H_2SO_4
	1.28	1mol/L HCl
$[Co(en)_3]^{3+}+e \rightleftharpoons [Co(en)_3]^{2+}$	−0.20	0.1mol/L KNO_3+0.1mol/L en
$Cr_2O_7^{2-}+14H^++6e \rightleftharpoons 2Cr^{3+}+7H_2O$	1.000	1mol/L HCl
	1.030	1mol/L $HClO_4$
	1.080	3mol/L HCl
	1.050	2mol/L HCl
	1.150	4mol/L H_2SO_4
$CrO_4^{2-}+2H_2O+3e \rightleftharpoons CrO_2^-+4OH^-$	−0.120	1mol/L NaOH
$Fe(III)+e \rightleftharpoons Fe(II)$	0.750	1mol/L $HClO_4$
	0.670	0.5mol/L H_2SO_4
	0.700	1mol/L HCl
	0.460	2mol/L H_3PO_4
$H_3AsO_4+2H^++2e \rightleftharpoons H_3AsO_3+H_2O$	0.557	1mol/L HCl
$H_2SO_3+4H^++4e \rightleftharpoons S+3H_2O$	0.557	1mol/L $HClO_4$
$Fe(EDTA)^-+e \rightleftharpoons Fe(EDTA)^{2-}$	0.120	0.1mol/L EDTA(pH=4～6)
$[Fe(CN)_6]^{3-}+e \rightleftharpoons [Fe(CN)_6]^{4-}$	0.480	0.01mol/L HCl
	0.560	0.1mol/L HCl
	0.720	1mol/L $HClO_4$
I_2(水)$+2e \rightleftharpoons 2I^-$	0.6276	1mol/L H^+
$MnO_4^-+8H^++5e \rightleftharpoons Mn^{2+}+4H_2O$	1.450	1mol/L $HClO_4$
	1.27	8mol/L H_3PO_4
$[SnCl_6]^{2-}+2e \rightleftharpoons [SnCl_4]^{2-}+2Cl^-$	0.140	1mol/L HCl
$Sn^{2+}+2e \rightleftharpoons Sn$	−0.160	1mol/L $HClO_4$
$Sb(V)+2e \rightleftharpoons Sb(III)$	0.750	3.5mol/L HCl
$[Sb(OH)_6]^-+2e \rightleftharpoons SbO_2^-+2OH^-+2H_2O$	−0.428	3mol/L NaOH
$SbO_2^-+2H_2O+3e \rightleftharpoons Sb+4OH^-$	−0.675	10mol/L KOH
$Ti(IV)+e \rightleftharpoons Ti(III)$	−0.010	0.2mol/L H_2SO_4
	0.120	2mol/L H_2SO_4
	−0.040	1mol/L HCl
$Pb(II)+2e \rightleftharpoons Pb$	−0.320	1mol/L NaAc
	−0.140	1mol/L $HClO_4$

附录 6　常见配离子的稳定常数

配位体	金属离子	n	$\lg\beta_n$
NH_3	Ag^+	1，2	3.24，7.05
	Cu^{2+}	1，…，4	4.31，7.98，11.02，13.32
	Ni^{2+}	1，…，6	2.80，5.04，6.77，7.96，8.71，8.74
	Zn^{2+}	1，…，4	2.37，4.81，7.31，9.46
F^-	Al^{3+}	1，…，6	6.10，11.15，15.00，17.75，19.37，19.84
	Fe^{3+}	1，2，3	5.28，9.30，12.06
Cl^-	Hg^{2+}	1，…，4	6.74，13.22，14.07，15.07
CN^-	Ag^+	2，3，4	21.1，21.7，20.6
	Fe^{2+}	6	35
	Fe^{3+}	6	42
	Ni^{2+}	4	31.3
	Zn^{2+}	4	16.7
$S_2O_3^{2-}$	Ag^+	1，2	8.82，13.46
	Hg^{2+}	2，3，4	29.44，31.90，33.24
OH^-	Al^{3+}	1，4	9.27，33.03
	Bi^{3+}	1，2，4	12.7，15.8，35.2
	Cd^{2+}	1，…，4	4.17，8.33，9.02，8.62
	Cu^{2+}	1，…，4	7.0，13.68，17.00，18.5
	Fe^{2+}	1，…，4	5.56，9.77，9.67，8.58
	Fe^{3+}	1，2，3	11.87，21.17，29.67
	Hg^{2+}	1，2，3	10.6，21.8，20.9
	Mg^{2+}	1	2.58
	Ni^{2+}	1，2，3	4.97，8.55，11.33
	Pb^{2+}	1，2，3，6	7.82，10.85，14.58，61.0
	Sn^{2+}	1，2，3	10.60，20.93，25.38
	Zn^{2+}	1，…，4	4.40，11.30，14.14，17.66
EDTA	Ag^+	1	7.32
	Al^{3+}	1	16.11
	Ba^{2+}	1	7.78
	Bi^{3+}	1	22.8
	Ca^{2+}	1	11.0
	Cd^{2+}	1	16.4
	Co^{2+}	1	16.31
	Co^{3+}	1	36.00
	Cr^{3+}	1	23
	Cu^{2+}	1	18.70
	Fe^{2+}	1	14.33
	Fe^{3+}	1	24.23
	Hg^{2+}	1	21.80
	Mg^{2+}	1	8.64
	Mn^{2+}	1	13.8
	Ni^{2+}	1	18.56
	Pb^{2+}	1	18.3
	Sn^{2+}	1	22.1
	Zn^{2+}	1	16.4

注：表中数据为 20～25℃、$I=0$ 的条件下获得。

附录数据主要来自：

1. David R Lide，CRC Handbook of Chemistry and Physics，80th ed：1999-2000.

2. J A Dean，Lange's Handbook of Chemistry，15th ed，1999.

3. Weast R G. Handbook of Chemistry and Physics，1986，66th ed：D272～278，并按 1cal=4.184J 换算.

4. 大连理工大学无机化学教研室，《无机化学》第 4 版。

参考文献

[1] 倪静安等．无机及分析化学．第2版．北京：化学工业出版社，2005.
[2] 高职高专化学教材编写组．分析化学．第2版．北京：高等教育出版社，2000.
[3] 高职高专化学教材编写组．物理化学．第2版．北京：高等教育出版社，2000.
[4] 南京大学《无机及分析化学》编写组．无机及分析化学．第3版．北京：高等教育出版社，1998.
[5] 马荔等．基础化学．北京：化学工业出版社，2005.
[6] 邢其毅，徐瑞秋，裴伟伟．基础有机化学．第3版．北京：高等教育出版社，2005.
[7] 高职高专化学教材编写组．有机化学．第4版．北京：高等教育出版社，2013.
[8] 浙江大学普通化学教研组．普通化学．第5版．北京：高等教育出版社，2004.
[9] 金贞玉，聂丽莎．基础化学．北京：教育科学出版社，2008.
[10] 天津大学无机化学教研室．无机化学．第3版．北京：高等教育出版社，2002.
[11] 高嵩，张学军，王传胜．无机与分析化学实验．北京：化学工业出版社，2011.

元素周期表

IUPAC 2013

图例（以95号元素Am为例）：

95 Am 镅▴ $5f^77s^2$ 243.06138(2)✦ +2 +3 +4 +5 +6

- 氧化态(单质的氧化态为0，未列入；常见的为红色)
- 原子序数
- 元素符号(红色的为放射性元素)
- 元素名称(注▴的为人造元素)
- 价层电子构型
- 以 $^{12}C=12$ 为基准的原子量(注✦的是半衰期最长同位素的原子量)

s区元素　p区元素　d区元素　ds区元素　f区元素　稀有气体

族 / 周期	1 ⅠA	2 ⅡA	3 ⅢB	4 ⅣB	5 ⅤB	6 ⅥB	7 ⅦB	8 ⅧB(Ⅷ)	9 ⅧB(Ⅷ)	10 ⅧB(Ⅷ)	11 ⅠB	12 ⅡB	13 ⅢA	14 ⅣA	15 ⅤA	16 ⅥA	17 ⅦA	18 ⅧA(0)	电子层
1	1 H 氢 $1s^1$ 1.008 −1 +1																	2 He 氦 $1s^2$ 4.002602(2)	K
2	3 Li 锂 $2s^1$ 6.94 +1	4 Be 铍 $2s^2$ 9.0121831(5) +2											5 B 硼 $2s^22p^1$ 10.81 +3	6 C 碳 $2s^22p^2$ 12.011 −4 +2 +4	7 N 氮 $2s^22p^3$ 14.007 −3 −2 −1 +1 +2 +3 +4 +5	8 O 氧 $2s^22p^4$ 15.999 −2 −1	9 F 氟 $2s^22p^5$ 18.998403163(6) −1	10 Ne 氖 $2s^22p^6$ 20.1797(6)	L K
3	11 Na 钠 $3s^1$ 22.98976928(2) −1 +1	12 Mg 镁 $3s^2$ 24.305 +2											13 Al 铝 $3s^23p^1$ 26.9815385(7) +3	14 Si 硅 $3s^23p^2$ 28.085 −4 +2 +4	15 P 磷 $3s^23p^3$ 30.973761998(5) −3 −2 +1 +3 +5	16 S 硫 $3s^23p^4$ 32.06 −2 +2 +4 +6	17 Cl 氯 $3s^23p^5$ 35.45 −1 +1 +3 +5 +7	18 Ar 氩 $3s^23p^6$ 39.948(1)	M L K
4	19 K 钾 $4s^1$ 39.0983(1) −1 +1	20 Ca 钙 $4s^2$ 40.078(4) +2	21 Sc 钪 $3d^14s^2$ 44.955908(5) +3	22 Ti 钛 $3d^24s^2$ 47.867(1) −1 0 +2 +3 +4	23 V 钒 $3d^34s^2$ 50.9415(1) 0 ±1 +2 +3 +4 +5	24 Cr 铬 $3d^54s^1$ 51.9961(6) −3 0 ±1 ±2 +3 +4 +5 +6	25 Mn 锰 $3d^54s^2$ 54.938044(3) −2 0 ±1 +2 +3 +4 +5 +6 +7	26 Fe 铁 $3d^64s^2$ 55.845(2) −2 0 ±1 +2 +3 +4 +5 +6	27 Co 钴 $3d^74s^2$ 58.933194(4) 0 ±1 +2 +3 +4 +5	28 Ni 镍 $3d^84s^2$ 58.6934(4) 0 ±1 +2 +3 +4	29 Cu 铜 $3d^{10}4s^1$ 63.546(3) +1 +2 +3 +4	30 Zn 锌 $3d^{10}4s^2$ 65.38(2) +1 +2	31 Ga 镓 $4s^24p^1$ 69.723(1) +1 +3	32 Ge 锗 $4s^24p^2$ 72.630(8) +2 +4	33 As 砷 $4s^24p^3$ 74.921595(6) −3 +3 +5	34 Se 硒 $4s^24p^4$ 78.971(8) −2 +2 +4 +6	35 Br 溴 $4s^24p^5$ 79.904 −1 +1 +3 +5 +7	36 Kr 氪 $4s^24p^6$ 83.798(2) +2 +4	N M L K
5	37 Rb 铷 $5s^1$ 85.4678(3) −1 +1	38 Sr 锶 $5s^2$ 87.62(1) +2	39 Y 钇 $4d^15s^2$ 88.90584(2) +3	40 Zr 锆 $4d^25s^2$ 91.224(2) +1 +2 +3 +4	41 Nb 铌 $4d^45s^1$ 92.90637(2) 0 ±1 +2 +3 +4 +5	42 Mo 钼 $4d^55s^1$ 95.95(1) 0 ±1 ±2 +3 +4 +5 +6	43 Tc 锝▴ $4d^55s^2$ 97.90721(3)✦ 0 ±1 +2 +3 +4 +5 +6 +7	44 Ru 钌 $4d^75s^1$ 101.07(2) 0 +1 ±2 +3 +4 +5 +6 +7 +8	45 Rh 铑 $4d^85s^1$ 102.90550(2) 0 ±1 +2 +3 +4 +5 +6	46 Pd 钯 $4d^{10}$ 106.42(1) 0 +1 +2 +3 +4	47 Ag 银 $4d^{10}5s^1$ 107.8682(2) +1 +2 +3	48 Cd 镉 $4d^{10}5s^2$ 112.414(4) +1 +2	49 In 铟 $5s^25p^1$ 114.818(1) +1 +3	50 Sn 锡 $5s^25p^2$ 118.710(7) +2 +4	51 Sb 锑 $5s^25p^3$ 121.760(1) −3 +3 +5	52 Te 碲 $5s^25p^4$ 127.60(3) −2 +2 +4 +6	53 I 碘 $5s^25p^5$ 126.90447(3) −1 +1 +3 +5 +7	54 Xe 氙 $5s^25p^6$ 131.293(6) +2 +4 +6 +8	O N M L K
6	55 Cs 铯 $6s^1$ 132.90545196(6) −1 +1	56 Ba 钡 $6s^2$ 137.327(7) +2	57~71 La~Lu 镧系	72 Hf 铪 $5d^26s^2$ 178.49(2) +1 +2 +3 +4	73 Ta 钽 $5d^36s^2$ 180.94788(2) 0 ±1 +2 +3 +4 +5	74 W 钨 $5d^46s^2$ 183.84(1) 0 ±1 ±2 +3 +4 +5 +6	75 Re 铼 $5d^56s^2$ 186.207(1) 0 ±1 +2 +3 +4 +5 +6 +7	76 Os 锇 $5d^66s^2$ 190.23(3) 0 ±1 +2 +3 +4 +5 +6 +7 +8	77 Ir 铱 $5d^76s^2$ 192.217(3) 0 ±1 +2 +3 +4 +5 +6	78 Pt 铂 $5d^96s^1$ 195.084(9) 0 +2 +3 +4 +5 +6	79 Au 金 $5d^{10}6s^1$ 196.966569(5) +1 +2 +3 +5	80 Hg 汞 $5d^{10}6s^2$ 200.592(3) +1 +2 +3	81 Tl 铊 $6s^26p^1$ 204.38 +1 +3	82 Pb 铅 $6s^26p^2$ 207.2(1) +2 +4	83 Bi 铋 $6s^26p^3$ 208.98040(1) −3 +3 +5	84 Po 钋 $6s^26p^4$ 208.98243(2)✦ −2 +2 +4 +6	85 At 砹 $6s^26p^5$ 209.98715(5)✦ ±1 +5 +7	86 Rn 氡 $6s^26p^6$ 222.01758(2)✦ +2	P O N M L K
7	87 Fr 钫▴ $7s^1$ 223.01974(2)✦ +1	88 Ra 镭 $7s^2$ 226.02541(2)✦ +2	89~103 Ac~Lr 锕系	104 Rf 𬬻▴ $6d^27s^2$ 267.122(4)✦	105 Db 𬭊▴ $6d^37s^2$ 270.131(4)✦	106 Sg 𬭳▴ $6d^47s^2$ 269.129(3)✦	107 Bh 𬭛▴ $6d^57s^2$ 270.133(2)✦	108 Hs 𬭶▴ $6d^67s^2$ 270.134(2)✦	109 Mt 鿏▴ $6d^77s^2$ 278.156(5)✦	110 Ds 𫟼▴ 281.165(4)✦	111 Rg 𬬭▴ 281.166(6)✦	112 Cn 鿔▴ 285.177(4)✦	113 Nh 鿭▴ 286.182(5)✦	114 Fl 𫓧▴ 289.190(4)✦	115 Mc 镆▴ 289.194(6)✦	116 Lv 𫟷▴ 293.204(4)✦	117 Ts 鿬▴ 293.208(6)✦	118 Og 鿫▴ 294.214(5)✦	Q P O N M L K

★ 镧系	57 La★ 镧 $5d^16s^2$ 138.90547(7) +3	58 Ce 铈 $4f^15d^16s^2$ 140.116(1) +2 +3 +4	59 Pr 镨 $4f^36s^2$ 140.90766(2) +3 +4	60 Nd 钕 $4f^46s^2$ 144.242(3) +2 +3 +4	61 Pm 钷▴ $4f^56s^2$ 144.91276(2)✦ +3	62 Sm 钐 $4f^66s^2$ 150.36(2) +2 +3	63 Eu 铕 $4f^76s^2$ 151.964(1) +2 +3	64 Gd 钆 $4f^75d^16s^2$ 157.25(3) +3	65 Tb 铽 $4f^96s^2$ 158.92535(2) +3 +4	66 Dy 镝 $4f^{10}6s^2$ 162.500(1) +3 +4	67 Ho 钬 $4f^{11}6s^2$ 164.93033(2) +3	68 Er 铒 $4f^{12}6s^2$ 167.259(3) +3	69 Tm 铥 $4f^{13}6s^2$ 168.93422(2) +2 +3	70 Yb 镱 $4f^{14}6s^2$ 173.045(10) +2 +3	71 Lu 镥 $4f^{14}5d^16s^2$ 174.9668(1) +3
★ 锕系	89 Ac★ 锕 $6d^17s^2$ 227.02775(2)✦ +3	90 Th 钍 $6d^27s^2$ 232.0377(4) +3 +4	91 Pa 镤 $5f^26d^17s^2$ 231.03588(2) +3 +4 +5	92 U 铀 $5f^36d^17s^2$ 238.02891(3) +3 +4 +5 +6	93 Np 镎 $5f^46d^17s^2$ 237.04817(2)✦ +3 +4 +5 +6 +7	94 Pu 钚 $5f^67s^2$ 244.06421(4)✦ +3 +4 +5 +6 +7	95 Am 镅▴ $5f^77s^2$ 243.06138(2)✦ +2 +3 +4 +5 +6	96 Cm 锔▴ $5f^76d^17s^2$ 247.07035(3)✦ +3 +4	97 Bk 锫▴ $5f^97s^2$ 247.07031(4)✦ +3 +4	98 Cf 锎▴ $5f^{10}7s^2$ 251.07959(3)✦ +2 +3 +4	99 Es 锿▴ $5f^{11}7s^2$ 252.0830(3)✦ +2 +3	100 Fm 镄▴ $5f^{12}7s^2$ 257.09511(5)✦ +2 +3	101 Md 钔▴ $5f^{13}7s^2$ 258.09843(3)✦ +2 +3	102 No 锘▴ $5f^{14}7s^2$ 259.1010(7)✦ +2 +3	103 Lr 铹▴ $5f^{14}6d^17s^2$ 262.110(2)✦ +3